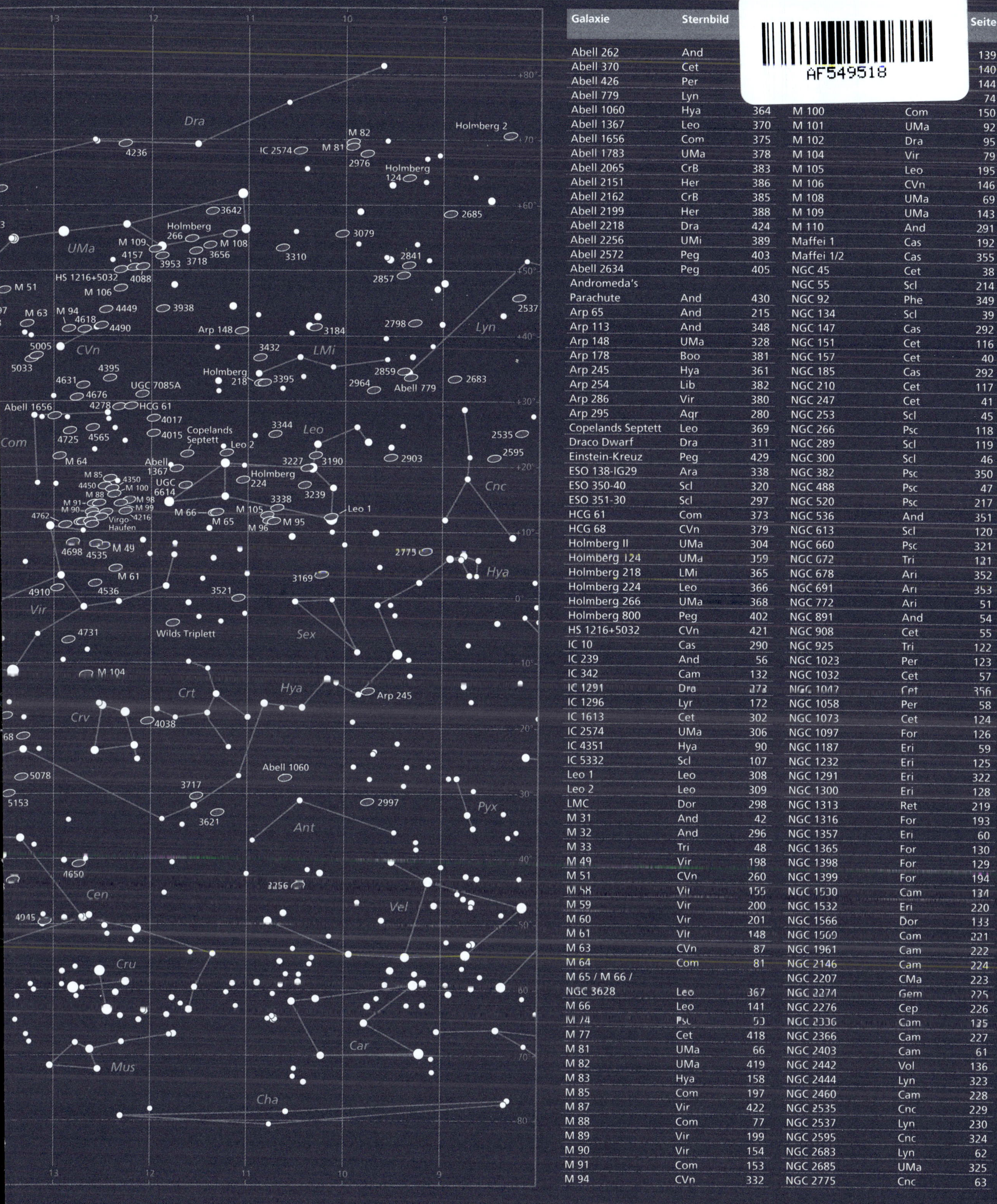

Galaxie	Sternbild	Seite	Galaxie	Sternbild	Seite
Abell 262	And				139
Abell 370	Cet				140
Abell 426	Per				144
Abell 779	Lyn				74
Abell 1060	Hya	364	M 100	Com	150
Abell 1367	Leo	370	M 101	UMa	92
Abell 1656	Com	375	M 102	Dra	95
Abell 1783	UMa	378	M 104	Vir	79
Abell 2065	CrB	383	M 105	Leo	195
Abell 2151	Her	386	M 106	CVn	146
Abell 2162	CrB	385	M 108	UMa	69
Abell 2199	Her	388	M 109	UMa	143
Abell 2218	Dra	424	M 110	And	291
Abell 2256	UMi	389	Maffei 1	Cas	192
Abell 2572	Peg	403	Maffei 1/2	Cas	355
Abell 2634	Peg	405	NGC 45	Cet	38
Andromeda's			NGC 55	Scl	214
Parachute	And	430	NGC 92	Phe	349
Arp 65	And	215	NGC 134	Scl	39
Arp 113	And	348	NGC 147	Cas	292
Arp 148	UMa	328	NGC 151	Cet	116
Arp 178	Boo	381	NGC 157	Cet	40
Arp 245	Hya	361	NGC 185	Cas	292
Arp 254	Lib	382	NGC 210	Cet	117
Arp 286	Vir	380	NGC 247	Cet	41
Arp 295	Aqr	280	NGC 253	Scl	45
Copelands Septett	Leo	369	NGC 266	Psc	118
Draco Dwarf	Dra	311	NGC 289	Scl	119
Einstein-Kreuz	Peg	429	NGC 300	Scl	46
ESO 138-IG29	Ara	338	NGC 382	Psc	350
ESO 350-40	Scl	320	NGC 488	Psc	47
ESO 351-30	Scl	297	NGC 520	Psc	217
HCG 61	Com	373	NGC 536	And	351
HCG 68	CVn	379	NGC 613	Scl	120
Holmberg II	UMa	304	NGC 660	Psc	321
Holmberg 124	UMa	359	NGC 672	Tri	121
Holmberg 218	LMi	365	NGC 678	Ari	352
Holmberg 224	Leo	366	NGC 691	Ari	353
Holmberg 266	UMa	368	NGC 772	Ari	51
Holmberg 800	Peg	402	NGC 891	And	54
HS 1216+5032	CVn	421	NGC 908	Cet	55
IC 10	Cas	290	NGC 925	Tri	122
IC 239	And	56	NGC 1023	Per	123
IC 342	Cam	132	NGC 1032	Cet	57
IC 1291	Dra	273	NGC 1042	Cet	356
IC 1296	Lyr	172	NGC 1058	Per	58
IC 1613	Cet	302	NGC 1073	Cet	124
IC 2574	UMa	306	NGC 1097	For	126
IC 4351	Hya	90	NGC 1187	Eri	59
IC 5332	Scl	107	NGC 1232	Eri	125
Leo 1	Leo	308	NGC 1291	Eri	322
Leo 2	Leo	309	NGC 1300	Eri	128
LMC	Dor	298	NGC 1313	Ret	219
M 31	And	42	NGC 1316	For	193
M 32	And	296	NGC 1357	Eri	60
M 33	Tri	48	NGC 1365	For	130
M 49	Vir	198	NGC 1398	For	129
M 51	CVn	260	NGC 1399	For	194
M 58	Vir	155	NGC 1530	Cam	134
M 59	Vir	200	NGC 1532	Eri	220
M 60	Vir	201	NGC 1566	Dor	133
M 61	Vir	148	NGC 1569	Cam	221
M 63	CVn	87	NGC 1961	Cam	222
M 64	Com	81	NGC 2146	Cam	224
M 65 / M 66 /			NGC 2207	CMa	223
NGC 3628	Leo	367	NGC 2274	Gem	225
M 66	Leo	141	NGC 2276	Cep	226
M 74	Psc	53	NGC 2336	Cam	135
M 77	Cet	418	NGC 2366	Cam	227
M 81	UMa	66	NGC 2403	Cam	61
M 82	UMa	419	NGC 2442	Vol	136
M 83	Hya	158	NGC 2444	Lyn	323
M 85	Com	197	NGC 2460	Cam	228
M 87	Vir	422	NGC 2535	Cnc	229
M 88	Com	77	NGC 2537	Lyn	230
M 89	Vir	199	NGC 2595	Cnc	324
M 90	Vir	154	NGC 2683	Lyn	62
M 91	Com	153	NGC 2685	UMa	325
M 94	CVn	332	NGC 2775	Cnc	63

— Bildatlas der Galaxien

MICHAEL KÖNIG
STEFAN BINNEWIES

— Bildatlas der Galaxien

MICHAEL KÖNIG
STEFAN BINNEWIES

☞ *Inhalt*

9 Einleitung

15 Die Milchstraße
31 Spiralgalaxien
111 Balkenspiralgalaxien
187 Elliptische Galaxien
209 Irreguläre Galaxien
285 Zwerggalaxien
315 Ringgalaxien
343 Galaxiengruppen und Galaxienhaufen
409 Aktive Galaxien, Quasare und Gravitationslinsen

431 Literaturhinweise
443 Register
446 Impressum/Danksagung

☞ *Inhaltsverzeichnis der Galaxien*

31 **SPIRALGALAXIEN**

38 NGC 45
39 NGC 134
40 NGC 157
41 NGC 247
42 M 31
44 NGC 206
45 NGC 253
46 NGC 300
47 NGC 488
48 M 33
50 NGC 604
51 NGC 772
53 M 74
54 NGC 891
55 NGC 908
56 IC 239
57 NGC 1032
58 NGC 1058
59 NGC 1187
60 NGC 1357
61 NGC 2403
62 NGC 2683
63 NGC 2775
64 NGC 2841
65 NGC 2997
66 M 81
67 NGC 3184
68 NGC 3338
69 M 108
70 NGC 3621
71 NGC 3717
72 NGC 3938
73 NGC 4157
74 M 99
75 NGC 4395
76 NGC 4450
77 M 88
78 NGC 4565
79 M 104
80 NGC 4698
81 M 64
82 NGC 4910
83 NGC 5005
84 NGC 4945
86 NGC 5033
87 M 63
88 NGC 5078
89 NGC 5170
90 IC 4351
91 NGC 5746
92 M 101
94 NGC 5775
95 M 102
96 NGC 5907
97 NGC 6015
98 NGC 5963
100 NGC 6503
101 NGC 6632
102 NGC 6814
103 NGC 6946
104 NGC 7137
105 NGC 7331
106 NGC 7606
107 IC 5332
108 NGC 7793
109 NGC 7814

111 **BALKENSPIRALGALAXIEN**

116 NGC 151
117 NGC 210
118 NGC 266
119 NGC 289
120 NGC 613
121 NGC 672
122 NGC 925
123 NGC 1023
124 NGC 1073
125 NGC 1232
126 NGC 1097
128 NGC 1300
129 NGC 1398
130 NGC 1365
132 IC 342
133 NGC 1566
134 NGC 1530
135 NGC 2336
136 NGC 2442
137 NGC 2903
138 NGC 3344
139 M 95
140 M 96
141 M 66
142 NGC 3953
143 M 109
144 M 98
145 NGC 4236
146 M 106
148 M 61
149 NGC 4535
150 M 100
152 NGC 4536
153 M 91
154 M 90
155 M 58
156 NGC 4725
157 NGC 4762
158 M 83
159 NGC 5248
160 NGC 5371
161 NGC 5595
162 NGC 5643
163 NGC 5905
164 NGC 5921
165 NGC 6140
166 NGC 5945
168 NGC 6221
169 NGC 6300
170 NGC 6339
171 NGC 6384
172 IC 1296
174 NGC 6744
175 NGC 6907
176 NGC 6951
177 NGC 7184
178 NGC 7424
180 NGC 7479
181 NGC 7552
182 NGC 7497
184 NGC 7640
185 NGC 7741

187 **ELLIPTISCHE GALAXIEN**

192 Maffei 1
193 NGC 1316
194 NGC 1399
195 M 105
196 NGC 4278
197 M 85
198 M 49
199 M 89
200 M 59
201 M 60
202 NGC 5311
203 NGC 5846
204 NGC 5982
206 NGC 7550

209 **IRREGULÄRE GALAXIEN**

214 NGC 55
215 Arp 65
216 NGC 474 / NGC 470
217 NGC 520
218 UGC 1810 / UGC 1813
219 NGC 1313
220 NGC 1532
221 NGC 1569
222 NGC 1961
223 NGC 2207

224 NGC 2146
225 NGC 2274
226 NGC 2276
227 NGC 2366
228 NGC 2460
229 NGC 2535
230 NGC 2537
231 NGC 2798
232 NGC 2857
233 NGC 3169
234 NGC 3227
235 NGC 3239
236 NGC 3256
237 NGC 3310
238 NGC 3395 / NGC 3396
239 NGC 3432
240 NGC 3521
241 NGC 3656
242 NGC 4017
243 NGC 4088
244 NGC 4038
246 UGC 7085A
247 NGC 4216
248 NGC 4438
249 NGC 4449
250 NGC 4490
251 NGC 4567
252 NGC 4618
253 NGC 4676
254 NGC 4631
256 NGC 4731
257 NGC 5216 / NGC 5218
258 NGC 5153
260 M 51
262 NGC 5297
263 NGC 5364
264 NGC 5395 / NGC 5394
265 NGC 5426
266 NGC 5474
267 NGC 5754
268 NGC 5929
269 NGC 5996
270 UGC 10214
271 NGC 6240
272 NGC 6621
273 IC 1291
274 NGC 6771
275 UGC 11871
276 NGC 7253
277 NGC 7252
278 NGC 7469
279 UGC 12342
280 Arp 295
282 UGC 12667 / UGC 12665
283 NGC 7753

285 ZWERGGALAXIEN

290 IC 10
291 M 110
292 NGC 185 / NGC 147
294 Kleine Magellansche Wolke
296 M 32
297 ESO 351-G030
298 Große Magellansche Wolke
302 IC 1613
303 NGC 2976
304 Holmberg II
306 IC 2574
308 Leo I
309 Leo II
310 Ursa Minor Dwarf
311 Draco Dwarf
312 NGC 6822

315 RINGGALAXIEN

320 ESO 350-40
321 NGC 660
322 NGC 1291
323 NGC 2444 / NGC 2445
324 NGC 2595
325 NGC 2685
326 NGC 2859
327 NGC 3642
328 Arp 148
330 NGC 3718
331 UGC 6614
332 M 94
334 NGC 4350 / NGC 4340
335 NGC 5128
336 NGC 5701
337 PGC 54559
338 ESO 138-IG29
340 NGC 6028
341 NGC 7217

343 GALAXIENGRUPPEN UND GALAXIENHAUFEN

348 Arp 113
349 NGC 92-Gruppe
350 NGC 382-Gruppe
351 NGC 536-Gruppe
352 NGC 678 / NGC 680 / NGC 691
353 NGC 691 / IC 167
354 Abell 262
355 Maffei 1 / Maffei 2
356 NGC 1042 / NGC 1052
357 Abell 426
358 Abell 779
359 Holmberg 124
360 NGC 2964-Gruppe
361 Arp 245
362 NGC 3190-Gruppe
364 Abell 1060
365 Holmberg 218
366 Holmberg 224
367 M 65 / M 66 / NGC 3628
368 Holmberg 266
369 Copelands Septett
370 Abell 1367
371 Wilds Triplett
372 NGC 4015 / Arp 138
373 Hickson Compact Group 61
374 Virgo-Haufen
375 Abell 1656
376 NGC 4650-Gruppe
378 Abell 1783
379 Hickson Compact Group 68
380 Arp 286
381 Arp 178
382 Arp 254
383 Abell 2065
384 Seyferts Sextett
385 Abell 2162
386 Abell 2151
388 Abell 2199
389 Abell 2256
390 NGC 6307-Gruppe
392 NGC 6340-Gruppe
394 NGC 6338-Gruppe
396 NGC 6580-Gruppe
398 NGC 6845-Gruppe
399 NGC 6872-Gruppe
400 NGC 7265-Gruppe
401 Stephans Quintett
402 Holmberg 800
403 Abell 2572
404 NGC 7582-Gruppe
405 Abell 2634
406 NGC 7771-Gruppe

409 AKTIVE GALAXIEN, QUASARE UND GRAVITATIONSLINSEN

416 Abell 370
418 M 77
419 M 82
420 NGC 3079
421 HS 1216+5032
422 M 87
424 Abell 2218
426 SLACS J1718+6424
428 NGC 5068
429 PGC 69457 Einstein-Kreuz
430 Andromeda's Parachute

EINLEITUNG

Galaxien sind eines der faszinierendsten Phänomene des Universums. Die Vielfalt ihrer Erscheinungsformen ist ein Beleg für die unterschiedlichen Wechselwirkungsprozesse, die sich in oder zwischen Galaxien abspielen.

Galaxien lassen sich abstrakt als Ansammlungen von Gas, Staub und Sternen beschreiben. Doch mit einem Blick auf die Astrophysik der Galaxien kann man auch deren Morphologie besser nachvollziehen. Diese Lehre von den Formen und dem Wandel der Galaxien hat schon bald nach deren Entdeckung dazu geführt, sich mit den grundlegenden Fragen des Universums zu beschäftigen.

DIE ERSTEN GALAXIENKATALOGE

Einer der frühen Teleskop-Beobachter war Charles Messier, der in der zweiten Hälfte des 18. Jahrhunderts in seinen Katalog die ersten Galaxien aufgenommen hatte. Seine Motivation war es, eine Verwechslung dieser Lichtflecken mit neuen Kometen auszuschließen. Die erste Edition des Messier-Katalogs wurde 1774 veröffentlicht, zwei Erweiterungen folgten, publiziert 1780 und 1781. Eine Klassifikation der Nebel nach ihrem Aussehen erfolgte im Messier-Katalog nicht. Die erste Galaxie, die sich im Messier-Katalog findet, ist mit M 31 die Andromeda-Galaxie. Im Originalkatalog beschreibt Messier M 31 als „den schönen Nebel im Gürtel der Andromeda, in Form einer Spindel, die zwei entgegengesetzt orientierten Kegeln oder Pyramiden ähnelt, deren Grundflächen sich berühren". Es folgen im Katalog die Galaxien M 32 und M 33. M 32 wird als „kleiner, runder Nebel" beschrieben und bei M 33 liest man, dass „der Nebel von weißlichem Licht ist, nahezu gleichförmig, jedoch etwas heller bei zwei Dritteln des Durchmessers". Mit diesen prosaischen Texten gelingt zwar eine Objektbeschreibung, aber ein Vergleich oder eine Einordnung ist damit kaum möglich, da solche Beschreibungen von den individuellen visuellen Eindrücken beim Blick durch das Teleskop und von der Größe des Instruments abhängen.

Die „Whirlpool-Galaxie" M 51 zeigt sich mit einem weitflächig definierten Spiralmuster und zwei Spiralarmen. Am nördlichen Ende von M 51 sieht man den Begleiter NGC 5195, eine SB0/a-Galaxie (siehe Seite 260). Aufnahme: Josef Pöpsel, Stefan Binnewies (600-mm-Reflektor).

Ein weiterer Pionier der Galaxienbeobachtung war Friedrich Wilhelm Herschel, der, unterstützt durch seine Schwester Caroline, gezielt nach weiteren dieser Nebel und Sternhaufen Ausschau hielt. Aus der Vielzahl ihrer Beobachtungen entstanden mehrere Kataloge mit „neuen Nebeln, nebulösen Sternen, planetarischen Nebeln und Sternhaufen", die 1786, 1789 und 1802 veröffentlicht wurden. Wilhelm Herschel schreibt im Vorwort zu seinem dritten Katalog, dass „die Fülle an Materialien aus den Beobachtungen" ihn dazu gebracht hätten, „die Objekte in einer wissenschaftlichen Art und Weise zu arrangieren". Er spricht weiter davon, dass „seine Klassifikation ein wenig über das Arrangement der Objekte hinausginge, und mit der Disposition der Bücher in einer Bibliothek verglichen werden könne, wo die verschiedenen Größen der Bände oft mehr Beachtung finde als ihre Inhalte". Zu seiner Klassifikationsmethode sagt Wilhelm Herschel, dass er „zuerst die Natur eines Objektes berücksichtigen werde, um sie dann so anzuordnen, wie es ihrer formellen Konstruktion am besten entsprechen würde". Die Nebel hat Wilhelm Herschel als „kuriose Objekte" beschrieben, die besonders weit entfernt sein müssten. Beim Andromeda-Nebel schätzte er dessen Entfernung mit dem 2000-fachen Abstand zum Sirius völlig falsch ein, obwohl Wilhelm Herschel möglicherweise bewusst war, dass diese Nebel aus vielen einzelnen Sternen aufgebaut sein könnten. Ein weiterer Meilenstein bei der Katalogisierung von Galaxien folgte im Jahr 1888. John Louis Emil Dreyer veröffentlichte den *New General Catalogue of Nebulae and Clusters of Stars (NGC)*, der 7840 Objekte umfasst. Er benutzte für seine Zusammenstellung auch ältere Kataloge von Wilhelm Herschel, die dessen Sohn John Frederick William Herschel zwischenzeitlich erweitert hatte. Es folgten 1895 und 1907 noch die *Index-Catalogues IC I* und *IC II* mit weiteren 5386 Nebelobjekten und Sternhaufen. Trotz der entstehenden, umfassenden Katalogwerke war die Natur der Nebelflecke nicht bekannt. So spekulierte William Parsons, 3rd Earl of Rosse, dass es sich bei den Nebeln um große, weit entfernte Wirbel aus Gas handeln könnte. (John Louis Emil Dreyer hatte bei Parsons Sohn Laurence, 4th Earl of Rosse, als Assistent gearbeitet.) Auslöser waren für ihn die im Teleskop sichtbaren Spiralmuster. Für einige Astronomen der damaligen Zeit waren die Galaxien weit entfernte Sternensysteme, ähnlich aufgebaut wie die Milchstraße. Andere Astronomen gingen davon aus, dass die Milchstraße eine Sonderstellung im Weltall einnimmt und die Nebel ein Teil von ihr sind.

DIE NATUR DER GALAXIEN

Diese zwei Ansichten gipfelten 1920 in der als „Große Debatte" bezeichneten Auseinandersetzung zwischen den zwei Astronomen Harlow Shapley und Heber Doust Curtis. In früheren Artikeln über die ungleichförmige Verteilung von Kugelsternhaufen hatte Shapley den Durchmesser der Milchstraße auf 300.000 Lichtjahre geschätzt. Dieser Wert war 10-mal größer als der von Jacobus Kapteyn um die Jahrhundertwende ermittelte. In Harlow Shapleys Ein-Galaxien-Modell war das Sonnensystem 60.000 Lichtjahre vom Zentrum dieser riesigen Galaxie entfernt. Die Auflösung dieser Debatte lieferten die Cepheiden. Bei diesen veränderlichen Sternen hatte Henrietta Swan Leavitt 1908 den Zusammenhang zwischen der Periode ihres Lichtwechsels und ihrer gemessenen Helligkeit nachgewiesen. Henrietta Swan Leavitt beobachtete Cepheiden in den Magellanschen Wolken, die alle etwa gleich weit entfernt sind. Durch diese Äquidistanz ist die gemessene, scheinbare Helligkeit mit der absoluten Helligkeit verbunden und der gefundene Zusammenhang beschreibt die heute als Perioden-Leuchtkraft-Beziehung bekannte Gesetzmäßigkeit des Lichtwechsels der Cepheiden. Damals erfolgte eine erste Verallgemeinerung des Verfahrens durch Ejnar Hertzsprung, der aus der Eigenbewegung naher Cepheiden ihre absolute Helligkeit ermittelte und diese Perioden zuordnete. Ausgerüstet mit diesem Messverfahren, bestimmte 1923 Edwin Powell Hubble mit dem damals leistungsfähigsten Spiegelteleskop am Mount Wilson Observatorium die Entfernung des Andromeda-Nebels zu 980.000 Lichtjahren. Die Debatte war damit beendet – bei den Galaxien handelte es sich um weit entfernte, eigenständige Welteninseln.

Differenziert man den Ausgang der Debatte, muss man anmerken, dass Harlow Shapley mit seinen Annahmen nicht komplett falsch lag. Der von ihm beschriebene, relative Versatz des Sonnensystems vom galaktischen Zentrum hat sich als richtig erwiesen. Und bei der Angabe der Dimension der Milchstraße haben sich beide Kontrahenten um den gleichen Faktor verschätzt. Harlow Shapley überschätzte die Milchstraßengröße um das Dreifache, bei Heber D. Curtis lag der Wert bei einem Drittel der heute etablierten Größenangabe. Bei seiner Arbeit setzte Edwin Hubble die Cepheiden-Kalibration von Ejnar Hertzsprung ein, die auch Harlow Shapley bei seiner Untersuchung von Cepheiden in der Milchstraße genutzt hatte. In den 1950er Jahren zeigte sich, dass die Cepheiden in den von Hubble entdeckten Spiralarmen des Andromeda-Nebels zur jüngeren Population I gehören. Sie sind etwa viermal heller als die älteren Cepheiden der Population II, die man in den Kugelsternhaufen oder im Zentrum der Milchstraße gefunden hatte. Mit deren Perioden-Leuchtkraft-Beziehung wird der berechnete Abstand der Cepheiden in M 31 unterschätzt. Durch die Arbeiten von Walter Baade konnte dieser Sachverhalt geklärt werden und die Anwendung der zutreffenden Cepheiden-Kalibration ergab eine Verdopplung der Distanz des Andromeda-Nebels und aller anderen extragalaktischen Objekte.

Nachdem die Natur der Nebel geklärt war, widmete sich Edwin Hubble zusammen mit seinem Mitarbeiter Milton Humason der Suche nach Cepheiden in weiteren Galaxien.

DAS HUBBLESCHE EXPANSIONSGESETZ

Bei dem von Edwin Hubble gefundenen mathematischen Zusammenhang zwischen der gemessenen Rotverschiebung z der Spektrallinien in den Galaxienspektren und der Entfernung D einer Galaxie $c \cdot z = H_0 \cdot D$ handelt es sich um eine Näherungsformel, die bei Rotverschiebungen bis z = 0,5 gute Resultate liefert. Dabei ist zu beachten, dass lokale Geschwindigkeiten die theoretischen Fluchtgeschwindigkeitswerte verändern und so das Ergebnis verfälschen können.

Die Deutung dieser Gesetzmäßigkeit als ein Resultat des Dopplereffekts erscheint plausibel, doch die eigentliche Ursache der Rotverschiebung liegt in der Expansion des Universums. Die Hubble-Konstante H_0 kann man als den heutigen Wert eines zeitabhängigen Hubble-Parameters H(t) deuten. Man nutzt dazu das Friedmann-Robertson-Walker-Modell des Kosmos, das H(t) definiert als $H(t) = \dot{R}(t) / R(t)$. Die Größe R(t) ist der Skalenfaktor dieses kosmologischen Modells, der Hubble-Parameter H(t) ist die relative Änderungsrate des Skalenfaktors. Mathematisch betrachtet ist H_0 die Steigung der R(t)-Verlaufskurve und die Hubblesche Gesetzmäßigkeit ist eine heute gültige, lineare Annäherung an den wahren Verlauf der Expansion. Aus der Linearität folgt die Homogenität und Isotropie der Expansion. An jedem Punkt im Universum hat ein Beobachter den Eindruck, dass sich die Galaxien von ihm entfernen, es gibt keinen ausgezeichneten Punkt und somit auch kein Zentrum dieser Expansionsbewegung.

Edwin Hubble hatte in der Originalveröffentlichung die Konstante H_0 im Bereich von 500 bis 550 km/s / Mpc angegeben. Der Wert von H_0 liegt bei aktuellen Messungen jedoch zwischen 68 und 72 km/s / Mpc, die Dimension von H_0 ist eine inverse Zeit. H_0 entspricht der Fluchtgeschwindigkeit in einer Distanz von einem Megaparsec, entsprechend 3,26 Millionen Lichtjahren. Der Kehrwert von H_0 wird als Hubble-Zeit bezeichnet. Setzt man eine gleichförmige Expansion des Kosmos voraus, kann man diese Zeit als Weltalter interpretieren. Mit einem Wert von H_0 = 72 km/s / Mpc ergibt sich so eine Hubble-Zeit von 13,6 Milliarden Jahren. In Wirklichkeit wird die Expansion aber durch Dunkle Energie und Dunkle Materie beeinflusst, was zu einer Abweichung der Hubble-Zeit vom wahren Alter des Universums führt.

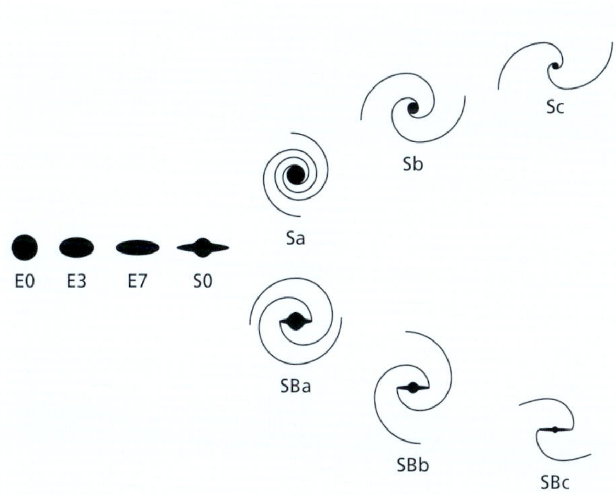

Abbildung E.1: Hubbles Stimmgabeldiagramm (gemäß Abbildung aus The Sequence of Nebular Types*, E. Hubble, 1936).*

Abbildung E.2: Bei NGC 6946 blicken wir fast frontal auf die Hauptebene der Spiralgalaxie (siehe Seite 103).

Dabei nutzten sie auch Spektren, die mit Hilfe eines Prismenspektrometers auf Fotoplatten aufgenommen worden waren. Dies hatte Vesto Slipher bereits seit 1912 praktiziert. Das optische Spektrum des Andromeda-Nebels zeigte in den Messungen von Vesto Slipher eine Linienverschiebung in Richtung Blau. Deutet man dies als Dopplereffekt, würde sich M 31 auf die Milchstraße zu bewegen. Bereits 1915 präsentierte Vesto Slipher die Spektren von 15 Galaxien, von denen sich einige mit über 1000 km/s von der Milchstraße entfernten.
Je mehr Galaxien Edwin Hubble und Milton Humason untersuchten, desto deutlicher erkannten sie ein Übergewicht der gemessenen Linienverschiebungen in den roten Spektralbereich. 1929 veröffentliche Edwin Hubble den festgestellten Zusammenhang zwischen der Rotverschiebung und der Entfernung der Galaxien: Die abgeleitete Fluchtgeschwindigkeit steigt proportional mit der Entfernung. Die Proportionalitätskonstante H_0 wird als Hubble-Konstante bezeichnet. Dieser fundamentale Zusammenhang bestätigte eine kosmologischen Theorie, die Alexander Friedmann bereits 1922 vorgestellt hatte: Das Universum expandiert.

DER WEG ZUR KLASSIFIKATION DER GALAXIEN

Mit der Nutzung von Fotoplatten für die Astrofotografie entstand auch die Basis von vergleichenden Betrachtungen der Morphologie der Galaxien. Bei den ersten Versuchen zur Galaxienklassifikation nutzte Edwin Hubble eine Schematisierung, die Max Wolf 1908 publiziert hatte. Dieser hatte seit 1903 mehrere *Königstuhl-Nebel-Listen* veröffentlicht, die Hunderte „auffällige Nebelflecke" enthalten. Die Objektdetails beschrieben zwar die Form, Größe und Helligkeit, doch sind in den Listen planetarische Nebel und Galaxien in gleicher Weise behandelt worden und erschwerten so eine Verallgemeinerung für Galaxien. Edwin Hubble unterteilte die Galaxien zur formellen Beschreibung in vier Typen: Elliptische Galaxien (E), Spiralgalaxien (S), Balkenspiralgalaxien (SB) und irreguläre Galaxien (Irr). Die ersten drei ordnete er in einem stimmgabelförmigen Schema an, das in den zwei Armen die S- und die SB-Typen enthält. In den Armen gilt eine a,b,c-Unterordnung, die die Galaxien aneinanderreiht. Diese hängt davon ab, wie prominent die Zentralregion und wie eng oder weit ihre Spiralmuster erscheinen. Die Unterordnung der Elliptischen Galaxien nutzt die gemessene Elliptizität und reicht von den runden E0- zu den abgeflachten E7-Typen. Im Diagramm findet man sie im Fuß der Stimmgabel. Edwin Hubble postulierte mit den Reihungen eine Entwicklungssequenz der E- und S/SB-Galaxien, die von „frühen", über „intermediäre" zu „späten Typen" führte. Im Diagramm entspricht dies jeweils einem Weg von links nach rechts. Edwin Hubble merkte selbst an, dass „eine feinere Unterteilung, etwa als Dezimalzahl, nicht gerechtfertigt ist, da das bisherige Wissen dies noch nicht zulässt". Dennoch haben sich diese Begriffe historisch etabliert, sie lassen sich aber nicht zur Altersangabe der Galaxien benutzen. In der Gabelung der Stimmgabel platzierte Edwin Hubble die S0-Galaxien, die keine Spiralstrukturen aufweisen und die er als „mehr oder weniger hypothetisch" ansah. Beim S0-Typ in der Abbildung E.1 wurde ein linsenförmiger Aufbau skizziert, in der Originalzeichnung findet sich dort ein Kreis. Galaxien ohne organisierte Strukturen bezeichnete er als irreguläre Typen. Auch hatte Edwin Hubble das Symbol Q für Galaxien benutzt, die zu schwach waren, um hinreichend sicher klassifiziert zu werden.
Das bekannte „Stimmgabeldiagramm" veröffentlichte Edwin Hubble 1936 in seinem Buch *The Realm of the Nebulae*. Zwar

gab es in dieser Zeit einige Klassifikationsansätze anderer Astronomen, doch hat sich die Hubblesche Klassifikation aufgrund ihrer Einfachheit im Laufe der Jahre als Standard durchgesetzt. Die Arbeiten von Edwin Hubble zur Klassifikation von Galaxien wurden von Allan Rex Sandage in den 1950er Jahren weitergeführt. Ein Meilenstein seines Wirkens ist der 1961 erschienene *Hubble Atlas of Galaxies*.

1959 stellte Gérard de Vaucouleurs eine Überarbeitung der Hubbleschen Klassifikation vor, mit der er den charakteristischen Aspekten der Dynamik in den Galaxien gerecht werden wollte. So erweiterte er die abc-Typisierung um den Typ d. Ebenso führte er den Zusatz (m) an, wenn die Galaxie einen Magellanschen Aufbau besaß und seiner Ansicht nach am Übergang der regulären zu den irregulären Spiralgalaxien zu platzieren war. Fand sich in Spiralgalaxien die Andeutung eines Balkens, so wurde diese einem Zwischentyp SAB zugeordnet, der zwischen den Hubbleschen S- und SB-Galaxien vermittelte. Die S0-Galaxien untergliederte de Vaucouleurs in $S0^-$, $S0^0$, $S0^+$. Zu seinen Erweiterungen gehörte auch eine verfeinerte Aufteilung der Spiralmuster. Dem Muster wur-

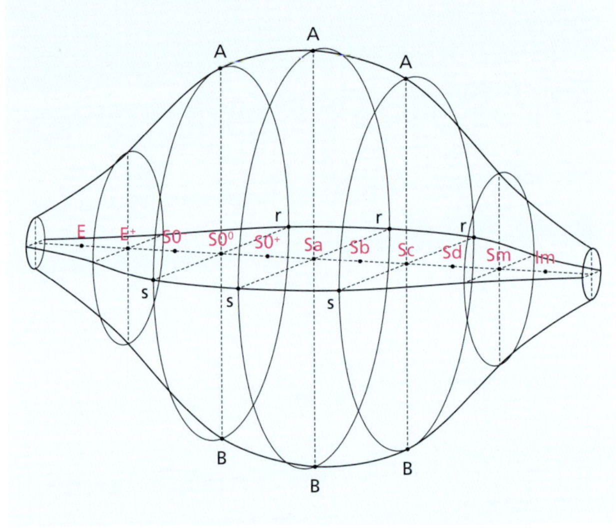

Abbildung E.3: 3D-Klassifikationsmodell nach Gérard de Vaucouleurs (gemäß Abbildung aus Classification and Morphology of External Galaxies, *G. de Vaucouleurs, 1959).*

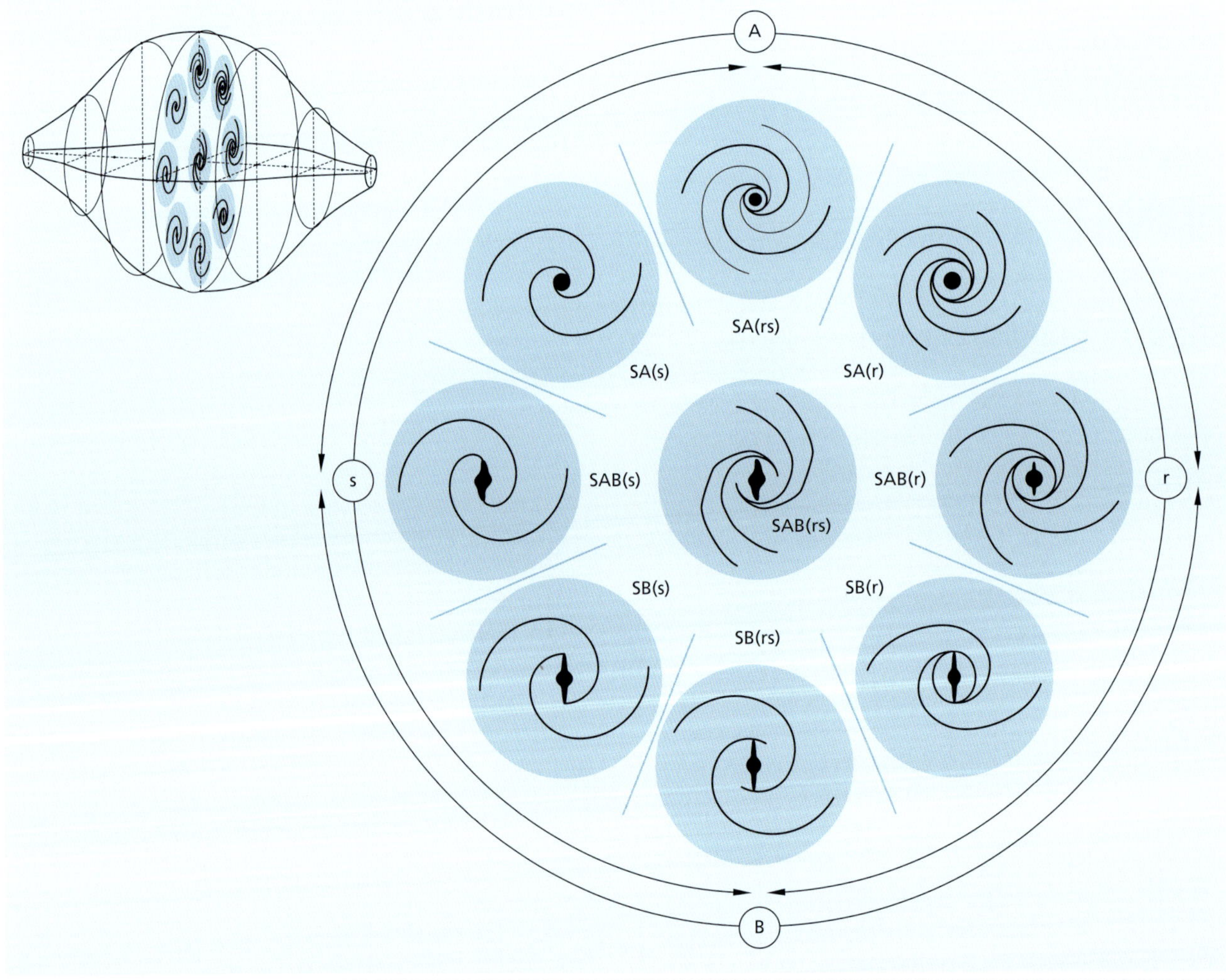

Abbildung E.4: Schnittebene des 3D-Klassifikationsmodells nach Gérard de Vaucouleurs (gemäß Abbildung aus Classification and Morphology of External Galaxies, *G. de Vaucouleurs, 1959).*

den die gegensätzlichen Attribute (s) für spiralförmig und (r) für ringförmig zugeordnet. Ließ sich im Verlauf der Spiralarme bereits eine Ringform erkennen, die aber noch nicht vollständig geschlossen war, wurde auch hier ein Mischtyp (rs) zu formellen Beschreibung genutzt. Man erhielt so mit den Typen S, SAB und SB sowie mit (r), (rs) und (s) insgesamt neun Kombinationsmöglichkeiten, die Gérard de Vaucouleurs in acht Segmente eingeteilt hat. Im Zentrum dieser Anordnung steht der Mischtyp SAB(rs).

Für eine sequenzielle Darstellung hat Gérard de Vaucouleurs die Galaxien als E0–E6, $S0^-$, $S0^0$, $S0^+$, Sa, Sb, Sc, Sd, Sm und Im angeordnet. Entlang dieser Achse hat er jeweils eine Ebene eingebaut, die die acht Segmente enthielt. Die Ausprägung der Unterschiede in einer Ebene erschien ihm nicht bei allen Galaxientypen gleich stark. Dies bringt die dreidimensionale Spindelform zum Ausdruck, ihr Volumenbeitrag ist bei den S0- und Sa-Galaxien am größten, bei den elliptischen oder irregulären Galaxien an den Enden verschwinden diese Unterschiede.

Eine allererste, vereinfachte Form dieser Systematik benutzte de Vaucouleurs bei dem 1964 vorgestellten *Reference Catalogue of Bright Galaxies*, der 2593 Galaxien umfasste. Diese mit „(RC)“ abgekürzte Nomenklatur findet sich in vielen astronomischen Datenbanken. Es gab 1976 eine erste Überarbeitung (RC2) mit 4362 Galaxien, und der RC3-Katalog folgte Mitte der 1990er Jahre mit über 23.000 Galaxien. Um die Klassifikation von Gérard de Vaucouleurs nicht nur Astronomen, sondern auch Studenten und Amateuren zugänglich zu machen, präsentierten seine Mitarbeiter Ronald J. Buta, Harold G. Corwin und Stephen C. Odewahn 2007 mit dem *The de Vaucouleurs Atlas of Galaxies* eine umfassende Illustration der Typen-Morphologie, die detaillierte CCD-Aufnahmen benutzte. Systembedingt leidet der Atlas unter dem Auswahleffekt durch die relativ hohe Flächenhelligkeit der gezeigten Galaxien. Auch fehlt ein repräsentatives Bild der Zwerggalaxien, die nach heutigem Verständnis den am häufigsten vorkommenden Galaxientyp beschreiben.

DER BILDATLAS DER GALAXIEN

Mit diesem Buch möchten wir die beeindruckenden Aufnahmen von Amateurastronomen vorstellen und die dort sichtbare Wirkung der Astrophysik kommentieren. Die Kapitel lehnen sich an die Typenbeschreibung an und fügen neben den Zwerggalaxien noch die irregulären und wechselwirkenden Galaxien sowie die Ringgalaxien hinzu. Die beiden Kapitel zu den Haufen und Gruppen und zu den Quasaren geben einen weiteren Einblick in die heute für Amateure verfügbaren fotografischen Möglichkeiten. Die Bildkommentare beleuchten die astrophysikalischen Aspekte der gezeigten Galaxien oder ihres Umfeldes und liefern ergänzende Informationen zu den allgemeinen Beschreibungen in den Einleitungen der Kapitel. Im Anhang sind zu den Bildkommentaren Literaturhinweise und Weblinks zu den benutzten Fachartikeln aufgeführt, die interessierten Lesern die Möglichkeit bieten, mehr über die gezeigte Galaxie zu erfahren. Die Inhalte der Weblinks verweisen auf veröffentlichte Artikel oder Webseiten. Bei der Nutzung dieser Quellen möchten wir auf die geltenden, dort formulierten Hinweise und rechtlichen Rahmenbedingungen verweisen. Die Reihenfolge der Objekte in den einzelnen Kapiteln folgt ihrer Rektaszension; abhängig von der Bildgröße kann es zu lokalen Abweichungen von dieser Reihenfolge kommen.

Die in den Bildkommentaren verwendeten Angaben zur Entfernung oder zur Größe der Galaxien wurden der *NASA/IPAC Extragalactic Database (NED)* entnommen. Diese Entfernungsangaben sind mit Messfehlern behaftet, die in einigen Fällen 20 % betragen können. Die davon abgeleiteten absoluten Größenangaben für den Durchmesser der Galaxien sind somit als Richtwerte zu verstehen, die von den in den Fachartikeln genannten Größen abweichen können.

LITERATUR UND LINKS

Baade, W.: *The Period-Luminosity Relation of the Cepheids.* Publications of the Astronomical Society of the Pacific, 68, 1956

Bartusiak, M.: *The Cosmologist left behind*, 2009. http://www.marciabartusiak.com/uploads/8/5/8/9/8589314/cosmologist_left_behind.pdf

Buta, R. u.a.: *The de Vaucouleurs Atlas of Galaxies.* Cambridge University Press, 2007

de Vaucouleurs, G.: *Classification and Morphology of External Galaxies.* Handbuch der Physik, 53, 1959

Frommert, H.: *Original Messier Catalog of 1781*, 2014. http://messier.seds.org/xtra/Mcat/mcat1781.html

Herschel, W.: *Catalogue of 500 New Nebulae, Nebulous Stars, Planetary Nebulae, and Clusters of Stars; With Remarks on the Construction of the Heavens.* Philosophical Transactions of the Royal Society of London, 92, 1802

Hubble, E.: *The Classification of Spiral Nebulae.* The Observatory, 50, 1927

Hubble, E.: *The Realm of the Nebulae*, 1936. https://archive.org/details/TheRealmOfTheNebulae

Jet Propulsion Laboratory / California Institute of Technology: *NASA/IPAC Extragalactic Database*, 2014. http://ned.ipac.caltech.edu

NASA-Webseite: *The Shapley-Curtis Debate in 1920*, 2014. http://apod.nasa.gov/diamond_jubilee/debate_1920.html

Sandage, A. R.: *The Hubble Atlas of Galaxies.* Carnegie Institution, Washington, 1961

Steinicke, W.: *Nebel und Sternhaufen: Geschichte ihrer Entdeckung, Beobachtung und Katalogisierung.* Books on Demand, Norderstedt, 2009

Wolf, M.: *Königstuhl-Nebel-Liste 8. Mittlere Örter, Beschreibung und Helligkeitsvergleichung von 770 Nebelflecken bei +33,2174° Ursae.* Publikationen des Astrophysikalischen Instituts Königstuhl-Heidelberg, 3, 1908

DIE MILCHSTRASSE

In einer klaren, dunklen Sommernacht überspannt das leuchtende Band der Milchstraße den Himmel. Besonders im Bereich vom Sommerdreieck zum Sternbild Schütze erkennt man hellere und dunklere Gebiete – hier schwächen interstellare Staubwolken das Licht der Sterne ab.

Als der Astronom Galileo Galilei um das Jahr 1610 sein primitives Fernrohr auf die Milchstraße richtete, schloss er darauf, dass es sich dabei „um nichts anderes als eine Anhäufung zahlloser Sterne“ handelt. Damit wurde die mythologische Erklärung der Milchstraße abgelöst, wonach die Milch der griechischen Göttin Hera über den Himmel sprühte, als sie Herakles von ihrer Brust riss.

FORM UND DIMENSION DER MILCHSTRASSE

Die erste systematische Untersuchung der Milchstraße verfolgte im 18. Jahrhundert William Herschel. Seine Erkenntnisse über die laterale Bewegung einiger Sterne – darunter versteht man die projizierte Bewegung der Sterne am Firmament – brachte ihn zu dem Schluss, dass sich die Sonne entgegen dem Sternstrom bewege. Um ein geometrisches Modell der Milchstraße zu erstellen, zählte er die Sterne in unterschiedlichen Richtungen. Die absolute, also tatsächliche Helligkeit der Sterne war damals noch nicht bekannt, daher ging Herschel vereinfachend davon aus, dass alle Sterne die gleiche absolute Helligkeit besitzen. Ihre scheinbare Helligkeit am Himmel nimmt relativ zur Entfernung quadratisch ab – ein doppelt so weit entfernter Stern weist nur noch ein Viertel der Helligkeit auf. Dies erlaubte William Herschel eine grobe und meist relative Entfernungsbestimmung der Sterne und damit 1784 die Erstellung eines ersten Modells der Milchstraße, das auf wissenschaftlichen Messungen basierte. Dieses Modell lässt eine Symmetrieebene erkennen. Sie führt von der hellen Sommermilchstraße im Sternbild Schütze bis zu weniger prägnanten Bereichen am Wintersternhimmel, vorbei am Sternbild Orion. In seinem Modell finden sich auch Bereiche mit geringerer Sterndichte, eben dort, wo Staubwolken den Blick auf dahinter liegende Sterne versperren. Die Abschwächung von Licht durch Gas und Staub wird als Extinktion bezeichnet. Trotz dieser Beschränkungen war damit der Grundstein für die Beschreibung der Milchstraße gelegt: Sie weist keine Kugelgestalt auf, sondern zeigt ein abgeflachtes Erscheinungsbild (vgl. dazu Abb. M.2).

Der nächste wichtige Schritt in der Modellentwicklung erfolgte durch den holländischen Astronomen Jacobus Cornelius Kapteyn zu Beginn des 20. Jahrhunderts. Die noch junge Technik der Fotografie wurde genutzt, um Sternkataloge zu erstellen. Auch gab es für einige helle Sterne neben deren Lateralbewegung bereits Messungen ihrer Radialgeschwindigkeit. Diese gewann man aus der Analyse von verschobenen Spektrallinien in den Sternspektren. Bewegt sich der Stern auf die Erde zu oder von ihr weg, dann verschieben sich die charakteristischen Linien in seinem Spektrum. Mittels des Dopplereffekts kann man aus dieser Wellenlängenverschiebung auf die Geschwindigkeit schließen, mit der sich der Stern auf die Sonne zu (blauverschobene Linie) oder von ihr weg bewegt (rotverschobene Linie). Die Modellierung der Milchstraße von Kapteyn im Jahr 1922 basierte auf Ellipsoiden, also dreidimensionalen Ellipsen, deren Sterndichte nach außen hin abnimmt. Hierfür startete er bereits 1906 ein internationales Projekt, das auf systematische Art und Weise für möglichst viele Sterne deren Bewegungen und Helligkeiten messen sollte. Die jahrelange Arbeit resultierte im Bild einer scheibenförmigen, rotierenden Galaxie mit einem Durchmesser von 40.000 Lichtjahren und einer Position der Sonne 2000 Lichtjahre vom Zentrum entfernt. Später zeigte sich jedoch, dass Kapteyns Modell falsch war – es weist eine zu kleine Skalierung auf, da er die interstellare Extinktion nicht berücksichtigt hatte. Die aufkommende Spektralanalyse ließ erste Hinweise erkennen, dass das Licht der Sterne auf dem Weg zu uns Gaswolken passiert haben muss. Denn in den Spektren heller Sterne finden sich Absorptionslinien, die auf Kalzium-Ionen deuten; Kalzium muss daher ein Bestandteil dieser interstellaren Gas- und Staubwolken sein. Man gelangte so zur Erkenntnis, dass die dunklen Bereiche im Milchstraßenband nicht durch die Abwesenheit von

Die Sommermilchstraße vom Schützen bis zum Kepheus. Aufnahme aus den bayrischen Alpen/Roßfeldhöhenringstraße, 14-mm-Weitwinkelobjektiv, Canon EOS 6D, Mosaik aus zwei Teilen, je Feld 15 × 80 s belichtet. Bildautor: Stefan Binnewies.

DIE ASTROMETRIESATELLITEN HIPPARCOS UND GAIA

Die Astrometrie ist ein Teilbereich der Astronomie und beschäftigt sich mit der systematischen Gewinnung und Verarbeitung von großen Mengen an Sternpositionen und deren zeitlichen Veränderungen. In den vergangenen 30 Jahren wurde dieser Forschungszweig durch zwei Satellitenmissionen der ESA maßgeblich weiterentwickelt. Den Anfang machte der Satellit Hipparcos (der Name ist eine Abkürzung für „High precision parallax collecting satellite", aber auch ein Hinweis auf den gleichnamigen griechischen Astronomen der Antike). Er wurde 1989 gestartet und war vier Jahre in Betrieb. An Bord von Hipparcos befand sich ein Schmidt-Teleskopsystem mit 29 cm Öffnung, das ein 1° großes Bildfeld erzeugte. Die ursprüngliche Planung ging von 100.000 Sternen aus, deren Position man mit einer Genauigkeit von 0,002" messen wollte. Eine Bogensekunde, als 1" bezeichnet, ist der 3600. Teil eines Winkelgrads. Zum Vergleich: Der Planet Neptun erscheint von der Erde aus betrachtet unter einem Winkel von ca. 2,5", Hipparcos sollte also 1000-mal genauer messen. Im finalen Hipparcos Katalog, der 1997 veröffentlicht wurde, sind etwa 120.000 Sterne erfasst, deren mittlere Positionsgenauigkeit bei maximal 0,001" lag.

Die Satellitenmission Gaia folgte 2013 und wurde entwickelt, um einen Katalog mit den räumlichen Positionsangaben für eine Milliarde Sterne zu schaffen. Gaia besitzt mehrere Instrumente, wovon die größte Optik, ein Drei-Spiegel-System, ein korrigiertes Bildfeld von etwa 1,4° × 0,7° erzeugt. Der Name Gaia war die Abkürzung für „Global Astrometric Interferometer for Astrophysics". Auf die Interferometertechnik wurde 1998 verzichtet und stattdessen die direkte Aufnahme der Sterne auf einem CCD entwickelt; an der Bezeichnung Gaia hielt man weiterhin fest.

Hipparcos war ein Satellit, dessen elliptische Bahn ihn maximal 36.000 km von der Erde wegführte. Gaia hingegen umkreist den sogenannten Lagrangepunkt L_2. Dieser wird durch das Schwerefeld von Sonne und Erde bestimmt und befindet sich von der Sonne abgewandt „hinter" der Erde in vierfacher Mondentfernung. Dank dieser Bahn kann Gaia ohne die Nachteile einer irdischen Umlaufbahn ununterbrochen Daten sammeln. Aufgrund der enormen Menge an Daten konnte die ESA bei sternreichen Gebieten nicht alle Messungen übertragen und musste eine Auswahl treffen bzw. die Übermittlung auf einen späteren Zeitpunkt verschieben.

Im Gegensatz zu Hipparcos ist es für Gaia möglich, neben Positions- und Helligkeitsmessungen auch Sternspektren aufzunehmen, sodass eine direkte Ermittlung der Radialgeschwindigkeiten der Sterne erfolgen kann. Unter der Radialgeschwindigkeit versteht man die Bewegung eines Sterns vom Beobachter weg oder auf ihn zu. Seine Bewegung am Firmament erfolgt senkrecht dazu und wird Lateralgeschwindigkeit genannt. Radialgeschwindigkeiten kann Gaia nur für Objekte heller als 17. Größe messen, woraus sich eine Zahl von bis zu 100 Millionen Sternen ergibt. Im September 2016 wurde der erste Katalog mit den Messergebnissen von Gaia veröffentlicht („Data Release 1", kurz DR1), er enthält etwa eine Milliarde Sterne. Im April 2018 folgte der DR2-Katalog mit rund 1,7 Milliarden Sternen und anderen Himmelsobjekten. Der Satellit soll laut ESA bis Ende 2020 in Betrieb sein. Im Vergleich zur erdbasierten Astrometrie verbesserte Hipparcos die Genauigkeit der Sternpositionen um einen Faktor 100, Gaia hat dies nochmals um den Faktor 50 bis 100 gesteigert.

Sternen, sondern durch die Abschwächung des Sternenlichtes entstehen.

Durch eine neue Untersuchungsmethode, die sich mit den Kugelsternhaufen der Milchstraße beschäftigte, konnte das galaktische Modell weiter verfeinert werden. Kugelsternhaufen sind kugelförmige Sternansammlungen, die von der gegenseitigen Schwerkraft zusammengehalten werden und typischerweise aus einigen Hunderttausend Sternen bestehen. Robert J. Trumpler stellte 1930 fest, dass Kugelsternhaufen in der Nähe der galaktischen Ebene einen größeren Durchmesser aufweisen als jene, die weiter von der galaktischen Ebene entfernt sind. Aus dieser Abweichung einer Gleichverteilung der Durchmesser zog er den richtigen Schluss, dass dafür die Extinktion verantwortlich sein muss: Je näher Kugelsternhaufen der galaktischen Scheibe sind, desto stärker wird ihr Licht durch Gas und Staub verschluckt. Blicken wir hingegen senkrecht zur Scheibe, so ist dieser Effekt weniger stark und wir sind in der Lage, weiter entfernte und damit kleinere Kugelsternhaufen zu sehen.

In diesen Jahren festigte sich die Theorie, dass die Milchstraße eine rotierende Galaxie ist. Das Sonnensystem steht weit vom Zentrum der Milchstraße entfernt. Die Form unserer Galaxis ähnelt der Andromeda-Galaxie und anderer Spiralgalaxien. In den 1950er und 1960er Jahren wurden diese Ergebnisse durch die aufkommende Radioastronomie bestätigt. Hier beobachteten Astronomen Radiowellen bei einer Wellenlänge von 21 cm, die das neutrale Wasserstoffgas (HI) der Milchstraße ausstrahlt. Der große Vorteil der Radiobeobachtung liegt zum einen darin, dass Wasserstoffgas sehr häufig vorkommt, und zum anderen, dass die Radiostrahlung Wolken aus Gas und Staub nahezu ungehindert durchdringen kann. Für die Forscher öffnete sich damit ein neues Fenster für einen tiefen Blick in die Spiralebene der Milchstraße. Bereits die ersten Radiokartierungen lieferten bogenförmige Strukturen der HI-Emissionen, die man als Spiralarme der Milchstraße deutete.

Obwohl sich die Annahme einer Scheibenstruktur zu Beginn des 20. Jahrhunderts mehr und mehr etablierte, gab es keine genaue Kenntnis zur Rotation der Milchstraße als Ganzes. Lediglich für die nahe Sonnenumgebung kannte man mathematische Beschreibungen in Form der Oortschen Konstanten. Sie wurden 1927 von Jan Hendrick Oort veröffentlicht und beschreiben die differentielle Rotation der Milchstraße. Differentiell bedeutet, dass die Milchstraße nicht wie ein starrer Körper rotiert. Dies wäre bei einer rotierenden Scheibe der Fall, bei der die Bahngeschwindigkeit umso größer wird, je weiter man sich vom Zentrum entfernt. Anhand der sonnennahen Sterne bestimmte Oort den Mittelwert der Sternbewegungen. Unter der Annahme eines Sonnenabstand zum Zentrum der Milchstraße von 26.000 Lichtjahren ergibt sich eine Umlaufgeschwindigkeit von 220 km/s. Die Sonne benötigt für einen kompletten Umlauf um das Milchstraßenzentrum etwa 225 Millionen Jahre.

Diese Zeitspanne wird als galaktisches Jahr bezeichnet; seit der Entstehung der Sonne sind 20 dieser galaktischen Jahre vergangen.
Im Jahr 1958 wurde zur Positionsangabe von Objekten in der Milchstraße das galaktische Koordinatensystem eingeführt. Es basiert auf einem Großkreis parallel zur Milchstraßenebene, der galaktischen Länge, und senkrecht dazu der galaktischen Breite. Der Nullmeridian der galaktischen Länge liegt im Sternbild Schütze, recht nahe beim heute bekannten galaktischen Zentrum. Der galaktische Nord- bzw. Südpol ergibt sich durch die Zielpunkte der Senkrechten auf die galaktische Scheibenebene am Ort des Sonnensystems. Der galaktische Nordpol liegt im Sternbild Haar der Berenike, der Südpol im Sternbild Bildhauer.

DIE STRUKTUR DER MILCHSTRASSE

1917 ermittelte Harlow Shapley anhand der Verteilung der Kugelsternhaufen die erste zuverlässige Größenangabe der Milchstraße. Ihr Durchmesser beträgt demnach 100.000 Lichtjahre. Die Position der Sonne verortete er 30.000 Lichtjahre vom Milchstraßenzentrum entfernt. Diese Werte haben sich seitdem als bemerkenswert gute Größenangaben etabliert. Das neutrale Wasserstoffgas der Milchstraße ist jedoch großräumiger verteilt und man geht davon aus, dass die Milchstraße in ein ausgedehntes Halo aus Dunkler Materie eingebettet ist. Die am weitesten entfernten Sterne und Gaswolken, deren Entfernung man noch zuverlässig bestimmen kann, liegen 72.000 Lichtjahre vom galaktischen Zentrum entfernt.
Die Struktur der Milchstraße ist typisch für große Spiralgalaxien. Sie besteht aus mehreren Komponenten: einem Kern, einer zentralen Verdickung, für die man oft den englischen Begriff „Bulge“ verwendet, einer dicken und einer dünnen Scheibe aus Spiralarmen in der Scheibenebene, einer sphärischen Komponente und schließlich aus einem alles umschließenden Halo. Diese Komponenten sind teilweise deutlich voneinander abgegrenzt, einige gehen ineinander über.
Im Zentrum der Milchstraße befindet sich ein supermassereiches Schwarzes Loch, das von einer sogenannten Akkretionsscheibe aus heißem Gas umgeben ist. Genaue Studien dieser Kernstruktur sind schwierig, da dichte Staub- und Gaswolken die direkte Beobachtung erschweren. Die Radioastronomie gewährt etwas mehr Einblick, 1974 wurde das zentrale Objekt als „Sagittarius A*“ bezeichnet. Der Milchstraßenkern kann in seinem Aufbau mit den Zentren von Aktiven Galaxien verglichen werden, ist aber deutlich kleiner. Die Kernregion sendet Infrarot- und Röntgenstrahlung aus, die durch den Einfall von Materie aus der Akkretionsscheibe in das Schwarze Loch entsteht. Diese Gasscheibe besitzt einen Durchmesser von wenigen Lichtjahren und ihre Scheibenebene ist gegen die galaktische Scheibe geneigt.
Durch langjährige Messungen der Bewegung von Sternen in der Nähe des Schwarzen Lochs war es möglich, die Masse des

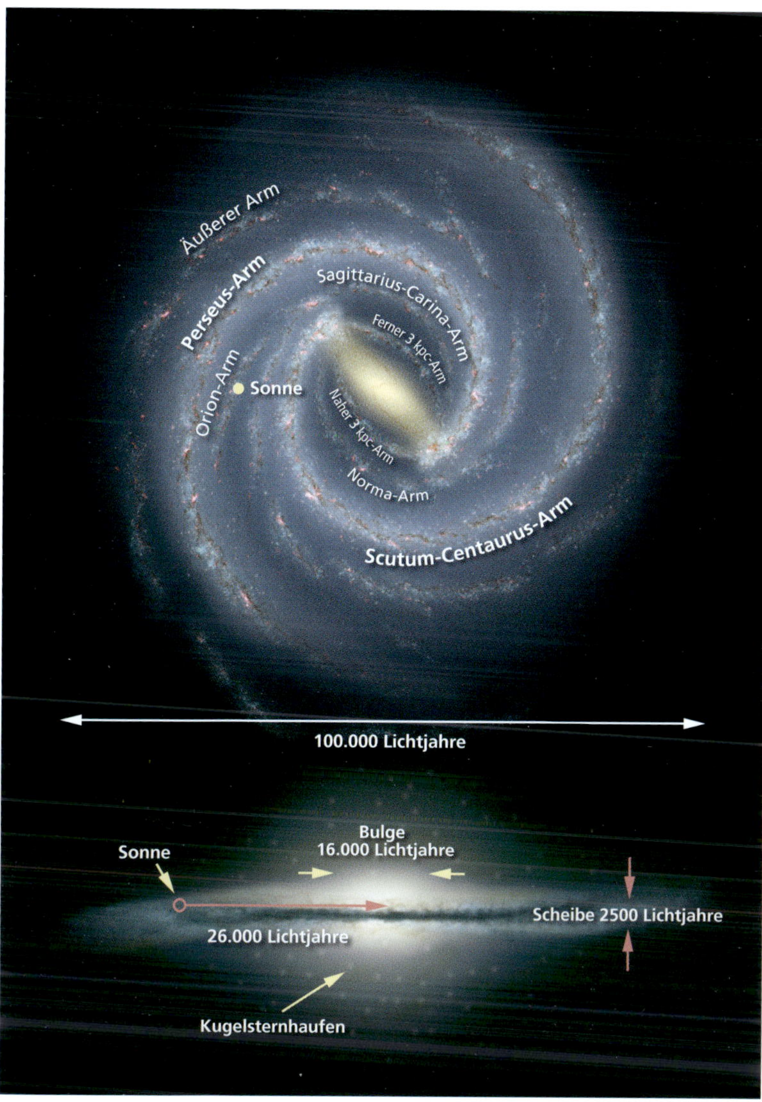

Abbildung M.1: Schematische Darstellung der Milchstraße.

zentralen Schwarzen Loches in der Milchstraße auf 4,3 Millionen Sonnenmassen abzuschätzen.
Der Bulge der Milchstraße ist eine fast kugelförmige Verdichtung aus Sternen mit einem Durchmesser von 16.000 Lichtjahren. Diese Sterne gehören zur Population II, die weiter unten beschrieben wird, und bewegen sich zusammen mit einigen Kugelsternhaufen, die auch zum Bulge gehören, in kreisförmigen Bahnen um das Zentrum. Die Sterne des Bulges kann man nur dort sehen, wo Lücken im umgebenden Staub dies ermöglichen.
Die Scheibe der Milchstraße enthält den größten Teil der Sterne, ihre Anzahl liegt bei etwa 200 Milliarden. Die dünne Scheibenkomponente ist dabei besser definiert als die dicke. Diese zwei Komponenten unterscheiden sich aufgrund des Alters und der chemischen Zusammensetzung ihrer Sterne. Die dünne Scheibe ist nur etwa 800 Lichtjahre hoch, die dicke Scheibe reicht bis 2500 Lichtjahre über und unterhalb der Scheibenebene hinaus.

In den 1950er Jahren wurde mittels Radiobeobachtungen entdeckt, dass die Karten des neutralen Wasserstoffgases und der Molekülgaswolken Spiralstrukturen aufweisen. Nur Radiowellen können die Staub- und Gaswolken in der Scheibenebene durchdringen, ein optischer Nachweis von Spiralarmen in der Milchstraße ist nicht möglich. Man geht heute von vier Spiralarmen aus, wobei zwei große Arme die Struktur dominieren, ergänzt durch zwei schwächere Arme. In manchen Modellen werden auch sechs Arme beschrieben, zwei große Spiralarme und jeweils zwei schwächere Arme, die die großen Arme fast einen Umlauf lang begleiten. Die unterschiedliche Anzahl der Arme resultiert aus verschiedenen Forschungsmethoden. So hat das Spitzer Space Telescope der NASA über 110 Millionen sonnenähnliche, schwächere Sterne vermessen. 2008 schloss man daraus auf zwei Spiralarme im Gegensatz zu der seit den 1950er Jahren verbreiteten Annahme von vier Armen. Aus radioastronomischen Beobachtungen von 1650 Riesensternen ergab sich dann wieder ein anderes Bild. Im Vergleich zu den von Spitzer beobachteten Sternen besitzen die Riesensterne eine kürzere Lebensspanne, wodurch feinere Armstrukturen nachgewiesen werden konnten. Seit 2013 geht man daher wieder von vier Spiralarmen der Milchstraße aus.

Da uns ein Blick von oben auf die Scheibenebene der Milchstraße nicht möglich ist, bleiben Aussagen über die genauen Armstrukturen wohl immer hypothetisch. Jedoch werden Verdichtungen im Band der Milchstraße diesen Armen zugeordnet und nach den Sternbildern benannt, in deren Richtung man auf den jeweiligen Spiralarm blickt. Die Sonne liegt im Orion-Arm, einem schwächeren Spiralarm. Dieser befindet sich zwischen den zwei großen, dominieren Armen. Bezogen auf die Position der Sonne sind dies der weiter außen verlaufende Perseus-Arm und der innenliegende Scutum-Centaurus-Arm. Ein weiterer, schwächerer Arm ist der Sagittarius-Carina-Arm, der Nachbar unseres lokalen Spiralarms. Im inneren Teil der Scheibenebene, davon gehen die aktuellen Modelle aus, besitzt die Milchstraße einen Balken (vgl. Abb. M.1). Vor dem Balken liegt der Norma-Arm und noch dichter am Balken der nahe 3-Kiloparsec-Arm. Auf der gegenüberliegenden Seite des Balkens verläuft symmetrisch dazu der ferne 3-Kiloparsec-Arm.

Wie man heute weiß, ist die Annahme einer völlig flachen Spiralebene unrealistisch. Die Ebenenstruktur wird durch Störeinflüsse aus der Scheibe selbst, etwa Supernovaexplosionen oder starke Sternwinde, verändert. Dazu kommen Einflüsse durch Gezeitenwechselwirkungen von dicht an der Milchstraße vorüberlaufenden Begleitgalaxien. Dies können räumlich begrenzte Effekte sein, die sich als lokale Verformungen der Ebene zeigen, oder Verbiegungen der gesamten Scheibenebene.

Den genauesten Einblick in die galaktische Scheibe haben wir naturgemäß in der Sonnenumgebung. Bei Sternen benutzt man zur Klassifizierung ihres Lichtspektrums Spektralklassen. Heiße Sterne gehören zu den O- und B-Sternen, die Sonne besitzt den Spektraltyp G, rote Riesensterne wie Aldebaran den Spektraltyp K. Offenbar befindet sich die Sonne in einer Region mit geringer Sterndichte, insbesondere sind Sterne mit der Spektralklasse B relativ selten. Allgemein lässt sich sagen, dass lokale Variationen der Sterndichte in der Sonnenumgebung meist bei den frühen Sterntypen ausgemacht werden können. Im Vergleich dazu sind späte Typen, etwa alte Zwergsterne, gleichmäßig verteilt. Ein Grund dafür kann sein, dass die späten Typen aufgrund ihres hohen Alters auch mehr Zeit hatten, sich von den Orten ihrer Entstehung wegzubewegen und heute gleichmäßig verteilt sind. Im Vergleich dazu liegen die jungen Sterne noch in oder zumindest nahe an ihren Geburtsstätten. Dies wird dadurch bestätigt, dass die Verteilung von A-Sternen bei galaktischen Breiten von 160° bis 210° mit der dort gemessenen hohen Konzentration von Wasserstoffgas zusammenfällt. Bei den Spektralklassen liegen A-Sterne, wie Wega oder Atair, zwischen den heißeren O- und B-Sternen und den kühleren F-Sternen, wozu Prokyon oder der Polarstern zählen. So klar der Zusammenhang von Sternentstehungsregionen und dichtem Wasserstoffgas erscheinen mag, gibt es auch Abweichungen von dieser Regelmäßigkeit, denn auf kleinen Skalen werden die Strukturen der lokalen Scheibe durch viele Einflüsse verändert.

Bezogen auf die große Ebenenstruktur ist die Sterndichte im Bereich der Spiralarme am größten, im Vergleich zum Raum zwischen den Armen aber nur um 60 % bis 70 % größer. Die Entstehung der Spiralstruktur durch Dichtewellen in der Scheibe wird im Kapitel zu den Spiralgalaxien erläutert.

Sterndichtemessungen an anderen Spiralgalaxien bestätigen, dass auch dort die Dichtevariationen zwischen den Spiralarmen und den Zwischenarmregionen eher gering ist. Bei diesen Studien fiel auf, dass die Sterndichten zwischen verschiedenen Galaxientypen viel stärker variieren als innerhalb einer Galaxie. So besitzt die Andromeda-Galaxie in ihrem Zentrum eine Sterndichte von etwa 100.000 Sonnenmassen pro Kubiklichtjahr, während die Dichte im Zentrum der Ursa-Major-Zwerggalaxie nur 0,00003 Sonnenmassen pro Kubiklichtjahr beträgt, also über drei Milliarden Mal geringer ist. Zum Vergleich dieser Werte mit der Sterndichte in der Milchstraße in der Sonnenumgebung kann man den Katalog der sonnennahen Sterne von Wilhelm Gliese nutzen. Dort sind 1049 Sterne in einem Volumen mit 65 Lichtjahren Radius verzeichnet, wodurch sich eine Sterndichte von 0,001 Sonnenmassen pro Kubiklichtjahr ergibt. Sicherlich ist der Katalog unvollständig, da viele leuchtschwache Sterne nicht

Abbildung M.2: Allsky-Aufnahme (Bildfeld 180°) der Milchstraße mit dem galaktischen Zentrum knapp rechts unterhalb der Bildmitte. Außerdem im Bild: Venus, Jupiter, Saturn und Mars. Aufnahme aus Namibia/Farm Kiripotib, 8-mm-Fisheye-Objektiv, Canon EOS 6D, 8 × 120 s belichtet. Bildautor: Rainer Sparenberg.

Abbildung M.3: Der offene Sternhaufen der Plejaden (M 45) im Sternbild Stier, umgeben vom galaktischen Staub der Taurus-Molekülwolke. Aufnahme von der Insel La Palma, 200-mm-Teleobjektiv, CCD-Kamera SBIG STL-11000, 100 min belichtet. Bildautoren: Stefan Binnewies, Rainer Sparenberg.

erfasst wurden; die tatsächliche Dichte der Sterne nahe der Sonne wird größer sein. Der heute üblicherweise benutzte Wert der Sterndichte in der Sonnenumgebung liegt bei 0,003 Sternen pro Kubiklichtjahr. Selbst in der Sonnenumgebung ist die Sterndichte also 100-mal größer als im Zentrum der Ursa-Major-Zwerggalaxie.

Den Raum ober- und unterhalb der Scheibe definiert die sphärische Komponente. Sie ist nur wenig von Sternen und Kugelsternhaufen besiedelt, man kann sie als eine ausgedünnte Fortsetzung des zentralen Bulges deuten. Die Kinematik der dortigen Sterne passt gut zum Modell einer, wenn auch sehr sternarmen, Elliptischen Galaxie.

Die am wenigsten verstandene Region der Milchstraße ist ihr massiver Halo. Auf die Existenz eines Halos wird aus den Bahngeschwindigkeiten der Sterne um das Zentrum der Galaxis geschlossen. Die damit ermittelte Rotationskurve der Galaxis zeigt, dass mit zunehmendem Abstand vom Zentrum die Umlaufgeschwindigkeit von Gas und Staub in der Scheibe nicht wie erwartet abnimmt, sondern nahezu konstant bleibt. Die Materie in der Milchstraße folgt demnach nicht den aus dem Planetensystem bekannten Keplerschen Gesetzen, sonst müsste die Rotationsgeschwindigkeit mit zunehmendem Zentrumsabstand abnehmen. Die Annahme einer im Zentrum der Milchstraße konzentrierten Masse kann daher nicht zutreffen.

Dieses Verfahren kann aber für die Massenbestimmung der Milchstraße insgesamt genutzt werden. Es geht davon aus, dass die kleinen Begleitgalaxien der Milchstraße deutlich masseärmer als die große Galaxis sind und sie sich auf Keplerbahnen beständig um die Milchstraße bewegen. Aktuelle Analysen mit dieser statistischen Methode ergeben für die Milchstraße eine Gesamtmasse von 960 Milliarden Sonnenmassen. Im Vergleich dazu erhält man durch Massenschätzungen der einzelnen Komponenten der Milchstraße nur einen Wert von 61 Milliarden Sonnenmassen (davon entfallen 9,1 Mrd. Sonnenmassen auf den Balken mit dem Bulge sowie 52 Mrd. Sonnenmassen auf die galaktische Scheibe). Die messbare Masse beträgt also nur den 15. Teil der gravitativ wirkenden Masse der Galaxis – ein deutlicher Hinweis darauf, dass die Milchstraße als eine kleine, leuchtende Welteninsel in einem großen, massereichen Paket aus Dunkler Materie zu sehen ist.

Abbildung M.4: Der Kugelsternhaufen M 15 im Sternbild Pegasus. Aufnahme vom Skinakas-Observatorium/Kreta, 600-mm-Reflektor, CCD-Kamera SBIG STL-11000, 60 min belichtet. Bildautoren: Stefan Binnewies, Josef Pöpsel.

DIE OBJEKTE IN DER MILCHSTRASSE

Neben Sternen findet man in der Milchstraße zahlreiche Objekte, die sich aus Sternen zusammensetzen, aus Sternen entstehen oder als Vorstufe einer Sternentwicklung beschrieben werden können. Die Milchstraße unterscheidet sich hier nicht von anderen Galaxien, so können diese Objekte in unserer Galaxis genau studiert werden, um sie dann in anderen Galaxien zu untersuchen. Mit dem Wissen der Astrophysik lassen sich dann Rückschlüsse auf die Entfernung oder chemische Zusammensetzung in bestimmten Regionen anderer Galaxien ziehen.

Am häufigsten vertreten sind offene Sternhaufen. Darunter versteht man eine Ansammlung von Sternen, die fast zeitgleich entstanden sind, etwa die Plejaden im Sternbild Stier (vgl. Abb. M.3). Sie liegen meist in der galaktischen Ebene und beinhalten junge Sterne, die aufgrund des gleichen Ursprungs auch ähnliche chemische Zusammensetzungen aufweisen. Ein Beispiel hierfür sind sogenannte OB-Assoziationen, die die massivsten Sternhaufen in der Milchstraße stellen. Ihre jungen, heißen Sterne sind nur wenige Millionen Jahre alt. Man findet dort häufig riesige Wolf-Rayet-Sterne, die ihre Hülle abgestoßen haben und den Blick auf ihren heißen Kern freigeben. Einige dieser Exemplare reichen an die obere Massengrenze für Sterne von 100 Sonnenmassen heran und übertreffen diese sogar. Diese Massengrenze ergibt sich aus Sternmodellrechnungen, die aber von vielen Parametern abhängen und eher einer Grenzregion bei 100 bis 120 Sonnenmassen entsprechen.

Eine kompaktere Ansammlung von Sternen sind Kugelsternhaufen, die zu den ältesten Objekten der Milchstraße zahlen. Einer der größten Kugelsternhaufen der Milchstraße ist M 15 im Sternbild Pegasus. Er befindet sich im galaktischen Halo und ist etwa 35.000 Lichtjahre von der Erde entfernt (vgl. Abb. M.4). In Kugelsternhaufen sind innerhalb eines Durchmessers von 200 Lichtjahren über 100.000 Sterne konzentriert, wobei über die Hälfte der Sterne in einem Gebiet von nur zehn Lichtjahren zu finden ist. Durch diese dichte Anordnung messen die minimalen Abstände zwischen den Sternen weniger als 0,1 Lichtjahre. Bei besonders massereichen Kugelsternhaufen geht man davon aus, dass sie ein Bindeglied zu den Zwerggalaxien darstellen könnten. Ihre Gesamtmasse reicht mit einigen Millionen Sonnenmas-

Abbildung M.5: Der Trifidnebel (M 20) im Sternbild Schütze, eine beispielhafte Kombination aus Emissions- und Reflexionsnebeln. Aufnahme aus Namibia/Farm Tivoli, 600-mm-Reflektor, CCD-Kamera SBIG ST-10XME, Mosaik aus zwei Teilen, je Feld 40 min belichtet. Bildautoren: Josef Pöpsel, Beate Behle.

sen in den Massenbereich der Zwerggalaxien hinein. Astronomen vermuten, dass diese großen Kugelsternhaufen zentrale Schwarze Löcher enthalten könnten. Deren Massen würden im Bereich von einigen Hundert bis einigen Tausend Sonnenmassen liegen. Bei M 15 wurde 2002 eine mögliche Masse von 4000 Sonnenmassen für das kompakte Objekt im Zentrum des Haufens ermittelt. Neuere Untersuchungen korrigierten diesen Wert auf 3400 Sonnenmassen innerhalb von 0,16 Lichtjahren.

In der Milchstraße, aber auch in anderen Galaxien, findet man selbstleuchtende, kompakte Regionen aus Wasserstoffgas, deren rotes Licht der Hα-Emission für sie charakteristisch ist und die man als HII-Regionen bezeichnet. Ein schönes Beispiel ist der rote Teil des 5200 Lichtjahre entfernten Trifidnebels im Sternbild Schütze (vgl. Abb. M.5). Durch die intensive UV-Strahlung heißer Sterne (meist sind es O- und B-Typen mit T > 20.000 K) wird das Wasserstoffgas ionisiert, daher die Bezeichnung HII im Unterschied zum neutralen Wasserstoff HI. Bei der Rekombination wird Licht emittiert. Dabei fangen die Wasserstoffatomkerne Elektronen auf hohen Energieniveaus ein und die anschließende Kaskade auf niedrigere Niveaus führt zur Emission charakteristischer Strahlungen, die im Spektrum als Emissionslinien sichtbar sind. Je nach dem erreichten Niveau unterscheidet man hier die Liniengruppen der Lyman-, Balmer- und Paschen-Serie. Die rote HII-Emission ist die häufig beobachtete Hα-Linie der Balmer-Serie. Die Größe von HII-Regionen hängt unter anderem von der Temperatur des anregenden Sternes ab. Man spricht hier von der Strömgren-Sphäre und kann aus der Größe Rückschlüsse auf den Stern und die Dichte des Wasserstoffgases ziehen. Die HII-Regionen expandieren aufgrund des thermischen Drucks und besitzen daher eine endliche Lebenszeit von etwa einer Million Jahre.

Im Unterschied zu den selbstleuchtenden Emissionsnebeln gibt es auch Reflexionsnebel. Dabei handelt es sich um interstellare Materie, meist ist es Staub, die das Licht eines nahen Sterns reflektiert (vgl. Abb. M.6). Der Trifidnebel zeigt neben dem rot leuchtenden Emissionsnebel einen blauen Reflexionsnebel. In diesem Nebelbereich reicht das Licht des zu weit entfernten Sterns nicht aus, um die Wasserstoff-Atome zum Leuchten anzuregen. Das Resultat ist blaues Streulicht, das auf Astrofotografien weniger hell erscheint.

Dunkelnebel oder Globulen gehören ebenfalls zu den häufigen Objekten in der Milchstraßenebene. Ein Beispiel ist LDN 1495, ein mehrere Grad großer Dunkelnebel im Sternbild Stier (vgl. Abb. M.7). Dunkelnebel absorbieren das Licht der hinter ihnen liegenden Sterne. Diese Extinktion im Optischen wird durch den Staub in den Dunkelnebeln verursacht. Infrarotlicht besitzt eine längere Wellenlänge und wird daher weniger stark absorbiert und gestreut als sichtbares Licht. Somit wird der Nebel durchsichtig und man kann dahinterliegende Sterne untersuchen, um durch die Absorptionslinien ihrer Spektren die Elementzusammensetzung des Staubes studieren.

Interstellare Wolken sind die allgemeine Bezeichnung für Gaswolken, die hauptsächlich aus Wasserstoff bestehen und die sich im Raum zwischen den Sternen befinden. Deren atomares Wasserstoffgas kann auch zum Leuchten angeregt werden, dieses Energieniveau liegt aber unterhalb des sichtbaren Lichts im Bereich der Radiowellen. Diese HI-Strukturen sind komplex, sie werden für die großflächige Untersuchung der Spiralarme herangezogen, sind aber auch durch lokale Geschehnisse geprägt. Gerade in der nahen Sonnenumgebung ist die Differenzierung dieser kleinskaligen HI-Wolkenbilder schwierig, da man ihre Entfernung nicht immer sicher feststellen kann. Unter der Annahme, dass das interstellare Gas in Beobachtungsrichtung gleichmäßig verteilt ist, kann man aus der Stärke der Absorptionslinien ein Ent-

Abbildung M.6: Nebellandschaft im Kopf des Sternbildes Skorpion, bestehend aus Reflexionsnebeln (blau und gelb), Emissionsnebeln (rot) und Dunkelwolken (rotbraun bis schwarz). Aufnahme von der Insel La Palma, 200-mm-Teleobjektiv, CCD-Kamera SBIG STL-11000, Mosaik aus drei Teilen, je Feld 180 min belichtet. Bildautoren: Stefan Binnewies, Rainer Sparenberg.

fernungsmaß ableiten. Diese Proportionalität zwischen Linienbreite und Entfernung lässt sich gut bei Natrium- oder Kalzium-Absorptionslinien nutzen. Weitere Paramater sind die Abschwächung (Extinktion A_v) und die Verfärbung (Farbexzess E = B–V) des Lichts der Sterne, das die Staub- und Gaswolken durchläuft. Der Effekt der Extinktion ist wellenlängenabhängig und bewirkt eine Rötung, Rotes Licht wird weniger stark gestreut als blaues, somit verschiebt sich der Strahlungsschwerpunkt in den roten Spektralbereich. In Zahlen ausgedrückt bedeutet dies, dass der Farbexzess größer wird und immer mehr von der ursprünglichen Farbe des Sterns abweicht, je größer die interstellare Wolke ist, durch die das Licht des Sterns läuft. Das Verhältnis von visueller Exstinktion A_v und Farbexzess in der Milchstraße ist relativ konstant und liegt im Mittel bei 3,1. Die Zunahme der Extinktion mit der Entfernung kann man auch mit einer Abnahme der visuellen Sternhelligkeit beschreiben, im Mittel sind dies 0,1 mag für 1000 Lichtjahre, in der galaktischen Ebene ist die Abnahme stärker und liegt bei 0, 7 mag pro 1000 Lichtjahren. Die vom interstellaren Staub verschluckte Strahlung geht nicht verloren, sondern lässt sich als diffuse Infrarotstrahlung im Mikrometer-Wellenlängenbereich nachweisen. Die interstellare Materie macht etwa 10 % der sichtbaren Masse der Milchstraße aus und setzt sich zu 99 % aus Gas und zu 1 % aus Staub zusammen. Die dominierenden Elemente sind dabei mit etwa 90 % Wasserstoff sowie mit 9 % Helium. Der Anteil schwererer Elemente beträgt weniger als 1 %, nach ihrer Häufigkeit sortiert bilden Kohlenstoff, Stickstoff, Sauerstoff, Natrium und Neon die Top 5. Die Temperatur der Molekülwolken und der HI-Wolken liegt im Bereich von 20 K bis 100 K, man findet hier also nur neutrale Atome und Moleküle. Zum Vergleich: Bei Tempera-

Abbildung M.7: Dunkelwolke/Molekülwolke LDN 1495 im Sternbild Stier. Aufnahme vom Skinakas Observatorium/Kreta, 300-mm-Reflektor, CCD-Kamera SBIG STL-11000, 410 min belichtet. Bildautoren: Makis Palaiologou, Stefan Binnewies.

turen von 10.000 K, wie sie in HII-Regionen herrschen, ist das Gas fast vollständig zu Plasma ionisiert und zeigt die oben beschrieben Emissionseffekte.

Die Energie der interstellaren Materie stammt generell aus der Strahlung und den Winden von Sternen. Durch die geringen Teilchendichten von 100 bis 10.000 Atomen/cm^3 ergibt sich eine nur kleine Wechselwirkung der Teilchen untereinander. Anders als bei einem Gas normaler Dichte, bei dem ein angeregter Zustand eines Atoms durch Stöße erzeugt werden kann, erlaubt erst die geringe Gasdichte HI-Radioemission bei 21 cm Wellenlänge. Bemerkenswert ist auch, wie das interstellare Medium entdeckt wurde: Im Jahr 1904 stellte der Astronom Johannes Hartmann im Spektrum des Doppelsterns Delta Orionis fest, dass die Kalzium-K-Linie sich nicht wie die anderen Linien des Doppelsternsystems bewegt. Er deutete dies als Hinweis auf kühle Materie, die sich im interstellaren Raum zwischen dem Sternsystem und der Erde befinden muss.

Ein weiterer Objekttyp in der Milchstraße sind die Planetarischen Nebel (PN). Abbildung M.8 zeigt NGC 246, einen 2000 Lichtjahren entfernten PN im Sternbild Walfisch. Planetarische Nebel entstehen durch Gas und Plasma, das von einem Stern am Ende seiner Entwicklung abgestoßen wird. Sie sind typische Endstadien für Sterne mit einer Masse von unter zwei Sonnenmassen. Bei diesen Massenangaben ist immer Vorsicht geboten, da in Doppelsternsystemen der Massenübertrag zwischen den zwei Komponenten diese Grenze verschieben kann. Das Gas des planetarischen Nebels wird durch die ultraviolette Strahlung ionisiert und das Spektrum des Nebels ist durch wenige prominente Emissionslinien dominiert. Die Farbanteile dieser Linienstrahler setzen sich maßgeblich aus Blaugrüntönen der [OIII]-Emissionslinien und der Hα- und [NII]-Linien im roten Spektralbereich zusammen. Man schätzt die Anzahl der Planetarischen Nebel in der Milchstraße auf 1500. Das Hubble-Weltraumteleskop hat viele davon beobachtet und gezeigt, dass nur ein Fünftel davon einen kugelsymmetrischen Aufbau besitzt. Die Mehrzahl der PN ist komplex aufgebaut – Gründe dafür sind, dass sich das Vorgänger-Sternsystem relativ zum interstellaren Medium bewegt und die ausgestoßenen Gashüllen ungleichmäßig abgebremst werden oder auch der Eindruck entsteht, dass das Gas verweht wird. Interessanterweise erkennt man auf vielen PN-Aufnahmen eine Symmetrieachse, von der man annimmt, dass sie mit der Rotationsachse des Vorgängersterns verbunden ist oder ihr sogar entspricht. Man geht mittlerweile auch davon aus, dass Magnetfelder der zentralen Zwergsterne eine Rolle bei der Formentwicklung des Planetarischen Nebels spielen.

Bei massereichen Sternen kommt es an ihrem Lebensende, wenn der Kernbrennstoff verbraucht ist, zum Gravitationskollaps und einer Supernova. Der zugehörige Massenbereich liegt bei etwa acht bis 30 Sonnenmassen, man spricht von einer Typ-II-Supernova. Im Gegensatz dazu entstehen Supernovae vom Typ Ia aus Doppelsternsystemen, die aus einem Weißen Zwergstern und einem Begleitstern bestehen. Vom Begleitstern fließt Materie zum Weißen Zwerg, was dort zu Nova-Ausbrüchen führt, die einen Teil des aufgesammelten Wasserstoffgases verbrauchen. Sammelt sich genügend Masse beim Weißen Zwerg an, überschreitet er irgendwann die Chandrasekhar-Grenze. Diese liegt bei Weißen Zwergen, die aus Kohlenstoff und Sauerstoff bestehen, bei 1,46 Sonnenmassen. Besitzt der Weiße Zwerg einen Eisenkern, dann liegt diese Grenze bei 2,15 Sonnenmassen. Die Supernova-Typen können durch ihre Lichtkurven und Spektren unterschieden werden. Die Leuchtkraft einer Supernova ist enorm und übertrifft die des Vorgängersterns um das Milliardenfache, für kurze Zeit leuchtet sie so hell wie alle Sterne der Milchstraße zusammen. Supernovae haben in Bezug auf die Durchmischung von Gas in der Scheibenebene eine wichtige Funktion. Ihre mit 10.000 km/s expandierenden Hüllen geben in Stoßfronten Energie an das interstellare Gas ab und heizen es auf. Sie erzeugen damit eine Substruktur der Gasverteilung im Bereich der Spiralarme. Darüber hinaus sind sie auch die Energiequelle der heißen Phase der interstellaren Materie. Diese zeigt sich als diffuse Röntgenstrahlung, die in der Milchstraße, aber auch in anderen Galaxien nachgewiesen wurde. Abbildung M 9 zeigt Simeis 147, einen Supernova-Überrest in 3000 Lichtjahren Entfernung.

Die bisher beschriebenen Objekte stellen quasi die visuelle Prominenz dar, es gibt aber auch weniger bekannte Objekte, die durch verbesserte Beobachtungsmethoden an Bedeutung gewonnen haben.

1995 wurde mit Gliese 229B der erste Braune Zwerg nachgewiesen. Der Massebereich Brauner Zwerge von 13 bis 80 Jupitermassen empfiehlt sie als Bindeglied zwischen Gasplaneten und Sternen. In ihrem Inneren findet eine zeitlich beschränkte Deuterium-Fusion statt, aber die vollständige Fusion von Wasserstoff zu Helium wird nicht erreicht. Die Atmosphären Brauner Zwerge sind kühl, meist mit Temperaturen von 200 K bis 2000 K, ihr Nachweis ist daher nur im Infrarotlicht möglich. Braune Zwerge entstehen mit normalen Sternen in Sternhaufen. Man nimmt an, dass es genauso viele Braune Zwerge gibt wie normale Sterne. Dieser Anteil von 50 % könnte eine universelle Größe für Sternhaufen sein. Dann würde die Milchstraße bis zu 100 Milliarden Braune Zwerge beheimaten.

Abbildung M.8: Der Planetarische Nebel NGC 246 im Sternbild Walfisch. Aufnahme vom Skinakas Observatorium/Kreta, 1,3-m-Reflektor, CCD-Kamera Andor DZ 436, 130 min belichtet. Bildautoren: Makis Palaiologou, Stefan Binnewies.

DIE STERNPOPULATIONEN DER MILCHSTRASSE

In der Astronomie beschreibt man mit dem Begriff „Population" oder „Sternpopulation" eine Menge von Sternen in einer Galaxie, die ein ähnliches Alter aufweisen. Meist findet man als Indikator für das Sternalter den Begriff der Metallizität, d.h. den Anteil von schwereren Elementen als Wasserstoff oder Helium, die man im Sternspektrum nachweisen kann. Diese Metallizität ist umso größer, je älter ein Stern ist. Die Klassifikation anhand von Sternpopulationen geht auf Walter Baade zurück. Seine Forschung begann er in den 1920er Jahren mit der systematischen Untersuchung von Sternen schwankender Helligkeit in Kugelsternhaufen. Mit der damals neu entdeckten Perioden-Leuchtkraft-Beziehung konnte man aus der Periode des Lichtwechsels auf die absolute Helligkeit des Sterns schließen. So konnte Baade die Entfernung der Kugelsternhaufen abschätzen und damit auf ihre Lage relativ zur Milchstraße schließen. Als Datenquelle dienten Baade dabei Fotoplatten, die er unter schwierigen Bedingungen an der Hamburger Sternwarte aufgenommen hatte. Dabei fiel ihm auf, dass senkrecht zur Milchstraßen-

Abbildung M.9: Der Supernova-Überrest Simeis 147 im Sternbild Stier. Aufnahme von der Insel La Palma. 200-mm-Teleobjektiv, CCD-Kamera SBIG STL-11000, 330 min belichtet. Bildautoren: Stefan Binnewies, Rainer Sparenberg.

ebene, also in Richtung der galaktischen Pole, die Sterndichte immer weiter abnahm. In einer Entfernung von 10.000 bis 12.000 Lichtjahren sank die Sterndichte praktisch auf null. Walter Baade war ein hervorragender Beobachter, der mit verschiedenen Techniken experimentierte. Er benutzte besonders rotempfindliche Fotoplatten bei Aufnahmen des Milchstraßenzentrums, um den negativen Einfluss der interstellaren Extinktion zu minimieren.

Baade arbeitete später am Mount-Wilson-Observatorium nahe Los Angeles und wandte auch hier die Methode unterschiedlich farbempfindlicher Platten an, um nahe Galaxien aufzunehmen. Mit rot- und gelbempfindlichen Fotoplatten erstellte er Aufnahmen der Andromeda-Galaxie M 31, um den zentralen Bereich und ihre Scheibe zu untersuchen. Baade stellte Farbhelligkeitsunterschiede bei den Sternen fest, woraus er auf die Existenz von zwei Populationen schloss. Als „Population-I" beschrieb er heiße, junge Sterne und HII-Regionen, die er vor allem in den Spiralarmen von M 31 fand. In den Nachbargalaxien von M 31 (das sind M 32 und NGC 205) und im Zentrum von M 31 fand er meist Rote Riesen als hellste Sterne, die er zur „Population-II" klassifizierte. 1944 veröffentlichte Walter Baade dieses wegweisende Forschungsergebnis, wonach in der Milchstraße zwei Populationen von Sternen anzutreffen sind, die sich bezüglich ihrer Position in der Milchstraße und ihrer Astrophysik unterscheiden.

Später wurde diese Unterscheidung weiter verfeinert, heute ordnet man hauptsächlich Objekte in der flachen Scheibe der Population I zu. Dazu zählen helle O- und B-Sterne, Cepheiden-Veränderliche, Emissionsnebel und neutrales Wasserstoffgas. Die Mitglieder der Population II hingegen bevölkern ein größeres, fast kugelförmiges Volumen und beinhalten Kugelsternhaufen, RR-Lyrae-Veränderliche und seltene Objekte wie sogenannte Hochgeschwindigkeitssterne, deren

Geschwindigkeiten weit über denen der Population-I-Sterne liegen. Im Laufe der Zeit entstanden weitere Unterteilungen der Populationen. Diese reichen von der sphärischen „Halo-Population-II“ zur „extremen Population I“, die in einer sehr flachen Scheibenregion liegen. Es festigten sich damit auch die Begriffe des Halos, der die Milchstraße kugelförmig einschließt, sowie die der dicken und dünnen Scheibe, die man verwendet, um die Hauptebene zu differenzieren.

Mit den Erkenntnissen zur Sternentwicklung konnten ab den 1950er Jahren die Populationen auch astrophysikalisch modelliert werden. Hochaufgelöste Sternspektren bestätigten diese Sternentwicklungsrechnungen und zeigten, dass die zwei Populationen auf eine unterschiedliche Sternchemie zurückzuführen sind. Population-II-Sterne besitzen eine viel geringere Metallizität – die Häufigkeit der schweren Elemente ist im Vergleich zu Population-I-Sternen meist um das Fünf- bis Zehnfache, in Ausnahmefällen um das Hundertfache geringer. Damit wurde auch klar, dass sich die zwei Populationen anhand des Alters der Sterne unterscheiden.

So liegt das Alter der Population-II-Sterne meist bei einigen Milliarden Jahren, die ältesten Sterne mit einem Alter von elf bis 13 Milliarden Jahren befinden sich in den Kugelsternhaufen.

Die Dualität der Population in und nahe der Scheibe zeigt sich bereits in der Sonnenumgebung, wenn man die Geschwindigkeit und Elementhäufigkeit der nahen Sterne in Verbindung setzt. Man findet hier Hochgeschwindigkeitssterne, die eine relativ große Geschwindigkeitskomponente besitzen, die senkrecht zur galaktischen Ebene orientiert ist. Bezogen auf die gleichmäßige Rotation der galaktischen Ebene von etwa 200 km/s, wie sie die Sonne erfährt, ist die Rotationsgeschwindigkeit dieser Hochgeschwindigkeitssterne geringer und liegt meist unter 100 km/s. Für einige dieser Sterne misst man sogar einen retrograden Orbit, sie bewegen sich also entgegen der Rotationsströmung. Eigentlich widerspricht die geringe Rotationsgeschwindigkeit ihrer Bezeichnung, doch man hat sie aufgrund ihrer großen Bewegung am Himmel relativ zu weiter entfernten Sterne entdeckt. Ein Beispiel dafür ist Arktur, der hellste Stern im Bärenhüter, der sich mit 2,28″ pro Jahr bewegt. Seine Position haben Astronomen seit über 330 Jahren kartografisch dokumentiert; in dieser Zeit hat Arktur fast 13′ zurückgelegt. Der schnelllaufende Arktur gehört zur Population II und nicht zur Population I wie die Sonne und wie fast alle Sterne, die wir mit bloßem Auge am Nachthimmel erkennen können. Fügt man bei sonnennahen Sternen zu den Messdaten ihrer Geschwindigkeit noch die Häufigkeit an schweren Elementen hinzu, so stellt man fest, dass die mitrotierenden Sterne einen hohen Anteil an schweren Elementen aufweisen. Im Gegensatz dazu ist der Wert bei den Hochgeschwindigkeitssternen 100- bis 1000-mal geringer und liefert einen wichtigen Hinweis, dass diese Schnellläufer zu einer anderen, viel älteren Population gehören. Als wahrscheinlicher Ursprung dieser Hochgeschwindigkeitssterne gelten Kugelsternhaufen im Halo, aus denen sie aufgrund von Wechselwirkungen zwischen den Mitgliedern herausgeschleudert wurden.

Fasst man die Erkenntnisse der Populations-Forschung zusammen, so kann man das Alter, die chemische Zusammensetzung und die Kinematik der Sterne als wichtigste Parameter festhalten.

Diese Unterschiede gelten auch für andere Galaxien, man trifft aber in der Regel auf eine Mischung der Populationen, die mit dem Galaxientyp in Verbindung steht und somit eine Unterscheidung zwischen Elliptischen Galaxien und Spiraltypen mit und ohne Balken ermöglicht. Bei der Milchstraße konzentriert sich die Population I in einer flachen Scheibe und die Population II verteilt sich zum einen in einer dicken Scheibe und einem sphärischen Halo. Elliptische Galaxien bestehen fast nur aus Population-II-Sternen, irreguläre Galaxien werden hingegen durch eine dicke Scheibe aus Population-I-Sternen dominiert. Dazu spielt die Masse der Galaxie eine wichtige Rolle. Die relativ massereiche Milchstraße besitzt kaum junge Sterne mit geringer Metallizität. Schaut man hingegen in eine irreguläre Zwerggalaxie, die viel weniger Masse besitzt, so findet man dort solche jungen Sterne mit wenigen schweren Elementen. Vermutlich hatten Zwerggalaxien für ihre Entwicklung noch zu wenig Zeit, damit sich in ihnen Sterne mit schwereren Elementen entwickeln konnten.

Besonders eindrucksvoll ist dieser Altersunterschied der Populationen am Beispiel Arktur. Das Alter des Roten Riesensterns schätzt man auf zwölf Milliarden Jahre. Dieser Methusalem unter den sonnennahen Sternen entstand zu einer Zeit, bevor die Milchstraße ihre Scheibe ausgebildet hatte. Deren Entstehung taxieren Astronomen auf einen Zeitraum vor sieben bis zehn Milliarden Jahren. Zur Bestimmung des Alters der Milchstraße wird der Anteil des Elements Beryllium in den Sternen gemessen. Beryllium ist eines der leichtesten Elemente, aber nicht wie Wasserstoff, Helium und Lithium während des Urknalls entstanden. Im Gegensatz zu den meisten anderen schwereren Elementen (bis zum Element Eisen) wird es nicht im Inneren der Sterne produziert, sondern es entsteht bei der Aufspaltung schwerer Elemente durch den Beschuss durch hochenergetische kosmische Strahlung. Deren Photonen durchquerten die frühe Milchstraße, geführt durch das galaktische Magnetfeld, und produzierten eine gleichförmig über die Milchstraße verteilte Berylliumhäufigkeit. Im Laufe der Zeit nahm dieser Anteil weiter zu und es entstand eine Art Beryllium-Uhr, die man zur Altersbestimmung von Objekten in der Milchstraße einsetzt. Das Prinzip dieser Uhr besteht in der Annahme, dass die Zeitspanne zwischen dem Ableben der allerersten Sterne und der Entstehung neuerer Sterne aus dem mit Beryllium angereicherten interstellaren Medium umso größer ist, je mehr Beryllium in den Sternen nachgewiesen werden kann. So einfach dieses Verfahren auch scheint, so schwierig ist dessen Anwendung. Denn Beryllium wird bei Temperaturen über einigen Millionen Grad zerstört, wie sie etwa in Riesensternen auftreten. Daher nutzt man für die Altersuntersuchung massearme, wenig entwickelte Sterne in Kugelsternhaufen. Das Alter der Milchstraße soll nach aktuellem Stand der Forschung 13,6 Milliarden Jahre mit einer Unsicherheit von ± 0,8 Milliarden Jahre betragen. Dies passt zum Alter der Universums und belegt, dass die ersten Sterne der Milchstraße schon etwa 200 Millionen Jahre nach dem Urknall entstanden sind.

DIE ENTWICKLUNG DER GALAKTISCHEN KOMPONENTEN

Die dünne Scheibe der Milchstraße enthält das Gas und junge Sterne, sie ist reich an schweren Elementen. Die dicke Scheibe besteht aus einer älteren Sternpopulation, deren Metallizität geringer ist, wobei die Sterne der dicken Scheibe nicht die geringen Häufigkeiten der schweren Elemente aufweisen wie die Halosterne. Eine einfache Folgerung aus dieser Beschreibung wäre, dass die dicke Scheibe vor der dünnen Scheibe entstanden sein muss und dass die aktuelle Sternentstehung in der dünnen Scheibe stattfindet.

Für diese Annahme sprechen mehrere Szenarien. So könnte die dicke Scheibe durch Akkretion, also durch das Aufsammeln von Sternen aus dicht an der Milchstraßenebene vorbeilaufenden kleinen Galaxien entstanden sein. Oder durch eine radiale Wanderung der Sterne vom Bulge in die Scheibenebene hinein, sodass langsam die dicke Scheibe entstanden ist. Der Grund dafür können Resonanzphänomene, hervorgerufen durch Dichtewellen-Effekte, oder die Rotation des zentralen Balkens sein. Gegen die Theorie der eingefangen Sterne spricht, dass die dicke Scheibe wie die dünne Scheibe rotiert. Mit externen Einflüssen wie dem Einsammeln von Sternen aus Begleitgalaxien oder durch sie ausgelöste Störungen der Sternbewegungen würden sich nach Simulationsrechnungen für die Sterne der dicken Scheibe stark exzentri-

☞ DIE MILCHSTRASSE IM ÜBERBLICK

	GRÖSSE UND ZUSAMMENSETZUNG	GESCHWINDIGKEIT UND MASSE
MILCHSTRASSE	Typ: SBc Durchmesser: 100.000 bis 120.000 Lichtjahre 100 bis 400 Milliarden Sterne	Messungen ergaben zwischen 450 bis 1500 Milliarden Sonnenmassen Die geschätzte Masse der Sterne liegt im Bereich von 460 bis 650 Milliarden Sonnenmassen Die Milchstraße ist etwa halb so schwer wir M 31
BULGE	Metallarme Sterne, Verhältnis [Fe/H] = −2 bis −3 Zentrales Schwarzes Loch mit einer Masse im Bereich von etwa 3 bis 4 Millionen Sonnenmassen	Die mittlere Rotationsgeschwindigkeit liegt im Bereich von 50 bis 100 km/s
DÜNNE SCHEIBE	Mittlere Höhe ca. 800 Lichtjahre Sehr metallreiche Sterne, Verhältnis [Fe/H] = −0,5 bis 0 (Sonne) Staub, Gas (interstellares Medium), Sterne (Alter jünger als zehn Milliarden Jahre)	200 Milliarden Sterne, Mittlere Rotationsgeschwindigkeit ist größer 200 km/s
DICKE SCHEIBE	Höhe ca. 2500 Lichtjahre Metallarme Sterne, Verhältnis [Fe/H] = −0,5 bis −1.5 Ältere Sterne im Vergleich zur dünnen Scheibe Sternbahnen besitzen größere Exzentrizität	Besitzt nur 10 % der Masse der dünnen Scheibe, mittlere Rotationsgeschwindigkeit liegt bei 60 bis 80 km/s
HALO	Kugelförmig, Durchmesser ca. 150.000 bis 170.000 Lichtjahre Sehr metallarme Sterne, Verhältnis [Fe/H] = −2 bis −3 Sterne besitzen mehr α-Elemente (O, Mg, Si) im Vergleich zur Sonne Halo-Alter ca. 13,5 Milliarden Jahre Besteht zu 95 % aus Dunkler Materie	Halo-Masse wahrscheinlich im Bereich von 800 bis 3000 Milliarden Sonnenmassen Leuchtende Halo-Materie umfasst etwa 90 Milliarden Sonnenmassen Mittlere Rotation fast null, die Verteilungsbreite der Geschwindigkeiten liegt unter 50 km/s

Die Angaben in der Tabelle haben sich in den letzten Jahren als Literaturwerte der Forschung etabliert; Abweichungen zu manchen Publikationen sind möglich.

sche Bahnen ergeben. Da aber weder Sterne mit solchen Bahnen noch Spuren im Halo, etwa Gezeitenschweife, beobachtet werden, ist dies keine schlüssige Erklärung für die zweiteilige Scheibenstruktur.

Das alternative Szenario für die Entstehung der dicken Scheibe liefert die Dichtewellen-Theorie und die daraus resultierende radiale Migration von Sternen. Die Unterschiede in der Metallizität der Sterne würde sich dadurch erklären lassen, dass unter den alten Scheibensternen auch Sterne sind, die vor langer Zeit in die dicke Scheibe eingewandert sind.

Mit ausgeklügelten Computersimulationen wurde ermittelt, dass die dicke Scheibe sehr früh in der Geschichte der Milchstraße entstanden sein muss. Die dünne Scheibe bildete sich erst im Laufe der Zeit durch Gasanreicherung und brachte so die dominierenden Spiralarme hervor. Einen tieferen zeitlichen Einblick in die Evolution der Milchstraße liefert damit eher die dicke Scheibe.

Im Vergleich zur Scheibe erscheint der Bulge vergleichsweise einfach aufgebaut. Diese Verdichtung von Sternen ist besonders gut auf Weitwinkelaufnahmen der Milchstraße zu sehen (vgl. Abb. M.2). Die klassische Entstehung des Bulges wird durch den Kollaps einer großen Gaswolke oder durch aufeinanderfolgende Verschmelzungsprozesse kleinerer Gaswolken beschrieben. In diesem Bild ähnelt der Bulge formell einer kleinen Elliptischen Galaxie im Zentrum der Milchstraße. Dazu gehören alte, rote Sterne und eine geringe Rotation bzw. eine ungeordnete Bewegung. Wie bei den Überlegungen zur galaktische Scheibe beginnt die Forschung, dieses klassische Bulge-Modell mehr und mehr in Frage zu stellen. Eine alternative Beschreibung benutzt eine von außen ungestört ablaufende Scheibenentwicklung, bei der durch Instabilitäten ein Balken entsteht, der die verschiedenen Sternbahnen erzeugt. Der Bulge und der innere Scheibenbereich bilden dabei eine fast einheitliche Population mit einer geordneten Rotation und einer länger anhaltenden Sternentstehung. Da der beobachtete Bulge hier auf die Wirkung des Balkens zurückgeht, spricht man in diesem Fall von einem „Pseudo-Bulge".

Bei der Untersuchung der Metallizität von Bulge-Sternen zeigen neueste Beobachtungen, dass die Verteilung der schweren Elemente zwei Häufungspunkte aufweist und sich damit zwei Populationen im Bulge befinden. Analysiert man die räumliche Anordnung der Sterne, so liegen metallreiche Sterne in einem Balken und die metallarmen formen einen Sphäroid. Bei der Beurteilung der Bulgepopulationen setzen Astronomen die Hinweise wie Puzzlestücke zusammen, um Rückschlüsse auf den Bulge-Typ der Milchstraße ziehen zu können. Ein Beispiel hierfür ist der nachgewiesene Gradient der Metallizität im Bulge. Danach sind die inneren Bulge-Sterne metallreicher als jene am Rand des Bulges. Diese Annahme passt gut zum klassischen Bulge, nicht aber zum Pseudo-Bulge-Modell, das eine höhere Durchmischung und damit eine gleichförmige Verteilung aufweisen sollte. Als Gegenargument kann man hier anführen, dass der Verlauf kein Gradient innerhalb einer Population sein muss, sondern dass im Bulge zwei unterschiedliche Populationen an einem Ort vorliegen.

In den letzten Jahren kamen weitere Forschungsergebnisse hinzu, die bei der Klärung der Frage zur Natur des Bulges weiterhelfen. So fanden sich bei Bulge-Sternen mit geringen galaktischen Breiten zwei Häufungen an roten Sternen, die eine räumliche Entfernung von 7500 Lichtjahren aufweisen. Man interpretiert dies als Hinweis auf die Existenz eines X-förmigen Bulges. Der Kreuzungspunkt des X fällt dabei mit dem Zentrum der Milchstraße zusammen. Die zwei Sternverdichtungen liegen in diesem Modell an den zwei Balkenenden und gehen dort an die tangential ansetzenden Spiralarme über. Dieses Ergebnis spricht für den Beitrag eines Pseudo-Bulges, da ein klassischer Bulge strukturlos ist. Der Balken der Milchstraße wird demnach durch die metallreichen Sterne aufgebaut und bildet somit eine metallreiche Balken-Population, die mit zum Bulge beiträgt. Der Bulge ist also nicht homogen, sondern eine Mischung mehrerer Sternpopulationen und kombiniert die Modelle des klassischen und des Pseudo-Bulges.

LITERATUR UND LINKS

Gregersen, E.: *The Milky Way and Beyond: Stars, Nebulae, and Other Galaxies*, Astronomy and Space Exploration, The Rosen Publishing Group, 2009

Köppen, J: *A Complete Survey of Galactic Hydrogen near the Galactic Plane*, http://portia.astrophysik.uni-kiel.de/~koeppen/GCOViewer/index.html, 2013

Patel, E. u.a.: *Estimating the Mass of the Milky Way Using the Ensemble of Classical Satellite Galaxies*, The Astrophysical Journal 857, 2018

Licquia, T. u.a.: *Improved estimates of the Milky Way's stellar mass and star formation rate from hierarchical Bayesian meta-analysis*, The Astrophysical Journal 806, 2015

Sci-News: *Milky Way Galaxy Has Four Spiral Arms*, http://www.sci-news.com/astronomy/science-milky-way-galaxy-four-spiral-arms-01649.html, 2013

Schlimmer, J. S.: *Die Eigenbewegung des Arktur (Arcturus, alpha Bootis)*, http://www.epsilon-lyrae.de/Verschiedenes/Arktur/Arktur.html, 2006

ESO: *How Old is the Milky Way? VLT Observations of Beryllium in Two Old Stars Clock the Beginnings*, https://www.eso.org/public/news/eso0425, 2004

McWilliam, A. u.a.: *Two Red Clumps and the X-Shaped Milky Way Bulge*, The Astrophysical Journal 724, 2010

Schönrich, R. u.a.: *Chemical evolution with radial mixing*, Monthly Notices of the Royal Astronomical Society 396, 2009

van der Marel, R.: *Black Holes in Globular Clusters*, Space Telescope Science Institute, 2002

SPIRALGALAXIEN

Für viele Astrofotografen war die Spiralgalaxie M 31 ihr erstes extragalaktisches Motiv – die erste Aufnahme bleibt in Erinnerung. Hier bietet sich der Einstieg in die Astrophysik dieser Spiralsysteme.

DIE KLASSIFIKATION DER SPIRALGALAXIEN

Spiralgalaxien bilden mit ihren Spiralarmen den Archetyp einer Galaxie. Diese einprägsamen Formen führen dazu, dass astronomische Laien gerade Spiraltypen in ihren Aufnahmen sofort als „Galaxien" identifizieren. Es liegt also nahe, dass die Spiralarme bei verschiedenen Klassifikationsansätzen dieses Galaxientyps die entscheidende Rolle gespielt haben. Bei allen Klassifikationen geht man im Übrigen von einer frontalen Hauptebene der Spiralgalaxien aus. Beurteilt wird also die Form, die sich bei direkter Draufsicht (engl. „face-on") böte. Schief liegende Spiralgalaxien werden zunächst in ihrer Inklination so gedreht, dass man eine direkte Draufsicht simuliert. Schwierig wird die Klassifizierung von Galaxien in Kantenlage (engl. „edge-on").

Die Kantenlage einer Spiralgalaxie erlaubt einen Blick in die galaktische Ebene mit den großen Mengen an Gas und Staub. Das erschwert jedoch eine verlässliche Aussage über die Spiralarme. Dieses Dilemma zeigt sich auch bei der Klassifikation unserer Milchstraße, da die Erde in der Hauptebene platziert ist und die Kantenlage keinen Blick auf diese Ebene ermöglicht. Erst aufwändige Messungen in Wellenlängen, die die dichten Gas- und Staubwolken durchdringen, erlaubten weitere Schlussfolgerungen. Heute gehen die Astronomen von einer SB-Klassifikation mit vier Spiralarmen aus. Die Milchstraße besaß aber nicht immer diese Vierarmstruktur, sondern man vermutet, dass durch Gezeitenwechselwirkung Störungseffekte in der Scheibenebene induziert wurden und es zur Aufspaltung zweier dominierender Spiralarme kam.

Die Hubblesche Klassifikation, die in der Einleitung vorgestellt wurde, hat sich über viele Jahre bewährt und unterscheidet die Spiraltypen nach der Kompaktheit der Anordnung ihrer Spiralarme. Die Benennung nutzt außer dem S die angefügten Buchstaben a, b und c, um etwa mit Sa eine Galaxie zu beschreiben, deren Arme sehr dicht angeordnet erscheinen und die sich in der Regel über ein bis zwei volle Umläufe verfolgen lassen. Mit Sb beschreibt man Typen, deren Arme im Vergleich zu Sa weniger stark aufgewickelt erscheinen und gröber strukturiert sind. Im Fall von Sc-Galaxien sind die Spiralarme am wenigsten stark aufgewickelt und ihre Spiralform besitzt den kleinsten Krümmungswinkel. Die Spiralarme der Sc-Typen erreichen in ihrem Verlauf vom Zentrum zu den Außenbereichen der Scheibe kaum mehr als einen vollen Umlauf.

In der Literatur findet man immer wieder Begriffe wie „weniger" oder „stärker entwickelte" Hubble-Typen. Hier ist Vorsicht geboten, denn obwohl der Anschein einer Aneinanderreihung nahe legt, handelt es sich hier um keinen zeitlichen Entwicklungsweg der Spiralgalaxien. Dies war Mitte der 1930er Jahre, als Edwin Hubble sein Schema veröffentlichte, nicht bekannt. Daher darf man diesen historischen Aspekt bei der physikalischen Beurteilung der Klassifikation nicht außer Acht lassen. Zur damaligen Zeit fand die „great debate" statt, die zu klären versuchte, in welcher Entfernung die fotografierten „Nebelflecken" liegen. Waren diese Teil der Milchstraße oder weiter entfernte, eigenständige Galaxiensysteme? Um dies zu klären, benutzte Edwin Hubble Cepheiden, die er im Andromeda-Nebel (M 31) und in M 33 identifizieren konnte. Bei diesen pulsationsveränderlichen Riesensternen besteht ein Zusammenhang zwischen der Periodendauer und ihrer absoluten Helligkeit. Dies wurde 1912 von Henrietta Leavitt, einer Astronomin des Harvard College Observatoriums, entdeckt. Dabei benutzte sie Cepheiden in den Magellanschen Wolken, zwei Begleitgalaxien der Milchstraße. Edwin Hubble war 1924 der erste, der mit Hilfe von Cepheiden als Entfernungsindikatoren die Distanz zu den weiter entfernten Galaxien M 31 und M 33 bestimmte. Im Laufe der Jahre zeigte sich, dass Cepheiden aber keine idealen Standardkerzen darstellen, da die Leuchtkraft der pulsierenden Riesensterne von ihrem Gehalt an schwereren Elementen, d.h. von ihrer Metallizität, abhängt. Die Cephei-

Die Andromeda-Galaxie M 31 ist die größte Galaxie in der lokalen Gruppe und besitzt mehrere Begleitgalaxien (siehe Seite 42). Aufnahme: Stefan Heutz, Stefan Binnewies (600-mm-Reflektor).

Abbildung 1.1: In den Spiralarmen befinden sich Sternentstehungsregionen, wie hier NGC 206 (siehe Seite 44).

den des Andromeda-Nebels sind, wie die der Milchstraße, metallreicher als die Cepheiden in den Magellanschen Wolken und besitzen bei gleicher Pulsationsdauer eine um etwa 1,5 mag größere absolute Helligkeit. Der deutsch-amerikanische Astronom Walter Baade untersuchte in den 1950er Jahren diese unterschiedlichen Cepheiden-Typen. Er konnte zeigen, dass die von Hubble benutzte Kalibrierung der Perioden-Leuchtkraft-Relation mit den Cepheiden der Magellanschen Wolken nicht korrekt gewählt war und nicht nur beim Andromeda-Nebel und M 33 zu geringe Entfernungen lieferte. Durch die notwendige Korrektur vergrößerten sich alle extragalaktischen Entfernungen um das Zweifache.

Bei den Spiralgalaxien stellen die linsenförmigen S0-Typen eine Besonderheit dar. Sie bestehen aus einer Kern- und einer Scheibenkomponente, wobei in der S0-Scheibe keine Spiralarme zu sehen sind. Auch findet man im Zentrum nur selten Ansätze einer Balkenstruktur. Dazu kommt, dass der Kern im Vergleich zur Scheibe viel heller erscheint als bei den anderen Spiraltypen. Bei einigen S0-Typen kann man, wenn man sie in Kantenlage beobachtet, auffällige Staubbänder in der Ebene erkennen, die auch zu einer Unterscheidung in S0-Untertypen benutzt werden.

Für die Form und Struktur von Spiralarmen spielen verschiedene Faktoren eine Rolle; von zentraler Bedeutung ist die Anwesenheit von Wechselwirkungspartnern. Dabei ist nicht eine direkte Interaktion gemeint, sondern es genügt eine Annäherung bis zu zehn Galaxiendurchmessern, um in den Spiralarmen Störungen sichtbar werden zu lassen. Die Spiralarme stellen für die Sichtbarmachung von bereits kleinen derartigen Störungen sehr empfindliche Indikatoren dar. Da eine Klassifikation immer eine Vereinfachung bedeutet und die Gesamtheit der Formen auf wenige Merkmale reduziert, ist eine Berücksichtigung aller möglichen Abweichungen vom Idealbild ungestörter Spiralarme nur schwer möglich. Eine Verfeinerung der Hubbleschen Klassifikation erfolgte in den 60er Jahren des 20. Jahrhunderts durch Gérard-Henri de Vaucouleurs, der die Klassifikation um eine dritte Dimension erweiterte und zwischen ringförmigen und s-förmigen Typen unterschied. Durch diese formale Erweiterung der Beschreibung waren auch Mischtypen möglich, und die Bezeichnungen Sa(s) und Sa(r) unterscheiden sich dadurch, dass im Sa(s)-Fall die auffälligen Spiralarme vom Zentrum bis zu den Außenbereichen zu verfolgen sind, wohingegen eine Sa(r)-Galaxie einen Ring im Innenbereich aufweist, an dem die Spiralarme ansetzen.

Bei der Klassifikation ist auch die spektrale Bandbreite des Filmes bzw. des Detektors zu beachten. Da die Spiralarme von jungen, heißen Sternen dominiert werden, treten diese Strukturen im UV-Bereich besonders prominent hervor, und darüber kann sogar die Hubble-Zuordnung beeinflusst werden. Im Laufe der Jahre haben die ursprünglichen Klassifikationen ihre Bedeutung in der aktuellen Wissenschaft verloren, da heute mit differenzierten Betrachtungen gearbeitet werden muss, um die Vielzahl der Information zu einer Galaxie erklären und einordnen zu können. Heute werden zur Klassifikation von Galaxien meist ihre integralen und spektralen Eigenschaften genutzt.

DIE MORPHOLOGIE DER SPIRALGALAXIEN

Die Spiralarme, die man auf den Aufnahmen sehen kann, sind abstrakt gesprochen Indikatoren für die Tatsache, dass hier die Dichte höher ist als im Durchschnitt. Dies deutet auf Bereiche von komprimiertem Gas hin. Die Materiedichte in den Spiralarmen ist im Vergleich zum Mittelwert in der Ebene um 10–15 % höher und führt zu einer regional erhöhten Sternentstehungsrate. Am Beispiel unserer Heimatgalaxie, der Milchstraße, sieht man vor der „kosmischen Haustüre“, was man auch in den weit entfernten Spiralgalaxien wiederfindet: Viele junge, heiße Sterne mit einer dominierenden blauweißen Färbung machen die Spiralarme erst sichtbar und lassen diese aktiven Regionen aus der galaktischen Scheibe der Galaxie visuell und fotografisch hervortreten.

Ein schönes Beispiel hierfür ist NGC 206, eine Sternentstehungsregion in einem Spiralarm der Andromeda-Galaxie. Diese etwa 4000 Lichtjahre große Ansammlung junger, heißer Sterne emittiert ein auffälliges blaues Leuchten. Dieses geht auf die enthaltenen heißen O- und B-Sterne zurück, deren Emissionsmaximum im blauen Spektralbereich liegt. Solche Ansammlungen werden auch als OB-Assoziationen bezeichnet und sind ein sicheres Zeichen für stattfindende Sternentstehung. Neben der Blaufärbung der jungen Sterne erkennt man in den Spiralarmen auch prominente Feinstrukturen mit violetten und roten Farben. In diesen sogenannten HII-Regionen ionisieren heiße Sterne das umgebende Wasserstoffgas und bringen es durch Rekombination zur Emissi-

Abbildung 1.2: Die Spiralgalaxie NGC 2403 besitzt in ihrer Hauptebene viele aktive Bereiche, die als blaue und rote Signaturen sichtbar werden (siehe Seite 61).

on. Da die interstellare Materie in den Spiralarmen zu 90 % aus Wasserstoff besteht, sind die Emissionsspektren im Wesentlichen durch das charakteristische Balmerspektrum des Wasserstoffs mit den Linien $H\alpha$, $H\beta$, $H\gamma$ ... geprägt. Die intensivste dieser Emissionslinien ist die rote $H\alpha$-Linie mit einer Wellenlänge von 656,3 nm. Spiralgalaxien können tausende dieser HII-Regionen enthalten, die vornehmlich im mittleren Verlauf von Spiralarmen auftreten.

Im Gegensatz zur Scheibe erscheint der Kernbereich einer Spiralgalaxie gelblich rot. Dies ist ein Hinweis auf die in diesen Bereichen sehr häufigen alten Sterne der Population II, deren Strahlungsmaximum aufgrund der niedrigeren Temperatur nicht im blauen, sondern im gelbroten Spektralbereich liegt. Das Licht vieler solcher Sterne verschiebt durch stärkere Gewichtung der langwelligen Farbbeiträge den Farbeindruck des Kerns entsprechend von blau zu gelbrot. Der Übergang von der Scheibe zum Kern ist in einer Spiralgalaxie mit einer Veränderung der Sternpopulation verbunden und diese Separierung des Kerns verweist auf die Ähnlichkeit des Kernbereichs mit einer Elliptischen Galaxie.

Spiralgalaxien ähneln sich nicht nur morphologisch, sondern bei Hinzunahme ihrer Entfernung stellt man fest, dass das gleiche Bauprinzip auch eine Standardgröße mit sich bringt. Für die meisten Spiralgalaxien liegt der Durchmesser ihrer Spiralebene im Bereich von 65.000–80.000 Lichtjahren. Die Milchstraße ist mit 100.000 Lichtjahren Durchmesser eine überdurchschnittlich große und somit auch übergewichtige Spiralgalaxie. Man kann dies als einen Hinweis darauf deuten, dass sich die gegenwärtige Milchstraße aus einer normalgroßen Spiralgalaxie entwickelt hat. Im Verlauf dieses Wachstumsprozesses sind kleinere Galaxien aus der Umgebung der Milchstraße mit ihr verschmolzen und führten zu einer Vergrößerung der Scheibe und der Gesamtmasse. Dieser Prozess hält noch heute an und zeigt sich bei den auf der Südhalbkugel der Erde sichtbaren Magellanschen Wolken. Diese zwei Begleiter der Milchstraße sind Zwerggalaxien, die mit dem galaktischen Schwerefeld wechselwirken und die in ferner Zukunft vollständig assimiliert werden. Ein noch markanteres Beispiel bietet die Milchstraße mit der Sagittarius-Zwerggalaxie, die mit 70.000 Lichtjahren Entfernung nur halb so weit von der Erde entfernt ist wie die Magellanschen Wolken. Diese Zwerggalaxie hat schon einige Male das Zentrum der Milchstraße umlaufen und dabei mehrere hundert Millionen Sonnenmassen an stellarer Materie abgegeben.

Das auffällige formelle Kriterium der Spiralform in den Spiralgalaxien kann man auch rein geometrisch untersuchen. Die Analyse der Form liefert eine gute Übereinstimmung mit logarithmischen Spiralen. Dieses Bauprinzip tritt häufig in der Natur auf und lässt sich dadurch beschreiben, dass sich mit jedem vollen Umlauf der Abstand vom Mittelpunkt um den gleichen Faktor ändert. Man findet es bei den Wirbelfeldern von Hoch- und Tiefdruckgebieten, bei der Anordnung von Kernen in Sonnenblumen oder aber beim Aufbau von Schneckenhäusern. Mathematisch betrachtet besitzen logarithmische Spiralen die Eigenschaft, dass ein Strahl vom Zentrum die Spirale immer mit dem gleichen Winkel schneidet. Man spricht daher auch von gleichwinkligen Spiralen. Zur Messung definiert man den Krümmungswinkel der Spirale als Differenz des Schnittwinkels zu 90°. Bei der Untersuchung von Spiralgalaxien fand man heraus, dass typischerweise Krümmungswinkel von 10–40° auftreten, wobei im Bereich von 20° ein deutliches Maximum liegt. Bei größeren Krümmungswinkeln öffnet sich die Spirale stärker und es ergibt sich ein lockerer Aufbau der Spiralarme.

Abbildung 1.3: Bei NGC 6632, wie auch bei vielen anderen Spiralgalaxien, entdeckt man Abweichungen von einem „idealen" Spiralmuster.

Die Spiralarme selbst kann man auch nach ihrer Erscheinungsform weiter unterscheiden. So findet man bei etwa 10 % der Galaxien zwei wohldefinierte Spiralarme – diese Galaxien werden dann oft als „grand design"-Typen bezeichnet, da hier ungestörte Lehrbuchbeispiele vorliegen. In 60 % der Fälle treten mehrere Arme auf. Bei dieser „multiplen Armstruktur" beobachtet man häufig Aufspaltungen und Differenzierungen. Oft ist es schwierig, die Anzahl der Spiralarme sicher festzulegen, da sie sich mehr und mehr in ihrem Verlauf auflösen. Und schließlich gibt es 30 % Spiralgalaxien, deren Arme sich nahezu vollständig in ihre Bestandteile aufgelöst haben und man von einer flokkulenten Form, d.h. von flockenartigen, kleinteilig angeordneten Armfragmenten sprechen kann.

Betrachtet man die Form der Scheibenebene genauer, so fällt auf, dass bei mehr als der Hälfte aller Spiralgalaxien diese Ebene verbogen ist, im englischen Sprachgebrauch spricht man von „warped disks". Die Form der Verbiegung erinnert an einen Sombrero, dessen breite Hutkrempe nicht eben ist, sondern aus konzentrischen Kreisen aufgebaut gedacht werden kann, die zueinander leicht verkippt sind. Diese Asymmetrie tritt unabhängig von der Typisierung der Spiralgalaxie auf, und es besteht ein Zusammenhang zwischen dem Radius der verbogenen Scheibe und der Amplitude der Verbiegung. Bei stärker verbogenen Scheiben vermutet man als Ursache eine großflächige Störung durch eine gravitative Wechselwirkung mit einer Begleitgalaxie. Eine leicht verbogene Scheibe kann dagegen verschiedene Auslöser haben, wie etwa eine Asymmetrie einer zum Galaxienzentrum führenden Gasströmung. Aus den beteiligten Mechanismen kann man die interessante Schlussfolgerung ableiten, dass eine flache Scheibe in einer Spiralgalaxie nur dann entstehen kann, wenn viele große Gaswolken zusammenkommen und eine sukzessive Anlagerung auch kleinerer Gaswolken stattfindet, sodass der Hauptdrehimpuls bestimmend bleibt. Dieser Wachstumsprozess unterscheidet sich von dem des „hierarchischen Galaxienwachstums", bei dem durch das Verschmelzen kleiner Galaxien größere Galaxien entstehen und auch eine charakteristische Verdickung im Zentrumsbereich, engl. „bulge", die Folge ist. Wenn der Aufbau der Spiralgalaxie durch Wechselwirkungen nicht gestört wird, resultiert eine Galaxie, die flach wie ein Pfannkuchen erscheint, und in der Literatur als „pure disk galaxy" bezeichnet wird.

DIE ASTROPHYSIK DER SPIRALGALAXIEN

Zusammen mit dem Wissen über die verschiedenen Spektralklassen und der Blau-Rot-Spanne der Farbigkeit der Sterne kann man aus der genauen Betrachtung von Aufnahmen physikalische Rückschlüsse auf die gesamte Galaxie ziehen. Junge, heiße Sterne besitzen im Vergleich zu leuchtschwächeren Sternen auch größere Massen, die Masse-Leuchtkraft-Beziehung drückt dies für Hauptreihensterne mit $L \sim M^{3,5}$ aus. Zwangsläufig sind Sternentstehungsgebiete, und somit die sie beherbergenden Spiralarme, blauer, was sich in der typischen Blaufärbung der Scheibenpopulation der S/SB-Typen gut erkennen lässt. Im Gegensatz dazu erscheint ein S0-Typ viel röter, da hier die Spiralarme mit den jungen, heißen Sternen fehlen. Der S0-Typ ähnelt somit eher einer Elliptischen Galaxie, bei der die weniger leuchtkräftigen, roten, aber eben auch langlebigen Sterntypen dominieren.

Spiralgalaxien sind reich an Staub und Gas, das man in Form von Staubbändern in Aufnahmen beobachten kann und modellhaft in edge-on-Galaxien sieht. Bei dieser Perspektive liegen die Staubbänder vor den Spiralarmen und bewirken einen maximalen Kontrast. Das Sternenlicht erfährt durch die starke Extinktion von Gas und Staub eine Abschwächung der Intensität und zusätzlich eine Rötung. Die Rötung entsteht durch wellenlängenabhängige Streueffekte, bei denen blaues Licht stärker gestreut wird und den Blauanteil im Farbspektrum eines beobachteten Objektes reduziert. Bei guten Aufnahmen kann man dies an den Farben der Sterne, deren Licht durch die Ränder der Staubbänder dringt, im Detail studieren.

Bei Spiralgalaxien in Kantenlage kann man mit Hilfe der spektroskopisch ermittelten Dopplerverschiebung charakteristischer Spektrallinien die Rotationsgeschwindigkeit genau messen. Im Allgemeinen wird bei der Messung der Inklinationswinkel der galaktischen Ebene der Spiralgalaxie mit berücksichtigt. Bei einer Galaxie in frontaler Draufsicht ist eine sichere Bestimmung der radialen Komponenten der Rotationsgeschwindigkeit nicht möglich. Bei Spiralgalaxien zeigen die Kurven der Rotationsgeschwindigkeit bei größerem Zentrumsabstand keine Abnahme der Geschwindigkeitswerte, wie man es bei einer Keplerschen Bewegung um ein Massezentrum erwarten würde, sondern hier besitzen die Werte einen flachen Verlauf. Dies ist ein Hinweis darauf, dass die Spiralgalaxien keine einfache, durch eine Zentralmasse dominierte Massenverteilung besitzen, wie es etwa in unserem Planetensystem der Fall ist. In den letzten Jahrzehnten wurden sehr viele Spiralgalaxien untersucht und man fand heraus, dass die Hauptebenen der Galaxien in Halos aus Dunkler Materie, d.h. einer gleichförmigen und nur gravitativ wirkenden Massenverteilung, eingebettet sind. Das Modell mit einer Zentralmasse im Mittelpunkt der Spiralebene beschreibt nicht die Realität. Besser geeignet ist eine dicke Scheibe oder eine Torusform aus Dunkler Materie, in die die Spiralebene eingebettet ist.

Mit herkömmlichen physikalischen Methoden kann man die Mechanismen in der Scheibenebene gut untersuchen, wobei der Ausgangspunkt der Betrachtung die differentielle Rotation ist. Material in der Ebene mit einem Zentrumsabstand r rotiert mit einer Winkelgeschwindigkeit $\omega(r)$. Etwas näher am Zentrum liegendes Material rotiert etwas schneller, weiter außen liegendes etwas langsamer. Wie entstehen nun durch diese differentielle Rotation die typischen Spiralarmmuster? Die erste Antwort gab 1925 Bertil Lindblad und in der Mitte der 1960er Jahre wurde die Dichtewellentheorie durch Chia Chiao Lin und Frank Shu weiter entwickelt. Diese Theorie basiert auf dem Modell der Entstehung von Dichtewellen, die in der Ebene umlaufen, und die im Vergleich zu der durchschnittlichen Materiedichte in der Hauptebene der Galaxie eine Erhöhung der Flächendichte um 10–20 % bewirken. Und diese örtliche Zunahme der Materiedichte definiert den Ort eines Spiralarmes in der Hauptebene der Galaxie. Das Auftreten von Spiralarmen kann aber nicht direkt mit der Orbitalbewegung der Sterne um das galaktische Zentrum zusammenhängen, da sonst die differentielle Rotation im Laufe der Zeit zu einem Aufwickeln der Spiralarme und somit zur Zerstörung der Spiralarmstruktur geführt hätte.

DIE PHYSIK DER WORONZOW-WELJAMINOW-REIHEN

In den Spiralarmen vieler Galaxien findet man gerade verlaufende Segmente, die als Woronzow-Weljaminow-Reihen bezeichnet werden. Das Auftreten dieser Reihen ist nicht vollständig verstanden. So kann es nicht durch das Gravitationspotenzial einer Spiralgalaxie oder durch Drehmomente, die durch Gezeitenkräfte entstehen, erklärt werden. Dies liegt daran, dass in diesen Gravitationsfeldern keine geradlinigen Strukturen mit gleicher Kraftwirkung auftreten können. Die Astronomen haben in den 1990er Jahren mit Hilfe von Simulationsrechnungen herausgefunden, dass mitrotierende Störungen in der Spiralebene eine mögliche Ursache darstellen. Um die physikalischen Hintergründe der Woronzow-Weljaminow-Reihen zu verstehen, muss man die Gasdynamik in der Spiralebene modellieren. Einen wichtigen Hinweis liefern die Staubbänder, die man entlang der Spiralarme beobachten kann. Es handelt sich bei diesen Bändern um komprimierte Schichten aus Gas und Staub, die anzeigen, wo die Stoßfronten der Dichtewellen verlaufen. Da man linear verlaufende Staubstrukturen in Woronzow-Weljaminow-Reihen beobachtet, kann man ableiten, dass auch die zugehörigen lokalen Stoßfronten geradlinig ausgerichtet sind und von der gekrümmten Form der in der Spiralebene umlaufenden Dichtewellen abweichen.

Wie können lokale, geradlinige Bereiche in den globalen, spiralförmigen Dichtewellen entstehen? Die physikalische Ursache, die die Reihen entstehen lässt, ist auch dafür verantwortlich, dass die entstandenen Reihen stabil sind, auch wenn es zu Störungen der Gasströme kommen sollte. Führt eine Störung zu einer konkaven Verformung der Stoßfront, so werden die Gasströme hinter der Verformung komprimiert und dadurch beschleunigt. Die dellenartige Verformung der Stoßfront wird ausgeglichen und ihr Verlauf ist wieder geradlinig. Eine konvexe Verformung der Stoßfront führt im umgekehrten Fall zu einer Abbremsung der Gasströme und ebenfalls zu einem geradlinigen Frontverlauf.

Die Astronomen haben die Gasdynamik der Dichtewellen und Stoßfronten simuliert und sind dabei von einem differentiell rotierenden Scheibengas und einer spiralförmigen Dichtewelle ausgegangen. Die Dichtewelle besitzt in der Scheibenebene eine definierte Amplitude und einen Krümmungswinkel, sodass sie wie ein fester Körper mit konstanter Winkelgeschwindigkeit rotiert. In den Simulationen stellt man eine dreistufige Entwicklung fest: Diese beginnt mit der Ausbildung von noch spiralförmigen Stoßfronten. Dann treten Scherströmungen auf, die mit den Dichtewellen der Spiralarme wechselwirken und Instabilitäten in den Stoßfronten hervorrufen. Diesen Scherströmungen folgen nun sogenannte Kelvin-Helmholtz-Instabilitäten, wodurch in den Stoßfronten zuerst wellige, kleinteilige Segmente auftreten, die dann zu den linear ausgerichteten Sekundärstrukturen in Spiralarmen führen (siehe Abb. 1.4). Als Kelvin-Helmholtz-Instabilitäten bezeichnet man auftretende kleine, wirbelartige Störungen entlang der Grenzschicht zweier Strömungen mit unterschiedlichen Strömungsgeschwindigkeiten. Die Kelvin-Helmholtz-Instabilitäten breiten sich räumlich und zeitlich in dieser Scherschicht aus und zeigen sich als wellenförmige Muster, die man entlang der Grenzschicht beobachten kann.

Wie also kommt es zu den Dichtewellen? Bei jeder geschlossenen Orbitalbewegung liegt zwischen der minimalen zur maximalen Distanz des umlaufenden Körpers zur Zentralmasse ein Winkel von 180°. Beim Orbit innerhalb der Scheibenebene kommt es zu Abweichungen von diesem einfachen Modell, da die Umgebung das Gravitationspotenzial und somit die Bewegung des Körpers beeinflusst. Der Orbit eines Sternes in der galaktischen Ebene ist nicht geschlossen und die Winkeldistanz zwischen minimalem und maximalem Abstand vom Zentrum ist kleiner als 180°. Die sich ergebende Bahnform der Orbits entspricht daher aufeinanderfolgenden Epizykeln. Der Motor der Dichtewellen liegt in der schwachen, vom Radius abhängigen Driftbewegung der Maxima der Orbits. Diese Drift verwandelt eine „leading wave", d.h. eine Welle, deren Außenbereiche schneller umlaufen als die inneren, in eine „trailing wave". Bei dieser „trailing wave" laufen die vom Zentrum weiter entfernten Bereiche langsamer als die innenliegenden. Die Eigengravitation verstärkt die Unterschiede der Flächendichte und somit die Dichtewelle selbst. Nun kommt es zur Rückkopplung mit der Welle, die durch das galaktische Zentrum läuft und dadurch zu einer „leading wave" wird. In der Scheibenebene bildet sich eine nahezu stabile Spiralstruktur aus, wobei, aufgrund der gravitativen Verstärkung, in den meisten Spiralsystemen „trailing waves" beobachtet werden. Wählt man ein mitrotierendes Koordinatensystem, so erscheinen die Orbits der Sterne fast geschlossen und besitzen einen Winkelabstand von 90° zwischen minimalem und maximalem Abstand vom Zentrum. Aus der Symmetrie dieses einfachen Modells folgt übrigens auch die Existenz zweier Spiralarme in Spiralgalaxien. Aus der Sicht eines einzelnen Sterns kann man die Wirkungsweise der Dichtewellen so beschreiben, dass sich der Stern bei einer sich nähernden Dichtwelle schneller und nach dem Durchlaufen der Welle wieder langsamer bewegt. Die Dichtewelle bewirkt eine lokal höhere Sterndichte und die Verdichtung bildet die Vorstufe eines nachfolgend entstehenden Spiralarms. Denn nur durch diese Verdichtung des Gases ist es Gaswolken möglich, zu kollabieren, wodurch die Sternentstehung im Spiralarm einsetzen kann.

Bei sogenannten „grand design"-Galaxien des Typs Sbc/Sc tritt ein Phänomen in den Spiralarmen auf, das von dem russischen Astronomen Boris Woronzow-Weljaminow in den 1950er Jahren entdeckt und weiter untersucht wurde. Er stellte geradlinige Abschnitte in den sonst gekrümmt verlaufenden Spiralarmen fest, die man in der Folgezeit als „Woronzow-Weljaminow-Reihen" bezeichnet hat. Es kommt vor, dass ein Spiralarm mehrere dieser Reihen mit auffällig konstantem Knickwinkel enthält und eine polygonartige Struktur im Spiralarm entsteht. Diese Spiralgalaxien besitzen dabei einen regelmäßigen Aufbau und zeigen keine anderen Auffälligkeiten. Die Werte der Knickwinkel der Woronzow-Weljaminow-Reihen liegen zwischen 110° und 140°, am häu-

Abbildung 1.4: Farbdarstellung hydrodynamischer Simulationsrechnungen. Links: Blick auf eine Spiralebene mit zwei spiralförmigen Dichtewellen und ersten Störungen durch auftretende Scherströmungen. Rechts: Durch Störungen der Gasdynamik entstehen in der Spiralebene polygonale Strukturen. Der Farbverlauf beschreibt die Dichte der Gasströme in der Spiralebene (rot: hohe Gasdichte, blau: geringe Gasdichte). Die gezeigten Simulationen nutzen einen Krümmungswinkel von 15° und eine Dichtwellenamplitude von 0,1 (mit freundlicher Genehmigung von S. A. Khosperskov).

figsten treten 120°-Winkel auf. Bei den Spiralgalaxien mit 120°-Winkeln zeigen sich acht bis zehn dieser Reihen. Weicht der Winkel von 120° ab, zählt man weniger dieser Reihen in den Spiralarmen. Auch erkennt man, dass mit zunehmendem Zentrumsabstand die Länge einer Reihe linear zunimmt. Dies ist ein Hinweis darauf, dass die Ursache der Reihen mit den großräumig wirkenden Dichtewellen zusammenhängt und nicht auf kleinskalige Störungen zurückgeht. Beispiele dieser Reihen findet man in M 51, M 101 oder in NGC 2223. Betrachtet man viele dieser Woronzow-Weljaminow-Reihen, so kann man zwei Typen grob unterscheiden: Zum einen Reihen, die manchmal heller als ein normaler Spiralarm erscheinen, diesem aber in Form und Breite ähnlich sind, und zum anderen auffallend schmale Reihen, in denen die Sternentstehungsgebiete stärker segmentiert sind. Es gibt auch Spiralgalaxien wie NGC 1232, die beide Typen enthalten.

Die Anzahl der Woronzow-Weljaminow-Reihen hängt vom Krümmungswinkel der Spirale ab, ein kleiner Winkel von 5–20° führt zu einer großen Reihenzahl von fünf bis sieben, bei großen Winkeln von über 40° entstehen nur noch eine bis zwei der Reihen. Als wichtigster, formbestimmender Parameter erwies sich die Winkelgeschwindigkeit der spiralförmigen Dichtewellen, d.h. des Spiralmusters. Es zeigte sich, dass eine Winkelgeschwindigkeit von $\omega \leq 25$ km/s/kpc günstig für die Reihenentstehung ist. Unsere Milchstraße liegt genau in diesem Bereich, sodass wir davon ausgehen können, dass auch unsere Heimatgalaxie Woronzow-Weljaminow-Reihen besitzt.

LITERATUR UND LINKS

Chernin, A. D.: *Vorontsov-Velyaminov's rows in giant spiral galaxies: geometrical properties and physical interpretation*, Astrophysics, 41, 1998

Chernin, A. D. u.a.: *Vorontsov-Velyaminov rows: Straight segments in the spiral arms of galaxies*, Astronomy Letters, 26, 2000

Filistov, E. A.: *Polygonal structure of spiral galaxies*, Astronomy Reports, 56, 2012

Hubble, E.: *Cepheids in Spiral Nebulae*, Popular Astronomy, 33, 1925

Khoperskov, S. A. u.a.: *Polygonal Structures in the Gaseous Disk: Numerical Simulations*, Astronomy Letters, 37, 2011

Kupka, F.: *Galaxien: Entwicklung*, 2005, http://www.mpa-garching.mpg.de/~fk/TUM

Lin, C. C. und Shu, F.: *On the Spiral Structure of Disk Galaxies*, Astrophysical Journal, 140, 1964

Macri, L. M. u.a.: *A Cepheid is No More: Hubble's Variable 19 in M33*, Astrophysical Journal, 550, 2001

Pérez-Villegas, A. u.a.: *Stellar orbital studies in normal spiral galaxies*, Astrophysical Journal, 772, 2013

Pickering, E. C und Levitt, H.: *Periods of 25 Variable Stars in the Small Magellanic Cloud*, Harvard College Observatory Circular, 173, 1912

Shu, F.: *Density Waves and Chaos in Spiral Galaxies*, 2005, http://www.phys.nthu.edu.tw/~colloquium/file/Chaos%20in%20Spiral%20Galaxies.pdf

NGC 45

Der Blick auf NGC 45 wird durch zwei 10,6 mag und 6,5 mag helle Sterne behindert, die dicht neben bzw. vor der galaktischen Scheibe dieser SA(s)dm-Galaxie stehen. Diese 8,5′ × 5,9′ große Scheibe fällt durch eine geringe Oberflächenhelligkeit auf, deren Wert noch unter dem für M 33 liegt. NGC 45 ist 30 Millionen Lichtjahre entfernt und der maximale transversale Scheibendurchmesser beträgt 74.000 Lichtjahre. Aus den inneren Isophoten ergibt sich eine Inklination von 55° und ein Positionswinkel der Hauptachse von 145°. NGC 45 besitzt keinen auffälligen Kern, fast keinen Bulge und das Spiralarmmuster ist aus Armfragmenten aufgebaut. In der unteren nördlichen Scheibenhälfte zeigt sich in dem dort verlaufenden Spiralarm eine Woronzow-Weljaminow-Reihe. NGC 45 besitzt kaum Staubbänder oder Verdichtungen, sodass man annehmen kann, dass die Scheibe dieser Galaxie nicht nur leuchtschwach ist, sondern auch wenig Material enthält. Diese Durchsichtigkeit zeigt sich ebenso in den durchscheinenden und gut erkennbaren Hintergrundgalaxien.

NGC 45 zählt zu den „low surface brightness galaxies“ (LSBG). Diese charakteristische Eigenschaft beobachtet man bei 10–20 % aller Scheibengalaxien. Neben der geringen Oberflächenleuchtkraft sind LSBGs blauer als vergleichbare Sc-Typen und besitzen eine viel geringere Sternentstehungsrate. Ihr geringer Anteil an neu entstehenden Sternen reicht aus, um sie blauer erscheinen zu lassen. Es handelt sich bei den LSBGs aber nicht um verlöschende Spiralgalaxien, deren Sternentstehung abgeschlossen ist, sondern vermutlich sind LSBGs sich sehr langsam entwickelnde Galaxien. Bei NGC 45 lieferte eine Kombination aus optischen und Radio-Beobachtungen eine Rotationskurve, die nach dem steilen Anstieg ab einem Abstand von 4′ einen stabilen Plateauwert von 100 km/s aufweist. Die Modelle liefern ein Masse-Leuchtkraft-Verhältnis von 5,2 und zeigen die Dominanz der Dunklen Materiekomponente in NGC 45. Dies ist typisch für LSBGs und man geht davon aus, dass ihre filigranen, stellaren Scheiben nur aufgrund des hohen Anteils an Dunkler Materie stabil sind, was sie auch vor externen Störungen schützt.

OBJEKT	NGC 45
STERNBILD	Cetus
REKT.	$00^h\ 14^m\ 04^s$
DEKL.	–23° 10′ 56″
HELLIGKEIT	11,6 mag
TYP	SA(s)dm
FOTOGRAFEN	Philipp Keller, Konstantin Buchhold, Bernd Flach-Wilken, Johannes Schedler, Volker Wendel (Chart 32-Team)
TELESKOP	800-mm-Reflektor
KAMERA	FLI Proline 16803
BELICHTUNGSZEIT	1120 min
ORT	CTIO, Chile

NGC 134

Diese SAB(s)bc-Galaxie steht im südlichen Teil des Sternbildes Sculptor (Bildhauer). Ihre Entfernung zur Milchstraße beträgt 62 Millionen Lichtjahre und ihre Maße von 8,5′ × 2,0′ entsprechen projizierten 153.000 und 36.000 Lichtjahren. Die Inklination der Scheibenebene von NGC 134 beträgt 78°, daher ist die innere Scheibe teilweise verdeckt. Dies führte auch zur SAB-Typisierung, unter der Annahme, dass die Spiralarme von NGC 134 an einer Balkenstruktur ansetzen und nicht bis in Zentrum reichen. Im südöstlichen Spiralarm, der rechts oberhalb des Zentrums verläuft, erkennt man eine Reihe heller HII-Regionen. Folgt man diesem Spiralarm bis zum äußeren rechten Rand der Scheibe, so endet dieser mit einigen aktiven Bereichen. Diese Randaktivität findet sich auch auf der gegenüberliegenden Scheibenseite.

Die Analyse der Scheiben-Isophoten verweist bei NGC 134 auf eine verbogene Scheibenebene. Die sichtbare Wölbung der Scheibe folgt dabei fast der Hauptachse, die durch die Perspektive zur Milchstraße definiert wird. Diese Störung hat ihre Ursache vermutlich in einer Passage einer kompakten Galaxie, die wie NGC 134 zur Telescopium/Grus-Gruppe gehören könnte. Der an der rechten unteren Scheibe ansetzende, leuchtschwache Gezeitenschweif verweist auf eine solche Gezeitenstörung und liefert auch für den großen Scheibendurchmesser von NGC 134 eine plausible Erklärung.

OBJEKT	NGC 134
STERNBILD	Sculptor
REKT.	$00^h\ 30^m\ 22^s$
DEKL.	–33° 14′ 39″
HELLIGKEIT	11,4 mag
TYP	SAB(s)bc
FOTOGRAFEN	Bernd Flach-Wilken, Volker Wendel
TELESKOP	400-mm-Reflektor
KAMERA	SBIG ST-10XME
BELICHTUNGSZEIT	150 min
ORT	Farm Tivoli, Namibia

NGC 157

Bei NGC 157 handelt es sich um eine SAB(rs)bc-Galaxie, die 64 Millionen Lichtjahre von der Milchstraße entfernt ist. Ihre Größe am Himmel von 4,2′ × 2,7′ liefert die projizierten Längen von 78.000 und 50.000 Lichtjahren, was der Standardgröße von Spiralgalaxien entspricht. Bei NGC 157 zeigt sich ein „grand design"-Spiralmuster, bei dem die zwei hellen Spiralarme auffallend breit erscheinen. Fast über die gesamte Fläche der Spiralebene gibt es in den Spiralarmen Sternentstehungsgebiete und viele HII-Regionen. Infrarotaufnahmen von NGC 157 zeigen, dass in der Scheibenebene viel Staub enthalten ist. Ein Bulge ist nicht zu erkennen und der kompakte Kern ist ebenfalls von Staub überdeckt, der im infraroten Licht eine komplexe zentrale Verteilung offenbart. Es besteht ein deutlicher Unterschied zum geordneten optischen Aufbau. In den optischen Klassifizierungen wird bei NGC 157 auch ein Balkenansatz diskutiert, im Infrarotbereich ist hingegen keine Balkenstruktur zu erkennen. Auf der linken, nordwestlichen Seite der Scheibenebene, die relativ zur Milchstraße um 49° geneigt ist, erscheint der hier verlaufende Spiralarm zusammengeschoben. Die linear aufgereihten aktiven Bereiche bilden eine Grenze, über die im unteren Bereich Staubfilamente hinweglaufen. Weiter außen geht der Spiralarm in einen diffusen Gezeitenschweif über, der nach oben verläuft und auf mögliche Gezeitenwechselwirkungen hinweist.

Die Rotationskurve des atomaren Wasserstoffs in NGC 157 zeigt eine für Spiralgalaxien ungewöhnliche Besonderheit. Nach einem typischen, steilen Anstieg auf 190 km/s fällt die gemessene Rotationsgeschwindigkeit bei einem Zentrumsabstand von 2–2,5′ auf einen Wert von 120 km/s ab und hält dieses Niveau bis zu einem Abstand von über 6′. Dies illustriert, dass der optische Teil von NGC 157 in eine HI-Scheibe eingebettet ist, deren Durchmesser über 12′ beträgt und die damit mindestens 220.000 Lichtjahre groß ist. Für die Beschreibung von NGC 157 benutzen die Wissenschaftler daher zwei Scheibenkomponenten, um den Abfall der Rotationsgeschwindigkeit zu modellieren. Die innere Scheibe rotiert dabei schneller als die äußere, weitreichende Scheibe. Auch ergibt sich aus diesem Modell, dass NGC 157 keinen massiven Halo aus Dunkler Materie besitzt, da die Messwerte auf ein ungewöhnlich niedriges Masse-Leuchtkraft-Verhältnis schließen lassen. Die Massen für stellare und Dunkle Materie sind etwa gleich groß. Das Defizit an Dunkler Materie steht vermutlich in Zusammenhang mit der besonderen Entstehungsgeschichte der Galaxie. So könnte es bei einem mehrstufigen Wechselwirkungsprozess, nach einem Verlust von Halo-Materie, zu einer nachfolgenden Materie-Akkretion gekommen sein, die zur Entstehung der großen HI-Scheibe geführt hat.

OBJEKT	NGC 157
STERNBILD	Cetus
REKT.	$00^h\ 34^m\ 47^s$
DEKL.	−08° 23′ 47″
HELLIGKEIT	11 mag
TYP	SAB(rs)bc
FOTOGRAFEN	Adam Block
TELESKOP	800-mm-Reflektor
KAMERA	SBIG STX-16803
BELICHTUNGSZEIT	270 min
ORT	Mount Lemmon SkyCenter/ University of Arizona, USA

NGC 247

Die SAB(s)d-Galaxie NGC 247 gehört zu einem Filament der Sculptor-Galaxiengruppe, die nahe am südlichen galaktischen Pol der Milchstraße zu finden ist. NGC 247 steht in nur zwölf Millionen Lichtjahren Entfernung und aus der großen Winkelausdehnung von 21,4′ × 6,9′ ergibt sich ein maximaler transversaler Scheibendurchmesser von 75.000 Lichtjahren. NGC 247 zeigt typische Charakteristika später Spiraltypen: Die Scheibenebene besitzt eine geringe Flächenhelligkeit, es fehlt der Bulge und im Zentrum steht ein kompakter, heller Kern. Im inneren Teil der Scheibe sind die dortigen, bis zum Kern reichenden Staubfilamente mit hellen HII-Regionen verbunden. Am äußeren Scheibenrand finden sich viele Sternhaufen; besonders auffällig ist dies auf der linken nördlichen Seite von NGC 247.

Bei einer Untersuchung der Sternpopulationen in NGC 247 wurden die Scheibensterne in ein Farben-Helligkeits-Diagramm eingetragen. Bei den Hauptreihensternen im inneren Scheibenbereich konnte man anhand des Abknickens der Hauptreihe, engl. „main sequence turnoff" (MSTO), ein Alter der Population von sechs Millionen Jahren ermitteln. Der innere Bereich wird durch junge, helle Sterne dominiert, bei größeren Scheibenradien verändert sich die Altersstruktur der Hauptreihensterne. Der MSTO-Wert der jüngsten Sterne am äußersten Scheibenrand mit 55.000 Lichtjahren Radius liegt bei über 40 Millionen Jahren. In diesen Bereichen ist die mittlere Wasserstoffdichte sehr gering. Man nimmt daher an, dass Sternentstehung nur deshalb hier stattfinden kann, weil kompakte Wasserstoffwolken existieren. Diese lokalen Verdichtungen könnten mit einer Wechselwirkung von NGC 247 mit der großen Nachbargalaxie NGC 253 zusammenhängen, deren transversaler Abstand zu NGC 247 etwa 900.000 Lichtjahre beträgt.

OBJEKT	NGC 247
STERNBILD	Cetus
REKT.	$00^h\ 47^m\ 09^s$
DEKL.	−20° 45′ 37″
HELLIGKEIT	9,9 mag
TYP	SAB(s)d
FOTOGRAFEN	Josef Pöpsel
TELESKOP	60-cm-Reflektor
KAMERA	SBIG ST-10XME
BELICHTUNGSZEIT	105 min
ORT	Amani Lodge, Namibia

N

M 31

Die SA(s)b-Galaxie M 31 (NGC 224) ist neben der Milchstraße die zweite große Spiralgalaxie der Lokalen Gruppe. Die Entfernung zur Milchstraße beträgt 2,57 ± 0,06 Millionen Lichtjahre und aus der Winkelausdehnung von 190′ × 60′ ermittelt man einen Durchmesser von 142.000 Lichtjahren. Damit ist M 31 größer als die Milchstraße, die Anzahl der Sterne in M 31 liegt bei etwa 10^{12}, in der Milchstraße sind es 3×10^{11}. Die relative Geschwindigkeit von Milchstraße und M 31 liegt bei –300 km/s, und man vermutet, dass es in 3,9 Milliarden Jahren zu einer ersten, nahen Begegnung, und nach weiteren zwei Milliarden Jahren zu einer Verschmelzung der zwei großen Spiralgalaxien kommen wird, an der dann auch M 33 beteiligt sein wird.
Blickt man bei einer Spiralgalaxie direkt auf die Scheibenebene, so lässt sich die Existenz eines zentralen Balkens einfach belegen. Schwieriger ist der Fall bei einer „edge-on"-Perspektive, bei der die Astronomen mit Hilfe kinematischer Daten oder aber mit von der Seite betrachteten Bulge-Verformungen Balkenstrukturen nachweisen können. Die Inklination von M 31 beträgt 77° und die Isophoten zeigen im Bulge eine kastenförmige Abweichung, engl. „boxy bulge". Simuliert man die Sterndichten verschiedener Bulge-Formen, lassen sich die zentralen Parameter ableiten. Diese Modelle liefern bei der Annahme eines 22′ langen Balkens in M 31 eine gute Übereinstimmung mit den Isophoten. Der Winkel zwischen der großen Halbachse der Scheibe und der des Balkens beträgt 20°. Der Balken selbst liegt innerhalb des ersten Staubbandes, das auf der Aufnahme oberhalb des Zentrums verläuft.
Die Aufnahme zeigt auch die zwei kleinen Begleiter M 32 und M 110, die im Kapitel der Zwerggalaxien im Detail beschrieben werden. M 32 liegt genau unter dem Zentrum von M 31, M 110 ist größer und steht rechts oberhalb, nordwestlich des Zentrums, am diffusen Rand der Scheibe. Das Spitzer Space Telescope der NASA hat 2006 die Staubverteilung in der Scheibenebene von M 31 untersucht und dabei einen hellen, umlaufenden Staubring im infraroten Licht nachgewiesen, der weitere spiralförmige Strukturen enthält, die bis ins Zentrum reichen. Dabei fielen den Astronomen kleine, ringförmige Aussparungen in der Staubscheibe auf, die als Beweis für die Durchstoßung der Scheibenebene durch M 32 angesehen werden. M 32 bewegt sich auf einem fast polaren Orbit um M 31 und die letzte Kollision geschah, folgt man den Modellen, vor 210 Millionen Jahren. Da M 31 viel massereicher ist als M 32, und die Bahn die Scheibenebene fast senkrecht trifft, bleibt die Spiralstruktur von M 31 weitgehend erhalten. Durch die Halo-Wechselwirkung wirkt jedoch ein Drehmoment auf die Scheibe und dies wird als Ursache für die Verbiegung der Scheibenebene, engl. „warped disk", angesehen, die bei M 31 deutlich zu sehen ist. Auf der Aufnahme erscheint das obere, nördliche Ende nach oben und das südliche Ende der Scheibe nach unten verbogen zu sein.
Durch die geringe Entfernung bietet M 31 die Möglichkeit, das Zentrum einer Spiralgalaxie genau zu untersuchen. Mit Hilfe von Röntgensatelliten lassen sich nahe dieses Zentrums in einem Radius von 1′ etwa ein Dutzend heller Röntgenquellen nachweisen. Es handelt sich dabei um Doppelsterne, die im Röntgenlicht heißer erscheinen als das zentrale, supermassive Schwarze Loch. Neben dem supermassiven Schwarzen Loch, dessen Masse bei $1{,}4 \times 10^8$ Sonnenmassen liegt, entdeckte das Hubble Space Telescope 1993 eine zweite, etwa fünf Lichtjahre entfernte Emissionsregion, die zuerst als zweiter Kern, engl. „double nucleus", bezeichnet wurde. In der Folgezeit zeigte sich aber, dass es sich hierbei um eine exzentrische Scheibe alter Sterne handelt, die um das Schwarze Loch rotiert. Spätere Aufnahmen mit dem Hubble Space Telescope lieferten den Nachweis einer zweiten, viel kompakteren Scheibe aus etwa 200 A-Sternen mit einem Radius von nur etwa einem Lichtjahr. Diese blauen Sterne sind jünger als 200 Millionen Jahre und damit in dieser zentrumsnahen Region entstanden. Durch Messungen der Rotationsgeschwindigkeiten der blauen Sterne, die Werte von 1000 km/s liefern, kann man astrophysikalische Alternativen zu einem Schwarzen Loch in M 31 definitiv ausschließen.

OBJEKT	M 31
STERNBILD	Andromeda
REKT.	$00^h\ 42^m\ 44^s$
DEKL.	+41° 16′ 09″
HELLIGKEIT	4,4 mag
TYP	SA(s)b
FOTOGRAFEN	Stefan Binnewies
TELESKOP	13-cm-Reflektor
KAMERA	Canon EOS 6D
BELICHTUNGSZEIT	80 min
ORT	Bergisches Land, Deutschland

NGC 206

Bei NGC 206 handelt es sich um die größte OB-Assoziation (OB 78) in der südlichen Hälfte der M 31-Scheibe. Ihre Ausdehnung von 4,5′ × 3,0′ entspricht einer projizierten Größe von fast 3500 Lichtjahren. Die Entfernung von NGC 206 zum Zentrum von M 31 beträgt etwa 35.000 Lichtjahre. Auffallend ist, dass diese hellen Sterne in NGC 206 nicht von einem hellen Nebel umgeben sind, wie es oft bei OB-Assoziationen der Fall ist. Eine mögliche Erklärung sind die Sternwinde der ersten, sehr massereichen Sterne, die in NGC 206 entstanden sind, und die das umgebende interstellare Gas aus der Assoziation weggeblasen haben. Dies wird auch durch das tatsächlich beobachtete HI-Defizit bestätigt, das NGC 206 von anderen OB-Assoziationen in M 31 unterscheidet, die von Emissionsnebeln umgeben sind. Modellrechnungen zeigen, dass von den ursprünglichen 2×10^6 Sonnenmassen an neutralem Wasserstoffgas etwa 10 % bei der Entstehung der OB-Sterne Verwendung fanden. Weitere 25 % des Gases wurden ionisiert und das restliche Gas wurde durch die Sternwinde entfernt. Ein Teil dieses Gases bildet eine HI-Schale um diese OB-Assoziation.

NGC 206 enthält auch helle, blaue veränderliche Riesensterne, engl. „luminous blue variables" (LBV). Diese sehr massereichen Sterne (mit etwa 50–100 Sonnenmassen) erreichen die 10^6-fache Sonnenleuchtkraft und leben nur einige Millionen Jahre, bevor sie als Supernovae explodieren. Ihre aktive LBV-Phase dauert dabei wenige 100.000 Jahre und ist durch Ausbrüche und Sternwinde gekennzeichnet, bei welchen diese Sterne viel Materie verlieren. Die jungen blauen Sterne in NGC 206 kontrastieren auf der Aufnahme mit den älteren gelben Sternen der umgebenden Scheibenpopulation. Astronomen vermuten, dass die hellsten blauen Sterne von M 31 in NGC 206 zu finden sind. Ihre Helligkeiten im B-Band übertreffen die der OB-Sterne um mehr als 2 mag. Mit einem Alter von etwa 30 Millionen Jahren handelt es sich bei NGC 206 um ein junges Objekt, das in der Scheibe von M 31 am Kreuzungspunkt zweier Spiralarme platziert ist und aus einer dort gegebenen lokalen Materieverdichtung entstanden sein könnte.

OBJEKT	NGC 206
STERNBILD	Andromeda
REKT.	$00^h\ 40^m\ 31^s$
DEKL.	+40° 44′ 21″
HELLIGKEIT	16,5 mag
TYP	–
FOTOGRAFEN	Makis Palaiologou, Stefan Binnewies
TELESKOP	1,3-m-Reflektor
KAMERA	SBIG STL-6303
BELICHTUNGSZEIT	220 min
ORT	Skinakas-Observatorium, Kreta, Griechenland

NGC 253

Die Starburst-Galaxie NGC 253 ist die massereichste Galaxie in der Sculptor-Galaxiengruppe. Ihre Entfernung zur Milchstraße beträgt 11,4 Millionen Lichtjahre und ihre Größe von 27,5′ × 6,8′ führt zu einem projizierten Durchmesser von 91.000 Lichtjahren. Trotz ihrer südlichen Deklination findet sich NGC 253 im *Observer's Handbook* der Royal Astronomical Society of Canada, und ihre dortige Beschreibung als „silver coin galaxy" hat sich neben der Bezeichnung „Sculptor-Galaxie" bei den Amateurastronomen etabliert. NGC 253 ist ein SAB(s)c-Typ, dessen kompakter Kern von Staub überdeckt wird. Die innere Scheibe ist von Sternentstehungsbereichen durchzogen. Diese große Zahl an neu entstandenen Sternen ist mit dem warmen Staub in ihrer Umgebung verbunden, was auch die starke Infrarotstrahlung, die man bei NGC 253 nachweisen kann, erklärt. Der hohe Staubanteil bewirkt neben einer Abschwächung auch eine Rotfärbung der Scheibensterne und erklärt den gelblichen inneren Bereich.
Die Inklination der Scheibenebene von NGC 253 beträgt 80° und ihr Positionswinkel 230°. Die obere, nordwestliche Seite der Scheibe ist der Milchstraße zugewandt. Untersuchungen der Gasdynamik in der Scheibe ergaben, dass sich die nordwestliche Seite (siehe Abbildung, links oben) mit etwa 200 km/s auf die Milchstraße zubewegt; der gegenüberliegende, südwestliche Scheibenrand entfernt sich hingegen mit 200 km/s. Bei genauer Betrachtung zeigt sich, dass zwischen der Rotation von atomarem Wasserstoff und der Hα-Emission, d.h. ionisiertem Wasserstoff, unterschieden werden muss. Während die Rotationskurve des atomaren Wasserstoffs ab Radien von 20.000 Lichtjahren einen leichten Anstieg von 190 km/s auf 230 km/s zeigt, verläuft die Hα-Rotationskurve deutlich flacher und besitzt zwischen 10.000–20.000 Lichtjahren eine Absenkung auf 170 km/s. Beide Rotationskurven lassen sich durch Kombination einer stellaren und einer Gas-Scheibe modellieren. Zur Beschreibung der Rotationskurven wird kein weitreichender Halo aus Dunkler Materie benötigt. Wie auch bei NGC 7793, einem anderen Mitglied der Sculptor-Galaxiengruppe, scheint der Halo aus Dunkler Materie nur etwa 30.000 Lichtjahre weit zu reichen.

OBJEKT	NGC 253
STERNBILD	Sculptor
REKT.	$00^h\ 47^m\ 33^s$
DEKL.	−25° 17′ 18″
HELLIGKEIT	7,1 mag
TYP	SAB(s)c
FOTOGRAFEN	Josef Pöpsel
TELESKOP	600-mm-Reflektor
KAMERA	SBIG ST-10XME
BELICHTUNGSZEIT	85 min
ORT	Amani Lodge, Namibia

NGC 300

NGC 300 ist eine der hellsten Galaxien der Sculptor-Galaxiengruppe. Mit einer SA(s)d-Typisierung handelt es sich um einen späten Spiraltyp mit einer großen Ausdehnung von 21,9′ × 15,5′ am Himmel. Das Spiralmuster von NGC 300 wird durch zwei breite Spiralarme bestimmt, die an einem stellaren, kompakten Kern ansetzen. In den äußeren Bereichen der Scheibe sind die Arme weniger gut definiert und in der linken, östlichen Scheibenhälfte zeigt sich ein dritter Spiralarm, der in einem weiten Bogen bis zum nördlichen Rand der Scheibe verläuft. Betrachtet man zum Vergleich die Bilddaten des POSS (Palomar Observatory Sky Survey), stellt man fest, dass dort von der äußeren Scheibenhälfte kaum etwas zu sehen ist. Erst die Bildbearbeitung bringt die leuchtschwachen Armstrukturen zum Vorschein.
Mit Hilfe von Aufnahmen des Hubble Space Telescope wurden die Cepheiden in NGC 300 untersucht. Wie in der Kapiteleinführung beschrieben, kann mit Hilfe der Perioden-Leuchtkraft-Beziehung dieser Veränderlichen die absolute Helligkeit und somit die Distanz von NGC 300 errechnet werden. Das Problem ist hierbei die Eichung der Relation und diese geht auf die genaue Bestimmung der Metallizität Z der Veränderlichen zurück, die auch innerhalb einer Galaxie variiert. Diese Kalibrierung gelingt mit einem zweiten Entfernungsindikator, der Spitze des Rote-Riesen-Astes im Farben-Helligkeits-Diagramm, engl. „tip of the red giant branch" (TRGB). Bei diesem statistischen Verfahren wird der Umstand benutzt, dass die Spitze eine maximale absolute Helligkeit (M) besitzt, bezogen auf das Alter und die Metallizität der Roten Riesen. Für NGC 300 ermittelten die Wissenschaftler einen Entfernungsmodul von (m–M) = 26,37 mag und damit eine Entfernung von 6,13 Millionen Lichtjahren.

OBJEKT	NGC 300
STERNBILD	Sculptor
REKT.	$00^h\ 54^m\ 53^s$
DEKL.	–37° 41′ 04″
HELLIGKEIT	9,0 mag
TYP	SA(s)d
FOTOGRAFEN	Josef Pöpsel
TELESKOP	60-cm-Reflektor
KAMERA	SBIG ST-10XME
BELICHTUNGSZEIT	105 min
ORT	Amani Lodge, Namibia

NGC 488

Die SA(r)b-Galaxie NGC 488 steht in einer Entfernung von 100 Millionen Lichtjahren zur Milchstraße und ihrer Winkelausdehnung von 5,2′ × 3,9′ entsprechen die projizierten Strecken von 151.000 und 113.000 Lichtjahren. Der helle Kern von NGC 488 ist von einem großen, leicht elliptischen Bulge umgeben. In der galaktischen Scheibe von NGC 488 kann man drei Bereiche unterscheiden. Im gelb gefärbten Scheibenzentrum erkennt man zwei spiralförmige Staubverläufe, die bis zum Kern reichen. Daran schließt der zweite Bereich an, mit einem Durchmesser von 3,5′ und einem flokkulenten Spiralarmmuster. Im äußeren Scheibenbereich liegen noch Spiralstrukturen, die aber weniger ausgeprägt sind. Ihr Aufbau bleibt jedoch regelmäßig und der Krümmungswinkel konstant. Damit weicht NGC 488 vom Verhalten späterer Spiraltypen ab, bei denen man oft eine Verbreiterung und eine Aufweitung der Spiralarme beobachten kann.
Aus der Messung der relativen Geschwindigkeiten von $H\alpha$- und [NII]-Emissionslinien in der Scheibe wurde 1978 am Cerro Tololo Inter-American Oberservatory die Rotationskurve für NGC 488 bestimmt. Die im Spektrum sichtbare, zweiteilige Form der Emissionslinien ist ein Hinweis auf hohe Rotationsgeschwindigkeiten. Für eine Inklination von 40° misst man eine Rotationsgeschwindigkeit von 360 km/s bei einem Abstand von 60.000 Lichtjahren. Der Verlauf der Rotationskurve ist ansteigend und damit typisch für Spiralgalaxien mit einem massiven Halo. Eine so hohe Geschwindigkeit ist aber selten anzutreffen und verweist auf einen außergewöhnlich großen Anteil an Dunkler Materie. Hierzu passt auch, dass NGC 488 von Zwerggalaxien umgeben ist, und dass es in der Vergangenheit vermutlich zu einigen Verschmelzungsvorgängen gekommen ist, die die Halomasse haben anwachsen lassen.

OBJEKT	NGC 488
STERNBILD	Pisces
REKT.	$01^h\ 21^m\ 47^s$
DEKL.	+05° 15′ 24″
HELLIGKEIT	11,2 mag
TYP	SA(r)b
FOTOGRAFEN	Makis Palaiologou, Stefan Binnewies
TELESKOP	1,3-m-Reflektor
KAMERA	SBIG STL-6303
BELICHTUNGSZEIT	230 min
ORT	Skinakas-Observatorium, Kreta, Griechenland

N

M 33

Die Galaxie M 33 (NGC 598) ist die drittgrößte Galaxie der Lokalen Gruppe und die Aufnahme zeigt die 71′ × 42′ große Scheibenebene dieses SA(s)cd-Typs. Ihre englische Bezeichnung „pinwheel galaxy" (deutsch: Windradgalaxie), die sie mit M 101 teilt, beschreibt gut das mehrteilige Spiralmuster. Die Spiralarme reichen bis zum Zentrum und hier erkennt man auch eine Zwei-Arm-Struktur. M 33 steht in 2,9 Millionen Lichtjahren Entfernung und ihr Scheibendurchmesser von 60.000 Lichtjahren ist nur halb so groß wie der der Milchstraße. Die Anzahl der Sterne in M 33 liegt bei 5×10^{10} und beträgt damit nur 1/10 der Sternanzahl der Milchstraße und 1/25 der Sternanzahl in M 31. Die Spiralarme sind umsäumt von hellen Sternentstehungsregionen und einer großen Zahl von HII-Regionen, von denen sich einige als rote Ringe zeigen. Die größte dieser HII-Regionen ist NGC 604, die mit einem Durchmesser von 1400 Lichtjahren am oberen linken Scheibenrand, nordöstlich des Zentrums, auf der Aufnahme zu sehen ist. Solche aktiven Regionen sind über die gesamte Scheibe verteilt und man findet in ihrer nahen Umgebung auch immer Staubfilamente. Staub entsteht durch Koagulation von Material aus Sternwinden und Supernova-Explosionen und ist ein wichtiger Bestandteil des interstellaren Mediums (engl. „interstellar matter", ISM). Mit dem Spitzer Space Telescope wurde dieser Staub im infraroten Bereich des Spektrums, bei Wellenlängen von 3,5–24 µm, speziell untersucht. Diese Infrarotaufnahmen zeigen bei einer Wellenlänge von 8 µm die Verteilung des warmen Staubes, dessen Temperatur bei 5 °C liegt, und bei 24 µm Wellenlänge sieht man zwischen –70 °C und –120 °C kalten Staub. Auf den Spitzer-Aufnahmen von M 33 kann man verfolgen, wie der warme Staub eng mit dem Spiralarmmuster verbunden ist, und dass dessen Konzentration im inneren Teil der Scheibe größer ist als in den Außenbereichen.

Das Zentrum besitzt bei M 33 eine kompakte, fast stellare Form und im Gegensatz zu einer großen Spiralgalaxie befindet sich in M 33 ein Schwarzes Loch mit einer Massenobergrenze von nur 3000 Sonnenmassen. Dieses Schwarze Loch wäre damit 1000-fach weniger massiv als das Schwarze Loch im Milchstraßenzentrum. Interessanterweise finden die Astronomen aber in M 33 das bislang schwerste stellare Schwarze Loch in dem Röntgendoppelsternsystem M 33 X-7. In diesem System wird ein blauer Hauptreihenstern mit etwa 70 Sonnenmassen alle 3,45 Tage von einem Schwarzen Loch umkreist, dessen Masse 15,65 Sonnenmassen beträgt. Auch der Stern von 70 Sonnenmassen stellt eine Besonderheit dar, da er der massereichste bekannte Begleiter in einem Röntgendoppelsternsystem ist und mehr als die Hälfte seiner jetzigen Masse aus den Sternwinden und Materieverlusten des Vorgängersternes des Schwarzen Lochs akkretiert hat. M 33 X-7 steht im mittleren Teil des auf der Aufnahme unterhalb des Zentrums verlaufenden, südlichen Spiralarmes.

Wie bei anderen Spiralgalaxien zeigt auch die Rotationskurve von M 33 mit zunehmendem Abstand vom Zentrum zuerst einen steilen Anstieg und dann den Übergang zu einem flachen Niveau. Bei M 33 liegt dies bei Geschwindigkeiten von etwa 100 km/s und einem Abstand von 10.000 Lichtjahren. Bemerkenswert ist hier allerdings, dass bei Abständen von 10.000–50.000 Lichtjahren die Rotationsgeschwindigkeit nicht konstant bleibt, sondern auf 150 km/s ansteigt. Bezogen auf ein zugehöriges Modell aus Dunkler Materie bedeutet dies eine weitreichende Dunkle Halomasse, die den leuchtenden Teil von M 33 umschließt. Die Masse des Dunklen Halos beträgt in den Modellrechnungen mindestens 5×10^{11} Sonnenmassen. Die Größe des Dunklen Halos liegt bei 600.000 Lichtjahren und ist damit mit dem Abstand von M 33 zu M 31 vergleichbar.

OBJEKT	M 33
STERNBILD	Triangulum
REKT.	$01^h\ 33^m\ 51^s$
DEKL.	+30° 39′ 37″
HELLIGKEIT	6,3 mag
TYP	SA(s)cd
FOTOGRAFEN	Johannes Schedler
TELESKOP	400-mm-Reflektor
KAMERA	SBIG STL-11000
BELICHTUNGSZEIT	1800 min
ORT	Wildon, Österreich

NGC 604

Bei NGC 604 handelt es sich um eine große HII-Region in M 33, die ihre Leuchtkraft aus einem Haufen junger, massereicher Sterne bezieht. Es handelt sich dabei um über 200 O- und Wolf-Rayet-Sterne, deren Alter nur wenige Millionen Jahre beträgt. Bei diesen großen HII-Regionen unterscheiden die Astronomen zwischen zwei Typen: Zum einen sind dies Super-Sternhaufen, „super star clusters" (SSC), die einen kompakten Sternhaufen enthalten, und zum anderen sind es skalierte OB-Assoziationen, engl. „scaled OB associations" (SOBA), die größer sind und verteilte Substrukturen aufweisen. Diese Unterscheidung ist wichtig für die Betrachtung der Langlebigkeit eines Sternhaufens, da die ausgedehnten SOBAs leichter durch Gezeitenkräfte zerstört werden können. SSCs sind beständiger und können sich weiter zu Kugelsternhaufen entwickeln. Bei NGC 604 handelt es sich um eine SOBA, die oft als Prototyp zitiert wird.

Bei der Untersuchung der hellsten Sterne in NGC 604 mit dem Hubble Space Telescope konnten drei O-Sterne ausfindig gemacht werden, deren ortsaufgelöste Spektren auf Massen im Bereich von 120 Sonnenmassen schließen lassen. Die spektralen Charakteristika könnten aber auch durch aggregierte Wolf-Rayet-Sterne erklärt werden. Die Auflösung des Hubble Space Telescope reicht nicht aus, um abschließend zu klären, ob es sich um einzelne, außergewöhnlich massive Sterne oder kompakte Sternhaufen handelt.

OBJEKT	M 33
STERNBILD	Triangulum
REKT.	$01^h\ 34^m\ 33^s$
DEKL.	+30° 47′ 06″
HELLIGKEIT	14,0 mag
TYP	–
FOTOGRAFEN	Stefan Heutz, Josef Pöpsel
TELESKOP	600-mm-Reflektor
KAMERA	SBIG STL-11000
BELICHTUNGSZEIT	420 min
ORT	Skinakas-Observatorium, Kreta, Griechenland

NGC 772

Die SA(s)b-Galaxie NGC 772 (Arp 78) bildet zusammen mit der kleineren E3-Galaxie, die 3,3′ südwestlich steht, ein Paar. Beide Galaxien liegen in einer Entfernung von 115 Millionen Lichtjahren, und da die Differenz ihrer Radialgeschwindigkeiten nur 14 km/s beträgt, betrachtet man ihre gemeinsame Bahnebene frontal. Die Scheibenebene von NGC 772 ist mit einer Inklination von 54° zur Bahnebene geneigt. Die Galaxie besitzt eine asymmetrische Spiralstruktur, die durch einen hellen Spiralarm dominiert wird, der in nordwestlicher Richtung etwa 3′ weit reicht und nahezu alle jungen, aktiven Bereiche dieser Galaxie enthält. Dieser Spiralarm weist zwei Woronzow-Weljaminow-Reihen auf. Die gegenüberliegende, südöstliche Seite zeigt einen durch ein braunes Staubband definierten Spiralarm, der nach einem halben Umlauf parallel zum hellen Spiralarm verläuft. In einer Zusammenstellung von Quasaren (1989, A. Hewitt und G. Burbidge) wird mit [HB89]0156+187 eine Quelle aufgeführt, die nur etwa 30″ vom Kern von NGC 772 entfernt steht. Da deren Rotverschiebung auf eine Distanz von 10,8 Milliarden Lichtjahren schließen lässt, kann man davon ausgehen, dass dieser Quasar hinter NGC 772 steht. Da sich aber kein optisches Gegenstück finden lässt, wird auch über einen möglichen Positionsfehler der Katalogdaten von [HB89]0156+187 spekuliert.

Die Winkelmaße von 7,2′ × 4,3′ für NGC 772 beschreiben den hellen Scheibenteil mit dem Spiralmuster und entsprechen den transversalen Strecken von 240.000 und 144.000 Lichtjahren. Die enorme Ausdehnung dieser Scheibe wird noch durch die lichtschwachen Strukturen im Umfeld von NGC 772 übertroffen, die auf der kontrastverstärkten und invertierten Bearbeitung der Aufnahme zu sehen sind. Der projizierte Abstand des Begleiters NGC 770 liegt bei 100.000 Lichtjahren und die Bearbeitung zeigt einen bei NGC 770 ansetzenden Gezeitenschweif, der von NGC 772 weg gerichtet ist. Auch erkennt man unterhalb der zwei helleren, rechts von NGC 772 stehenden Sterne einen fragmentierten Bogen, der durch Wechselwirkung eines kompakten Begleiters mit der Scheibenebene von NGC 772 entstanden sein könnte. Der Abstand dieses Bogens vom Zentrum liegt bei über 220.000 Lichtjahren und erreicht den Rand der großen Scheibe aus atomarem Wasserstoff von NGC 772, die einen Radius von 240.000 Lichtjahren aufweist.

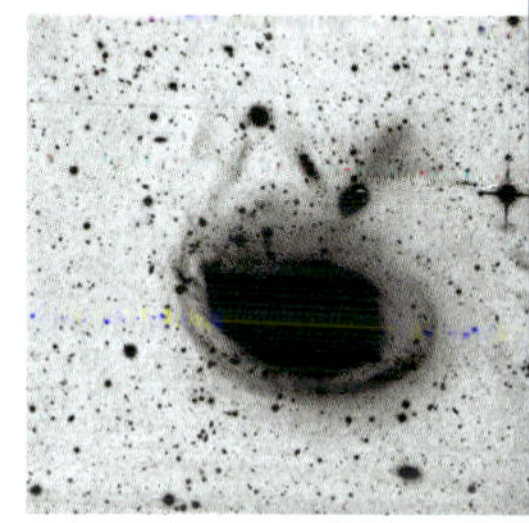

OBJEKT	NGC 772
STERNBILD	Aries
REKT.	01h 59m 20s
DEKL.	+19° 00′ 27″
HELLIGKEIT	10,0 mag
TYP	SA(s)b
FOTOGRAFEN	Adam Block
TELESKOP	600-mm-Reflektor
KAMERA	SBIG STL-11000
BELICHTUNGSZEIT	405 min
ORT	Mount Lemmon SkyCenter/ University of Arizona, USA

N

M 74

Die SA(s)c-Galaxie M 74 (NGC 628) wird als „grand design“-Galaxie bezeichnet, da in der frontal beobachteten Scheibe der Verlauf der Spiralarme vom Zentrum bis zu den leuchtschwachen Randbereichen verfolgt werden kann. Nur bei etwa 10 % der Spiralgalaxien beobachtet man solche weit ausgedehnten Spiralarmstrukturen. M 74 ist 30 Millionen Lichtjahre von der Milchstraße entfernt und bietet dank ihrer Größe ein ideales Studienfeld. Immerhin entspricht der Winkeldurchmesser von 10,5′ × 9,5′ einem maximalen transversalen Durchmesser von 92.000 Lichtjahren. Auf der Aufnahme erkennt man eine große Zahl von HII-Regionen in den Außenbereichen der Spiralebene entlang der Arme und auch an den fragmentierten Enden der Spiralarme. Die größten HII-Regionen erreichen Durchmesser von 600 Lichtjahren. Betrachtet man die Morphologie von M 74 genauer, so fällt auf, dass von den beiden im unteren Teil der Scheibe verlaufenden Spiralarmen der südliche stärker ausgeprägt ist. Diese Störung könnte durch die Wirkung zweier Begleitgalaxien (UGC 1176 und UGC 1171) entstanden sein. Sie sind mit einem Abstand von 1° nicht mehr auf der Aufnahme zu sehen. Trotz Ihres Abstandes von über 400.000 Lichtjahren zu M 74 steckt in diesem Begleiter-System mehr Drehimpuls als in M 74 selbst und die Astronomen werten dies als einen Hinweis auf wirkende Gezeitenkräfte in der Scheibenebene von M 74

Diese Aufnahme von M 74 zeigt die durch einen Pfeil markierte Supernova SN2013ej, die am 25. Juli 2013 explodierte. Der Aufnahmezeitpunkt dieser Supernova vom Typ II lag kurz nach dem Erreichen der maximalen Helligkeit und belegt die fast weiße Farbe von SN2013ej. Vergleicht man die Färbung der Supernova mit den Spektralklassen von Sternen, so entwickelt sich die Farbe der Supernova in den ersten zwei Wochen typischerweise von einem blauweißen A- zu einem weißlichen F-Stern. Mit der dann folgenden Helligkeitsabnahme wandert die Farbe weiter über Gelb nach Rot, und nach zwei bis drei Monaten ähnelt die Supernova einem M-Stern. Die zweite, kleinere Aufnahme von M 74 ist aus Aufnahmen bis Oktober 2013 entstanden; hier präsentiert sich die erwarte Rötung der Supernova-Färbung.

M 74 war eine der ersten Galaxien, bei der flächendeckend hochaufgelöste Spektren erstellt wurden (2006–2008, 3,5-m-Teleskop des Calar Alto Observatory, Spanien). Aus über 11.000 einzelnen Spektren im Wellenlängenbereich von 370–700 nm wurde eine zweidimensionale Karte der Leuchtkraft und Metallizität der Sterne in M 74 gewonnen. Man fand dabei einen negativen Gradienten des Alters der Population – die weiter innen liegenden Regionen bestehen aus älteren Sternen, weiter außen findet sich ein größerer Anteil junger Sterne. Nur nahe des Zentrums, innerhalb

M 74 in einer Aufnahme von Wolfgang Ries und Stefan Heutz. Der Pfeil markiert die Supernova SN2013ej, die im Oktober 2013 eine deutliche Rötung zeigte.

eines Radius von 3000 Lichtjahren, kehrt sich dieser Trend um. Hier findet man einen Ring aus jungen Sternen, der mit einer für Spiralgalaxien typischen zirkumnuklearen Sternentstehungsregion assoziiert ist. Die Sternentstehungsrate ist in den äußeren HII-Regionen um eine Größenordnung stärker als bei den inneren HII-Regionen. Die mittlere Sternentstehungsrate liegt bei 2,4 Sonnenmassen pro Jahr und entspricht einem typischen Wert für diesen Spiraltyp.

OBJEKT	M 74
STERNBILD	Pisces
REKT.	$01^h\ 36^m\ 42^s$
DEKL.	+15° 47′ 01″
HELLIGKEIT	9,9 mag
TYP	SA(s)c
FOTOGRAFEN	Makis Palaiologou, Stefan Binnewies
TELESKOP	1,3-m-Reflektor
KAMERA	Andor DZ 436
BELICHTUNGSZEIT	112,5 min
ORT	Skinakas-Observatorium, Kreta, Griechenland

NGC 891

Etwa 3° östlich des Sternes Alamak im Sternbild Andromeda steht die SA(s)b-Galaxie NGC 891, die aufgrund ihrer Größe von 13,5′ × 2,5′ und ihres auffälligen Staubbandes ein beliebtes Motiv für Astrofotografen darstellt. NGC 891 steht in einer Entfernung von 32 Millionen Lichtjahren und ihre in Kantenlage beobachtete Scheibenebene hat einen Durchmesser von 126.000 Lichtjahren. Damit ist NGC 891 größer als die Milchstraße. Im direkten Vergleich enthält sie deutlich mehr molekulares Gas, besitzt eine größere Sternentstehungsrate und ihre Radioleuchtkraft übertrifft die der Milchstraße um 50 %. Die erhöhte Aktivität in NGC 891 geht vermutlich auf Gezeitenstörungen zurück, die auch zu einer Verbiegung der Scheibenebene geführt haben und die man auf der Aufnahme am Verlauf des Staubbandes mitverfolgen kann. Auf der linken (südlichen) Scheibenhälfte ist das Staubband nach unten verbogen, auf der rechten Seite erkennt man eine Verbiegung nach oben. Dort zeigen sichtbare aktive Bereiche, dass man auf die Ausläufer eines Spiralarmes blickt; auf der linken Seite ist der Einblick in die Ebene durch das Staubband verdeckt.

Die HI-Rotationskurve in NGC 891 erreicht innerhalb von 1′ Abstand beidseitig Geschwindigkeiten von 210 km/s. Dieses Niveau nimmt aber nach außen leicht ab und liegt dann bei 180 km/s. Das ist ein Hinweis auf einen geringen Anteil an Dunkler Materie im Halo von NGC 891. Durch deren Fehlen können Gezeitenkräfte ungestörter wirken, was auch die verbogene Scheibenebene erklärt. Beobachtet man die Scheibenebene im Radiolicht des atomaren Wasserstoffs, offenbart sich eine ungleiche radiale Ausdehnung der Scheibe (engl. „lopsided disk“). Die HI-Emission der südlichen Scheibenseite reicht fast doppelt so weit wie der optische Radius, auf der Nordseite setzt sich die Radioscheibe nur 15 % weiter fort. In neueren Artikeln sehen Astronomen die Wechselwirkung mit der kleinen, gasreichen Galaxie UGC 1807 als eine mögliche Ursache dieser Störungen in NGC 891. UGC 1807 ist nicht mehr auf der Aufnahme zu sehen, da sie in einem Abstand von 25′, entsprechend 250.000 Lichtjahren, von NGC 891 entfernt steht. UGC 1807 besitzt etwa 10 % der Masse von NGC 891, und die relative Lage und Geschwindigkeit von nur 100 km/s legen einen Vorbeiflug von UGC 1807 entlang der Ebene von NGC 891 als mögliche Störungsursache nahe.

OBJEKT	NGC 891
STERNBILD	Andromeda
REKT.	$02^h\ 22^m\ 33^s$
DEKL.	+42° 20′ 57″
HELLIGKEIT	10,8 mag
TYP	SA(s)b
FOTOGRAFEN	Stefan Binnewies, Volker Wendel
TELESKOP	600-mm-Reflektor
KAMERA	SBIG STL-11000
BELICHTUNGSZEIT	480 min
ORT	Skinakas-Observatorium, Kreta, Griechenland

NGC 908

Für die SA(s)c-Galaxie NGC 908 verzeichnen Kataloge eine Fluchtgeschwindigkeit von 1509 km/s, was einer Entfernung von 64 Millionen Lichtjahren entspricht. Aus dem geringen angegebenen Fehler von nur 5 km/s ergibt sich eine Unsicherheit der Entfernungsangabe von 210.000 Lichtjahren. Die Winkelgröße von NGC 908 liegt bei 6,0′ × 2,6′. Dies liefert einen projizierten Scheibendurchmesser von 112.000 Lichtjahren. Beim Spiralarmmuster von NGC 908 fällt eine Asymmetrie auf, die sich durch eine Aufspaltung des linken (östlichen) Armes zeigt. In allen Spiralarmen erkennt man eine große Zahl junger Sterne, die den Armen zu ihrem hellen Erscheinungsbild verhelfen. Vergleicht man die Bilddaten des GALEX-Satelliten (Galaxy Evolution Explorer der NASA, Start 2003) von NGC 908 mit der Aufnahme, so treten die Spiralarme aufgrund der UV-Leuchtkraft noch deutlicher hervor. Dies erklärt auch die Spezifikation von NGC 908 als Starburst-Galaxie.

Der südwestliche Arm erfährt zwar keine Aufspaltung, jedoch zeigt sein Verlauf ebenfalls eine Auffälligkeit. Dieser Spiralarm setzt an der Westseite der inneren Scheibe an, verläuft weiter nach Süden, um dann wieder an der inneren Scheibe zu enden. Da dieser Endpunkt im Bereich des Startpunktes des zweiten, östlichen Spiralarmes liegt, könnte man NGC 908 auch als Spiraltyp mit nur einem dominanten Arm beschreiben. Die Störung im Spiralmuster wie auch die ungleichförmige Scheibe mit einer größeren linken Hälfte gehen vermutlich auf eine Wechselwirkung mit der Galaxie UGCA 027 (PGC 9005) zurück. Diese kompakte Galaxie steht in 14,7′ Abstand und besitzt mit 1622 km/s eine ähnliche Fluchtgeschwindigkeit. Für ihren transversalen Abstand berechnet man 300.000 Lichtjahre.

In der näheren Umgebung von NGC 908 findet man bei etwa 30′ Winkelabstand weiterhin die Galaxien NGC 899 und NGC 907, deren Fluchtgeschwindigkeiten nahe beim Wert von NGC 908 liegen, sodass diese Galaxien als Mitglieder einer lockeren Galaxiengruppe definiert werden können.

OBJEKT	NGC 908
STERNBILD	Cetus
REKT.	02h 23m 05s
DEKL.	−21° 14′ 02″
HELLIGKEIT	10,8 mag
TYP	SA(s)c
FOTOGRAFEN	Bernd Flach-Wilken
TELESKOP	400-mm-Reflektor
KAMERA	SBIG STL-6303
BELICHTUNGSZEIT	180 min
ORT	Farm Tivoli, Namibia

IC 239

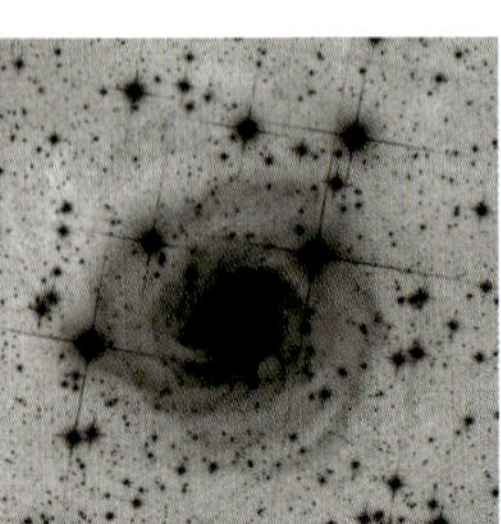

Vor der SAB(rs)cd-Galaxie IC 239 befindet sich ein Sternhaufen, dessen hellstes Mitglied ein 8,5 mag roter M-Stern ist (SAO 55698). Im Vergleich zu diesem Stern fällt die blaue Färbung der Spiralarme von IC 239 besonders auf, deren Muster sich bis zu einer Scheibenausdehnung von 7′ verfolgend lässt. Dabei schließen an einen helleren Innenteil äußere, lichtschwache Spiralarme an, die sogar einige aktive Bereiche beinhalten (Abb. links). Am rechten Scheibenrand zeigt der dort verlaufende südliche Spiralarm sogar zwei Woronzow-Weljaminow-Reihen, die ihn damit eindeutig von einem Gezeitenschweif unterscheiden. Das neutral gefärbte Zentrum von IC 239 besteht aus einer ovalen, balkenartigen Struktur, an der die zwei Spiralarme ansetzen. IC 239 besitzt eine geringe Oberflächenhelligkeit und wird daher als „low surface brightness galaxy" bezeichnet.

IC 239 gehört zur NGC 1023-Galaxiengruppe, die in einer mittleren Entfernung von 32 Millionen Lichtjahren zur Milchstraße steht. Diese kleine Gruppe umfasst zehn größere Galaxien und achtmal mehr Zwerggalaxien. Vergleicht man die Fluchtgeschwindigkeiten der hellsten Mitglieder, so fällt IC 239 relativ zu NGC 1023 mit +266 km/s auf, da die Streuung der Geschwindigkeiten, d.h. die Breite ihrer Verteilung, in der NGC 1023-Gruppe bei ±136 km/s liegt. Betrachtet man die Lage der NGC 1023-Gruppe im dreidimensionalen Raum, so bildet sie ein Filament, das von der Lokalen Gruppe zum Perseus-Pisces-Galaxienhaufen reicht. Diese Position zwischen großen Massenansammlungen erklärt auch die vergleichsweise hohen Geschwindigkeiten und legt die Vermutung nahe, dass es sich bei IC 239 um eine Galaxie handeln könnte, die die NGC 1023-Gruppe gerade durchläuft.

OBJEKT	IC 239
STERNBILD	Andromeda
REKT.	$02^h\ 36^m\ 28^s$
DEKL.	+38° 58′ 12″
HELLIGKEIT	11,8 mag
TYP	SAB(rs)cd
FOTOGRAFEN	Adam Block
TELESKOP	800-mm-Reflektor
KAMERA	SBIG STX-16803
BELICHTUNGSZEIT	720 min
ORT	Mount Lemmon SkyCenter/ University of Arizona, USA

NGC 1032

Die S0/a-Galaxie NGC 1032 ist 120 Millionen Lichtjahre von der Milchstraße entfernt und aus ihrer Winkelausdehnung von 3,3′ × 1,1′ kann man auf eine projizierte Größe von 115.000 × 38.000 Lichtjahren schließen. Das auffällige Staubband, das fast genau über das Zentrum von NGC 1032 verläuft, misst 2,4′. Unter der Annahme, dass es sich um die Projektion einer in Kantenlage beobachteten Staubscheibe handelt, besitzt diese Staubscheibe einen Durchmesser von etwa 80.000 Lichtjahren. Im hellen, kompakten Zentrum von NGC 1032 vermuten Astronomen aufgrund der erhöhten Radioleuchtkraft einen aktiven Kern.

In einem Abstand von 4,4′ zu NGC 1032 zeigt die Aufnahme in nordwestlicher Richtung eine weitere, kleinere S0-Galaxie. Kataloge liefern für diese 0,60′ × 0,24′ große Galaxie die Bezeichnung LEDA 144898 (Lyon Extragalactic Database, 1989). Die Fluchtgeschwindigkeit von LEDA 144898 ist mit 6141 km/s deutlich größer als der für NGC 1032 gemessene Wert von 2694 km/s. Da die Differenz der Geschwindigkeiten nicht mehr im Bereich von einigen Hundert km/s liegt, wie man es sonst bei vielen Begleitgalaxien beobachten kann, muss man davon ausgehen, dass LEDA 144898 kein Begleiter von NGC 1032 ist, sondern in einer Distanz von 250 Millionen Lichtjahren hinter ihr steht. Mit einem Durchmesser von 50.000 Lichtjahren beschreibt LEDA 144898, im Gegensatz zu NGC 1032, eine kleine Variante des S0-Typs.

OBJEKT	NGC 1032
STERNBILD	Cetus
REKT.	$02^h\ 39^m\ 24^s$
DEKL.	+01° 05′ 38″
HELLIGKEIT	12,1 mag
TYP	S0/a
FOTOGRAFEN	Makis Palaiologou, Stefan Binnewies
TELESKOP	1,3-m-Reflektor
KAMERA	Andor DZ 436
BELICHTUNGSZEIT	340 min
ORT	Skinakas-Observatorium, Kreta, Griechenland

NGC 1058

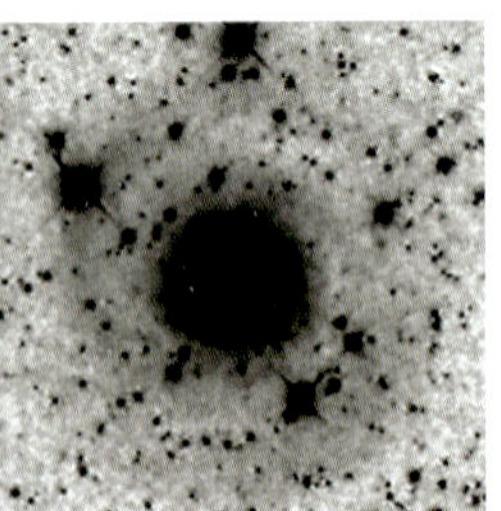

Die Sa(rs)c-Galaxie NGC 1058 steht in einer Entfernung von 28 Millionen Lichtjahren und ihre fast gleich großen Winkeldurchmesser von 3,0′ × 2,8′ beschreiben die geringe Inklination relativ zur Milchstraße. Der optische Scheibendurchmesser von 24.000 Lichtjahren beträgt bei NGC 1058 nur etwa ein Drittel des Standarddurchmessers einer Spiralgalaxie. Im inneren Bereich der Scheibe zeigt sich ein flokkulentes Spiralarmmuster, das weiter außen Fragmente von Spiralarmen aufweist. Am oberen (südlichen) Scheibenrand erkennt man zwei Teilstücke von Woronzow-Weljaminow-Reihen. Im Vergleich zu anderen Sa-Typen sind die aktiven Bereiche in NGC 1058 stärker zum Zentrum hin konzentriert und die typische Größe der zugehörigen jungen Sternhaufen, engl. „young star groupings", ist mit 150 Lichtjahren nur halb so groß wie in den anderen Galaxien.

Aus den Radiodaten von NGC 1058 geht hervor, dass das neutrale Wasserstoffgas weiter als der optische Teil der Galaxie reicht. NGC 1058 besitzt eine HI-Scheibe mit einem Durchmesser von mehr als 10′ und die Radiodaten zeigen auch zwei spiralarmförmige Dichteverteilungen, die an der kleinen optischen Scheibe ansetzen und die HI-Scheibe ausfüllen. Die schwache optische Signatur dieser Spiralarme wird auf der kontrastverstärkten Aufnahme sichtbar. Dieses leuchtschwache Spiralmuster hat einen Durchmesser von 6′ und entspricht 49.000 Lichtjahren. Da diese großen HI-Strukturen in der Scheibenebene nicht von einer stärkeren Sternentstehung begleitet werden, besteht die Vermutung, dass bei NGC 1058 die Materieströmungen durch Wechselwirkungen stark beeinflusst wurden und eine Verringerung der Gasdichte am Scheibenrand die Folge war. Dies passt auch dazu, dass Astronomen im kompakten Zentrum von NGC 1058 einen Seyfert-2-Kern nachgewiesen haben. Die Aktivität im Kern geht auf die Zuströmung von Materie auf das supermassive Schwarze Loch im Zentrum zurück. Da bei den Seyfert-2-Typen der direkte Blick auf dieses Schwarze Loch durch einen Staubtorus verdeckt wird, ist NGC 1058 auch ein Beleg dafür, dass die Akkretionsscheibe um den aktiven Galaxienkern und die umgebende Ebene der Spiralgalaxie nicht gleich ausgerichtet sind.

OBJEKT	NGC 1058
STERNBILD	Perseus
REKT.	$02^h\ 43^m\ 30^s$
DEKL.	+37° 20′ 29″
HELLIGKEIT	11,2 mag
TYP	SA(rs)c
FOTOGRAFEN	Michael König
TELESKOP	350-mm-Reflektor
KAMERA	SBIG ST-10XME
BELICHTUNGSZEIT	110 min
ORT	Rimbach, Deutschland

NGC 1187

Die Galaxie NGC 1187 wird dem Eridanus-Galaxienhaufen zugeordnet. Er umfasst etwa 60 hellere Galaxien, deren Fluchtgeschwindigkeiten im Bereich von 1400–1500 km/s liegen. Mit 1390 km/s liegt NGC 1187 nahe dem Mittelwert und damit in einer Entfernung von 60 Millionen Lichtjahren. Die Winkelausdehnung von 5,5′ × 4,1′ liefert einen transversalen Scheibendurchmesser von knapp 100.000 Lichtjahren. Das innere Spiralmuster ist durch drei Spiralarme bestimmt, die nahe am kompakten Zentrum ansetzen. Zwei dieser Arme lassen sich über 270° lang verfolgen und machen NGC 1187 zu einem Sab-Typ der Art „grand design“. Eine alternative SBc-Typenbeschreibung geht von einem Balken aus, an dem zwei Arme ansetzen. In den Spiralarmen sind viele helle HII-Regionen zu sehen, die größten dieser Regionen erreichen mit 2″ Durchmesser eine Ausdehnung von 500 Lichtjahren. In einem Abstand von 4,5′ steht in nordwestlicher Richtung die kleine Begleitgalaxie PGC 11469, nur etwa 1′ von einem 8,7 mag hellen Vordergrundstern (SAO 168248) entfernt. Die Fluchtgeschwindigkeit dieser Sb-Galaxie beträgt 1445 km/s und identifiziert sie ebenso als ein Mitglied des Eridanus-Galaxienhaufens. Ihr absoluter Durchmesser beträgt nur ein Viertel des Durchmessers von NGC 1187.
Zur Beschreibung der Morphologie von Spiralsystemen verwendet man auch die Stärke der Krümmung der Spiralarme. Die Messung des Krümmungswinkels, engl. „pitch angle“, lässt Rückschlüsse auf die Materieströmungen in der Hauptebene der Spiralgalaxie zu. Astronomen konnten nachweisen, dass zwischen der Größe des Winkels und der Massenkonzentration in der Galaxie eine Korrelation besteht. Galaxien mit einer größeren zentralen Massenkonzentration zeigen dabei kleinere Krümmungswinkel, ihre Spiralarme verlaufen enger und kompakter. Der Krümmungswinkel in NGC 1187 liegt mit 16° am unteren Ende der Verteilung. Bis auf wenige Ausnahmen liefern die meisten Galaxien Werte im Bereich von 15–35°. Die Massenkonzentration in NGC 1187 ist dabei vergleichsweise hoch und erlaubt die Folgerung, dass es dadurch zu Scherströmungen in der Scheibenebene kommt, die doppelt so stark sind wie in Spiralgalaxien mit größerem Krümmungswinkel.

OBJEKT	NGC 1187
STERNBILD	Eridanus
REKT.	$03^h\ 02^m\ 38^s$
DEKL.	–22° 52′ 02″
HELLIGKEIT	11,7 mag
TYP	SB(r)c
FOTOGRAFEN	Bernd Flach-Wilken
TELESKOP	400-mm-Reflektor
KAMERA	SBIG STL-6303
BELICHTUNGSZEIT	165 min
ORT	Farm Tivoli, Namibia

NGC 1357

Am östlichen, aufgelockerten Rand des Eridanus-Galaxienhaufens befindet sich die SA(s)ab-Galaxie NGC 1357. Im Inneren sind zwei Spiralarme mit vielen jungen Sternen zu erkennen, die ihnen eine auffällige hellblaue Färbung verleihen. Der enge, fast ringförmige Aufbau der Spiralarme erklärt die SA(s)ab-Typisierung, auch wenn die Arme nur in einem begrenzten Teil der Scheibe zu sehen sind. Der Winkeldurchmesser dieses Ringes beträgt 1′ und bei einer Entfernung von 85 Millionen Lichtjahren entspricht dies projizierten 25.000 Lichtjahren Durchmesser. Die äußere Scheibe offenbart einen diffusen Aufbau, in dem man die Umläufe spiralförmiger Verdichtungen verfolgen kann. Auf der Aufnahme erkennt man, dass die diffuse Scheibe an ihrem oberen, westlichen sowie am unteren, östlichen Rand in zwei Gezeitenschweifen ausläuft. Die diffuse Scheibe erreicht hier einen Durchmesser von 160.000 Lichtjahren. Die rechts unterhalb von NGC 1357 auszumachende SB-Galaxie (PGC 933903) ist 6,5-mal weiter von der Milchstraße entfernt und steht in keiner Wechselwirkung zu NGC 1357.

Lässt sich die Rotationskurve einer Spiralgalaxie, d.h. die radiale Verteilung der Rotationsgeschwindigkeiten, gut messen, so kann daraus der Anteil an Scherströmungen in der Scheibenebene abgeleitet werden. Diese Scherströmungen entstehen durch die differentielle Rotation und lassen sich mit radialen Veränderungen des Materietransports in der Scheibe gleichsetzen. Es gibt Analysen, die zeigen, dass starke Scherströmungen besonders bei frühen Spiraltypen auftreten. Damit verbunden ist auch eine größere Sternentstehungsrate und ein kleinerer Krümmungswinkel der Spiralarme als bei späten Typen. Die Scherströmungen werden als dimensionslose Scherungsrate quantifiziert, bei NGC 1357 liegt der Wert bei 0,56. Sd-Galaxien zeigen typische Raten von 0,45 und kleiner, bei Sa-Typen reichen die Werte über 0,60. Scherungsraten über 0,70 werden nicht beobachtet und diese kritische Grenze entspricht einem kleinsten Krümmungswinkel von etwa 11°, der die engsten beobachteten Spiralarmverläufe beschreibt.

OBJEKT	NGC 1357
STERNBILD	Eridanus
REKT.	$03^h\ 33^m\ 17^s$
DEKL.	–13° 39′ 51″
HELLIGKEIT	12,8 mag
TYP	SA(s)ab
FOTOGRAFEN	Adam Block
TELESKOP	800-mm-Reflektor
KAMERA	SBIG STL-11000
BELICHTUNGSZEIT	300 min
ORT	Mount Lemmon SkyCenter/ University of Arizona, USA

NGC 2403

Die SAB(s)cd-Galaxie NGC 2403 ist ein Mitglied der äußeren M 81-Galaxiengruppe und gehört mit einer Entfernung von nur zwölf Millionen Lichtjahren zu den nächsten Nachbarn der Milchstraße. Der Winkeldurchmesser von 22′ × 13′ ergibt für NGC 2403 die projizierten Scheibendurchmesser von 77.000 × 45.000 Lichtjahren. NGC 2403 besitzt keinen stellaren Bulge. Das sehr kleine, kompakte Zentrum ist von hellbraunen Staubfilamenten umgeben, die auf der unteren (südwestlichen) Scheibenseite dichter erscheinen. Entlang zweier diffus wirkender Spiralarme finden sich aktive Bereiche und einige HII-Regionen. Diese großen, bis zu 2000 Lichtjahre ausgedehnten rötlichen Gasblasen haben in ihrem Inneren OB-Assoziationen, die die Emissionsnebel mit Energie versorgen. Aufgrund dieser auffälligen HII-Regionen wird NGC 2403 oft mit M 33 verglichen. NGC 2403 besitzt eine weitgehend ungestörte Spiralarmstruktur, nur in den Außenbereichen der Scheibe fächern die Spiralarmenden auf und sind im Bild als lichtschwache Filamente zu sehen.
Aufgrund der Nähe von NGC 2403 liefern die Radiodaten ein detailliertes Bild des neutralen Wasserstoffs in der Scheibe und im Halo. Die Radio-Scheibe von NGC 2403 ist doppelt so groß wie die optische Scheibe und die HI-Rotationskurve zeigt einen symmetrischen Aufbau mit den typischen Plateaus ab 5′ Zentrumsabstand bei ±120 km/s. Bezogen auf die Aufnahme bewegt sich der rechte, obere Teil der Scheibe auf die Milchstraße zu. Die HI-Linie erscheint bei NGC 2403 verbreitert und offenbart die Existenz einer zweiten Gaskomponente. Diese Komponente weist geringere Geschwindigkeiten auf und weicht an einigen Stellen auch von der Rotationsrichtung ab. Die Masse dieser anomalen Komponente, die die Scheibe umgibt, beträgt nur 1/10 der gesamten Wasserstoffgasmasse von NGC 2403. Astronomen gehen davon aus, dass das Wasserstoffgas dieser Komponente nicht durch Wechselwirkungen in der Gruppe aufgesammelt wurde, sondern dass es das Resultat der aktiven Sternentstehungszonen ist. Die Winde der heißen Sterne transportieren Gas aus der Scheibenebene hinaus, engl. „galactic fountain", das sich dann in der beobachteten zweiten Gaskomponente ansammelt. Es wird davon ausgegangen, dass dieser Mechanismus in Spiralgalaxien häufig anzutreffen ist; der direkte Nachweis bei NGC 2403 gelang aufgrund der Nähe zur Milchstraße und der ausreichenden Sensitivität der Radioteleskope.

OBJEKT	NGC 2403
STERNBILD	Camelopardalis
REKT.	$07^h\ 36^m\ 51^s$
DEKL.	+65° 36′ 09″
HELLIGKEIT	8,1 mag
TYP	SAB(s)cd
FOTOGRAFEN	Josef Pöpsel, Stefan Binnewies
TELESKOP	60-cm-Reflektor
KAMERA	ZWO ASI 094MC Pro
BELICHTUNGSZEIT	96 min
ORT	Vulkan-Eifel, Deutschland

NGC 2683

Die SA(rs)b-Galaxie NGC 2683 steht etwa 6° östlich des Sterns Alpha im Luchs. Sie gehört zum aufgelockerten Umfeld des Lynx-Cancer-Voids, einem nahen Filament aus etwa 100 Galaxien, das viele Zwerggalaxien enthält. Die Entfernung von NGC 2683 zur Milchstraße beträgt etwa 32 Millionen Lichtjahre. Die Winkelausdehnung von 9,3′ × 2,2′ liefern für NGC 2683 einen projizierten Scheibendurchmesser von 87.000 Lichtjahren. Die Inklination dieses Sb-Typen beträgt 78° und diese Kantenorientierung präsentiert ein granuliertes Staubband im nordwestlichen Bereich der Scheibenebene. Das Zentrum erscheint kompakt und ist im inneren Teil der Scheibe, dem Staubband gegenüberliegend, von einem hellblau gefärbten Spiralarm umgeben. Die äußeren Bereiche der Scheibenebene sind relativ zur inneren Scheibe gekippt. Am oberen linken Rand fällt eine Sternentstehungsregion mit einigen Haufen junger Sterne auf; auf der anderen Seite der Scheibe kann man den Verlauf eines Spiralarms bis zum Scheibenrand verfolgen.

Analysen der Rotationskurven mittels Hα- und [NII]-Spektren von NGC 2683 zeigen, dass sich für die Außenbereiche die typischen Niveaus bei ±200 km/s finden lassen. Jedoch offenbart sie auch eine komplexe zweigeteilte Struktur bei Radien unter 50″. Diese zwei Kurvenverläufe ordnen Astronomen zwei getrennt voneinander rotierenden Gaskomponenten zu. Eine dieser Komponenten könnte dabei durch einen Balken bedingt sein. Mittels Simulationsrechnungen kann man zeigen, dass dieser Balken um etwa 6° gegenüber der Hauptachse von NGC 2683 gekippt sein müsste. Diese Vermutung steht im Einklang zum leicht kastenförmigen Aufbau des Bulges in NGC 2683, der auch auf eine, wenn auch nur schwach ausgeprägte, Balkenkomponente zurückzuführen sein könnte.

OBJEKT	NGC 2683
STERNBILD	Lynx
REKT.	$08^h\ 52^m\ 41^s$
DEKL.	+33° 25′ 18″
HELLIGKEIT	10,6 mag
TYP	SA(rs)b
FOTOGRAFEN	Makis Palaiologou, Stefan Binnewies
TELESKOP	1,3-m-Reflektor
KAMERA	Andor DZ 436
BELICHTUNGSZEIT	52,5 min
ORT	Skinakas-Observatorium, Kreta, Griechenland

NGC 2775

Die Galaxie NGC 2775 steht in einer Entfernung von 55 Millionen Lichtjahren zur Milchstraße. In Katalogen ist für sie eine Winkelausdehnung von 4,3′ × 3,3′ angegeben, was einer transversalen Ausdehnung von 67.000 × 53.000 Lichtjahren entspricht. Bei der Aufnahme liegt die Nord-Süd-Richtung entlang der Bilddiagonalen von rechts oben (Norden) nach links unten (Süden). Das helle, kompakte Zentrum ist von einem gelblichen Bulge umgeben. Der Bulge ist von einem gleichmäßigen Leuchten erfüllt und weist keine Spiralstruktur auf. Erst in der anschließenden Scheibenzone, die bei einem Radius von 0,4′ beginnt, und die südöstlich bis maximal 1,4′ reicht, zeigt sich ein flokkulentes Armmuster, das an seinem äußeren Rand durch einen Staubring begrenzt wird. Die Ringsymmetrie dieser Zone weicht von der des Zentrums ab: Die linke Seite des Staubringes erscheint ausgedehnter und die Staubstrukturen in den Spiralarmfragmenten überstreichen eine größere Fläche als auf der anderen Seite des Rings. Auch liegen entlang des linken Zonenrandes einige aktive Bereiche, die man als hier fortgesetzten Spiralarmverlauf deuten kann. Trotz der Sternentstehungsgebiete in den flokkulenten Spiralarmen ist der Farbeindruck von NGC 2775 gelb-dominiert und ihr Farbindex eher repräsentativ für E/S0-Typen. Daher wurde NGC 2775 als SA(r)ab-Galaxie klassifiziert. Betrachtet man die kontrastverstärkte Aufnahme, offenbart NGC 2775 komplexe Strukturen in ihrem Halo. Die Hauptachse dieser elliptischen Strukturen ist um etwa 30° relativ zur Hauptachse der Scheibenebene versetzt. An den Rändern, die vermutlich auf Gezeitenschweife zurückzuführen sind, erkennt man Verdichtungen, deren Winkelabstände zum Zentrum 4,5′ erreichen und damit transversalen Distanzen von 72.000 Lichtjahren entsprechen. Besonders auffällig ist außerdem eine Struktur, die sich weiter links in 7,8′ Abstand erkennen lässt. Deren bogenförmiger Aufbau könnte mit der hinterlassenen Spur einer kleineren Begleitgalaxie in Verbindung gebracht werden, die die größere Galaxie mehrfach umlaufen und dabei schrittweise Materie verloren hat. Diese Materie hätte sich, folgt man dieser Annahme, in den heute sichtbaren Schalenstrukturen erhalten.

Aus der Ellipsenform der bogenförmigen Spur und der Scheibe um NGC 2775 kann man schließen, dass die steilere Bahnebene der Begleitgalaxie gegenüber der flacheren Scheibenebene um etwa 20° geneigt war. Für dieses Akkretionsmodell spricht auch, dass es bei den Annäherungen der Begleitgalaxie während der Umläufe zu Störungen in der Scheibenebene von NGC 2775 gekommen sein könnte, die das flokkulente Spiralarmmuster entstehen ließen.

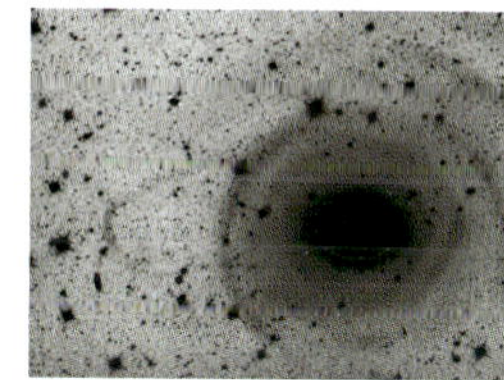

OBJEKT	NGC 2775
STERNBILD	Cancer
REKT.	$09^h\ 10^m\ 20^s$
DEKL.	+07° 02′ 17″
HELLIGKEIT	11,0 mag
TYP	SA(r)ab
FOTOGRAFEN	Adam Block
TELESKOP	800-mm-Reflektor
KAMERA	SBIG STL-11000 und STX-16803
BELICHTUNGSZEIT	350 min
ORT	Mount Lemmon SkyCenter/ University of Arizona, USA

NGC 2841

Die SA(r)b-Galaxie NGC 2841 steht in einer Entfernung von 45 Millionen Lichtjahren zur Milchstraße. Sie gehört mit einer Winkelausdehnung von 8,1′ × 3,5′ zu den „Top Five" der hellsten und größten Galaxien im Sternbild Ursa Major. Die transversalen Maße der Scheibenebene von NGC 2841 betragen 106.000 × 46.000 Lichtjahre. Ihr Spiralarmmuster ist durch eine Vielzahl kurzer Spiralarmfragmente geprägt, die man nur über 20–30° verfolgen kann. Auf der linken, nordöstlichen Seite der Ebene sind die Staubanteile dieser flokkulenten Struktur gut zu erkennen und hier zeigt sich eine schwache Differenzierung zweier längerer Spiralarmverläufe. Vergleicht man den Bulge von NGC 2841 mit dem 8 mag hellen und 2,4′ entfernt stehenden K-Stern SAO 27227, so leuchten beide im fast gleichen Orangeton. Dies belegt, dass im Bulge eine alte Sternpopulation dominiert, die sich farblich deutlich von den hellblauen Sternen der Population der flokkulenten Spiralarmzone unterscheidet.

Seit 1912 wurden in NGC 2841 vier Supernovae beobachtet. Diese vergleichsweise hohe Zahl ist ein Hinweis auf ablaufende Entwicklungsprozesse. Bestätigt wird dies durch eine äußere HI-Gasscheibe, die an die optische Scheibe von NGC 2841 anschließt, und in deren Übergangszone alle beobachteten Supernovae lagen. In diesen Außenbereichen fand der UV-Satellit GALEX (Galaxy Evolution Explorer) der NASA mehrere umlaufende Spiralarme, die auf der optischen Aufnahme nicht zu sehen sind. Astronomen zählen daher NGC 2841 zu den Galaxien mit einer ausgedehnten, im ultravioletten Spektrum strahlenden Scheibe, engl. „extended ultraviolet galaxies" (XUV-disk galaxies). Diese Eigenschaft wird bei etwa 30 % der Spiralgalaxien beobachtet und man vermutet, dass diese Scheiben durch aufgesammeltes Gas entstanden sind und im weiteren Verlauf durch schwache Wechselwirkungsprozesse episodische Sternentstehung stimuliert wurde. Das Auftreten solcher XUV-Scheiben könnte damit einen typischen Wachstumsprozess von Spiralgalaxien darstellen.

OBJEKT	NGC 2841
STERNBILD	Ursa Major
REKT.	$09^h\ 22^m\ 03^s$
DEKL.	+50° 58′ 36″
HELLIGKEIT	9,5 mag
TYP	SA(r)b
FOTOGRAFEN	Johannes Schedler
TELESKOP	400-mm-Reflektor
KAMERA	SBIG STL-11000
BELICHTUNGSZEIT	940 min
ORT	Wildon, Österreich

NGC 2997

Die SAB(rs)c-Galaxie NGC 2997 befindet sich in einer Entfernung von 39 Millionen Lichtjahren und ihr projizierter Scheibendurchmesser von 100.000 Lichtjahren klassifiziert sie als große Spiralgalaxie, die die durchschnittliche Galaxiengröße um 30 % übertrifft. Das „grand design"-Spiralmuster von NGC 2997 ist durch zwei Spiralarme geprägt, deren Staubbänder sich im inneren Bereich der Scheibe deutlich abzeichnen und sich über 1,5 Umläufe lang verfolgen lassen. Weiter außen weiten sich die Spiralarme auf und besitzen viele aktive Teilstücke mit einer großen Anzahl von HII-Regionen. Die hellsten dieser HII-Regionen lassen sich in Gaskomplexe mit mehreren Zentren auflösen.

NGC 2997 gehört zur locker aufgebauten Galaxiengruppe LGG 180. In ihrer Masse, Leuchtkraft und Sternentstehungsrate ähnelt sie der Milchstraße sowie auch M 31. Durch ihre relative Nähe und moderate Inklination von 33° eignet sich NGC 2997 daher gut für Vergleichsanalysen, wie beispielsweise des neutralen Wasserstoffgases, das nicht die Scheibenebene umgibt. In diesem nicht-planaren Gas finden sich HI-Dichtewolken, deren Geschwindigkeiten um bis zu 200 km/s von denen ihrer lokalen Umgebung abweichen. Formell sprechen Astronomen bei Differenzgeschwindigkeiten über 50 km/s von Hochgeschwindigkeitswolken, engl. „high-velocity clouds" (HVCs). Da einige der HI-Wolken Ansätze von Gezeitenschweifen besitzen, entstehen die Wolken nicht nur durch Prozesse wie etwa Supernova-Explosionen, die Gas aus der Scheibe heraus transportieren, sondern vermutlich auch durch die Akkretion von gasreichen Zwerggalaxien. Die Aufnahme bestätigt dies, da an den äußeren Spiralarmen, bedingt durch Wechselwirkungen, leuchtschwache Gezeitenschweife ansetzen. Die Massen der HI-Wolken in NGC 2997 liegen bei einigen 10^7 Sonnenmassen und übertreffen damit die der Wolken in der Milchstraße.

OBJEKT	NGC 2997
STERNBILD	Antlia
REKT.	$09^h 45^m 39^s$
DEKL.	–31° 11′ 28″
HELLIGKEIT	10,1 mag
TYP	SAB(rs)c
FOTOGRAFEN	Rainer Sparenberg, Stefan Binnewies
TELESKOP	60-cm-Reflektor
KAMERA	SBIG ST-10XME
BELICHTUNGSZEIT	120 min
ORT	Amani Lodge, Namibia

M 81

Die SA(s)ab-Galaxie M 81 (NGC 3031) bildet zusammen mit M 82 und NGC 3077 ein wechselwirkendes Triplett und definiert als größte Galaxie eine 34 Mitglieder umfassende Galaxiengruppe. Die Entfernung von M 81 zur Milchstraße beträgt 11,7 ± 0,4 Millionen Lichtjahre. M 81 bewegt sich mit 34 km/s auf die Milchstraße zu. Ihre enorme Winkelausdehnung von 26,9′ × 14,1′ liefert einen absoluten Scheibendurchmesser von 92.000 Lichtjahren und eine Skalierung von etwa 3400 Lichtjahren pro Bogenminute. Die Scheibenebene von M 81 besitzt eine mittlere Inklination von 59° und die Hauptachse der Scheibe ist um einen Winkel von 30° relativ zur Blickrichtung der Milchstraße verschoben. Nahe des oberen Bildrandes ist in der Aufnahme die irreguläre Zwerggalaxie Holmberg IX zu erkennen, die einige Bogenminuten vom östlichen Spiralarm von M 81 entfernt steht und eine Größe von 3,5′ × 2,8′ besitzt. Trotz großer Fehler bei ihren verschiedenen Entfernungsangaben steht sie vermutlich hinter M 81, und Astronomen nehmen an, dass sie aus der Kondensation eines Gezeitenschweifes gebildet wurde. Der hohe Anteil an jungen, massereichen Sternen erklärt ihre blaue Farbe und es wird vermutet, dass Holmberg IX erst vor einigen 100 Millionen Jahren entstanden ist.

Das für Spiralgalaxien typische Plateau der Rotationsgeschwindigkeiten liegt bei 240 km/s. Es nimmt nach einem Maximum von 255 km/s bei einem Radius von 25.000 Lichtjahren stetig ab und endet bei 190 km/s, die in einem Abstand von 48.000 Lichtjahren vom Zentrum erreicht werden. Diese Abnahme ist ein Hinweis auf einen relativ geringen Anteil Dunkler Materie im M 81-Halo. Das Maximum der Rotationskurve wird durch den prominenten „grand design"-Spiralarm verursacht. Zusammen mit Informationen über die Verteilung von Gas und Sternen in der Spiralebene kann man ein Massenmodell für M 81 ableiten. Daraus folgen $6{,}9 \times 10^{10}$ Sonnenmassen für die stellare Scheibe. Für die stellare Masse des Bulges erhält man 19 % der Scheibenmasse. Auch zeigen die Modellanpassungen, dass bei M 81 die Inklination mit dem Radius variiert, was darauf hindeutet, dass die äußere Scheibe, relativ zum inneren Scheibenteil, verbogen ist. Da zudem die gegenüberliegenden Scheibenränder nicht genau diametral liegen, erkennt man hier deutliche Zeichen der wirkenden Gezeitenkräfte durch die größeren Gruppenmitglieder.

OBJEKT	M 81
STERNBILD	Ursa Major
REKT.	$09^h\ 55^m\ 33^s$
DEKL.	+69° 03′ 55″
HELLIGKEIT	7,9 mag
TYP	SA(s)ab
FOTOGRAFEN	Frank Sackenheim, Stefan Binnewies
TELESKOP	60-cm-Reflektor
KAMERA	Moravian G3-16200
BELICHTUNGSZEIT	720 min
ORT	Vulkan-Eifel, Deutschland

NGC 3184

Im südlichen Teil des Sternbildes Ursa Major, an der Grenze zu Leo Minor, befindet sich die SAB(rs)d-Galaxie NGC 3184. Die Entfernung von 30 Millionen Lichtjahren liefert bei der Winkelausdehnung von 7,4′ × 6,9′ projizierte Abmessungen der optischen Scheibe von 65.000 × 60.000 Lichtjahren. Die Spiralstruktur von NGC 3184 wird durch zwei Spiralarme bestimmt, die an einer fast neutral weißen, kleinen Scheibe ansetzen. Hier deuten sich in beiden Armen Woronzow-Weljaminow-Reihen an, die die Scheibe hexagonal einrahmen. Im westlichen Spiralarm von NGC 3184, der auf der Aufnahme die obere Scheibenhälfte überstreicht, gibt es zwei helle HII-Regionen. Sie besitzen mit NGC 3180 und NGC 3181 zwei eigenständige NGC-Nummern.

Bei NGC 3184 wurde eine schwache Gasscheibe entdeckt, deren Größe die der optischen Scheibe um das 1,7 fache übertrifft. In dieser äußeren Scheibe fand man mehr als 1000 kompakte Objekte. Sie wurden als Sternhaufen von 100–10.000 Sonnenmassen identifiziert, die bis zu eine Milliarde Jahre alt sind. Trotz ihrer geringen Flächenhelligkeit von 30–32 mag/arcsec^2 konnten Astronomen Farbunterschiede dieser Sternhaufen nachweisen. Die roten Haufen finden sich dabei bei größeren Radien als die blauen Sternhaufen. Da die Positionen dieser Sternhaufen mit der Spiralstruktur des neutralen Wasserstoffgases der Scheibe korrelieren, vermutet man, dass die meisten von ihnen in dieser Randlage entstanden sind. Diese Beobachtungen zeigen, dass in den Scheibenrändern von Spiralgalaxien eine beständige Sternentstehung stattfinden kann, die Teil der eigenen galaktischen Entwicklungsgeschichte ist und nicht eines Wechselwirkungseinflusses von außen bedarf.

OBJEKT	NGC 3184
STERNBILD	Ursa Major
REKT.	$10^h\ 18^m\ 17^s$
DEKL.	+41° 25′ 27″
HELLIGKEIT	10,3 mag
TYP	SAB(rs)cd
FOTOGRAFEN	Robert Gendler
TELESKOPE	317- und 600-mm-Reflektor
KAMERA	SBIG STL-11000
BELICHTUNGSZEIT	1200 min
ORT	Nighthawk Observatory, New Mexico, USA

NGC 3338

Die SA(s)c-Galaxie NGC 3338 steht 2,5′ östlich des 8,9 mag hellen A-Sternes SAO 99253. Die Entfernung von NGC 3338 zur Milchstraße beträgt 54 Millionen Lichtjahre, die Winkelausdehnung der hellen optischen Scheibe liegt bei 3,4′ × 1,3′ und entspricht in Projektion 53.000 × 20.000 Lichtjahren.
Im Zentrum von NGC 3338 befindet sich eine punktförmige Quelle, die von einem kleinen elliptischen Bulge umgeben ist. An einen anschließenden inneren Ring setzen zwei Spiralarme an, die in ihrem anfänglichen Verlauf teilweise fragmentiert sind. Nach einem halben Umlauf werden die Spiralarme breiter und ihr Aufbau diffuser, in den Armen finden sich auch weit außen viele aktive Bereiche. Die Helligkeit von NGC 3338 wird mit 12,8 mag angegeben. Dies gilt aber nur für den zentralen Bereich – die Spiralarmenden und die anschließenden Gezeitenschweife sind lichtschwächer und reichen bis zum unteren Rand der Aufnahme.
In der NASA/IPAC Extragalactic Database (NED, Jet Propulsion Laboratory, California Institute of Technology, USA) finden sich in einem Radius von 15′ um NGC 3338 fast 3000 extragalaktische Quellen, wovon die meisten mittels des Sloan Digital Sky Survey identifiziert wurden. Von dieser großen Anzahl liegen nur drei Quellen in der kosmischen Nachbarschaft von NGC 3338 (Fluchtgeschwindigkeit 1302 km/s). Dies sind in 8′ Abstand SDSS J104140.96+134929.5 mit einer Geschwindigkeit von 1271 km/s (17 mag, 0,3′ Durchmesser), in 10,9′ Abstand SDSS J104252.43+134427.8 mit 1145 km/s (17,4 mag, 0,3′) und SDSS J104226.50+135725.7, die mit 13,4′ am weitesten entfernt steht (17 mag, 0,6′). Die Größen dieser drei Galaxien liegen bei 10.000, 9000 und 15.000 Lichtjahren und klassifizieren somit alle als Zwerggalaxien, deren maximaler transversaler Abstand zu NGC 3338 kleiner als 250.000 Lichtjahre ist. Man kann also davon ausgehen, dass diese drei Zwerggalaxien gravitativ an NGC 3338 gebunden sind und mit ihr wechselwirken. Bei nahen Umläufen der Zwerggalaxien um NGC 3338 könnten so auch deren Gezeitenschweife entstanden sein, die in der Aufnahme nur teilweise zu sehen sind.

OBJEKT	NGC 3338
STERNBILD	Leo
REKT.	$10^h\ 42^m\ 08^s$
DEKL.	+13° 44′ 49″
HELLIGKEIT	12,8 mag
TYP	SA(s)c
FOTOGRAFEN	Adam Block
TELESKOP	800-mm-Reflektor
KAMERA	SBIG STL-11000
BELICHTUNGSZEIT	620 min
ORT	Mount Lemmon SkyCenter/ University of Arizona, USA

M 108

M 108 (NGC 3556) wird zur lockeren Galaxienansammlung um M 109 gerechnet. Die Entfernung dieser SB(s)cd-Galaxie liegt bei 45 Millionen Lichtjahren und ihre 8,7′ × 2,2′ große Scheibe enthält so viele Staubstrukturen, dass ein zusammenhängendes Spiralarmmuster kaum auszumachen ist. Der Staub in M 108 überdeckt auch das Zentrum und nur auf der uns zugewandten Seite zeigen sich einige HII-Regionen und helle Sternhaufen. Die fast horizontal verlaufende, orangegelbe Längsstruktur wird in einigen Veröffentlichungen als ein Hinweis auf einen Balkenspiraltyp gesehen.

Bei Spiralgalaxien findet sich der Großteil des ionisierten interstellaren Mediums nicht in der Scheibenebene, sondern als Schicht ober- und unterhalb dieser Ebene. Dieses warme interstellare Medium wird als diffuses ionisiertes Gas, engl. „diffuse ionized gas“ (DIG), bezeichnet und erreicht bei der Milchstraße vertikale Skalenhöhen von 2000–3000 Lichtjahren. Die Ionisation geht auf die Photoionisation des Gases durch die Strahlung von O- und B-Sternen zurück und ist daher mit der Sternentstehung in der Galaxie verbunden. Bei einer Suche nach diesem DIG wurde in M 108 zwar eine diffuse Strahlung zwischen den HII-Regionen festgestellt, ein direkter DIG-Nachweis gelang aber nicht. Dies wird dadurch erklärt, dass die Inklination von M 108 mit 78° schon zu weit von der idealen Kantenlage für DIG-Untersuchungen abweicht. Berücksichtigt man die Projektion, kann eine Obergrenze der Skalenhöhe von 3000 Lichtjahren bei M 108 abgeleitet werden.

OBJEKT	M 108
STERNBILD	Ursa Major
REKT.	$11^h\ 11^m\ 31^s$
DEKL.	+55° 40′ 27″
HELLIGKEIT	10,7 mag
TYP	SB(s)cd
FOTOGRAFEN	Bernd Flach-Wilken, Volker Wendel
TELESKOPE	400- und 350-mm-Reflektor
KAMERAS	SBIG STL-6303 und ST-10XME
BELICHTUNGSZEIT	270 min
ORT	Wirges und Weisenheim am Berg, Deutschland

NGC 3621

Bei NGC 3621 handelt es sich um eine SA(s)d-Galaxie, die 24 Millionen Lichtjahre von der Milchstraße entfernt ist und isoliert steht. Der nächste Nachbar mit einer ähnlichen Fluchtgeschwindigkeit ist über 3° entfernt, was einem Abstand von 1,3 Millionen Lichtjahren entspricht. Die große Winkelausdehnung von 12,3′ × 7,1′ folgt aus der relativen Nähe. Wegen der absoluten Größe des optischen Scheibendurchmessers von 86.000 Lichtjahren zählt NGC 3621 noch zu den normalgroßen Spiralgalaxien. Der moderate Helligkeitsanstieg zum Zentrum belegt, dass NGC 3621 keinen Bulge besitzt und ihre flache Scheibe durch lange Spiralarmverläufe dominiert wird. NGC 3621 ist eine scheibendominierte Spiralgalaxie (engl. „pure-disc galaxy"). Ihr ungestörter, flacher Aufbau ist ein Hinweis darauf, dass diese Galaxien keine Wechselwirkungen erfahren haben.

In den Entwicklungsmodellen von Galaxien besteht ein Zusammenhang zwischen der durch Verschmelzungen anwachsenden Masse des zentralen supermassiven Schwarzen Lochs und der Größe des Bulges, der auf die zunehmende stellare Geschwindigkeitsdispersion zurückzuführen ist. Somit erscheint es plausibel, dass der Großteil der Galaxien mit aktiven Kernen große und auffällige Bulges aufweisen.

NGC 3621 stellt eine Ausnahme dieser Regel dar. Sie besitzt einen Seyfert-Kern, obwohl sie keinen nennenswerten Bulge besitzt. Das zentrale Schwarze Loch besitzt eine Masse von $3{,}5 \times 10^5$ Sonnenmassen und liegt damit weit unterhalb der Massen, die aktive Galaxien mit prominenten Bulges erreichen. Bei Beobachtungen mit dem Röntgensatelliten CHANDRA wurden neben der zentralen Quelle in unmittelbarer Nachbarschaft zum supermassiven Schwarzen Loch zwei weitere punktförmige Röntgenquellen nachgewiesen. Aus ihrer Röntgenleuchtkraft erhält man Massen im Bereich einiger Tausend Sonnenmassen. Damit handelt es sich um Übergangsobjekte, engl. „intermediate black holes" (IMBHs), zwischen stellaren Schwarzen Löchern und supermassiven Schwarzen Löchern in Galaxienkernen. Man kann daher annehmen, dass NGC 3621 vor dem nächsten Entwicklungsschritt zu einer Seyfert-Galaxie steht und sich im weiteren Verlauf auch ein Bulge entwickeln könnte.

OBJEKT	NGC 3621
STERNBILD	Hydra
REKT.	$11^h\ 18^m\ 17^s$
DEKL.	−32° 48′ 51″
HELLIGKEIT	10,2 mag
TYP	SA(s)d
FOTOGRAFEN	Josef Pöpsel, Beate Behle
TELESKOP	600-mm-Reflektor
KAMERA	SBIG ST-10XME
BELICHTUNGSZEIT	210 min
ORT	Amani Lodge, Namibia

NGC 3717

Die SAb-Galaxie NGC 3717 bildet zusammen mit der kleineren SA0-Galaxie IC 2913, die auf der Aufnahme nicht zu sehen ist, ein physikalisches Paar. Die Entfernung liegt bei 69 Millionen Lichtjahren und ihre Winkelausdehnung von 6,0′ × 1,1′ liefert für die mit einer Inklination von 81° fast in Kantenlage liegende Scheibe einen Durchmesser von 120.000 Lichtjahren. Der transversale Abstand von 7,5′ zu ihrem Begleiter IC 2913 entspricht 150.000 Lichtjahren, und die Fluchtgeschwindigkeit beider unterscheidet sich nur um 58 km/s. Da keine weiteren Galaxien im Radius von 1° zu finden sind, bildet dieses Galaxienpaar ein dynamisch weitgehend isoliertes System.

Das dichte Staubband, das über das helle Zentrum verläuft, ist ein Hinweis auf die großen Mengen an Staub und Gas in NGC 3717. In ihrem Spektrum konnten die Emissionslinien Hα, [NII] und [SII] entlang der Hauptachse untersucht werden, was Astronomen eine Kartierung der Geschwindigkeiten des ionisierten Gases in der Scheibenebene ermöglichte. Diese Verteilung wurde mit den ebenfalls gemessenen stellaren Rotationsgeschwindigkeiten verglichen, die mit Hilfe der Absorptionslinien bestimmt wurden. Somit konnte nachgewiesen werden, dass das ionisierte Gas in NGC 3717 um bis zu 40 km/s schneller rotiert als die stellare Scheibenkomponente. Das ionisierte Gas zeigt außerdem eine geringere Geschwindigkeitsdispersion. Die wirkenden Mechanismen sind noch nicht vollständig verstanden, doch nimmt man an, dass das ionisierte Gas nur einen engen, begrenzten Bereich der Scheibe ausfüllt und im Vergleich dazu die Sterne breiter verteilt sind.

OBJEKT	NGC 3717
STERNBILD	Hydra
REKT.	$11^h\ 31^m\ 32^s$
DEKL.	–30° 18′ 28″
HELLIGKEIT	12,2 mag
TYP	SAb
FOTOGRAFEN	Rainer Sparenberg, Stefan Binnewies
TELESKOP	600-mm-Reflektor
KAMERA	SBIG ST-10XME
BELICHTUNGSZEIT	180 min
ORT	Amani Lodge, Namibia

NGC 3938

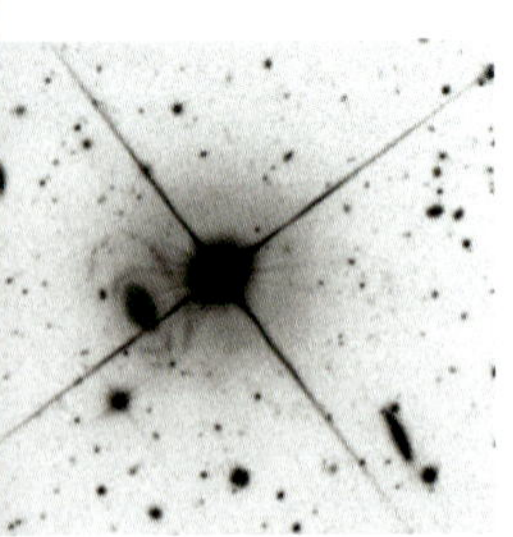

Die SA(s)c-Galaxie NGC 3938 gehört zum südlichen Teil des Ursa-Major-Galaxienhaufens (UMa I Cluster) und befindet sich in einer Entfernung von 60 Millionen Lichtjahren zur Milchstraße. In diesem Galaxienhaufen gehört sie zu den größten Mitgliedern und hat mit 5,4′ × 4,9′ Winkelausdehnung transversale Maße von 94.000 × 86.000 Lichtjahren. Im inneren Scheibenbereich ist der Aufbau durch zwei Spiralarme geprägt, deren Verlauf anhand vieler HII-Regionen verfolgt werden kann. Die Spiralarme fächern im Außenbereich der Scheibe auf und lassen eine mehrteilige Armstruktur entstehen. Die zugehörigen Armenden besitzen aktive Bereiche und verdichten sich am nördlichen Scheibenrand (siehe Abbildung, rechts). So entsteht der Eindruck eines umlaufenden, dichten Scheibenrandes. Auch ist dieser Rand nicht kreisförmig, sondern erscheint eckig und die umschlossene Scheibenfläche liegt nicht symmetrisch zum Zentrum von NGC 3938.

Auf der Aufnahme ist dicht neben dem 9 mag hellen G-Stern, der rechts unterhalb von NGC 3938 zu sehen ist, die Galaxie SDSS J115216.24+441308.8 zu erkennen. Auffällig bei dieser mehr als 900 Millionen Lichtjahre entfernten Galaxie sind zwei lichtschwache Ringe, die sie umgeben. Der äußere Ring erreicht einen Durchmesser von 320.000 Lichtjahren (siehe auch den kontrastverstärkten und invertierten Ausschnitt).

Der nördliche Teil des Ursa-Major-Galaxienhaufens entfernt sich relativ zum südlichen Teil und NGC 3938 mit 200–300 km/s. Diese zweigeteilte Dynamik legt den Schluss nahe, dass der Haufen aus der Verschmelzung zweier kleinerer Haufen entstanden sein könnte. Dies wird durch die große Anzahl der Spiraltypen belegt und erklärt auch, warum NGC 3938 zwar Zeichen von Wechselwirkungen zeigt, aber im Vergleich zu anderen Haufengalaxien noch ein weitgehend intaktes Spiralmuster aufweist. Die Rotationskurve von NGC 3938 lässt bei Radien von 0,5–2,5′ einen steilen Anstieg von 120 km/s auf 160 km/s erkennen. Das verweist auf die Existenz eines massiven Halos aus Dunkler Materie in NGC 3938, der auch dazu beiträgt, dass das Spiralmuster trotz der Dynamik im Haufen erhalten bleibt.

OBJEKT	NGC 3938
STERNBILD	Ursa Major
REKT.	$11^h\ 52^m\ 49^s$
DEKL.	+44° 07′ 15″
HELLIGKEIT	10,8 mag
TYP	SA(s)c
FOTOGRAFEN	Adam Block
TELESKOP	800-mm-Reflektor
KAMERA	SBIG STX-16803
BELICHTUNGSZEIT	510 min
ORT	Mount Lemmon SkyCenter/ University of Arizona, USA

NGC 4157

Die SAB(s)b-Galaxie NGC 4157 gehört zu LGG 258 (Lyon Group Galaxies), einer Gruppe aus etwa drei Dutzend Galaxien, die auch als Ursa-Major-I-Gruppe oder M 109-Gruppe bezeichnet wird und 55 Millionen Lichtjahre von der Milchstraße entfernt liegt. Die Winkelausdehnung der Scheibe beträgt 8′, was in Projektion 128.000 Lichtjahren entspricht. NGC 4157 besitzt einen kompakten gelben Kern, keinen Bulge und eine den Innenbereich umgebende, filamentartige Spiralarmstruktur mit dichten Staubbändern. An der gelbbraunen Übergangszone zur blauen Außenzone der Scheibe findet man einige helle HII-Regionen. An der Westseite der Scheibe, die auf der Aufnahme unten links liegt, ist die Scheibe breiter und lässt aktive Bereiche erkennen. Von der schmaleren Ostseite scheint sich ein Gezeitenschweif abzulösen und unterstützt den asymmetrischen Eindruck der äußeren Scheibe von NGC 4157.
Aufnahmen des Sloan Digital Sky Surveys von NGC 4157 zeigen, dass der Schweifverlauf scharf begrenzt ist und abrupt endet. Dies spricht dafür, dass die Signatur eher auf einen weit ausladenden Spiralarm zurückzuführen sein könnte. Belegt wird dies durch die gemessene Rotationskurve von NGC 4157. Astronomen konnten die HI-Geschwindigkeiten bis zu einem Radius von 105.000 Lichtjahren nachweisen. Die Durchschnittsgeschwindigkeit liegt bei 180 km/s und der ebenfalls in den Daten sichtbare wellige Verlauf spricht in gleicher Weise für eine äußere Spiralarmstruktur. Die rotierende Gasscheibe in NGC 4157 übertrifft die Größe der optischen Scheibe um fast 40 %.

OBJEKT	NGC 4157
STERNBILD	Ursa Major
REKT.	$12^h\ 11^m\ 04^s$
DEKL.	+50° 29′ 05″
HELLIGKEIT	12,2 mag
TYP	SAB(s)b
FOTOGRAFEN	Adam Block
TELESKOP	800-mm-Reflektor
KAMERA	SBIG STX-16803
BELICHTUNGSZEIT	650 min
ORT	Mount Lemmon SkyCenter/ University of Arizona, USA

M 99

Bei M 99 (NGC 4254) handelt es sich um eine helle SA(s)c-Galaxie, die am nordwestlichen Rand des Virgo-Galaxienhaufens zu finden ist. Ihr Winkelabstand beträgt 3,7° vom Zentrum des Galaxienhaufens und ihre Entfernung zur Milchstraße liegt bei 50 Millionen Lichtjahren. Der Scheibendurchmesser von 5,4′ entspricht in Projektion einer Strecke von 79.000 Lichtjahren. M 99 besitzt einen kleinen Bulge, der von einem zweiarmigen Spiralmuster umgeben ist. Die auffallend hellblauen Arme sind ein Zeichen für großflächig stattfindende Sternentstehung und beinhalten viele HII-Regionen. Der unten verlaufende (westliche) Spiralarm zeigt einen asymmetrischen Verlauf mit abnehmendem Krümmungswinkel. Unter ihm entsteht in der Scheibenebene eine Verarmungszone, die M 99 fast das Aussehen einer Galaxie vom Magellanschen Typ verleiht.
Auch zeigen sich auf der Aufnahme unterhalb der hellen Scheibe viele kleine, leuchtschwache Filamente. Hierbei könnte es sich um Gas, Staub und Sterne der äußeren Spiralarme handeln, das bei einer Wechselwirkung im Haufen abgestreift wurde.
M 99 war eine der Spiralgalaxien, die bei einer Kampagne des Projektes SAURON („Spectroscopic Areal Unit for Research on Optical Nebulae“, Roque-de-los-Muchachos-Observatorium, La Palma, Spanien) untersucht wurden. Mit Hilfe von ortsaufgelösten Spektren wurde die Verteilung der charakteristischen Emissionslinien analysiert und aus deren Stärke eine Verteilung der Metallizität, die die Astronomen mit dem Parameter Z beschreiben, in der Scheibenebene der Galaxien bestimmt. Bei den untersuchten 18 Sb- und Sc-Typen wurde festgestellt, dass diese späten Spiraltypen geringere Z-Werte als Elliptische Galaxien oder frühe Spiraltypen besitzen. Mit Hilfe eines Sternentwicklungsmodells kann auf das mittlere Populationsalter der Spiralgalaxien geschlossen werden. Für metallreiche Galaxien folgen kurze Zeitskalen, bei jungen, metallarmen Galaxien ergeben sich größere Werte, hierzu gehört auch M 99 mit 2,8 Milliarden Jahren.

OBJEKT	M 99
STERNBILD	Coma Berenices
REKT.	$12^h\ 18^m\ 50^s$
DEKL.	+14° 24′ 59″
HELLIGKEIT	10,4 mag
TYP	SA(s)c
FOTOGRAFEN	Stefan Binnewies, Josef Pöpsel
TELESKOP	60-cm-Reflektor
KAMERA	SBIG STL-11000
BELICHTUNGSZEIT	255 min
ORT	Skinakas-Observatorium, Kreta, Griechenland

NGC 4395

Bei der SA(s)m-Galaxie NGC 4395 handelt es sich um eine „low surface brightness galaxy“ (LSBG), die in nur 14 Millionen Lichtjahren Abstand zur Milchstraße steht. In der leuchtschwachen Spiralstruktur finden sich wenige helle, aktive Bereiche, die aufgrund der vermeintlichen Separierung als NGC 4399, NGC 4400 und NGC 4401 klassifiziert wurden. Nach der weitgehend akzeptierten Meinung sind LSBGs durch Dunkle Materie dominiert, die auch für den Aufbau kleinteiliger Strukturen verantwortlich ist. Die große Winkelausdehnung von 13,2′ × 11,0′ liefert für die projizierten Scheibendurchmesser 54.000 und 45.000 Lichtjahre. Im optisch unscheinbaren Zentrum von NGC 4395 findet sich ein Seyfert-1-Kern – der nächstgelegene zur Milchstraße. Dessen Kernleuchtkraft ist gering, da das Schwarze Loch im Zentrum mit einigen 10^5 Sonnenmassen vergleichsweise wenig Masse enthält. Auch fällt auf, dass die stärkste Radioquelle etwa 6′ vom Kern entfernt liegt. Daher wird angenommen, dass diese Quelle nicht zu NGC 4395 gehört.

Trotz der geringen Leuchtkraft zeigt der Kern von NGC 4395 eine auffällige zeitliche Variabilität in der Röntgenstrahlung. So stellten Astronomen fest, dass die Röntgenhelligkeit innerhalb von 300 Sekunden um einen Faktor zwei variieren kann. Bei diesen stochastischen Helligkeitsvariationen zeigen die Messungen, dass Variabilität auf längeren Zeitskalen stärker vertreten ist als auf kurzen. Bei der Zeitreihenanalyse nutzen Astronomen eine maximale Zeitskala zur Quantifizierung, über der die Variationen wieder gleichmäßig verteilt sind. Deren Wert beträgt bei NGC 4395 etwa 540 Sekunden und ist damit deutlich kleiner als die entsprechenden Werte bei anderen Seyfert-1-Galaxien, mit Skalenwerten von 10^4–10^7 Sekunden. Zwischen dieser Zeitskala und der Masse des zentralen Schwarzen Lochs besteht bei Seyfert-Galaxien ein allgemeiner Zusammenhang und NGC 4395 definiert das leuchtschwache Ende dieser Verteilung. Für das Schwarze Loch in NGC 4395 lässt sich so eine Masse von 10^4–10^5 Sonnenmassen ableiten, was die mit anderen Methoden abgeschätzte zentralen Masse in dieser leichtgewichtigen Seyfert-1-Galaxie bestätigt.

OBJEKT	NGC 4395
STERNBILD	Canes Venatici
REKT.	$12^h\ 25^m\ 49^s$
DEKL.	+33° 32′ 49″
HELLIGKEIT	10,6 mag
TYP	SA(s)m
FOTOGRAFEN	Johannes Schedler
TELESKOP	400-mm-Reflektor
KAMERA	SBIG STX-16803
BELICHTUNGSZEIT	920 min
ORT	Wildon, Österreich

NGC 4450

Die SA(s)ab-Galaxie NGC 4450 liegt im Sternbild Coma Berenices, gehört aber zu den nördlichen Ausläufern des Virgo-Galaxienhaufens und befindet sich in einer Entfernung von 55 Millionen Lichtjahren zur Milchstraße. Die Winkelangaben zur Größe mit 5,2′ × 3,9′ lassen auf einen projizierten Scheibendurchmesser von 83.000 Lichtjahren schließen. Das helle Zentrum wird von Staubstrukturen umschlossen, deren Längsanordnung dazu geführt hat, dass NGC 4450 auch als SB-Typ beschrieben wurde. Im Innenbereich entwickeln sich zwei Spiralarme, die man über fast 1,5 Umläufe verfolgen kann. Diese Arme sind aber weniger durch aktive Regionen als durch filigrane Staubbänder definiert, die ihren Verlauf markieren. Der Scheibeneindruck ist diffus und in der äußeren Hälfte befinden sich einige durchscheinende Hintergrundgalaxien. Dabei sticht am unteren linken Rand eine hellgelbe Quelle ins Auge. Hierbei handelt es sich um die Galaxie SDSS J122835.05+170513.0, die 18,3 mag hell und etwa 1,5 Milliarden Lichtjahre entfernt ist.

Bei NGC 4450 wurden in terrestrisch gewonnenen optischen Spektren neben einigen Emissionslinien von schwach ionisiertem Sauerstoff und Stickstoff auch breite Hα-Emissionslinien gefunden. Dies führte zu einer LINER- („low-ionization nuclear emission-line region“) und Seyfert-3-Klassifikation von NGC 4450. Mit dem Spektrographen des Hubble Space Telescope (STIS, Space Telescope Imaging Spectrograph) wurde in den Spektren eine Besonderheit festgestellt: Die breiten Linien wiesen Doppelspitzen auf. Normalerweise steht die Breite einer Emissionslinie mit der Geschwindigkeitsverteilung der emittierenden Gasatome in Zusammenhang. Streuen die Geschwindigkeiten stark, so führt die Dopplerverschiebung der Atome zu einer starken Verschmierung der Emissionslinie. Die Doppelspitze der Emissionslinien in NGC 4450 ist ein Hinweis auf eine sehr schnell rotierende Scheibe im Zentrum, die das leuchtende Gas enthält. Passt man ein Scheibenmodell an die STIS-Daten an, so findet sich als beste Beschreibung eine Akkretionsscheibe, deren Inklination 27° beträgt, und die sich über 1000–2000 Gravitationsradien erstreckt. Ein Gravitationsradius von eins entspricht der Lage des Ereignishorizonts des zentralen Schwarzen Loches.

Die Angabe einer absoluten Größe der Akkretionsscheibe würde die Kenntnis der Zentralmasse voraussetzen.

OBJEKT	NGC 4450
STERNBILD	Coma Berenices
REKT.	$12^h\,28^m\,30^s$
DEKL.	+17° 05′ 06″
HELLIGKEIT	10,9 mag
TYP	SA(s)ab
FOTOGRAFEN	Adam Block
TELESKOP	800-mm-Reflektor
KAMERA	SBIG STX-16803
BELICHTUNGSZEIT	570 min
ORT	Mount Lemmon SkyCenter/ University of Arizona, USA

M 88

M 88 (NGC 4501) ist eine SA(rs)b-Galaxie, die zu einer Untergruppe des Virgo-Galaxienhaufens gehört. Hier scharen sich in einem Volumen mit zwölf Millionen Lichtjahren Durchmesser etwa ein Dutzend anderer Galaxien um NGC 4486. Die gemessene Fluchtgeschwindigkeit von 2281 km/s für M 88 ist durch die relative Zentrumsbewegung im Virgo-Galaxienhaufen, engl. „virgo infall", beeinflusst und man kann folgern, dass die kosmologische Entfernung von 120 Millionen Lichtjahren die wahre Entfernung deutlich übertrifft. Mit alternativen Methoden ermitteln Astronomen eine Distanz von 61 ± 16 Millionen Lichtjahren zur Milchstraße. Der Winkeldurchmesser von M 88 beträgt 6,9′ × 3,7′ und der transversale Durchmesser der Spiralebene ergibt sich zu 122.000 Lichtjahren. Um den stellaren Kern von M 88 ist kein ausgeprägter Halo zu sehen. Der somit mögliche Blick ins Zentrum zeigt bei Aufnahmen mit dem Hubble Space Telescope, dass sich die Spiralstruktur bis zum Kern von M 88 fortsetzt.

In einer Studie der optischen Spektren im Hα-Bereich wurden die hellen Mitglieder des Virgo-Galaxienhaufens untersucht und die ermittelten Hα-Geschwindigkeitskarten, engl. „velocity maps", miteinander verglichen. Die Astronomen haben dabei den lokalen, durch den Dopplereffekt des bewegten Wasserstoffgases leicht verschobenen Hα-Emissionslinien einen relativen Geschwindigkeitswert zugeordnet. Bei M 88 zeigt diese Hα-Karte einen regelmäßigen Aufbau einer rotierenden Scheibe, die im Bereich der kleinen Halbachse geringe Scherströmungen zeigt. Diese Störungen erkennt man in der Aufnahme an der Aufweitung der Spiralarmstruktur auf der oben links liegenden (nordöstlichen) Seite. Die Geschwindigkeitskurve von M 88 weist im Vergleich zu den anderen untersuchten Galaxien mit ca. ±230 km/s das größte Geschwindigkeitsintervall auf, was als Hinweis auf die große Halomasse von M 88 gesehen wird.

OBJEKT	M 88
STERNBILD	Coma Berenices
REKT.	$12^h\ 31^m\ 59^s$
DEKL.	+14° 25′ 13″
HELLIGKEIT	9,6 mag
TYP	SA(rs)b
FOTOGRAFEN	Makis Palaiologou, Stefan Binnewies
TELESKOP	1,3-m-Reflektor
KAMERA	Andor DZ 436
BELICHTUNGSZEIT	220 min
ORT	Skinakas-Observatorium, Kreta, Griechenland

NGC 4565

Die SA(s)b-Galaxie NGC 4565 gehört zum Coma-Galaxienhaufen und bildet dort mit einem Dutzend anderer Galaxien eine Untergruppe. Die Galaxien im Coma-Galaxienhaufen bewegen sich teilweise ungeordnet mit Geschwindigkeitsdifferenzen von mehreren hundert km/s; so kann die Entfernung von NGC 4565 nur mit der ungefähren Angabe von 40–60 Millionen Lichtjahren abgeschätzt werden. Alternative Messmethoden, die nicht die Fluchtgeschwindigkeit benutzen, liefern für NGC 4565 eine Entfernung von 35 Millionen Lichtjahren. Mit dieser Angabe folgen aus den Ausmaßen der sichtbaren Scheibe von 15,9′ × 1,9′ die projizierten Werte von 162.000 Lichtjahren für den Durchmesser und 20.000 Lichtjahren für die Dicke des kastenförmigen Bulges. Das Staubband von NGC 4565 verläuft bei einer Inklination von 88° fast zentral über die Kernregion und erklärt auch den Beinamen „needle galaxy“, der sich für NGC 4565 in der englischsprachigen Literatur gelegentlich findet. Rechts unter NGC 4565 liegt, 13,2′ in südwestlicher Richtung, die kleine SB-Galaxie NGC 4562. Sie entfernt sich radial mit +123 km/s von NGC 4565.
Die Kantenlage offenbart auch eine Verbiegung der Scheibenebene. Auf der links unten liegenden Scheibenseite biegt sich deren Rand nach unten, auf der gegenüberliegenden, oberen Seite ist der Scheibenrand nach oben verbogen. Die Verformung der Scheibenebene ist auch in den HI-Radiodaten zu erkennen. Die radiale Ausdehnung des neutralen Wasserstoffgases reicht etwa 15 % über die optische Scheibe hinaus. Extraplanare Radiostrukturen sind nicht zu sehen, nur am oberen Scheibenrand von NGC 4565 scheinen die Radio-Isophoten leicht in Richtung des kleinen Begleiters IC 3571 verschoben zu sein. Diese 7000 Lichtjahre große Zwerggalaxie steht 5,8′ über dem Zentrum von NGC 4565 und besitzt fast die gleiche Fluchtgeschwindigkeit. Eine Verbiegung der Scheibenebene beobachtet man bei 50 % der Spiralgalaxien. Häufiger trifft man dieses Phänomen bei Haufengalaxien, so auch bei allen Spiralgalaxien der Lokalen Gruppe. Eine mögliche Ursache ist die schwache Wechselwirkung durch einen kompakten Begleiter wie IC 3571, durch den die Schwingungsformen der Scheibe angeregt werden. Die Modellrechnungen zeigen, dass es in der Scheibe zwei grundsätzliche Schwingungsformen gibt, deren Überlagerung die sichtbare Verbiegung der Scheibenebene gut beschreibt.

OBJEKT	NGC 4565
STERNBILD	Coma Berenices
REKT.	$12^h\ 36^m\ 21^s$
DEKL.	+25° 59′ 16″
HELLIGKEIT	10,4 mag
TYP	SA(s)b
FOTOGRAFEN	Richard Müller
TELESKOP	317-mm-Reflektor
KAMERA	Artemis 4021
BELICHTUNGSZEIT	300 min
ORT	Lohmar, Deutschland

M 104

Die als „Sombrero-Galaxie" bekannte SA(s)a-Galaxie M 104 (NGC 4594) ist 34 Millionen Lichtjahre von der Milchstraße entfernt. Ihr Winkeldurchmesser liegt bei 8,4′ und entspricht 83.000 Lichtjahren. M 104 beschreibt einen Übergangstyp zwischen frühen und späten Spiraltypen mit einigen Besonderheiten. So fällt bei dieser Galaxie der große, prominente Bulge auf, der ein aktives, supermassives Schwarzes Loch mit 10^9 Sonnenmassen beherbergt. Das helle Licht des Bulges beleuchtet die nördliche Oberseite des umlaufenden Staubringes, dessen Ebene etwa 6° zur Blickrichtung geneigt ist. M 104 besitzt ein großes Bulge-Scheiben-Verhältnis von etwa sechs, das selbst die typischen Werte von drei bis vier für S0-Galaxien übertrifft. Dieses Verhältnis der stellaren Massen von Bulge und Scheibe liegt zum Vergleich bei Sc-Galaxien bei nur eins zu vier.

Bei detaillierten Infrarot-Beobachtungen des Staubringes von M 104 mit dem Spitzer Space Telescope offenbarte der Ring neben einer deutlichen Verbiegung auch Verdichtungen an seinen Rändern, die auf dort stattfindende Sternentstehung hinweisen. Überträgt man die Infrarot-Ergebnisse auf die Aufnahme, so ist die linke Seite des Staubringes konvex und die rechte Seite konkav verformt. Das erklärt auch, warum auf der rechten Seite die Beleuchtung durch den Bulge weiter nach außen reicht. Weitere Beobachtungen zeigen, dass die Rotationskurve von M 104 auf ein nach außen zunehmendes Masse-Leuchtkraft-Verhältnis verweist und somit auf einen massiven Halo aus Dunkler Materie. Untersuchungen der Kinematik der 2000 Kugelsternhaufen von M 104 zeigen, dass deren radiale Geschwindigkeiten im Halo zwischen 1000 und 1200 km/s liegen. Allerdings handelt es sich hier nicht um Rotationsbewegungen der Kugelsternhaufen, sondern um eine ungeordnete Halo-Bewegung, die von der Scheibenrotation entkoppelt sind. Dies kann ein Hinweis darauf sein, dass die Kugelsternhaufen nicht mit der Scheibe entstanden sind, sondern durch mehrere Verschmelzungsprozesse im Halo angesammelt wurden. Diese Erklärung passt dazu, dass die Sombrero-Galaxie eine der massereichsten Galaxien im südlichen Virgo-Galaxienhaufen ist. Ihre Gesamtmasse von 8×10^{11} Sonnenmassen ist 4,4-mal so groß wie die Masse der Milchstraße, wobei ihr Durchmesser nur 75 % des Milchstraßendurchmessers beträgt. Die hohe Dichte von M 104 zeigt sich auch anhand des im Zentrum vermuteten supermassiven Schwarzen Loches mit einer Masse von bis zu 10^9 Sonnenmassen.

OBJEKT	M 104
STERNBILD	Virgo
REKT.	$12^h\ 39^m\ 59^s$
DEKL.	−11° 37′ 23″
HELLIGKEIT	9,0 mag
TYP	SA(s)a
FOTOGRAFEN	Makis Palaiologou, Stefan Binnewies
TELESKOP	1,3-m-Reflektor
KAMERA	Andor DZ 436
BELICHTUNGSZEIT	84 min
ORT	Skinakas-Observatorium, Kreta, Griechenland

NGC 4698

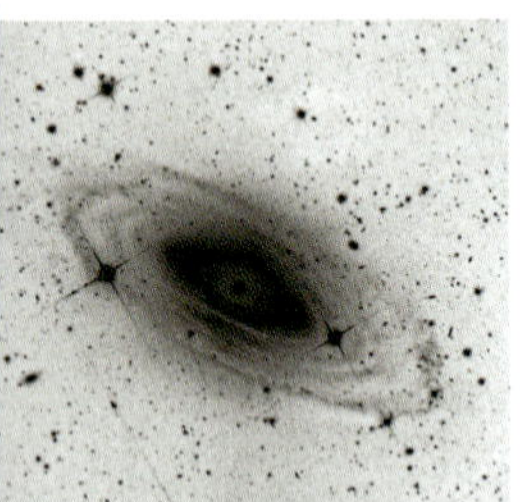

Die SA(s)ab-Galaxie NGC 4698 findet sich am südöstlichen Rand des Virgo-Galaxienhaufens. Eine Zuordnung von NGC 4698 zu diesem Haufen ist schwierig. Einerseits folgt aus der Fluchtgeschwindigkeit eine Entfernung von 43 Millionen Lichtjahren, sodass NGC 4698 vor dem Virgo-Galaxienhaufen stände. Alternative Methoden würden die Galaxie mit einem Mittelwert von 77 Millionen Lichtjahren hinter dem Virgo-Haufen platzieren. NGC 4698 besitzt ein helles Zentrum, das in einen diffusen, kugelförmigen Bulge eingebettet ist. Er wird von einem fragmentierten Spiralarmmuster umgeben, dessen Staubbänder mit der Bulge-Hintergrundbeleuchtung kontrastieren. Der Winkeldurchmesser dieser Staubstruktur liegt bei 3,2′. An ihren Rändern setzt eine lichtschwächere äußere Scheibe an, die einen Durchmesser von 8,5′ erreicht. In dieser äußeren Scheibe erkennt man auffällig hellblaue Ringe mit aktiven Bereichen. Die hellste Verdichtung ist auf der Aufnahme am rechten Rand zu erkennen, dem Nordende der Scheibe. Im kontrastverstärkten Bild zeigt sich in dieser Aufhellung sogar eine feine Granulation. In der POSS-Aufnahme (Palomar Observatory Sky Survey) von NGC 4698 ist die äußere Scheibe hingegen komplett unsichtbar.

Aus der Analyse der Isophoten von NGC 4698 ergibt sich eine Scheibeninklination von 52°, der Phasenwinkel der Scheibe liegt bei 170°. Bei einer detaillierten fotometrischen Untersuchung der Kernumgebung von NGC 4698 konnten Astronomen anhand der Abweichung der Isophoten von einer exakten Ellipsenform eine zweite, nukleare Scheibe nachweisen, die mit 77° stärker geneigt ist und deren Phasenwinkel mit 71° von der äußeren Scheibe abweicht. Dieser mehrteilige Aufbau im Zentrum wird durch weitere kinematische Beobachtungen bestätigt. Es zeigte sich außerdem, dass die Rotationsachse des Bulges in der Scheibenebene liegt. Somit stehen die Drehmomente von Bulge und Scheibe senkrecht zueinander. Dies führt zu der Annahme, dass NGC 4698 in mehreren Schritten entstanden sein muss. Am Anfang könnte ein S0/E-Typ aus der Verschmelzung zweier Spiralgalaxien hervorgegangen sein. Das Aufsammeln von Materie, die von den Vorgängergalaxien verloren wurde, könnte anschließend zum Aufbau der äußeren Scheibe geführt haben. Benutzt man die gemittelte Entfernung von 55 Millionen Lichtjahren, so würde dieses Szenario auch den sehr großen Scheibendurchmesser von 140.000 Lichtjahren für NGC 4698 erklären.

OBJEKT	NGC 4698
STERNBILD	Virgo
REKT.	$12^h\ 48^m\ 23^s$
DEKL.	+08° 29′ 15″
HELLIGKEIT	11,6 mag
TYP	SA(s)ab
FOTOGRAFEN	Adam Block
TELESKOP	800-mm-Reflektor
KAMERA	SBIG STX-16803
BELICHTUNGSZEIT	950 min
ORT	Mount Lemmon SkyCenter/ University of Arizona, USA

M 64

M 64 ist durch ihre englischsprachige Bezeichnung als „Black Eye Galaxy“ (NGC 4826) bekannt. Dies beschreibt gut die Zweiteilung der Scheibe in einen inneren Bereich mit Spiralarmfragmenten mit aktiven Bereichen und, davon durch ein breites Staubband getrennt, einen äußeren Scheibenbereich, der kein Spiralmuster zeigt. Diese äußere Scheibe ist durch ein diffuses blaues Leuchten bestimmt, wobei die Aufnahme einige Differenzierungen zulässt. So nimmt die Helligkeit nicht gleichförmig von innen nach außen ab, sondern schrittweise in mindestens drei Ringzonen. Rechts unterhalb des Staubbandes ist in der inneren, hellsten Zone eine spiralförmige Verdichtung sichtbar, die zum rechten Scheibenrand hin auch schwache Staubstrukturen aufzuweisen scheint. Die äußere Scheibe von M 64 besitzt eine Winkelausdehnung von 10,0′ × 5,4′, der Winkeldurchmesser des inneren Teils liegt bei 1,8′. M 64 steht in einer Entfernung von 17 Millionen Lichtjahren, wodurch sich für die projizierten Durchmesser der Scheibe 49.000 und für den inneren Teil 9000 Lichtjahre von M 64 ergeben.

Radiobeobachtungen zeigen außerdem eine Besonderheit dieser Spiralgalaxie. Das gemessene Geschwindigkeitsfeld des rotierenden atomaren Wasserstoffs umfasst einen Bereich von 225–595 km/s und zeigt eine deutliche Unterscheidung des Drehsinns zwischen dem innersten Rand und dem Rest der Gasscheibe. Während im Inneren das Gas zusammen mit den Sternen und dem interstellaren Medium rotiert, bewegt sich das Gas weiter außen in die entgegengesetzte Richtung. Der innerste Rand dieser Gasscheibe stimmt mit dem inneren Teil der optischen Scheibe überein, der durch das Staubband begrenzt wird. Die äußere Gasscheibe übertrifft die optische Scheibe jedoch und die Scheibe aus neutralem Wasserstoffgas erreicht einen Durchmesser von 25′. Die Ursache sehen Astronomen in einer etwa eine Milliarde Jahre zurückliegenden Verschmelzung oder Akkretion einer staubreichen Spiralgalaxie, die in entgegengesetzter Richtung zur Vorgängergalaxie von M 64 rotierte.

OBJEKT	M 64
STERNBILD	Coma Berenices
REKT.	$12^h 56^m 44^s$
DEKL.	+21° 40′ 59″
HELLIGKEIT	9,4 mag
TYP	(R)SA(rs)ab
FOTOGRAFEN	Rainer Sparenberg, Josef Pöpsel
TELESKOP	600-mm-Reflektor
KAMERA	SBIG STL-11000
BELICHTUNGSZEIT	180 min
ORT	Skinakas-Observatorium, Kreta, Griechenland

NGC 4910

Die SA(s)ab-Galaxie NGC 4910 steht 10° vom Zentrum des Virgo-Galaxienhaufens entfernt. Sie liegt damit am südöstlichen Rand des Galaxienhaufens. Ihre Entfernung von 52 Millionen Lichtjahren belegt, dass sie dem Gravitationseinfluss des Haufens unterliegt. In ihrer Umgebung ist die Galaxiendichte jedoch deutlich geringer als im Haufen.
In einem Umkreis von 1° um NGC 4910 finden sich keine Nachbargalaxien. Zwar wird die Winkelausdehnung von NGC 4910 mit 2,4′ × 1,0′ angegeben, doch dies gilt nur für den hellen Innenbereich; der diffuse äußere Scheibenbereich erreicht einen Durchmesser von 5′. Dies entspricht einer projizierten Strecke von etwa 75.000 Lichtjahren. Im Innenbereich zeigt sich ein fragmentiertes Spiralarmmuster, das von vielen Staubbändern durchsetzt ist. In der Übergangszone zur äußeren Scheibe sieht man abgelöste Staubfilamente, die in die anschließenden, diffusen Spiralarme hineinreichen. Nimmt man an, dass die äußeren Arme in einer Ebene liegen, so sind die innere und äußere Scheibenebene um 10° gegeneinander verkippt.
Das kompakte Zentrum von NGC 4910 wird von einem Bulge umgeben, der bei genauer Betrachtung eine x-förmige Helligkeitsverteilung offenbart. Die Ausdehnung dieser Verteilung reicht bis zur Hälfte der inneren Scheibe und entspricht einem maximalen Zentrumsabstand von 15.000 Lichtjahren. Erhöht man den Kontrast, so zeichnet sich eine kastenförmige Einhüllende ab. Diese Form geht auf Sterne im Bulge zurück, deren Bahnverläufe eine vertikale Komponente besitzen und deren Bahnebenen in gleicher Form zur Hauptebene der Galaxie geneigt sind. Durch die Kantenlage ist die trichterförmige Überlagerung der Bahnebenen zu beobachten, die sich als x-förmige Struktur vor dem dunkleren Halo abzeichnet. Als mögliche Ursache der gekippten Bahnebenen wird oft ein zentraler Balken beschrieben, der aber bei NGC 4910 nicht zu sehen ist. In diesen Fällen vermuten Astronomen, dass der Blickwinkel in Richtung der Balkenachse liegt oder aber, dass der Bulge nicht kugelförmig ist, sondern eine längsgestreckte, dreidimensionale Form aufweist, wie sie auch bei der Milchstraße beobachtet werden kann.

OBJEKT	NGC 4910
STERNBILD	Virgo
REKT.	$12^h\ 58^m\ 01^s$
DEKL.	+01° 34′ 33″
HELLIGKEIT	12,2 mag
TYP	SA(s)ab
FOTOGRAFEN	Adam Block
TELESKOP	800-mm-Reflektor
KAMERA	SBIG STX-16803
BELICHTUNGSZEIT	590 min
ORT	Mount Lemmon SkyCenter/ University of Arizona, USA

NGC 5005

Die Galaxie NGC 5005 gehört zur 16 Mitglieder zählenden NGC 5033-Galaxiengruppe. In 26′ Abstand steht der nächste Nachbar NGC 5002. Die anderen Gruppenmitglieder liegen mehr als 40′ entfernt, was einem projizierten Abstand von über 500.000 Lichtjahren entspricht. Aus der Fluchtgeschwindigkeit von 946 km/s folgt eine Entfernung von 45 Millionen Lichtjahren für NGC 5005. Die Winkeldurchmesser von 5,8′ × 2,8′ ergeben in Projektion einen Scheibendurchmesser von 76.000 Lichtjahren, was der Durchschnittsgröße für Spiralgalaxien entspricht. In den Datenbanken findet sich für NGC 5005 zwar eine SAB(rs)bc-Typisierung, die Aufnahme zeigt jedoch eine Asymmetrie des Spiralmusters. Diese ist durch einen dominierenden Spiralarm bestimmt, der an der Nordwestseite eines inneren, fast geschlossenen Ringes ansetzt. Dieser Spiralarm lässt sich über 360° verfolgen und verläuft auf der Gegenseite parallel zum zweiten, schwächeren Spiralarm. Das kompakte, helle Zentrum von NGC 5005 beinhaltet einen aktiven Seyfert-2-Kern und im Spektrum kann man die Emissionslinien von neutralen oder nur schwach ionisierten Elementen wie Sauerstoff, Stickstoff oder Schwefel nachweisen. Aufgrund dieser Charakteristik wird NGC 5005 oft auch als „low-ionization nuclear emission-line region" (LINER) Galaxie erwähnt.

Bei Radiobeobachtungen von NGC 5005 wurde im Bereich der Millimeterwellen die Verteilung und Dynamik des Kohlenmonoxids (CO) untersucht. Dieses molekulare Gas ist im Kern nachweisbar, zeigt sich aber auch als ein den Kern umgebenden Ring mit einem Radius von 10.000 Lichtjahren. Die Lage dieses CO-Ringes entspricht dem sichtbaren inneren Ring auf der Aufnahme. In diesem Ring konnten Gasströmungen nachgewiesen werden, die ins Zentrum führen. Besonders auffällig war eine nach innen gerichtete Strömung mit 150 km/s, deren Position mit dem Ringansatz des dominanten Spiralarmes zusammenfällt. Aus dieser Dynamik und mit Hilfe von Modellrechnungen schließen Forscher auf die Existenz eines Balkens aus molekularem Gas im Zentrum von NGC 5005, der sich aber nicht als auffällige stellare Balkenkomponente zeigt.

OBJEKT	NGC 5005
STERNBILD	Canes Venatici
REKT.	$13^h\ 10^m\ 56^s$
DEKL.	+37° 03′ 33″
HELLIGKEIT	10,6 mag
TYP	SAB(rs)bc
FOTOGRAFEN	Volker Wendel
TELESKOP	380-mm-Reflektor
KAMERA	SBIG ST-10XME
BELICHTUNGSZEIT	220 min
ORT	Weisenheim am Berg, Deutschland

N

NGC 4945

Bei einer südlichen Deklination von fast 50° findet man zwischen einem 4 mag bzw. 5 mag hellen Sternpaar (SAO 223909, SAO 223870) mit 40′ Distanz im Sternbild Centaurus die Galaxie NGC 4945. Diese SB(s)cd-Galaxie gehört zur Centaurus-Galaxiengruppe und besitzt die enorme Winkelausdehnung von 20′ × 9,3′, die bei einer Entfernung von 13 Millionen Lichtjahren einem Scheibendurchmesser von 76.000 Lichtjahren entspricht. Im Abstand von 1° um NGC 4945 befinden sich die Galaxien NGC 4945A, NGC 4976 und PGC 45373, die nicht mehr auf der Aufnahme zu sehen sind. Diese sind im Mittel viermal weiter von der Milchstraße entfernt als NGC 4945. Auf der Aufnahme steht am linken Scheibenrand die Spiralgalaxie PGC 45371, deren Entfernung mit 380 Millionen Lichtjahren angegeben wird. Etwa 4′ über dem Zentrum von NGC 4945 befindet sich die Galaxie LEDA 3097829 (CFC97 Cen 05), die oft noch als Zwerggalaxie der Centaurus-Gruppe beschrieben wird. Die Aufnahme identifiziert LEDA 3097829 aber eindeutig als Balkenspiralgalaxie, und mit einer angenommenen typischen Größe kann eine Entfernung von 350–400 Millionen Lichtjahren abgeschätzt werden.

Am oberen (südwestlichen) Scheibenrand fällt ein roter Stern auf, bei dem es sich um die Supernova SN2005af handelt, die etwa vier Monate vor dem Aufnahmezeitpunkt in NGC 4945 explodiert war. Bei ihrer Entdeckung am 8. Februar 2005 betrug die visuelle Helligkeit 12,8 mag und mit Hilfe ihres Spektrums konnte SN2005af als ein Typ II klassifiziert werden. Die Supernovae vom Typ II gehen auf den Kollaps eines massiven Sternes mit mindestens acht Sonnenmassen zurück, dessen zentrale Kernfusionsquelle zum Erliegen kam. Damit bricht der Strahlungsdruck zusammen und es folgt ein Gravitationskollaps, bei dem die äußeren Hüllen auf den verbliebenen Eisenkern stürzen und zu einer thermonuklearen Reaktion führen. Der Kern wird noch weiter verdichtet, sodass ein Neutronenstern oder ein Schwarzes Loch entstehen kann. Die wasserstoffreichen Hüllen des Vorgängersternes prallen am kompakten Kern ab und werden mit mehreren 1000 km/s nach außen geschleudert. Hier entstehen durch Anreicherungsprozesse schwerere Elemente. Im Spektrum von SN2005af fand man die für Supernovae des Typs II charakteristischen starken Wasserstoff-Emissionslinien. Die Helligkeit von SN2005af nahm nicht linear ab, sondern durchlief eine Plateauphase mit etwa gleicher Helligkeit über drei Wochen. Dieses Plateau klassifiziert die SN2005af als Untertyp II-P. Hier wird durch die hohe Bewegungsenergie der Hülle die Abkühlung durch eine Expansion kompensiert, was den weiteren Helligkeitsabfall verzögert. Bemerkenswert ist, dass Typ-II-Supernovae fast ausschließlich in Spiralgalaxien auftreten. Astronomen führen dies darauf zurück, dass die Typ-II-Vorgängersterne zu den Population-I-Sternen gehören, die man in den Spiralarmen findet.

OBJEKT	NGC 4945
STERNBILD	Centaurus
REKT.	$13^h\ 05^m\ 27^s$
DEKL.	−49° 28′ 06″
HELLIGKEIT	9,3 mag
TYP	SB(s)cd
FOTOGRAFEN	Josef Pöpsel, Beate Behle
TELESKOP	600-mm-Reflektor
KAMERA	SBIG ST-10XME
BELICHTUNGSZEIT	120 min
ORT	Amani Lodge, Namibia

NGC 5033

Die Spiralgalaxie NGC 5033 wird als SA(s)c-Typ klassifiziert und ihre Spiralarme zeigen besonders in den Außenbereichen der Scheibe eine ausgeprägte Struktur. Die auffallend blauen Spiralarme mit vielen aktiven Bereichen definieren eine Winkelausdehnung von 10,7′ × 5,0′, die für NGC 5033 in 40 Millionen Lichtjahren Entfernung einen projizierten Scheibendurchmesser von 125.000 Lichtjahren ergibt. Um den kompakten, leuchtkräftigen Kern fächern sich dichte Staubbänder auf, an die die prominenten äußeren Spiralarme anschließen. In einigen Studien wurde die sichtbare Asymmetrie der Staubbänder auf das Vorhandensein mehrerer Balken im Zentrum zurückgeführt, doch diese Vermutung bestätigte sich nicht. Am unteren Scheibenrand erkennt man den Ansatz eines Gezeitenschweifs, der sich als lichtschwache Spur weiter nach links verfolgen lässt.

Im Zentrum von NGC 5033 findet man einen Seyfert-1-Galaxienkern, dessen Spektrum die typischen breiten Emissionslinien aufweist. Aus der relativen Verschiebung dieser Emissionslinien kann man mit Hilfe des Dopplereffektes auf eine besondere Dynamik der Emissionsregionen schließen. Das ionisierte Gas formt dabei einen Doppelkegel, den Astronomen dadurch erklären, dass die zentrale Ionisationsquelle durch dichtes Material teilweise verdeckt wird. Ebenso hat man festgestellt, dass in NGC 5033 das Zentrum dieser Emission nicht mit dem Zentrum der Scheibenrotation zusammenfällt. Dieser Versatz könnte durch ein zurückliegendes Verschmelzungsereignis mit einem masseärmeren, kompakten Begleiter entstanden sein, was auch die verbogene Scheibenebene und die Spiralstruktur in NGC 5033 erklären würde.

OBJEKT	NGC 5033
STERNBILD	Canes Venatici
REKT.	$13^h\ 13^m\ 27^s$
DEKL.	+36° 35′ 38″
HELLIGKEIT	10,8 mag
TYP	SA(s)c
FOTOGRAFEN	Johannes Schedler
TELESKOP	400-mm-Reflektor
KAMERA	SBIG STX-16803
BELICHTUNGSZEIT	980 min
ORT	Wildon, Österreich

M 63

Die SA(rs)bc-Galaxie M 63 (NGC 5055) steht in einer Entfernung von 27 Millionen Lichtjahren zur Milchstraße. Ihrer Winkelausdehnung von 12,6′ × 7,2′ entsprechen die projizierten Streckenlängen von 99.000 × 57.000 Lichtjahren. Vor dem nordwestlichen Rand der Scheibe von M 63 steht der 9,3 mag helle Stern SAO 44530 und dicht daneben, wie auch entlang des gesamten Scheibenrandes, erkennt man Spiralarmfilamente, die andeuten, dass die Scheibe eine lichtschwache Fortsetzung besitzt. Am südöstlichen Scheibenrand zeigen sich nahezu horizontal verlaufende Staubbänder, die vermutlich nicht Teil der Scheibe, sondern vor ihr platziert sind, und durch Hintergrundbeleuchtung sichtbar werden. Radiobeobachtungen von M 63 belegen die Existenz einer größeren Scheibe aus atomarem Wasserstoff, die die Galaxie umgibt. Diese Gasscheibe besitzt einen Radius von 150.000 Lichtjahren und übertrifft den optischen Radius um mehr als das Doppelte. Aus der Messung der Gasgeschwindigkeiten konnten Astronomen auf ein stark verbogenes Scheibenmodell schließen, dessen äußere Bereiche um 20° gegenüber dem inneren, optischen Teil geneigt sind.
Das Spiralmuster von M 63 ist in weiten Teilen fragmentiert und besitzt eine gleichmäßig niedrige Leuchtkraft. Solche flokkulenten Muster werden bei etwa einem Viertel aller Spiralgalaxien beobachtet. Im Gegensatz zur Dichtewellentheorie, die zu Beginn des Kapitels beschrieben wurde, gehen diese kleinteiligen Strukturen auf lokale Mechanismen zurück. Die Modellvorstellung geht dabei davon aus, dass in Sternentstehungsregionen Supernovae explodieren, deren Stoßfronten in der nahen Umgebung weitere Sternentstehung anregen. Dies setzt sich weiter fort und die differentielle Scheibenrotation führt letztendlich dazu, dass sich diese fragmentierten, aktiven Bereiche über die Scheibe ausbreiten. Es existiert allerdings kein globaler Modus wie im Dichtewellenmodell.

OBJEKT	M 63
STERNBILD	Canes Venatici
REKT.	$13^h\ 15^m\ 49^s$
DEKL.	+42° 01′ 45″
HELLIGKEIT	9,3 mag
TYP	SA(rs)bc
FOTOGRAFEN	Stefan Binnewies, Josef Pöpsel
TELESKOP	600-mm-Reflektor
KAMERA	SBIG STL-11000
BELICHTUNGSZEIT	345 min
ORT	Skinakas-Observatorium, Kreta, Griechenland

NGC 5078

Die SA(s)a-Galaxie NGC 5078 steht am Südhimmel nur wenige Grad nördlich des Centaurus-Galaxienhaufens. Sie liegt mit einer Entfernung von 90 Millionen Lichtjahren räumlich vor diesem langgestreckten Galaxienhaufen, dessen Mitglieder 140–200 Millionen Lichtjahre von der Milchstraße entfernt sind. NGC 5078 wird durch einen hellen, außergewöhnlich großen Bulge dominiert. Die Winkelausdehnung des hellen Bulge-Ellipsoids liegt bei 4,0′ × 1,9′ und liefert einen transversalen Durchmesser von 105.000 Lichtjahren sowie eine Dicke des Bulges von 50.000 Lichtjahren. Die Staubbänder, deren detaillierte Silhouette man vor dem diffus leuchtenden Hintergrund verfolgen kann, reichen über den hellen Bulge hinaus. Sie erreichen eine Spannweite von 6,4′ und lassen damit den Durchmesser der optisch nicht sichtbaren äußeren Scheibe auf 170.000 Lichtjahre anwachsen.

Die SB-Galaxie IC 879, die in westlicher Richtung (hier links unten) in 2,3′ Abstand steht, besitzt eine um 220 km/s größere Fluchtgeschwindigkeit als NGC 5078. Obwohl diese Geschwindigkeitsdifferenz auch eine direkte Nachbarschaft mit einer entgegengesetzten relativen Bewegung bedeuten könnte, sprechen einige Argumente dafür, dass IC 879 etwa zehn Millionen Lichtjahre weiter entfernt liegt als NGC 5078. Die Größe von IC 879 würde 35.000 Lichtjahre betragen, und damit wäre IC 879 nur etwa 40 % so groß wie eine durchschnittliche SB-Galaxie. Die Einhüllende von NGC 5078 zeigt keine veränderte Morphologie und keine Variation der Helligkeit in Richtung IC 879, wie sie als erstes Zeichen einer Wechselwirkung auftreten würde. Im Radiolicht lässt sich keine Materiebrücke zwischen den beiden Galaxien nachweisen. Diese Daten zeigen, dass NGC 5078 neben einer Scheibenkomponente auch eine zweite, senkrecht zur Scheibe stehende Komponente besitzt, deren Radiostrahlung auf beiden Seiten des Scheibenzentrums etwa 0,6′ hinausragt. Dies lässt sich entweder durch schwache Radiojets oder starke Sternwinde erklären, die Material aus der Scheibenebene hinaus transportieren und zur Radioemission anregen.

OBJEKT	NGC 5078
STERNBILD	Hydra
REKT.	$13^h\ 19^m\ 50^s$
DEKL.	−27° 24′ 37″
HELLIGKEIT	11,8 mag
TYP	SA(s)a
FOTOGRAFEN	Philipp Keller, Konstantin Buchhold, Bernd Flach-Wilken, Johannes Schedler, Volker Wendel (Chart 32-Team)
TELESKOP	800-mm-Reflektor
KAMERA	FLI Proline 16803
BELICHTUNGSZEIT	980 min
ORT	CTIO, Chile

NGC 5170

Die SA(s)c-Galaxie NGC 5170 ist 62 Millionen Lichtjahre von der Milchstraße entfernt und ihre Kantenlage liefert mit einem Winkeldurchmesser von 9,9′ für die optische Scheibe einen projizierten Durchmesser von 180.000 Lichtjahren. Bei dieser isolierten Feldgalaxie läuft das Staubband leicht südwestlich versetzt am kompakten Kern vorbei. NGC 5170 besitzt nur einen kleinen Bulge, und die anschließende Spiralstruktur zeigt in den Außenbereichen eine leichte Granulation, die auf aktive Bereiche hindeutet. Bei NGC 5170 handelt es sich um eine in den verschiedenen Spektralbereichen eher ruhige Galaxie mit einer Sternentstehungsrate von 0,5 Sonnenmassen pro Jahr. Die Rotationskurve von NGC 5170 ist regelmäßig und erreicht mit ±250 km/s typische Werte für eine große Sc-Galaxie.

Da NGC 5170 keine große optische Leuchtkraft aufweist und die gemessenen Helligkeitswerte kein gutes Signal-Rausch-Verhältnis liefern, erfordert die Anpassung eines Bulge-Scheiben-Modells an die Bilddaten aufwändige Verfahren. Hierbei gelang es den Astronomen nachzuweisen, dass sich der Helligkeitsabfall des schwachen Bulges in NGC 5170 etwas besser durch einen exponentiellen Abfall als durch einen $1/r^4$-Abfall beschreiben lässt. Diese zwei Funktionsverläufe unterscheiden sich bei relativer Betrachtung dadurch, dass der exponentielle Abfall weniger steil erfolgt und die zugehörige Modellanpassung ebenfalls die besonders schwache Ausprägung des Bulges in NGC 5170 beweist.

OBJEKT	NGC 5170
STERNBILD	Virgo
REKT.	$13^h\ 29^m\ 49^s$
DEKL.	−17° 57′ 59″
HELLIGKEIT	12,4 mag
TYP	SA(s)c
FOTOGRAFEN	Bernd Flach-Wilken
TELESKOP	400 mm-Reflektor
KAMERA	SBIG ST-10XME
BELICHTUNGSZEIT	150 min
ORT	Farm Tivoli, Namibia

IC 4351

Bei der Galaxie IC 4351 handelt es sich um eine SA(s)b-Galaxie, die fast in Kantenlage zu sehen ist. Aufgrund ihrer südlichen Deklination von –29,3° ist sie von Mitteleuropa aus nur schwer zu beobachten. Die Fluchtgeschwindigkeit von IC 4351 liegt bei 2674 km/s und liefert rein rechnerisch eine Entfernung von 115 Millionen Lichtjahren. Ihre Scheibe erreicht einen Winkeldurchmesser von 7,6′, und dies entspricht der enormen Größe von 254.000 Lichtjahren für den Scheibendurchmesser. Da auch alternative Verfahren zur Entfernungsbestimmung eine Distanz von 105 ± 15 Millionen Lichtjahren ergaben, kann man davon ausgehen, dass die Fluchtgeschwindigkeit nicht durch andere lokale Komponenten gestört wird. Der nächste, etwa gleich weit entfernte Nachbar ist ESO 445-G076 in einem Winkelabstand von 40′.

Die Spiralebene zeigt im inneren Bereich ausgeprägte, umlaufende Staubstrukturen, die man auch im äußeren, leuchtschwachen Teil der Scheibe weiterverfolgen kann. Die enthaltenen Spiralarme wirken schmal und lassen ein flokkulentes Muster im Inneren vermuten. Beim Übergang zum leuchtschwachen äußeren Teil erkennt man eine Häufung von Sternentstehungsgebieten, wie auf der südlichen rechten Scheibenhälfte. Die Scheibe von IC 4531 scheint aus zwei Komponenten zusammengesetzt zu sein, die relativ zueinander verkippt sind und den Eindruck einer verbogenen Scheibenebene vermitteln. Eine Analyse liefert einen Kippwinkel von 11–14° und damit einen der größten Werte, den man bei Spiralgalaxien gemessen hat.

OBJEKT	IC 4351
STERNBILD	Hydra
REKT.	$13^h\ 57^m\ 54^s$
DEKL.	–29° 18′ 57″
HELLIGKEIT	12,6 mag
TYP	SA(s)b
FOTOGRAFEN	Josef Pöpsel, Beate Behle
TELESKOP	600-mm-Reflektor
KAMERA	SBIG ST-10XME
BELICHTUNGSZEIT	140 min
ORT	Amani Lodge, Namibia

NGC 5746

Auf der linken Seite der Aufnahme steht, dicht neben einem 8,5 mag hellen K-Stern (SAO 120633), die SAB(rs)b-Galaxie NGC 5746. Ihre Fluchtgeschwindigkeit beträgt 1724 km/s, was einer Entfernung von 77 Millionen Lichtjahren entspricht. In 18,3′ Abstand steht in südwestlicher Richtung, rechts oben in der Aufnahme, die Galaxie NGC 5740, die in Katalogen mit dem gleichen Galaxientyp beschrieben wird. Die kleinere Galaxie NGC 5740 entfernt sich mit 1572 km/s. Relativ zu NGC 5746 bewegt sich NGC 5740 daher mit +152 km/s auf die Milchstraße zu. Geht man von einer gleichen Entfernung der beiden Galaxien aus, ist NGC 5740 nur ein Drittel so groß wie NGC 5746. Diese große Galaxie besitzt keine Starburst-Regionen oder einen aktiven Kern. Der transversale Scheibendurchmesser von NGC 5746 beträgt 165.000 Lichtjahre und ihr auffälligstes Merkmal ist der kastenförmige Bulge.

Bei der Untersuchung des Aufbaus von Spiralgalaxien konnte nachgewiesen werden, dass zwischen dem Bulge und der Scheibe ein Zusammenhang besteht. Dieser zeigt sich im Bulge-Scheiben-Helligkeitsverhältnis, das bei den frühen Spiraltypen am größten ist. Bei späten Typen (Sc,d) mit kleineren, kompakten Bulges ist die Flächenhelligkeit des Bulges um etwa 2–3 mag kleiner als bei S0/Sa-Galaxien. Der Helligkeitsverlauf in Sb/Sc-Typen lässt sich am besten durch Bulge und Scheibe modellieren, wenn beide Komponenten einen exponentiellen Helligkeitsabfall aufweisen. Man nimmt an, dass dominante Bulges mit einem $1/r^4$-Helligkeitsabfall auf eine Verschmelzung zurückzuführen sind. Kleinere Bulges entwickeln sich im Vergleich dazu mit der Scheibe. Dabei zeigt das Beispiel NGC 5476, dass bei diesem Prozess Instabilitäten durch Balkenstrukturen eine wichtige Rolle spielen. Der kastenförmige Bulge von NGC 5476 wird von Astronomen daher als ein in Längsrichtung beobachteter Balken interpretiert. Würde man bei NGC 5476 auf die Scheibenebene blicken können, ergäbe sich vermutlich ein ähnlicher Aufbau wie bei NGC 5740.

OBJEKT	NGC 5746
STERNBILD	Virgo
REKT.	$14^h\ 44^m\ 56^s$
DEKL.	+01° 57′ 18″
HELLIGKEIT	11,3 mag
TYP	SAB(rs)b
FOTOGRAFEN	Josef Pöpsel, Stefan Binnewies
TELESKOP	600-mm-Reflektor
KAMERA	SBIG STL-11000
BELICHTUNGSZEIT	450 min
ORT	Skinakas-Observatorium, Kreta, Griechenland

M 101

M 101 (NGC 5457) ist eine SAB(rs)cd-Galaxie, die zu einer Gruppe mit neun größeren Galaxien zählt, in einer mittleren Entfernung von 17 Millionen Lichtjahren zur Milchstraße. Diese Galaxiengruppe ähnelt der Lokalen Gruppe, außer dass sie von nur einer großen Spiralgalaxie, M 101, beherrscht wird. M 101 zeigt ein „grand design"-Spiralmuster, und so lassen sich die Bezeichnungen „Feuerradgalaxie" oder „pinwheel galaxy" erklären. Die enorme Winkelausdehnung von 28′ × 26′ umfasst auch die lichtschwächsten Ausläufer der Spiralarme und entspricht einem maximalen Scheibendurchmesser von 200.000 Lichtjahren. Der längste Spiralarm von M 101 kann über einen vollen Umlauf beobachtet werden und zeigt im unteren, östlichen Teil der Scheibe zwei auffällige Woronzow-Weljaminow-Reihen. In der vorletzten Reihe erkennt man die hellen HII-Regionen NGC 5461 und NGC 5462. Der zweite, nördliche Spiralarm von M 101 verläuft links des Zentrums und reicht nicht so weit wie der erste. Auch in diesem Spiralarm treten Woronzow-Weljaminow-Reihen auf, die aber aufgrund des geringeren Zentrumsabstandes kürzer sind. Die vorletzte Reihe dieses Spiralarms besitzt ebenfalls mehr aktive Regionen als das letzte Reihenstück. Im oben rechts liegenden, südwestlichen Scheibenquadranten zeigen sich Spiralarmfragmente, die von den hellen HII-Regionen NGC 5447, NGC 5450 und NGC 5455 umsäumt sind. Die hellen HII-Regionen erhalten ihre Energie aus Sternhaufen mit jungen, massereichen Sternen. Diese großen extragalaktischen HII-Regionen, engl. „giant extragalactic HII regions" (GEHR) in M 101 sind wichtige Indikatoren für die Sternentstehung und damit auch für den Entwicklungsstand der Galaxie.

Eine der hellsten Regionen ist NGC 5471. Sie besitzt einen Durchmesser von 17″ und eine Substruktur mit fünf hellen Knoten. Mit einem Durchmesser von 2000 Lichtjahren ist NGC 5471 mit NGC 604 in M 33 vergleichbar und eine der größten GEHRs. Aus der Kombination von UV-, optischen und Infrarot-Daten haben Astronomen, abhängig von der angenommenen Menge an Staub, zwei Lösungen für das Sternalter in NGC 5471 gefunden: Bei einer mittleren Extinktion folgt ein Sternalter von acht Millionen Jahren, bei einer sehr gering angenommenen Extinktion ergeben sich 60 Millionen Jahre. Dieses einfache Modell mit einer einzigen Population wird jedoch der komplexen Sternentwicklungsgeschichte in NGC 5471 nicht gerecht. Das Farben-Helligkeits-Diagramm zeigt nur vier Millionen Jahre alte OB-Hauptreihensterne sowie rötere Sterne mit einem Alter von 15–70 Millionen Jahren. Die Aktivität in NGC 5471 konzentriert sich damit auf die letzten 100 Millionen Jahre, mit einem Maximum vor 20 Millionen Jahren. Die Sternentstehungsrate in NGC 5471 übertrifft die in NGC 604 um mehr als das Zweifache und lässt auf ein großes Gasreservoir schließen, das die Sternentstehung unterhält und somit die GEHR-Notation rechtfertigt.

Am 19. Mai 2023 wurde in M 101 die Typ-II-Supernova SN 2023ixf entdeckt. Die Aufnahme vom Juni 2023 zeigt diese Supernova als etwa 12 mag hellen, bläulichen Stern am Rand der HII-Region NGC 5461 (vgl. Inset).

Die ersten Spektren von SN 2023ixf besaßen schmale Emissionslinien der Elemente Wasserstoff, Helium und Kohlenstoff. Diese Linien gehen vermutlich auf zirkumstellares Material zurück, das der Vorgängerstern nur wenige Monate vor der Explosion ausgestoßen hat. Der sogenannte „shock breakout" der Supernova, das Durchstoßen der Stoßwelle durch die äußeren Sternschichten, brachte das zirkumstellare Gas blitzlichtartig zum Leuchten. Dann kam es zur Rekombination, die schmalen Linien verschwanden nach zwei Wochen und im Spektrum entstanden die Signaturen einer schnell expandierenden Gasschale. Die Abbildung zeigt vier Spektren vom 9. Juni bis 8. Juli 2023. Die sich herausbildende Hα-Emissionslinie zeigt ein P-Cygni-Profil, woraus man auf eine Expansionsgeschwindigkeit von etwa 7300 km/s schließen kann.

NGC 547

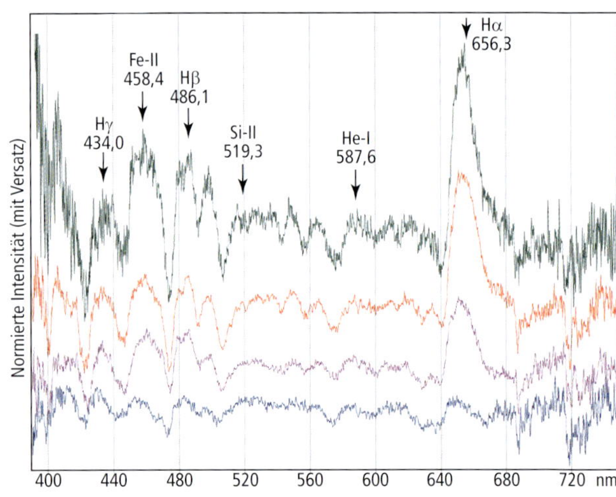

OBJEKT	M 101
STERNBILD	Ursa Major
REKT.	$14^h\ 03^m\ 13^s$
DEKL.	+54° 20′ 56″
HELLIGKEIT	8,3 mag
TYP	SAB(rs)cd
FOTOGRAFEN	Josef Pöpsel, Frank Sackenheim
TELESKOP	60-cm-Reflektor
KAMERA	ZWO ASI 094MC Pro
BELICHTUNGSZEIT	355 min
ORT	Skinakas-Observatorium, Kreta, Griechenland

NGC 5775

Die SBc-Galaxie NGC 5775 gehört zu einer aus fünf Mitgliedern bestehenden Galaxiengruppe im Sternbild Virgo, deren mittlere Entfernung 72 Millionen Lichtjahre beträgt. Die Aufnahme zeigt die zwei größten Galaxien dieser kleinen Gruppe: NGC 5775 und, 4,4′ weiter rechts in nordwestlicher Richtung, die SAB(rs)d-Galaxie NGC 5774. In einem Abstand von 3,9′ befindet sich unter NGC 5775 außerdem die Sbc-Galaxie IC 1070. Die Fluchtgeschwindigkeiten dieser drei Galaxien differieren um nur 38 km/s und lassen vermuten, dass es sich um benachbarte Galaxien handelt. Der projizierte Scheibendurchmesser von NGC 5775 liegt bei 85.000 Lichtjahren, NGC 5774 ist von gleicher Größe, nur IC 1070 weicht mit 15.000 Lichtjahren Durchmesser deutlich von der Standardgröße der Spiralgalaxien ab. Obwohl zwischen NGC 5775 und NGC 5774 eine schwache Lichtbrücke zu sehen ist und auch die Radiodaten eine Verbindung aus neutralem Wasserstoffgas zeigen, erscheinen die beiden Galaxien weitgehend störungsfrei. Durch die Kantenlage erkennt man bei NGC 5775 eine leichte Verbiegung der Hauptebene, die Starburst-Aktivität in NGC 5775 ist aber auf der von NGC 5774 abgewandten Scheibenseite intensiver.

Mit Hilfe von Radiobeobachtungen des „Very Large Array Interferometer" (National Radio Astronomical Observatory, New Mexico, USA) und des Effelsberger Radioteleskops (Bad Münstereifel, Deutschland) haben Astronomen bei NGC 5775 die Polarisation der Radiostrahlung untersucht. Polarisierte Radiostrahlung entsteht durch die Synchrotronstrahlung von Elektronen, die sich im galaktischen Magnetfeld bewegen. Die gemessene Richtung der Polarisation ist auf die Orientierung des galaktischen Magnetfeldes zurückzuführen. Je geordneter die Magnetfeldlinien verlaufen, desto stärker ist der Polarisationsgrad der Radiostrahlung. Bei NGC 5775 verläuft das Magnetfeld nahe der Scheibenebene parallel zur Ebene und mit zunehmendem Abstand zeigen die Feldlinien eine stärker werdende vertikale Komponente. Das Magnetfeld zeigt sich bei der seitlichen Betrachtung als x-förmiges Muster und offenbart damit die großräumige Struktur der galaktischen Winde im Halo von NGC 5775.

OBJEKT	NGC 5775
STERNBILD	Virgo
REKT.	$14^h\ 53^m\ 58^s$
DEKL.	+03° 32′ 40″
HELLIGKEIT	12,2 mag
TYP	SBc
FOTOGRAFEN	Josef Pöpsel, Beate Behle
TELESKOP	600-mm-Reflektor
KAMERA	SBIG ST-10XME
BELICHTUNGSZEIT	140 min
ORT	Amani Lodge, Namibia

M 102

Die S0-Galaxie M 102 (NGC 5866) ist 42 Millionen Lichtjahre von der Milchstraße entfernt. Die linsenförmige Galaxie liegt in Kantenlage und über den gelblichen, zentralen Bulge zieht sich ein schmales Staubband. Dieses Staubband erstreckt sich über 1′ und entspricht 12.000 Lichtjahren Länge; die diffusen Außenbereichen von M 102 besitzen eine Ausdehnung von 6,5′ × 2,9′ und liefern einen transversalen Durchmesser von 80.000 Lichtjahren. Am Staubband schließen sich zu beiden Seiten längliche, leicht blau gefärbte Fortsätze an. Diese geben einen Hinweis auf eine weitere, leucht schwache Scheibenebene. Relativ zu dieser lässt sich eine leichte Biegung im Staubband ausmachen.

Mittels Aufnahmen des Hubble Space Telescope konnte man in M 102 nachweisen, dass das nur etwa 300 Lichtjahre dicke Staubband senkrecht zur Ebene gerichtete, längliche Staubfilamente enthalt (engl. „dust fingers“). Diese Filamente werden durch die Druckwellen von Supernovae angetrieben und reichen etwa 1000 Lichtjahre weit, sie sind aber astronomisch kurzlebig und fallen wieder in sich zusammen, sodass das extrem flache Staubband erhalten bleibt. Betrachtet man den Halo von NGC 5866 genauer, so fällt auf, dass das Staubband auch gegenüber externer Störungen stabil ist. Der Halo zeigt keinen sphärischen Aufbau, sondern wirkt kastenförmig, wie aus mehreren Rechtecken zusammengesetzt. Diese Strukturen können mit perspektivisch beobachteten Gezeitenschweifen erklärt werden, die aus der Verschmelzung von Zwerggalaxien mit NGC 5866 entstanden sind. Besonders deutlich wird dies an einer Leuchtspur, die als zusammenhängende längliche Struktur oben links und unterhalb des Zentrums aus dem Halo herausragt und gut in der invertierten und kontrastverstärkten Aufnahme von M 102 zu erkennen ist.

OBJEKT	M 102
STERNBILD	Draco
REKT.	15h 06m 30s
DEKL.	+55° 45′ 48″
HELLIGKEIT	10,7 mag
TYP	S0
FOTOGRAFEN	Stefan Binnewies, Volker Wendel
TELESKOP	600-mm-Reflektor
KAMERA	SBIG STL-11000
BELICHTUNGSZEIT	315 min
ORT	Skinakas-Observatorium, Kreta, Griechenland

NGC 5907

Die Sc-Galaxie NGC 5907 gehört zu der etwa 40 Millionen Lichtjahre entfernten NGC 5866-Galaxiengruppe. Ihre fast exakte Kantenlage hat sie unter den Namen „splinter-galaxy" oder „knife-edge-galaxy" bekannt gemacht. Mit einer Winkelausdehnung von 12,8′ ergibt sich für die sichtbare Scheibe ein Durchmesser von 149.000 Lichtjahren. NGC 5907 besitzt keinen Bulge und das Zentrum wird fast vollständig von den Staubstrukturen der Scheibe verdeckt. Die Scheibe ist verbogen und diese Deformation setzt sich bis in die diffusen Ausläufer der Scheibenränder fort, sodass NGC 5907 in der Seitenansicht die Form eines Integralzeichens annimmt. Die Rotationskurve des neutralen Wasserstoffs in NGC 5907 wird durch ein konstantes Plateau bei 220 km/s charakterisiert und verweist auf einen durch Dunkle Materie dominierten Halo, der die Sc-Galaxie umgibt.

Im Halo von NGC 5907 haben Astronomen im Jahr 2000 eine schwache, bogenförmige Signatur eines Sternstroms festgestellt. 2008 wurde, mit Hilfe tiefer Aufnahmen von Amateurastronomen, sogar ein komplexes Bild mit einer Doppelschleife des Sternstroms sichtbar gemacht, das sich aber später als ein Artefakt der Bildbearbeitung herausstellte. Simulationen zeigen, dass der Sternstrom um NGC 5907 durch Umläufe einer Zwerggalaxie erklärt werden kann. Bei diesen Umläufen verlor die Zwerggalaxie mehr und mehr Materie entlang ihrer Bahn und nach 3,6 Milliarden Jahren hatte sie sich komplett aufgelöst. Aus dem Bahnverlauf kann für die Zwerggalaxie eine Masse von etwa 2×10^8 Sonnenmassen abgeleitet werden, was weniger als 1 % der Masse von NGC 5907 entspricht. Bei nachfolgenden, umfassenden Untersuchungen von Galaxien in Kantenlage zeigte sich, dass die lichtschwachen Gezeitenströme in NGC 5907 kein Sonderfall sind. Bei fast 20 % der Kantenlagen-Galaxien sah man Auffälligkeiten und 6 % besaßen auch diese gut definierten Gezeitenströme in ihren Halos.

OBJEKT	NGC 5907
STERNBILD	Draco
REKT.	$15^h\ 15^m\ 54^s$
DEKL.	+56° 19′ 44″
HELLIGKEIT	11,1 mag
TYP	SA(s)c
FOTOGRAFEN	Stefan Binnewies, Josef Pöpsel
TELESKOP	600-mm-Reflektor
KAMERA	SBIG STL-11000
BELICHTUNGSZEIT	360 min
ORT	Skinakas-Observatorium, Kreta, Griechenland

NGC 6015

Bei der SA(s)cd-Galaxie NGC 6015 handelt es sich um eine isolierte Feldgalaxie, deren Fluchtgeschwindigkeit 827 km/s beträgt mit einer daraus abgeleiteten Entfernung von 45 Millionen Lichtjahren. Mit alternativen Methoden ergibt sich für NGC 6015 ein größerer Entfernungswert von 55 Millionen Lichtjahren, der aber mit einem größeren Fehler von 9,5 % verbunden ist. Die Winkelausdehnung von NGC 6015 beträgt 5,4′ × 2,1′. Daraus kann ein projizierter Scheibendurchmesser zwischen 70.000 und 85.000 Lichtjahren ermittelt werden. Die Größe von NGC 6015 entspricht damit einer durchschnittlichen Spiralgalaxie. Ihr kompakter Kern ist typisch für die Scd-Morphologie, wie auch der fehlende zentrale Bulge. Der Scheibenaufbau ist durch ein fragmentiertes Spiralarmmuster mit vielen Staubfilamenten bestimmt, das aktive Bereiche mit einigen großen HII-Regionen besitzt. In der Randzone der Scheibe setzen meist nur kurze, leuchtschwächere Arme an. Am oberen (südöstlichen) Scheibenrand liegt der am besten definierte dieser leuchtschwachen Spiralarme.

Ganz am oberen Rand der Aufnahme ist die Spiralgalaxie SDSS J155215.09+621915.1 zu sehen, deren Durchmesser nur etwa 0,1′ beträgt. An ihrem linken Rand erkennt man einen bogenförmigen Gezeitenschweif. Da rechts neben SDSS J155215.09+621915.1, in 0,2′ Abstand, die Galaxie 2MASXi J1552150+621928 steht, erscheint es plausibel, dass es sich hier um ein wechselwirkendes Galaxienpaar handelt. Bei genauer Betrachtung der kontrastverstärkten Darstellung ist über dem oberen Scheibenrand von NGC 6015, etwa 1,8′ vom Zentrum entfernt, eine Aufhellung zu erkennen. In den Daten des Sloan Digital Sky Survey (SDSS) ist dieses Objekt als SDSS J155136.52+621728.6 erfasst worden, dessen Helligkeit bei nur 19,4 mag liegt. Die Ausdehnung kann mit 0,4′ abgeschätzt werden und es ergibt sich eine absolute Größe von 5000–6000 Lichtjahren, wenn man die Entfernung von NGC 6015 zugrunde legt. Die Klassifizierung als „extended source“ im SDSS passt damit gut zur Vermutung, dass es sich bei dem Objekt um eine Zwerggalaxie handelt. Der minimale Abstand der Zwerggalaxie zu NGC 6015 beträgt 25.000 Lichtjahre. Da keine Gezeitenschweife im Umfeld von NGC 6015 erkennbar sind, ist es wahrscheinlich, dass sich zwischen der Zwerggalaxie SDSS J155136.52+621728.6 und NGC 6015 eine Wechselwirkung anbahnt und die Zeichen der ersten Annäherung im nahe gelegenen Spiralarm bereits sichtbar werden. Eine Bestätigung fände diese Vermutung aber erst durch Messungen der Radialgeschwindigkeiten.

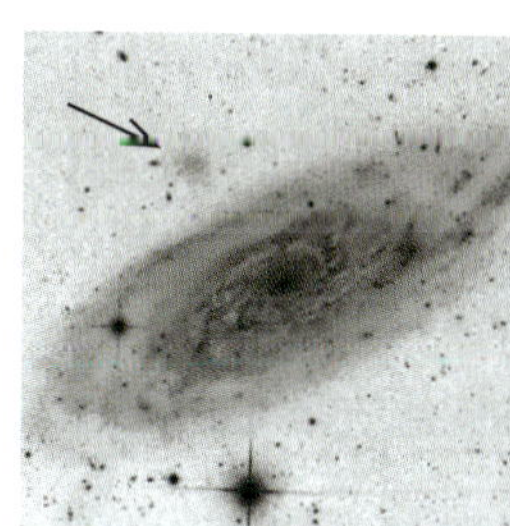

OBJEKT	NGC 6015
STERNBILD	Draco
REKT.	$15^h\ 51^m\ 25^s$
DEKL.	+62° 18′ 36″
HELLIGKEIT	11,7 mag
TYP	SA(s)cd
FOTOGRAFEN	Volker Wendel, Stefan Binnewies
TELESKOP	600-mm-Reflektor
KAMERA	SBIG STL-11000
BELICHTUNGSZEIT	450 min
ORT	Skinakas-Observatorium, Kreta, Griechenland

NGC 5963

Die Aufnahme präsentiert am linken Rand die zwei Spiralgalaxien NGC 5963 und NGC 5965, deren Lage an der Sphäre nur um 9′ differiert. Die Galaxie NGC 5963 steht in südwestlicher Richtung über NGC 5965, einem Sb-Typ in Kantenlage. Der geringe Winkelabstand entspricht aber nicht einer physischen Nachbarschaft, da NGC 5963 in 85 Millionen Lichtjahren Abstand zur Milchstraße steht, NGC 5965 jedoch 160 Millionen Lichtjahre entfernt ist. Daraus ergibt sich für NGC 5965 ein enormer Scheibendurchmesser von 240.000 Lichtjahren und für NGC 5963 ein Durchmesser von 100.000 Lichtjahren. Bei NGC 5963 handelt es sich um eine „low surface brightness galaxy" (LSBG). Ihre äußeren, blau gefärbten Spiralarme sind aufgrund der dort schwach ausgeprägten stellaren Komponente sehr lichtschwach. Die Gasdichten in LSBGs liegen unter den Werten normaler Spiraltypen, die Sternentstehung in NGC 5963 ist damit deutlich erschwert. Auch vermisst man in LSBGs aktive Bereiche mit jungen, heißen und damit massereichen Sternen. Somit fehlt es an Orten, an denen schwere Elemente produziert werden können, was eine geringe Metallizität zur Folge hat. Diese ist ein Indikator für die langsame Entwicklung einer LSBG.

Am rechten Bildrand befindet sich die Sa-Galaxie NGC 5971, die mit 200 Millionen Lichtjahren noch weiter entfernt ist, in ihrer absoluten Größe aber NGC 5963 entspricht. Die kontrastverstärkte und invertierte Aufnahme zeigt bei NGC 5971 einen „tidal plume", einen pilzförmigen Gezeitenschweif, der vermutlich auf eine durch Wechselwirkung zerrissene Zwerggalaxie zurückzuführen ist.

Die Rotationskurve des Scheibengases in NGC 5963 liefert ein bis zum Scheibenrand reichendes, konstantes Niveau von ±120 km/s und damit den Hinweis auf einen großen Anteil an Dunkler Materie. Dieses für LSBGs typische Merkmal nutzen Astronomen oft für Hypothesentests zum Verhalten von Dunkler Materie. Interessant ist hierbei etwa die Frage, in welcher Form Dunkle Materie mit sich selbst wechselwirkt. Käme es zu dieser Selbst-Wechselwirkung, würde sich im inneren Halo von LSBGs eine konstante Massendichte

OBJEKT	NGC 5963
STERNBILD	Draco
REKT.	$15^h 33^m 28^s$
DEKL.	+56° 33′ 35″
HELLIGKEIT	13,1 mag
TYP	S pec
FOTOGRAFEN	Josef Pöpsel, Stefan Binnewies
TELESKOP	600-mm-Reflektor
KAMERA	SBIG STL-11000
BELICHTUNGSZEIT	810 min
ORT	Skinakas-Observatorium, Kreta, Griechenland

ergeben. Die Analyseergebnisse bei NGC 5963 belegen aber im Gegensatz dazu eine hohe Massenkonzentration im inneren Halo. Eine mögliche Erklärung wäre, dass die Dunkle Materie, deren wahre Natur immer noch unbekannt ist, nicht nur gravitativ mit den Baryonen im Halo wechselwirkt, sondern dass die Teilchen der Dunklen Materie mittels der Starken Kernkraft die Konzentration der leuchtenden Materie beeinflussen könnten. Mit einer solchen postulierten Teilchenwechselwirkung der Dunklen Materie könnten Strukturen auf kleineren kosmologischen Skalen, wie etwa die Massenkonzentration im Halo von NGC 5963, erklärt werden.

NGC 6503

Die SA(s)cd-Galaxie NGC 6503 befindet sich am Rand des „local void“, eines fast leeren Raumes, der von der Lokalen Gruppe, dem Hercules- und dem Coma-Galaxienhaufen umgeben wird. Die Entfernung der Milchstraße zum Zentrum dieser Raumzone liegt bei 75 Millionen Lichtjahren, die Entfernung zu NGC 6503 beträgt nur 18 Millionen Lichtjahre. Die Winkelausdehnung von NGC 6503 ist mit 7,1′ × 2,4′ angegeben, es ergibt sich somit ein transversaler Scheibendurchmesser von 37.000 Lichtjahren. Damit erreicht NGC 6503 nur etwa 50 % der Standardgröße einer Spiralgalaxie und wird in einigen Katalogen auch als Zwerg-Spiralgalaxie geführt. Das Zentrum von NGC 6503 ist kompakt, die umgebende Spiralarmstruktur ist nur schwach ausgeprägt und erscheint im mittleren Scheibenbereich teilweise fragmentiert.

Die Radiobeobachtungen zeigen keinerlei HI-Spuren im Umfeld von NGC 6503 und belegen die isolierte Lage dieser kleinen Spiralgalaxie. Aus der gemessenen HI-Intensität und Verteilung kann eine Masse an neutralem Wasserstoff von $1{,}3 \times 10^9$ Sonnenmassen gefolgert werden, was im Bereich von 1 % des neutralen Wasserstoffanteils einer typischen Sc-Galaxie liegt. Die Analyse zeigt auch, dass NGC 6503 durch ein zweiteiliges Scheibenmodell beschrieben werden kann, das aus einer weitreichenden dünnen Scheibe und einer kleineren, dickeren Scheibe mit geringerer Gasdichte besteht. Als mögliche Ursache für das Entstehen dieser extraplanaren dicken Gasscheibe sehen Astronomen die aktiven Bereiche, in denen Sternwinde und Supernovae Gas aus der Scheibe heraus transportieren. Dieser galaktische Springbrunnen, engl. „galactic fountain“, produziert verdünntes, heißes Gas im Übergang zum Halo und zeigt sich bei NGC 6503 als diffuses Leuchten im Röntgenlicht.

OBJEKT	NGC 6503
STERNBILD	Draco
REKT.	$17^h\ 49^m\ 26^s$
DEKL.	+70° 08′ 40″
HELLIGKEIT	10,9 mag
TYP	SA(s)cd
FOTOGRAFEN	Makis Palaiologou, Volker Wendel
TELESKOP	600-mm-Reflektor
KAMERA	SBIG STX-16803
BELICHTUNGSZEIT	450 min
ORT	Skinakas-Observatorium, Kreta, Griechenland

NGC 6632

Die Galaxie NGC 6632 steht 6′ südlich des 9 mag hellen K-Sterns SAO 86018 und liegt in einer Entfernung von 220 Millionen Lichtjahren zur Milchstraße. Mit einem Winkeldurchmesser von 3,0′ × 1,4′ ergibt sich eine projizierte Größe der galaktischen Scheibe von 192.000 × 90.000 Lichtjahren. Für NGC 6632 findet sich die Typbezeichnung SA(rs)bc oder oft vereinfacht Sb. Es fällt auf, dass das Spiralmuster in der Scheibenebene nicht einheitlich aufgebaut ist. Im inneren Bereich wird es durch zwei prominente, helle Spiralarme definiert, die sich farblich von den bläulichen Armfragmenten unterscheiden, die am Rand der Scheibe zu sehen sind. Am rechten und oberen Scheibenrand bilden die Fragmente einen zusammenhängenden äußeren Spiralarm, in der unteren Randzone ist der Scheibenaufbau gestört. Die Scheibenebene erscheint hier durchbrochen, ihre Flächenhelligkeit ist deutlich vermindert, und im Vergleich zur gegenüberliegenden Seite findet man in dieser Störungszone mehrere aktive Bereiche.

Eine Strukturanalyse des Spiralmusters in NGC 6632 belegt die Existenz eines „Zweifach-Spiralmusters“. Tritt dies auf, so ist das meist ein Hinweis auf eine stattgefundene Wechselwirkung mit einem kompakten Begleiter, der die Scheibenebene durchstoßen und zu Störungen im Scheibenaufbau geführt hat. Dabei war die Masse des Begleiters jedoch zu gering, um in einer Verschmelzung zu enden und die Vorgänger-Spiralstruktur vollständig zu zerstören. Im kontrastverstärkten Bild ist der Begleiter noch zu sehen. Er zeigt sich 2,5′ rechts unter NGC 6632 in südwestlicher Richtung als diffuses Objekt und ist als 2MASX J18245534+2730302 katalogisiert. Die Kontrastverstärkung verrät anhand der am oberen Scheibenrand sichtbaren lichtschwachen Spuren außerdem, dass der Begleiter vermutlich mehrere Umläufe um NGC 6632 vollzogen hat, bevor es zum Durchstoßen der Scheibe kam. Bei diesem Vorgang verlor er viel Materie und es verblieb ein kleiner, kompakter Kern mit einem kometenartigen Schweif.

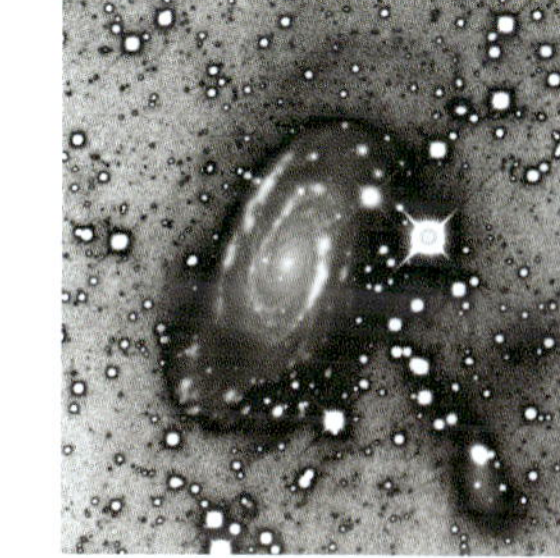

OBJEKT	NGC 6632
STERNBILD	Hercules
REKT.	$18^h\ 25^m\ 03^s$
DEKL.	+27° 32′ 07″
HELLIGKEIT	12,9 mag
TYP	SA(rs)bc
FOTOGRAFEN	Makis Palaiologou, Stefan Binnewies
TELESKOP	1,3-m-Reflektor
KAMERA	SBIG STX-16803
BELICHTUNGSZEIT	330 min
ORT	Skinakas-Observatorium, Kreta, Griechenland

NGC 6814

Die SAB(rs)bc-Galaxie NGC 6814 im Sternbild Aquila steht nahe der sternreichen Milchstraße. Die Entfernung zu NGC 6814 beträgt 75 Millionen Lichtjahre und der Winkeldurchmesser von 3′ entspricht einem transversalen Scheibendurchmesser von 65.000 Lichtjahren. Der Aufbau der Galaxie ist durch einen kompakten Kern und zwei Spiralarme bestimmt, wobei der untere (südliche) Spiralarm im Verlauf eine Zweiteilung zeigt. NGC 6814 ist als Seyfert-Galaxie bekannt und wurde bereits in den 1980er Jahren von mehreren Röntgensatelliten beobachtet. Obwohl bekannt war, dass das Röntgenlicht der aktiven Galaxienkerne starke Variationen zeigen kann, fand sich bei NGC 6814 eine Besonderheit: Die Variationen besaßen eine regelmäßige, periodische Komponente mit einer Periodenlänge von 3,4 Stunden. Die Schwierigkeit bestand nun darin, eine Modellvorstellung über einen periodischen Mechanismus im Zentrum der aktiven Galaxie zu entwickeln. So wurde untersucht, ob ein die Akkretionsscheibe regelmäßig durchstoßender Stern oder Sternhaufen die wiederkehrenden Röntgenpulse erzeugen könnte. Wie sich zeigte, hätten relativistische Effekte im Umfeld des supermassiven Schwarzen Lochs eine solche Bahn schnell in die Hauptebene gezwungen. Die Lösung des Rätsels lieferte die Beobachtung von NGC 6814 durch den Röntgensatelliten Rosat. Ein Team von Wissenschaftlern der Universität Tübingen konnte nachweisen, dass die regelmäßigen Röntgenpulse nicht auf die Galaxie, sondern auf einen benachbarten Röntgendoppelstern zurückzuführen waren. Bei früheren Satelliten war die Bildauflösung zu gering, um die 37′ voneinander entfernt stehenden Quellen zu differenzieren. Auch gab es bei der Rosat-Beobachtung zu Anfang Probleme, da die neue Quelle von einer Strebe des Detektorgitters verdeckt wurde. Dieser bis dato unbekannte Röntgendoppelstern RXJ 1940.1-1025 gehört zur Milchstraße und besteht aus einem Weißen Zwerg als kompakte Komponente und einem Hauptreihenstern. Von diesem Stern strömt Materie zum kompakten Begleiter und stürzt, geführt durch das starke Magnetfeld, auf die Pole des Weißen Zwerges. Vor dem Auftreffen wird diese Materie stark erhitzt und emittiert Röntgenlicht. Die Bahnbewegung moduliert diese Emission und die festgestellte 3,4-stündige Periodizität ist die Umlaufzeit des Röntgendoppelsternes. Die Forscher konnten durch Helligkeitsmessungen, die mit einem 40-cm-Teleskop der Sternwarte in Tübingen durchgeführt wurden, die Bahnbewegung auch im optischen Bereich nachweisen.

OBJEKT	NGC 6814
STERNBILD	Aquila
REKT.	$19^h\ 42^m\ 41^s$
DEKL.	−10° 19′ 25″
HELLIGKEIT	12,1 mag
TYP	SAB(rs)bc
FOTOGRAFEN	Michael König
TELESKOP	280-mm-Reflektor
KAMERA	SBIG ST-10XME
BELICHTUNGSZEIT	120 min
ORT	Rimbach, Deutschland

NGC 6946

Die SAB(rs)cd-Galaxie NGC 6946 ist eine der nächsten Nachbargalaxien zur Lokalen Gruppe, von deren Zentrum sie sich mit 344 km/s entfernt. Ihr Abstand zur Milchstraße beträgt nur 18 Millionen Lichtjahre und die großen Winkeldurchmesser von 11,5′ und 9,8′ machen NGC 6946 zu einem beliebten Motiv für Astrofotografen. Der projizierte Scheibendurchmesser liegt bei 60.000 Lichtjahren. Durch die geringe Inklination von 31° erlaubt NGC 6946 einen detaillierten Blick auf die vielen aktiven Bereiche und auf die bis zu 10″ großen HII-Regionen in den Spiralarmen. In NGC 6946 wurden in den letzten 100 Jahren zehn Supernovae beobachtet, daher trägt sie auch die Bezeichnung „fireworks galaxy" (Feuerwerk-Galaxie). Am östlichen Rand (links oben) befindet sich eine aktive Zone, in der die HII-Regionen entlang des Spiralarmes, wie auf einer Perlenschnur aufgereiht, zu sehen sind. Die Spiralarme sind nur in den Außenbereichen der Scheibe gut definiert. Hier fallen besonders in der südlichen, linken Scheibenhälfte lange Woronzow-Weljaminow-Reihen auf.

Da die galaktische Breite von NGC 6946 etwa 12° beträgt, verläuft die Blickrichtung durch große Mengen von galaktischem Staub. Dies führt, neben einer Schwächung um 1,6 Größenklassen, auch zu einer Rötung des Lichts. In dieser geröteten Galaxie fällt daher ein etwa 2000 Lichtjahre großer, hellblauer Komplex aus mehreren Haufen mit jungen, heißen Sternen auf. Dieser liegt 3′ in westlicher Richtung, rechts unterhalb des Zentrums. Die Leuchtkraft dieses Super-Sternhaufens (engl. „super star-cluster") lässt auf eine Masse von einigen 10^6 Sonnenmassen schließen. Die meisten Sterne in den fast zwei Dutzend Sternhaufen besitzen Massen im Bereich von 10–20 Sonnenmassen. Das Besondere dieses Komplexes ist die hohe Sterndichte und seine kreisförmige Begrenzung. Astronomen vermuten, dass er bei dem Kollaps einer großen Gasmenge eines Spiralarmes entstanden sein könnte. Die Farben-Helligkeits-Analyse der Sterne datiert diesen möglichen Kollaps 30 Millionen Jahre zurück und zeigt auch, dass mindestens zwei Entwicklungsschritte stattgefunden haben. Diese Störungen in den Spiralarmen könnten auf Gezeitenkräfte eines Begleiters zurückzuführen sein. Ein Beleg für externe Störungsursachen sind die lichtschwachen Gezeitenschweife von NGC 6946, die über den Rand der Aufnahme hinausreichen und in der kontrastverstärkten Darstellung zu sehen sind.

OBJEKT	NGC 6946
STERNBILD	Cygnus
REKT.	$20^h\ 34^m\ 52^s$
DEKL.	+60° 09′ 14″
HELLIGKEIT	8,2 mag
TYP	SAB(rs)cd
FOTOGRAFEN	Josef Pöpsel, Stefan Binnewies
TELESKOP	600-mm-Reflektor
KAMERA	SBIG STL-11000
BELICHTUNGSZEIT	540 min
ORT	Skinakas-Observatorium, Kreta, Griechenland

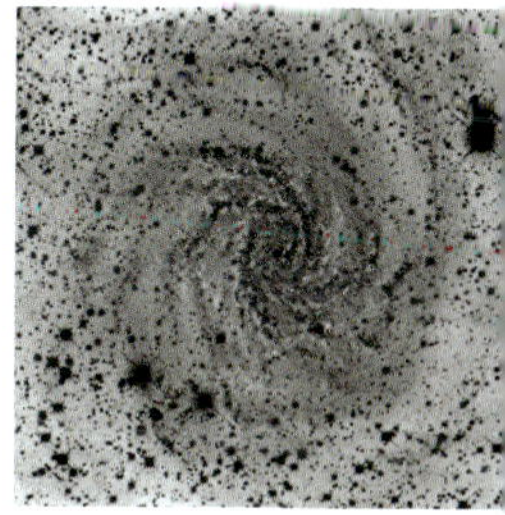

NGC 7137

Die Galaxie NGC 7137 liegt in einer Entfernung von 82 Millionen Lichtjahren und ihre geringen Winkeldurchmesser von 1,6′ × 1,4′ ergeben einen Scheibendurchmesser von 38.000 Lichtjahren. Dieser SAB(rs)c-Typ ist damit ein kleiner Vertreter unter den Sc-Galaxien. Trotz der geringen Größe erkennt man in NGC 7137 gut definierte Woronzow-Weljaminow-Reihen, die zusammen mit einem breiten Staubband bei einer Katalogisierung von NGC 7137 in den 1960er Jahren zu einer Beschreibung als „three armed galaxy" führten. In den Spiralarmen liegen vielen HII-Regionen, die den Armsegmenten eine rotblaue Färbung verleihen. Bei der Aufnahme ist leider auch die störende Wirkung von Streulicht zu sehen. Dessen zweifarbiges Auftreten erklärt sich durch die zwei unterschiedlichen Positionen einer variablen Glasplatte im Strahlengang bei der Aufnahme der Farbkanäle. Diese Glasplatte ist Teil eines Systems vor der Kamera, das durch schnelle Kippwinkel-Korrekturen das Seeing auszugleichen versucht, um dadurch die Abbildungsleistung zu verbessern. Die Chipgröße der Kamera entsprach zum Aufnahmezeitpunkt einem Himmelsareal von etwa 30′ × 20′, der reflexauslösende Stern (SAO 89978, 7,1 mag hell) lag 15′ vom Rand des CCD-Chips entfernt.
Bei Simulationsrechnungen von Spiralmustern haben Astronomen festgestellt, dass dreiarmige Strukturen entstehen können. Es zeigte sich, dass diese Strukturen bei einem Modell mit einem rotierenden, asymmetrischen Balken unter bestimmten Resonanzbedingungen auftreten. Leider kamen aber diese Modellrechnungen dem realen Erscheinungsbild von NGC 7137 nicht wirklich nahe. So waren die Woronzow-Weljaminow-Reihen nicht zu sehen und man erhielt bei den Simulationen auch nur die typischen, nach außen schwächer werdenden Spiralarmenden. Doch diesen Verlauf zeigt NGC 7137 nicht – ihre Morphologie wird maßgeblich durch die Kompaktheit bestimmt und lässt sich somit nicht durch die Wirkung eines Balkens im Zentrum erklären.

OBJEKT	NGC 7137
STERNBILD	Pegasus
REKT.	$21^h\ 48^m\ 13^s$
DEKL.	+22° 09′ 35″
HELLIGKEIT	13,1 mag
TYP	SAB(rs)c
FOTOGRAFEN	Michael König
TELESKOP	350-mm-Reflektor
KAMERA	SBIG STL-6303
BELICHTUNGSZEIT	470 min
ORT	Rimbach Deutschland

NGC 7331

Die SA(s)b Galaxie NGC 7331 ist 46 Millionen Lichtjahre von der Milchstraße entfernt und durch die hohe Inklination von 77° ist ein Teil der Scheibe durch breite Staubbänder verdeckt. Die Scheibengröße von 10,5′ × 3,7′ liefert einen transversalen Durchmesser von 140.000 Lichtjahren; damit ist NGC 7331 deutlich größer als die Milchstraße. In den Infrarotaufnahmen von NGC 7331 zeigt sich ein Ring mit einem Radius von 20.000 Lichtjahren. In diesem Ring ist auch ein großer Staubanteil enthalten und in der Ringzone liegen viele Sternentstehungsgebiete. Im sichtbaren Licht fällt der Ring aufgrund des umgebenden Staubes kaum auf. Mit Hilfe von Temperaturmodellrechnungen kann auf eine Gasmasse im Ring von etwa 10^9–10^{10} Sonnenmassen geschlossen werden. Damit entspricht die Ringmasse je nach Modell etwa 20–30 % des gesamten Anteils des Scheibengases in NGC 7331.

Oberhalb des östlichen (linken) Scheibenrandes findet sich eine Gruppe einiger Hintergrundgalaxien, die etwa 6,5-mal weiter entfernt sind als NGC 7331. Die untere SB-Galaxie NGC 7337 dieser Gruppe dient als Anhaltspunkt, um zwei leuchtschwache Zwerggalaxien aufzufinden, die zum NGC 7331-System gehören. Eine der Zwerggalaxien liegt 1′ unter NGC 7337. Auf den zweiten, etwas helleren Zwerg trifft man in Richtung des unteren, südlichen Scheibenendes von NGC 7331. Astronomen fanden auf tiefen Aufnahmen von NGC 7331 noch zwei weitere Zwerggalaxien, die nicht mehr im Bildfeld dieser Aufnahme liegen. Alle vier Zwerggalaxien werden aufgrund ihrer geringen Leuchtkraft als dSph-Typen beschrieben. Im Gegensatz zu M 31 besitzt NGC 7331 keine dE-Zwerggalaxien, sodass man abschätzen kann, dass die stellare Masse der Zwerggalaxien von NGC 7331 nur maximal 2 % dessen beträgt, was man bei M 31 beobachtet. Am unteren Scheibenende zeigt sich in kontrastverstärkten Darstellungen ein lichtschwacher, etwa 1,5′ langer Gezeitenschweif. Da dessen Farbe dem leichten Blau der Zwerggalaxien ähnelt, erscheint ein physikalischer Zusammenhang wahrscheinlich. So könnte durch eine Wechselwirkung der Zwerggalaxien mit der äußeren Scheibenzone auch die auffällige Verbiegung der Scheibenebene in NGC 7331 entstanden sein.

OBJEKT	NGC 7331
STERNBILD	Pegasus
REKT	$22^h 37^m 04^s$
DEKL.	+34° 24′ 56″
HELLIGKEIT	10,4 mag
TYP	SA(s)b
FOTOGRAFEN	Volker Wendel, Stefan Binnewies
TELESKOP	600-mm-Reflektor
KAMERA	SBIG STL-11000
BELICHTUNGSZEIT	465 min
ORT	Skinakas-Observatorium, Kreta, Griechenland

NGC 7606

Bei NGC 7606 handelt es sich um eine isoliert stehende SA(s)b-Galaxie, die 100 Millionen Lichtjahre von der Milchstraße entfernt liegt. Ihre Ausmaße von 5,2′ × 1,2′ entsprechen damit den projizierten Strecken von 151.000 und 35.000 Lichtjahren. Das dichte Spiralmuster in NGC 7606 besitzt einen zweiarmigen Aufbau. In beiden Spiralarmen kommt es teilweise zu Fragmentierungen, die Arme lassen sich aber über einen vollen Umlauf verfolgen. Die Analyse der Isophoten von NGC 7606 ergab eine Inklination von 64° und einen Phasenwinkel von 146° für die Scheibenebene. Der Kern von NGC 7606 erscheint im Vergleich zu anderen Sb-Typen kompakt, beinhaltet aber keinen aktiven Galaxienkern.

Zwischen dem Auftreten eines Bulges und einem supermassiven Schwarzen Loch im Zentrum besteht ein direkter Zusammenhang. Da in größeren Bulges auch massivere Schwarze Löcher liegen, vermutet man eine Koevolution dieser beiden Komponenten und einen wechselseitigen Regelmechanismus. Astronomen konnten in einer Vergleichsstudie zeigen, dass, im Gegensatz zum Bulge, der Anteil an Dunkler Materie in einer Spiralgalaxie in keinem Zusammenhang zur Masse des zentralen Schwarzen Loches steht.

Die Rotationskurve zeigt für einen flachen, weit nach außen reichenden Verlauf Geschwindigkeiten bis 240 km/s und verweist auf einen großen Anteil Dunkler Materie. Der Bulge in NGC 7606 ist kaum ausgebildet, was die Schlussfolgerung zulässt, dass das Schwarze Loch im Zentrum der Galaxie nur eine vergleichsweise geringe Masse besitzt.

OBJEKT	NGC 7606
STERNBILD	Aquarius
REKT.	$23^h\ 19^m\ 05^s$
DEKL.	−08° 29′ 06″
HELLIGKEIT	12,3 mag
TYP	SA(s)b
FOTOGRAFEN	Makis Palaiologou, Stefan Binnewies
TELESKOP	1,3-m-Reflektor
KAMERA	SBIG STL-6303
BELICHTUNGSZEIT	360 min
ORT	Skinakas-Observatorium, Kreta, Griechenland

IC 5332

Die SA(s)d-Galaxie IC 5332 ist 27 Millionen Lichtjahre von der Milchstraße entfernt und ihre Winkelmaße von 7,8′ × 6,2′ liefern einen maximalen Durchmesser von 61.000 Lichtjahren. IC 5332 bildet zusammen mit NGC 7713 (außerhalb des Bildfeldes) ein Galaxienpaar, das 1,9° voneinander entfernt steht. IC 5332 besitzt eine Zwei-Arm-Morphologie, die sich im inneren Bereich über 1,5 Umläufe verfolgen lässt. Weiter außen fächern die Spiralarme auf und lassen Woronzow-Weljaminow-Reihen erkennen. Besonders auffällig ist dies bei den Armen, die an der westlichen Seite der Scheibenebene an das blaugelbe Paar heller Sterne heranreichen. Die Verteilung der HII-Regionen in den Außenbereichen folgt nur teilweise den Spiralarmen und zeigt im oberen rechten Bereich von IC 5332 ein von deren Lage unabhängiges, flokkulentes Muster.

Durch die äußeren Scheibenbereiche sind auch weit entfernte Galaxien erkennbar. Für eine der Galaxien der Gruppe, die unten links zu sehen ist, findet sich in den Katalogen eine Entfernung von 1,2 Milliarden Lichtjahren (2MASX J23342871-3602117). Für die weiter rechts stehende Galaxie APMUKS(BJ) B233206.36-361835.6 (APMUKS = Automated Plate Measurement United Kingdom Schmidt) gibt es keine Entfernungsangaben, obwohl sie größer ist als die Galaxien der Gruppe und eine auffällige Ringstruktur aufweist. Da sie weniger gelb gefärbt erscheint, kann man von einer geringeren Rotverschiebung ihres Kontinuums ausgehen und ihre Größe lässt eine Entfernung von 400–500 Millionen Lichtjahren vermuten.

OBJEKT	IC 5332
STERNBILD	Sculptor
REKT.	23h 34m 27s
DEKL.	–36° 06′ 04″
HELLIGKEIT	11,0 mag
TYP	SA(s)d
FOTOGRAFEN	Volker Wendel, Bernd Flach-Wilken
TELESKOP	350-mm-Reflektor
KAMERA	SBIG ST-10XME
BELICHTUNGSZEIT	145 min
ORT	Farm Tivoli, Namibia

NGC 7793

Die SA(s)d-Galaxie NGC 7793 ist zwölf Millionen Lichtjahre von der Milchstraße entfernt und aus ihren Winkeldurchmessern von 9,3′ × 6,3′ ergibt sich ein projizierter Scheibendurchmesser von 32.000 Lichtjahren. Damit gehört NGC 7793 zu den kleineren Vertretern der Sd-Typen. Ihre Morphologie ist durch einen kompakten Kern und ein stark fragmentiertes Spiralarmmuster geprägt, das sich im ultravioletten, optischen und infraroten Spektralbereich zeigt. NGC 7793 gehört zu den fünf hellsten Mitgliedern der Sculptor-Gruppe, die mit ihrem lockeren Aufbau am Himmel einen Bereich von 20° überspannt. Bei dieser Gruppe kann es sich aber auch um ein Filament handeln, das nahe der Lokalen Gruppe liegt. Wird es in Längsrichtung beobachtet, suggeriert die Projektion einen Gruppencharakter.

Bei mehreren Beobachtungen von NGC 7793 wurde die Rotationsgeschwindigkeit des ionisierten Wasserstoffs gemessen. Die Kurve zeigt deutliche Abweichungen vom typischen Verlauf bei Spiralgalaxien. Nach einem moderaten Anstieg erreichen die Werte ein Maximum von 130 km/s in einem Abstand von 4′. Danach fällt die Rotationskurve ab und ergibt für das rotierende Wasserstoffgas am Scheibenrand bei 6′ Zentrumsabstand eine Geschwindigkeit von 90 km/s. Aufgrund der schwach ausgeprägten Spiralstruktur ist bei NGC 7793 die Inklinationsmessung schwierig. Für die Inklination wird ein Winkel von 47° angegeben und die Variationen von ±5° werden durch eine verbogene Scheibenebene erklärt. Die Modelle liefern eine Gesamtmasse von $1{,}4 \times 10^{10}$ Sonnenmassen für NGC 7793 und ein Verhältnis von Dunkler zu leuchtender Materie von 0,75–1,0. Dies verweist auf einen relativ geringen Anteil an Dunkler Materie in NGC 7793, die aber dennoch benötigt wird, um die gemessene Rotationskurve korrekt zu beschreiben.

OBJEKT	NGC 7793
STERNBILD	Sculptor
REKT.	$23^h\,57^m\,50^s$
DEKL.	–32° 35′ 28″
HELLIGKEIT	10,0 mag
TYP	SA(s)d
FOTOGRAFEN	Josef Pöpsel
TELESKOP	600-mm-Reflektor
KAMERA	SBIG ST-10XME
BELICHTUNGSZEIT	120 min
ORT	Amani Lodge, Namibia

NGC 7814

Nahe des 2,8 mag hellen Sternes Algenib, der die südöstliche Ecke des Pegasus Vierecks markiert, steht die SA(s)ab-Galaxie NGC 7814. Ihre Entfernung zur Milchstraße beträgt 53 Millionen Lichtjahre und die Winkelausdehnung von 5,5′ × 2,3′ liefert einen projizierten Durchmesser von 85.000 Lichtjahren. Die Galaxie steht fast in Kantenlage und ihre Scheibenebene enthält eine filigran wirkende Staubschicht. Der flache Blickwinkel auf die Ebene erlaubt keinen Rückschluss auf das Spiralmuster in NGC 7814. Ober- und unterhalb der Scheibe lösen sich einige, teilweise bogenförmige, Staubfilamente ab und werden vom diffusen Licht des Bulges beleuchtet. Den Kern bildet eine helle Punktquelle, die von einem großen ellipsoiden Bulge umgeben ist. Die Dominanz des Bulges führte auch dazu, dass NGC 7814 als eine „bulge-dominated galaxy“ beschrieben wird. Aktive Bereiche lassen sich nicht feststellen, sodass nur das sichtbare Staubband eine S0-Typisierung von NGC 7814 verhindert. Das diffuse gelbliche Licht, das den Bulge ausfüllt, untermauert die Vermutung, dass die gegenwärtige Sternentstehungsrate in NGC 7814 gering ist.

Die Sterne im Bulge besitzen eine dreidimensionale Geschwindigkeitsverteilung. Den noch nicht zu einer Scheibe kollabierten Bulge deuten Astronomen als Hinweis darauf, dass er dynamisch jung ist und innerhalb der letzten 10^9 Jahre entstanden sein muss. Die Rotationskurve des neutralen Wasserstoffgases in NGC 7814 besteht aus zwei Komponenten, einem ersten Plateau mit 230 km/s im Bereich von 1–2,5′ Zentrumsabstand, das dann innerhalb von 0,5′ auf 210 km/s absinkt und diesen Wert konstant bis zum Scheibenrand behält. Die Radiodaten reichen mit einem Abstand von 4′ weiter als der Radius der optischen Scheibe. Das erste Plateau der Rotationskurve liegt innerhalb des Bulges und verweist auf seinen hohen Anteil an Dunkler Materie. Bestätigt wird dies durch die 3,4′ links unter dem Zentrum von NGC 7814 sichtbare, sehr schwache Aufhellung, bei der es sich um eine Zwerggalaxie handeln könnte. Diese leuchtschwache Zwerggalaxie ist in den Katalogen nicht beschrieben. Legt man die Entfernung von NGC 7814 zu Grunde, kommt sie auf etwa 8000 Lichtjahre Ausdehnung. Die Dunkle Materie im Bulge schützt die Scheibe vor starken Gezeitenkräften und ist dafür verantwortlich, dass in der Bulgezone von NGC 7814 keine Verbiegung der Ebene zu erkennen ist.

OBJEKT	NGC 7814
STERNBILD	Pegasus
REKT.	00h 03m 15s
DEKL.	+16° 08′ 44″
HELLIGKEIT	11,6 mag
TYP	SA(s)ab
FOTOGRAFEN	Makis Palaiologou, Stefan Binnewies
TELESKOP	60-cm-Reflektor
KAMERA	SBIG STL-11000
BELICHTUNGSZEIT	375 min
ORT	Skinakas-Observatorium, Kreta, Griechenland

BALKENSPIRALGALAXIEN

Bei den Balkenspiralen kommt die Frage auf, was sie von den Spiralgalaxien unterscheidet. In diesem Kapitel werden die Besonderheiten der Balkenspiralen erläutert, wobei sich die Zeitabhängigkeit ihres Aussehens zeigt.

DIE KLASSIFIKATION DER BALKENSPIRALEN

Balkenspiralgalaxien enthalten im Gegensatz zu den Spiralgalaxien einen geraden stellaren Balken, der symmetrisch zum Zentrum liegt und an dessen Enden die Spiralarme ansetzen. Der Balkenbegriff geht auf Edwin Hubble zurück, der die „SB"-Bezeichnung (engl. „spiral barred") 1936 einführte, um allgemein zwischen den S-Typen und den SB-Typen unterscheiden zu können. Die Unterteilung der Balkenspiraltypen benutzt dabei die gleiche Nomenklatur wie die der normalen Spiralgalaxien. So beschreibt auch bei den SB-Typen die SBa-Einordnung eine Galaxie mit einem engen Spiralmuster und hellem Zentrum. Mit dem Übergang zu „späteren" SB-Typen beschreibt man Galaxien, deren Spiralarme größere Knickwinkel besitzen und deren Zentrum in der Balkenmitte kompakter und weniger prominent wirkt.

In der von Gérard de Vaucouleurs 1959 vorgestellten Galaxienklassifikation wurde die Hubblesche Zweiteilung durch die Zwischenstufe SAB erweitert. Bei diesem Schema werden Spiralgalaxien mit schwach ausgeprägten Balken als SAB-Typ beschrieben. Zusätzlich hat de Vaucouleurs mit den Ergänzungen (s), (r) und (rs) die Übergangsregion zwischen Balken und Spiralarmen charakterisiert. So war es möglich, bei der Typisierung zwischen reinen Spiralmustern und Galaxien mit einem an die Balkenregion anschließenden inneren Ring zu unterscheiden.

Die Balken haben oft ein diffuses Erscheinungsbild und zeigen im Vergleich zu den Spiralarmen weniger Strukturen. Daher hat sich keine weitere spezielle Klassifikation anhand des Balkens entwickelt. Erst durch die Forschungsmethoden der modernen Astronomie wurde festgestellt, dass es bei den Balkenstrukturen messbare Differenzen gibt. So kann man etwa bei der Balkenform zwischen einem kastenförmigen oder einem mehr scheibenförmigen Aufbau unterscheiden.

Die Galaxie NGC 2442 im Sternbild Volans zeigt einen ausgeprägten Balken und breite Spiralarme (siehe auch Seite 136). Aufnahme: CHART 32-Team (800-mm-Reflektor).

Eine wichtige Größe bei der Beurteilung der Dynamik einer Balkenspiralgalaxie ist das Achsenverhältnis des Balkens, d.h. der Quotient aus Länge und Breite des Balkens. Es zeigt sich, dass bei den frühen Hubble-Typen SBa bis SBb die relative Länge des Balkens deutlich über der späterer Typen (SBc bis SBd) liegt. Bildlich lässt sich dies so beschreiben, dass die SBa-Galaxien im Vergleich zu den Spiralarmen einen längeren Balken mit kleinerem Quotienten besitzen, den die SBa-Spiralarme eng gewickelt umlaufen. So kann sich auch der Eindruck eines vollständigen Ringes ergeben.

In Vergleichsstudien wird oft ein Prozentsatz der Balkenspiralen unter den Galaxien von 30–40 % angegeben. Nimmt man die Farbe der Galaxie hinzu, die mit der Sternentstehungsrate korreliert, kann die Auftrittswahrscheinlichkeit eines Balkens weiter differenziert werden. Bei „blauen" Galaxien mit relativ vielen jungen Sternen gibt es nur etwa 20 % Balkentypen. Bei den „roten" Galaxien, die ältere Sternpopulationen enthalten, findet man bei 50 % einen Balken. Kommt zur Farbe noch die absolute Helligkeit als Kriterium hinzu, so liefern die leuchtschwachen roten Galaxien einen Spitzenwert von 70 % für den Anteil an Balkenspiraltypen.

DIE MORPHOLOGIE DER BALKENSPIRALEN

Die frühen Hubble-Typen SBa und SBb zeigen im Balkenverlauf eine eher gleichbleibende Intensität. Bei den ansetzenden Spiralarmen misst man eine abnehmende Helligkeit, je weiter man ihnen nach außen folgt. In der Literatur wird dies mit einem vergleichsweise geringen Anteil an leuchtender Materie erklärt, der die Spiralarme der frühen Typen eher unauffällig erscheinen lässt. Bei den späteren Hubble-Typen SBc und SBd ist das Helligkeitsprofil nicht mehr konstant, sondern weist einen exponentiellen Abfall vom Zentrum zum Balkenende auf. Dieser Abfall im Helligkeitsprofil entlang des Balkens in Magnituden pro Flächeneinheit entspricht einem linearen Abfall der Oberflächenhelligkeit. Die Spiralarme zeigen hingegen in ihrem Verlauf eine konstante oder sogar leicht zunehmende Helligkeit. Betrachtet man die relative Größe des Balkens, so sind bei den frühen SB-Typen

Abbildung 2.1: M 61 ist ein SAB(rs)bc-Typ mit einem inneren Ring *(siehe Seite 148)*

Abbildung 2.2: M 100 ist ein SAB(s)bc-Typ, im Vergleich zu M 61 dominieren die Spiralarme *(siehe Seite 150).*

längere Balken häufiger zu finden. Das kann dadurch erklärt werden, dass sich bei diesen Typen mehr Sterne auf stark exzentrischen Bahnen um das Zentrum bewegen. Die Vielzahl dieser Sterne baut den Balken auf, welcher somit eine Mittelung der Charakteristik ihrer Umläufe zeigt. Die Länge des Balkens liegt im Verhältnis zum Scheibendurchmesser bei den frühen SB-Typen meist im Bereich von 35–43 %. Die Verhältniszahl nimmt bei den späten Typen ab und erreicht Werte von 25 % und kleiner. Fasst man mehrere Vergleichsstudien zusammen, so kann als grobe Faustregel abgeleitet werden, dass die Balkenlänge in frühen Spiraltypen die in den späten Typen um einen Faktor zwei übertrifft.
Bei der Suche nach Balkenspiralgalaxien fällt auf, dass in Galaxien in Kantenlage kaum Balken nachgewiesen worden sind, obwohl dies aufgrund der Häufigkeit der Fall sein müsste. Daraus folgt, dass die Balken ähnlich flach wie die Scheiben sein müssen. Sie besitzen keinen runden Querschnitt, was somit zwangsläufig in einer unterschätzten Zahl von Balkenspiralgalaxien bei Galaxien in Kantenlage (engl. „edge-on") führt.

DIE ASTROPHYSIK DER BALKENSPIRALEN

Die im Kapitel „Spiralgalaxien" beschriebenen und für die Entstehung der Spiralstruktur verantwortlichen Dichtewellen spielen auch bei den Balkenspiralen eine wichtige Rolle. Es stellt sich jedoch die Frage, warum hier im Gegensatz zu den gewöhnlichen Spiralgalaxien ein Balken auftritt.
Die Angaben über die Häufigkeit des Auftretens eines inneren Balkens in Spiralgalaxien schwanken. Es wird allerdings davon ausgegangen, dass etwa ein Drittel der Spiralgalaxien einem deutlichen Balkentyp SB und ein weiteres Drittel einem Balken-Übergangstyp SAB zugeordnet werden können. Nimmt man an, dass der Balken ein zeitlich abhängiges Phänomen in der Entwicklungsgeschichte einer Spiralgalaxie darstellt, so kann der Balken aufgrund der festgestellten Häufigkeit nicht kurzlebig sein; oder es muss ein ständiges Werden und Vergehen der Balkenstruktur geben, sodass eine Balkenstruktur immer wieder auftreten kann.
Beobachtungen der Sterne im Balken zeigten, dass diese hochexzentrische Bahnbewegungen um das Galaxienzentrum durchführen. Ihre langgestreckten Bahnen modellieren den Balken und liefern einen ersten Hinweis auf die astrophysikalischen Ursachen der Balkenentstehung. In Simulationen solcher Bahnbewegungen erkennt man, dass sich die Balkenbildung spontan einstellt. Eine Erklärung dafür ist, dass sich durch kleine Änderungen der Materiedichte (z.B. Erhöhung durch zusammenkommende Sterne) weitere Sterne in der Nachbarschaft zu einer Senke des lokalen Gravitationspotenzials bewegen. Dadurch sammelt sich dort mehr Materie an und das Potenzial wird noch tiefer.
Wie bei der Entstehung der normalen Spiralstruktur führt auch bei der Balkenspiralstruktur eine Dichtewelle zur großflächigen Struktur des Balkens. Die längsgestreckte Form der Dichtewelle führt zur Ansammlung nahezu aller Sterne im Balken und lässt fast sternenleere Gebiete senkrecht zur Balkenachse entstehen. Betrachtet man einen einzelnen Stern im Balken, so bewegt sich dieser nicht mehr in einer kreisförmigen Bahn um das Zentrum, wie es etwa bei Sternen im Zentrum einer balkenlosen Spiralgalaxie der Fall ist, sondern besitzt vielmehr einen hochexzentrischen Bahnverlauf innerhalb des Balkens. Die Summe der Bahnverläufe dieser Sterne definiert somit eine sich selbst erhaltende Balkenstruktur.

Abbildung 2.3: NGC 5921 ist ein SB(r)bc-Typ mit prominentem Balken (siehe Seite 164).

Abbildung 2.4: NGC 1073 ähnelt als SB(rs)c-Typ M 61, besitzt aber einen markanten Balken (siehe Seite 124).

In der Hauptebene einer Galaxie findet ein beständiger Austausch von Gas und Staub statt. Dieser folgt dem Gravitationspotenzial und wird im Innenbereich der Galaxie zu einem zentral gerichteten Materiefluss. Innerhalb einer Balkenspiralgalaxie setzen die Spiralarme an den Enden des Balkens an. Somit muss es in diesem Übergangsbereich einen Austauschprozess zwischen der Materie im Balken und der zuströmenden Materie aus der Scheibe geben. Über diese Nahtstelle kann allerdings nur dann Materie ins Zentrum transportiert werden, wenn ihr Drehimpuls abgebaut wird. Dieser in der Umlaufbewegung enthaltene Bahndrehimpuls eines Sterns, der sich in den Balken hineinbewegt, wird verringert, indem die Umlaufbewegung abgebremst wird. Das geschieht im Bereich erhöhter Massendichte – also genau dort, wo der Balken beginnt. Bei diesem Prozess, man spricht von dynamischer Reibung, schwenken die Sterne auf die hochexzentrischen Umlaufbahnen ein und unterstützen so die Balkenstruktur.

In Simulationsrechnungen können diese Vorgänge sehr gut modelliert sowie die zeitliche Entwicklung von Balkenspiralgalaxien untersucht werden. So lässt sich nachweisen, dass ein Balken entsteht und sich weiter verstärkt. Die Simulationen zeigen aber auch, dass mit Zunahme des Schwerefeldes des Balkens der zentrale Zufluss im Laufe der Zeit verhindert wird. Es kommt sogar zu einer Umkehr des Materietransports, bei der die Materie zum äußeren Scheibenrand bewegt wird. Diesen Bereich nennen Astrophysiker den „Bereich der äußeren Lindblad-Resonanz“. Somit fehlt es an ins Zentrum strömender Materie, wodurch die Ausprägung des Balkens abnimmt. Nach anderen Modellrechnungen löst er sich sogar vollständig auf. Mit dem Balken fehlt jedoch nun auch das zugehörige balkenförmige Schwerefeld, wodurch Materie wieder ungehindert ins Zentrum strömen kann. Dadurch nimmt letztendlich die Flächendichte und somit die Eigengravitation der Scheibe wieder zu.

Das Spiel beginnt durch den wieder stattfindenden Zustrom von Materie von neuem und es kommt zu einer zweiten Balkenbildung. Da sich inzwischen jedoch eine größere Masse im Innenbereich angesammelt hat, besitzt dieser zweite Balken eine andere Ausprägung: Seine Länge ist geringer und die Kreisfrequenz des mitrotierenden Balkens daher entsprechend höher. Die Rotation entspricht der eines starren Körpers.

Betrachtet man das Szenario von außen, so fällt auf, dass die Spiralarme weiter innen ansetzen. Dieser zweite Balken im Lebenslauf der Galaxie erscheint in der Scheibenebene weniger prominent als der erste. Der Prozess des Entstehens und Vergehens einer Balkenstruktur kann sich mehrfach abspielen. Simulationen zeigen, dass innerhalb der Hubble-Zeit drei bis vier dieser Balken-Phasen auftreten können: Ein Balken erscheint über einen Zeitraum von etwa zwei Milliarden Jahren stabil, was sehr gut zu dem beobachteten Häufigkeitsverhältnis von Balkenspiralen zu Spiralgalaxien passt.

Neben der Beschreibung der astrophysikalischen Mechanismen der Balkenentstehung ist eine zweite Frage interessant: Was führt eigentlich dazu, dass es einerseits überhaupt zu einer Balkenentstehung kommt und was verhindert andererseits das Auftreten eines Balkens, wie es in Spiralgalaxien der Fall ist? Bei diesen Überlegungen darf man nicht vergessen, dass die Scheibe vom Halo der Galaxie umgeben und dieser Halo von Dunkler Materie ausgefüllt ist. Die Halomasse übertrifft die der leuchtenden Materie, d.h. Sterne, Gase und

Staub der restlichen Galaxie, um rund das Zehnfache. Der Massenanteil des Halos Dunkler Materie in der Milchstraße wird auf 6×10^{11} bis 1×10^{12} Sonnenmassen und der von leuchtender Materie auf 9×10^{10} Sonnenmassen geschätzt. Das Verhältnis beider Massen zueinander liegt in unserer Galaxie somit im Bereich von sieben bis elf.
Es hat sich gezeigt, dass dieses Verhältnis von Halo- zu Scheibenmasse einen Indikator für das Auftreten eines Balkens darstellt; die Scheibenmasse ist mit der Flächendichte in der Spiralebene eng verbunden. Mit einer geringen Flächendichte folgt eine große Verhältniszahl und im Fall einer massearmen Scheibe treten keine oder nur geringe Verstärkungseffekte auf. Dadurch bleibt die radiale Symmetrie des Gravitationsfeldes erhalten; das Ergebnis ist eine Spiralgalaxie ohne Balken. Je kleiner die Verhältniszahl ist, desto mehr werden Scheibenverstärkungseffekte sichtbar und umso häufiger kommt es zur Balkenbildung. Dies gilt ebenso für Spiralgalaxien mit einem geringen Anteil an Dunkler Materie. Auch dort ergibt sich eine kleine Verhältniszahl und man stellt tatsächlich ein häufiges Auftreten von Balken in diesen Galaxien fest.
Die Milchstraße besitzt vermutlich eine zentrale Balkenstruktur mit zwei großen und zwei bis vier kleineren Spiralarmen, wobei unser Sonnensystem in einem dieser kleinen Spiralarme (Lokaler Arm, Orion Arm) beheimatet ist. Obwohl eine Typbestimmung bei der Milchstraße schwierig ist, lässt sich aus vielen Radialgeschwindigkeitsmessungen im Radiobereich und anderen Beobachtungen eine SBc-Typisierung als wahrscheinlich annehmen. Am Balken setzen die zwei großen Spiralarme an, die als Norma-Arm und Sagittarius-Arm bezeichnet werden. Der Balken der Milchstraße ist etwa 10.000 Lichtjahre groß und die Balkenregion erstreckt sich über eine galaktische Länge von $\pm 5°$.
Auch bei weit entfernten Galaxien finden sich Balkenspiralen. Man muss aber anmerken, dass diese Galaxien kleiner und kompakter sind als nahe Galaxien mit Rotverschiebungen von $z < 0{,}5$. Die Schwierigkeit der Typisierung bei Galaxien mit $z = 1$ besteht darin, dass diese vergleichsweise „klumpig" aufgebaut sind. Man spricht hier auch von „Protospiralgalaxien". Die klumpigen Strukturen sind große Sternentstehungsregionen mit Massen im Bereich von 10^8–10^9 Sonnenmassen. Die weit entfernten Galaxien enthalten meist fünf bis zehn dieser Regionen. Man kann aus den Beobachtungen abschätzen, dass die Sternentstehungsrate in diesen Gebieten mit 20 Sonnenmassen pro Jahr in der Vergangenheit deutlich größer war als in heutigen Galaxien. Erst durch die Wechselwirkung dieser Klumpen entstehen die größeren und dünneren Scheiben, wie man sie in heutigen Galaxien beobachtet. Die in diesem Kapitel gezeigten prominenten Balken sind vermutlich ein neuzeitlicher Effekt, der sich vorrangig bei nahen Galaxien ($z < 0{,}5$) findet. Deren Balken besitzen eine längere dynamische Zeitskala und so kann angenommen werden, dass sich die Balkenstrukturen der nahen Galaxien nur langsam auflösen werden.
In einigen Studien wurde der Zusammenhang zwischen der Häufigkeit von Balkenspiraltypen und der Rotverschiebung erforscht. Bei diesen Untersuchungen benutzten Astronomen Galaxiendaten aus verschiedenen Surveys und deckten so einen Rotverschiebungsbereich ($0 < z < 0{,}8$) ab, der sieben Milliarden Jahre zurückreicht. Es zeigte sich die Tendenz, dass mit zunehmender Rotverschiebung der SB-Anteil ab-

DIE SÄKULARE ENTWICKLUNG VON BALKENSPIRALEN

Wie in diesem Kapitel beschrieben, sind Balken keine permanente Eigenschaft einer Scheibengalaxie. Man kann daher fragen, welche weiteren Eigenschaften von Galaxien es sind, die sich im Laufe der Zeit verändern.

In Balkenspiralgalaxien kann es durch Resonanzeffekte bei der vertikalen Bewegungskomponente von Sternen zu Verdickungen des Balkens kommen. Diese zeigen sich bei einer Kantenlage etwa durch keulenartige Verbreiterungen an den Balkenenden. In der Literatur wird das als „erdnussförmig", engl. „peanut-shaped", oder, senkrecht dazu beobachtet, als kastenförmig, engl. „boxy-shaped", beschrieben. Durch den rotierenden Balken wirken Drehmomente auf das Scheibengas. Wie bei der Balkenentstehung in diesem Kapitel beschrieben wird, kann Materie in den Bereich der äußeren Lindblad-Resonanz transportiert werden und sich dort ansammeln. Das Ergebnis kann ein äußerer Ring sein, wie er tatsächlich bei einigen SB-Galaxien beobachtet wird. Auch hier spielen Resonanzeffekte eine Rolle und so kann es auch zum Auftreten zwei großer, sich überlappender Ringe in der Scheibenebene kommen, die die Balkenregion linsenförmig umschließen.

Eine weitere Besonderheit der SB-Typen sind kleine, kompakte Balken, die man im Zentrum einiger Balkenspiralgalaxien nachweisen kann. Diese Substruktur wird als „nuklearer Balken" bezeichnet und ist meist von einem nuklearen Sternentstehungsring umgeben, der durch eine hohe Infrarotleuchtkraft auffällt.

Simulationsrechnungen liefern Hinweise darauf, dass die Auflösung eines Balkens in zwei Phasen abläuft: Zuerst kommt es zu einer Schwächung der Balkenstruktur und der weniger ausgeprägte Balken rotiert schneller als der ursprüngliche. Die Ursache der Auflösung liegt in dem zunehmend chaotischen Bahnverlauf der Sterne in der Balkenregion. Die Simulationen bestätigen weitere reale Phänomene: Mit dem Verschwinden des Balkens entstehen im Bereich der Balkenenden die bekannten Aufhellungen (lat. ansae, „Henkel") und im Balkenzentrum verbleibt ein axialsymmetrisches Potenzial. Hier kann sich ein kleinerer, zweiter Balken entwickeln. Genaue Aussagen zur Balkenentwicklung einer Galaxie sind jedoch schwierig zu treffen, da die Wechselwirkungen mit dem Halo und der dort enthaltenen Dunklen Materie die Balkenveränderungen beeinflussen können. Eine der bei diesen Vorgängen diskutierten Ideen geht davon aus, dass die S0-Typen aus Balkengalaxien entstanden sein könnten, die ihre Balken eingebüßt haben. Ihre linsenförmigen Zentren wären dann die Relikte aufgelöster Balken.

Abbildung 2.5: Bei NGC 4762 fällt aufgrund der Perspektive eine Typisierung schwer (siehe Seite 157).

nimmt. Für alle identifizierten Balkengalaxien verringert sich dabei der Anteil von 0,65 auf 0,20. Schränkt man die Auswahl auf die Galaxien mit starken Balken ein, fällt der Wert von 0,3 auf 0,1. Im Nahbereich von $0 < z < 0{,}3$ ist die Abnahme weniger stark, was ein Hinweis auf längere Balken-Zeitskalen der nahen Galaxien ist. Mit diesen Daten, die in ein Universum blicken, das halb so alt war wie heute, lässt sich feststellen, dass die bekannten Klassifikationsmodelle hier nicht angewandt werden können. Nur etwa 20 % der Galaxien hatten sich dynamisch stabilisiert und damit eine Form erreicht, die man auch heute noch bei ihnen findet.

LITERATUR UND LINKS

Combes, F.: *Dynamics of Galaxies – Bars and AGN fueling*, 2012, http://aramis.obspm.fr/~combes/post.../PDEA2-en.ppt

Elmegreen, B.: *Bars, Spiral Structure, and Secular Evolution in Disk Galaxies*, 2005, http://www.astro.rug.nl/~islands/Elmegreen_Terschelling.pdf

Erwin, P.: *How Large Are the Bars in Barred Galaxies?* 2005, http://www.mpe.mpg.de/~erwin/research/papers/bar-sizes.pdf

Hoyle, B. u.a.: Galaxy Zoo: *Bar lengths in local disc galaxies*, Monthly Notices of the Royal Astronomical Society, 415, 2011

Masters, K. L. u.a.: Galaxy Zoo: *Bars in disc galaxies*, Monthly Notices of the Royal Astronomical Society, 411, 2011

Mihos, C.: *Galaxies and Cosmology - Spiral Bars*, 2011, http://burro.astr.cwru.edu/Academics/Astr222/Galaxies/Spiral/bars.html

Nair, P. B. und Abraham, R. G.: *On the fraction of barred spiral galaxies*, The Astrophysical Journal Letters, 714, 2010

Sellwood, J. A. und Wilkinson, A.: *Dynamics of Barred Galaxies*, Reports on Progress in Physics, 56, 1993

Sheth, K. u.a.: *Evolution of the Bar Fraction in COSMOS: Quantifying the Assembly of the Hubble Sequence*, The Astrophysical Journal, 675, 2008

NGC 151

Die SB(r)bc-Galaxie NGC 151 befindet sich in einer Entfernung von 170 Millionen Lichtjahren zur Milchstraße. Ihre Winkelausdehnung von 2,6′ × 1,2′ ergibt einen maximalen transversalen Scheibendurchmesser von 130.000 Lichtjahren. Aufgrund einer nicht erkannten Doppelbeobachtung aus dem Jahr 1886 ist NGC 151 im New General Catalogue auch als NGC 153 aufgeführt. NGC 151 enthält einen 20″ langen Balken. Neben dessen Farbkontrast zu den Spiralarmen, der auf die ältere Population der Balkensterne zurückzuführen ist, fällt die rechteckige Bulge-Form auf, deren Hauptachse senkrecht zur Balkenachse steht. Die Spiralstruktur in NGC 151 wird durch zwei große Spiralarme bestimmt, deren Verlauf nicht erst an den Balkenenden, sondern bereits 20° vor dieser Übergangszone beginnt. Der dadurch entstehende Ringeindruck ist typisch für Balkenspiralgalaxien. Im äußeren Bereich fragmentieren die Spiralarme, und am linken unteren, östlichen Rand der Scheibe ist ein Teilstück eines Spiralarmes in Richtung der Galaxie 2MASX J00340814-0941481 gestreckt, die 1,4′ vom Zentrum von NGC 151 entfernt ist. Dicht daneben steht ein 13 mag heller Vordergrundstern (GSC 5269 612).

Eine besondere Gruppe der binären Galaxiensystemen bilden die „M 51-Typen". Diese bestehen aus einer großen Spiralgalaxie und einem kleinen Begleiter, der am Ende eines Spiralarmes platziert ist. Bei NGC 151 und 2MASX J00340814-0941481 wurde mit Hilfe optischer Spektren untersucht, ob es sich um einen M 51-Typ handeln könnte. Dazu legten Astronomen die Spaltlinie entlang einer Geraden, die durch beide Galaxienkerne führt. Die Auswertung lieferte für NGC 151 die für eine Spiralgalaxie typischen Plateaus bei ±200 km/s, wobei die Werte in Richtung des möglichen Begleiters größere Schwankungen aufwiesen. Die Rotationsgeschwindigkeit des äußeren Spiralarmsegments von NGC 151, das neben 2MASX J00340814-0941481 liegt, entspricht noch dem Plateauwert; der gemessene Wert für 2MASX J00340814-0941481 springt dann jedoch innerhalb weniger Bogensekunden auf 280 km/s. Diese Beobachtungen sprechen dafür, dass es sich bei NGC 151 und 2MASX J00340814-0941481 um ein M 51-System handelt. Der direkten Nachbarschaft widerspricht allerdings die Fluchtgeschwindigkeit von 2MASX J00340814-0941481, die 1216 km/s über der von NGC 151 liegt. Diese Unstimmigkeit findet man bei einigen M 51-Systemen. Astronomen erklären dies durch eine mögliche Beeinflussung der Messungen durch Hintergrundgalaxien oder fehlerhafte Katalogdaten der kleinen Begleiter.

OBJEKT	NGC 151
STERNBILD	Cetus
REKT.	$00^h\ 34^m\ 03^s$
DEKL.	−09° 42′ 19″
HELLIGKEIT	12,8 mag
TYP	SB(r)bc
FOTOGRAFEN	Adam Block
TELESKOP	800-mm-Reflektor
KAMERA	SBIG STL-11000
BELICHTUNGSZEIT	290 min
ORT	Mount Lemmon SkyCenter/ University of Arizona, USA

NGC 210

NGC 210 ist die hellste Galaxie einer kleinen Galaxiengruppe, die in 75 Millionen Lichtjahren Entfernung zur Milchstraße liegt. Man misst Winkelgrößen von 5,0′ × 3,3′; für den Durchmesser der sichtbaren Scheibe ergibt sich daraus eine projizierte Strecke von 110.000 Lichtjahren. In der oberen Scheibenzone leuchtet die weit entfernte Galaxie WISEA J004030.81-135306.7 durch die Spiralebene von NGC 210 hindurch. Im NED-Katalog wird NGC 210 als SAB(s)b-Typ beschrieben, die Morphologie ist jedoch nicht einheitlich. Das Spiralmuster wird im Außenbereich der Scheibe durch zwei Spiralarme bestimmt, die viele aktive Regionen beinhalten. Der in der oberen Scheibenhälfte verlaufende westliche Spiralarm lässt sich in drei Woronzow-Weljaminow-Reihen unterteilen; der untere Spiralarm erlaubt dies nicht und erscheint im Vergleich fragmentierter. Beide Spiralarme setzen am hellen Innenbereich der Scheibe an und verstärken durch ihre gegenüberliegenden Positionen den Balkencharakter des Aufbaus. Der Innenbereich erscheint nur aufgrund der Neigung der Scheibenebene oval, da sich in dieser Zone der Scheibe ein weiteres, schwach ausgeprägtes Spiralmuster ausgebildet hat, dessen zwei Spiralarme an einem Bulge mit einem kompakten Kern ansetzen. Die Verteilung des neutralen Wasserstoffgases von NGC 210 zeigt eine rotierende Scheibe mit Rotationsgeschwindigkeiten von ±140 km/s. Dabei entfernt sich die linke Scheibenseite, die rechte Seite bewegt sich in Richtung der Milchstraße. An den unteren Scheibenrand schließt eine 10′ weite, schweifartige Struktur an, die in östlicher Richtung unterhalb des rechten Scheibenrandes verläuft. Ihre Ursache ist vermutlich eine Zwerggalaxie, die NGC 210 zu nahe kam und dabei vollständig zerstört wurde. Die HI-Struktur enthält mit 6×10^8 Sonnenmassen etwa 10 % der gesamten HI-Masse in NGC 210. Die Gasgeschwindigkeiten der Struktur folgen der Scheibenrotation und belegen einen Zustrom des Wasserstoffgases in den äußeren Scheibenbereich. Dadurch wird außerdem die erhöhte Sternentstehungsrate in den Spiralarmen erklärt.

OBJEKT	NGC 210
STERNBILD	Cetus
REKT.	$00^h\ 40^m\ 35^s$
DEKL.	–13° 52′ 22″
HELLIGKEIT	12,5 mag
TYP	SAB(s)b
FOTOGRAFEN	Stefan Binnewies
TELESKOP	60-cm-Reflektor
KAMERA	SBIG ST-10XME
BELICHTUNGSZEIT	150 min
ORT	Amani Lodge, Namibia

NGC 266

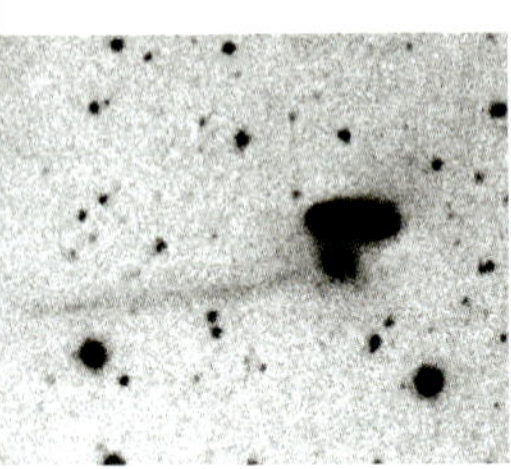

Die SB(rs)ab-Galaxie NGC 266 steht nur 3,6′ neben dem 8 mag hellen K-Stern SAO 54174, an der Grenzlinie der Sternbilder Pisces und Andromeda. Aus der Fluchtgeschwindigkeit ergibt sich eine Entfernung von 215 Millionen Lichtjahren und die Winkelgröße der optischen Scheibe von 3′ liefert einen extrem großen Scheibendurchmesser von 190.000 Lichtjahren. Am Balken setzen zwei Spiralarme an, die sich jeweils über einen vollen Umlauf verfolgen lassen. Im äußeren Verlauf sind die Spiralarme zwar diffuser jedoch noch so gut definiert, dass hier Woronzow-Weljaminow-Reihen auszumachen sind. Man erkennt, dass der radiale Abstand zwischen den Spiralarmen aufgrund dieser Reihen nicht stetig zunimmt, sondern schwankt.

Oberhalb von NGC 266 steht die Spiralgalaxie 2MASX J00493722+3213548, die zusammen mit dem K-Stern ein gleichschenkliges Dreieck bildet. Da keine Entfernungsdaten in den Katalogen verzeichnet sind, kann man aus der Winkelgröße von 0,25′ und der Annahme, dass es sich bei 2MASX J00493722+3213548 um eine typische Spiralgalaxie handelt, auf eine Entfernung von etwa 1,1 Milliarden Lichtjahren schließen. Die Aufnahme zeigt eine Besonderheit von 2MASX J00493722+3213548: Dicht unter der Spiralgalaxie scheint eine auffallend blaue Begleitgalaxie zu stehen, die einen langen Gezeitenschweif besitzt. Dieser lässt sich 1,6′ weit verfolgen und entspricht, wenn man die Begleitgalaxie in die Entfernung von 2MASX J00493722+3213548 platziert, einer Strecke von mehr als 500.000 Lichtjahren (siehe kontrastverstärkte Aufnahme).

Bei NGC 266 handelt es sich nicht um eine isolierte Feldgalaxie, sondern um ein Mitglied des weitreichenden Perseus-Pisces-Superclusters. Astronomen fanden heraus, dass NGC 266 am Rand einer großen Wolke aus neutralem Wasserstoffgas liegt, das die aktive Galaxie NGC 262 (Mrk 348) umgibt. Für diese intergalaktische Gaswolke ergeben sich die enormen Ausmaße von 600.000 × 375.000 Lichtjahren. Der Winkelabstand zu NGC 262 beträgt 23′ und die Relativgeschwindigkeit zu NGC 266 liegt bei –113 km/s. Aufgrund der ähnlichen Fluchtgeschwindigkeiten erscheint eine Wechselwirkung wahrscheinlich und Modellrechnungen liefern einen Zeitrahmen von 10^9 Jahren für eine nahe Passage der zwei Galaxien. Der im Vergleich zu NGC 262 geringere HI-Anteil in NGC 266 ist ein Hinweis darauf, dass das neutrale Wasserstoffgas der Gaswolke aus NGC 266 stammt. Dieses fehlende Wasserstoffgas erklärt auch die schwache Sternentstehung in den äußeren Spiralarmen von NGC 266.

OBJEKT	NGC 266
STERNBILD	Pisces
REKT.	$00^h\ 49^m\ 48^s$
DEKL.	+32° 16′ 40″
HELLIGKEIT	12,5 mag
TYP	SB(rs)ab
FOTOGRAFEN	Adam Block
TELESKOP	800-mm-Reflektor
KAMERA	SBIG STL-11000
BELICHTUNGSZEIT	450 min
ORT	Mount Lemmon SkyCenter/ University of Arizona, USA

NGC 289

Die SB(rs)bc Galaxie NGC 286 liegt in einer Entfernung von 72 Millionen Lichtjahren zur Milchstraße. Im 2°-Umfeld findet man etwa ein Dutzend Galaxien mit ähnlichen Fluchtgeschwindigkeiten. Bis auf die 1,1° entfernte Galaxie NGC 254 handelt es sich um Zwerggalaxien. NGC 289 wird in der Literatur als „low surface brightness galaxy“ (LSBG) bezeichnet. Die Aufnahme belegt die zu diesem Typ gehörende Zweiteilung des Aufbaus in einen hellen Innenbereich und einen weit reichenden äußeren Bereich mit lichtschwachen Spiralarmen. Der Innenbereich hat eine Winkelgröße von 3,6′ × 2,5′ und besitzt einen prominenten Balken mit einem an diesem ausgerichteten elliptischen Bulge. Der Balken ist über seine gesamte Länge von 0,7′ von einem Staubband durchzogen. Die bläulichen, lichtschwachen äußeren Spiralarmfragmente überdecken eine Fläche von 12′ × 7′ und liefern einen projizierten optischen Scheibendurchmesser von 250.000 Lichtjahren. Am Nordende dieser Scheibe erkennt man auf der Aufnahme die Zwerggalaxie LSBG F411-024. Sie ist 3,2′ vom Zentrum von NGC 289 entfernt und aufgrund der nur 119 km/s geringeren Fluchtgeschwindigkeit erscheint eine Wechselwirkung wahrscheinlich.

Bei den LSBGs wird davon ausgegangen, dass die filigran wirkenden, großen Scheiben durch einen großen Anteil an Dunkler Materie stabilisiert werden. Die Galaxie NGC 289 ist reich an neutralem Wasserstoffgas und die gemessene HI-Rotationskurve der um 46° geneigten Scheibe liefert Geschwindigkeitsplateaus bei ±175 km/s. Angepasste kinematische Modelle ergeben ein Masse-Leuchtkraft-Verhältnis von 2,1 für die Scheibe von NGC 289. Die Masse des zugehörigen sphärischen Halos aus Dunkler Materie beträgt $3{,}5 \times 10^{11}$ Sonnenmassen und übertrifft damit die Masse der Sterne und des Gases um das 3,5-fache. Die Dunkle Materie schützt und erhält die Scheibe, die sichtbaren Störungen der äußeren Struktur von NGC 289 gehen vermutlich auf die Wirkung der kleinen Begleitgalaxie zurück.

OBJEKT	NGC 289
STERNBILD	Sculptor
REKT.	$00^h\ 52^m\ 42^s$
DEKL.	–31° 12′ 21″
HELLIGKEIT	11,7 mag
TYP	SB(rs)bc
FOTOGRAFEN	Josef Pöpsel
TELESKOP	600-mm-Reflektor
KAMERA	SBIG ST-10XME
BELICHTUNGSZEIT	190 min
ORT	Amani Lodge, Namibia

NGC 613

Die SB(rs)bc-Galaxie NGC 613 ist 65 Millionen Lichtjahre von der Milchstraße entfernt und die Winkelgrößen von 5,5′ × 4,2′ liefern einen transversalen Scheibendurchmesser von 100.000 Lichtjahren. Der Aufbau von NGC 613 wird durch einen breiten, 3,1′ langen Balken bestimmt, der von Staubbändern durchzogen wird. In der unteren, südöstlichen Balkenhälfte sind die Staubsignaturen deutlicher ausgeprägt. Im Verlauf des Balkens erkennt man am Ort des Zentrums, das einen aktiven Galaxienkern beherbergt, einen Versatz der Staubbänder. Am Ende des Balkens setzen zwei Spiralarme an, die in der Übergangszone viele aktive Regionen besitzen. Das Spiralmuster in NGC 613 ist nicht gleichförmig aufgebaut, und die enge Struktur der inneren Arme formt einen ovalen Ring, der den Balken umschließt.

In den Radiomessungen des NRAO VLA Sky Surveys (NVSS) von NGC 613 finden sich neben der hellen Radioquelle im Zentrum zwei weitere Quellen, die bis auf ±2° genau auf der Achse des optischen Balkens liegen. Der Abstand vom Zentrum dieser beiden Quellen beträgt ±1,4′ und fällt mit den Ansätzen der Spiralarme zusammen. Ihre Radiohelligkeit ist achtmal geringer als die des Zentrums von NGC 613. Neben den Radiojets liefern Aufnahmen des Hubble Space Telescope weitere Hinweise auf die Auswirkungen des aktiven Kerns. So konnte in der Kernregion von NGC 613 ein zirkumnuklearer Ring aus mehreren aktiven Regionen nachgewiesen werden. Mit etwa 1500 Lichtjahren Durchmesser umschließt dieser Ring einen Bereich hoher Konzentration molekularen Wasserstoffgases. Astronomen konnten nachweisen, dass das Alter der Sternhaufen im zirkumnuklearen Ring mit der Wasserstoffkonzentration zusammenhängt. Je geringer die H_2-Konzentration, desto älter sind die Sterne in den Sternhaufen. Die Staubstrukturen des großen Balkens setzen tangential an diesem Ring an und so erklärt sich auch der beobachtete Versatz im Balkenverlauf von NGC 613.

OBJEKT	NGC 613
STERNBILD	Sculptor
REKT.	$01^h\ 34^m\ 18^s$
DEKL.	–29° 25′ 06″
HELLIGKEIT	10,7 mag
TYP	SB(rs)bc
FOTOGRAFEN	Josef Pöpsel
TELESKOP	600-mm-Reflektor
KAMERA	SBIG ST-10XME
BELICHTUNGSZEIT	120 min
ORT	Amani Lodge, Namibia

NGC 672

Die Aufnahme zeigt die zwei Balkenspiralgalaxien NGC 672 (links oben) und IC 1727. Beide Galaxien bilden zusammen mit NGC 784 und 8 weiteren, kleineren Galaxien eine längliche, sich über 7° erstreckende Galaxiengruppe. Benutzt man die für NGC 672 in den Katalogen genannte Entfernung von 24 Millionen Lichtjahren, so liefern die Winkeldurchmesser von 7,2′ für NGC 672 und 6,9′ für IC 1727 projizierte Scheibendurchmesser von 50.000 und 48.000 Lichtjahren. Die Scheibenebenen beider Galaxien werden fast in Kantenlage beobachtet, doch erlaubt die Orientierung der Balken die SB-Identifikation, wobei die zweiarmige Spiralstruktur bei NGC 672 deutlicher hervortritt.

Die Fluchtgeschwindigkeiten von 429 km/s für NGC 672 und 330 km/s für IC 1727 sind zu klein, um sie als Entfernungsmaß einzusetzen. Daher nutzt man alternative Methoden der Entfernungsbestimmung. Aus dem Vergleich der Farben-Helligkeits-Diagramme der hellsten blauen und roten Riesensterne wurde belegt, dass beide Galaxien gleich weit entfernt sind und mit hoher Wahrscheinlichkeit miteinander wechselwirken. Bestätigt wird dies durch eine radioastronomisch nachgewiesene HI-Gasbrücke zwischen beiden Galaxien, die aber im Optischen nicht zu beobachten ist. Man geht davon aus, dass die Längsstruktur dieser Galaxiengruppe, die 1,5 Millionen Lichtjahre weit reicht, auf ein Filament aus Dunkler Materie zurückzuführen ist und durch dessen Gravitationskraft weitere Galaxien angezogen werden, wodurch die Galaxiendichte dort weiter zunehmen wird.

OBJEKT	NGC 672
STERNBILD	Triangulum
REKT.	$01^h\ 47^m\ 55^s$
DEKL.	+27° 25′ 58″
HELLIGKEIT	11,5 mag
TYP	SB(s)cd
FOTOGRAFEN	Michael König
TELESKOP	350-mm-Reflektor
KAMERA	SBIG STL-11000
BELICHTUNGSZEIT	110 min
ORT	Rimbach, Deutschland

NGC 925

Die SAB(s)d Galaxie NGC 925 liegt in einer Entfernung von 28 Millionen Lichtjahren und ist Teil einer Galaxiengruppe im Bereich der Sternbilder Triangulum und Andromeda, zu der auch NGC 891 und NGC 1023 gezählt werden. Dem optischen Durchmesser von 10,5′ entspricht ein projizierter Scheibendurchmesser von 86.000 Lichtjahren. Der Balken in NGC 925 besitzt eine auffallend blauweiße Farbe und weicht damit von der gelben Balkenstandardfarbe ab. Weiterhin ist kein kompakter, heller Kern in der Mitte des Balkens auszumachen. Die zwei Spiralarme sind reich an aktiven Bereichen und man erkennt eine Vielzahl von HII-Regionen. Die größten dieser Komplexe erreichen mit 5″ eine Ausdehnung von 700 Lichtjahren. Die HII-Regionen definieren den Verlauf der Spiralarme und reichen bis zum Scheibenrand. Der südliche Spiralarm am linken Scheibenrand enthält dabei mehr dieser Regionen und ist besser definiert als der zweite, flokkulente Spiralarm. In NGC 925 können aufgrund der Nähe zur Milchstraße Einzelsterne aufgelöst werden, deren Blauhelligkeit über 20 mag liegt.

Die Asymmetrie der Spiralarme in NGC 925 zeigt sich auch in Radiobeobachtungen des atomaren Wasserstoffs und in Hα-Beobachtungen des ionisierten Wasserstoffgases. Im südlichen Spiralarm fallen die stärksten HI- und Hα-Emissionen zusammen, in den Teilstücken des gegenüberliegenden nördlichen Spiralarmes ist dies nicht der Fall. Gemäß der Theorie der Dichtewellen tritt senkrecht zu Spiralarmen ein Farbgradient auf, der auf einen Altersgradienten der Sterne im Arm zurückgeht. Dieser Gradient lässt sich in der Regel durch einen Versatz zwischen den Maxima der Rot- und Blauhelligkeit im Armquerschnitt nachweisen. In den Spiralarmfragmenten der nördlichen Scheibe findet man hingegen keinen Farbgradienten. Die Sternentstehung in diesen Fragmenten ist damit durch lokale Prozesse bestimmt und es gibt keine Organisation auf großen Skalen wie durch ein Spiralarmmuster. Die Dominanz des südlichen Spiralarmes, wie auch die Form und Farbe des Balkens lassen vermuten, dass NGC 925 einen Übergangstyp darstellt, der sich zu einer Magellanschen Galaxie weiter entwickeln wird.

OBJEKT	NGC 925
STERNBILD	Triangulum
REKT.	$02^h\ 27^m\ 17^s$
DEKL.	+33° 34′ 45″
HELLIGKEIT	10,7 mag
TYP	SAB(s)d
FOTOGRAFEN	Adam Block
TELESKOP	800-mm-Reflektor
KAMERA	SBIG STL-11000
BELICHTUNGSZEIT	250 min
ORT	Mount Lemmon SkyCenter/ University of Arizona, USA

NGC 1023

Die SB0-Galaxie NGC 1023 ist die hellste Galaxie einer lockeren Gruppe von 13 Galaxien und steht in einer Entfernung von 34 Millionen Lichtjahren. Damit ist sie die der Milchstraße nächstliegende S0-Galaxie. Mit einer Winkelgröße von 8,7′ × 3,0′ entspricht ihr transversaler Durchmesser 86.000 Lichtjahren. NGC 1023 ist aus einem zentralen Bulge und einer strukturlosen, ausgedehnten Scheibe aufgebaut. Im Inneren erkennt man zwei symmetrisch zum Zentrum liegende Aufhellungen, die einen 1,2′ langen Balken definieren. Nahe des linken, östlichen Scheibenrandes sieht man auf der Aufnahme als bläuliche Aufhellung die Begleitgalaxie NGC 1023A (PGC 10139). Diese irreguläre Zwerggalaxie ist 2,8′ vom Zentrum von NGC 1023 entfernt und besitzt eine um 106 km/s größere Fluchtgeschwindigkeit. Mit Hilfe spektroskopischer Untersuchungen konnten Astronomen nachweisen, dass die Zwerggalaxie NGC 1023A zwei junge Sternhaufen besitzt, deren Alter zwischen 125 und 500 Millionen Jahren liegt. Diese Sterne entstanden vermutlich bei einer nahen Passage der kleinen Begleitgalaxie an NGC 1023, die maximal 500 Millionen Jahre zurückliegt. Die HI-Radiodaten der beiden Galaxien belegen diese Annahme. Es zeigt sich, dass die Emission des atomaren Wasserstoffgases auf die Begleitgalaxie und auf eine längliche HI-Spur, die über NGC 1023 liegt, konzentriert ist. Das atomare Wasserstoffgas stammt von der gasreichen Begleitgalaxie NGC 1023A, im Vergleich dazu ist NGC 1023 gasarm und ihr Spektrum ist durch ältere Sterne bestimmt. Die mögliche bevorstehende Verschmelzung von NGC 1023A mit NGC 1023 unterstützt die Theorie zur Entstehung von S0/SB0-Galaxien, die deren große Bulges und dicke Scheiben durch Verschmelzungsprozesse erklärt. Dazu passt auch die große Zahl von fast 500 Kugelsternhaufen in NGC1023, die sich als Relikte solcher Prozesse angesammelt haben könnten. Da diese Anzahl groß genug ist, lassen sich auch statistische Untersuchungen durchführen. So zeigt sich, dass die Verteilung der Kugelsternhaufen bimodal ist und sich aus blauen und roten Sternhaufen zusammensetzt. Diese Blau-Rot-Färbung geht auf den gemessenen Metallgehalt der Sterne zurück. Forschungsergebnisse der letzten Jahre liefern Beweise dafür, dass sowohl rote als auch blaue Kugelsternhaufen alte Objekte sein können und eine einfache Farb-Alterszuordnung nicht möglich ist. Die zahlreichen Kugelsternhaufen in NGC 1023 folgen der Scheibenrotation und unterscheiden sich dadurch von denen der Milchstraße, die eine separate Halo-Population darstellen. Hieraus kann gefolgert werden, dass die Sternhaufen in NGC 1023 mit der Scheibe entstanden sind, möglicherweise auch in mehreren Epochen der Sternentstehung im Nachgang zu stattgefundenen Verschmelzungsprozessen.

OBJEKT	NGC 1023
STERNBILD	Perseus
REKT.	02^h 40^m 24^s
DEKL.	+39° 03′ 48″
HELLIGKEIT	10,4 mag
TYP	$SB0^-$(rs)
FOTOGRAFEN	Michael König
TELESKOP	280-mm-Reflektor
KAMERA	Starlight Xpress SXV-H9
BELICHTUNGSZEIT	210 min
ORT	Berlin, Deutschland

NGC 1073

Die SB(rs)c-Galaxie NGC 1073 ist 48 Millionen Lichtjahre von der Milchstraße entfernt und gehört zur NGC 1068-Galaxiengruppe. Die fast frontal beobachtete Scheibe ist 5,5′ × 4,8′ groß und ihr projizierter Durchmesser von 77.000 Lichtjahren liegt im Bereich der Standardgrößen für Spiralgalaxien. Der Balken ist schmal und man erkennt eine Asymmetrie der Sternentstehungsregionen entlang der Balkenachse. Die Staubstrukturen sind in dieser Hälfte stärker ausgeprägt und überdecken teilweise auch das kompakte helle Zentrum von NGC 1073. Im westlichen Spiralarm, der auf dieser aktiveren Seite des Balkens ansetzt, lassen sich mehr aktive Regionen ausmachen als im gegenüberliegenden Arm. Beide Spiralarme fragmentieren nach einem halben Umlauf und sind in den Außenbereichen der Scheibe sehr leuchtschwach.

Durch die Randzone der Scheibe von NGC 1073 dringt das Licht zahlreicher Hintergrundgalaxien. Auffällig ist die Galaxie 2MASX J02434668+0125077 nahe dem linken oberen Scheibenrand. Neben der gelben Farbe dieser 14″ großen Galaxie fallen ihre zwei Kerne auf, die mit dem Röntgenteleskop Chandra als Röntgenquelle CXO J024346.62+012508.9 katalogisiert wurden. Röntgendaten zeigen den Quasar [HB89] 0240+011 (Hewitt+Burbidge QSO compilation) als hellste Quelle, der auf der Aufnahme als sternähnliche, hellblaue Punktquelle zu sehen ist (siehe Pfeil). Die Rotverschiebung von [HB89] 0240+011 liegt bei z = 0,599 und seine Entfernung somit bei 8 Milliarden Lichtjahren. Im Vergleich zur Röntgenleuchtkraft dieses Quasars strahlt der Kern von NGC 1073 nur mit 1/6 der Leuchtkraft. Eine weitere Röntgenquelle, deren Helligkeit die des Kerns um 20 % übertrifft, ist CXO J024338.1+012411 oder kurz beschrieben als IXO5 (Intermediate-Luminosity X-Ray Object). Auf der Aufnahme ist die Lage von IXO5 am oberen Scheibenrand durch einen gestrichelten Kreis markiert. Bei der Suche nach einem optischen Gegenstück zu IXO5 fand man in Aufnahmen des Hubble-Teleskops zwei Sterne innerhalb der Fehlergrenze von 0,3″, die aufgrund der Einordnung in die Spektralklassen B und A als Begleitsterne im IXO5-System in Frage kommen. Bei IXO5 handelt es sich um einen ultraleuchtkräftigen Röntgendoppelstern, der ein Schwarzes Loch von 10–20 Sonnenmassen enthält. Seine Röntgenemission erfolgt allerdings nicht isotrop, sondern ist gerichtet und erscheint dadurch verstärkt. Die Röntgenhelligkeit von IXO5 übertrifft die aller bekannten Röntgendoppelsterne der Milchstraße und der Magellanschen Wolken um ein Vielfaches.

OBJEKT	NGC 1073
STERNBILD	Cetus
REKT.	$02^h\ 43^m\ 41^s$
DEKL.	+01° 22′ 34″
HELLIGKEIT	11,5 mag
TYP	SB(rs)c
FOTOGRAFEN	Makis Palaiologou, Stefan Binnewies
TELESKOP	1,3-m-Reflektor
KAMERA	SBIG STX-16803 und Andor DZ 436
BELICHTUNGSZEIT	480 min
ORT	Skinakas-Observatorium, Kreta, Griechenland

NGC 1232

Die SAB(rs)c-Galaxie NGC 1232 ist 68 Millionen Lichtjahre von der Milchstraße entfernt. Die Ausmaße dieser „grand design"-Galaxie betragen 7,4′ × 6,5′ und ergeben einen projizierten Scheibendurchmesser von 146.000 Lichtjahren. Das helle Zentrum von NGC 1232 ist kompakt und Teil eines kurzen, schwach ausgeprägten Balkens, der in der Aufnahme vertikal orientiert ist. Entlang der Balkenachse ist das Zentrum jedoch gestreckt und im umgebenden, gelb leuchtenden Bulge finden sich einige Staubbänder, die zu den Ansätzen der Spiralarme führen. Das Spiralmuster in NGC 1232 wird durch mehrere Arme bestimmt, die jedoch kein flokkulentes Muster ausbilden, sondern sich fast über einen ganzen Umlauf bis zum Scheibenrand verfolgen lassen. Die zahlreichen HII-Regionen in den Spiralarmen sind Marker für Woronzow-Weljaminow-Reihen, deren 120°-Knicke sowie Zunahme der Reihenlänge durch den direkten Einblick auf die Scheibenebene besonders gut zu erkennen sind.

Am oberen Rand der Aufnahme erkennt man in 4′ Abstand in östlicher Richtung die Galaxie NGC 1232A (PGC 011834). Da die Fluchtgeschwindigkeit dieser SB-Galaxie mit 6599 km/s über dem Wert von 1603 km/s für NGC 1232 liegt, ist aufgrund der hohen Relativgeschwindigkeit eine Wechselwirkung unwahrscheinlich. Aus der Winkelgröße von 0,9′ ergibt sich mit der aus der Fluchtgeschwindigkeit abgeleiteten Entfernung von 290 Millionen Lichtjahren ein typischer Scheibendurchmesser von 75.000 Lichtjahren für NGC 1232A.

Beobachtungen mit dem Chandra X-Ray Observatory (NASA) offenbarten bei NGC 1232 eine Besonderheit der Röntgenemission. Die Daten zeigen eine diffuse, kometenartig geformte Emissionswolke. Deren Helligkeitszentrum fällt nicht mit dem Zentrum von NGC 1232 zusammen, sondern liegt 14.000 Lichtjahre davon entfernt in der südlichen Scheibenhälfte. In der Aufnahme liegt dieser Ort links des Zentrums von NGC 1232, es findet sich jedoch kein optisches Gegenstück. Die Röntgenstrahlung entsteht durch thermische Emission von 6×10^6 K heißem Gas der Wolke, deren Gesamtmasse auf einige 10^6 Sonnenmassen abgeschätzt wird. Astronomen vermuten, dass es sich bei der Wolke um die Reste einer Zwerggalaxie handelt, die in NGC 1232 hinein gestürzt ist und dabei zerstört wurde. Bei der Passage des Halos in NGC 1232 heizte sich das Gas durch eine Stoßfront auf und hinterließ die auffällige Signatur. Da die Spiralstruktur der Galaxie dennoch ungestört blieb, ist ein großer Anteil Dunkler Materie in NGC 1232 wahrscheinlich.

OBJEKT	NGC 1232
STERNBILD	Eridanus
REKT.	$03^h\ 09^m\ 46^s$
DEKL.	−20° 34′ 46″
HELLIGKEIT	10,9 mag
TYP	SAB(rs)c
FOTOGRAFEN	Josef Pöpsel
TELESKOP	600-mm-Reflektor
KAMERA	SBIG ST-10XME
BELICHTUNGSZEIT	140 min
ORT	Amani Lodge, Namibia

NGC 1097

Die Balkenspiralgalaxie NGC 1097 befindet sich inmitten des Sternbildes Fornax und ist die hellste Galaxie einer aus fünf Mitgliedern bestehenden Galaxiengruppe (LGG 075, Lyon Group of Galaxies Catalogue). Ihre Entfernung zur Milchstraße beträgt 53 Millionen Lichtjahre und ihre Ausmaße von 9,3′ × 6,3′ liefern einen Durchmesser der optischen Scheibe von 148.000 Lichtjahren. Im Balken von NGC 1097 verlaufen Staubbänder, die an einer hellen, ringförmigen Kernregion enden. An den Balkenenden setzen zwei Spiralarme an. Sie werden durch Staubbänder, die über jeweils einen halben Umlauf weit verfolgt werden können, geprägt. Der obere, westliche Spiralarm fragmentiert am Ende und beherbergt dort einen kleinen elliptischen Begleiter (NGC 1097A). Dessen Relativgeschwindigkeit zu NGC 1097 beträgt nur 97 km/s und die Aufnahme des Spitzer Space Telescope zeigt, dass die Staubstruktur in NGC 1097 am Ort des Begleiters ein Loch aufweist. Hier könnte NGC 1097A die Scheibe von NGC 1097 durchstoßen haben. Die kontrastverstärkte Aufnahme lässt im Umfeld von NGC 1097 geradlinige Verläufe erkennen, die man als Sternströme, engl. „stellar streams“, bezeichnet.
Am weitesten reicht der nordöstliche Strom (rechts unten auf der Aufnahme), dessen fast rechtwinklig abschließendes Ende mehr als 200.000 Lichtjahre von NGC 1097 entfernt ist. Die Aufnahme zeigt nur drei Ströme, auf tieferen Aufnahmen lässt sich zusätzlich ein kürzerer vierter Strom erahnen, der dem nordöstlichen Strom gegenüberliegt. Alle diese Ströme zusammen erscheinen als auffällige X-Form.
Im Zentrum von NGC 1097 liegt ein aktiver Seyfert-Galaxienkern, der von einem Ring aus einigen hundert Sternentstehungsregionen umgeben ist und dessen Durchmesser 5000 Lichtjahre erreicht. Diese Region ist von netzartig verlaufenden Staubstrukturen durchsetzt, die einen ablaufenden Transport von Gas und Staub ins Zentrum belegen.
Radiobeobachtungen von NGC 1097 bestätigen außerdem den aktiven Kern, zeigen jedoch auch, dass die optischen Sternströme keine HI-Emission aufweisen. Es handelt sich also nicht um durch Gezeitenkräfte abgestreiftes Wasserstoffgas eines gasreichen Begleiters, der zu nahe ins Gravitationsfeld einer großen Galaxie geraten ist. Auch sind die Sternströme in NGC 1097 zu blau, als dass der sichtbare Begleiter NGC 1097A als Verursacher in Frage käme.
Mit Hilfe von Simulationsrechnungen wurde daher versucht, die Entstehungsgeschichte der Sternströme zu klären. Das Modell benutzt ein massives Scheibenpotenzial und eine kleine, sphärische Begleitgalaxie, die mehrfach mit der Scheibe

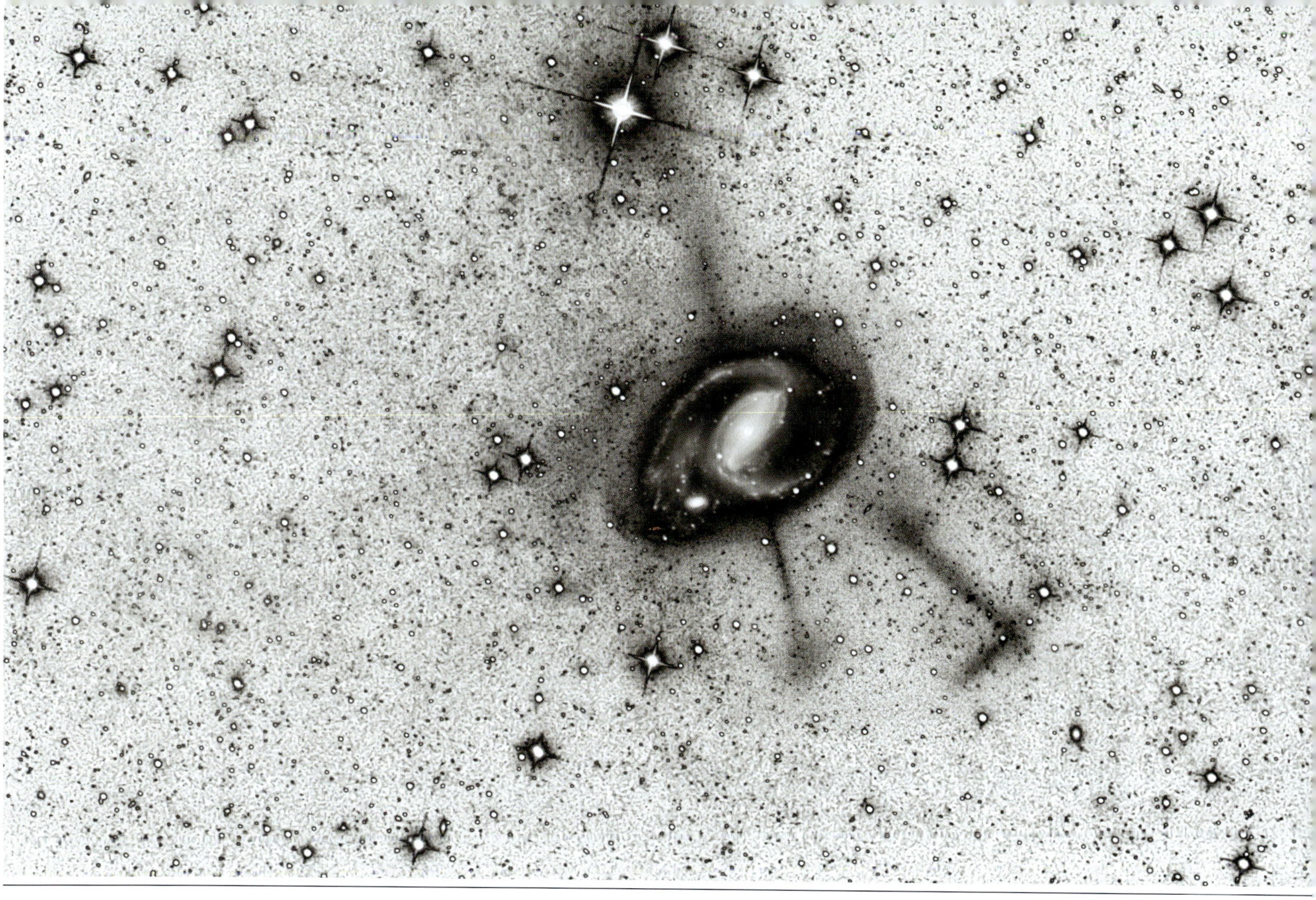

kollidiert und dabei kannibalisiert wird. Die Modellmasse dieser Zwerggalaxie beträgt 0,1 % der Masse von NGC 1097, ihr Durchmesser 14.000 Lichtjahre. Durchstößt die Begleitgalaxie die Scheibenebene, so hat dies kaum einen Einfluss auf NGC 1097, die Begleitgalaxie verliert jedoch fast ihr gesamtes interstellares Medium an die gasreiche Scheibe von NGC 1097. Durch diesen Verlust an Wasserstoffgas kommt die Sternentstehung in der Begleitgalaxie fast vollständig zum Erliegen und in den nächsten zwei bis drei Milliarden Jahren wird ein Großteil der Sterne verlöschen. Eine Milliarde Jahre nach dem Durchstoßen der Scheibe erreicht der stellare Rest der Begleitgalaxie den 300.000 Lichtjahre entfernten Umkehrpunkt und stürzt in Richtung der Scheibe von NGC 1097 zurück, die nach 1,5 Milliarden Jahren zum zweiten Mal durchstoßen wird. Durch den Drehimpuls des Begleiters bildete sich vor der zweiten Durchstoßung eine Tropfenform. Die unterschiedlichen Trajektorien der Sterne an der Außenseite des Tropfens sind die Basis der Sternströme, die sich nach zwei weiteren Passagen der Scheibe ausgebildet haben. Nach 3,7 Milliarden Jahren hat sich ein verbogener Ring aus Sternströmen entwickelt, der, perspektivisch gesehen, als x-förmige Struktur erscheint. Die Simulationen erklären neben der X-Form auch das bei NGC 1097 beobachtete rechtwinklige Sternstromende und die Helligkeitsunterschiede der Sternströme. Erst das Zusammenwirken mehrerer Einflussfaktoren lässt die Ströme in dieser besonderen Form sichtbar werden und belegt, dass solche „NGC 1097-Typen" sehr selten sind.

OBJEKT	NGC 1097
STERNBILD	Fornax
REKT.	$02^h\ 46^m\ 19^s$
DEKL.	−30° 16′ 30″
HELLIGKEIT	10,2 maq
TYP	SB(s)b
FOTOGRAFEN	Dietmar Böcker
TELESKOP	600-mm-Reflektor
KAMERA	SBIG ST-10XME
BELICHTUNGSZEIT	90 min
ORT	Amani Lodge, Namibia
KONTRAST-VERSTÄRKTE AUFNAHME	Makis Palaiologou, Stefan Binnewies, 300-mm-Reflektor, SBIG STL-6303, 330 min, Skinakas-Observatorium, Kreta, Griechenland

NGC 1300

Die SB(rs)bc-Galaxie NGC 1300 – der oft gezeigte Prototyp einer Balkenspiralgalaxie – steht in einer Entfernung von 68 Millionen Lichtjahren zur Milchstraße. Aufgrund ihrer Fluchtgeschwindigkeit ordnet man sie der Fornax-Eridanus-Galaxienassoziation zu. Die Winkelgröße von 6,2′ × 4,1′ liefert für NGC 1300 einen projizierten Scheibendurchmesser von 123.000 Lichtjahren. Der prominente Balken misst 2,8′ und wird von braunen Staubbändern durchzogen. Diese lassen sich über die Balkenenden hinweg in den zwei Spiralarmen weiter verfolgen, wo sie aktive Regionen einsäumen. In den Spiralarmansätzen finden sich einige HII-Regionen, die hellsten von ihnen sind am Anfang des westlichen, rechten Spiralarms zu erkennen. Der gelblich-diffuse Bulge besitzt die gleiche Orientierung wie der Balken und beinhaltet einen hellen, differenzierten Kernbereich. Es fällt auf, dass die Staubbänder nicht entlang der Balkenachse verlaufen, sondern auf dem Weg ins Zentrum davon abweichen. Der Durchmesser des hellen Kernbereichs liegt bei etwa 3500 Lichtjahren.

Mit dem Hubble Space Telescope konnte gezeigt werden, dass sich in diesem Kernbereich selbst eine Spiralstruktur ausgebildet hat. Die Auflösung der Aufnahme reicht zwar nicht aus, um dieses Muster darzustellen, doch sind die Miniatur-Spiralarme als ringförmige Aufhellung zu sehen. Die zusammenhängende Staubstruktur in NGC 1300 wird als eine ins Zentrum führende Gasströmung gedeutet, die man sowohl auf der großen Skala der Spiralarme und des großen Balkens als auch auf der kleineren Skala des Kernbereichs verfolgen kann. Aus der Gasdynamik kann man die Masse des supermassiven Schwarzen Lochs auf 7×10^7 Sonnenmassen abschätzen. Dieses Schwarze Loch ist jedoch nicht aktiv; die Aktivität im Kernbereich beschränkt sich nur auf eine erhöhte Sternentstehungsrate von 0,2 Sonnenmassen pro Jahr in einem nuklearen Ring. Dieser besteht aus zwölf HII-Regionen, die in Abständen von 3–4″ (im Mittel entspricht dies 1100 Lichtjahren) um das Zentrum gruppiert sind. Ein ebenso bemerkenswerter Aspekt der Aufnahme ist die große Zahl von Hintergrundgalaxien, die durch die Scheibenebene von NGC 1300 beobachtet werden können. Diese Galaxien fallen durch eine orange Färbung auf, und man kann, nimmt man für die Spiraltypen eine Standardgröße an, deren Entfernung auf 1,5 Milliarden Lichtjahre abschätzen.

OBJEKT	NGC 1300
STERNBILD	Eridanus
REKT.	$03^h\ 19^m\ 41^s$
DEKL.	−19° 24′ 41″
HELLIGKEIT	11,4 mag
TYP	SB(rs)bc
FOTOGRAFEN	Makis Palaiologou, Stefan Binnewies
TELESKOP	1,3-m-Reflektor
KAMERA	Andor DZ 436
BELICHTUNGSZEIT	225 min
ORT	Skinakas-Observatorium, Kreta, Griechenland

NGC 1398

Die SB(r)ab-Galaxie NGC 1398 gehört zum 60 Millionen Lichtjahre entfernten Fornax-Eridanus-Komplex und bildet dort mit einigen Zwerggalaxien eine kleine Gruppe, die dem Eridanus-Galaxienhaufen zugeordnet wird. Aus der Winkelgröße von 7,1′ × 5,4′ folgt ein transversaler optischer Scheibendurchmesser von 124.000 Lichtjahren. In einigen Katalogen findet sich für diese Balkenspiralgalaxie eine (R)SB(r)ab-Typisierung, die dem auffälligen inneren Ring und der leuchtschwächeren äußeren Ringstruktur Rechnung trägt. Bei genauer Betrachtung entsteht der Balkeneindruck in NGC 1398 nicht aufgrund eines durchgehenden Balkens, sondern durch zwei Aufhellungen, die an einen ovalen Bulge anschließen. Im Bulge liegt das helle Zentrum, das einen aktiven Seyfert-Galaxienkern beinhaltet. Umschlossen wird die Balkenform durch den 1,6′ × 1,3′ messenden inneren Ring, der aus Spiralarmfragmenten aufgebaut ist. Die äußeren Spiralarme setzen tangential am inneren Ring an, sind am Anfang leuchtschwach und erst im Außenbereich der Scheibe stärker ausgeprägt. Hier bilden die Spiralarme eine regelmäßige Ringform, die von flokkulenten Teilstücken umgeben ist. In beiden Ringstrukturen zeigen sich auf der Aufnahme zahlreiche aktive Bereiche mit HII-Regionen.

Bei Untersuchungen des Galaxienkerns mit dem Hubble Space Telescope wurde festgestellt, dass die Orientierung der Isophoten von der Balkenachse abweicht und eine Verdrehung vorliegt. Eine Erklärung hierfür ist der triaxiale Aufbau des inneren Bulges von NGC 1398.

Mit den Daten mehrerer Radiobeobachtungskampagnen erhält man für NGC 1398 das Bild einer regelmäßig rotierenden Scheibe aus neutralem Wasserstoffgas, deren Ausmaße die der optischen Scheibe fast um das Doppelte übertreffen. Die HI-Rotationsgeschwindigkeiten erreichen Plateauwerte von etwa 300 km/s. Es fällt auf, dass der Großteil des neutralen Wasserstoffgases im Bereich des äußeren Ringes konzentriert ist. Der Innenbereich der Scheibe mit der strukturschwachen Zone und innerem Ring weisen ein Gasdefizit auf, bei dem die Gasdichte nur wenige Prozent der äußeren Werte erreicht. Galaxien mit diesem zentralen HI-Defizit werden unter den SB-Typen oft zu einer eigenen Klasse zusammengefasst, um sie von Balkenspiralgalaxien mit gasreichen Kern- und Balkenzonen zu unterscheiden. Die Theorie hierzu platziert die Balken innerhalb des Korotationsradius des Spiralmusters und erlaubt dem Gas durch Wechselwirkung mit Dichtewellen – durch Abbau des Drehimpulses – den Zustrom ins Zentrum. Da die zugehörigen Modelle bei NGC 1398 aber nicht alle sichtbaren Strukturen erklären, könnte man deren Ringgalaxien-Morphologie auch als Ergebnis eines zentralen Zusammenstoßes mit einer kompakten Galaxie erklären. Beim Durchstoßen der Scheibe wären Stoßfronten entstanden, die neben den Ringstrukturen auch die leuchtschwache Zwischenzone durch den radialen, nach außen gerichteten Gastransport hätten entstehen lassen. Für dieses mögliche Szenario spricht wiederum der triaxiale Aufbau des inneren Bulges.

OBJEKT	NGC 1398
STERNBILD	Fornax
REKT.	03h 38m 52s
DEKL.	–26° 20′ 16″
HELLIGKEIT	10,6 mag
TYP	SB(r)ab
FOTOGRAFEN	Bernd Flach-Wilken
TELESKOP	400-mm-Reflektor
KAMERA	SBIG STL-6303
BELICHTUNGSZEIT	177 min
ORT	Farm Tivoli, Namibia

N

NGC 1365

Bei NGC 1365 handelt es sich um eine SB(s)b-Galaxie, die zum Fornax-Galaxienhaufen gehört und die in einer Entfernung von 60 Millionen Lichtjahren zur Milchstraße liegt. Ihre Ausmaße von 11,2′ × 6,2′ entsprechen einem projizierten Durchmesser von 200.000 Lichtjahren. Der markante, etwa 3′ lange Balken besitzt eine Länge von 53.000 Lichtjahren und zeichnet sich durch die Störung seines sonst geradlinigen Aufbaus auf der linken, östlichen Seite aus. Man erkennt hier einen Versatz zum Ende des Spiralarms. Im Vergleich zum anderen Spiralarm finden sich außerdem mehr HII-Regionen. Typisch für SBb-Typen ist die, relativ zur Achse betrachtet, entgegengesetzte Lage der Staubbänder. Auf der linken Balkenseite liegt das Staubband unterhalb, auf der rechten Seite oberhalb der Balkenachse.
NGC 1365 besitzt einen kleinen, diffus leuchtenden Bulge, dessen längliche Form einen 45°-Winkel zur Balkenachse einschließt. Der aktive Seyfert-Galaxienkern von NGC 1365 ist als kompakte Quelle auf der Aufnahme zu sehen und wird von den zwei Staubbändern umrahmt. Entlang des nach oben verlaufenden, nördlichen Spiralarms erkennt man einen lichtschwachen vorauslaufenden Spiralarm. Diese Verdoppelung tritt beim anderen Spiralarm in schwächerer Form ebenfalls auf und erklärt, warum NGC 1365 auch als „multiarmed galaxy" beschrieben wird.
Die Konturen der HI-Radiobeobachtungen von NGC 1365 folgen den aktiven Regionen in den Spiralarmen, im Bereich des Balkens ist kaum neutraler Wasserstoff nachweisbar. Die HI-Rotationskurven reichen bis zum optischen Scheibenrand und zeigen eine Abnahme von ±200 km/s im Bereich des Balkens nach außen hin. Dabei entspricht der Verlauf der Kurve über 40 % des Radius dem Keplerschen 1/r-Verlauf. Im Vergleich zu anderen SB-Typen ist NGC 1365 auch nicht von einer weitreichenden HI-Einhüllenden umgeben. Man kann aus beiden Beobachtungen schließen, dass in NGC 1365 ein kleiner Halo mit einem vergleichsweise geringen Anteil an Dunkler Materie gegeben ist. Neuere Beobachtungen mit dem Röntgenteleskop CHANDRA der NASA haben im Kern von NGC 1365 eine weitere Besonderheit festgestellt. Die Absorption der Röntgenstrahlung variiert hier auf Zeitskalen im Bereich von einigen Minuten und Astronomen interpretieren dies als eine Bedeckung der zentralen Röntgenquelle durch dichte Materiewolken in der Umgebung der Akkretionsscheibe. Die relativistischen Modellrechnungen dieses Szenarios zeigen, dass das zentrale Schwarze Loch 2×10^6 Sonnenmassen aufweist und sehr schnell rotiert. Diese Rotation liegt in NGC 1365 nur knapp unter der theoretisch möglichen Grenze und ist ein Beleg dafür, dass der Zustrom von Materie auf das Schwarze Loch nicht nur die Massenzunahme bewirkt, sondern mit der Übertragung des Drehimpulses auch die schnelle Rotation des Schwarzen Loches verursachen kann.

OBJEKT	NGC 1365
STERNBILD	Fornax
REKT.	$03^h\ 33^m\ 36^s$
DEKL.	–36° 08′ 25″
HELLIGKEIT	10,3 mag
TYP	SB(s)b
FOTOGRAFEN	Philipp Keller, Konstantin Buchhold, Bernd Flach-Wilken, Johannes Schedler, Volker Wendel (Chart 32-Team)
TELESKOP	800-mm-Reflektor
KAMERA	FLI Proline 16803
BELICHTUNGSZEIT	1000 min
ORT	CTIO, Chile

IC 342

Die SAB(rs)cd-Galaxie IC 342 steht mit einer galaktischen Breite von 10,6° nahe der Milchstraßenebene. Sie ist die größte Galaxie der etwa zwei Dutzend Mitglieder umfassenden Maffei/IC 342-Galaxiengruppe. Die Entfernung zu IC 342 beträgt 10 Millionen Lichtjahre und trotz ihrer großen Ausmaße von 21,4′ × 20,9′ liegt der projizierte Scheibendurchmesser von 62.000 Lichtjahren unter der Standardgröße einer Spiralgalaxie. Die Winkelgrößen sind der NED entnommen. Aktuelle Studien liefern Hinweise darauf, dass die Scheibe aus neutralem Wasserstoff mit einem Durchmesser von 42′ deutlich größer ist. Bemerkenswert ist, dass in dieser Radioscheibe auch Spiralarmstrukturen sichtbar sind und sich in tiefen Amateuraufnahmen sogar Sternentstehungsgebiete in den dichten Regionen nachweisen lassen. Orientiert man sich an den am weitesten außen liegenden HII-Regionen, so ergibt sich für IC 342 ein Durchmesser von 115.000 Lichtjahren.

Aufgrund der Obstruktion durch Staub und Gas erscheinen die Spiralarme in IC 342 sehr lichtschwach. Neben der Beschreibung als „hidden galaxy“ erklärt dies auch, warum die Galaxie erst 1890 durch den britischen Astronomen William F. Denning entdeckt wurde. Im infraroten Licht erscheint IC 342 deutlich prominenter. Hier zeigt sich neben einem zentralen Balken auch ein zweiarmig geprägtes Spiralmuster, das viele netzartige Verbindungen zwischen den Spiralarmfragmenten aufweist.

Bei Balkenspiralgalaxien gibt es neben dem Balken weitere besondere Zonen, wie etwa den an den Balken anschließenden inneren Ring oder die Balkenansätze. Im Balken selbst liegen die Sternentstehungsraten mit 0,1–0,4 Sonnenmassen pro Jahr im Bereich typischer Werte für Sternentstehungsgebiete. Dort werden Gas und Staub transportiert und man kann feststellen, dass in hellen Balken meist geradlinige Staubstrukturen beobachtbar sind. Bei schwächeren Balken, wie bei IC 342, zeigen sich stattdessen oft gekrümmte Verläufe. Astronomen gelang es, im Balken von IC 342 Strömungen von molekularem Gas nachzuweisen, die bevorzugt an den Balkenrändern auftreten und im Vergleich zum Wasserstoffgas um etwa 1000 Lichtjahre versetzt verlaufen. Die Ursache hierfür ist noch unklar, es wird jedoch vermutet, dass die Gasströmungen in Balken komplexer als bisher angenommen ablaufen, und sowohl die Sternentstehung als auch Gezeitenkräfte des Balkens starke Einflüsse ausüben können.

OBJEKT	IC 342
STERNBILD	Camelopardalis
REKT.	$03^h\ 46^m\ 49^s$
DEKL.	+68° 05′ 47″
HELLIGKEIT	9,1 mag
TYP	SAB(rs)cd
FOTOGRAFEN	Johannes Schedler
TELESKOP	400-mm-Reflektor
KAMERA	SBIG STL-11000
BELICHTUNGSZEIT	1080 min
ORT	Wildon, Österreich

NGC 1566

Bei NGC 1566 handelt es sich um die hellste Galaxie einer lockeren Ansammlung von etwa zwei Dutzend Galaxien (Dorado-Gruppe), die dort die kompakteste der drei Untergruppen dominiert. NGC 1566 ist eine fast frontal beobachtete SAB(s)bc-Galaxie, deren Winkelausdehnung mit 8,5′ × 6,6′ angegeben wird. Mit einer Entfernung von 58 Millionen Lichtjahren ergibt sich der projizierte Scheibendurchmesser von NGC 1566 zu 143.000 Lichtjahren. Der stellare Balken ist kaum ausgeprägt und die für NGC 1566 erfolgte SAB-Typisierung erklärt sich im Wesentlichen durch die abknickenden Spiralarme. Dieser Eindruck wird durch den gestreckten Verlauf der Staubbänder unterstützt. Diese führen zu einem gelblichen Bulge mit einem hellen, kompakten Kern. Die aktiven Bereiche liegen in den Spiralarmen, wobei die OB-Assoziationen und HII-Regionen im oberen, nordwestlichen Spiralarm zahlreicher sind. Weiter außen sind die hellen Spiralarme von vielen Fragmenten umgeben, die ein Scheibenoval definieren. Den Außenrand von NGC 1566 bilden zwei lichtschwache Gezeitenschweife. Der am linken Rand des Ovals beginnende Gezeitenschweif ist heller, der gegenüberliegende zweite Schweifbogen verläuft außerhalb des Bildfeldes der Aufnahme.

Vergleicht man Aufnahmen verschiedener Wellenlängen, so stellt man fest, dass der Balken in NGC 1566 im ultravioletten Licht nicht zu sehen ist. Bei Aufnahmen im langwelligen Licht, und besonders deutlich im Infraroten, ist der Balken gut zu erkennen. Seine rote Farbe (U − V = 1,27 mag, V − K = 3,13 mag) ähnelt dem Farbeindruck einer Elliptischen Galaxie und ist ein Hinweis auf die enthaltene alte Sternpopulation. Im Vergleich zum mittleren Farbindex der inneren Scheibe zwischen den Spiralarmen ist der Balken um 0,9 mag röter, und verglichen mit dem Kern ist er um 0,2 mag rötlicher gefärbt. Der rote Farbindex entsteht durch den dominieren Beitrag von Sternhaufen im Altersbereich von einer bis acht Milliarden Jahre mit einem großen Anteil an alten roten Riesensternen. Diese Sterne enthalten in ihren Atmosphären vornehmlich Kohlenstoff und werden auch als Kohlenstoffsterne bezeichnet. Ihre Spektralklassifikation nutzt das Morgan-Keenan-System, das von dem der normalen Roten Riesensterne abweicht. Diese Kohlenstoffsterne besitzen oft kühlere Außenhüllen mit verschiedenen Kohlenstoffmolekülen, die das abgestrahlte kurzwellige Licht absorbieren und den roten Farbeindruck verstärken. In den Infrarotaufnahmen von NGC 1566 erkennt man auch die zwei an den Balkenenden beginnenden Spiralarme. Die hier auftretenden aktiven Bereiche mit jungen Sternen lassen sie weniger rot als den Innenbereich erscheinen. Die Rotfärbung des Balkens belegt den geringen Anteil junger Sterne im Balken und ist ein Charakteristikum für Balkenspiralgalaxien.

OBJEKT	NGC 1566
STERNBILD	Dorado
REKT.	$04^h\ 20^m\ 00^s$
DEKL.	−54° 56′ 16″
HELLIGKEIT	10,3 mag
TYP	SAB(s)bc
FOTOGRAFEN	Stefan Binnewies
TELESKOP	600-mm-Reflektor
KAMERA	SBIG ST-10XME
BELICHTUNGSZEIT	145 min
ORT	Amani Lodge, Namibia

NGC 1530

Bei NGC 1530 handelt es sich um eine weitgehend isolierte SB(rs)b-Galaxie, deren nächster Nachbar NGC 1530A (IC 381) etwa 19′ entfernt steht. Die Winkelgrößen von NGC 1530 liegen bei 4,6′ × 2,4′. Aus der Fluchtgeschwindigkeit von 2461 km/s folgt eine Entfernung von 115 Millionen Lichtjahren und somit ein enormer Durchmesser von 154.000 Lichtjahren. Mit alternativen Methoden der Entfernungsbestimmung erhält man eine geringere Entfernung von nur 80 Millionen Lichtjahren und damit auch einen geringeren projizierten Scheibendurchmesser von fast 110.000 Lichtjahren. Beim Nachbarn NGC 1530A weichen die mit den verschiedenen Methoden ermittelten Entfernungen nicht so stark voneinander ab. Dessen Fluchtgeschwindigkeit von 2476 km/s liefert einen Entfernungswert von 115 Millionen Lichtjahren und eine Scheibengröße von 80.000 Lichtjahren, die gut dem Spiralgalaxien-Standard entspricht. Legt man diesen Standard auch bei NGC 1530 an, so wäre sie nur 80 Millionen Lichtjahre entfernt und würde sich überdurchschnittlich schnell von der Milchstraße entfernen.

NGC 1530 besitzt einen ausgeprägten Balken mit Staubstrukturen, die entlang der Balkenränder ins Zentrum laufen und dort in eine kleine Spiralstruktur übergehen. Diese ist nur 12″ groß und scheint senkrecht zur Balkenachse ausgedehnt. In der kleinen Spirale sind, wie auch im Balken, einige aktive Bereiche mit großen HII-Regionen auf der Aufnahme zu sehen. Die Spiralstruktur in NGC 1530 wird durch zwei Spiralarme bestimmt, deren aktive Bereiche in der Übergangszone vom Balken zu den Armen besonders zahlreich sind. Die Spiralarme beginnen nicht an den Übergängen, sondern setzen ca. 120° versetzt an und bilden einen linsenförmigen Rahmen, der die Balkenzone fast vollständig umschließt. Die kontrastverstärkte Aufnahme zeigt in den Außenbereichen der Scheibe neben leuchtschwachen Gezeitenschweifen auch eine Aufspaltung im unteren, südlichen Spiralarm mit Woronzow-Weljaminow-Reihen.

Bei Balkenspiralgalaxien wird davon ausgegangen, dass die Sternentstehung in prominenten Balken schwach ausgeprägt ist. Nach dieser Theorie ist in solchen Balken der Transport von Gas und Staub so stark, dass der Kollaps von molekularen Wolken durch Stoßwellen und Scherströmungen und somit auch die Entstehung neuer Sterne verhindert wird. NGC 1530 ist eine der wenigen Ausnahmen von dieser Regel. Bei Untersuchung der Hα-Emission in NGC 1530 fanden Astronomen neben der inneren, kleinen Spirale 17 helle HII-Emissionsregionen im Balken. Die hellsten zwei dieser Bereiche liegen in der rechten, nordwestlichen Balkenhälfte. Mit Hilfe von Sternentwicklungssimulationen kann nachgewiesen werden, dass HII-Regionen, die weiter vom Staubband entfernt liegen, 1,5–2,5 Millionen Jahre älter sind als staubbandnahe. Es konnte auch gezeigt werden, dass die Lage der HII-Regionen mit Staubfilamenten zusammenhängt, die senkrecht auf die Balkenachse zulaufen. Diese länglichen Filamente sind ebenfalls auf der Aufnahme zu erkennen und belegen die Materieströmungen vom linsenförmigen Rand in Richtung der Balkenachse. Im Vergleich zur Gasströmung im Balken ist in den Staubfilamenten die Gasdichte höher und die Transportgeschwindigkeit geringer. Somit kann es auch in Balkengalaxien mit einem ausgeprägten Balken, wie im Fall von NGC 1530, zur Sternentstehung kommen.

OBJEKT	NGC 1530
STERNBILD	Camelopardalis
REKT.	$04^h\ 23^m\ 27^s$
DEKL.	+75° 17′ 44″
HELLIGKEIT	12,3 mag
TYP	SB(rs)b
FOTOGRAFEN	Adam Block
TELESKOP	600-mm-Reflektor
KAMERA	SBIG STL-11000
BELICHTUNGSZEIT	395 min
ORT	Mount Lemmon SkyCenter/ University of Arizona, USA

NGC 2336

NGC 2336 steht mit einer Deklination von 80° zirkumpolar über unserem Horizont und bildet zusammen mit der 20′ entfernt stehenden IC 467 ein Galaxienpaar. Bezogen auf die Entfernung von 100 Millionen Lichtjahren entspricht dieser Winkel einem transversalen Abstand von 580.000 Lichtjahren, der somit etwa dreimal größer ist als der riesige Scheibendurchmesser der Galaxie, der mit 7,1′ oder umgerechnet 207.000 Lichtjahren angegeben wird. IC 467 liegt außerhalb des Bildfeldes der Aufnahme; die kleine Spiralgalaxie rechts neben NGC 2336 ist PGC 213387, zu der sich in der NASA Extragalactic Database kein Eintrag findet. Durch den Bulge mit hellem Kern läuft ein wenig ausgeprägter Balken in NGC 2336, der auf der unteren westlichen Hälfte ein auffälliges, mittig liegendes Staubband enthält. Die Spiralarme beginnen ca. 15° versetzt zur Balkenachse und beschreiben einen unvollständigen Ring, der den inneren Bereich umgibt. Mit dem Übergang zu den Spiralarmen ist aufgrund der zahlreichen Sternentstehungsregionen ein Farbwechsel von gelb zu blau verbunden. In der äußeren Scheibenhälfte spalten sich die Spiralarme auf und man beobachtet sechs größere Armfragmente. Diese sind regelmäßig angeordnet und zeigen einen nahezu störungsfreien Verlauf bis zum Scheibenrand.

Radiobeobachtungen des neutralen Wasserstoffgases liefern für NGC 2336 eine ringförmige Verteilung in der Scheibenebene. In der inneren Scheibenzone besteht ein HI-Defizit, wie es auch für viele andere Balkenspiralgalaxien typisch ist. Das Wasserstoffgas rotiert regelmäßig, die Rotationskurven beschreiben einen steilen Anstieg bis 25″ Zentrumsabstand und ein Geschwindigkeitsplateau, das sich fast bis zum Scheibenrand verfolgen lässt. Mit einer Inklination von 59° berechnet sich eine zugehörige Rotationsgeschwindigkeit von 230–250 km/s. Die optischen Hα-Daten bestätigen neben dem Wasserstoffdefizit auch die Konstanz der Rotationsgeschwindigkeit. Benutzt man die Messwerte für die Massenmodellierung der Komponenten in NGC 2336, so erhält man $9{,}63 \times 10^{10}$ Sonnenmassen für die Scheibe, $1{,}13 \times 10^{10}$ Sonnenmassen für den Balken und $1{,}20 \times 10^{10}$ Sonnenmassen für den Bulge. Eine Komponente aus Dunkler Materie wird nicht benötigt. Die Gesamtmasse von NGC 2336 liegt bei $1{,}20 \times 10^{11}$ Sonnenmassen und damit in der Gewichtsklasse, in der sich auch die Milchstraße befindet.

OBJEKT	NGC 2336
STERNBILD	Camelopardalis
REKT.	$07^h\ 27^m\ 04^s$
DEKL.	+80° 10′ 41″
HELLIGKEIT	11,1 mag
TYP	SAB(r)bc
FOTOGRAFEN	Adam Block
TELESKOP	800-mm-Reflektor
KAMERA	SBIG STL-11000
BELICHTUNGSZEIT	260 min
ORT	Mount Lemmon SkyCenter/ University of Arizona, USA

NGC 2442

NGC 2442 ist eine Balkenspiralgalaxie, die zu einer kleinen Galaxiengruppe im südlichen Sternbild Volans gehört. Ihre Entfernung zur Milchstraße beträgt 56 Millionen Lichtjahre, ihre Winkelausdehnung liegt bei 5,5′ × 4,9′ und der projizierte Scheibendurchmesser berechnet sich zu 90.000 Lichtjahren. Die Typisierung für NGC 2442 ist mit SAB(s)bc angegeben, doch findet sich oft der Zusatz „pekuliär". NGC 2442 besitzt einen diffus leuchtenden, spindelförmigen zentralen Bereich mit hellem Kern, der von Staub halbkreisförmig umschlossen wird. Dieser Innenbereich ist von breiten Spiralarmen umgeben, die von markanten Staubbändern durchzogen sind. Die Balken-Morphologie von NGC 2442 entsteht durch das Abknicken der Spiralarme. Diese Richtungsänderung am Anfang der zwei Arme ist zwar diametral, doch ist der weitere Verlauf asymmetrisch. Der südliche Arm entspringt am unteren, nördlichen Ende des inneren Bereichs, spaltet sich dann auf, knickt um 120° ab, und geht in ein breites, wolkenartiges Endstück über, das gegenüber der Anfangsrichtung eine Drehung von 180° erfahren hat. Der nördliche Spiralarm rechts unten zeigt weniger Deformationen und reicht weiter. Der Farbeindruck von NGC 2442 ist durch Rot- und Brauntöne bestimmt. Im deutlichen Farbkontrast dazu steht eine blau leuchtende, etwa 7000 Lichtjahre große Sternentstehungsregion am Rand des südlichen Spiralarmes.

Mit Hilfe linear polarisierter Radiostrahlung kann die Stärke und Richtung galaktischer Magnetfelder in Galaxien untersucht werden. Diese Magnetfelder werden durch die Strömungseigenschaften des interstellaren Gases bestimmt und führen zur Polarisation der Synchrotron-Radiostrahlung. Durch die nicht-kreisförmige Bewegung des Gases entstehen bei Balkenspiralgalaxien Verdichtungen und Stoßfronten und damit starke lokale Magnetfelder. Bei NGC 2442 zeigt die Karte der polarisierten Radioemission, dass das Magnetfeld der Spiralarmteilstücke meist parallel zum Verlauf des Spiralarmes ausgerichtet ist. Im nördlichen Spiralarm kann man beim Abknicken des Armes einen sprunghaften Richtungswechsel des Magnetfeldvektors von 40° und eine zugehörige hohe Magnetfeldstärke von 26 µG (Mikro-Gauß) nachweisen. Im Vergleich dazu ist das irdische Magnetfeld viel stärker, in Mitteleuropa misst die Vertikalkomponente etwa 0,44 Gauß. Die typischen Magnetfeldstärken in Spiralgalaxien liegen bei 8–12 µG, bei einigen Starburstgalaxien erreichen lokale Magnetfelder 50–100 µG. Die intensiven Gasströme in NGC 2442 wurden vermutlich durch Gezeitenwechselwirkungen verursacht. Im nahen Umfeld von NGC 2442 finden sich einige Zwerggalaxien, deren relative Positionen auch in Richtung der verformten Spiralarmenden von NGC 2442 weisen und so diese Annahme bestätigen.

OBJEKT	NGC 2442
STERNBILD	Volans
REKT.	$07^h\ 36^m\ 24^s$
DEKL.	−69° 31′ 51″
HELLIGKEIT	11,2 mag
TYP	SAB(s)bc pec
FOTOGRAFEN	Dietmar Böcker
TELESKOP	600-mm-Reflektor
KAMERA	SBIG ST-10XME
BELICHTUNGSZEIT	110 min
ORT	Amani Lodge, Namibia

NGC 2903

Die SAB(rs)bc-Galaxie NGC 2903 ist eine der hellsten Galaxien der nördlichen Hemisphäre und mit einer Entfernung von 24 Millionen Lichtjahren zählt sie zur Nachbarschaft der Lokalen Gruppe. Obwohl im Sternbild Leo fünf etwa gleich helle Messier-Galaxien zu finden sind (M 65, M 66, M 95, M 96, M 105), fehlt NGC 2903 im Messier-Katalog. Die Ausdehnung von NGC 2903 beträgt 12,6′ × 5,5′ und der projizierte Scheibendurchmesser ergibt sich zu 88.000 Lichtjahren. In der Aufnahme steht der eher unauffällige Balken nahezu senkrecht und wird durch den Verlauf der zentralen Staubstrukturen definiert. Große Mengen an Staub bestimmen auch den Innenbereich mit den hier beginnenden Spiralarmen. Die Zahl der Arme ist schwer zu bestimmen; im äußeren Bereich wird das Muster durch zwei Spiralarme dominiert, die bis zum Scheibenrand reichen. Im staubreichen Innenbereich besitzt NGC 2903 viele aktive Bereiche mit sehr großen HII-Regionen.
Links neben NGC 2903 sieht man auf der Aufnahme in 9,3′ Abstand die Galaxie UGC 5086. Aufgrund der geringen Relativgeschwindigkeit von nur +46 km/s betrachtet man UGC 5086 als Begleiter von NGC 2903. Neben UGC 5086 hat NGC 2903 noch zwei weitere Zwerggalaxien-Begleiter, die aber weiter entfernt sind und nicht mehr im Bildfeld der Aufnahme liegen.
Die Sternentstehungsrate in NGC 2903 ähnelt mit 2,2 Sonnenmassen pro Jahr dem Milchstraßenwert (ca. vier Sonnenmassen pro Jahr) und auch die Rotationskurve von NGC 2903, mit einem Maximum bei 210 km/s und anschließendem Abfall auf 180 km/s, entspricht über einen großen Bereich dem Verlauf in der Milchstraße. HI-Radiobeobachtungen zeigen außerdem eine Scheibe aus neutralem Wasserstoff, die mehr als dreimal so weit reicht wie die optische Scheibe.

Mit Hilfe von Modellrechnungen kann man die Halomasse von NGC 2903 auf $1{,}8 \times 10^{12}$ Sonnenmassen abschätzen. Diese Modelle liefern auch eine Verteilung der Halomaterie auf bestimmten Längenskalen. So lässt sich angeben, wie viele kompakte HI-Wolken man beobachten könnte – träfen die angenommenen Modelle der Verteilung Dunkler Materie zu. Diese Anzahl hängt jedoch immer auch von der Nachweisgrenze des verwendeten Radioteleskops ab. Bei den Ergebnissen der Beobachtungen mit dem Arecibo-Radioteleskop würde man 230 solcher Wolken in NGC 2903 erwarten. Gefunden wurde aber nur ein weiterer Begleiter: N2903-HI-1. Zwar reduziert die Inklination von 65° durch Projektionseffekte die erwartete Anzahl an Begleitern, doch verweist die signifikante Abweichung auf eine unzutreffende Modellannahme. Astronomen vermuten daher, dass zwar viele Begleiter existieren, diese aber nur sehr wenig Wasserstoff und damit nur wenige Sterne enthalten.

OBJEKT	NGC 2903
STERNBILD	Leo
REKT.	$09^h\ 32^m\ 10^s$
DEKL.	+21° 30′ 03″
HELLIGKEIT	9,7 mag
TYP	SAB(rs)bc
FOTOGRAFEN	Johannes Schedler
TELESKOP	400-mm-Reflektor
KAMERA	SBIG STL-11000
BELICHTUNGSZEIT	520 min
ORT	Wildon, Österreich

NGC 3344

Die SAB(r)bc-Galaxie NGC 3344 steht in einer Entfernung von 22 Millionen Lichtjahren zur Milchstraße. Aus ihrer Winkelgröße von 7,1′ × 6,5′ folgt für die optische Scheibe ein projizierter Durchmesser von 45.000 Lichtjahren. In Relation zur Scheibe erscheint der Balken auffallend klein. Da auch der Bulge relativ groß ist, wurde NGC 3344 in früheren Katalogen nicht als Balkenspiralgalaxie geführt. Am Balken beginnen die zwei größeren Spiralarme und formen aufgrund des engen Spiralmusters einen fast vollständigen inneren Ring. Die anschließende Spiralarmzone ist von vielen aktiven Bereichen mit zahlreichen HII-Regionen durchzogen und geht im äußeren Scheibendrittel in einen leuchtschwachen Randstreifen über, der von Spiralarmfragmenten umsäumt wird. Dadurch entsteht der Eindruck eines zusätzlichen äußeren Ringes.

HI-Radiodaten von NGC 3344 weisen auf eine Asymmetrie der Scheibenrotation hin: Die innere Scheibe rotiert noch gleichförmig, weiter außen ist das Geschwindigkeitsfeld jedoch inhomogen und lässt sich nur mit Hilfe eines Modells mit stark verbogener Scheibe beschreiben. Im Modell verändert sich daher die Inklination von 25° fast sprunghaft zu 45° im äußeren Drittel. Eine Ausnahme bildet jedoch der Bulge, dessen Rotationsrichtung von der der Scheibenrotation abweicht. Die Rotationskurve von NGC 3344 erreicht mit einem Plateau bei 150 km/s einen für kleinere Galaxien typischen Wert. Ein angepasstes Massenkomposit liefert einen großen Beitrag durch einen Halo aus Dunkler Materie, der in der äußeren Scheibenhälfte dominiert. Da es sich bei NGC 3344 um eine isoliert stehende Galaxie handelt, vermuten Astronomen, dass die Ringstrukturen und der kleine Balken durch ein Akkretions-Ereignis entstanden sein könnten.

OBJEKT	NGC 3344
STERNBILD	Leo Minor
REKT.	$10^h\ 43^m\ 31^s$
DEKL.	+24° 55′ 20″
HELLIGKEIT	10,5 mag
TYP	SAB(r)bc
FOTOGRAFEN	Stefan Binnewies, Josef Pöpsel
TELESKOP	600-mm-Reflektor
KAMERA	SBIG-STL-16803
BELICHTUNGSZEIT	375 min
ORT	Skinakas-Observatorium, Kreta, Griechenland

M 95

Bei M 95 (NGC 3351) handelt es sich um eine 32 Millionen Lichtjahre entfernte SB(r)b-Galaxie, die zur Leo-Galaxiengruppe gehört. Bezogen auf die Milchstraße wird die Scheibenebene von M 95 fast frontal beobachtet. Die Winkelgröße von 7,4′ × 5,0′ liefert einen maximalen transversalen Durchmesser von fast 70.000 Lichtjahren. M 95 besitzt einen stellaren Balken mit auffälligen Ansae-Aufhellungen an den Balkenenden. In der unten vom Zentrum gelegenen, östlichen Balkenhälfte sind Staubstrukturen zu erkennen, die sich im anschließenden Spiralarm fortsetzen. Beide Spiralarme bilden in dieser Übergangszone einen vollständigen Ring. Die äußeren Arme erscheinen leuchtschwächer und fragmentierter, kein Armsegment lässt sich hier über 90° weit verfolgen. Der Galaxienkern ist von einem Ring aus Sternentstehungsregionen und HII-Regionen umgeben, der auf der Aufnahme als ringförmige Aneinanderreihung hellweißer Punktquellen zu erkennen ist. Der Durchmesser dieser zirkumnuklearen Sternentstehungsregion, engl. „circumnuclear star forming region" (CNSFR), liegt bei 20″ und entspricht in Projektion einer Strecke von 3100 Lichtjahren. Im Vergleich zum CNSFR ist der Galaxienkern röter gefärbt und misst nur 350 Lichtjahre im Durchmesser. Die hellsten Bereiche des Ringes erreichen eine Sternentstehungsrate von 0,4–0,5 Sonnenmassen pro Jahr und übertreffen somit deutlich die in der Scheibe. Daher spricht man bei M 95 auch von einer „nuclear starburst galaxy".

Untersucht man die CNSFR in M 95 genauer, so finden sich drei prominente HII-Komplexe, die junge O-Sterne enthalten. Die gemessenen Gasgeschwindigkeiten verweisen auf eine radiale Strömung, die mit 25 km/s zum Galaxienkern führt. Außerhalb des zentralen Balkens bewegt sich das Gas regelmäßiger und ist durch die kreisförmige Bewegung in der Scheibenebene bestimmt. Mit Hilfe der englischen MERLIN-Radioteleskope (Multi-Element Radio Linked Interferometer Network, Manchester, England) wurde in M 95 nach Supernovaüberresten, engl. „supernova remnants" (SNR), gesucht. Dabei fand man sechs SNR-typische Radioquellen im Bereich der Scheibe; drei davon in Abständen von 0,9–1,4′ zum Zentrum. Die Analyse zeigte, dass vermutlich nur eine dieser drei Quellen in M 95 liegt. Bei den anderen handelt es sich, aufgrund ihrer Ausdehnung, um weit entfernte Aktive Galaxienkerne. Trotz der großen Sternentstehungsrate in der CNSFR konnten Astronomen dort keine SNRs nachweisen. Daraus kann gefolgert werden, dass die SNR-Radiosignaturen aufgrund der starken radialen Gasströme kurzlebig sein müssen. Die Sternentstehung läuft in der zentralen Region dieser Balkenspiralgalaxie deutlich schneller ab als etwa in den Außenbereichen von Spiralgalaxien, wo durch Wechselwirkungsprozesse auch Sternentstehung induziert werden kann.

OBJEKT	M 95
STERNBILD	Leo
REKT.	$10^h\,43^m\,58^s$
DEKL.	+11° 42′ 14″
HELLIGKEIT	11,4 mag
TYP	SB(r)b
FOTOGRAFEN	Makis Palaiologou, Stefan Binnewies
TELESKOP	1,3-m-Reflektor
KAMERA	Andor DZ 436
BELICHTUNGSZEIT	105 min
ORT	Skinakas-Observatorium, Kreta, Griechenland

N

M 96

Auch die SAB(rs)ab-Galaxie M 96 (NGC 3368) ist ein Mitglied der 35 Millionen Lichtjahre entfernten Leo I-Galaxiengruppe. M 96 bildet zusammen mit M 95 und M 105 ein Triplett heller Galaxien in der größeren der zwei Leo I-Galaxienuntergruppen. Der Abstand zu M 95 beträgt 41,7′ und damit mindestens 435.000 Lichtjahre, M 105 ist mit 48,3′ mindestens 500.000 Lichtjahre von M 96 entfernt. Die Winkelgröße von M 96 liegt bei 7,6′ × 5,2′ und entspricht projizierten Ausmaßen von 77.000 × 53.000 Lichtjahren. Der wenig ausgeprägte Balken ist von einem ringförmigen Spiralarm fast vollständig umschlossen. Innerhalb dieses Ringes liegen zahlreiche Staubfilamente, die sich vom Ring abzulösen scheinen und ins Zentrum laufen. Der Scheibenrand wird von einem Staubband umgeben, das am oberen, nördlichen Rand mit einigen aktiven Regionen durchsetzt ist. Zwischen der inneren und der äußeren Ringstruktur besitzt die Scheibe außerdem eine geringere Flächenhelligkeit. Hier existiert daher kein verbindendes Spiralmuster, wodurch diese gasarme Zone einige Hintergrundgalaxien durchscheinen lässt.

Am linken, nordöstlichen Scheibenrand liegt 2′ vom Zentrum entfernt die Spiralgalaxie 2MFGC 08391 (2MASS Flat Galaxy Catalogue), die in exakter Kantenlage beobachtet wird. Mit einer Entfernung von 700 Millionen Lichtjahren steht 2MFGC 08391 weit hinter M 96 und ihre absolute Größe übertrifft die von M 96 um das Dreifache.

Analysen der Isophoten der inneren Zone liefern für M 96 eine Doppelbalkenstruktur. Die Form dieser Balken entspricht einer ellipsoiden Anordnung. Der kleinere Balken erreicht einen Durchmesser von 10″, der äußere, große etwa 2′. Der Durchmesser des inneren Ringes liegt zum Vergleich bei 2,8′. Mit Hilfe der Daten des Hubble Space Telescope konnte im Zentrum des kleinen Balkens, nur 2″ vom Kern entfernt, eine starke Drehung der Isophoten festgestellt werden. Astronomen führen sie auf die Existenz einer Miniaturscheibe aus Staub und Gas zurück. Die Inklination von M 96 liegt bei 45°, die Phasenwinkel der Symmetrieachsen des inneren Ringes und des Scheibenrandes unterscheiden sich um 35°. Spektroskopische Untersuchungen der Scheibenrotation belegen die Existenz von zwei unabhängigen Geschwindigkeitsfeldern. Der komplexe Aufbau im Zentrum sowie die zwei Scheibenkomponenten in M 96 sind Hinweise auf eine stattgefundene Wechselwirkung in der Leo I-Galaxiengruppe.

OBJEKT	M 96
STERNBILD	Leo
REKT.	$10^h\ 46^m\ 46^s$
DEKL.	+11° 49′ 12″
HELLIGKEIT	10,1 mag
TYP	SAB(rs)ab
FOTOGRAFEN	Makis Palaiologou, Stefan Binnewies
TELESKOP	1,3-m-Reflektor
KAMERA	Andor DZ 436
BELICHTUNGSZEIT	190 min
ORT	Skinakas-Observatorium, Kreta, Griechenland

M 66

Bei der SAB(s)b-Galaxie M 66 (NGC 3627) handelt es sich um den südlichen Eckpunkt des Leo-Galaxientripletts, das zur Leo I-Galaxiengruppe (M 66/M 96-Gruppe) gehort. Die anderen Triplett-Mitglieder sind M 65 in 20,2′ und NGC 3628 in 35,9′ Abstand. M 66 steht in einer Entfernung von 35 Millionen Lichtjahren zur Milchstraße. Ein Winkelabstand von 10′ entspricht einer projizierten Strecke von 100.000 Lichtjahren. Die Winkelgröße von M 66 liegt bei 9,1′ × 4,2′ und der transversale Scheibendurchmesser berechnet sich zu 93.000 Lichtjahren. Im Zentrum von M 66 befindet sich ein Seyfert-2-Galaxienkern. Die Spiralstruktur ist durch einen großen Anteil an Staub geprägt, dessen Filamente auch zwischen den beiden Spiralarmen beobachtet werden können. Dies liegt am diffusen Leuchten, das den Halo ausfüllt und die feinen Staubstrukturen kontrastiert hervortreten lässt. Der Aufbau der Spiralstruktur ist asymmetrisch und der am oberen, nördlichen Balkenende ansetzende Spiralarm besitzt mehr HII-Regionen als der untere. Der obere rechte Scheibenrand der Galaxie lässt außerdem lichtschwache Gezeitenschweife erkennen, die auf zurückliegende Wechselwirkungen hindeuten.

Radio-Beobachtungsdaten des Leo-Galaxientripletts liefern weiterhin keine Hinweise auf bestehende Wasserstoffgas-Brücken zu M 65 und NGC 3628. Auch spricht die Asymmetrie der Spiralstruktur dafür, dass keine gemeinsame Wechselwirkungshistorie existiert, sondern dass M 66 eine eigene Entwicklung erfahren hat. Bei der Untersuchung der Hα-Rotationskurve in M 66 stellten Astronomen Abweichungen vom typischerweise konstanten Verlauf der Gasgeschwindigkeiten fest. Diese lassen sich durch einen Ring aus Wasserstoffgas modellieren, der 15° zur inneren Scheibenebene geneigt ist, und dessen Durchmesser 2′ erreicht. Da die Geschwindigkeiten in den beiden Spiralarmen bei Radien größer als 1,5′ voneinander abweichen, kann zudem gefolgert werden, dass der gekippte Wasserstoffgasring in der unteren, südlichen Scheibenhälfte deutlicher ausgeprägt ist. Die Ursache der Asymmetrie könnte in der ungleichförmigen Aufnahme von Materie einer Zwerggalaxie liegen, die M 66 mehrfach umlaufen hat und dabei vollständig aufgelöst wurde. Diese Vermutung wird dadurch gestützt, dass man in der Leo I-Galaxiengruppe einige relativ große, aber auch sehr leuchtschwache Zwerggalaxien nachweisen konnte.

OBJEKT	M 66
STERNBILD	Leo
REKT.	11^h 20^m 15^s
DEKL.	+12° 59′ 30″
HELLIGKEIT	9,7 mag
TYP	SAB(s)b
FOTOGRAFEN	Adam Block
TELESKOP	800-mm-Reflektor
KAMERA	SBIG STX-16803
BELICHTUNGSZEIT	680 min
ORT	Mount Lemmon SkyCenter/ University of Arizona, USA

NGC 3953

Die SB(r)bc-Galaxie NGC 3953 gehört zum südlichen Teil der M 109-Galaxiengruppe und befindet sich in einer Distanz von 55 Millionen Lichtjahren zur Erde. Die Winkelausmaße von 6,9′ × 3,5′ liefern einen transversalen Durchmesser von 110.000 Lichtjahren. Trotz der starken Neigung der Scheibenebene und der ungünstigen Lage der Balkenachse ist der Balken deutlich zu erkennen. An den Balkenenden leuchten diffuse Ansae. Der östlichere, links unter dem Zentrum liegende der beiden Ansae kontrastiert ein Staubband, das vom Spiralarm in die Balkenachse verläuft. Durch die Projektion ergibt sich ein spitzer Winkel und ein auffälliges Abknicken des Staubbandes. Das innere Spiralarmmuster erscheint ungeordnet und besitzt einen Farbkontrast zur äußeren Scheibe, wo die Spiralarme blauer erscheinen und besser definiert sind. Der aktive Rand in NGC 3953 lässt sich auch anhand der weit außen liegenden, rot leuchtenden HII-Regionen erkennen.

Benutzt man die optische Morphologie, so findet man in etwa 30 % aller Spiralgalaxien einen deutlichen Balken, in etwa 25 % einen schwachen. Im infraroten Licht liegt der Anteil der Balkenspiralen mit etwa 75 % noch höher. Die Balkenstruktur wird zwar durch ähnliche, nicht-rotationssymmetrische Geschwindigkeitsfelder bestimmt, die Ausprägung der Balken offenbart jedoch deutliche Unterschiede hinsichtlich Größe, Erscheinungsbild und physikalischer Parameter. In einer Vergleichsstudie von 21 Balkenspiralgalaxien, zu der auch NGC 3953 gehörte, wurde die zweidimensionale Hα-Kinematik untersucht. Die Daten zeigen bei NGC 3953 einen deutlichen Balken und ein Defizit an Wasserstoffgas im Zentrum, wie man es bei einigen SB-Galaxien findet. Durch Hinzunahme der Hα-Geschwindigkeit erhielten Astronomen dreidimensionale Daten und konnten kinematische Scheibenmodelle anpassen. Es zeigte sich, dass deren Werte für den Positionswinkel der Hauptachse sowie der Inklination der Scheibe gut zu denen passten, die aus der Fotometrie gewonnen wurden.

OBJEKT	NGC 3953
STERNBILD	Ursa Major
REKT.	$11^h\ 53^m\ 49^s$
DEKL.	+52° 19′ 36″
HELLIGKEIT	9,9 mag
TYP	SB(r)bc
FOTOGRAFEN	Makis Palaiologou, Stefan Binnewies
TELESKOPE	1,3-m-Reflektor
KAMERAS	Andor DZ 436
BELICHTUNGSZEIT	180 min
ORT	Skinakas-Observatorium, Kreta, Griechenland

M 109

Die SB(rs)bc-Galaxie M 109 (NGC 3992) steht etwa 1° südöstlich des Sterns Phekda (Gamma Ursae Majoris) und ist mit einer Entfernung von 55 Millionen Lichtjahren ein Teil des Ursa Major-Galaxienhaufens. Aus der Winkelgröße von 7,6′ × 4,7′ errechnet sich der projizierte Scheibendurchmesser zu 120.000 Lichtjahren. Im Umfeld von 15′ um M 109 finden sich drei Galaxien (UGC 6940, UGC 6969, UGC 6923), deren Fluchtgeschwindigkeiten maximal 100 km/s voneinander abweichen und die man als Begleiter einordnet. Es handelt sich um Zwerggalaxien mit Durchmessern unter 12.000 Lichtjahren. Das Spiralmuster in M 109 ist auffallend regelmäßig aufgebaut und wird durch zwei Spiralarme bestimmt. Die Ansae-Aufhellungen an den Balkenenden gehen in Aufhellungen in den Spiralarm-Anfängen über, die jedoch relativ zur Balkenachse um 15° versetzt sind. Der Verlauf der Spiralarme lässt sich fast über einen vollen Umlauf verfolgen. Nur beim Spiralarm, der am unteren Balkenende beginnt und östlich des Zentrums verläuft, erkennt man eine Störung, die mit einer Aufspaltung des Arms verbunden ist.

Die Dynamik von Balkenspiralgalaxien hängt maßgeblich von der Winkelgeschwindigkeit der Balkenstruktur ab. Die Messung der Balkenrotation erfolgt mit Hilfe der Tremaine-Weinberg-Methode, bei der die Geschwindigkeitsunterschiede in Spektren, die in verschiedenen Zonen des Balkens aufgenommen wurden, verglichen werden. Astronomen haben in M 109 Spektren von der Mitte und dem Ende des Balkens aufgenommen, indem sie die Orientierung des Spektrographenspaltes verändert haben. Mit einer Inklination von 57° kann aus den spektralen Daten eine Winkelgeschwindigkeit von 22 km/s pro 1000 Lichtjahre Zentrumsabstand errechnet werden. Diese vergleichsweise schnelle Rotation des Balkens wird als ein Hinweis dafür gesehen, dass die dynamische Reibung zwischen dem Balken und der Dunklen Materie des Halos in der Balkenzone gering sein muss. Die Verteilung der Dunklen Materie enthielte somit ein Defizit im Zentrum und entspräche eher einem Ring als einer Kugel. In den Radiodaten des neutralen Wasserstoffgases, das in der Balkenzone kaum nachweisbar ist, findet sich diese Ringverteilung wieder. Bei der Modellierung der HI-Rotationskurve ergeben sich außerdem die besten Ergebnisse, wenn die Dunkle Materie weiter außen platziert wird.

OBJEKT	M 109
STERNBILD	Ursa Major
REKT.	$11^h\ 57^m\ 36^s$
DEKL.	+53° 22′ 28″
HELLIGKEIT	10,6 mag
TYP	SB(rs)bc
FOTOGRAFEN	Makis Palaiologou, Stefan Binnewies
TELESKOP	1,3-m-Reflektor
KAMERA	Andor DZ 436
BELICHTUNGSZEIT	150 min
ORT	Skinakas-Observatorium, Kreta, Griechenland

M 98

Am nordwestlichen Rand des Virgo-Galaxienhaufens steht in 5° Abstand von Denebola (Beta Leonis) die SAB(s)ab-Galaxie M 98 (NGC 4192). Diesen Winkelabstand hat M 98 auch zu M 87 im Haufenzentrum. Aus Katalogdaten ergibt sich eine Entfernung von 52 Millionen Lichtjahren und mit der Ausdehnung von 9,8′ × 2,8′ folgt eine projizierte Scheibengröße von 148.000 × 42.000 Lichtjahren. Die Scheibenebene ist mit 83° Inklination stark geneigt und trotz des flachen Einblickwinkels ist ein s-förmiger Verlauf der aktiven Regionen zu erkennen, der auf zwei dominierende Spiralarme verweist. Deprojiziert man die geneigte Scheibenebene zu einem Kreis, wird deutlich, dass ein Staubfilament dicht am kompakten Kern vorbeiläuft, was auf einen in der Vertikalen liegenden Balken schließen lässt. Bestätigt wird dies durch eine x-förmige Bulge-Helligkeitsverteilung, die sich links des Kerns erkennen lässt, und die in der englischsprachigen Literatur als „peanut-shaped bulge" beschrieben wird. M 98 besitzt eine auf die Milchstraße gerichtete Bewegung mit +142 km/s und somit auch eine große Relativgeschwindigkeit von über 1100 km/s. Die HI-Radiokarte von M 98 zeigt neben einer Verbiegung der Scheibenebene an den Rändern auch Radiosignaturen von HI-Wolken in der Umgebung, deren Geschwindigkeiten bei 60–140 km/s liegen. Diese HI-Hochgeschwindigkeitswolken, engl. „high velocity clouds", könnten zur Milchstraße gehören; Astronomen interpretieren diese jedoch auch als mögliches dynamisches Bindeglied von M 98 zum Virgo-Galaxienhaufen. In diesem Bild strömt neutrales Wasserstoffgas aus M 98 ab und überdeckt fast 1° am Himmel. Bezogen auf die Entfernung von M 98 ist dies eine transversale Strecke von über 900.000 Lichtjahren. Die Längsstruktur der Gaswolken weist in Richtung NGC 4254 und wie Simulationen zeigen, könnten die Wolken auf eine schnelle Passage, engl. „high speed encounter", von M 98 und NGC 4254 hinweisen, bei der beide Galaxien einen Gasverlust aber nur moderate Störungen in ihren Scheibenebenen erfahren haben.

OBJEKT	M 98
STERNBILD	Coma Berenices
REKT.	$12^h\ 13^m\ 48^s$
DEKL.	+14° 54′ 01″
HELLIGKEIT	11,0 mag
TYP	SAB(s)ab
FOTOGRAFEN	Johannes Schedler, Wolfgang Ries
TELESKOP	400- und 450-mm-Reflektor
KAMERA	SBIG STL-11000 und ST-10XME
BELICHTUNGSZEIT	854 min
ORT	Wildon und Seng, Österreich

NGC 4236

NGC 4236 ist zwölf Millionen Lichtjahre entfernt und wird noch der M 81-Galaxiengruppe zugeordnet. Diese SB(s)dm-Galaxie überdeckt ein großes Areal von 21,9′ × 7,2′, ihr projizierter Scheibendurchmesser liegt jedoch mit 76.000 Lichtjahren im Bereich der Durchschnittsgröße von Spiralgalaxien. NGC 4236 besitzt trotz der großen Inklination von 75° eine sehr geringe Flächenhelligkeit. Man erkennt einen langen und leuchtschwachen Balken, ein Zentrum lässt sich nur schwer identifizieren.

Das Spiralmuster ist durch auffallend blaue Spiralarme geprägt. Im ultravioletten Licht erscheint die Spiralstruktur in NGC 4236 akzentuierter als im Optischen. Besonders deutlich wird dies in den aktiven Bereichen an beiden Enden des Balkens. Diese morphologische Feinstruktur findet sich auch in der Verteilung des atomaren Wasserstoffgases. Die beobachtete Granulation verläuft dabei im HI-Radiolicht fast identisch zur UV-Struktur und übertrifft die Reichweite der optischen Scheibe. NGC 4236 zählt daher zu den Galaxien mit einer zwar leuchtschwachen, aber ausgedehnten UV-Scheibe, engl. „extended UV-disk" (XUV-disk).

Bemerkenswert an diesen XUV-disks ist, dass man dort eine anhaltende Sternentstehung nachweisen kann. Diese aktiven Bereiche liegen außerhalb der optischen Scheibe und damit abseits der Grenzen der traditionellen Entstehungszonen neuer Sterne in Balkenspiralgalaxien.

OBJEKT	NGC 4236
STERNBILD	Draco
REKT.	$12^h\ 16^m\ 42^s$
DEKL.	+69° 27′ 45″
HELLIGKEIT	10,1 mag
TYP	SB(s)dm
FOTOGRAFEN	Stefan Binnewies, Josef Pöpsel
TELESKOP	60-cm-Reflektor
KAMERA	SBIG STL-11000
BELICHTUNGSZEIT	260 min
ORT	Vulkan-Eifel, Deutschland

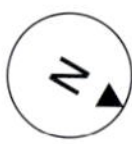

M 106

Die Spiralgalaxie M 106 (NGC 4258) ist mit einer Entfernung von 24 Millionen Lichtjahren fast schon ein Nachbar der Milchstraße und wird der Canes Venatici II-Galaxiengruppe zugeordnet. M 106 ist in dieser 30 Mitglieder umfassenden Gruppe die hellste und größte Galaxie. Ihre Winkeldurchmesser von 18,6′ × 7,2′ lassen auf einen großen projizierten Scheibendurchmesser von 130.000 Lichtjahren schließen. Die prominenten Spiralarme im inneren Scheibenteil dieses SAB(s)bc-Typs enthalten helle, bis zu 10″ große HII-Regionen, was einem Durchmesser von 1000 Lichtjahren entspricht. Am Scheibenrand erkennt man leuchtschwächere Spiralarmfragmente, die auch aktive Regionen einschließen. Der rechte Rand der Scheibe zeigt zudem eine Störung im Verlauf, da das dortige Teilstück auffasert. Diese Störung ist vermutlich auf die Gezeitenwechselwirkung mit der benachbarten kleineren, irregulären Galaxie NGC 4248 zurückzuführen, die in nur 5′ Abstand zum Scheibenrand von M 106 zu finden ist. Auf dem Bildausschnitt der Aufnahme ist sie nicht enthalten. Ihre Relativgeschwindigkeit zu M 106 beträgt –36 km/s und ihr transversaler Abstand zum Scheibenrand misst nur 35.000 Lichtjahre.

M 106 besitzt einen Seyfert-2-Galaxienkern, der in mehreren Studien detailliert untersucht wurde. Mit Hilfe des Spektrums, das vom Radio- bis in den Röntgenstrahlungsbereich aufgenommen wurde, konnten Astronomen die Masse des supermassiven Schwarzen Loches auf $3{,}7 \times 10^7$ Sonnenmassen und die Größe der umgebenden Gasscheibe auf etwa 500 Lichtjahre abschätzen. In dieser Scheibe strömt die Materie auf spiralförmigen Bahnen auf das Schwarze Loch zu und emittiert Röntgenlicht. Der direkte Blick auf das Schwarze Loch ist nach dem Standardmodell der Aktiven Galaxien bei Seyfert-2-Galaxien durch einen an die Scheibe anschließenden Staubtorus verdeckt. Da die zentrale Scheibe in M 106 eine hohe Gasdichte aufweist, führt das gestreute Röntgenlicht zur Emission von Mikrowellenstrahlung. So war M 106 die erste Galaxie, in der eine solche H_2O-Maser-Strahlung nachgewiesen werden konnte. Eine weitere Besonderheit in M 106 sind zwei sich gegenüberliegende, anormale Armstrukturen, die als rötliche Filamente ober- und unterhalb des Zentrums zu sehen sind. Das obere Filament liegt dabei oberhalb, das untere unterhalb der Scheibenebene von der Galaxie. Diese Filamente gehen auf heißes Gas zurück, das durch die Radiostrahlung zweier Jets angeregt wird, die senkrecht aus der zentralen Scheibe herausführen. Der Winkel zwischen diesen Jets und der galaktischen Scheibe beträgt 30° und Astronomen gehen davon aus, dass diese Jets eine Präzessionsbewegung ausführen. Folgt man diesem Modell, so dauert eine Präzessionsperiode der Jets in M 106 etwa 300.000 Jahre.

OBJEKT	M 106
STERNBILD	Canes Venatici
REKT.	$12^h\ 18^m\ 58^s$
DEKL.	+47° 18′ 14″
HELLIGKEIT	8,4 mag
TYP	SAB(s)bc
FOTOGRAFEN	Josef Pöpsel, Stefan Binnewies
TELESKOP	600-mm-Reflektor
KAMERA	SBIG STL-11000
BELICHTUNGSZEIT	690 min
ORT	Skinakas-Observatorium, Kreta, Griechenland

M 61

Die SAB(rs)bc-Galaxie M 61 (NGC 4303) gehört zum Virgo-Galaxienhaufen und liegt in einer Entfernung von 50 Millionen Lichtjahren. Mit Winkelmaßen von 6,5′ × 5,8′ ergibt sich in der Projektion ein maximaler Scheibendurchmesser von 95.000 Lichtjahren. Im Zentrum von M 61 befindet sich ein aktiver Seyfert-Galaxienkern, der jedoch nur eine geringe Leuchtkraft aufweist. Die Inklination der Galaxie liegt bei 25° und erlaubt so den Blick auf das „grand design“-Spiralmuster. Dieses wird von zwei Armen dominiert, die im inneren Bereich der Scheibe in eine Balkenstruktur einmünden. Die HII-Regionen, die in großer Zahl in den Spiralarmen zu finden sind, fehlen im Balken. Auf der linken Scheibenseite besitzen die Spiralarme ausgeprägte Woronzow-Weljaminow-Reihen, die auch in den äußersten leuchtschwachen Armenden zu erkennen sind.

Die Staubbänder, die in der Balkenstruktur verlaufen, führen nicht direkt zum Zentrum, sondern enden an einer zentralen Scheibe, deren 10″-Durchmesser etwa 2400 Lichtjahren entspricht. In dieser Scheibe stellten Astronomen eine hohe Konzentration an molekularem Gas fest, das kreisförmig rotiert und nur am äußeren Rand Störungen zeigt. An diesem Rand schließt die zentrale Scheibe an die Balkenstruktur an, sodass hier große Geschwindigkeitsgradienten in den Gasströmungen zu verzeichnen sind. Simulationsrechnungen zeigen jedoch, dass Molekülwolken diese Passage überstehen können und anschließend Sternhaufen entstehen. Obwohl die Sternentstehungsrate eher gering ist, lassen sich solche Sternhaufen in Aufnahmen des Hubble Space Telescope nachweisen. Die Haufen sind nicht älter als eine Million Jahre und besitzen ca. 10^3–10^4 Sonnenmassen. Die sie umgebenden Molekülwolken kommen auf 10^4–10^6 Sonnenmassen.

OBJEKT	M 61
STERNBILD	Virgo
REKT.	$12^h\ 21^m\ 55^s$
DEKL.	+04° 28′ 25″
HELLIGKEIT	10,2 mag
TYP	SAB(rs)bc
FOTOGRAFEN	Makis Palaiologou, Stefan Binnewies
TELESKOP	1,3-m-Reflektor
KAMERA	Andor DZ 436
BELICHTUNGSZEIT	127 min
ORT	Skinakas-Observatorium, Kreta, Griechenland

NGC 4535

Die SAB(s)c-Galaxie NGC 4535 ist eine der großen Spiraltypen im Virgo-Galaxienhaufen und befindet sich am Ostrand des südlichen Haufenteils, nur 2° von M 49 entfernt. Die Spiralebene misst 7,1′ × 5,0′ und weist einen projizierten Durchmesser von 112.000 Lichtjahren bei einer Entfernung von 54 Millionen Lichtjahren auf. NGC 4535 gehört damit zu den sieben größten Galaxien im Virgo-Galaxienhaufen. Ihr heller, kompakter Kern ist in einem ovalen Bulge eingebettet. Die Balkenstruktur ist zwar ausgeprägt, der Ansatz der zwei s-förmigen Spiralarme wirkt aufgrund des nicht rechtwinkligen Übergangs jedoch weicher als bei anderen SAB-Typen. Der reguläre Anfang der Arme bestimmt das innere Spiralmuster, weiter außen erscheint die Morphologie irregulär. Der Verlauf der inneren Spiralarme wird von versetzt zu den Armen liegenden, feinen Staubbändern begleitet. Besonders deutlich wird dies im Bereich links unterhalb des Zentrums. Hier messen die größten HII-Regionen bis zu 1″ und ihr Durchmesser entspricht 250 Lichtjahren. Am Scheibenrand setzen diffuse und lichtschwache, gezeitenschweifartige Verlängerungen der Spiralarme an, die gestreckte Segmente enthalten.
Untersuchungen eines Galaxien-Samples im Virgo-Galaxienhaufen ergaben bei einigen Vertretern einen hohen Anteil an Kohlenmonoxid (CO) im Kern. Bei Wellenlängen im Millimeterbereich wurde mit einer hohen Ortsauflösung die zentrale 1′ × 1′ Region abgetastet, wobei ein Drittel der Galaxien ein zentrales CO-Intensitätsmaximum zeigte.
NGC 4535 zählt zu diesen „single peak galaxies“ und die lokale Ausdehnung des CO-Maximums liegt bei 1500 Lichtjahren. Diese CO-Konzentration ist mit den von Staubbändern durchzogenen zentralen Sternentstehungsgebieten in NGC 4535 verbunden.

OBJEKT	NGC 4535
STERNBILD	Virgo
REKT.	$12^h\ 34^m\ 20^s$
DEKL.	+08° 11′ 52″
HELLIGKEIT	10,6 mag
TYP	SAB(s)c
FOTOGRAFEN	Adam Block
TELESKOP	600-mm-Reflektor
KAMERA	SBIG STL-11000
BELICHTUNGSZEIT	285 min
ORT	Mount Lemmon SkyCenter/ University of Arizona, USA

N

M 100

Die „grand-design"-Spiralgalaxie M 100 (NGC 4321) steht im Virgo-Galaxienhaufen in 55 Millionen Lichtjahren Entfernung. Es handelt sich um einen SAB(s)bc-Typ mit einer Winkelgröße von 7,4′ × 6,3′ und einem transversalen Scheibendurchmesser von 118.000 Lichtjahren. Der Balken sitzt im hellen Zentrum, das in der Aufnahme viele hellblaue Sternentstehungsregionen in ringförmiger Anordnung enthält. Die Staubstrukturen der zwei Spiralarme lassen sich bis zu den Balkenenden verfolgen. Der im Kontrast nur schwach ausgeprägte Balken misst 1,7′ und die Balkenachse liegt entlang der Bilddiagonalen in südost-nordwestlicher Richtung (links unten – rechts oben). Mit 15° ist der Knickwinkel des Spiralmusters in M 100 relativ klein, weshalb die Spiralarme nur wenig geöffnet sind. An die stellare Scheibe schließen zwei große, sich gegenüberliegende Gezeitenschweife an.
Die Aufnahme zeigt zwei kleinere Galaxien nahe bei M 100: Am linken Bildrand ist dies die SA0-Galaxie NGC 4328, die 6,1′ vom Zentrum von M 100 entfernt ist und deren Relativgeschwindigkeit zu M 100 +1092 km/s beträgt. Am oberen Scheibenrand besitzt die Elliptische Zwerggalaxie NGC 4322 mit 5,3′ einen kleineren Winkelabstand zu M 100. Aufgrund ihrer relativen Geschwindigkeit von 282 km/s erscheint bei ihr eine Wechselwirkung mit M 100 wahrscheinlich, was auch die verbogene Gestalt vermuten lässt. Bestätigt wird diese Annahme durch tiefe Aufnahmen, die zeigen, dass der lichtschwache Teil der optischen Scheibe von M 100 fast bis zu NGC 4328 reicht. Mit der oben genannten Entfernung folgt ein Durchmesser von 167.000 Lichtjahren und damit ein 40 % größerer Wert als im NED genannt.

Aus den HI-Radiodaten von M 100 haben Astronomen die Drehgeschwindigkeit des Spiralmusters dieser Galaxie zu 6 km/s pro 1000 Lichtjahre bestimmt. Spiralgalaxien zeigen hier einen Wert zwischen 3 km/s und 9 km/s pro 1000 Lichtjahre. Aus dieser wichtigen Maßzahl der Dichtewellentheorie ergibt sich der Korotationsradius von M 100 zu 25.000–35.000 Lichtjahre. Die Aufnahme zeigt, dass sich außerhalb dieses Bereichs die Spiralarme auffächern und verbreitern. Die Dichtewellentheorie liefert außerdem einen maximalen Scheibenradius von 59.000 Lichtjahren, was mit dem Wert der hellen optischen Scheibe von M 100 gut übereinstimmt.

OBJEKT	M 100
STERNBILD	Coma Berenices
REKT.	$12^h\ 22^m\ 55^s$
DEKL.	+15° 49′ 19″
HELLIGKEIT	9,8 mag
TYP	SAB(s)bc
FOTOGRAFEN	Stefan Binnewies, Josef Pöpsel
TELESKOP	600-mm-Reflektor
KAMERA	SBIG STL-11000
BELICHTUNGSZEIT	540 min
ORT	Skinakas-Observatorium, Kreta, Griechenland

NGC 4536

Die SAB(rs)bc-Galaxie NGC 4536 ist 52 Millionen Lichtjahre entfernt und gehört zur südlichen Peripherie des Virgo-Galaxienhaufens. Ihre Winkelgröße von 7,6′ × 3,2′ liefert einen transversalen Durchmesser von 115.000 Lichtjahren für die optische Scheibenebene. Am nördlichen Bildrand findet man NGC 4533, die 8,3′ von NGC 4536 entfernt steht und sich relativ zu ihr mit 53 km/s auf die Milchstraße zu bewegt. Ein klassischer Bulge lässt sich bei NGC 4536 nicht beobachten, die Aufhellung im Zentrum entsteht durch die perspektivische Verkürzung des Balkens, dessen Achse etwa 30° zur Vertikalen geneigt ist. Unterhalb des Zentrums liegt eine markante, x-förmige Staubstruktur. Der Übergang vom Balken zu den Spiralarmen ist nur schwach ausgeprägt, deutlich ist eine Rautenform zu erkennen, die aus den inneren Spiralarmfragmenten aufgebaut wird. Im äußeren Teil der Scheibe liegen zwei helle Spiralarme, deren aktive Bereiche bis zum Scheibenrand reichen.

In den meisten Spiralgalaxien, die einen ausgeprägten Bulge aufweisen, findet sich ein aktiver Galaxienkern. Dies wird durch eine enge Korrelation zwischen dem Massenwachstum des zentralen, supermassiven Schwarzen Lochs und dem Entstehen des Bulges erklärt. Bei einer Untersuchung von 32 späten Spiraltypen, in deren optischen Spektren keine definitiven Hinweise auf einen aktiven Galaxienkern gefunden wurden, lieferten Daten des Infrarot-Spektrographen des Spitzer-Weltraumteleskops Ausnahmen von dieser Regel. NGC 4536 gehörte zu den sieben Galaxien, bei denen Emissionslinien von hoch ionisiertem Neon- und Sauerstoffgas nachgewiesen wurden. Mit Hilfe von Leuchtkraftmodellen kann man für diese Galaxien, die sich am Übergang zum aktiven Galaxienstadium befinden, die Zentralmasse abschätzen. Für das supermassive Schwarze Loch im Zentrum von NGC 4536 ergibt sich eine Masse von $2{,}45 \times 10^6$ Sonnenmassen.

OBJEKT	NGC 4536
STERNBILD	Virgo
REKT.	$12^h\ 34^m\ 27^s$
DEKL.	+02° 11′ 17″
HELLIGKEIT	11,2 mag
TYP	SAB(rs)bc
FOTOGRAFEN	Adam Block
TELESKOP	600-mm-Reflektor
KAMERA	SBIG STL-11000
BELICHTUNGSZEIT	320 min
ORT	Mount Lemmon SkyCenter/ University of Arizona, USA

M 91

Die SBb-Galaxie M 91 (NGC 4548) ist Teil des Virgo-Haufens und liegt in einer Entfernung von 53 Millionen Lichtjahren. Aus ihrer Größe von 5,4′ × 4,3′ kann man auf einen projizierten Scheibendurchmesser von 83.000 Lichtjahren schließen. Bei M 91 handelt es sich um das lichtschwächste Objekt im Messier-Katalog. Die Galaxie zählte lange zu den fehlenden Messier-Objekten, da Charles Messier bei der Entdeckung 1781 die Position fehlerhaft notierte. Erst im Jahr 1969 gelang die finale Zuordnung von M 91 zu NGC 4548 (1784 von W. Herschel entdeckt). M 91 besitzt einen hellen Kern, der in einen kompakten Bulge eingebettet ist. Die Balkenstruktur steht fast senkrecht und im unteren, westlichen Balkenteil sind die Staubbänder deutlicher zu erkennen als im oberen. Die zwei Spiralarme setzen nicht am Ende des Balkens an, sondern beginnen ihren Verlauf um 90° versetzt in den bogenförmigen Segmenten einer unvollständigen inneren Ellipse. Der nördliche, auf der Aufnahme rechts liegende Spiralarm ist kürzer und wirkt im Vergleich zum anderen Arm gestaucht.

Die Darstellung des neutralen Wasserstoffgases in M 91 zeigt eine Besonderheit: Im zentralen Bereich des Balkens ist kaum Wasserstoffgas nachweisbar, da es in einem flachen Ring konzentriert ist. Die Innenseite dieses Rings ist durch die Enden des Balkens begrenzt, die Außenseite durch die Größe der stellaren Scheibe von M 91. Die wenigen aktiven Regionen in den Spiralarmen lassen sich auch in der HI-Karte der Ringverteilung identifizieren und die meisten findet man im Anschluss der Balkenenden an den Ring. Bezogen auf das Haufenzentrum bewegt sich M 91 mit etwa 600 km/s durch den Virgo-Haufen auf die Milchstraße zu. Der Staudruck des Haufenmediums hat in M 91 zum Verlust von Wasserstoffgas geführt, und es blieb nur die HI-Ringstruktur zurück. Die relative Lage der Scheibenebene zur Bewegungsrichtung erklärt auch die gefundenen Unregelmäßigkeiten auf der exponierten Nordseite des Wasserstoffrings.

OBJEKT	M 91
STERNBILD	Coma Berenices
REKT.	$12^h\ 35^m\ 26^s$
DEKL.	+14° 29′ 47″
HELLIGKEIT	11,0 mag
TYP	SB(rs)b
FOTOGRAFEN	Rainer Sparenberg, Stefan Binnewies
TELESKOP	600-mm-Reflektor
KAMERA	SBIG ST-10XME
BELICHTUNGSZEIT	120 min
ORT	Amani Lodge, Namibia

M 90

Die SAB(rs)ab-Galaxie M 90 (NGC 4569) wird zum Virgo-Galaxienhaufen gezählt, der etwa 55 Millionen Lichtjahre entfernt liegt. Mit einer Größe von 9,5′ × 4,4′ berechnet man einen transversalen Scheibendurchmesser von 150.000 Lichtjahren. Die anhand verschobener Spektrallinien gemessene Geschwindigkeit von –235 km/s verweist darauf, dass sich M 90 auf die Milchstraße zu bewegt und ihre relative Geschwindigkeit zum Mittelwert der anderen Galaxien im Virgo-Haufen um etwa 1200 km/s abweicht. Die durch die Bewegung im Virgo-Haufen hervorgerufene Dopplerverschiebung übertrifft bei M 90 den Betrag der entgegengesetzten kosmologischen Fluchtgeschwindigkeit. M 90 ist 1,5 Millionen Lichtjahre vom Zentrum des Virgo-Haufens entfernt und besitzt ein kompaktes Zentrum mit aktivem Galaxienkern, an den eine fast horizontal stehende Längsstruktur anschließt. Die hier sichtbaren Staubfilamente und aktiven Bereiche gehen aber nicht in ein Spiralmuster über, sondern führen zu diffusen und teilweise ringförmigen Verläufen, die die äußere Scheibe ausfüllen und Gezeitenschweifen ähneln. Am linken Rand der Aufnahme steht in nördlicher Richtung, 6′ vom Zentrum entfernt, die Zwerggalaxie IC 3583. Aufgrund der hohen Geschwindigkeitsdifferenz würde man eine Wechselwirkung zunächst nicht vermuten. Da der Aufbau der Zwerggalaxie jedoch in Richtung von M 90 gestreckt ist, erscheint die Wechselwirkung durch eine nahe Passage wiederum wahrscheinlich.
Innerhalb des Virgo-Haufens stellt M 90 neben ihrer abweichenden Relativgeschwindigkeit auch aufgrund ihres Wasserstoffanteils eine Ausnahme dar. Radiobeobachtungen belegen ein großes Defizit an neutralem Wasserstoffgas und ein Vergleich mit anderen Galaxien zeigt, dass M 90 fast 90 % ihres neutralen Wasserstoffgases verloren haben muss. Die HI-Verteilung in der galaktischen Scheibe ist auf den zentralen Bereich konzentriert und entspricht einer Scheibenrotation mit maximal 250 km/s bei einer angenommenen Inklination von 56°. Mit Hilfe der Geschwindigkeitsgradienten dieser Verteilung konnten Astronomen Wechselwirkungsmodelle für M 90 testen. Die besten Resultate lieferte ein Szenario, bei dem M 90 vor 300 Millionen Jahren das Virgo-Haufenzentrum durchlaufen hat. Durch die damit verbundene Staudruck-Wechselwirkung mit dem Haufengas, engl. „ram pressure stripping“, verlor M 90 das neutrale Wasserstoffgas und damit auch die Fähigkeit, in der äußeren Scheibe neue Sterne zu bilden. Die Simulationen zeigen auch, dass diese ringförmigen Gasstrukturen in der Scheibe kurzlebig sind und erst nach dem Durchlaufen des Haufenzentrums entstanden sind.

OBJEKT	M 90
STERNBILD	Virgo
REKT.	$12^h\ 36^m\ 50^s$
DEKL.	+13° 09′ 47″
HELLIGKEIT	10,3 mag
TYP	SAB(rs)ab
FOTOGRAFEN	Stefan Heutz
TELESKOP	300-mm-Reflektor
KAMERA	Starlight Xpress SXV-H9
BELICHTUNGSZEIT	210 min
ORT	Velbert, Deutschland

M 58

Bei M 58 (NGC 4579) handelt es sich um eine SAB(rs)b-Galaxie, die dem Virgo-Galaxienhaufen zugeordnet wird und deren Fluchtgeschwindigkeit auf eine Entfernung von 65 Millionen Lichtjahren schließen lässt. Aus den Winkelmaßen von 5,9′ × 4,7′ errechnet sich ein projizierter Scheibendurchmesser von 110.000 Lichtjahren. M 58 besitzt einen elliptischen Bulge, in dessen Zentrum ein aktiver Galaxienkern liegt, der jedoch nur eine geringe Leuchtkraft aufweist. Der Balken in M 58 wird durch einen diffusen, gelben Lichtverlauf definiert. An dessen südwestlichem Ende (rechts des Zentrums) sind die Staubstrukturen, die den Balken durchziehen, relativ zu einem der zwei hellen Ansae am Balkenende versetzt. Der am Südwestende ansetzende Arm ist dabei deutlicher ausgeprägt und lässt sich über 300° verfolgen, der nordöstliche Arm erlaubt dies nur über 200°. Das Spiralmuster zeigt den typischen, kompakten Aufbau eines frühen Spiraltyps und wird von einem Scheibenrand umgeben, der an der linken Ostseite einen schwachen Gezeitenschweif aufweist. Die Infrarotdaten des Spitzer-Teleskops zeigen eine Fortführung des zweiarmigen Spiralmusters bis an den Rand der optischen Scheibe.

Im Vergleich zu anderen Spiralgalaxien findet sich in M 58 wenig Wasserstoffgas. Dieses Gasdefizit geht vermutlich auf eine Wechselwirkung mit dem Haufenmedium zurück. Bei M 58 ist der Wasserstoff im Inneren der Scheibe konzentriert und man findet in der Nähe des Kerns eine kompakte, ringförmige Sternentstehungsregion, engl. „ultra compact nuclear ring“ (UCNR). Bis auf ihre Größe ähnelt sie den nuklearen Sternentstehungsregionen, die die Kernzonen vieler Spiralgalaxien umgeben und deren Durchmesser einige Tausend Lichtjahre erreichen. Wie Simulationsrechnungen zeigen, können in Balkenspiralgalaxien UCNR als Nebenprodukt der ins Zentrum führenden Gasströmung entstehen. Bei M 58 liegt der gemessene Durchmesser des UCNRs bei 1,5″ und entspricht 250 Lichtjahren. Da der Ring nicht vollständig geschlossen und relativ zum Zentrum versetzt ist, vermuten Astronomen eine Störung der Gasströmung. Es erscheint plausibel, dass diese Störung auch die nachgewiesene zeitliche Variation der Kernleuchtkraft bewirkt, da der UCNR direkt an den aktiven Galaxienkern schließt.

OBJEKT	M 58
STERNBILD	Virgo
REKT.	$12^h\ 37^m\ 44^s$
DEKL.	+11° 49′ 06″
HELLIGKEIT	10,5 mag
TYP	SAB(rs)b
FOTOGRAFEN	Makis Palaiologou, Stefan Binnewies
TELESKOP	1,3-m-Reflektor
KAMERA	Andor DZ 436
BELICHTUNGSZEIT	215 min
ORT	Skinakas-Observatorium, Kreta, Griechenland

NGC 4725

Die SAB(r)ab-Galaxie NGC 4725 bildet zusammen mit der außerhalb des Bildfeldes liegenden NGC 4747 ein wechselwirkendes Paar, das dem Coma-Sculptor-Galaxienhaufen zugeordnet wird. Die mittlere Entfernung des Paares beträgt etwa 42 Millionen Lichtjahre und die Ausdehnung von 10,7′ × 7,6′ liefert bei NGC 4725 einen projizierten Durchmesser von 130.000 Lichtjahren. Das Spiralmuster in NGC 4725 ist nicht zweiarmig aufgebaut, sondern wird durch einen großen Spiralarm bestimmt, dessen hellste Bereiche sich über 1,5 Umläufe verfolgen lassen. Weiter außen fächert der Arm auf und geht in einen breiten, leuchtschwachen Gezeitenschweif über. Selbst in den Ausläufern des unteren, südlichen Teils des Schweifs lassen sich noch aktive Zonen erkennen.

In etwa einem Drittel aller Balkenspiralgalaxien findet man, zusätzlich zum Balken, eine zweite, kleinere Balkenstruktur im Zentrum. Zwischen den beiden Balken zeigt sich kein bevorzugter Winkel, auch besteht kein Zusammenhang zum Balkenspiraltyp. Diese Unabhängigkeit der zwei Balken bestätigt sich ebenso in Simulationsrechnungen, die auch Hinweise darauf liefern, dass der kleinere Balken eine wichtige Rolle beim Gastransport ins Zentrum spielt. Auch NGC 4725 besitzt eine doppelte Balkenstruktur. Der äußere große Balken verläuft auf der Aufnahme entlang der Bilddiagonalen, die Achse des inneren Balkens ist relativ dazu um 81° gedreht, seine Balkenlänge liegt bei 12″ und entspricht 2500 Lichtjahren. Die lokale Geschwindigkeitsverteilung besitzt Maxima und Minima, die entlang der inneren Balkenachse ausgerichtet sind und auf die Existenz einer zentrumsnahen, stellaren Scheibe in NGC 4725 verweisen.

OBJEKT	NGC 4725
STERNBILD	Coma Berenices
REKT.	$12^h\ 50^m\ 27^s$
DEKL.	+25° 30′ 03″
HELLIGKEIT	10,1 mag
TYP	SAB(r)ab pec
FOTOGRAFEN	Stefan Binnewies, Josef Pöpsel
TELESKOP	600-mm-Reflektor
KAMERA	SBIG STL-16803
BELICHTUNGSZEIT	300 min
ORT	Skinakas-Observatorium, Kreta, Griechenland

NGC 4762

Die Aufnahme zeigt die zwei Galaxien NGC 4762 (links) und NGC 4754 (rechts), deren Winkelabstand 10,5′ beträgt. Die Differenz der Fluchtgeschwindigkeiten liegt bei 363 km/s und lässt vermuten, dass sie räumlich hintereinander angeordnet sind. Mit alternativen Entfernungsmessmethoden erhält man für NGC 4762 und NGC 4754 eine Distanz von 49 Millionen Lichtjahren. Die mit 8,7′ × 1,7′ größere NGC 4762 besitzt einen Scheibendurchmesser von 134.000 Lichtjahren und übertrifft den von NGC 4754 um das Zweifache. NGC 4762 steht in exakter Kantenlage, sodass der Blick auf den hellen inneren Scheibenrand fällt. Diese 1,7′ × 0,1′ große Scheibe besitzt keine Staubbänder und ihre Dicke nimmt gleichförmig in Richtung des kompakten Zentrums ab. Auf der Aufnahme erkennt man zu beiden Seiten der hellen Scheibe Fortsätze, die den Scheibendurchmesser um 25 % zu vergrößern scheinen. Die äußere Scheibe ist lichtschwächer. An ihr setzen zu beiden Enden Gezeitenschweife an, die aus der Scheibenebene herausführen.

Die Analyse der Farbkanäle ergab eine rötliche Längsstruktur von ca. 1′ Ausdehnung, die in die blaue Scheibe eingebettet ist. Diese Struktur liegt in der Scheibenebene, besitzt das gleiche Zentrum wie die Scheibe und kann als Balken interpretiert werden. Aus diesem Grund wurde NGC 4762 in einigen Katalogen auch als SB0-Typ klassifiziert. Bis in die 1980er Jahre gingen Astronomen davon aus, dass es sich bei stellaren Balken um flache Strukturen handeln müsse. Erst mit den aufkommenden 3D-Computersimulationen wurde akzeptiert, dass sich Balken besser als kastenförmige Strukturen beschreiben lassen. Da es sich bei NGC 4762 um die flachste bekannte Lentikular-Galaxie handelt, wird die Existenz des Balkens angezweifelt. Eine Erklärung liefert der relativ kleine Bulge, der darauf verweist, dass sich der Balken erst in einem frühen Entwicklungsstadium befinden könnte. Für diese Theorie sprechen auch die sichtbaren Spuren der Wechselwirkungen an den Scheibenrändern, die die zentrale Balkenbildung ausgelöst haben könnten.

OBJEKT	NGC 4762
STERNBILD	Virgo
REKT.	$12^h\ 52^m\ 56^s$
DEKL.	+11° 13′ 51″
HELLIGKEIT	11,1 mag
TYP	$SB0^0(r)$? edge-on
FOTOGRAFEN	Josef Pöpsel, Stefan Binnewies
TELESKOP	600-mm-Reflektor
KAMERA	SBIG STL-11000
BELICHTUNGSZEIT	435 min
ORT	Skinakas-Observatorium, Kreta, Griechenland

M 83

M 83 (NGC 5236) liegt in der M 83/NGC 5128-Galaxiengruppe, die eine der nächstgelegenen Nachbargruppen der Lokalen Gruppe ist. Die M 83-Untergruppe ist mit 20 Millionen Lichtjahren Entfernung zur Milchstraße der kleinere und weiter entfernte Teil der Galaxiengruppe, die aus 45 Mitgliedern besteht. Der Winkelausdehnung von 12,9′ × 11,5′ von M 83 entspricht ein projizierter Scheibendurchmesser von 75.000 Lichtjahren. Aufgrund ihrer südlichen Lage mit fast –30° Deklination findet man für M 83 auch die Bezeichnung „southern pinwheel galaxy". Beim nördlichen Pendant M 101 (SABcd-Typ) ist jedoch eine offenere Spiralstruktur zu sehen als beim SABc-Typ M 83. Die Balkenstruktur in M 83 ist durch die gestreckten Staubbänder im Zentrum definiert, der stellare Balken ist nur schwach ausgeprägt. M 83 ist ein Prototyp der SAB-Typisierung, die Gérard de Vaucouleurs 1959 eingeführt hat. An den Balkenenden setzen zwei Spiralarme an, wobei sich vom unteren, der in der westlichen Scheibenhälfte nach oben verläuft, Armfragmente mit vielen aktiven Regionen abzulösen scheinen.

Über der M 83-Scheibe erkennt man zwei dicht beieinanderstehende Galaxien. Es handelt sich um ESO 44-85 (links) und PRC C-47. Nicht nur ihre Helligkeiten sind mit 20 mag fast identisch, auch ihre Rotverschiebungen sind fast gleich und verorten sie in einem Abstand von 640 Mio. Lichtjahren.

Bei M 83 verweisen die UV-Daten, wie auch die HI-Radiodaten, auf die Existenz einer großen Scheibe, die den optischen Scheibendurchmesser um das Fünffache übertrifft. Astronomen haben in mehreren Studien mit Hilfe von Emissionslinien-Indikatoren die Sternentstehungsraten in HII-Regionen der inneren und äußeren Scheibe verglichen. Die Beobachtungen bestätigen die Theorie, dass die Außenbereiche von Spiralgalaxien weniger stark entwickelt sind und die berechneten Sternentstehungsraten in M 83 mit 10^{-5} Sonnenmassen pro Jahr um mehr als drei Größenordnungen geringer sind als im inneren Bereich. Die langsame Entwicklung der äußeren Scheibe verweist auf eine noch stattfindende Verdichtung des angesammelten Gases und somit auf eine mögliche Verarbeitung eines oder mehrerer Wechselwirkungsereignisse im Gruppenumfeld von M 83.

OBJEKT	M 83
STERNBILD	Hydra
REKT.	13h 37m 01s
DEKL.	–29° 51′ 56″
HELLIGKEIT	8,2 mag
TYP	SAB(s)c
FOTOGRAFEN	Josef Pöpsel, Beate Behle
TELESKOP	60-cm-Reflektor
KAMERA	SBIG ST-10XME
BELICHTUNGSZEIT	110 min
ORT	Amani Lodge, Namibia

NGC 5248

NGC 5248 definiert eine kleine Galaxiengruppe, die zu den östlichen Ausläufern des Virgo-Galaxienhaufens gezählt wird. Sie gehört zu den Virgo III-Gruppen, die als Filament aufgereiht sind und sich über 40 Millionen Lichtjahre erstrecken. Die Entfernung von NGC 5248 zur Milchstraße beträgt 55 Millionen Lichtjahre. Diese SAB(rs)bc-Galaxie ist 6,2′ × 4,5′ groß und ihr projizierter Scheibendurchmesser liegt bei 100.000 Lichtjahren. Die Morphologie von NGC 5248 wird durch ein zweiarmiges Spiralmuster bestimmt, das sich vom hellen Inneren bis zum leuchtschwachen Randbereich fortsetzt. Die Balkenform im Zentrum ist nur schwach ausgeprägt und wird durch Staubverläufe, die an den konkaven Innenseiten der Spiralarme entlang führen, angedeutet.

Das weitreichende „grand-design"-Spiralmuster in NGC 5248 und die geringe Inklination von 40° führten dazu, dass diese Galaxie in einigen Studien als Testobjekt für die Dichtewellentheorie genutzt wurde. Die gemessenen Rotationsgeschwindigkeiten zeigen, dass die hellen Spiralarme, die auf der Aufnahme ober- und unterhalb des Zentrums beginnen, nicht direkt an einer vertikalen Balkenstruktur ansetzen. Die Geschwindigkeitsdaten bestätigen eine fast horizontale Lage des Balkens. Modellrechnungen lassen vermuten, dass das Spiralmuster in NGC 5248 durch einen langsam rotierenden Balken verursacht wird. Die durch ein solches Balkenpotenzial entstehenden Dichtewellen erklären neben dem Geschwindigkeitsfeld auch die Zunahme des Knickwinkels der Spiralarme. Im hellen Innenbereich von NGC 5248 wächst dieser Winkel von 10° auf 30° stetig an. Die Spiralarme in den Außenbereichen zeigen wieder kleinere Winkel, und man vermutet, dass dies auf den abnehmenden Einfluss des Balkenpotenzials zurückzuführen ist.

OBJEKT	NGC 5248
STERNBILD	Bootes
REKT.	$13^h\ 37^m\ 32^s$
DEKL.	+08° 53′ 07″
HELLIGKEIT	11,0 mag
TYP	SAB(rs)bc
FOTOGRAFEN	Adam Block
TELESKOP	800-mm-Reflektor
KAMERA	SBIG STX-16803
BELICHTUNGSZEIT	380 min
ORT	Mount Lemmon SkyCenter/ University of Arizona, USA

NGC 5371

Die SAB(rs)bc-Galaxie NGC 5371 steht in einer Entfernung von 100 Millionen Lichtjahren zur Milchstraße. Die Winkeldurchmesser von 4,4′ und 3,5′ ergeben in Projektion eine Scheibengröße von 128.000 Lichtjahren. Aufgrund der LINER-Klassifikation („low-ionization nuclear emission-line region") dieser Galaxie kann von einem aktiven Galaxienkern, der in der Aufnahme als kompakte Quelle in einem orangegelben, ovalen Bulge zu sehen ist, ausgegangen werden. Das Spektrum der LINER-Galaxienkerne zeigt deutliche Emissionslinien von schwach ionisierten Atomen (O^+, N^+, S^+). An der rechten, westlichen Seite des Balkens beginnt ein doppelter Spiralarm, dessen äußerer Teil nach einem 270°-Umlauf in einen Gezeitenschweif übergeht, der sich noch über 180° verfolgen lässt. Der Spiralarm, der am östlichen Balkenende ansetzt, überlagert sich nach 90° mit dem inneren Teil des westlichen Spiralarms.

Ein Großteil der aktiven Regionen liegt im westlichen Spiralarm und weist in Richtung der kompakten Galaxiengruppe Hickson 68, die nicht mehr im Bildfeld der Aufnahme liegt. Die fünf Mitglieder dieser Gruppe befinden sich in etwa gleicher Entfernung wie NGC 5371, der transversale Abstand zu NGC 5371 beträgt 900.000 Lichtjahre. Im Zentrum der Galaxie zeigen die Emissionslinien des molekularen Kohlenmonoxidgases (CO), die als Hinweis auf Staub im Umfeld von Sternentstehungsgebieten dienen, nur relativ geringe Intensitäten. Bei diesen Radiobeobachtungen fand man nur am westlichen Balkenende und in einer Sternentstehungsregion eine CO-Emissionslinie, die etwas aus dem Rauschniveau der Messung herausragte. Die lokale Einschränkung der Sternentstehung in NGC 5371 könnte eine Folge der Gezeitenwechselwirkung mit der Gruppe Hickson 68 sein.

OBJEKT	NGC 5371
STERNBILD	Canes Venatici
REKT.	$13^h\ 55^m\ 40^s$
DEKL.	+40° 27′ 42″
HELLIGKEIT	11,3 mag
TYP	SAB(rs)bc
FOTOGRAFEN	Adam Block
TELESKOP	600-mm-Reflektor
KAMERA	SBIG STL-11000
BELICHTUNGSZEIT	190 min
ORT	Mount Lemmon SkyCenter/ University of Arizona, USA

NGC 5595

Die Aufnahme zeigt oben links die SAB(rs)c-Galaxie NGC 5595 und in 4,2′ Abstand in südöstlicher Richtung NGC 5597, die ebenfalls dem Typ SAB zugeordnet ist. Beide Galaxien liegen in einer Entfernung von 120 Millionen Lichtjahren und ihre Winkelgrößen von etwa 2,2′ liefern den Standarddurchmesser von 75.000 Lichtjahren.

NGC 5595 und NGC 5597 bilden ein wechselwirkendes Paar, auch als Holmberg 68 bekannt, und besitzen zueinander eine Relativgeschwindigkeit von 28 km/s. Bei NGC 5595 fällt der ungleichförmige Armaufbau auf, der durch den hellen nordwestlichen Spiralarm bestimmt wird. In diesem Arm zeigen sich zwei Woronzow-Weljaminow-Segmente. Den Ansatz dieser linearen Strukturen erkennt man auch in NGC 5597, deren Spiralarmmuster aber deutlich symmetrischer geformt ist.

In den Kernbereichen beider Galaxien liegen helle, kompakte Quellen. Untersucht man die Kerne genauer, stellt man fest, dass die zentrale Quelle in NGC 5597 eine Längsstruktur aufweist, die in Richtung des Balkens liegt. Diese Ausrichtung ist im Kern von NGC 5595 zwar auch gegeben, doch übertrifft die Längsausdehnung bei NGC 5597 die von NGC 5595 um 60 %. Da die Inklination von NGC 5595 mit 49° größer ist als die von NGC 5597 mit 23°, wäre zu erwarten, dass eher bei ersterer Verkürzungseffekte zum Tragen kommen. So scheint in NGC 5597 die aktive zentrale Region nicht nur größer zu sein, sondern besitzt auch einen 0,4 mag kleineren Farbindex als NGC 5595. Dieser kleinere (B – V)-Wert verweist auf die große Zahl junger, heißer Sterne im Zentrum der Galaxie. Die absolute Größe des hellen Kerns bei NGC 5595 liegt bei etwa 3500 Lichtjahren und entspricht damit der typischen Ausdehnung von zirkumnuklearen Sternentstehungsgebieten. Diese Aktivität wird durch das HII-geprägte Spektrum des Kerns in NGC 5595 bestätigt.

OBJEKT	NGC 5595
STERNBILD	Libra
REKT.	$14^h\ 24^m\ 13^s$
DEKL.	−16° 43′ 23″
HELLIGKEIT	13,1 mag
TYP	SAB(rs)c
FOTOGRAFEN	Josef Pöpsel, Beate Behle
TELESKOP	600-mm-Reflektor
KAMERA	SBIG ST-10XME
BELICHTUNGSZEIT	140 min
ORT	Amani Lodge, Namibia

NGC 5643

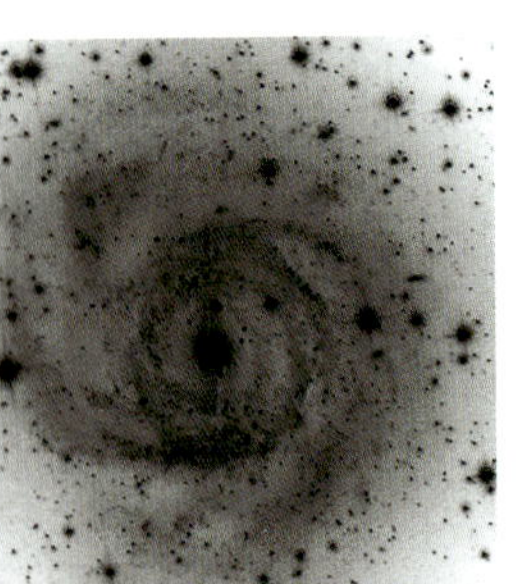

Mit einer Deklination von −44° ist die SAB(rs)c-Galaxie NGC 5643 ein Objekt des Südhimmels. Die Entfernung zur Milchstraße beträgt 48 Millionen Lichtjahre und die Winkelgrößen von 4,6′ × 4,0′ liefern einen projizierten Durchmesser von 64.000 Lichtjahren für die optische Scheibe. Der vertikale Balken in NGC 5643 verläuft in Ost-West-Richtung und beinhaltet neben dem kompakten Kern auch einen elliptischen Bulge. Die Hauptachse des Bulges ist um etwa 30° gegen die Balkenachse versetzt. Am oberen Westende des Balkens setzt ein Spiralarm an, dessen Helligkeit schnell abnimmt. Auf der gegenüberliegenden Balkenseite ist der Armansatz schwächer ausgeprägt; hier fällt ein weiter außen liegendes, aktives Spiralarmfragment auf, das man dem oberen Spiralarm zuordnen kann. Die Randzone der Scheibenebene von NGC 5643 beinhaltet mehrere leuchtschwache Spiralarmenden, die in einer kontrastverstärkten Darstellung einige Woronzow-Weljaminow-Reihen erkennen lassen (siehe kontrastverstärkte Aufnahme).

NGC 5643 beherbergt einen Seyfert-2-Galaxienkern. Mit Hilfe von Schmalbandfilter-Aufnahmen, die mit dem Hubble Space Telescope gewonnen wurden, haben Astronomen die zentrumsnahe [OIII]- und Hα-Emission untersucht. Es zeigte sich, dass die Linienemission nicht symmetrisch zum Kern liegt, sondern sich in einem kegelförmigen Bereich östlich des Zentrums konzentriert. Die Hα-Emission reicht mit 13′ etwa doppelt so weit wie [OIII], die hellsten Emissionszonen sind aber identisch. Diese Struktur wird als Ionisationskegel gedeutet, der mit energiereicher Strahlung der zentralen Quelle versorgt wird. Die Tatsache, dass man nur auf der Ostseite den Ionisationskegel sieht, wird dadurch erklärt, dass der westliche Kegel hinter der galaktischen Scheibe von NGC 5643 liegt. Die Symmetrieachse der Kegel ist um etwa 60° gegen die Beobachtungsrichtung geneigt. Der direkte Einblick auf die zentrale Quelle ist, bezogen auf die Beobachtungsrichtung, durch einen dichten Staubtorus versperrt. Weitere typische Streustrahlungseffekte aktiver Galaxien, wie ein blaues Kontinuum an der Kegelspitze, bestätigen das Seyfert-2-Modell für NGC 5643.

OBJEKT	NGC 5643
STERNBILD	Lupus
REKT.	$14^h\ 32^m\ 41^s$
DEKL.	−44° 10′ 28″
HELLIGKEIT	10,7 mag
TYP	SAB(rs)c
FOTOGRAFEN	Josef Pöpsel, Beate Behle
TELESKOP	600-mm-Reflektor
KAMERA	SBIG ST-10XME
BELICHTUNGSZEIT	180 min
ORT	Amani Lodge, Namibia

NGC 5905

Im Zentrum der Aufnahme steht NGC 5905, eine SB(r)b Galaxie, deren Entfernung zur Milchstraße 160 Millionen Lichtjahre beträgt. Die Ausdehnung von 4,0′ × 2,6′ erscheint zwar klein, der projizierte Scheibendurchmesser belegt jedoch mit fast 190.000 Lichtjahren ihre enorme absolute Größe. Der Balken ist um etwa 30° gegen die Vertikale geneigt und die an ihm ansetzenden zwei Spiralarme formen einen inneren Ring mit einem Durchmesser von 0,9′. Sie besitzen große Knickwinkel und erreichen nach 270° Umlauf den Scheibenrand. Die äußere Scheibenzone enthält einige auffallend blaue Armfragmente. In einem Winkelabstand von 13′ steht links unter NGC 5905 die SAb-Galaxie NGC 5908. Ihre Fluchtgeschwindigkeit ist nur um 84 km/s größer und legt damit eine gravitative Bindung des Paares nahe. Es finden sich aber keine sichtbaren Zeichen einer Wechselwirkung im Umfeld der beiden Galaxien.
NGC 5905 wird als HII-Galaxie katalogisiert und in den hochauflösenden Spektren der zentralen Quelle zeigen sich schmale Emissionslinien von Wasserstoff, Stickstoff und Sauerstoff. Aufgrund dieser optischen Eigenschaften wird NGC 5905 als Seyfert-2-Galaxie klassifiziert. Im Zentrum selbst stellten Astronomen eine verringerte Hα-Emission fest. Dies kann als eine Zunahme an absorbierendem Wasserstoffgas in der Blickrichtung interpretiert werden. Variiert man die Orientierung des Spalts des Spektrographen, kann eine Verbreiterung der Emissionslinien festgestellt werden; ein deutliches Zeichen für eine rotierende Gasscheibe in NGC 5905. Die größten Rotationsgeschwindigkeiten von ±100 km/s werden in 2–3″ Abstand zum Zentrum erreicht und entsprechen einem mittleren Scheibendurchmesser von etwa 4000 Lichtjahren. Der Kern in NGC 5905 wird normalerweise durch diese Scheibe verdeckt und nur in seltenen Fällen sichtbar. Dies ist möglich, wenn das Scheibengas infolge von Röntgenstrahlungsausbrüchen ionisiert und somit durchsichtig für weiche Röntgenstrahlung wird.

OBJEKT	NGC 5905
STERNBILD	Draco
REKT.	$15^h\ 15^m\ 23^s$
DEKL.	+55° 31′ 03″
HELLIGKEIT	12,5 mag
TYP	SB(r)b
FOTOGRAFEN	Richard Müller
TELESKOP	318-mm-Reflektor
KAMERA	Artemis 4021
BELICHTUNGSZEIT	950 min
ORT	Lohmar, Deutschland

NGC 5921

Bei NGC 5921 handelt es sich um eine SB(r)bc-Galaxie, die 3° nördlich des Kugelsternhaufens M 5 zu finden ist. Die isolierte Feldgalaxie steht in einer Entfernung von 68 Millionen Lichtjahren zur Milchstraße. Bei ihr entspricht 1′ einer projizierten Strecke von etwa 20.000 Lichtjahren. Die Winkelgröße von 4,9′ × 4,0′ liefert somit einen Scheibendurchmesser von 97.000 Lichtjahren. Der Balken in NGC 5921 ist von Staubbändern durchzogen. Am oberen, nördlichen Ende erscheinen diese besonders dicht. Sie verlaufen schräg zur Längsachse des Balkens und ihre Berührungspunkte am hellen Kern stehen fast senkrecht zur Achse. An den Balkenenden setzen zwei helle Spiralarme mit auffallenden kleinen Knickwinkeln an. Durch den kompakten Verlauf der zwei Spiralarme entsteht eine ovale Einrahmung der Balkenzone. Jeder der beiden Spiralarme durchläuft nach einem halben Umlauf den Startpunkt des anderen Spiralarmes. Diese Überlappungsgebiete sind von vielen HII-Regionen geprägt. Im äußeren Bereich öffnen sich die Spiralarme und fragmentieren, wodurch das Aussehen der Scheibe durch viele leuchtschwache Armfragmente geprägt wird.

Vergleicht man die Aufnahmen von NGC 5921 in ihren blauen und roten Farbkanälen, stellt man fest, dass das Spiralmuster fast ausschließlich im Blauen zu sehen ist. Im roten Farbkanal dominiert der Balken. Die Ausnahme bilden Hα-Bilder, die den Verlauf der aktiven Bereiche mit den HII-Regionen der Spiralarme dokumentieren. Der Balken selbst ist in den Hα-Aufnahmen kaum zu erkennen, was auf ein mögliches Defizit an Wasserstoffgas im Zentrum von NGC 5921 verweist. Die gemessene Rotationskurve des ionisierten Wasserstoffgases belegt allerdings auch, dass dieses Defizit nicht den gesamten Balkenbereich betrifft. Der wellige Verlauf der Rotationskurve im zentrumsnahen Bereich von ±0,5′ ist ein Indiz für große Geschwindigkeitsunterschiede der Wasserstoffgas-Strömung im Balken. Untersuchungen des neutralen Wasserstoffs bestätigen den allgemeinen Wasserstoffmangel und liefern die Begründung dafür, warum NGC 5921 auch als eine Galaxie mit reduzierter Sternentstehung und daher mit geringer Flächenhelligkeit klassifiziert wird.

OBJEKT	NGC 5921
STERNBILD	Serpens
REKT.	$15^h\ 21^m\ 57^s$
DEKL.	+05° 04′ 14″
HELLIGKEIT	11,5 mag
TYP	SB(r)bc
FOTOGRAFEN	Makis Palaiologou, Stefan Binnewies
TELESKOP	1,3-m-Reflektor
KAMERA	Andor DZ 436
BELICHTUNGSZEIT	112 min
ORT	Skinakas-Observatorium, Kreta, Griechenland

NGC 6140

Die Galaxie NGC 6140 liegt in einer Entfernung von 50 Millionen Lichtjahren. Obwohl im Sternbild Draco einige auffällige Galaxien zu finden sind, handelt es sich bei NGC 6140 um eine isoliert stehende Welteninsel. In einem Umkreis von 20 Millionen Lichtjahren findet sich keine weitere Galaxie. Die Größe der optischen Scheibe beträgt 6,3′ × 4,6′ und der projizierte Durchmesser damit 92.000 Lichtjahre. Während die Morphologie einem späten SB(s)-Typ ähnelt, besitzt der Balken selbst nur am unteren, südwestlichen Ende einen Spiralarmanschluss. Das obere Balkenende besitzt keinen Spiralarm; erst weiter rechts lassen sich Fragmente einem Armverlauf zuordnen. Im äußeren Bereich der Scheibe erkennt man zwei lichtschwache, sich gegenüberliegende Spiralarme. Das kontrastverstärkte Umfeld zeigt einen bogenförmigen Gezeitenschweif am rechten Scheibenrand, der sich als sehr schwache Signatur links unterhalb der Scheibe fortsetzen lässt (siehe kontrastverstärkte Aufnahme). Im gesamten Bildfeld der Aufnahme entdeckt man weiter entfernte Hintergrundgalaxien.
Das HI-Geschwindigkeitsfeld in NGC 6140 ist regelmäßig aufgebaut und die Rotationsgeschwindigkeit des neutralen Wasserstoffs in der Scheibenebene steigt bis 1,5 Galaxienradien auf 120 km/s an. Es folgt ein flacher Verlauf bis 2,5′ und ein anschließender Anstieg auf 140 km/s, der sich bis 4′ Abstand verfolgen lässt und als Hinweis auf einen weitreichenden Halo aus Dunkler Materie gedeutet werden kann. Im Fall von NGC 6140 haben Astronomen auf ungewöhnliche Art untersucht, wie weit die HI-Scheibe reichen könnte. Dazu nutzten sie den etwa 48′ neben NGC 6140 stehenden Quasar Mrk 876. Im Spektrum dieses weit entfernten Quasars fand man eine Wasserstoff-Absorptionslinie. Es könnte sein, dass der Ursprung dieses Wasserstoffgases nicht in Mrk 876 liegt, sondern auf eine weit reichende Scheibe um NGC 6140 zurückzuführen ist, durch die das Quasarlicht läuft. Der projizierte Abstand zu NGC 6140 würde 590.000 Lichtjahre betragen. Gegen diese exotische Erklärung spricht die Relativgeschwindigkeit der absorbierenden Wasserstoffwolke von 40 km/s; als Teil einer rotierenden Scheibe würde man 120 km/s erwarten. Besteht zwischen der Wasserstoffwolke und NGC 6140 tatsächlich ein Zusammenhang, so erscheint die Interpretation der Wolke als HI-Spur eines früheren Wechselwirkungspartners wahrscheinlicher.

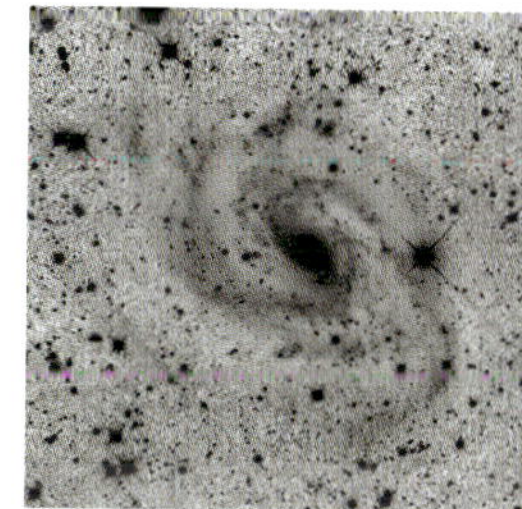

OBJEKT	NGC 6140
STERNBILD	Draco
REKT.	$16^h\ 20^m\ 58^s$
DEKL.	+65° 23′ 26″
HELLIGKEIT	11,8 mag
TYP	SB(s)cd pec
FOTOGRAFEN	Josef Pöpsel, Stefan Binnewies
TELESKOP	600-mm-Reflektor
KAMERA	SBIG STL-16803
BELICHTUNGSZEIT	465 min
ORT	Skinakas-Observatorium, Kreta, Griechenland

N

NGC 5945

Die SB(rs)ab-Galaxie NGC 5945 ist in der Aufnahme über der Bildmitte zu sehen. In 8,4′ Abstand weiter südlich steht neben ihr die Galaxie NGC 5943, die Spuren einer stattgefundenen Verschmelzung zeigt. Am unteren Bildrand findet sich außerdem das wechselwirkende Paar NGC 5934 und NGC 5935. NGC 5945 gehört zu einer Galaxiengruppe, die aus einem Dutzend hellerer Galaxien besteht und sich als ein 40′ langes Filament im nördlichen Sternbild Bootes erstreckt. Die Fluchtgeschwindigkeiten der meisten dieser Galaxien liegen innerhalb von ±200 km/s und sind ein Hinweis auf deren gravitative Bindung. Die Entfernung von NGC 5945 zur Milchstraße beträgt 230 Millionen Lichtjahre. Mit einem Durchmesser von 1′ entspricht die Größe des auffälligen inneren Ringes in NGC 5945 67.000 Lichtjahre in Projektion. Dies liegt im Bereich der typischen Durchmesser von Spiralgalaxien, was sich auch an den anderen Galaxien im Bildfeld bestätigt. Einige Bogenminuten östlich des Galaxienpaars NGC 5934 und NGC 5935 fällt ein Haufen aus kleinen, orangegelben Galaxien auf. Es handelt sich um den Haufen WHL J152840.8+425617, der 14 Mitglieder umfasst und dessen ungefähre Entfernung mit 3,7 Milliarden Lichtjahren angegeben wird.
Der Balken in NGC 5945 liegt fast horizontal und man erkennt zwei filigrane, hellbraune Staubbänder. Diese laufen ins ovale Zentrum, dessen Längsachse senkrecht zur Balkenachse steht, und bilden einen Staubring um dieses Zentrum. Die zwei Spiralarme lassen sich nur einen halben Umlauf lang verfolgen und formen die zwei leicht versetzten Hälften des inneren Rings. Die Spiralarme scheinen außerdem in zwei lichtschwache Gezeitenschweife überzugehen, die einen äußeren, gekippt wirkenden Ring ausformen. Deutet man diesen Ring als Teil der Scheibenebene, erreicht er den enormen Durchmesser von 200.000 Lichtjahren. Es wird vermutet, dass NGC 5945 aus der Verschmelzung mit einer kompakten Galaxie entstanden ist. Dabei fällt auf, dass die nicht-kreisförmige Störung des Scheibenpotenzials in NGC 5945 ein ungewöhnlich großes Ausmaß annimmt.
Der Balken in NGC 5945 misst etwa 65.000 Lichtjahre und übertrifft damit die Länge des Balkens in der Milchstraße um das Dreifache.

OBJEKT	NGC 5945
STERNBILD	Bootes
REKT.	$15^h\ 29^m\ 45^s$
DEKL.	+42° 55′ 07″
HELLIGKEIT	13,6 mag
TYP	SB(rs)ab
FOTOGRAFEN	Stefan Binnewies, Josef Pöpsel
TELESKOP	600-mm-Reflektor
KAMERA	SBIG STL-16803
BELICHTUNGSZEIT	425 min
ORT	Skinakas-Observatorium, Kreta, Griechenland

NGC 6221

Die SB(s)c-Galaxie NGC 6221 steht im südlichen Sternbild Ara und liegt mit einer galaktischen Breite von –9,6° nahe der Milchstraßenebene. Sie bildet zusammen mit NGC 6215, die 19′ nordwestlich liegt und nicht auf der Aufnahme zu sehen ist, ein Galaxienpaar. NGC 6221 steht in einer Entfernung von 60 Millionen Lichtjahren, wobei die maximale Winkelausdehnung der Scheibe von 3,5′ einem projizierten Durchmesser von 61.000 Lichtjahren entspricht. Ihr helles Zentrum liegt in einem breiten Balken, der von Staubbändern durchzogen wird, die einen SB-typischen Versatz relativ zur Balkenachse aufweisen. An den Balkenenden beginnen zwei kurze Spiralarme; sie besitzen einige aktive Regionen, bauen aber kein großflächiges Spiralmuster auf. Die Scheibenebene ist von Staubfilamenten durchzogen und erscheint am rechten Rand ausgefranst.

Detaillierte Hα-Untersuchungen zeigen große, nicht-kreisförmige Strömungen des ionisierten Gases in der Scheibe. Die Verteilung des neutralen Wasserstoffs folgt der optischen Emission, erscheint aber regelmäßiger im Aufbau. Mit einer HI-Scheibe, die zwei- bis dreimal größer als die optische Scheibe ist, liefern Radiodaten neben zwei Zwerggalaxien auch einen Hinweise auf eine Materiebrücke zwischen NGC 6221 und NGC 6215. Diese Struktur erstreckt sich über 300.000 Lichtjahre und besitzt 3×10^8 Sonnenmassen. Im Vergleich zu NGC 6221 sind dies nur 5 % der dort nachgewiesenen HI-Masse. Aus dem Geschwindigkeitsunterschied kann man abschätzen, dass es vor 500 Millionen Jahren zu einer Begegnung der beiden Galaxien gekommen sein muss, bei der NGC 6221 nachhaltig gestört wurde.

OBJEKT	NGC 6221
STERNBILD	Ara
REKT.	$16^h\ 52^m\ 46^s$
DEKL.	–59° 13′ 07″
HELLIGKEIT	11,2 mag
TYP	SB(s)c
FOTOGRAFEN	Rainer Sparenberg, Stefan Binnewies
TELESKOP	600-mm-Reflektor
KAMERA	SBIG ST-10XME
BELICHTUNGSZEIT	120 min
ORT	Amani Lodge, Namibia

NGC 6300

NGC 6300, eine SB(rs)b-Galaxie im südlichen Sternbild Ara, gehört zur Galaxiengruppe [TSK2008] 0349. Die Entfernung zur Milchstraße beträgt 42 Millionen Lichtjahre, die Winkelgröße entspricht mit 4,5′ × 3,0 einer projizierten Scheibengröße von 55.000 Lichtjahren. In den Katalogen ist NGC 6300 als aktive Seyfert-2-Galaxie aufgeführt. Die Hauptachse des Bulges liegt in der Aufnahme horizontal und ist gegenüber der diagonal verlaufenden Balkenachse um 45° gekippt. Der Balken ist schwach ausgeprägt und wird durch breite Staubbänder verdeckt. Am unteren, südwestlichen Balkenende ist die dichte Staubstruktur gut zu erkennen und scheint den dort ansetzenden Spiralarm zu umschließen. Beide Spiralarme in NGC 6300 besitzen einen breiten, diffusen Aufbau und ihr 180°-Umlauf formt einen mit aktiven Bereichen besetzten Ring, der die Balkenzone umgibt. An diesen hellen inneren Teil der Scheibe schließt ein leuchtschwacher, weniger blau gefärbter äußerer Bereich an.

Mit dem Röntgensatelliten XMM-Newton wurde die zeitliche Variabilität des aktiven Kerns in NGC 6300 im Detail untersucht. Die Detektoren des Satelliten lieferten für die Röntgenhelligkeit eine mittlere Zählrate von etwa einem Röntgenphoton pro Sekunde. Die etwa zwölf Stunden währende Zeitreihe zeigte eine variable Röntgenhelligkeit, die zwar einzelne Peaks enthielt, aber durch Veränderung auf Zeitskalen von 20–60 Minuten bestimmt ist. Die quantitative Untersuchung der Verteilung der Zeitskalen erfolgte dabei mittels Periodogramm. Diese typische Röntgenvariabilität lässt sich durch einen Steigungsparameter beschreiben. Für NGC 6300 erhält man einen Wert von 1,75, der im Bereich von 1–2, in dem man sonst nur Seyfert-1-Kerne findet, liegt. Die Seyfert-2-Variabilität ist hingegen weniger stark durch kurze Zeitskalen bestimmt und liefert kleinere Steigungswerte. Astronomen folgern aus diesen Zeitdaten, dass NGC 6300 eine Seyfert-1-Galaxie ist, deren Kernbereich jedoch durch dichte Materiewolken bedeckt wird, was fälschlicherweise zu einer Seyfert-2-Klassifizierung führte. Die Annahme eines von Materiewolken umgebenen Kerns wird durch den sichtbar hohen Staubanteil in dieser SB-Galaxie bestätigt. Der zentrale Aufbau von NGC 6300 weicht also vom Standardmodell einer Aktiven Galaxie ab.

OBJEKT	NGC 6300
STERNBILD	Ara
REKT.	$17^h\ 16^m\ 59^s$
DEKL.	−62° 49′ 14″
HELLIGKEIT	11,0 mag
TYP	SB(rs)b
FOTOGRAFEN	Josef Pöpsel, Beate Behle
TELESKOP	600-mm-Reflektor
KAMERA	SBIG ST-10XME
BELICHTUNGSZEIT	200 min
ORT	Amani Lodge, Namibia

NGC 6339

Die Aufnahme zeigt auf der linken Seite die SBd-Galaxie NGC 6339. Dicht über ihr steht PGC 60007, die jedoch viermal weiter entfernt ist und keinen Wechselwirkungspartner darstellt. NGC 6339 steht in 100 Millionen Lichtjahren Entfernung zur Milchstraße. Die Winkelmaße von 2,9′ × 1,7′ liefern einen transversalen Durchmesser von 84.000 Lichtjahren. Am rechten Bildrand steht, 12′ nördlich von NGC 6339, die Galaxie NGC 6343, die ähnlich weit entfernt ist wie PGC 60007. Ein Zentrum in NGC 6339 ist schwer zu identifizieren, da es fast die gleiche Helligkeit wie der Balken besitzt. An beiden Balkenenden erkennt man HII-Regionen, und die beiden ansetzenden Spiralarme zeigen einen offenen Verlauf. Die Spiralarme spalten sich auf dem Weg zum Scheibenrand mehrfach auf, wobei die Fragmente viele perlschnurartig aufgereihte Sternentstehungsregionen beinhalten.

Die HI-Radiodaten von NGC 6339 lassen auf insgesamt $3{,}4 \times 10^9$ Sonnenmassen an neutralem Wasserstoff schließen. Dieser Wert entspricht typischerweise dem einer gasreichen Spiralgalaxie. Das Radiobild zeigt eine regelmäßige Scheibe, die mit 5′ Durchmesser fast doppelt so groß ist wie die optische Scheibe. Weitere HI-Quellen sind in den Radiodaten nicht zu erkennen. Die Hauptachsen beider Scheiben sind weniger als 10° gegeneinander verkippt, sodass vermutet werden kann, dass die Scheibe aus neutralem Wasserstoffgas um NGC 6339 fast eben ist. Daher liegt die Annahme nahe, dass diese Galaxie bisher keine Störung erfahren hat und ihre Beschreibung als isolierte Feldgalaxie exakt zutrifft.

OBJEKT	NGC 6339
STERNBILD	Herkules
REKT.	$17^h\ 17^m\ 07^s$
DEKL.	+40° 50′ 42″
HELLIGKEIT	13,3 mag
TYP	SBd
FOTOGRAFEN	Josef Pöpsel, Stefan Binnewies
TELESKOP	600-mm-Reflektor
KAMERA	SBIG STL-11000
BELICHTUNGSZEIT	525 min
ORT	Skinakas-Observatorium, Kreta, Griechenland

NGC 6384

80 Millionen Lichtjahre von der Milchstraße entfernt liegt die SAB(r)bc-Galaxie NGC 6384. Ihr Scheibendurchmesser ist mit 144.000 Lichtjahren doppelt so groß wie der einer durchschnittlichen Spiralgalaxie. Die Scheibe misst dabei 6,2′ × 4,2′ und die Länge des relativ kleinen Balkens entspricht mit 1′ projizierten 23.000 Lichtjahren. Der helle, ovale Bulge liegt in Richtung der Balkenachse. Die Bulge-Isophoten zeigen eine Verdrehung ihrer Hauptachsen. Dieser Isophoten-Twist orientiert die äußeren Isophoten entlang der Balkenachse. Beim Übergang zu den Spiralarmen sieht man auf der Aufnahme zwei Ansae-Aufhellungen, wobei sich die inneren Arme überlagern und ein flokkulentes Spiralmuster erzeugen. Erst in der äußeren Scheibe gibt es längere Spiralarmstrukturen, die aber nur wenig aktive Regionen oder Staubbänder aufweisen.
Eines der Rätsel, die Astronomen bei den Balkenspiralgalaxien untersuchen, ist der Zusammenhang zwischen der Balkenausprägung und dem Spiralmuster. Folgt man der Theorie, so müssten „starke Balken“ besser definierte Dichtewellen erzeugen können. Dies wird dadurch bestätigt, dass bei starken Balken meist ein zweiarmiges Spiralmuster beobachtet wird. Es wird allerdings vermutet, dass diese Beziehung zwischen Balken und Spiralmuster nur bei jungen Balken besteht. Im Zuge der Untersuchung einer Gruppe von SB-Galaxien mit ungestörten Spiralmustern, bei der auch NGC 6384 analysiert wurde, zeigte sich dieser schwache aber signifikante Zusammenhang. Im Vergleich zu den 22 anderen untersuchten Galaxien zeigt NGC 6384 beim Balken wie auch beim Spiralmuster Werte geringer Ausprägung. Im Fall von SB-Galaxien mit dieser Wechselbeziehung geht man davon aus, dass sich Spiralmuster und Balken gemeinsam entwickeln; bei Galaxien wie NGC 6384 kann man umgekehrt folgern, dass die zwei Komponenten unabhängig voneinander existieren.

OBJEKT	NGC 6384
STERNBILD	Ophiuchus
REKT.	$17^h 32^m 24^s$
DEKL.	+07° 03′ 37″
HELLIGKEIT	11,1 mag
TYP	SAB(r)bc
FOTOGRAFEN	Volker Wendel, Stefan Binnewies
TELESKOP	600-mm-Reflektor
KAMERA	SBIG STL-11000
BELICHTUNGSZEIT	210 min
ORT	Skinakas-Observatorium, Kreta, Griechenland

N

IC 1296

Die SBbc-Galaxie IC 1296 ist vermutlich nur aufgrund ihrer Nähe zum Planetarischen Nebel M 57 eine von Amateurastronomen oft fotografierte Galaxie. Im Vergleich zu M 57, der 2300 Lichtjahre von der Sonne entfernt ist, beträgt die Entfernung zu IC 1296 240 Millionen Lichtjahre. Die Winkelgröße erreicht 1,1′, dies entspricht einem projizierten Scheibendurchmesser von 80.000 Lichtjahren. Die zwei am etwa 7″ langen Balken ansetzenden Spiralarme von IC 1296 reichen nicht bis zu den Scheibenrändern. Weiterhin findet sich in einem Umkreis von 1° kein Objekt mit ähnlicher Fluchtgeschwindigkeit, sodass man IC 1296 als weitgehend isoliert stehende Galaxie bezeichnen kann.

Die Kombination von Planetarischem Nebel und einer Galaxie findet man selten auf Aufnahmen. Dies liegt an den unterschiedlichen und fast entgegengesetzten Häufigkeitsverteilungen am Himmel. Die Planetarischen Nebel sind galaktische Objekte und in der Scheibenebene konzentriert, vor allem aber in Richtung des galaktischen Zentrums. Über 80 % der Planetarischen Nebel besitzen galaktische Breiten <10° und liegen damit in einem Bereich, der aufgrund der starken Absorption durch große Mengen Gas und Staub innerhalb der Milchstraße für das Licht extragalaktischer Objekte – wie das der Galaxien – fast vollständig undurchlässig ist.

Im Rahmen des italienischen Supernova-Suchprogrammes ISSP, engl. „Italian Supernovae Search Project", arbeiten vier italienische Observatorien zusammen. Zum Einsatz kommen Teleskope mit 25–53 cm Öffnung, die durch automatisierte Aufnahmen systematisch große Sternfelder überwachen. So wurde etwa von Juni bis Dezember 2011, den ersten sechs Monaten des Projekts, eine Gesamtzahl von fast 70.000 Beobachtungen erreicht. In dieser Zeit entdeckte die Gruppe 19 Supernovae. Im August 2013 fand das ISSP außerdem die Supernova SN2013ev (PSN J18531845+3303527) in IC 1296, 9,2″ vom Zentrum entfernt, im unteren, südwestlichen Spiralarm. Unabhängig vom ISSP-Team meldete auch ein deutscher Amateurastronom die Entdeckung der Supernova. Diese gelang ihm mit Hilfe eines 43-cm-Teleskops in seiner Sternwarte in Bayern.

OBJEKT	IC 1296
STERNBILD	Lyra
REKT.	$18^h\ 53^m\ 19^s$
DEKL.	+33° 04′ 00″
HELLIGKEIT	14,8 mag
TYP	SBbc
FOTOGRAFEN	Volker Wendel, Josef Pöpsel
TELESKOP	600-mm-Reflektor
KAMERA	SBIG STL-11000
BELICHTUNGSZEIT	900 min
ORT	Skinakas-Observatorium, Kreta, Griechenland

NGC 6744

Mit NGC 6744 betrachtet man eine der größten Spiralgalaxien des Südhimmels. Sie findet sich inmitten des Sternbildes Pavo, mit einer Deklination von −63° und einer Winkelgröße von 20,0′ × 12,9′. Die Distanz zur Milchstraße beträgt 30 Millionen Lichtjahre, was NGC 6744 auch in absoluten Werten mit einer projizierten Scheibengröße von 175.000 Lichtjahren zu einer ungewöhnlich großen Galaxie macht. Aufgrund ihrer SAB(r)bc-Typisierung wird sie oft als Zwilling der Milchstraße beschrieben. Der horizontal liegende Balken erscheint schwach, diffus und zeigt keine Staubbänder. Diese erkennt man jedoch an den Balkenenden und im umgebenden, flokkulenten Spiralarmring. Die äußeren Spiralarme enthalten aktive Gebiete mit großen, rot leuchtenden HII-Regionen. Am linken, nördlichen Rand der Scheibe von NGC 6744 verläuft ein leuchtschwacher Spiralarm, der bei der irregulären Zwerggalaxie NGC 6744A zu enden scheint.

Die Aufnahme des NASA Galaxy Evolution Explorer (Galex) von NGC 6744 zeigt das im ultravioletten Licht leuchtende, weitreichende Spiralmuster. Der auffällige Nordrand-Arm ist gut zu erkennen, verläuft über NGC 6744A hinweg und sogar noch weiter über das Bildfeld dieser optischen Aufnahme hinaus. Auf der Galex-Aufnahme finden sich keine Hinweise auf eine Verbindung zwischen NGC 6744A und dem Spiralarm. Gegen die Hypothese, dass es sich bei NGC 6744A um eine Gezeiten-Zwerggalaxie handeln könnte, spricht neben der scharf abgegrenzten Struktur von NGC 6744A die fast senkrecht Orientierung der Hauptachse zur lokalen Spiralarmrichtung. Radiodaten des NGC 6744-Systems liefern das Bild einer großen, rotierenden Scheibe. Mit Hilfe der HI-Konturen kann man außerdem den Verlauf des lichtschwachen Nordrand-Spiralarmes gut nachvollziehen. Mit einer Relativgeschwindigkeit von −76 km/s platzieren die HI-Geschwindigkeitsdaten NGC 6744A vor dem Spiralarm. Die in den Konturen ebenfalls zu erkennende lokale Störung des HI-Geschwindigkeitsfeldes verweist zudem auf eine mögliche bevorstehende oder bereits stattgefundene Passage von NGC 6744A durch die Scheibenebene von NGC 6744.

OBJEKT	NGC 6744
STERNBILD	Pavo
REKT.	$19^h\ 09^m\ 46^s$
DEKL.	−63° 51′ 27″
HELLIGKEIT	9,1 mag
TYP	SAB(r)bc
FOTOGRAFEN	Bernd Flach-Wilken, Volker Wendel
TELESKOP	400-mm-Reflektor
KAMERA	SBIG STL-6303
BELICHTUNGSZEIT	460 min
ORT	Farm Tivoli, Namibia

NGC 6907

Genau genommen zeigt diese Aufnahme nicht eine Galaxie, sondern ein Galaxiensystem aus den Komponenten NGC 6907 und NGC 6908. NGC 6907 ist die SB(s)bc-Galaxie, in deren nordwestlichem Spiralarm die kleinere S0-Galaxie NGC 6908 zu erkennen ist. Die Entfernung von NGC 6907 liegt bei 120 Millionen Lichtjahren und ihr Scheibendurchmesser von 3,5′ entspricht einer transversalen Größe von 122.000 Lichtjahren. Der Abstand beider Galaxien zueinander liegt bei 0,7′, und ihre Fluchtgeschwindigkeiten unterscheiden sich um weniger als 60 km/s. Im Zentrum von NGC 6907 erkennt man einen ovalen Bulge, der einen kurzen, orangefarbenen Balken beinhaltet. Das Spiralmuster ist durch zwei breite, asymmetrische Arme bestimmt. Der nordwestliche Spiralarm von NGC 6908 besitzt mehr aktive Teilstücke sowie hellere HII-Regionen. Betrachtet man die Helligkeitsverteilung in der Scheibenebene, so fällt auf, dass sich an die 0,3′ große NGC 6908 eine ebenso breite Spur anschließt. Diese Spur ist dunkler als die Scheibe selbst und durchläuft sie in Bogenform. Auf der kontrastverstärkten Aufnahme gibt es Indizien dafür, dass sich dieser Bogen in einer lichtschwachen Signatur am rechten Scheibenrand fortsetzt. Zum Zeitpunkt der Aufnahme war in NGC 6907, rechts unterhalb des Zentrums, die Supernova 2004bv als hellblauer Stern zu sehen.

Durch die Kombination von 21-cm-Radiobeobachtungen des Giant Meterwave Radio Telescope (GMRT, Puna, Indien) mit spektroskopischen Daten des nördlichen Gemini-Teleskops (Hawaii, USA) war es Astronomen möglich, die Entwicklungsgeschichte dieses Galaxiensystems zu erklären. Das optische Spektrum von NGC 6908 zeigt S0-typische Wasserstoffabsorptionslinien. Sie sind teilweise von Emissionslinien überlagert, die dem Spiralarm von NGC 6907 zugerechnet werden. Das Radiobild des Systems zeigt außerdem eine 7′ lange, ovale HI-Scheibensignatur. Sie geht am linken, südwestlichen Ende in eine HI-Spur über, die in einem weiten Bogen unter der optischen Scheibe wieder nach links läuft. Diese könnte durch den Gasverlust von NGC 6908 beim Umlaufen von NGC 6907 entstanden sein, bevor es dann zum Zusammenstoß beider Galaxien kam.

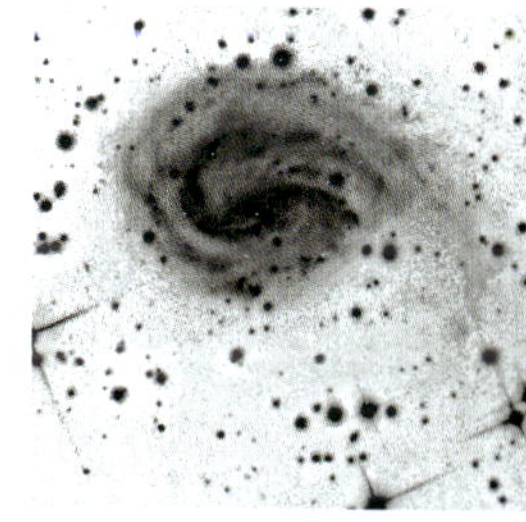

OBJEKT	NGC 6907
STERNBILD	Capricornus
REKT.	$20^h\ 25^m\ 07^s$
DEKL.	−24° 48′ 33″
HELLIGKEIT	11,4 mag
TYP	SB(s)bc
FOTOGRAFEN	Josef Pöpsel, Beate Behle
TELESKOP	600-mm-Reflektor
KAMERA	SBIG ST-10XMF
BELICHTUNGSZEIT	140 min
ORT	Amani Lodge, Namibia

NGC 6951

NGC 6951 ist eine isoliert stehende SAB(rs)bc-Galaxie, deren Entfernung zur Milchstraße 73 Millionen Lichtjahre beträgt. Die Winkelgrößen von 3,9′ × 3,2′ ergeben eine 83.000 Lichtjahre große Scheibe mit einer Inklination von 40° und einem Positionswinkel von 130°. Die Balkenregion in NGC 6951 ist von zwei Staubbändern durchzogen, die zu einem hellen zirkumnuklearen Ring aus Sternhaufen führen. Dieser Ring besitzt einen Durchmesser von etwa 3000 Lichtjahren und umschließt das Zentrum mit einem vergleichsweise leuchtschwachen Seyfert-2-Kern. Der untere, südliche Spiralarm ist schwach ausgeprägt und reicht kaum 90° weit; der am rechten Balkenende ansetzende andere Arm spaltet sich zu Beginn auf. Ein Teil umläuft den inneren Bereich und berührt den gegenüberliegenden Spiralarm. Der zweite Teil läuft mit größerem Knickwinkel zum oberen, nördlichen Scheibenrand und lässt zwei Woronzow-Weljaminow-Segmente erkennen.

Das Erscheinungsbild der Galaxie ist durch einen bräunlichen Farbton geprägt, der sich auch in den Wolken zeigt, die Teile der Milchstraße sind. Die gesamte Milchstraßenebene ist von solchen Wolken aus Staub und Gas umschlossen. Dieses Material wurde durch Sternentwicklungsprozesse aus der Ebene herausgeschleudert und wird durch das gesamte Licht der Milchstraße beleuchtet. Man spricht bei diesen Nebelfilamenten vom „galaktischen Cirrus“, der vor allem bei hohen galaktischen Breiten in Richtung der zirkumpolaren Sternbilder sichtbar ist. Der große Balken in NGC 6951 beeinflusst den Zustrom von Gas ins Zentrum. Dabei bildet der zirkumstellare Ring für den Gasstrom jedoch eine Barriere, die den weiteren Gasfluss zum Kern einschränkt. Aus dem Zustrom, der bei etwa zwei Sonnenmassen pro Jahr liegt, kann, zusammen mit der Masse im Ring, dessen Alter auf 1,1 Milliarden Jahre abgeschätzt werden. Es zeigt sich, dass die jüngsten Sternhaufen des Rings im Bereich des Gaszustroms auf dem Balken liegen. Da ein Großteil der Sternhaufen jünger als 100 Millionen Jahre ist und ein Sternhaufen für einen Umlauf 24 Millionen Jahre benötigt, handelt es sich bei dem Ring um einen transienten Zustand, das heißt, dass sich nur durch den stetigen Zustrom von Gas die Ringstruktur immer wieder selbst erneuern kann.

OBJEKT	NGC 6951
STERNBILD	Cepheus
REKT.	$20^h\ 37^m\ 14^s$
DEKL.	+66° 06′ 20″
HELLIGKEIT	10,0 mag
TYP	SAB(rs)bc
FOTOGRAFEN	Makis Palaiologou, Stefan Binnewies
TELESKOP	1,3-m-Reflektor
KAMERA	Andor DZ 436
BELICHTUNGSZEIT	360 min
ORT	Skinakas-Observatorium, Kreta, Griechenland

NGC 7184

Die Galaxie NGC 7184 ist ein SB(r)c-Typ, der in einer Entfernung von 110 Millionen Lichtjahren zur Milchstraße steht. Der Winkeldurchmesser der Scheibe beträgt 6,0′ × 1,5′ und der projizierte Durchmesser 192.000 Lichtjahre. Die Gestalt dieser großen SB-Galaxie wird durch einen hellen inneren Ring bestimmt, der einen Balken einschließt, der in Längsrichtung beobachtet wird. Durch diese Orientierung fällt der SB-Charakter erst bei genauer Betrachtung auf und wird durch die Staubstrukturen der umlaufenden Ringe bestätigt, die am Balkenansatz dichter wirken und in Balkenrichtung zu laufen scheinen.
NGC 7184 besitzt zwei symmetrische Spiralarme, die am Ring ansetzen und neben fein strukturierten Staubbändern auch einige H II-Regionen aufweisen. Im blau dominierten Außenbereich der Scheibe fachern die Spiralarme auf, wobei an den Rändern diffuse Längsstrukturen, die auf eine mögliche zurückliegende Gezeitenwechselwirkung hinweisen, auffallen.
In der Umgebung von NGC 7184 finden sich keine ähnlich großen Nachbargalaxien. Bei der Analyse der Katalogdaten fällt allerdings eine kleine Begleitgalaxie auf, die eine ähnliche Fluchtgeschwindigkeit besitzt. Dies ist die 2,9′ über dem Zentrum von NGC 7184 stehende S0-Galaxie 2MASX J22023952-2051425, die in der Aufnahme durch ihre gelbliche Färbung und ihre fast vertikale Längsachse auffällt. Die Relativgeschwindigkeit von 2MASX J22023952-2051425 zu NGC 7184 beträgt −325 km/s. Ihre Winkelgröße liegt bei 0,36′ × 0,11′, was einen Durchmesser von nur 11.500 Lichtjahren ergibt. Nimmt man an, dass die beiden ungleichen Galaxien miteinander wechselwirken, so ist möglich, dass die Zwerggalaxie die größere NGC 7184 umläuft.
Aufgrund des großen Massenunterschiedes bleibt zwar das Spiralmuster der großen Galaxie erhalten, es kommt allerdings zu Störungen des Materialtransports in der Ebene, die die besonderen Strukturen und die Größe von NGC 7184 erklären würden.

OBJEKT	NGC 7184
STERNBILD	Aquarius
REKT.	$22^h\ 02^m\ 40^s$
DEKL.	−20° 48′ 46″
HELLIGKEIT	12,2 mag
TYP	SB(r)c
FOTOGRAFEN	Adam Block
TELESKOP	800-mm-Reflektor
KAMERA	SBIG STX-16803
BELICHTUNGSZEIT	450 min
ORT	Mount Lemmon SkyCenter/ University of Arizona, USA

N ▶

NGC 7424

Die SAB(rs)cd-Galaxie NGC 7424 wird zu den „grand design"-Spiralgalaxien gezählt und ähnelt der Milchstraße, die 40 Millionen Lichtjahre entfernt ist. Die große Winkelausdehnung von 9,5′ × 8,1′ liefert einen projizierten Scheibendurchmesser von 110.000 Lichtjahren. Der helle Kern von NGC 7424 liegt in Richtung der Achse eines 2′ langen Balkens. Am oberen, südöstlichen Balkenende ist der Ansatz des Spiralarms mit einem durchgehenden Staubband deutlicher definiert als am anderen Ende. Dort starten die aktiven Bereich des Spiralarmes erst nach einem Umlaufwinkel von etwa 30°. In beiden Spiralarmen finden sich helle HII-Regionen, die Durchmesser von 2″ (etwa 400 Lichtjahre) erreichen. Neben dem Farbkontrast zur inneren Scheibe fallen in der äußeren Scheibe die teilweise gestreckt verlaufenden Spiralarme auf. Der Randbereich von NGC 7474 ist asymmetrisch aufgebaut; auffällig ist ein leuchtschwaches, bogenförmiges Teilstück eines Armes am rechten Scheibenrand.

In NGC 7424 explodierte 2001 die Supernova SN2001ig. Es folgten Untersuchungen in verschiedenen Energiebereichen, unter anderem auch mit dem Röntgensatelliten Chandra im Jahre 2002. Diese führten zur Entdeckung von zwei ultrahellen Röntgenquellen, engl. „ultraluminous X-ray sources" (ULX). Die mit ULX1 bezeichnete Quelle findet sich in einer sternarmen Region zwischen den Spiralarmen, ULX2 liegt in einem Haufen junger Sterne. Astronomen nehmen an, dass es sich bei den ULX um Röntgendoppelsterne handelt, deren kompakte Komponente ein Schwarzes Loch ist. Angenommen wird, dass die enorme Leuchtkraft der ULX durch die besonders hohe Akkretionsrate von 100 Sonnenmassen pro Jahr oder zusätzlich wirkende Projektionseffekte entsteht. Die Röntgenleuchtkraft beider ULX liegt um das 50- bis 100-fache über der des Kerns von NGC 7424. Hier vermutet man, dass im Zentrum der Galaxie kein supermassives Schwarzes Loch, sondern ein nuklearer Sternhaufen mit einer Masse von 10^6 Sonnenmassen steht. Zu dieser vergleichsweise geringen zentralen Masse passt auch, dass in NGC 7424 kein Bulge beobachtet werden kann.

OBJEKT	NGC 7424
STERNBILD	Grus
REKT.	$22^h\ 57^m\ 18^s$
DEKL.	−41° 04′ 14″
HELLIGKEIT	11,0 mag
TYP	SAB(rs)cd
FOTOGRAFEN	Philipp Keller, Konstantin Buchhold, Bernd Flach-Wilken, Johannes Schedler, Volker Wendel (Chart 32-Team)
TELESKOP	800-mm-Reflektor
KAMERA	FLI Proline 16803
BELICHTUNGSZEIT	1002 min
ORT	CTIO, Chile

NGC 7479

Die Balkenspiralgalaxie NGC 7479 ist 115 Millionen Lichtjahre von der Milchstraße entfernt. Die Winkelgröße liegt bei 4,1′ × 3,1′ und die projizierte Scheibe hat einen Durchmesser von 137.000 Lichtjahren. Das kompakte Zentrum liegt in einem hellen Balken, der die Oberflächenhelligkeit der gesamten Scheibe bestimmt. Der kleine, elliptische Bulge ist um 45° gegenüber dem horizontalen, filigran wirkenden Balken gekippt. Es fällt auf, dass an beiden Seiten des Balkens Staubbänder enden, die im Innenbereich der Scheibe ihren Anfang haben. Die Spiralarme schließen mit großen Knickwinkeln an den Balken an und der sich ergebende s-förmige Aufbau definiert den SB(s)c-Typ von NGC 7479. Der in der unteren, westlichen Scheibenhälfte verlaufende Spiralarm enthält dabei mehr aktive Regionen und ist besser definiert als sein östliches Pendant. Am rechten Bildrand sieht man außerdem die farbige Lichtspur, die der Asteroid 297751 (2001 XL_{63}) durch seine Bewegung während der Belichtung hinterlassen hat.

Die HI-Radiokarte von NGC 7479 bestätigt die sichtbare Asymmetrie des Spiralmusters der äußeren Scheibe. Dies betrifft den westlichen Spiralarm, der auf der Aufnahme in einen sich am rechten Rand fortsetzenden, abgesetzten Gezeitenschweif übergeht. Die HI-Daten liefern auch Belege für einen großen Geschwindigkeitsgradienten im Balken. Der zugehörige Materietransport ins Zentrum erklärt den aktiven Seyfert-2-Galaxienkern von NGC 7479. Die Besonderheit dieser Galaxie liegt in der Polarisation ihrer Radioemission. Astronomen fanden eine 50.000 Lichtjahre lange, jetartige Emissionsstruktur, die vom Zentrum ausgeht. Diese verläuft nahe der Scheibenebene und die dadurch bedingte Kompression der interstellaren Magnetfelder wirkt als Teilchenbeschleuniger, was in einer relativ hohen Radiohelligkeit resultiert. Die Ursache dieser Aktivität liegt vermutlich in einem Verschmelzungsereignis, das etwa 300 Millionen Jahre zurückliegt. Simulationen dieses „minor merger"-Ereignisses lieferten für den dabei zerstörten Begleiter eine Masse, die etwa 1/10 der Scheibenmasse von NGC 7479 entsprach. Die Bahnebene des Begleiters war dabei nur um 10° gegenüber der Scheibenebene der Vorgängergalaxie von NGC 7479 geneigt. Erst durch das Eindringen des Begleiters in die Scheibe entstand der zweiarmige Aufbau der Galaxie. Die Reste des Begleiters sammelten sich anschließend im Zentrum und bauten den Balken auf. Lässt man die Simulationsrechnungen weiterlaufen, so verschwindet der Balken nach weiteren 150 Millionen Jahren und NGC 7479 entwickelt sich in diesem Modell zu einem frühen, balkenlosen Spiraltyp.

OBJEKT	NGC 7479
STERNBILD	Pegasus
REKT.	$23^h\ 04^m\ 57^s$
DEKL.	+12° 19′ 22″
HELLIGKEIT	11,6 mag
TYP	SB(s)c
FOTOGRAFEN	Makis Palaiologou, Josef Pöpsel
TELESKOP	1,3-m-Reflektor
KAMERA	SBIG STL-6303
BELICHTUNGSZEIT	240 min
ORT	Skinakas-Observatorium, Kreta, Griechenland

NGC 7552

Die SB(s)ab-Galaxie NGC 7552 gehört zu einem Galaxien-Quartett, das in der englischen Literatur als „grus quartet" bekannt ist. NGC 7552 steht dabei 30′ abseits einer Dreiergruppe aus NGC 7582, NGC 7590 und NGC 7599. Diese miteinander wechselwirkenden Galaxien liegen in einer mittleren Entfernung von 55 Millionen Lichtjahren. Aus der Winkelgröße von 3,4′ × 2,7′ errechnet sich für den projizierten Durchmesser von NGC 7552 ein Wert von nur 54.000 Lichtjahren. NGC 7552 besitzt einen hellen Kern, der in einem komplex aufgebauten Balken liegt. Der hellste Teil der Scheibe ist die linsenförmige Balkenstruktur. In der Aufnahme erkennt man auf deren oberer Seite eine große HII-Region, die nahe dem Staubband liegt, das ins Zentrum führt.
An den Balkenenden setzen zwei halbkreisförmig verlaufende Spiralarme an, die am Rand der Scheibe den Eindruck eines umlaufenden Ringes entstehen lassen. Ein flächiges Spiralmuster ist nicht zu erkennen.
Etwa 20 % aller Spiralgalaxien besitzen nukleare Sternentstehungsringe, deren Durchmesser 2000–3000 Lichtjahre betragen und von denen Astronomen glauben, dass sie den Gaszustrom ins Zentrum beeinflussen. Bei Untersuchungen mit dem ESO-VLT (Paranal, Chile), welches im NIR 0,3″ Auflösung liefert, konnten so neun große, junge Sternhaufen in NGC 7552 nachgewiesen werden. Der Durchmesser des Ringes beträgt 5″ und liegt damit bei etwa 1300 Lichtjahren. Die Sternhaufen sind ca. 150 Lichtjahre groß und ihre Masse liegt bei einigen 10^6 Sonnenmassen. Die spektrale Untersuchung ergibt für diese Sternhaufen ein Alter von 5,6–6,3 Millionen Jahren. Betrachtet man den Altersgradienten und die Lage der Haufen im Ring, so fällt auf, dass die jüngeren Haufen im Bereich des nördlichen Berührungspunktes des Gaszustroms auf dem Balken liegen. Die Sternhaufen scheinen dort zu entstehen und dann der Ringrotation zu folgen. Fraglich bleibt bei dieser Annahme, was den Gaszustrom vor 5,6 Millionen Jahren wieder zum Erliegen brachte. Es besteht die Vermutung, dass der Gastransport ein komplexer Vorgang ist, bei dem die lokalen Dichteparameter im Balken und die bereits laufende Sternentstehung den neuerlichen Zustrom behindern könnten.

OBJEKT	NGC 7552
STERNBILD	Grus
REKT.	23^h 16^m 11^s
DEKL.	−42° 35′ 05″
HELLIGKEIT	11,3 mag
TYP	SB(s)ab
FOTOGRAFEN	Stefan Binnewies
TELESKOP	600-mm-Reflektor
KAMERA	SBIG ST-10XME
BELICHTUNGSZEIT	150 min
ORT	Amani Lodge, Namibia

NGC 7497

Die SB(s)d-Galaxie NGC 7497 befindet sich in einer lockeren Galaxiengruppe, deren Mitglieder größtenteils Zwerggalaxien sind, die allerdings nicht im Bildfeld der Aufnahme stehen. NGC 7497 liegt in 64 Millionen Lichtjahren Entfernung und ihr Winkeldurchmesser von 4,9′ entspricht einer Scheibengröße von 91.000 Lichtjahren. Das helle Zentrum liegt nicht in der Scheibenmitte, sondern ist nach rechts verschoben. Der asymmetrische Aufbau zeigt sich auch in der ungeordneten Lage der HII-Regionen in der linken, größeren Scheibenhälfte. Die auffallende Durchbiegung der Scheibe ist ein weiteres Zeichen für stattgefundene Wechselwirkungen innerhalb der Galaxiengruppe.

Die bräunlich-grauen Nebelfilamente, in die die Galaxie eingebettet zu sein scheint, sind Wolken aus Staub und Gas unserer Milchstraße, die sich in der Blickrichtung zu NGC 7497 befinden und die als „galaktischer Cirrus" bezeichnet werden. Die auf der Aufnahme sichtbare Längsstruktur gehört zu einem größeren Komplex, der etwa 900 Lichtjahre von der Sonne entfernt ist und sich über ein Grad am Himmel erstreckt. Die Struktur wird als MBM 54 bezeichnet und ist Teil des Kataloges der Wolken in hohen galaktischen Breiten, engl. „high latitude molecular clouds" von L. Magnani, L. Blitz und L. Mundi (1985). Das UV-Licht der Sterne im regionalen Umfeld der Scheibenebene der Milchstraße wird an den Staubpartikeln der Wolke gestreut und lässt diese aufleuchten. Zu diesem Blauanteil des gestreuten Lichts kommt zusätzlich ein roter Lichtanteil durch die Fluoreszenzstrahlung des durch das UV-Licht angeregten Gases. Einige der Sterne, die auf der Aufnahme zu sehen sind, stehen weiter entfernt als die Wolke, weshalb in ihren Spektren Absorptionslinien des in der Wolke enthaltenen molekularen Gases zu finden sind. Das häufigste Molekül in den Wolken ist Wasserstoff; Astronomen fanden in MBM 54 aber auch Kohlenmonoxid, Cyan und Natrium. Bei hohen Gasdichten werden die Moleküle vielfältiger, und man konnte sogar komplexe Aminosäuren in einigen Wolken nachweisen.

OBJEKT	NGC 7497
STERNBILD	Pegasus
REKT.	$23^h\ 09^m\ 03^s$
DEKL.	+18° 10′ 38″
HELLIGKEIT	12,0 mag
TYP	SB(s)d
FOTOGRAFEN	Adam Block
TELESKOP	800-mm-Reflektor
KAMERA	SBIG STX-16803
BELICHTUNGSZEIT	840 min
ORT	Mount Lemmon SkyCenter/ University of Arizona, USA

NGC 7640

Die SB(s)c-Galaxie NGC 7640 steht weitgehend isoliert; in einem 2°-Umkreis liefert die Suche nur zwei Zwerggalaxien. NGC 7640 befindet sich in 28 Millionen Lichtjahren Entfernung zur Milchstraße. Ihr Winkeldurchmesser erreicht 10,5′ und entspricht damit 86.000 Lichtjahren. Der aufgrund der Inklination von 77° recht flache Blickwinkel verzerrt die Morphologie von NGC 7640. Daher erlaubt nur die senkrecht zur Blickrichtung liegende Balkenachse die SB-Klassifikation. Durch die Kantenlage fällt auch das ungleiche Seitenverhältnis von 3:4 entlang der Hauptebene auf. Auf der links liegenden, größeren Südseite setzt an der Scheibe eine diffuse, in neutralem Weiß leuchtende Zone an.
Das Spiralmuster ist durch zwei große, s-förmig verlaufende Spiralarme bestimmt, und die Armenden enthalten viele aktive Bereiche. Besonders auffällig ist eine aus mindestens zwei großen OB-Assoziationen und einer großen HII-Region bestehende aktive Region im äußeren linken Scheibendrittel. Auf der Aufnahme findet man diese unterhalb eines Vordergrundsternes. Ihre Größe von 12″ entspricht einem Durchmesser von etwa 1500 Lichtjahren und ihre Position nahe der diffusen Randzone ist vermutlich nicht zufällig. Bei dieser Zone könnte es sich um einen perspektivisch verkürzt beobachteten Gezeitenschweif handeln. Denkbar wäre dabei, dass Gas durch eine Wechselwirkung nach außen transportiert wurde, was im Bereich der umlaufenden Dichtewelle des Spiralarmes zur Sternentstehung führte. Bestätigt wird diese Gastransport-Hypothese durch eine leichte Verbiegung der HI-Scheibenebene in NGC 7640.

OBJEKT	NGC 7640
STERNBILD	Andromeda
REKT.	$23^h\ 22^m\ 07^s$
DEKL.	+40° 50′ 44″
HELLIGKEIT	11,9 mag
TYP	SB(s)c
FOTOGRAFEN	Volker Wendel, Bernd Flach-Wilken
TELESKOP	400- und 380-mm-Reflektor
KAMERA	SBIG STL-6303 und SBIG ST-10XME
BELICHTUNGSZEIT	420 min
ORT	Wirges und Weisenheim am Berg, Deutschland

NGC 7741

Dicht neben einem 10 mag hellen, orangefarbenen K5-Stern (SAO 91455) steht die SB(s)cd- Galaxie NGC 7741. Die Winkelmaße von 4,4′ × 3,0′ liefern bei der Entfernung von 47 Millionen Lichtjahren einen transversalen Durchmesser von 60.000 Lichtjahren. Damit ist NGC 7741 eine vergleichsweise kleine Galaxie und es fällt auf, dass ihr Scheibenrand deutlich zum Himmelshintergrund kontrastiert. An den hellen Balken schließen zu beiden Seiten kurze Spiralarme an. Der in der unteren, südlichen Scheibenhälfte verlaufende Arm besitzt dabei ein deutliches Übergewicht an aktiven Regionen und eine größere Zahl an Armfragmenten.
Über das Zentrum von NGC 7741 zieht sich ein feines vertikales Staubband, das in einem Bogen hinter dem Balken vorbeizulaufen scheint. In diesem Staubband liegen einige der hellsten HII-Regionen der Galaxie. Nördlich von NGC 7741 ist außerdem die Galaxie LEDA 214984 zu erkennen. In den Datenbanken findet sich keine Entfernungsangabe, sodass eine räumliche Zuordnung schwierig ist. Das diffuse Erscheinungsbild und die NGC 7741 ähnelnde Blaufärbung lassen allerdings den Schluss zu, dass es sich bei LEDA 214984 um eine Zwerggalaxie handelt, die mit dem größeren Begleiter in Wechselwirkung steht.
Mit Hilfe optischer Spektren wurden die Radialgeschwindigkeiten des ionisierten Wasserstoffs im Bereich der inneren Scheibe von NGC 7741 untersucht. Unter Berücksichtigung, dass die Hauptebene von NGC 7741 relativ zur Beobachtungsrichtung um 45° geneigt ist, erreicht die Hα-Rotationskurve in einem Abstand von ±1′ ein Geschwindigkeitsniveau von ±100 km/s. Im Nahbereich zeigt die Rotationskurve zwischen den Werten der südöstlichen und nordwestlichen Seite signifikante Unterschiede. Dies ist besonders deutlich in einem Abstand von 30–40″, bei dem die Geschwindigkeiten um bis zu 40 km/s hinter der lokalen Rotation zurückbleiben. Diese Unregelmäßigkeit des Geschwindigkeitsfeldes in der Balkenzone kann als Hinweis darauf gesehen werden, dass NGC 7741 eine kleine, massearme Begleitgalaxie eingefangen haben könnte. Das zentrale Staubband in NGC 7741 wäre dann ein Relikt dieser Wechselwirkung.

OBJEKT	NGC 7741
STERNBILD	Pegasus
REKT.	$23^h\ 43^m\ 54^s$
DEKL.	+26° 04′ 32″
HELLIGKEIT	11,8 mag
TYP	SB(s)cd
FOTOGRAFEN	Adam Block
TELESKOP	800-mm-Reflektor
KAMERA	SBIG STL-11000
BELICHTUNGSZEIT	300 min
ORT	Mount Lemmon SkyCenter/ University of Arizona, USA

ELLIPTISCHE GALAXIEN

Die Elliptischen Galaxien überdecken in ihren Ausprägungen einen enormen Längenbereich. So gehören einige der größten Galaxien zu dieser Galaxienfamilie, der sich dieses Kapitel zuwendet.

DIE KLASSIFIKATION ELLIPTISCHER GALAXIEN

In den letzten Jahren wurde die Amateurastrofotografie zunehmend professioneller. So können jetzt auch den scheinbar reizlosen Elliptischen Galaxien interessante Aspekte entlockt und aktuelle astrophysikalische Forschungsergebnisse in den Aufnahmen sichtbar gemacht werden. Die große Lichtausbeute der empfindlichen CCDs, ihre beachtliche Dynamik und vor allem die Möglichkeiten der elektronischen Nachbearbeitung haben bei diesen Typen enorm dazu beigetragen, dass sie für manche Fotografen zu beliebten Motiven wurden.

Die Klassifikation E0 bis E7 der Elliptischen Galaxien im Hubble-Diagramm beschreibt ihre Form, die von kreisförmigen E0- bis zu stark abgeplatteten E7-Typen variiert. Die dem E angehängten Zahlen Null bis Sieben errechnen sich dabei aus dem Verhältnis 10 × (a – b)/a, wobei a die große und b die kleine Halbachse einer Ellipse ist. Auf diese Weise kann die Elliptizität von Galaxien quanitifiziert werden. Eine Ellipse besitzt außerdem zwei Brennpunkte, deren Abstand zum Mittelpunkt als lineare Exzentrizität *e* bezeichnet wird. Beim kreisförmigen E0-Typ fallen die Brennpunkte im Mittelpunkt zusammen und die Exzentrizität ist null. Mit zunehmendem Abstand der Brennpunkte und somit wachsender Abplattung nimmt der Wert der linearen Exzentrizität zu. Die Klassifizierung E0 bis E7 hat allerdings keinen physikalischen Hintergrund, denn je nach Orientierung kann der allgemeine triaxiale Aufbau einer spindelförmigen Elliptischen Galaxie auch als runder E0-Typ erscheinen. In Durchmusterungen treten die fast kreisförmigen E2- und E3-Typen am häufigsten auf.

Elliptische Zwerggalaxien mit einer sehr geringen Oberflächenhelligkeit sind als dE klassifiziert (engl. „elliptical dwarfs"). Einige die Milchstraße begleitende Zwerggalaxien werden als Zwergsphäroide dSph geführt, die noch lichtschwächer als die dE sind. Die Lokale Gruppe mit der Milchstraße beinhaltet außerdem auch irreguläre Begleiter.

Neu hinzugekommen sind blaue kompakte Zwerggalaxien, engl. „blue compact dwarfs", die meist als irreguläre Zwerggalaxien klassifiziert werden. Ihr Gasanteil ist mit 15–20 % relativ groß und erklärt auch ihre auffallend großen Sternentstehungsraten.

Die größten Elliptischen Galaxien sind die cD-Typen, die in Zentren von Galaxienhaufen zu finden sind. Sie sind mit bis zu 10^{14} Sonnenmassen extrem massereich und beherbergen einige Zehntausend Kugelsternhaufen in ihren Halos. Ihr Masse-Leuchtkraft-Verhältnis $M_\odot/L_\odot$ erreicht Werte bis zu 750 und ist ein Hinweis auf das Vorhandensein Dunkler Materie in den Galaxienhaufen. Der Bereich der übrigen Elliptischen Galaxien reicht von großen gE-, normalen E- bis zu kompakten cE-Typen. Die Massen liegen entsprechend bei 10^8–10^{13} Sonnenmassen, die Masse-Leuchtkraft-Verhältnisse bei 7–100. Diese cD-Typen können bis zu einer Billion Sterne enthalten und übertreffen somit eine typische Spiralgalaxie um das 10- bis 100-fache.

In der Lokalen Gruppe gibt es keine Elliptischen Galaxien. Die nächstgelegene ist Maffei 1 in elf Millionen Lichtjahren Entfernung. Sie bleibt dem bloße Auge verborgen – im Gegensatz zu den Typen S (M 31), SB (Milchstraße) und den Magellanschen Wolken als Vertreter der Irregulären, die wir, so es die Lichtverschmutzung und der Standort zulassen, ohne Hilfsmittel sehen können.

Das Paar M 85 und NGC 4394 gehört zum nördlichen Teil des Virgo-Haufens. Die auffällige Strukturierung des Halos von M 85 ist ein Hinweis auf deren turbulente Vorgeschichte (siehe Seite 197). Aufnahme: Stefan Binnewies (105-mm-Refraktor).

DIE MORPHOLOGIE ELLIPTISCHER GALAXIEN

Elliptische Galaxien sind relativ hell im Zentrum und zeigen einen zunächst raschen und dann langsameren Helligkeitsabfall nach außen. Der Intensitätsverlauf I(r) lässt sich gut durch ein de-Vaucouleurs-Profil modellieren, wobei der Logarithmus der Intensität I(r) proportional zum Zentrumsabstand ist. Mit dem Logarithmus sind die Magnituden verbunden, weshalb der beobachtete Profilverlauf mit einem $r^{1/4}$-Gesetz beschrieben werden kann.

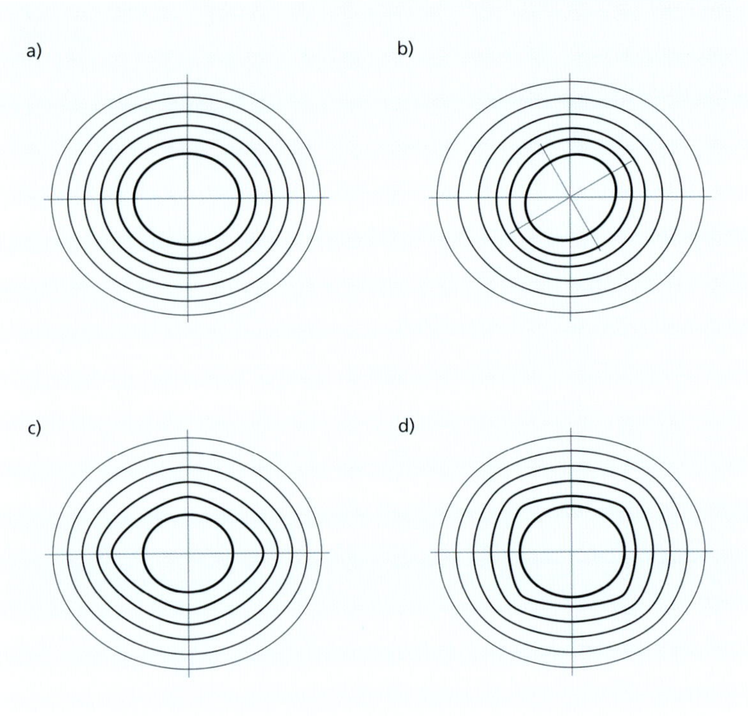

Abbildung 3.1: a) Schematisierte Helligkeitsverteilung einer Elliptischen Galaxie (Isophoten), b) Drehung der Hauptachse („Isophotentwist"), c) Scheibenförmige Verteilung („disky"-Typ), d) Kastenförmige Verteilung („boxy"-Typ)

Ein wichtiger Parameter bei der Beschreibung der Profile ist der effektive Radius R_e, der den Bereich umschließt, in dem 50 % der Leuchtkraft der Galaxie konzentriert ist. Bei cD-Galaxien lässt sich das $r^{1/4}$-Gesetz jedoch nicht anwenden, da es nicht in der Lage ist, den ausgedehnten und leuchtkräftigen Halo dieser massereichen Elliptischen Galaxien zu beschreiben. Bei den Zwerggalaxien passt das de-Vaucouleurs-Profil ebenfalls nicht; ihre geringe Flächenhelligkeit wird besser durch ein exponentiell abfallendes King-Profil beschrieben.

Um die Flächenhelligkeit der Elliptischen Galaxien darzustellen, werden Linien gleicher Helligkeit aufgetragen (sogenannte Isophoten), die das Zentrum umlaufen und sich mathematisch recht genau durch konzentrische Ellipsen beschreiben lassen. Die Mittelpunkte dieser Ellipsen weichen nur wenig vom Helligkeitszentrum der Elliptischen Galaxie ab; die gemessenen Abweichungen liegen meist unter 1 % des Ellipsendurchmessers. Weiterhin wurde festgestellt, dass sich die Orientierung der großen Achse der Isophoten mit dem Radius ändert. Dieses Verkippen der Symmetrieachse der Ellipsen wird als „Isophotentwist" bezeichnet und ist ein Hinweis darauf, dass Elliptische Galaxien keine Sphäroide sind, sondern einen triaxialen Aufbau besitzen.

Anhand dieser Fallbeschreibungen wird ersichtlich, dass die verhältnismäßig einfache Klassifikation der Elliptischen Galaxien im Hubble-Diagramm viele Differenzierungen aufweist. So stellt man fest, dass bei einigen von ihnen der Verlauf der Isophoten nicht genau der Ellipsenform entspricht. Diese Abweichung wird durch den „boxiness"-Parameter beschrieben, der dem Koeffizienten a_4 der Fourier-Entwicklung des Zentrumsabstandes einer Isophote entspricht. Ist dieser Koeffizient $a_4 = 0$, so liegt eine ideale Ellipsenform vor. Die Abweichungen, die man bei den Isophoten Elliptischer Galaxien feststellt, liegen im Prozentbereich. Bei Werten $a_4 > 0$ ist die Isophote scheibenartig geformt, man spricht von „disky"; bei $a_4 < 0$ ist der Verlauf in Längsrichtung gestaucht, ihre Form erscheint kastenartig, sie wird als „boxy" klassifiziert. Betrachtet man die Häufigkeit dieser beiden Typen, so dominiert „disky" mit 90 % gegenüber 10 % „boxy"-Typen, wobei der Übergang von „disky"- zu S0-Typen kontinuierlich erfolgt.

Zwischen diesen beiden Verformungstypen können außerdem physikalische Unterschiede festgestellt werden. Es zeigt sich, dass „disky"-Typen rotationsabgeplattet sind; bei „boxy"-Typen ist dies nicht der Fall. Sie sind elliptisch aufgebaut, wobei die Ursache dafür in der kastenförmigen Geschwindigkeitsverteilung der „boxy"-Sternorbits liegt.

Die Rotationsbewegung im Inneren von „disky"-Typen erscheint geordneter. Dazu passt, dass etwa ein Drittel der „boxy"-Typen unterschiedliche Rotationsorientierungen in Sternanteil und Kern aufweisen, engl. „counter rotating cores". Diese sich gegenläufig drehenden Kernkomponenten treten bei „disky"-Galaxien kaum auf. In der Umgebung von „boxy"-Typen können außerdem oft Schalenstrukturen und Filamente gefunden werden, die symmetrisch zum Zentrum angeordnet sind und auf eine in der Vergangenheit stattgefundene Verschmelzung mit einer anderen Galaxie hinweisen. Bestätigt wird dieses Verschmelzungsszenario durch eine breite Verteilung der Radio- und Röntgenleuchtkräfte; „disky"-Typen zeigen vergleichsweise geringe Leuchtkräfte.

Die Mitte der 1980er Jahre gefundenen, sehr leuchtschwachen, großräumigen und konzentrischen Schalenstrukturen Elliptischer Galaxien waren eine große Überraschung. Entdeckt hatte sie David F. Malin mit Hilfe von klassischer chemischer Fotografie. Die neuen Methoden der elektronischen Bildbearbeitung ermöglichten dann auch dem größeren Publikum der Amateurastronomen den Zugang zu dieser Entdeckung.

In ähnlicher Weise förderte die Unscharf-Maskierung von Aufnahmen auch im Innenbereich konzentrische Strukturen mit sehr geringem Kontrast zu Tage, sogenannte „ripples". Diese waren auf herkömmlichen chemischen Aufnahmen nicht zu sehen. Ein schönes Beispiel einer solchen „shell galaxy" ist NGC 1344. Weiterführende Untersuchungen von „merger"-Kandidaten wie NGC 1316 oder NGC 7252 zeigten nicht nur die Existenz von Gezeitenschweifen, sondern auch die Zugehörigkeit der „inner ripples" zum Halo-Ellipsoid. Eine für motivsuchende Astrofotografen ergiebige Quelle ist der *Catalog of elliptical galaxies with shells* von den Astronomen D. F. Malin und D. Carter.

DIE ASTROPHYSIK ELLIPTISCHER GALAXIEN

Aus dem Vergleich der Spektren Elliptischer Galaxien mit anderen Galaxientypen erkennt man Unterschiede in der Form ihrer Spektrallinien. Die Linienbreite in Elliptischen Galaxien resultiert dabei aus der Bewegung einzelner Sterne. Durch den Dopplereffekt dieser Bewegung verschiebt sich einerseits die Lage der Spektrallinie; da man die einzelnen Sterne bei spektroskopischen Untersuchungen außerdem nicht einzeln beobachten kann, beobachtet man immer Millionen von Sternen gleichzeitig. Deren Spektren überlagern sich, wodurch eine zusätzliche Verbreiterung der Spektrallinien entsteht. Je größer die Geschwindigkeitsdispersion der Sternbewegungen in der Galaxie ist, desto breiter erscheinen somit die Spektrallinien im Galaxienspektrum.

Diese Dispersion σ_c ist ein statistisches Maß für die Streuung der gemessenen Geschwindigkeiten und hängt stark von der Anisotropie im Geschwindigkeitsfeld der Sterne ab. Bei Elliptischen Galaxien misst man im Zentrum Geschwindigkeitsdispersionen, die stark mit der Leuchtkraft der Elliptischen Galaxie korrelieren. Ein doppelter Wert von σ_c kann hier einer 16-fachen Leuchtkraft entsprechen. Die Rotationsgeschwindigkeiten Elliptischer Galaxien sind kleiner als ihre Geschwindigkeitsdispersionen, die einige 100 km/s betragen. Spiralgalaxien zeigen hingegen deutlich geringere Werte der Geschwindigkeitsdispersion (einige 10 km/s); die Bahngeschwindigkeiten der Sterne weichen nur wenig von der Rotationsgeschwindigkeit ab.

Bei der Betrachtung der Wechselwirkungsmechanismen der Sterne in einer Elliptischen Galaxie können die direkten Sternzusammenstöße ausgeschlossen werden. Die Dynamik eines einzelnen Sternes wird dabei maßgeblich durch das großräumige Gravitationsfeld der Galaxie bestimmt. Da sich die Sterne bei dieser Wechselwirkung wie stoßfreie Gasteilchen verhalten, kann auf eine Druckstabilisierung der Elliptischen Galaxien geschlossen werden. Das „Sternengas“ selbst übt also einen Druck aus, der der Gravitation entgegen wirkt. Ellipsoide ergeben sich folglich aus Anisotropien der Sternverteilungen im Phasenraum, d.h. in der dreidimensionalen Geschwindigkeitsverteilung, man spricht vom anisotropen Druckaufbau einer Elliptischen Galaxie. Mit Hilfe des Modells eines solchen hydrostatischen Gleichgewichts in einer isothermen Gaskugel kann man aus der Dichteverteilung ein sogenanntes „King-Michie-Intensitätsprofil“ ableiten. Es liefert bessere Resultate als das de-Vaucouleurs-Profil und ist auch in der Lage, die Helligkeitsverläufe anderer Objekte gut zu beschreiben. Neben Elliptischen Galaxien kann man es bei Kugelsternhaufen und Galaxienhaufen zur Modellierung des Helligkeitsabfalls anwenden.

Elliptische Galaxien sind von teilweise sehr ausgedehnten Halos umgeben, deren Helligkeitsprofil in den Außenbereichen so weit abfällt, bis die Halohelligkeit unter der des Himmelshintergrundes liegt. Man geht davon aus, dass die Halos Elliptischer Galaxien ebenfalls von Dunkler Materie

Abbildung 3.2: M 60 ist eine der größten Galaxien im Virgo-Haufen. Es scheint so, als würde die Spiralgalaxie NGC 4647 im diffusen Halo der großen Elliptischen Galaxie liegen (siehe Seite 201).

ausgefüllt sind. Diese ist jedoch nicht so deutlich nachweisbar, da Elliptische Galaxien keine ausgedehnten, rotierenden Spiralebenen besitzen. Bei massereichen Elliptischen Galaxien konnte durch Messungen mittels Gravitationslinseneffekt Dunkle Materie in ihren Halos nachgewiesen werden. Diese muss vor allem bei der Berechnung der Sternbahnen berücksichtigt werden. Die Bahnumlaufzeiten sind dabei umso größer, je weiter die Sterne vom Zentrum entfernt sind, sodass die Sterne in den Außenbereichen nur wenige Bahnumläufe vollendet haben können.

Aus Spektren lässt sich zudem die Metallhäufigkeit der Sterne ableiten. Als Metalle werden in der Astronomie alle Elemente außer Wasserstoff und Helium bezeichnet. Die Tiefe der Spektrallinie liefert Informationen zur relativen Häufigkeit des Elementes, dessen charakteristische Linie durch Emission oder Absorption erzeugt wird. Je häufiger ein Element dabei ist, desto deutlicher ist die Spektrallinie ausgeprägt. Eine genaue Angabe der Metallhäufigkeit, die sich im

Laufe eines Sternlebens verändert, muss aber auch andere Parameter (z.B. Temperatur) berücksichtigen. So nutzt man das Wissen aus den Sternentwicklungsmodellen und überträgt es auf die integrierten Galaxienspektren. Auf diese Weise konnten Astronomen einen Zusammenhang zwischen der Metallhäufigkeit und der Helligkeit der Elliptischen Galaxien nachweisen. Dies verweist auf eine mögliche Vorgeschichte, bei der staub- und gasreiche Spiralgalaxien, die ältere Sternpopulationen enthalten, miteinander verschmolzen und eine Elliptische Galaxie entstehen ließen. Beim Zusammenstoß wurde eine erneute Sternentstehung angestoßen, die sich in einer erhöhten Leuchtkraft der neuen, metallreichen Elliptischen Galaxie zeigt.

Elliptische Galaxien sind im optischen Bereich gelbe, im Extremfall rote Objekte. Ihr Licht ist durch langlebige, ältere Sternpopulationen, d.h. maßgeblich von K-Sternen, geprägt. Im Laufe der letzten Jahrzehnte der Forschung mit Satelliten konnte dünnes, 10^7 K heißes Gas in E-Typ-Galaxien entdeckt werden. Zusätzlich wurden 10^4 K warme Hα-Emissionen und 10^2 K kalte CO-Moleküllinien gefunden. Seit Beginn der Forschung wurde außerdem ein Mangel an Gas und Staub in Elliptischen Galaxien beschrieben. Dieses Massendefizit findet sich in Form von Gas und Staub in den umgebenden Halos wieder. So weiß man heute, dass etwa die Hälfte der Elliptischen Galaxien einen zwar geringen, aber nachweisbaren Staubanteil besitzen, der eine schichtartige Verteilung aufweist. Die beobachtete Neigung dieser Staubschichtebene relativ zur Rotationsachse ist ein weiterer Hinweis auf eine Verschmelzungshistorie der Elliptischen Galaxien und die dabei beteiligten Spiralgalaxien.

DIE FARBE VON GALAXIEN

Das Spektrum einer normalen, nicht aktiven Galaxie wird maßgeblich durch die Überlagerung vieler Sternspektren bestimmt. Abgesehen von den nächstgelegenen Galaxien, bei denen eine differenzierte Beobachtung der Sternpopulationen möglich ist, messen Astronomen immer integrierte Spektren. Meist sind diese Spektren durch das helle Zentralgebiet der untersuchten Galaxie dominiert.

Das Spektrum wird im kurzwelligen blauen Bereich durch heiße und im roten Bereich durch kühlere Sterne der späten Spektraltypen bestimmt. Frühe spektrale Klassifikationssysteme für Galaxien lehnten sich an die Spektralklassen von Hauptreihensternen an. Um den Farbeindruck zu quantifzieren, messen Astronomen die Helligkeiten in verschiedenen Bereichen des Spektrums. Dazu benutzen sie bestimmte Filtersysteme mit festgelegten Spektralbändern, wie etwa das oft verwendete Filtersystem nach Johnson (U, B, V, R, I), das Blau (B) bei 440 nm und Visuell (V) bei 550 nm definiert. Der Begriff „Visuell" geht darauf zurück, dass das menschliche Auge die Sterne im grünen Spektralbereich am intensivsten wahrnimmt. Die Differenz der Helligkeiten definiert sogenannte Farbindizes, etwa (B – V). Aus der Festlegung der astronomischen Magnitudenskala ergibt sich somit, dass ein Stern umso rötlicher erscheint, je größer der Farbindex ist. Ein roter Stern besitzt eine geringere Leuchtkraft im Blauen, was einem großen Magnitudenwert entspricht und die Differenz (B – V) ergibt folglich einen großen Wert. Für die Sonne, ein weißer G-Stern, misst man den Wert (B – V) = 0,65 mag, die bläuliche Wega (A0V-Stern) hat definitionsgemäß (B – V) = 0 mag, und der rote Beteigeuze liefert als M-Stern (B – V) = 1,85 mag.

Der Farbeindruck von Galaxien in Aufnahmen wird durch das optische Kontinuum bestimmt. Bei Starburst-Galaxien oder Irregulären Galaxien übertrifft der Blauanteil die anderen Spektralfarben. Bei Sb-Galaxien findet man hingegen eine Gleichverteilung der Farbanteile, sie erscheinen daher weiß.

Definitionsgemäß wird die Farbe eines G2-Sterns als weiß bezeichnet, wobei (B – V) = 0,64 mag ist. Die Sa-Typen zeigen bereits ein relatives Defizit im Blauen und markieren den Farbübergang weiß/gelb. Bei den S0- sowie den elliptischen Typen bestimmt der Rotanteil das Spektrum. Ähnlich zu denen der Sterne ist der Farbindex einer Galaxie als Differenz der Helligkeit im blauen und visuellen Spektralband definiert und korreliert mit dem Hubble-Typ.

Die Tabelle gibt nur die ungefähren (B – V)-Wertebereiche in Bezug auf die Hubble-Typen der Galaxien an. Es gibt Galaxientypen, die von dieser Korrelation abweichen. So ist der (B – V)-Wert typischer Elliptischer Galaxien um einige Zehntelmagnituden röter als bei kleineren oder gar Zwergellipsen. Eine Ausnahme bilden die blauen, kompakten Zwerggalaxien, deren (B – V) zwischen 0,0 mag und 0,3 mag liegt, was charakteristisch für junge Sterne des Spektraltyps A ist. Der Anteil an interstellarem Gas ist in diesen Zwerggalaxien deutlich höher als in den anderen Elliptischen Galaxien. Trägt man die (B – V)-Farbdaten von vielen Galaxien in einem Histogramm auf, so zeigt sich eine bimodale Häufigkeitsverteilung. Die zwei breiten Maxima liegen bei den Werten (B – V) = 0,4 mag und (B – V) = 0,8 mag, wobei das weißblaue Maximum durch Sb/Sc/Irr-Typen und das zweite, gelbliche Maximum durch E/S0/Sa-Typen gebildet wird. Diese Bimodalität veranschaulicht den Unterschied der Sternentstehungsraten in beiden Gruppen. Die Galaxientypen der weißblauen Gruppe weisen viele spektrale Indikatoren für Sternentstehung auf, wie z.B. junge Sterne und OB-Sternassoziationen.

Bei diesen Indikatoren ist anzumerken, dass sie zeitabhängig auftreten und eine Galaxie immer auch eine spektrale Entwicklung durchläuft. Wird etwa durch Wechselwirkung Sternentstehung in einer Spiralgalaxie induziert, liefern diese aktiven Bereiche, so sie mit ausreichender Häufigkeit in der Scheibenebene auftreten, einen blauen Beitrag zur Farbe der Galaxie und verringern ihren (B – V)-Wert.

Abbildung 3.3: Blickt man in das Zentrum der Elliptischen Galaxie Maffei 1 fällt die gelbe Färbung auf, die mehrere Ursachen hat (siehe Seite 192).

Abbildung 3.4: Der blaue Farbton des Halos von NGC 5982 ist eine Besonderheit und durch externe Einflüsse zu erklären (siehe Seite 204).

Das Hubble Space Telescope konnte bei einigen Elliptischen Galaxien einen äußeren Ring mit Sternentstehungsgebieten nachweisen. Da solche Galaxien meist in Gruppen oder Haufen auftreten, besteht die Vermutung, dass sie Gas aus ihrer Umgebung aufsammeln und damit neue Sterne ausbilden. Dies ist aber der Ausnahmefall, der vor allem bei großen Elliptischen Galaxien zu beobachten ist. In der Regel erleiden Galaxien in einer Umgebung mit hoher Galaxiendichte im Laufe der Zeit einen Gasverlust durch den Staudruck, engl. „gas stripping". Dabei bewegt sich die Galaxie relativ zum Haufenmedium aus heißem, dünnem Gas und erfährt eine Bremskraft, die von der Dichte des Mediums abhängt und die das atomare Gas aus der Galaxie abströmen lässt. In den letzten Jahren konnte die einfache Annahme, dass mit dem Gasverlust auch immer ein Ende der Sternentstehung verbunden ist, relativiert werden. Hydrostatische Modellrechnungen zeigen, dass es bei diesem Gasverlust zu turbulenten Mischprozessen zwischen dem Scheibengas und dem Haufenmedium kommt. Es bleibt somit mehr metallreiches Gas in den Galaxien zurück als bislang angenommen, was die Sternentstehungsraten positiv beeinflussen kann.

(B – V)	HUBBLE-TYP	FARBE
1,00 … 0,90	für große E	dunkelgelb
0,95 … 0,80	für E	gelb
0,90 … 0,75	für S0	hellgelb
0,80 … 0,65	für Sa	weißgelb
0,70 … 0,55	für Sb	weiß
0,52 … 0,35	für Sc	bläulich weiß
0,45 … 0,30	für Irr	bläulich

Die Farbe einer Galaxie lässt auf ihren Hubble-Typ schließen.

LITERATUR UND LINKS

van den Bergh, S.: *Galaxy Morphology and Classification*, 1998, http://ned.ipac.caltech.edu/level5/VDBergh2/VDB1_4.html

Berry, R. und Burnell, J.: *The Handbook of Astronomical Image Processing*, Willmann-Bell Inc., 2005

Extragalaktische Arbeitsgruppe der Universitäts-Sternwarte Munchen, *Spektrallinien in elliptischen Galaxien*, 2013, http://www.usm.uni-muenchen.de/people/saglia/dm/galaxien/alldt/node21.html

Fabello, S. u.a.: *ALFALFA HI data stacking - I. Does the bulge quench ongoing star formation in early-type galaxies?*, Monthly Notices of the Royal Astronomical Society, 411, 2011

Fritze, U.: *Spectral Evolution of a Galaxy*, 2013, http://members.galev.org/ufritze/teaching/PostGrad7.pdf

Gerhard, O.: *Diffuse stellare Halos in elliptischen Galaxien*, 2009, http://www.mpg.de/355706/forschungsSchwerpunkt

Malin, D. F. und Carter D.: *Catalog of elliptical galaxies with shells*, Astrophysical Journal, 274, 1983

Meusinger, H.: *Vorlesung Extragalaktik - Eigenschaften von Galaxien*, 2012, http://www.tls-tautenburg.de/research/meus/vorlesung/ppt/EG10/EG_3.pdf

Meusinger, H.: *Vorlesung Extragalaktik - Klassifikation*, 2012, http://www.tls-tautenburg.de/research/meus/vorlesung/ppt/EG10/EG_2.pdf

Schneider, P.: *Galaxien Lectures*, 2006, http://www.astro.uni-bonn.de/~peter/Lectures/intro3.pdf

Strateva, I. u.a.: *Color Separation of Galaxy Types in the Sloan Digital Sky Survey Imaging Data*, The Astronomical Journal, 122, 2001

Unsöld, A. und Baschek, B.: *Der neue Kosmos – Einführung in die Astronomie und Astrophysik*, Springer Verlag, 2002

Whittle, M.: *Extragalactic Astronomy – Elliptical galaxies, 2014*, http://www.astro.virginia.edu/class/whittle/astr553/Topic07/Lecture_7.html

MAFFEI 1

Die E3-Galaxie Maffei 1 gehört zur IC 342/Maffei-Galaxiengruppe. Diese steht in direkter Nachbarschaft zur Lokalen Gruppe und schließt an die weiter entfernte M 81-Gruppe an. Mit einer Entfernung von etwa zehn Millionen Lichtjahren ist sie die nächste Galaxiengruppe zur Milchstraße und besteht aus etwa zwei Dutzend Mitgliedern, die sich um die beiden großen Galaxien IC 342 und Maffei 1 scharen. Die visuelle Ausdehnung von Maffei 1 wird in der NASA Extragalatic Database mit 3,4′ × 1,7′ angegeben, wodurch sich bei einer Entfernung von elf Millionen Lichtjahren ein Durchmesser des visuellen Anteils von Maffei 1 von nur 11.000 Lichtjahren ergibt.

Eine Besonderheit von Maffei 1 besteht in ihrer Position am Himmel, da sie nur 33′ von der galaktischen Ebene entfernt steht. Aufgrund der starken Extinktion durch Staub und Sterne der Milchstraße findet man in dieser Zone, engl. „zone of avoidance“, im optischen Licht kaum Galaxien. Dies erklärt auch ihre späte Entdeckung im Jahre 1967 durch den italienischen Astronomen Paolo Maffei, der mit Hilfe von infrarotempfindlichem Filmmaterial am Schmidt-Teleskop des Asiago Observatoriums (Universität Padua, Italien) die staubreiche Umgebung von T-Tauri-Sternen untersuchen wollte. Die dunklen Staubbänder, die oberhalb des Zentrums von Maffei 1 in der Aufnahme zu sehen sind, gehören nicht zur Galaxie, sondern sind Staubstrukturen in der Milchstraße, vielleicht sogar in Sonnenumgebung, die sich vor der hellen Fläche von Maffei 1 dunkel abheben und damit sichtbar werden. Die Entfernungsbestimmung ist bei Maffei 1 aufgrund der vorgelagerten interstellaren Materie problematisch.

Mit hochaufgelösten spektroskopischen Messungen des Kernbereichs von Maffei 1 haben Astronomen die Tiefe von Magnesium-Absorptionslinien genutzt, um den sogenannten Mg_2-Index zu bestimmen. Bei Elliptischen Galaxien korreliert dieser Mg_2-Index mit der Farbe der Galaxie, wobei typische Mg_2-Werte im Bereich von 0,2–0,35 liegen und den (B–V)-Indizes 0,85–1,0 mag zugeordnet werden. Da galaktischer Staub im Fall von Maffei 1 eine Rötung des Galaxienlichts verursacht, kann diese Relation für eine Bestimmung der Extinktion herangezogen werden. Der Mg_2-Index von Maffei 1 liegt bei 0,31 und der Vergleich liefert eine Extinktion von 4,7 Größenklassen im visuellen Bereich. Die visuelle Helligkeit von Maffei 1 beträgt 11,1 mag; ohne Extinktion wäre Maffei 1 eine der hellsten Galaxien der nördlichen Hemisphäre. Korrigiert man den Durchmesser bzgl. der galaktischen Extinktion, so ergibt sich 46,8′, was einem Durchmesser von 134.000 Lichtjahren entspricht und die Angaben der NASA-Datenbank um fast das 14-fache übertrifft.

OBJEKT	Maffei 1
STERNBILD	Cassiopeia
REKT.	$02^h\ 36^m\ 35^s$
DEKL.	+59° 39′ 18″
HELLIGKEIT	11,4 mag
TYP	$S0^-$ pec
FOTOGRAFEN	Makis Palaiologou, Stefan Binnewies
TELESKOP	1,3-m-Reflektor
KAMERA	Andor DZ 436
BELICHTUNGSZEIT	197,5 min
ORT	Skinakas Observatorium, Kreta, Griechenland

NGC 1316

Die Aufnahme zeigt die große Galaxie NGC 1316 und 6,5′ weiter rechts, in nördlicher Richtung, die Spiralgalaxie NGC 1317, die beide zum Fornax-Galaxienhaufen gehören. Die Fluchtgeschwindigkeit von NGC 1317 ist nur um 181 km/s größer als die von NGC 1316, weshalb angenommen werden kann, dass beide Galaxien ein wechselwirkendes System bilden, das in einer mittleren Entfernung von 77 Millionen Lichtjahren liegt. Die enorme Winkelausdehnung von 12,0′ × 8,5′ von NGC 1316 wird im Vergleich zu NGC 1317 sowie durch die projizierten Streckenlängen deutlich: Hier entsprechen die Achsendurchmesser Ausmaßen von etwa 270.000 × 190.000 Lichtjahren. NGC 1316 wurde als E/SAB0-, aber auch als Ringgalaxie klassifiziert, meist jedoch mit dem Attribut „pekuliär". Wie die Halo-Struktur aus Gezeitenschweifen und Schalen, verweist auch diese Typangabe auf eine bewegte Vorgeschichte der Galaxie, bei der es wahrscheinlich zur Verschmelzung zweier oder mehrerer kompakter, gasreicher Galaxien kam.

Nahe des Zentrums von NGC 1316 erkennt man in der Aufnahme zwei Staubbänder, die als Reste einer verschmolzenen Spiralgalaxie angesehen werden. Rotationsgeschwindigkeitsmessungen bestätigen die Existenz einer Scheibenkomponente. Diese besitzt den für Spiralgalaxien typischen Anstieg bis zu einem Plateau bei 160 km/s, ist jedoch nur auf einer Seite ausgeprägt und reicht dort kaum eine Bogenminute weit. Weiter außen erfolgt die Bewegung nicht mehr geordnet; hier befindet sich NGC 1316 gerade in der Übergangsphase zu einer Elliptischen Galaxie. Aufgrund ihrer großen Leuchtkraft gilt NGC 1316 außerdem als aktive Galaxie. So stellt sie im Radiobereich die hellste Radioquelle des Fornax-Galaxienhaufens dar und wird daher auch mit „Fornax A" bezeichnet. NGC 1316/Fornax A zeigt zwei symmetrisch zum Zentrum liegende, riesige Radioblasen. Jede dieser Blasen, engl. „radio lobes", besitzt einen Durchmesser von 650.000 Lichtjahren. Ihre Energie beziehen diese Radiostrukturen aus Jets, die diametral aus dem Zentrum herauslaufen und deren hochenergetische Partikel im nahen Umfeld des supermassiven Schwarzen Lochs beschleunigt werden.

OBJEKT	NGC 1316
STERNBILD	Fornax
REKT.	$03^h\ 22^m\ 42^s$
DEKL.	−37° 12′ 30″
HELLIGKEIT	9,4 mag
TYP	SAB0(s) pec
FOTOGRAFEN	Josef Pöpsel
TELESKOP	600-mm-Reflektor
KAMERA	SBIG ST-10XME
BELICHTUNGSZEIT	190 min
ORT	Amani Lodge, Namibia

NGC 1399

Die Galaxie NGC 1399 ist die zentrale, dominante Elliptische Galaxie im Fornax-Galaxienhaufen. Dieser cD-Typ, der in 58 Millionen Lichtjahren zur Milchstraße steht, besitzt einen wahren Durchmesser von 116.000 Lichtjahren. Durch ihren weitreichenden, diffusen Halo scheinen einige Hintergrund-Galaxien hindurch. Die zwei hellblauen Punktquellen ober- und unterhalb des Zentrums sind Vordergrundsterne. In NGC 1399 finden sich etwa 5700 Kugelsternhaufen, engl. „globular clusters" (GCs), was die typische Anzahl in Elliptischen Galaxien um das Fünffache, die in Spiralgalaxien sogar um das 20-fache übertrifft. Doch auch die GC-Zahl in NGC 1399 kann noch übertroffen werden: So schätzt man deren Anzahl in M 87 beispielsweise auf 14.000, die Milchstraße besitzt hingegen nur 160 GCs. In der Aufnahme steht links unterhalb von NGC 1399 in 10,2′ Abstand, dicht neben einem 8 mag hellen Stern, die E2-Galaxie NGC 1404, die ebenfalls Teil des Fornax-Galaxienhaufen ist.

In Elliptischen Galaxien finden sich oft zwei Populationen von GCs, die sich durch ihre Farbe unterscheiden. Zum einen blaue GCs, die junge, metallarme Sterne enthalten. Andererseits gibt es rote GCs mit metallreichen, älteren Sternen. Betrachtet man die Verteilung der GCs in Elliptischen Galaxien, fällt auf, dass blaue GCs weiter verstreut liegen und die roten deutlich stärker um das Zentrum konzentriert auftreten. Die Ursache der Entstehung dieser zwei GC-Typen wird unter Astronomen noch diskutiert. Ein mögliches Szenario beschreibt die Verschmelzung einer gasreichen Galaxie mit der Elliptischen Galaxie. Sie bringt in den Halo GCs ein, wodurch das Gas der akkretierten Galaxie in den Mischprozessen während der Wechselwirkung eine neue Sternentstehung induziert. Diese These wird dadurch gestützt, dass die mittlere Metallizität, die man bei den Sternen in roten GCs und Riesensternen im Halo messen kann, gut übereinstimmt. Das weist darauf hin, dass die roten GCs zusammen mit den Riesensternen entstanden sein könnten. Bei NGC 1399 lieferte die Untersuchung der GCs allerdings keine klare Unterscheidung der GC-Populationen. Erstellt man eine Verteilung der GCs anhand ihrer Farbe, so zeigt sich eine Häufung im blauen Teil und ein breiter roter Rand; eine deutliche Trennung fehlt jedoch. Die radiale Verteilung der GCs in NGC 1399 zeigt auch, dass die metallarmen, blauen GCs bei Radien > 2′ häufiger vertreten sind als die metallreichen, roten GCs. Dies bestätigt das beschriebene Szenario, wobei die fehlende Bimodalität als ein Hinweis darauf gewertet werden kann, dass bei NGC 1399 ein mehrstufiger Kollaps, d.h. die aufeinanderfolgenden Verschmelzungen mehrerer Galaxien miteinander, zur Entstehung der Elliptischen Galaxie geführt hat.

OBJEKT	NGC 1399
STERNBILD	Fornax
REKT.	$03^h\ 38^m\ 29^s$
DEKL.	–35° 27′ 02″
HELLIGKEIT	10,6 mag
TYP	E1 pec
FOTOGRAFEN	Bernd Flach-Wilken
TELESKOP	400-mm-Reflektor
KAMERA	SBIG STL-6303
BELICHTUNGSZEIT	175 min
ORT	Farm Tivoli, Namibia

M 105

Die E1-Galaxie M 105 (NGC 3379) bildet zusammen mit der SB0-Galaxie NGC 3371 (links) und der Sc-Galaxie NGC 3373 (links unten) das zentrale visuelle Triplett der Leo I-Gruppe. Diese Galaxiengruppe liegt in Richtung des Virgo-Haufens in einer Entfernung von 32 Millionen Lichtjahren zur Milchstraße. Die Winkelausdehnung von M 105 beträgt 5,4′ × 4,8′ und entspricht einer projizierten Größe von 53.000 × 47.000 Lichtjahren. Der Abstand zwischen M 105 und NGC 3371 liegt bei 7,1′. Folgt man den Entfernungsangaben in den Katalogen, ist NGC 3371 zwar weiter entfernt als M 105, bewegt sich aber relativ zu ihr mit etwa 200 km/s auf die Milchstraße zu. Zur kleinen Sc-Galaxie NGC 3373 (unten links) ist anzumerken, dass ihre Fluchtgeschwindigkeit mit 1308 km/s etwa 500 km/s über der mittleren Fluchtgeschwindigkeit der beiden anderen Galaxien liegt. Alternative Verfahren der Entfernungsbestimmung liefern für NGC 3373 eine Distanz von 69 Millionen Lichtjahren und eine absolute transversale Größe von 59.000 Lichtjahren. Das Triplett der Aufnahme ist somit vermutlich kein wirkliches physikalisches Triplett; NGC 3373 liegt nur zufällig in Richtung der zwei anderen Galaxien.

Mit Hilfe des William-Herschel-Teleskops (4,2 m, La Palma, Spanien) wurde im Rahmen des SAURON-Projektes (Spectrographic Areal Unit for Research on Optical Nebulae, Start 1999) ein integraler Feldspektrograph zum Einsatz gebracht, der in der Lage ist, 1577 Spektren gleichzeitig aufzunehmen. M 105 war unter anderem auch Teil einer SAURON-Beobachtungskampagne, bei der durch Analyse der Emissionslinien in Spektren die Kinematik der Sterne und des Gases in einer Galaxie getrennt voneinander untersucht wurde. Astronomen wiesen für M 105 eine Rotation nach und fanden heraus, dass die Stern- und Gaskomponente nicht gleich ausgerichtet sind, sondern um etwa 45° gegeneinander verkippt sind. Die Position der Gasscheibe passt dabei zur Lage eines Staubringes, der bei Aufnahmen mit dem Hubble Space Telescope im Bereich der innersten Bogensekunden nachgewiesen werden konnte. Beide Scheibenkomponenten sind ein Hinweis auf eine Verschmelzungsvorgeschichte, bei der M 105 durch den Zusammenstoß von mindestens zwei gasreichen Spiralgalaxien entstanden sein könnte. Mit Hilfe der HST-Daten konnten außerdem einige stellare Objekte in M 105 isoliert untersucht werden. Ihre Spektren besitzen schmale [OIII]-Emissionslinien und keine belegbare Hβ-Emission. Diese spektrale [OIII]/Hβ-Signatur ist typisch für Planetarische Nebel. Die Geschwindigkeiten der Planetarischen Nebel in M 105 lassen die Vermutung zu, dass der innere Halo – wenn auch langsam – um die kleine Hauptachse der Isophoten rotiert. Solch eine besondere Halo-Kinematik ist ebenfalls ein Hinweis auf die möglicherweise stattgefundene Verschmelzung, bei der die Drehmomente der Vorgänger-Galaxien auf den Halo übertragen wurden.

OBJEKT	M 105
STERNBILD	Leo
REKT.	$10^h\ 47^m\ 50^s$
DEKL.	+12° 34′ 54″
HELLIGKEIT	10,2 mag
TYP	E1
FOTOGRAFEN	Volker Wendel, Bernd Flach-Wilken
TELESKOP	380- und 300-mm-Reflektor
KAMERA	SBIG ST-10XME
BELICHTUNGSZEIT	110 min
ORT	Wirges und Weisenheim am Berg, Deutschland

NGC 4278

Die Aufnahme zeigt die E1-Galaxie NGC 4278 (rechts), 3,5′ weiter links die kleinere E0-Galaxie NGC 4283 und ganz links, 9′ von NGC 4278 entfernt, NGC 4286. Mit einer Winkelausdehnung von 4,1′ × 3,8′ ist NGC 4278 deutlich größer als NGC 4283 und NGC 4286, deren maximaler Durchmesser nur etwa 1,5′ beträgt. Ein Rückschluss von der Größe auf die Entfernung ist schwierig, da zwei der drei Galaxien deutlich von den Standardgrößen abweichen. Die Fluchtgeschwindigkeit von NGC 4278 ist mit 649 km/s zu klein, um sie für ein verlässliches Entfernungsmaß zu nutzen. Alternative Methoden liefern jedoch eine Entfernung von 51 Millionen Lichtjahren und einen Durchmesser von 61.000 Lichtjahren für diese Elliptische Galaxie. Ihr E0-Nachbar besitzt eine um 351 km/s größere Fluchtgeschwindigkeit, und aus den Entfernungsindikatoren ergibt sich ein übereinstimmender Wert von 48 Millionen Lichtjahren. Im Rahmen der Fehlergrenzen erscheint somit eine direkte Nachbarschaft beider Galaxien möglich. NGC 4283 wird aufgrund ihres Durchmessers von 21.000 Lichtjahren auch als Zwerggalaxie bezeichnet. Die dritte Galaxie im Bild – NGC 4286 – besitzt eine Fluchtgeschwindigkeit von 641 km/s. Da keine alternativen Entfernungsangaben vorliegen, ergibt dies eine Distanz von 29 Millionen Lichtjahren und den geringen projizierten Durchmesser von 12.000 Lichtjahren. Die leuchtschwache Scheibe, die den hellen Kern von NGC 4286 umgibt, ist charakteristisch für diesen dE,N-Typ; eine elliptische, kerndominierte Zwerggalaxie, engl. „nucleated dwarf elliptical galaxy“. Man vermutet, dass es sich bei den dE,N-Galaxien um sogenannte UCD-Typen handelt. Dies sind ultrahelle, kompakte Zwerggalaxien, die allerdings noch von einer Gasscheibe umgeben sind.
NGC 4278 war eine der ersten Elliptischen Galaxien, bei der 1977 die 21-cm-Radioemission des atomaren Wasserstoffs nachgewiesen wurde. In vielen Folgestudien wurde die Galaxie auch in verschiedenen anderen Wellenlängen untersucht; so auch mit dem Chandra X-ray Observatory im Bereich der Röntgenstrahlung. Die hohe Winkelauflösung dieses Satelliten bietet Astronomen die Möglichkeit, extragalaktische Röntgendoppelsterne geringer Masse, engl. „low mass X-ray binaries“ (LMXB), direkt zu beobachten. Diese Doppelsterne bestehen aus einem kompakten Objekt, wie etwa einem Neutronenstern oder einem Schwarzen Loch, und einem entwickelten Stern. Dieser verliert Materie, die auf das kompakte Objekt überfließt und akkretiert, wobei Röntgenstrahlung freigesetzt wird. NGC 4278 eignet sich sehr gut für diese LMXB-Untersuchung, da sie aufgrund ihrer nahen Position eine Ortsauflösung von 120 Lichtjahren erlaubt. Andererseits fehlt der Galaxie ein röntgenheller Halo aus heißem Gas, der das Aufspüren schwacher LMXBs erschweren würde. Mit einem Durchmesser von 4′ passt NGC 4278 vollständig auf den Chip des Röntgensatelliten (Typ ACIS-S3). Das Chandra X-ray Observatory hatte bereits in einigen Galaxien LMXB-Populationen entdeckt und bei einer tiefen Beobachtung von NGC 4278 wurden 236 Röntgenquellen identifiziert. Bei der aufaddiert mehr als 127 Stunden währenden Beobachtung maß man für die Quellen Röntgenleuchtkräfte im Bereich von 10^{36}–10^{40} erg/s. Die hellste Röntgenquelle war dabei das Galaxienzentrum, alle anderen Röntgenquellen lagen unterhalb einer Leuchtkraft von 10^{39} erg/s, die meisten von ihnen bei einigen 10^{37} erg/s, was ein typischer Wert für LMXBs ist. Von einem im Visuellen sichtbaren Halo ausgehend (siehe Aufnahme), liegen im Felddurchmesser etwa 180 der 236 identifizierten Röntgenquellen. Der Halo von NGC 4278 wurde ebenfalls mit dem Hubble Space Telescope untersucht, wobei 266 GCs gefunden wurden. Vergleicht man die gefundenen Quellen im Röntgen- und sichtbaren Licht, finden sich 39 GC-LMXBs. Es zeigt sich, dass diese in den GCs liegenden LMXBs eine besonders große Leuchtkraft besitzen; die weniger leuchtkräftigen LMXBs liegen verstreut im Halo von NGC 4278.

OBJEKT	NGC 4278
STERNBILD	Coma Berenices
REKT.	$12^h\ 20^m\ 07^s$
DEKL.	+29° 16′ 51″
HELLIGKEIT	11,2 mag
TYP	E1-2
FOTOGRAFEN	Michael König
TELESKOP	350-mm-Reflektor
KAMERA	SBIG STL-6303
BELICHTUNGSZEIT	255 min
ORT	Rimbach, Deutschland

M 85

Im Zentrum der Aufnahme ist die Galaxie M 85 (NGC 4382) zu sehen. Geht man 7,8′ weiter nach links, in östlicher Richtung, so kommt man zur etwas kleineren Galaxie NGC 4394. Beide Galaxien gehören zum Virgo-Galaxienhaufen und ihre Fluchtgeschwindigkeiten lassen den Schluss zu, dass sich NGC 4394 relativ zu M 85 mit 193 km/s von der Milchstraße entfernt. Da die lokal stark variierenden Geschwindigkeiten im Virgo-Haufen die kosmologische Distanzbestimmung deutlich erschweren, stellt die Fluchtgeschwindigkeit hier keinen verlässlichen Indikator für die Entfernung dar. Nutzt man jedoch von der Fluchtgeschwindigkeit unabhängige Verfahren, so ergibt sich für M 85 eine Distanz von 56 Millionen Lichtjahren und für NGC 4394 folgen 55 Millionen Lichtjahre. Da selbst bei einer Kombination dieser alternativen Verfahren die Fehlergrenzen kaum unter 10 % fallen, ist es wahrscheinlich, dass M 85 und NGC 4394 ein physikalisches Paar bilden. Der transversale Abstand beider Galaxien beträgt in diesem Fall 115.000 Lichtjahre. Dieser ist damit nur geringfügig kleiner als der Durchmesser von M 85, der mit 116.000 Lichtjahren bzw. 7,1′ angegeben wird. In der etwa halb so großen NGC 4394 leuchtet der Balken mit Ansae an den Enden in der gleichen gelblichen Farbe, die auch M 85 dominiert und auf alte Sternpopulationen zurückzuführen ist. Die ringförmig ansetzenden Spiralarme in NGC 4394 sind bläulich gefärbt; besonders deutlich wird dies beim oberen, nordöstlichen Arm. Die (R)SB(r)b-Typisierung dieser Galaxie ist plausibel; schwieriger ist es bei M 85. Hier finden sich E- und S0-Angaben, wobei die Strukturen im Halo auch auf eine Wechselwirkungshistorie verweisen, und in den Katalogen der Zusatz „pekuliär“ beigefügt ist.

Die Isophoten von M 85 ergeben kastenförmige Intensitätsverläufe, die für einen elliptischen Boxy-Galaxientyp sprechen. Diese Isophoten setzten sich bis zu Radien von 1′ fort; darüber hinaus zeigen sich jedoch Abweichungen in Form von in Nord-Süd-Richtung spitzer zulaufenden Intensitätskurven. Bei Betrachtung der Aufnahme fallen im äußeren Halo außerdem Gezeitenschweife und Schalenstücke auf, die eine vertikal ausgerichtete, spindelförmige Struktur definieren. Astronomen beschreiben M 85 daher als ein aktuelles Verschmelzungsprodukt, engl. „recent merger“, das aus einer Elliptischen Galaxie und einer Spiralgalaxie hervorgegangen sein könnte. Die nach einer Verschmelzung einsetzenden Ausgleichsprozesse werden als „Virialisation“ bezeichnet und die zugehörigen Zeitskalen sind im Zentrum der neu entstandenen Galaxie kürzer als in den äußeren Regionen. Im Laufe der Zeit entsteht ein dynamisches Gleichgewicht mit Korrelation zwischen den zeitlichen Mittelwerten der kinetischen Energie und der potentiellen Energie, was Astrophysiker als „Virialtheorem“ bezeichnen. Die Virialisation wandert somit von innen nach außen, wodurch auch zu erklären ist, dass die Verschmelzungsstrukturen im äußeren Halo noch sichtbar sind, man im Inneren aber schon eine Elliptische Galaxie beobachten kann.

OBJEKT	M 85
STERNBILD	Coma Berenices
REKT.	$12^h\ 25^m\ 24^s$
DEKL.	+18° 11′ 29″
HELLIGKEIT	10 mag
TYP	$SA0^+(s)$ pec
FOTOGRAFEN	Frank Sackenheim, Stefan Binnewies
TELESKOP	60-cm-Reflektor
KAMERA	Moravian G3-16200
BELICHTUNGSZEIT	565 min
ORT	Vulkan-Eifel, Deutschland

M 49

M 49 (NGC 4472) ist eine große Elliptische Galaxie im Virgo-Galaxienhaufen. Sie befindet sich in der südlichen Gruppierung des Haufens und dominiert diese Region. Die visuelle Helligkeit von M 49, die außerdem als aktive Galaxie (Seyfert-1) klassifiziert wird, übersteigt die von M 87 um 0,2 mag. Auch im Bereich der Röntgenstrahlung ist M 49 eine der hellsten Quellen des Virgo-Haufens; hier wird sie jedoch von M 87 überstrahlt. Die Ausdehnung der E2-Galaxie wird mit 10,2′ × 8,3′ angegeben, was bei einer Entfernung von 52 Millionen Lichtjahren einem Durchmesser von 155.000 Lichtjahren entspricht. Im Radiolicht kann bei M 49 ein 330.000 Lichtjahre langer, diffuser Gezeitenschweif nachgewiesen werden. Astronomen vermuten, dass dieser Schweif die Spur des Gases beschreibt, das M 49 aufgrund des Staudruckes verlor, der durch die Bewegung der Galaxie relativ zum Haufenmedium entsteht. Diese Bewegung beschreiben Astronomen als ein Hineinstürzen in den Virgo-Galaxienhaufen, da hier eine Geschwindigkeit von über 2000 km/s gemessen wird. Der projizierte Abstand zu M 87 im „subcluster A", der 4° weiter nördlich steht, liegt bei 3,88 Millionen Lichtjahren. Im Bereich des rechten Halorandes sieht man die Spuren zweier Kleinplaneten. Während der Aufnahme zog (6983) Komatsusakyo mit 16,6 mag und weiter unten (31741) 1999 JG_{78} mit 17,4 mag an M 49 vorbei.

Am unteren, südöstlichen Halorand der Galaxie erkennt man in der Aufnahme außerdem einen leuchtschwachen, bläulichen Lichtfleck, der als VCC 1249 (Virgo Cluster Catalogue) identifiziert wird. Es handelt sich dabei um eine dIrr-Galaxie, die mit M 49 ein ungleiches Wechselwirkungspaar bildet. Diese Zwerggalaxie besitzt helle HII-Regionen, von denen einige außerhalb des auf der Aufnahme sichtbaren inneren Bereichs liegen. Sie finden sich entlang eines Streifens, der in Richtung des 5,6′ entfernten Begleiters weist. Die Analyse der Sternpopulation in VCC 1249 offenbart, dass beide Effekte, der Staudruck und die Gezeitenkräfte, Wasserstoffgas aus der Galaxie entfernt haben. Damit kam die Sternentstehung in VCC 1249 vor 200 Millionen Jahren zum Erliegen. Da außerdem die radiale Geschwindigkeitsdifferenz zwischen VCC 1249 und M 49 mit 611 km/s sehr hoch ist, nehmen Forscher an, dass die Bahnbewegung von VCC 1249 in Richtung der Milchstraße erfolgt. Subtrahiert man von einer M 49-Aufnahme das angepasste Helligkeitsellipsoid, kommen leuchtschwache Residuen im Halo zum Vorschein. So zeigen sich zwei über 12′ entfernte Schalenstücke in südöstlicher und nordwestlicher Richtung. Auch ein innerer Bogen liegt VCC 1249 gegenüber. Dieser könnte bei der ersten Annäherung entstanden sein, als M 49 Gas geringer Dichte aus den Außenbereichen der Zwerggalaxie entrissen hat. Bei der zweiten Passage wurde dann Material höherer Dichte aus dem Inneren von VCC 1249 herausgezogen. Die beobachteten HII-Regionen sind somit, folgt man dem Wechselwirkungsmodell, „in situ" – also an Ort und Stelle – im Gezeitenschweif aus abströmendem Gas entstanden.

OBJEKT	M 49
STERNBILD	Virgo
REKT.	$12^h\ 29^m\ 47^s$
DEKL.	+08° 00′ 02″
HELLIGKEIT	9,4 mag
TYP	E2
FOTOGRAFEN	Wolfgang Ries, Stefan Heutz
TELESKOP	450-mm-Reflektor
KAMERA	SBIG ST-10XME
BELICHTUNGSZEIT	126 min
ORT	Altschwendt, Österreich

M 89

Bei M 89 (NGC 4552) handelt es sich um eine nahezu kreisförmige Elliptische Galaxie im Virgo-Galaxienhaufen, die im Umkreis von 20′ keine größeren Nachbarn besitzt. Ihre Winkelausdehnung beträgt 5,1′ × 4,7′; in ihrer Entfernung von 51 Millionen Lichtjahren entspricht dies einem projizierten Durchmesser von fast 76.000 Lichtjahren.

NGC 4552 war die erste Galaxie, bei der eine Einhüllende nachgewiesen wurde. Diese ist auch in der Aufnahme zu erkennen und reicht im Vergleich zum hellen Innenbereich fast doppelt so weit. In einem Artikel von 1979 wurde eine weitere Besonderheit dieser Galaxie herausgestellt. Ein „Jet", der aus M 89 herauszulaufen scheint und auf der Aufnahme als schwacher Lichtstrahl auszumachen ist, der in Richtung des 9 mag-Sterns nahe der unteren, rechten Ecke weist (siehe auch die kontrastverstärkte Abbildung).

Die Größe des Jets wurde zu 5,0′ × 0,5′ bestimmt; seine Oberflächenhelligkeit liegt nur 2 % über der Helligkeit des Himmelshintergrundes. Um die mögliche Analogie zum optischen Jet von M 87 zu prüfen, wurden außerdem spektroskopische Untersuchungen durchgeführt. Dabei kamen CCD-Kameras anstelle des damals noch üblichen hypersensibilisierten Filmmaterials zum Einsatz, wie es noch bei der Jet-Entdeckung genutzt wurde. Astronomen fanden ein Kontinuum, aber keine Emissionslinien, die auf ein beschleunigtes, angeregtes Gas im Jet hinweisen würden. Auch erscheint der Jet deutlich blauer als M 89 selbst. Die Jet-Hypothese wurde somit wieder aufgegeben, und die Längsstruktur wurde als ein Gezeitenschweif gedeutet, der beim nahen Umlauf einer Begleitgalaxie entstanden sein könnte, die später mit der Vorgängergalaxie von M 89 verschmolzen ist. Die Blickrichtung der Milchstraße auf M 89 liegt in der ehemaligen Bahnebene dieser Begleitgalaxie, sodass der Gezeitenschweif als fast gerade Strecke beobachtet wird.

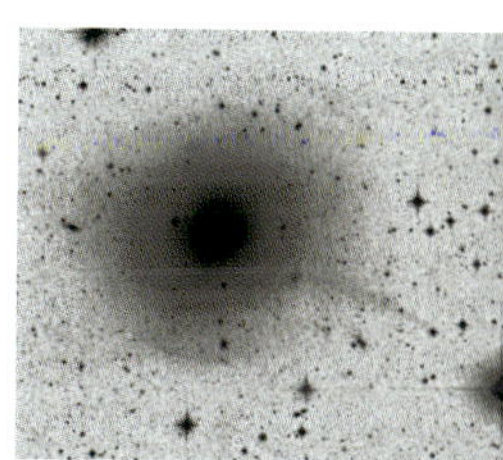

OBJEKT	M 89
STERNBILD	Virgo
REKT.	$12^h\ 35^m\ 40^s$
DEKL.	+12° 33′ 23″
HELLIGKEIT	10,7 mag
TYP	E0-1
FOTOGRAFEN	Wolfgang Ries, Stefan Heutz
TELESKOP	450-mm-Reflektor
KAMERA	SBIG ST-10XME
BELICHTUNGSZEIT	84 min
ORT	Altschwendt, Österreich

M 59

Die E5-Galaxie M 59 (NGC 4621) liegt im östlichen Außenbereich des Virgo-Galaxienhaufens und steht dort dem „subcluster A“ mit M 87 etwas näher als dem südlichen „subcluster B“. Ihre Winkelausdehnung von 5,4′ × 3,7′ entspricht bei einer Entfernung von 52 Millionen Lichtjahren einer projizierten Größe von 80.000 × 55.000 Lichtjahren. Legt man einen Querschnitt entlang der Hauptachse des M 59-Ellipsoids, ergibt das ein Helligkeitsprofil, das sich gut als de-Vaucouleurs-Profil beschreiben lässt. Durch diese Profilanpassung lässt sich weiterhin der effektive Radius zu 12.600 Lichtjahren bestimmen. Der Helligkeitsabfall folgt recht genau dem $r^{1/4}$-Gesetz, bei Radien > 8000 Lichtjahren streuen jedoch die Messwerte stärker. Verfährt man in gleicher Art und Weise für die kleine Halbachse, folgt ein effektiver Radius von 5300 Lichtjahren. Dabei ist der effektive Radius ein Parameter der mathematischen Modellierung des Intensitätsprofils und darf nicht mit dem Durchmesser der Galaxie verwechselt werden.

Im Standardmodell der Galaxien befindet sich im Zentrum einer Galaxie ein supermassives Schwarzes Loch, engl. „supermassive black hole“ (SMBH). Dessen Gravitationskraft bestimmt die Größe wichtiger Parameter wie die Bulge-Leuchtkraft oder die Geschwindigkeitsdispersion, die durch den Parameter σ_c beschrieben wird. Besitzt das SMBH eine große Masse, so bewegen sich die Sterne im tiefen Potenzialtopf schneller. Modellrechnungen ergaben so einen direkten Zusammenhang zwischen der SMBH-Masse M_{smbh} und σ_c^2. Astronomen konnten außerdem zeigen, dass die Anzahl der Kugelsternhaufen ebenfalls mit M_{smbh} korreliert. Da diese Zahl mit geringem Fehler bestimmt werden kann, liefert sie einen deutlich besseren Schätzwert für die SMBH-Masse als die Geschwindigkeitsdispersion. Für M 59 ermittelt man eine Anzahl von 800 Kugelsternhaufen und eine Geschwindigkeitsdispersion von 240 km/s, und es folgt für M_{smbh} ein Wert von 84 Milliarden Sonnenmassen. Im Virgo-Galaxienhaufen ist M 59 damit eher ein Leichtgewicht; für M 87, mit einer Zahl von 15.000 Kugelsternhaufen, liefert die Rechnung ein M_{smbh} von 300 Milliarden Sonnenmassen.

OBJEKT	M 59
STERNBILD	Virgo
REKT.	$12^h\ 42^m\ 02^s$
DEKL.	+11° 38′ 49″
HELLIGKEIT	10,6 mag
TYP	E5
FOTOGRAFEN	Wolfgang Ries, Stefan Heutz
TELESKOP	450-mm-Reflektor
KAMERA	SBIG ST-10XME
BELICHTUNGSZEIT	126 min
ORT	Altschwendt, Österreich

M 60

Die Elliptische Galaxie M 60 (NGC 4649) bildet zusammen mit der SAB(rs)c-Galaxie NGC 4647 das Galaxienpaar, das als Arp 116 im *Atlas of Peculiar Galaxies* erfasst ist. Am oberen Rand der Aufnahme steht rechts außerdem die spindelförmige S0-Galaxie NGC 4638 und 1,5′ unterhalb die diffuse Spiralgalaxie NGC 4637. Der Abstand der E2-Galaxie M 60 zur Spiralgalaxie liegt bei 2,6′ oder 42.000 Lichtjahren in Projektion. M 60 ist mit ihrer Winkelausdehnung von 7,4′ × 6,0′ deutlich größer als die Spiralgalaxie, deren Durchmesser 2,9′ erreicht. Die Fluchtgeschwindigkeiten beider Galaxien sind ähnlich, jedoch nicht gleich, sondern sie differieren um 292 km/s. Ihre mittlere Entfernung liegt bei 55 Millionen Lichtjahren und positioniert die Galaxien im Ostteil des Virgo-Galaxienhaufens. Es stellt sich jedoch die Frage, wie ihre relative Lage zueinander zu interpretieren ist, da man offensichtliche Störungen in ihren Morphologien vermisst. Bei NGC 4647 zeigt sich ein ausgeprägtes, flokkulentes Spiralarmmuster mit deutlichem Staubband, das entlang der Nordseite verläuft.
Bei einer detaillierten kinematischen Untersuchung von NGC 4647 fanden Astronomen zudem eine Asymmetrie der Rotationskurve. Die gemessenen Rotationsgeschwindigkeiten zeigen auf der Westseite (mit dem Staubband) einen für Spiralgalaxien typisch flachen Verlauf mit Werten um 110 km/s. Auf der Ostseite gibt es kein Plateau, sondern einen stetigen Anstieg bis auf 150 km/s. Dieser Unterschied kann durch den Staudruck entstehen, dem NGC 4647 bei der Bewegung durch das Haufenmedium ausgesetzt ist. Außerdem ist es möglich, dass dieser Staudruck mit der Passage durch den äußeren Halo von M 60 weiter verstärkt wird. Mit Hilfe von Farben-Helligkeits-Diagrammen, engl. „colour-magnitude diagrams“ (CMDs), konnte man durch pixelweise Analyse von Aufnahmen des Weltraumteleskops Hubble belegen, dass der Aufbau von M 60 mit einer gleichförmigen Sternpopulation gut beschrieben werden kann. Ausnahmen bilden hier jedoch die staubreichen roten Bereiche, engl. „dusty pockets“ sowie blaue und rote Kugelsternhaufen. Im Vergleich zu anderen, eindeutig wechselwirkenden Galaxienpaaren ergaben die Untersuchungen allerdings keine auffälligen blauen Pixelbereiche in der Verteilung, die auf Sternentstehungsgebiete hinweisen würden. Als einziger Hinweis auf eine möglicherweise bevorstehende Wechselwirkung zeigt sich lediglich ein leichter Trend zu blauen Pixeln in Richtung des Begleiters NGC 4647. Somit ist eine sichere Aussage über die relative Lage der beiden Galaxien schwierig; trotz ihrer Nachbarschaft im Galaxienhaufen bilden sie noch kein enges Paar.

OBJEKT	M 60
STERNBILD	Virgo
REKT.	$12^h\ 43^m\ 40^s$
DEKL.	+11° 33′ 10″
HELLIGKEIT	9,8 mag
TYP	E2
FOTOGRAFEN	Stefan Binnewies, Josef Pöpsel
TELESKOP	600-mm-Reflektor
KAMERA	SBIG STL-11000
BELICHTUNGSZEIT	170 min
ORT	Skinakas Observatorium, Kreta, Griechenland

NGC 5311

Bei der Galaxie NGC 5311, die in der Bildmitte zu sehen ist, handelt es sich um einen E/S0-Typ. Im Abstand von 9,5′ zu ihr, in östlicher Richtung, steht die Sbc-Galaxie NGC 5313. Beide Galaxien gehören zu einer kleinen Galaxiengruppe um NGC 5371, die der größeren NGC 5353/4-Galaxiengruppe zugeordnet wird. Die Entfernung von NGC 5311 beträgt 124 Millionen Lichtjahre; aus ihrem Winkeldurchmesser von maximal 2,6′ ergibt sich ein wahrer Durchmesser von 94.000 Lichtjahren. Die Fluchtgeschwindigkeiten beider Galaxien unterscheiden sich nur um 160 km/s und ihr transversaler Abstand entspricht etwa 340.000 Lichtjahren. Im südlichen Teil des Halos von NGC 5311, erkennt man in der Aufnahme ein horizontal verlaufendes Staubband. Auf der rechten, westlichen Seite setzt außerdem ein kürzeres Staubfilament unter dem Staubband an. Die kontrastverstärkte Aufnahme zeigt auf der östlichen Seite, die NGC 5313 zugewandt ist, einen schwachen Lichtbogen. Dieser verweist auf eine mögliche Wechselwirkung beider Galaxien oder auf einen Halo-Effekt in NGC 5311, der durch die relative Bewegung in der Galaxiengruppe entstanden sein könnte. NGC 5313 zeigt mit sichtbaren Woronzow-Weljaminow-Reihen zusätzliche Anzeichen einer Gezeitenwechselwirkung.

Lange Zeit ging die Lehrmeinung davon aus, dass es sich bei Elliptischen Galaxien um gasarme Systeme handelt, die sich seit ihrer Entstehung kaum weiterentwickelt haben und bei denen die Sternentstehung keine große Rolle mehr spielt. Mit modernen Methoden der Infrarot-Astronomie konnten allerdings Strukturen von Staub und Gas mit geringen Dichten nachgewiesen werden sowie Gaskomponenten in E/S0-Galaxien, die einen großen Temperaturbereich abdecken. Dieses Gas ist mit den Staubbändern assoziiert, wodurch sich dort Sternentstehungsgebiete ausbilden können, die zu einer Blauverschiebung der Galaxienfarbe führen können. In Studien von E/S0-Galaxien, die Staubstrukturen dieser Art zeigten, wiesen Astrononen eine solche schwache Sternentstehung nach, die sich im Laufe einiger Milliarden Jahre entwickelt hat. NGC 5311 gehörte dabei zu den ausgewählten Galaxien, bei denen man die Emissionslinien ihrer Spektren genau untersuchte. So liefern die Hα/[NII]-Emissionslinien Informationen über den Strahlungsbeitrag, der durch ionisiertes Gas in der Umgebung von Sternen entsteht. Im Fall von NGC 5311 wurde die Masse der Staubkomponente zu 10^6 Millionen Sonnenmassen ermittelt. Da die Emissionslinien jedoch nur schwach ausgeprägt waren, konnte der direkte Nachweis einer inneren Scheibe aus warmem, ionisiertem Gas nicht erbracht werden. Infrarot-Aufnahmen zeigen aber zumindest eine zirkumnukleare Staubscheibe, die von einem Staubring umgeben ist – die äußeren Komponenten des aktiven Galaxienkerns in NGC 5311.

OBJEKT	NGC 5311
STERNBILD	Canes Venatici
REKT.	$13^h\ 48^m\ 56^s$
DEKL.	+39° 59′ 06″
HELLIGKEIT	13,3 mag
TYP	S0/a
FOTOGRAFEN	Michael König
TELESKOP	350-mm-Reflektor
KAMERA	SBIG STL-6303
BELICHTUNGSZEIT	180 min
ORT	Rimbach, Deutschland

NGC 5846

Die E0-1-Galaxie NGC 5846 steht im Zentrum einer Gruppe von Galaxien, die nach ihr benannt ist. NGC 5846 liegt in 77 Millionen Lichtjahren Entfernung und ihre Größe von 4,1′ × 3,8′ entspricht einem transversalen Durchmesser von 92.000 Lichtjahren. Für die links unten in der Aufnahme sichtbare SB(r)b-Galaxie NGC 5850, die 10′ von NGC 5846 entfernt ist, findet man in den Datenbanken eine um 842 km/s größere Fluchtgeschwindigkeit. Nahe des Zentrums von NGC 5846 erkennt man außerdem 0,7′ südlich versetzt die kompakte E2-Galaxie NGC 5846A. Verschiedene Methoden der Entfernungsbestimmung platzieren sie hinter NGC 5846, wozu ihre um 487 km/s größere Fluchtgeschwindigkeit passt. Alternativ könnte man aber auch annehmen, dass NGC 5846A vor NGC 5846 steht, und somit näher an der Milchstraße wäre. Ihre höhere Fluchtgeschwindigkeit würde sich dann durch eine schnelle Bewegung in Richtung der großen Elliptischen Galaxie erklären. Da man jedoch im Umfeld von NGC 5846 keine Gezeitenschweife entdecken kann, steht NGC 5846A mit großer Wahrscheinlichkeit doch hinter NGC 5846 und gehört zum entfernten Teil der Gruppe.

NGC 5846 ist ein Beispiel für Elliptische Galaxien mit geringen, aber noch nachweisbaren Rotationen und hohen Geschwindigkeitsdispersionen im Zentrum. So zeigt die Galaxie Streuungen von bis zu 250 km/s. Untersuchungen des Kerns zeigen außerdem sowohl im optischen, als auch im im Röntgenbereich zwar einige Filamente, jedoch keine zusammenhängenden Strukturen wie etwa eine Staubscheibe. In der Elliptischen Galaxie NGC 5813, die ebenfalls zur NGC 5846-Gruppe gehört, aber nicht auf der Aufnahme zu sehen ist, konnte solch eine zirkumnukleare Scheibe hingegen nachgewiesen werden. Die Filamente in NGC 5846 werden als Relikte von Wechselwirkungen mit kleineren Galaxien interpretiert. Die Tatsache, dass NGC 5813 eine ungestörte Scheibe aufweist, wird dadurch erklärt, dass es bei NGC 5846 zu mehreren Verschmelzungsprozessen gekommen sein muss. Diese Durchmischungen haben die geregelte Rotation gestört und schließlich unterbunden. Bei tiefen Beobachtungen der NGC 5846-Gruppe konnten Astronomen eine große Zahl von etwa 250 Mitgliedern ermitteln. Bei 80 % dieser Galaxien handelt es sich um Zwerggalaxien; zumeist die der dE-Typen. Einige dieser Galaxien können auf der Aufnahme in der Umgebung von NGC 5846 als diffuse Lichtflecken ausgemacht werden. Der große Anteil an Zwerggalaxien im Vergleich zu anderen Gruppen macht deutlich, dass NGC 5846 in einer dichten, dynamisch entwickelten Gruppe steht und aus ihr eine cD-Galaxie entstehen könnte. Die Anzahl von Zwerggalaxien ist deshalb so groß, da die ursprünglichen Galaxien, um die diese Zwerge einstmals kreisten, durch Akkretion verarbeitet wurden. Die übrig gebliebenen Zwerge umschwirren seither das Dichtezentrum, da sie ihre Bahndrehimpulse vor einem „Verspeist-Werden" geschützt haben.

OBJEKT	NGC 5846
STERNBILD	Virgo
REKT.	$15^h\ 06^m\ 29^s$
DEKL.	+01° 36′ 10″
HELLIGKEIT	11,0 mag
TYP	E0-1
FOTOGRAFEN	Adam Block
TELESKOP	600-mm-Reflektor
KAMERA	SBIG STL-11000
BELICHTUNGSZEIT	410 min
ORT	Mount Lemmon SkyCenter/ University of Arizona, USA

NGC 5982

Die Aufnahme zeigt das bekannte Draco-Galaxientriplett, das aus der SAB(r)b-Galaxie NGC 5985 (oben rechts), der E3-Galaxie NGC 5982 (Mitte) und der Sc-Galaxie NGC 5981 (links unten) besteht. Die aus Fluchtgeschwindigkeit und alternativen Methoden bestimmte Entfernung von NGC 5982 ist ähnlich und definiert eine Distanz von 135 Millionen Lichtjahren. In östlicher Richtung steht in einem Abstand von 7,8′ der SAB(r)b-Typ NGC 5985, dessen Spiralebene einen Längsdurchmesser von 5,5′ besitzt. Relativ zu NGC 5982 bewegt sie sich mit 500 km/s auf die Milchstraße zu und würde demnach vor der Elliptischen Galaxie liegen. Lässt man die Fluchtgeschwindigkeit von NGC 5985 außer Acht, so findet sich in astronomischen Datenbanken eine Entfernung von 137 Millionen Lichtjahren. Die Spiralgalaxie wäre damit weiter entfernt als NGC 5982. Da diese Angaben mit einem zehnprozentigen Fehler behaftet sind, ist ein abschließende Klärung der Abstände zurzeit nicht möglich. Der 5,5′ große Winkeldurchmesser von NGC 5985 entspricht einem Scheibendurchmesser von 219.000 Lichtjahren. NGC 5982 zeigt im Halo ein Schalensystem und einen diffusen äußeren Rand, der ebenfalls etwa 5′ weit reicht und somit ähnlich große Ausmaße wie NGC 5985 annimmt. Deutlich kleiner ist hingegen die dritte Galaxie NGC 5981. Ihre Fluchtgeschwindigkeit ist jedoch nicht, wie man aufgrund ihrer Ausmaße vermuten könnte, größer als die der zwei großen Galaxien. Mit einem Durchmesser von 78.000 Lichtjahren entspricht die Fluchtgeschwindigkeit nur 58 % des Wertes von NGC 5982, und so folgt eine Entfernung von 86 Millionen Lichtjahren für diese in Kantenlage beobachtete Galaxie. Das bekannte Draco-Motiv zeigt also vermutlich ein Galaxien-Duo mit zwei ungewöhnlich großen Galaxien, und eine weit davor stehende, normalgroße Sc-Galaxie.

Treten in den Halos Elliptischer Galaxien Schalen auf, so werden diese oft als Schalen-Galaxien, engl. „shell galaxies“, bezeichnet. Diese Schalen sind leuchtschwach, umschließen den Kern meist nicht vollständig und sind in 20–40 % aller elliptischen Feldgalaxien zu finden. Laut Theorie entstehen sie bei der Verschmelzung kleiner, massearmer Galaxien, die nur eine geringe Geschwindigkeitsdispersion besitzen, wobei die Masse dieser kleinen Galaxien nur wenige Prozent der großen Galaxie ausmacht. Aus Simulationen weiß man, dass sie sich auf radialen Orbits bewegen, auf denen sie mehr und mehr ihrer Sterne verlieren. Die Schalen sind dabei keine Projektion von Gezeitenschweifen, sondern es handelt sich um dreidimensionale Strukturen, die durch Dichtewellen im Halo aus akkretierten Sternen geformt werden. Allerdings entstehen hier nicht Spiralarme in einer Ebene, wie es bei den in einer Spiralgalaxie umlaufenden Dichtewellen der Fall ist, sondern konzentrische Schalen aus Sternen im Halo der Elliptischen Galaxie. Dabei haben Sterne mit einer geringen Bindungsenergie größere Orbitalperioden und somit einen Umkehrpunkt, der weiter außen im Halo liegt. Diese Sterne sind die Bausteine der zuerst entstehenden äußeren Schalen. Prinzipiell gilt, dass sich in den hellen Rändern der Schalen die Sterne sammeln, die eine ganzzahlige Anzahl von Orbits zurückgelegt haben. Die große Anzahl von Schalen, die man im Halo von NGC 5982 beobachtet, wird daher als Hinweis auf ein hohes Alter gewertet. Aus den Radien der äußeren Schalen und der Masse von NGC 5982, die $4{,}57 \times 10^{11}$ Sonnenmassen beträgt, errechnen Astronomen ein dynamisches Alter von 1,1 Milliarden Jahren für die Halostrukturen. Bei der Schale von NGC 5982, die über dem Kernbereich die kurze Halbachse schneidet, fällt auf, dass ihre Farbe nicht, wie für Schalen üblich, röter im Vergleich zum Halo ist, sondern einen blauen Farbton zeigt. Dies könnte auf eine zugehörige junge Sternpopulation verweisen, die NGC 5982 akkretiert hat, ähnlich wie es die in Gezeitenschweifen entstandenen Zwergalaxien, engl. „tidal darf galaxies“, tun. Der Farbunterschied zu den anderen Schalen ließe sich dann dadurch erklären, dass die Sterne der Schalen auf verschiedene, mit NGC 5982 verschmolzene Zwerggalaxien zurückgehen, die unterschiedliche Sternpopulations-Alter zum Halo beigetragen haben.

OBJEKT	NGC 5982
STERNBILD	Draco
REKT.	$15^h\ 38^m\ 40^s$
DEKL.	+59° 21′ 21″
HELLIGKEIT	12,1 mag
TYP	E3
FOTOGRAFEN	Josef Pöpsel, Stefan Binnewies
TELESKOP	600-mm-Reflektor
KAMERA	SBIG STL-11000
BELICHTUNGSZEIT	335 min
ORT	Skinakas Observatorium, Kreta, Griechenland

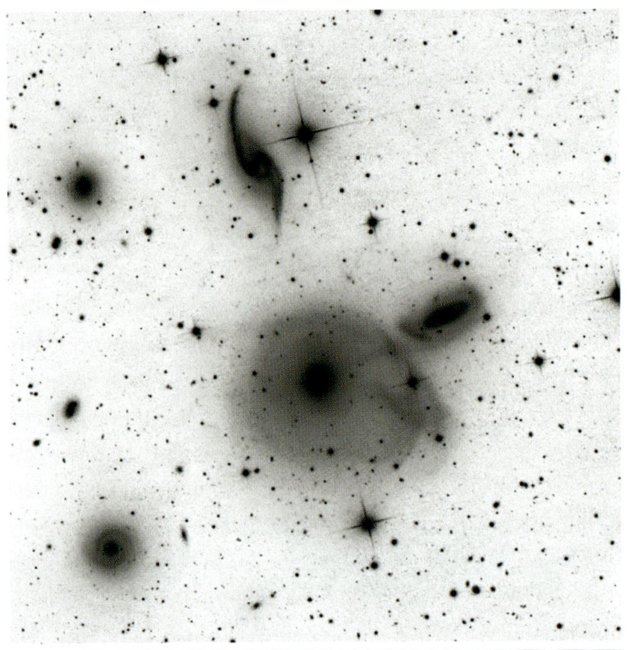

Invertierte, kontrastverstärkte Darstellung

NGC 7550

Dieses isoliert stehende Galaxientrio, das als Arp 99 oder HCG 93 (Hickson Compact Group) bekannt ist, beinhaltet die drei großen Mitglieder NGC 7547, NGC 7549 und NGC 7550. Die rechts stehende kleine SAB-Galaxie NGC 7547 sowie die etwa 4′ entfernte, links oberhalb platzierte Balkenspiralgalaxie NGC 7549 zeigen Störungen wie Gezeitenschweife oder Verformungen im Verlauf ihrer Spiralarme. Diese Effekte weisen in Richtung von NGC 7550, deren Galaxientyp in der Literatur als E bzw. SA0 angegeben wird. Die größte Galaxie der Gruppe ist 230 Millionen Lichtjahre von der Milchstraße entfernt. Die Relativgeschwindigkeiten der beiden Spiraltypen liegen bei –300 km/s und –350 km/s. Bezogen auf NGC 7550 bewegen sie sich in Richtung der Milchstraße und lassen den Schluss zu, dass NGC 7547 und NGC 7549 die größere NGC 7550 umlaufen. Diese Elliptische Galaxie dominiert das Triplett. Die v-förmige Struktur im westlichen, rechten Teil des Halos ist ein Hinweis darauf, dass NGC 7547 bereits einmal nahe an NGC 7550 vorbeigelaufen sein muss. Der Durchmesser des Halos von NGC 7550 liegt bei 3,5′ und entspricht einer transversalen Streckenlänge von 240.000 Lichtjahren. Die links unterhalb des Trios platzierte SA(r)-Galaxie NGC 7558 steht in 380 Millionen Lichtjahren Abstand und befindet sich hinter der kleinen Gruppe.

Vergleicht man die Geschwindigkeitsdispersion der Sterne in NGC 7550 mit den Werten anderer Elliptischer Galaxien in kleinen Gruppen, stellt sich heraus, dass der σ_c-Wert von 220 km/s am oberen Ende der Messwerte liegt. Vergleichsstudien geben mittlere Werte zwischen 100 km/s und 150 km/s an. Die Abweichung von NGC 7550 erklären Astronomen durch die besondere Dynamik in deren Halo, die bis in das Zentrum reicht. Im Spektrum von NGC 7550 fällt bei 658,3 nm außerdem eine prominente Emissionslinie auf, die auf angeregte Stickstoffatome [NII] zurückgeht. Zusammen mit anderen Linienstärken kann man auf die mittlere Metallizität der Sterne schließen und damit das Alter einer Galaxie abschätzen. Bei NGC 7550 liefert diese Analyse eine vergleichsweise hohe Metallizität und ein Alter von ungefähr vier Milliarden Jahren. Dieser hohe Anteil an schwereren Elementen könnte die Folge einer Verschmelzung einer Spiralgalaxie mit der Vorgängergalaxie von NGC 7550 sein.

OBJEKT	NGC 7550
STERNBILD	Pegasus
REKT.	$23^h\ 15^m\ 16^s$
DEKL.	+18° 57′ 42″
HELLIGKEIT	13,2 mag
TYP	$SA0^-$
FOTOGRAFEN	Josef Pöpsel, Stefan Binnewies
TELESKOP	600-mm-Reflektor
KAMERA	SBIG STL-11000 und STX-16803
BELICHTUNGSZEIT	885 min
ORT	Skinakas Observatorium, Kreta, Griechenland

IRREGULÄRE GALAXIEN UND WECHSELWIRKENDE SYSTEME

Bei den in diesem Kapitel gezeigten Systemen fällt es schwer, deren ursprüngliche Galaxienform zu erkennen. Im Vergleich zu den anderen Galaxientypen besitzen sie das weitaus größte Spektrum an möglichen Erscheinungsformen.

DIE MORPHOLOGIE DER IRREGULÄREN GALAXIEN UND WECHSELWIRKENDEN SYSTEME

In diesem Kapitel werden irreguläre Galaxien und wechselwirkende Galaxiensysteme zusammen betrachtet. Aufgrund ihrer Morphologie, die in beiden Fällen von Asymmetrien und Unregelmäßigkeiten geprägt ist, wird in der Astronomie meist zwischen beiden Typisierungen unterschieden. Die hier erläuterten Beispiele zeigen allerdings, dass man bei den Entstehungsursachen oftmals nicht scharf zwischen irregulären und wechselwirkenden Galaxien trennen kann. Vielmehr muss man zur astrophysikalischen Deutung der sichtbaren Formen meist Kombinationen von Ereignissen und Abhängigkeiten in Betracht ziehen.

Für etwa 3–4 % der beobachteten Galaxien versagt eine Klassifikation als elliptisches oder Spiralsystem, da sie keine entsprechenden Grundstrukturen in ihrem Aufbau aufweisen. So fehlt oftmals eine Art von Ebenensymmetrie oder ein klar definiertes Zentrum, was teilweise zur Beobachtung von Ansammlungen großflächiger Sternentstehungsgebiete, loser HII-Regionen sowie einzelner Staubfilamente führt. Ihre Massen liegen im Bereich von 10^8–10^{10} Sonnenmassen und sie sind mit Durchmessern von einigen tausend bis 30.000 Lichtjahren eher klein. Der Begriff „irreguläre Galaxien“ darf jedoch nicht mit „pekuliär“ verwechselt werden. Letzterer wird als Zusatz zu herkömmlichen Galaxien-Typen gebraucht, um zu verdeutlichen, dass z.B. ein Spiraltyp sichtbar ist, dessen typische Struktur allerdings Störungen aufweist, die aber die ursprüngliche Klassifizierung noch erkennen lassen. Im Falle irregulärer Galaxien gibt es jedoch keine scharfe Trennlinie zwischen Störung und typischer Struktur, zumal die unregelmäßige Form auch hinsichtlich der Verschiedenartigkeit der Vorgeschichten interpretiert werden kann.

Die Galaxiengruppe um NGC 80 zeigt eine Momentaufnahme der Vielfalt galaktischer Wechselwirkungen (vgl. Seite 215). Aufnahme: Makis Palaiologou, Stefan Binnewies (600-mm-Reflektor).

Über das Aussehen irregulärer Galaxien entscheiden hauptsächlich Wechselwirkungsprozesse mit anderen Galaxien. Dabei ergibt sich ein breites Spektrum an verschiedenen Interaktionsmöglichkeiten. Es reicht von einer schwachen Störung der Gravitationsfelder zweier sich nahekommender Galaxien über stärkere Gezeitenwechselwirkungen, die zu einem Überfließen von Materie führen können, bis hin zu einem Zusammenstoß der Galaxien, der sogar in einer völligen Verschmelzung zu einer neuen Galaxie enden kann. Die Produkte einer solchen vollständigen Verschmelzung, engl. „merger“, werden differenziert betrachtet: Handelt es sich bei den Vorgängersystemen um zwei Galaxien mit ähnlichen Massen, so spricht man von einem „major merger“. Beträgt das Massenverhältnis 1:5 bis 1:10, dann liegt ein „intermediate merger“ vor, und bei Massenverhältnissen kleiner als 1:10 handelt es sich um einen „minor merger“. In einem solchen Verschmelzungsprozess hat der kleine, kompakte Partner nur einen geringen Einfluss auf die Morphologie des größeren Wechselwirkungspartners. Bei großen Spiralgalaxien macht sich diese Art der Wechselwirkung oft nur durch eine verbogene Hauptebene bemerkbar.

Erschwert wird die Identifizierung von Verschmelzungsprodukten durch ihre, in kosmischen Zeiträumen betrachtet, eher kurze Dauer von einigen hundert Millionen Jahren. Daher beobachten wir nur selten die aktiven Phasen der Verschmelzung, sondern meist Vorstufen dieses Prozesses; beispielsweise Galaxienpaare, die sich auf wenige Systemdurchmesser angenähert haben und deren Struktur bereits Asymmetrien aufweist.

Schon bei den weniger massiven Wechselwirkungen wird das Aussehen der Galaxien verändert. So treten beispielsweise Sternentstehungsgebiete auf, die man in Aufnahmen als auffällige hellblaue Bereiche erkennen kann. Nähern sich die Wechselwirkungspartner auf eine Entfernung von wenigen Durchmessern an, so kommt es zu gegenseitigem Umlaufen der Systeme. Bei diesen Orbits können sich aus herausgezerrtem Gas, Staub und Sternen lange Gezeitenschweife bis zu einer Reichweite von 100.000 Lichtjahren bilden, in denen sogar neue Sternentstehungsregionen auftreten können. Diese Wechselwirkungen lassen sich in Simulationsrechnungen gut beschreiben, und so weiß man, dass sich aus dem Zusammenstoß zweier Spiralgalaxien große Elliptische Galaxien ergeben, bei denen die Gezeitenschweife feine, lichtschwache Schalenstrukturen geformt haben, die die Galaxie einhüllen. Im frühen Universum war die Galaxiendichte deutlich größer, woraus sich auch eine höhere Wahrscheinlichkeit der Wechselwirkung mit benachbarten Galaxien ergab. Bestätigt wird dies durch den besonders tiefen und damit in die Vergangenheit reichenden Blick, den das Hubble Space Telescope bei der Aufnahme des „Hubble Ultra Deep Field" ermöglicht hat. Dabei wurden 278 Stunden lang die Photonen eines kleinen Feldes am Himmel im Sternbild Fornax gesammelt. Die schwächsten noch detektierbaren Galaxien reichen bis zu einem Alter von etwa 600 Millionen Jahren nach Entstehung des Universums zurück. Je weiter man so in die Vergangenheit blickt, desto mehr fällt die steigende Zahl der gestörten, irregulären Systeme auf.

DIE ASTROPHYSIK DER IRREGULÄREN GALAXIEN UND WECHSELWIRKENDEN SYSTEME

Untersuchungen zur Natur irregulärer Galaxien werden meist an spektakulären Systemen vorgenommen, die auf einen Verschmelzungsprozess oder eine nahe Begegnung zurückgehen und besonders auffällige Typveränderungen oder weitreichende Gezeitenschweife aufweisen.

Die Wahrscheinlichkeit einer Wechselwirkung hängt von mehreren Faktoren ab, unter anderem auch davon, wie schnell die beiden Galaxien einander begegnen. Vollzieht sich diese Annäherung langsam, vergrößert sich die Zeitspanne, in der Gezeitenwechselwirkungen auftreten werden. Somit wächst auch die Wahrscheinlichkeit, dass es zu einem Austausch von Materie oder gar zu einem Zusammenstoß kommt. Mittels einer festgelegten Geschwindigkeitsverteilung und Anzahl von Galaxien innerhalb eines Raumvolumens kann errechnet werden, wie häufig es zu Verschmelzungen zweier Wechselwirkungspartner kommt. Dabei steigt mit voranschreitender Zeit die Zahl der Merger, wodurch sich die Galaxiendichte und somit die Wechselwirkungsrate reduziert. Durch die Verschmelzungen ergibt sich also aus einer großen Ausgangszahl schrittweise eine geringere Zahl an Galaxien, was oft als „merging tree history" beschrieben wird. Die baumartige Struktur wird sichtbar, wenn man die Anzahl der Galaxien in Relation zur Entwicklungszeit grafisch darstellt.

Eine wichtige Wechselwirkungsgröße – die Relativgeschwindigkeit – wird unter anderem durch die Dunkle Materie bestimmt. Je größer deren Anteil gegenüber der leuchtenden Materie ist, desto höher sind die Geschwindigkeiten und umso kürzer werden die Wechselwirkungszeiten. Hinzu kommt, dass die größere Halomasse eine stärkere gravitative Bindung von Staub und Gas bewirkt. Das wiederum verhindert die Entstehung von Gezeitenschweifen in der Scheibe, sodass halodominierte Galaxien trotz vorhandener Wechselwirkungen weniger Störeffekte aufweisen.

Aus Analysen des kosmischen Mikrowellenhintergrundes sowie aus der Verteilung von Galaxien bei hohen Rotverschiebungen weiß man, dass der größte Anteil der Materie nicht-baryonisch ist. Die Längenskalen dieser Verteilungen der Mikrowellen-Intensität liegen außerdem auch im subgalaktischen Bereich, woraus folgt, dass sich die Dichtefluktuationen der Dunklen Materie bis vor unsere galaktische Haustür erstrecken. Dieses Verhalten wird von Modellen der sogenannten Kalten Dunklen Materie, engl. „cold dark matter" (CDM), vorhergesagt. Die Vorstellung dabei ist, dass Halos aus Dunkler Materie das Volumen ausfüllen, in dem auch eine Galaxie mit ihren leuchtenden Komponenten platziert ist. Die Dunkle Materie umgibt ebenso Gruppen und größere Ansammlungen und füllt auch den Halo großer Galaxienhaufen aus. Das heutige Verständnis der Verteilung von Dunkler Materie auf subgalaktischen Längenskalen (Längen < 100.000 Lichtjahre) geht auf Simulationen der Strukturbildung zurück. Dabei betrachtet man die zeitliche Entwicklung der CDM-Strukturen und versucht Vorhersagen zu treffen. Die räumlich hoch aufgelösten Modellrechnungen erreichen eine kleinste Skala von 10^{-4}–10^{-5} der Halomasse, wodurch es möglich ist, die Auswirkungen der feinen Strukturen bei Gravitationswechselwirkungen innerhalb einer Galaxie zu studieren.

Ein bei Astronomen beliebtes Modell ist das einer großen zentralen Galaxie, die von Begleitgalaxien umlaufen wird. Dabei können dynamische Reibungseffekte untersucht werden, die auftreten, wenn kleinere Galaxien dem zentralen System zu nahe kommen und im Laufe mehrerer Orbits ihr Material verlieren, das sich dann in Gezeitenschweifen ansammelt. Das schrittweise Verschmelzen dieser Satellitengalaxien ist das Grundprinzip des hierarchischen Wachstums, das in mehreren Stufen große Galaxien, Galaxiengruppen und Galaxienhaufen entstehen lässt. Allen Modellrechnungen liegt die Annahme zugrunde, dass die Wechselwirkung durch das Vorhandensein Dunkler Materie definiert wird. Die auf den Aufnahmen sichtbaren Strukturen – die Galaxien, ihre Spiralarme oder Gezeitenschweife – sind der kleine Teil aus leuchtender Materie, der gravitativ an die Strukturen der Dunklen Materie gebunden ist. Sie folgen der Dynamik der Dunklen Materie und sind Indikatoren ihrer Existenz. Vergleicht man die Substrukturen der Dunklen Materie der Modelle mit den tatsächlich beobachteten, so stellt man fest, dass die Modellrechnung zu wenig Feinstruktur liefert. Astronomen führen dies darauf zurück, dass die Verteilungen durch die große Anzahl von Verschmelzungsprozessen in diesem Modell, engl. „overmerging", auf kleinen Skalen aufgelöst werden. Dem Modell fehlen somit Galaxien auf kleinen Skalen und es ergibt sich ein eher glattes Verteilungsbild. Es ist wichtig zu untersuchen, welche anderen Effekte bei der

Abbildung 4.1: Die aktiven Regionen im System Arp 269 sind Indikatoren für die Gezeitenwechselwirkung und den damit verbundenen Materietransport (siehe Seite 250).

Verschmelzung von Galaxien eine Rolle spielen. Neben den Einflüssen der Dunklen Materie sind dies klassische physikalische Parameter, wie sie auch bei der Sternentstehung eine Rolle spielen. So werden beispielsweise aus Gaswolken Sterne geboren, die wiederum als Supernovae durch ihre Winde Gas bewegen und aufheizen. Dadurch entstehen Blasen aus kaltem oder heißem Gas. Sie verteilen ihr Material nicht nur in der Galaxie, sondern können auch das Ansammeln (die Akkretion) von Materie der Wechselwirkungspartner beeinflussen.

In einer Galaxie kann der Aufbau von stellarer Masse durch Akkretion oder direkt durch Sternentstehung aus abgekühlten Gaswolken erfolgen. Es stellte sich heraus, dass die Sternentstehung hierbei nur bei massearmen Galaxien eine wichtige Rolle spielt; massereiche Galaxien können nur durch Verschmelzungsprozesse entstehen, da nur so die beobachtete Menge an leuchtender Materie zu erklären ist. Bei Verschmelzungsprozessen ist eine Unterscheidung wichtig, die berücksichtigt, ob es sich um gasreiche Galaxien handelt, die den Merger aufbauen, oder um gasarme Galaxien, bei denen von einem „dry merger“ gesprochen wird. Da bei gasreichen Galaxien allerdings mehr Material am Prozess beteiligt ist, sieht man im Umfeld meist mehr Strukturen, wie etwa Gezeitenschweife.

Die Galaxienentstehung begann vor etwa 13 Milliarden Jahren. Heute existieren zwei grundsätzlich verschiedene Modelle, die erklären sollen, wie es zu diesem Prozess kommt. In der Literatur werden sie als „top-down“ und „bottom-up“ beschrieben. Das „top-down“-Modell geht davon aus, dass Galaxien aus Gaswolken entstehen, deren Größe die einer einzelnen Galaxie übertrifft und die kollabieren, da ihre Eigengravitation größer ist als der Gasdruck in der Gaswolke. Besitzt die durch den Kollaps entstandene Wolke genügend Rotationsenergie, bildet sich eine Scheibengeometrie und später eine Spiralgalaxie aus. Eine langsame Rotation führt zur Vorstufe einer Elliptischen Galaxie. Bei dieser strukturellen Ausformung gibt es jedoch auch einen Rückkopplungsfaktor, da einerseits durch die einsetzende Sternentstehung Gas gebunden wird, andererseits die Sternwinde und Supernovae der ersten, sehr massiven Sternpopulation dem Zusammenfallen der Gaswolken entgegen wirken.

Eine Trennung zwischen Ursache und Wirkung ist somit schwierig, insbesondere wenn es darum geht, die Zeitskalen dieses Modells abzuschätzen. Ein wichtiger Aspekt dieses Modells ist die Möglichkeit, dass die großen Gaswolken beim Kollaps kleinere Wolken-Fragmente ausbilden, aus welchen die Galaxien entstanden sind. Damit lässt sich plausibel erklären, warum viele Galaxien heute in Gruppen und Haufen beobachtet werden können.

Das Problem des „top-down“-Modells sind hingegen die sehr langen Zeiten, die nötig sind, um den Kollaps und die Fragmentierung zu beschreiben. Nach den Modellrechnungen müssten sie bis in unsere heutige Zeit reichen, was der Tatsache widerspricht, dass man heute auch viele Haufen und

noch größere Objekte, sogenannte Superhaufen, engl. „superclusters“, beobachtet, die bereits ein dynamisches Gleichgewicht erreicht haben.
Gerade im Hinblick auf diese sehr großen Galaxienansammlungen bietet das alternative „bottom-up“-Modell Vorteile in der Erklärung der Strukturbildung. Dieses Modell geht von einem Wachstumsprozess aus, der in mehreren Stufen abläuft, engl. „hierarchical clustering“. Der Prozess beginnt bei einfachen Galaxien, die miteinander verschmelzen und im Laufe der Zeit größere Galaxien und Strukturen ausbilden. Eine sehr wichtige Rolle bei diesen Wechselwirkungen spielt die Dunkle Materie, die die Gravitation der für uns sichtbaren Teile der leuchtenden Materie bestimmt und daher in beiden Modellen berücksichtigt werden muss. Unter diesen Betrachtungen kommen auch exotische Fälle vor, etwa I Zwicky 18, eine nahe Zwerggalaxie, deren Sternentstehung erst vor ca. 500 Millionen Jahren eingesetzt hat. Verwunderlich ist hier, wie diese Galaxie über zwölf Milliarden Jahre in ihrem ursprünglichen Zustand verbleiben konnte, während um sie herum die Galaxienentwicklung stattfand. Eine mögliche, aber ebenso exotische Erklärung beruht darauf, dass I Zwicky 18 eine Galaxie aus Dunkler Materie, engl. „dark galaxy“, ist. Demnach würde sie überwiegend aus Dunkler Materie bestehen mit einem kleinen Anteil an baryonischer Materie. Sie läge in einem abgegrenzten Bereich aus Dunkler Materie, der den unveränderten Materiezustand des frühen Universums enthält. Dieses ursprüngliche Gas aus Wasserstoff und Helium hätte also noch keine Sternpopulation durchlaufen und würde erst zeitlich versetzt als leuchtende Materie in einer Galaxie aktiviert. Es gibt „bottom-up“-Modelle, die voraussagen, dass es viele dieser besonderen „dark galaxies“ gibt. Allerdings wären sie nur schwer beobachtbar, da sie eine geringe Leuchtkraft besitzen. I Zwicky 18 ist eine Zwerggalaxie und passt somit zu dieser Vorhersage der „dark galaxy“-Hypothese.
Im Allgemeinen bauen sich im „bottom-up“-Ansatz Galaxien durch das Verschmelzen kleinerer Bausteine schrittweise auf. Dabei handelt es sich um Gaswolken mit einigen Millionen Sonnenmassen, die in einer frühen Phase des Universums kollabiert sind. In Folge von Gravitationswechselwirkungen entstanden aus diesen ersten Galaxien größere Strukturen, wie Galaxienhaufen, denen Superhaufen folgten. Mit den Verschmelzungen von Galaxien entstehen immer größere Galaxien und ebenso zwangsläufig nimmt mit zunehmender Masse die Zahl der Galaxien ab. Die Folgerung der „bottom-up“-Modellrechnungen, dass man in der Vergangenheit mehr kleine als große Galaxien beobachtet, wird in der astronomischen Praxis bestätigt. Blickt man in das Universum, dann sieht man auch in der Zeit zurück, und so zeigt z.B. eine Galaxie in zehn Milliarden Lichtjahren Entfernung den Entwicklungsstand etwa drei Milliarden Jahre nach ihrer Geburt. Es gibt sehr viele Beispiele wechselwirkender Galaxien, bei denen man solche Entstehungsprozesse „live“ beobachten kann und die das Modell sehr gut bestätigen.
Wie könnte eine Kombination dieser zwei gegenläufigen Beschreibungen aussehen? Zunächst nimmt man an, dass Dunkle Materie in den Anfängen des Universums noch gleichmäßig verteilt vorkam. Durch große Klumpen entstand anschließend eine Strukturierung, die zu Haufen und Superhaufen Dunkler Materie führte, oft verbunden durch ein Netzwerk aus Filamenten. Dort, wo diese Filamente mit

DUNKLE MATERIE UND DUNKLE ENERGIE

Dunkle Materie verrät sich nur durch ihre Gravitationswirkung. Der Begriff „Dunkel“ beschreibt, dass sie nicht leuchtet, d.h. auch nicht mit elektromagnetischer Strahlung wechselwirkt. Oft wird sie auch als nichtbaryonische Materie bezeichnet. Dies erklärt, was Dunkle Materie nicht ist; woraus sie besteht, ist allerdings nicht bekannt. Die genannten Baryonen sind stark wechselwirkende Elementarteilchen, die aus drei Quarks aufgebaut sind. Deren bekannteste Vertreter sind Protonen und Neutronen, aus denen sich Atomkerne zusammensetzen. Die baryonische Materie hingegen leuchtet über das gesamte elektromagnetische Spektrum und lässt sich in Form von Staub, Gas und Sternen beobachten.

Mit Hilfe von Vorhersagen des Standardmodells der Kosmologie und deren Überprüfung mit Satellitendaten kann die Zusammensetzung der Masse des Universums abgeschätzt werden. Aus der Karte der Temperaturschwankungen der kosmischen Hintergrundstrahlung ermittelt man, ob die Verteilung isotrop oder anisotrop ist. Dabei wird die Intensität der Drei-Kelvin-Strahlung im Mikrowellenbereich bei Wellenlängen von 0,1–10 mm gemessen. Die sehr kleinen Intensitätsunterschiede (etwa 10^{-5}) zweier Messpunkte am Himmel setzt man mit deren Winkelabstand in Verbindung und findet so eine signifikante Abweichung vom instrumentell bedingten Rauschniveau. Die Ergebnisse der Satellitenmissionen liefern für die Massenanteile im Universum Werte von 4–5 % für Baryonen, 21–27 % für nicht-baryonische Materie und etwas über 70 % für den Massenbeitrag der Dunklen Energie.

Die Dunkle Energie ist formell betrachtet eine von Albert Einstein eingeführte, kosmologische Konstante in der Relativitätstheorie und kann als Energie des Vakuums beschrieben werden, die die Gravitation abschwächt. Sie unterscheidet sich in ihrer Gravitationswirkung von den anderen beiden Massenbeiträgen. So wirkt die Dunkle Energie auf sehr großen Distanzen als eine repulsive Kraft und führt zu einer Beschleunigung der Expansionsbewegung des Universums. Diese Erkenntnis löste die bisherige Annahme ab, dass sich die Ausdehnung des Universums durch die Gravitationswirkung verlangsamen müsste. Obwohl man die Wirkung der Dunklen Energie mathematisch formal beschreiben kann, ist bislang unklar, was diese Expansion antreibt. Mehr Erkenntnis dazu erhoffen sich Astronomen von neuen Satellitenmissionen, wie mit dem für 2020 geplanten ESA-Teleskop EUKLID, das die dreidimensionale Verteilung von Milliarden von Galaxien erfassen und dabei zehn Milliarden Jahre in die Vergangenheit blicken soll.

anderen zusammenwirkten, kam es zu einer Konzentration der leuchtenden baryonischen Materie und es entstanden Galaxien. Kam es zu einer besonders dichten Ansammlung, so vermuten Astronomen heute, entstanden Elliptische Galaxien; Orte mit geringerer Materiedichte werden hingegen als Geburtsstätten von Spiral- und Zwerggalaxien angenommen. Im Jahre 2007 wurde für einen Raumbereich eine „Landkarte" der Dunklen Materie erstellt, die diese Annahmen bestätigt; Je weiter die Ansammlungen an Dunkler Materie von uns entfernt sind, d.h. je weiter wir in der Zeit zurückschauen, desto gleichmäßiger und weniger unterbrochen erscheint deren Verteilung. Man sieht auch, dass die sichtbare Materie ein Indikator für die Dichtekonzentration der Dunklen Materie ist, und deren Verklumpung im Laufe der Zeit zugenommen hat.

So gut die Modelle die Entstehung der Galaxien, ihre Wechselwirkungen und die Vielfalt der irregulären Galaxien erklären können, so gibt es dennoch einen Umstand, der die Wissenschaft in den letzten Jahren beschäftigt. Addiert man die Zahl der heute bekannten Galaxien, etwa durch Hochrechnung der im Hubble Ultra Deep Field nachgewiesenen 10.000 Galaxien, so ergeben sich 200 Milliarden Galaxien, die über den ganzen Himmel verteilt sind. Obwohl diese Zahl astronomisch groß erscheint, entspricht sie nur einem Zehntel der leuchtenden baryonischen Materie, die beim Urknall erzeugt wurde. Diese baryonische Materie darf nicht mit der Dunklen Materie oder der Dunklen Energie verwechselt werden, die zusammengenommen fast 96 % der Gesamtmasse des Universums liefern. Das Problem liegt also darin, dass wir in den beobachteten Galaxien von den möglichen gut 4 % baryonischer Materie nur ein Zehntel wiederfinden. Die Entstehung und Evolution der Galaxien benutzt und verwertet nur diese 10 % und lässt den Großteil außen vor. Eine mögliche Lösung des Rätsels dieser verschwundenen Materie sehen Astronomen in den riesigen Räumen zwischen den Galaxien in Galaxienhaufen. Deren Haufenvolumen ist von heißem Plasma ausgefüllt. Zusammengenommen fassen diese Plasmaanteile der Haufen, Gruppen und des intergalaktischen Raumes etwa 50 % des Gesamtbetrages baryonischer Materie. Das Dilemma besteht darin, dass die restlichen 50 % der Baryonen nicht beobachtbar sind. Dies liegt möglicherweise daran, dass die Baryonen in großräumigen Strukturen, etwa durch Gravitationswirkung eines Netzwerkes aus Dunkler Materie, gebunden sind und sich dichte Gruppen und Haufen aus Baryonen gebildet haben. Dieses Gas ist zwar einige 100.000 K heiß, im Vergleich zu dem heißen Plasma in Galaxienhaufen ist es dennoch zu kalt, um Röntgenstrahlung auszusenden, und so entzieht es sich einem direkten Nachweis. Eine andere Hypothese geht davon aus, dass die fehlenden 50 % der Baryonen in Sternen zu finden sind, die durch Wechselwirkungsprozesse aus Galaxien herausgeschleudert wurden. Aktuelle Beobachtungen liefern bereits Hinweise auf die Richtigkeit dieser Überlegung. So wurde bei der Untersuchung des extragalaktischen Hintergrundlichts nachgewiesen, dass ein signifikanter Teil des diffusen extragalaktischen Hintergrundlichts im optischen Bereich und im nahen Infrarotbereich von Sternen stammt, die sich außerhalb von Galaxien befinden.

Neben diesem nicht in Galaxien gebundenen Anteil der baryonischen Materie gibt es einen kleinen Teil, der an einem Kreislauf teilnimmt, für den Galaxien ein Zwischenstadium darstellen. Galaxien bestehen nicht aus einer konstanten Menge an Materie, sondern sind das Ergebnis einer andauernden Zirkulation von Baryonen. Dabei halten die physikalischen Prozesse der Sternentstehung und die Ströme von Gas, die in eine Galaxie hinein fließen und als heißes Gas wieder herausgeschleudert werden, den Austausch mit dem intergalaktischen Medium fortlaufend aufrecht. Beobachtet man eine irreguläre Galaxie, so stellt sie den Normalfall dieses kosmischen Austauschprozesses dar, eine relativ inaktive Galaxie wie unsere Milchstraße ist eher die Ausnahme.

LITERATUR UND LINKS

Beygu, B. u.a.: *An Interacting Galaxy System Along a Filament in a Void*, 2013, http://arxiv.org/pdf/1303.0538v1.pdf

Galagher, J. S. und Hunter, D. A.: *Structure and Evolution of Irregular Galaxies*, Annual Review of Astronomy and Astrophysics, 22, 1984

Kennicutt, R. C.: *Star formation in galaxies along the Hubble Sequence*, 1998, http://ned.ipac.caltech.edu/level5/Sept02/Kennicutt/frames.html

Konitzer, F.: *Dunkler Kosmos – Die anderen 96 Prozent*, 2013, http://www.spektrum.de/alias/dunkler-kosmos/die-anderen-96-prozent/1180532

Naab, T.: *Struktur und Dynamik wechselwirkender Galaxien*, 2000, http://archiv.ub.uni-heidelberg.de/volltextserver/1412/1/thesis.pdf

Palma, C.: *Galaxy Interactions*, 2011, http://www.e-education.psu.edu/astro801/content/l9_p6.html

Space Telescope Science Institute, *Hubble Finds Ring of Dark Matter*, 2007, http://hubblesite.org/newscenter/archive/releases/2007/17/full

Space Telescope Science Institute, *Hubble Maps the Cosmic Web of "Clumpy" Dark Matter in 3-D*, 2007, http://hubblesite.org/newscenter/archive/releases/2007/01/full

Struck, C.: *Galaxy Collisions*, 1999, http://www.public.iastate.edu/~curt/cg/homepage.html

Theis, C.: *Measuring Dark Matter Halos by Modeling Interacting Galaxies*, Proceedings of the International Astronomical Union, 220, 2004

Whittle, M.: *Galaxy interactions and Mergers*, 2011, http://www.astro.virginia.edu/class/whittle/astr553/Topic12/Lecture_12.html

Woronzow-Weljaminow, B. A.: *The Atlas and Catalogue of Interacting Galaxies*, 1959, http://ned.ipac.caltech.edu/level5/VV_Cat/frames.html

NGC 55

Bei dieser mit einer Deklination von –39° weit südlich stehenden Galaxie handelt es sich um eine SB-Galaxie in Kantenlage, die eine beeindruckende Winkelausdehnung von 32,4′ × 5,6′ aufweist. Der Durchmesser von NGC 55 beträgt somit 64.000 Lichtjahre. Ihr Helligkeitsverlauf ist nicht symmetrisch und zeigt im oberen Bereich eine Aufhellung, die in Richtung des verdeckten Galaxienzentrums weist. Der größere, links des Zentrums liegende Teil der Scheibenebene der Galaxie zeigt einen rechteckigen Verlauf beim Halo-Übergang und lässt vermuten, dass NGC 55 bei frontaler Betrachtung Störungen im Aufbau aufweisen würde, die aufgrund der ungleichen Materieverteilung relativ zum Zentrum für einen irregulären Galaxien-Typ sprechen.

Die Entfernung von NGC 55 lässt sich mit herkömmlichen Methoden nur ungenau mit fünf bis acht Millionen Lichtjahren angeben, da die Fluchtgeschwindigkeit mit 130 km/s zu gering für eine eindeutige Bestimmung ist. NGC 55 besitzt acht größere HII-Regionen, die in der Aufnahme als hellrote Nebel zu sehen sind und in der Umgebung von hellen Sternen und Sternhaufen liegen. In diesen Bereichen haben Astronomen auch Wolf-Rayet-Sterne gefunden. Dies sind weit entwickelte, heiße Sterne, die ihre äußeren Hüllen abgestoßen haben. Ihre hochenergetische Strahlung ionisiert die abströmenden Sternwinde und verrät sich durch breite HeII-Emissionslinien im Spektrum. Neben Wolf-Rayet-Sternen kann man auch die Leuchtkraftverteilung Planetarischer Nebel als sogenannte „Standardkerzen" für die Entfernungsbestimmung verwenden. Dabei wird genutzt, dass besonders helle Planetarische Nebel selten sind und die Verteilungsfunktionen einen typischen Abfall aufweist, der bei NGC 55 bei einer Helligkeit von 22,5 mag liegt.

Lange Zeit vermuteten Astronomen, dass NGC 55 zur neun Millionen Lichtjahre entfernten Sculptor-Galaxiengruppe gehört. Doch die beschriebenen Methoden der Entfernungsbestimmung durch stellare Standardkerzen erlauben den Rückschluss auf eine wahrscheinliche Entfernung von 7,2 Millionen Lichtjahren. Damit steht NGC 55 vor der Sculptor-Gruppe und bildet zusammen mit ihrer Begleitgalaxie NGC 300 ein kosmisches Bindeglied zwischen der Lokalen Gruppe und der ihr nächstgelegenen Galaxiengruppe.

OBJEKT	NGC 55
STERNBILD	Sculptor
REKT.	$00^h\ 14^m\ 54^s$
DEKL.	–39° 11′ 48″
HELLIGKEIT	8,8 mag
TYP	SB(s)m: edge-on
FOTOGRAFEN	Josef Pöpsel
TELESKOP	60-cm-Reflektor
KAMERA	SBIG ST-10XME
BELICHTUNGSZEIT	88 min
ORT	Amani Lodge, Namibia

ARP 65

Dieses Galaxienpaar, bestehend aus NGC 90 (rechts) und NGC 93 (links), ist auch als Arp 65 bekannt und gehört zur NGC 80-Galaxiengruppe. Der SAB(s)-Typ NGC 90 fällt durch einen 2′ weit reichenden, fast linear verlaufenden Spiralarm auf. In ihrer Entfernung von 246 Millionen Lichtjahren entspricht dies einer Strecke von 143.000 Lichtjahren. Die Typisierung von NGC 93 ist schwieriger, da wir diese Galaxie in Randlage beobachten und neben zwei Spiralarmen auch ein umlaufendes Staubband zu sehen ist. Auch sie weist eine längliche, sehr lichtschwache Struktur auf, vermutlich einen Gezeitenschweif, der vom gemeinsamen Zentrum wegführt.

Die Rotverschiebungen beider Galaxien sind sehr genau bestimmt worden und ergaben eine geringe Relativgeschwindigkeit von nur 27 km/s. Beide Galaxien stehen also in gleicher Entfernung zur Milchstraße. Der Winkelabstand beträgt 2,77′ und der projizierte Abstand der Galaxienzentren gleicht somit auch dem wirklichen Abstand von 198.000 Lichtjahren. Da die Spiralarme beider Galaxien einen Abstand von nur 115.000 Lichtjahren voneinander haben, kann davon ausgegangen werden, dass in den Galaxien Gezeitenkräfte auftreten. Allerdings beobachtet man keine Materiebrücke oder Gezeitenschweife in der Aufnahme, die eine noch dichtere Annäherung oder ein Umlaufen suggerieren würden. Daten des Ultraviolett-Satelliten GALEX (Galaxy Evolution Explorer) sind für NGC 93 nicht aussagekräftig, bei NGC 90 zeigen sich jedoch differenzierte Strukturen. Diese UV-Strahlung entsteht durch junge, heiße Sterne, die in den Spiralarmen liegen. Die GALEX-Aufnahmen belegen, dass in den äußeren Bereichen der Spiralarme von NGC 90, die bereits eine Auflösung und Auffächerung zeigen, Sternentstehungsgebiete vorhanden sind. Es liegt nahe, dass hier Gas abströmt und mit fortschreitender Wechselwirkung Gezeitenschweife entstehen werden.

OBJEKT	Arp 65
STERNBILD	Andromeda
REKT.	$00^h\ 21^m\ 51^s$
DEKL.	+22° 24′ 00″
HELLIGKEIT	14,5 mag
TYP	SAB(s)c pec
FOTOGRAFEN	Makis Palaiologou, Stefan Binnewies
TELESKOP	1,3-m-Reflektor
KAMERA	Andor DZ 436
BELICHTUNGSZEIT	315 min
ORT	Skinakas-Observatorium, Kreta, Griechenland

NGC 474 / NGC 470

Die SA0-Galaxie NGC 474, die auf der Aufnahme links neben der SA(rs)b-Galaxie NGC 470 zu sehen ist, wird von hellen Schalenstrukturen umgeben. Weiter westlich und östlich dieser Schalen zeigen sich zusätzlich bogenförmige, lichtschwächere Aufhellungen. Hierbei kann es sich um Gezeitenschweife handeln, die auf eine komplexe Vorgeschichte dieses Galaxienpaares verweisen. Beide Galaxien stehen in einer Entfernung von 110 Millionen Lichtjahren. Da ihre Relativgeschwindigkeit nur 49 km/s beträgt, gehen Astronomen davon aus, dass sie ein wechselwirkendes Paar (Arp 227) darstellen. Der Projektionsabstand der Galaxienzentren beträgt 5,2′, was einer Strecke von 166.000 Lichtjahren entspricht. Aufgrund der Schalenstruktur von NGC 474 wird vermutet, dass eine Verschmelzung mit einem kompakten Partner stattgefunden hat.

Analysen der Sternfarben der Außenbereiche von NGC 474 ergaben in mehreren Studien, dass die beiden äußeren Verläufe die gleichen Farben wie NGC 470 zeigen. Das Verhältnis der Blau- und Rothelligkeit liegt hier zwischen 0,9 und 1,0. NGC 470 umkreist NGC 474 und verliert in regelmäßigen Abständen Material. Es handelt sich daher vermutlich um Gezeitenschweife, die aus verlorenem Material von NGC 470 aufgebaut sind. Die inneren Schalenstrukturen unterscheiden sich in der Farbe deutlich von den äußeren Strukturen. Das Verhältnis liegt hier bei 1,3; sie erscheinen also weniger blau, was bedeutet, dass sie nicht aus dem Material von NGC 470 aufgebaut sind. Eine Untersuchung der inneren 5″ des Kernbereichs von NGC 474 (R < 2600 Lichtjahre) ergab, dass der Kern eine ungewöhnliche Kinematik besitzt und das geometrische Zentrum umläuft. Somit besitzt NGC 474 keinen S0-typischen Kern, sondern ein triaxiales Objekt, das auf eine zurückliegende Verschmelzung mit einer kleinen, kompakten Begleitgalaxie, engl. „minor merger", hinweisen könnte. Bei dieser Verschmelzung wären auch die inneren Schalen von NGC 474 entstanden.

OBJEKT	NGC 474 / NGC 470
STERNBILD	Pisces
REKT.	$01^h\ 20^m\ 07^s$
DEKL.	+03° 24′ 55″
HELLIGKEIT	12,4 mag
TYP	SA0(s) / SA(rs)b
FOTOGRAFEN	Makis Palaiologou, Stefan Binnewies
TELESKOP	1,3-m-Reflektor
KAMERA	Andor DZ 436
BELICHTUNGSZEIT	410 min
ORT	Skinakas-Observatorium, Kreta, Griechenland

NGC 520

Bei NGC 520 handelt es sich um eine irreguläre Galaxie, die als Arp 157 katalogisiert ist und oft als System zweier kollidierender Spiralgalaxien beschrieben wird. Auf der Aufnahme verläuft die Südost-Nordwest-Richtung entlang der Horizontalen. An beiden Enden der Galaxien erkennt man bläuliche Gezeitenschweife, wobei der Schweif am linken, südöstlichen Ende weiter hinausreicht und in einen lichtschwachen Fortsatz übergeht. Die Spiralebenen der beiden verschmelzenden Galaxien sind gegeneinander verkippt, weshalb in der Literatur der nordwestliche Teil als NGC 520a und der südöstliche Teil mit den Staubstrukturen als NGC 520b bezeichnet wird. Das System steht in einer Entfernung von 105 Millionen Lichtjahren und besitzt eine Winkelausdehnung von 4,5′ × 1,7′, woraus man einen Durchmesser von 137.000 Lichtjahren ableiten kann.
Mit Radiobeobachtungen des atomaren Wasserstoffs konnten Astronomen zwei Scheibenebenen nachweisen, die fast senkrecht zur Bahnebene stehen, in der sich beide Galaxien vor dem Zusammenstoß umlaufen haben. Diese Konstellation erleichtert den Austausch von Gas, Staub und Sternen und fördert somit das Entstehen der irregulären Morphologie. Das Zentrum der Rotation des Gesamtsystems liegt dabei nahe an NGC 520b, was auf die größere zentrale Masse dieser Vorgängergalaxie hinweist. Die Radiodaten zeigen außerdem eine Spur aus atomarem Wasserstoff, die links an NGC 520b ansetzt und in einem weiten Spiralbogen auf die rechte Seite führt. Der Endpunkt dieses Bogens liegt außerhalb des Bildfeldes der Aufnahme und beinhaltet eine etwa 1′ große Materiekondensation, die als PGC 5208 bezeichnet wird. Bei ihr handelt es sich um eine Gezeitenstrom-Zwerggalaxie, engl. „tidal dwarf galaxy“. Der Bogen wird als Hinterlassenschaft des letzten Orbits der Vorgängergalaxie interpretiert. Dieser Orbit endete vor 300 Millionen Jahren mit dem Zusammenstoß und dem Durchdringen beider Galaxien und schließlich mit dem Entstehen der heute sichtbaren Teile namens NGC 520a und NGC 520b.

OBJEKT	NGC 520
STERNBILD	Pisces
REKT.	$01^h\,24^m\,35^s$
DEKL.	+03° 47′ 33″
HELLIGKEIT	11,3 mag
TYP	pec
FOTOGRAFEN	Josef Pöpsel
TELESKOP	600-mm-Reflektor
KAMERA	SBIG ST-10XME
BELICHTUNGSZEIT	80 min
ORT	Amani Lodge, Namibia

UGC 1810 / UGC 1813

Dicht neben einem Sternpaar (8,8 mag und 10,3 mag, der hellere der beiden Sterne ist ein Doppelstern, was an den doppelten Beugungsstrahlen ersichtlich wird) stehen im Sternbild Andromeda die Spiralgalaxien UGC 1810 und UGC 1813. Sie wurden von Halton Arp in seinen *Atlas of Peculiar Galaxies* (1966) als Nummer 273 aufgenommen. UGC 1810 ist der nordwestlich stehende „face-on"-Partner, der als SA(s)b pec typisiert wird; die kleinere Galaxie UGC 1813, ein SB(s)a-Typ, beobachtet man mehr in Kantenlage. Die Spiralarme von UGC 1810 sind sehr schmal und gehen in Gezeitenschweife über, wobei die äußerste ringförmige Struktur einen fast vollständigen Umlauf beschreibt. In ihr sind Staubbänder zu erkennen; die UGC 1813 abgewandte Seite zeigt viele aktive Regionen mit jungen Sternen. Die Winkeldurchmesser der beiden wechselwirkenden Galaxien liegen bei nur 1,2′ und 1,8′, ihr Abstand voneinander beträgt 1′. Bei einer Entfernung zur Milchstraße von 330 Millionen Lichtjahren entspricht dies 96.000 Lichtjahren.

Die entscheidende Rolle bei Wechselwirkungen spielen dynamische Stoßparameter, wie Stoßrichtung, Lage des Durchstoßpunktes oder relative Geschwindigkeit. Um diese Einflüsse zu untersuchen, führen Astronomen N-Körper-Simulationsrechnungen durch, bei denen zum einen die Sterne als „kollisionsfreie" Körper und die Gas- und Staubmassen durch eine hydrodynamische Reibungskomponente beschrieben werden. Bei UGC 1810 und UGC 1813 konnte so gezeigt werden, dass es sich um eine „high-speed interaction" handelt, bei der ein kompakter Partner (UGC 1813) mit geringer Masse (15 % der Gesamtmasse) an der größeren Galaxie vorbeiläuft und Asymmetrien hervorruft. Ein Resultat ist eine Verschiebung des Massenzentrums der Scheibe von UGC 1810 relativ zu ihrem Halo. Die kleinere UGC 1813 bewirkt so im Laufe mehrerer Umläufe, dass das Massenzentrum von UGC 1810, relativ zum Halozentrum, auf einer zufälligen Bahn umherwandert. Diese Bahnbewegung des Zentrums von UGC 1810 erinnert an eine Brownsche Teilchenbewegung und erreicht Zentrumsabstände von einigen Hundert Lichtjahren.

OBJEKT	UGC 1810 / UGC 1813
STERNBILD	Andromeda
REKT.	$02^h\ 21^m\ 31^s$
DEKL.	+39° 21′ 58″
HELLIGKEIT	13,7 mag
TYP	SA(s)b pec / SB(s)a pec
FOTOGRAFEN	Makis Palaiologou, Stefan Binnewies
TELESKOP	1,3-m-Reflektor
KAMERA	Andor DZ 436
BELICHTUNGSZEIT	172,5 min
ORT	Skinakas-Observatorium, Kreta, Griechenland

NGC 1313

Am südlichen Ende des Sternbildes Netz, lat. Reticulum, steht mit NGC 1313 eine SB-Galaxie, deren Morphologie eine hohe Komplexität aufweist. Der Balken im Zentrum verläuft in Nord-Süd-Richtung, auf der Aufnahme entspricht dies der Vertikalen (Norden oben, Osten links).
NGC 1313 befindet sich mit einer Entfernung von 12,8 Millionen Lichtjahren in den Randbereichen der Lokalen Gruppe. Ihre Ausdehnung ist mit 9,1′ × 6,9′ in den Katalogen angegeben, wobei diese Maße auch die lichtschwachen Ausläufer von NGC 1313 berücksichtigen und einen Durchmesser von 34.000 Lichtjahren liefern. Der Balken besitzt eine Länge von 1,6′, was 6000 Lichtjahren entspricht. Die unterbrochenen Verläufe der beiden Spiralarme lassen viele heiße, helle Sterne und zahlreiche HII-Regionen erkennen, deren Sternentstehungsrate die der Magellanschen Wolken über trifft. Hier finden sich auch einige bekannte ultrahelle Röntgendoppelsterne, engl. „ultraluminous X-Ray sources“. Bei einer Beobachtung der hellen Sterne in NGC 1313 konnte man 70 Wolf-Rayet-Sterne anhand ihrer Emissionslinienspektren sicher nachweisen.
Der äußere Halo von NGC 1313 weicht deutlich von einem gleichmäßigen Aufbau ab. Es zeigen sich Störungen im Helligkeitsverlauf mit leichten Farbunterschieden, wie etwa am am oberen, rechten Rand. Diese Strukturen gehen vermutlich auf Gezeitenschweife zurück, die bei einer zurückliegenden Wechselwirkung entstanden sind. Da es keinen Hinweis auf einen zweiten Kern in NGC 1313 gibt, könnte die Struktur von NGC 1313 durch eine während mehrerer Umläufe vollständig aufgeriebene Zwerggalaxie entstanden sein. Die Außenbereiche der Spiralarme wurden dabei fragmentiert und da nur wenig Gas transferiert wurde, konzentrierte sich die ausgelöste Sternentstehung auf die bestehenden Spiralarme.

OBJEKT	NGC 1313
STERNBILD	Reticulum
REKT.	$03^h\ 18^m\ 10^s$
DEKL.	–66° 29′ 54″
HELLIGKEIT	9,2 mag
TYP	SB(s)d
FOTOGRAFEN	Dietmar Böcker, Ernst von Voigt
TELESKOP	60-cm-Reflektor
KAMERA	SBIG ST-10XME
BELICHTUNGSZEIT	195 min
ORT	Amani Lodge, Namibia

NGC 1532

Die SB(s)b-Galaxie NGC 1532 gehört zu den größten Spiralgalaxien. Sie steht in einer Entfernung von 55 Millionen Lichtjahren zur Milchstraße, und aus der Winkelausdehnung von 12,6′ × 3,3′ folgt der enorme Durchmesser von über 200.000 Lichtjahren. Nordwestlich des Zentrums steht in 1,7′ Abstand die kompakte S0-Galaxie NGC 1531. Entlang des Staubbandes von NGC 1532 liegen viele aktive, rotviolette Bereiche, wobei am südwestlichen Ende des Bandes eine besonders helle Region auffällt, deren Helligkeit aufgrund der Kantenlage sogar die des Zentrums der Galaxie übertrifft.

Die Fluchtgeschwindigkeitsdifferenz beider Galaxien beträgt nur 71 km/s, sodass davon ausgegangen wird, dass die Galaxien ein wechselwirkendes Paar bilden. Dies wird durch die Störeffekte belegt, die man in NGC 1532 beobachten kann. Der vordere Spiralarme erscheint längsgestreckt; der südwestliche, das Zentrum rechts umlaufende Spiralarm zeigt ebenfalls eine Längsstruktur, die aus der Spiralebene hinausläuft. Bei diesen Strukturen handelt es sich um Woronzow-Weljaminow-Reihen, die auf eine Störung der Dichtewellenausbreitung in der Spiralebene zurückgehen und durch den Begleiter NGC 1531 verursacht wurden.

OBJEKT	NGC 1532
STERNBILD	Eridanus
REKT.	$04^h\ 12^m\ 04^s$
DEKL.	−32° 52′ 27″
HELLIGKEIT	10,7 mag
TYP	SB(s)b pec edge-on
FOTOGRAFEN	Dietmar Böcker, Ernst von Voigt
TELESKOP	60-cm-Reflektor
KAMERA	SBIG ST-10XME
BELICHTUNGSZEIT	195 min
ORT	Amani Lodge, Namibia

NGC 1569

NGC 1569 ist eine der nächstliegenden und hellsten Starburst-Galaxien. Ihre Größe beträgt 3,6′ × 1,8′. Im Zentrum der Galaxie sind drei Helligkeitsmaxima zu erkennen, von denen zwei Supersternhaufen, engl. „super star clusters" (SSCs) sind, die mit Altern von 25 Millionen Jahren eine junge Sternpopulation in sich tragen. Astronomen haben in NGC 1569 noch mehr als 100 weitere, aber weniger leuchtkräftige Haufen identifizieren können. Im Gegensatz zu den normalen offenen Sternhaufen, die in den aktiven Bereichen einer Galaxie entstehen, und die sich relativ schnell wieder auflösen, finden sich diese massereichen und damit langlebigen Kugelsternhaufen nur in Starburst-Galaxien. Im Vergleich zu kompakten und sehr alten Kugelsternhaufen der Milchstraße sind die „super star clusters" in NGC 1569 etwas masseärmer und aus jüngeren Sternen aufgebaut. Durch ihre Langlebigkeit speichern diese speziellen Kugelsternhaufen die Starburst-Historie einer Galaxie.

NGC 1569 bildet ein Paar mit der Zwerggalaxie UGCA 92. Für beide wurde 1994 mit Hilfe der hellsten blauen und roten Riesensterne eine Entfernung von etwa 6,4 Millionen Lichtjahren ermittelt. Beide Galaxien sind in der zu uns liegenden Vorderfront der IC 342-Gruppe positioniert. In Untersuchungen mit dem Weltraumteleskop Hubble konnte 2008 anhand der Farb-Helligkeitsverteilung der Roten Riesensterne in NGC 1569 die Entfernung genauer bestimmt und auf elf Millionen Lichtjahren zur Milchstraße festgelegt werden. Auch diese Messungen beschreiben NGC 1569 als ein Mitglied der Galaxiengruppe um IC 342. Wechselwirkungen mit anderen Gruppenmitgliedern erklären auch die hohe Aktivität in NGC 1569. Aus der größeren Entfernung ergeben sich höhere Leuchtkräfte der SSCs und eine um den Faktor 2,8 größere Sternentstehungsrate. Die Massen der SSCs in der Galaxie liegen im Bereich von 6–7 × 10^5 Sonnenmassen und gehören damit zu den massereichsten SSCs, die man bis heute beobachten konnte.

OBJEKT	NGC 1569
STERNBILD	Camelopardalis
REKT.	$04^h\ 30^m\ 49^s$
DEKL.	+64° 50′ 53″
HELLIGKEIT	11,9 mag
TYP	IBm
FOTOGRAFEN	Michael König
TELESKOP	280-mm-Reflektor
KAMERA	SBIG ST-10XME
BELICHTUNGSZEIT	263 min
ORT	Rimbach, Deutschland

NGC 1961

Die Galaxie NGC 1961 ist das größte Mitglied einer kleinen Gruppe von zehn Galaxien. Ihre Entfernung beträgt 180 Millionen Lichtjahre und ihr großer Winkeldurchmesser von 4,6′ entspricht 240.000 Lichtjahren. Besonders auffällig ist der südliche Spiralarm in der unteren Scheibenhälfte, der viele Areale mit heißen, blauen Sternen und große HII-Regionen beinhaltet. Diese sind ein Hinweis auf einen hohen Staub- und Gasanteil sowie die durch Stoßwellen und Verdichtungen ausgelöste Sternentstehung in diesem Teil des Spiralarms. Dadurch wurde NGC 1961 auch als helle Starburst-Galaxie bekannt. Auf der gegenüberliegenden, nördlichen Seite der Galaxie fehlen diese aktiven Bereiche und man erkennt stattdessen drei lichtschwache, nach außen laufende Armstrukturen, die etwa gleiche Winkel von 20° einschließen. NGC 1961 zeigt einen gestörten Aufbau, der zu einer Klassifikation als Arp 184 führte. Der Hinweis auf einen Wechselwirkungspartner fehlt jedoch. Radiobeobachtungen zeigen keine Spuren von möglichen zurückliegenden Umläufen eines Begleiters, der mit NGC 1961 kollidiert und verschmolzen sein könnte. Auch schließt die schlanke Form und der lange Verlauf der Spiralarme einen zurückliegenden Merger aus. Das Erscheinungsbild von NGC 1961 bei Radiowellenlängen enthält einen Hinweis auf eine mögliche Störungsursache: Legt man die Radiokonturen über das optische Bild von NGC 1961, zeigt sich eine Kopf-Schwanz-Struktur, engl. „head-tail"; eine elliptische Emissionsstruktur mit hellem Zentrum und leuchtschwachem Fortsatz. Das Zentrum der Radioemission befindet sich dabei im hellen, südlichen Spiralarm, die leuchtschwache Seite liegt auf der nördlichen Seite der Galaxie. Damit erscheint es wahrscheinlich, dass es sich bei NGC 1961 um einen Eindringling in die kleine Galaxiengruppe handelt. Beim Hineinlaufen in die Gruppe schiebt NGC 1961 das Gas des Gruppenmediums auf und verdichtet es auf seiner Südseite, wodurch es in seiner Spiralstruktur zu den beobachteten Störungen kommt.

OBJEKT	NGC 1961
STERNBILD	Camelopardalis
REKT.	$05^h\ 42^m\ 05^s$
DEKL.	+69° 22′ 42″
HELLIGKEIT	10,9 mag
TYP	SAB(rs)c
FOTOGRAFEN	Makis Palaiologou, Stefan Binnewies
TELESKOP	1,3-m-Reflektor
KAMERA	Andor DZ 436
BELICHTUNGSZEIT	240 min
ORT	Skinakas-Observatorium, Kreta, Griechenland

NGC 2207

Dieses wechselwirkende Paar steht im südlichen Teil des Sternbildes Canis Major bei einer Deklination von –21° und beinhaltet die Galaxien NGC 2207 und IC 2163. Der größere Partner ist ein SAB(rs)bc-Typ und steht westlich der SB(rs)c-Galaxie IC 2163. Die Galaxienzentren sind nur 1,5′ voneinander entfernt, was bei einer Entfernung von 115 Millionen Lichtjahren einer Strecke von nur 50.000 Lichtjahren in Projektion entspricht. Die Fluchtgeschwindigkeit von IC 2163 ist 24 km/s größer, woraus gefolgert werden kann, dass IC 2163 hinter der Spiralebene von NGC 2207 liegt. Diese Ebene zeigt keine Störungen und eine mögliche Verbiegung durch die Gezeitenkräfte kann aufgrund der frontalen Perspektive nicht nachgewiesen werden. Nur in den äußeren Spiralarmverläufen können Ansätze von Woronzow-Weljaminow-Reihen beobachtet werden, die auf Dichtewellen-Störungen hinweisen. Die Staubstrukturen der östlichen Spiralarme von NGC 2207 laufen über das Zentrum von IC 2163 und belegen, dass NGC 2207 vor IC 2163 steht.

Die Störungen im Aufbau von IC 2163 sind deutlich zu sehen: Der Spiralarm auf der östlichen Seite fächert weiter außen auf und zeigt eine diffuse, von Staubfilamenten durchsetzte Struktur. Da die Relativgeschwindigkeit der beiden Galaxien gering ist, kann angenommen werden, dass der weniger massereiche Partner IC 2163 dabei ist, NGC 2207 zu umlaufen und sich vor dem östlichen Umkehrpunkt seiner Bahn befindet. Während des Umlaufs haben die Gezeitenkräfte von NGC 2207 bereits Störungen auf der vom Partner abgewandten Seite verursacht. Der Begleiter IC 2163 steht kurz vor einem Durchstoß der Spiralebene von NGC 2207 und Modellrechnungen für dieses System lassen den Schluss zu, dass beide Galaxien in 100–150 Millionen Jahren miteinander verschmelzen werden.

OBJEKT	NGC 2207
STERNBILD	Canis Major
REKT.	$06^h\ 16^m\ 22^s$
DEKL.	–21° 22′ 22″
HELLIGKEIT	11,3 mag
TYP	SAB(rs)bc pec
FOTOGRAFEN	Dietmar Böcker, Ernst von Voigt
TELESKOP	600-mm-Reflektor
KAMERA	SBIG ST-10XME
BELICHTUNGSZEIT	160 min
ORT	Amani Lodge, Namibia

NGC 2146

Rechts neben einer kleinen Gruppe von Sternen befindet sich in der Aufnahme die SB(s)ab-Galaxie NGC 2146. Sie zeigt ein auffälliges Staubband, das in Nord-Süd-Richtung über den hellen Kernbereich läuft und sich am südlichen Ende in drei Staubstreifen auffächert. Ob NGC 2146 eine Kantenlage zeigt, wie das Staubband vermuten lässt, ist schwer zu beurteilen, da der Aufbau in den Außenbereichen starke Störungen aufweist. NGC 2146 wird daher auch als ein mögliches Produkt einer Verschmelzung zweier Galaxien, engl. „post merger", bezeichnet. Ihre Winkelausdehnung beträgt 6,0′ × 3,4′ und aus den ungenauen Entfernungsangaben, die zwischen 50–70 Millionen Lichtjahren liegen, ergibt sich in Projektion ein Durchmesser im Bereich von 87.000–122.000 Lichtjahren. Östlich des Zentrums verläuft ein bläulich gefärbter Spiralarm, der sich von der Staubbandebene entfernt, weiter außen abknickt und dann wieder nach oben läuft. In diesem aktiven Abschnitt liegen helle OB-Assoziationen und HII-Regionen, die NGC 2146 zu einer Starburst-Galaxie machen.

Der Auslöser für eine solche Aktivität ist meist eine Gezeitenwechselwirkung mit einer anderen Galaxie, die die Gasströme beeinflusst, zu lokalen Verdichtungen und somit zu Sternentstehung führt. Bei NGC 2146 liefert dieses Szenario eine plausible Erklärung für die gestörte Morphologie, obwohl kein Wechselwirkungspartner zu sehen ist. Radiobeobachtungen im Licht des atomaren Wasserstoffs zeigen, dass in NGC 2146 die Verteilung des Wasserstoffgases eine Scheibenstruktur besitzt, wie sie in ihrem räumlichen Aufbau und den gemessenen Geschwindigkeiten für eine ungestörte Spiralgalaxie typisch ist. Es fehlt jeglicher Hinweis auf ein zurückliegendes Verschmelzungsereignis; eine Balkenstruktur konnte ebenfalls nicht nachgewiesen werden. Daher kann im Falle von NGC 2146 davon ausgegangen werden, dass es sich bei der Spiralgalaxie nicht um ein Verschmelzungsprodukt handelt. Die Störungen der Spiralarme gehen vermutlich auf eine nahe Annäherung und Gezeitenwechselwirkung mit einer anderen Galaxie zurück – ein Kandidat hierfür könnte der Aufnahme nach NGC 2146A sein, die oben im Bild zu sehen ist. Gegen die Wechselwirkungshypothese spricht allerdings, dass die Differenz der Radialgeschwindigkeiten mit 597 km/s zu groß ist.

OBJEKT	NGC 2146
STERNBILD	Camelopardalis
REKT.	$06^h\ 18^m\ 38^s$
DEKL.	+78° 21′ 25″
HELLIGKEIT	11,4 mag
TYP	SB(s)ab pec
FOTOGRAFEN	Richard Müller
TELESKOP	310-mm-Reflektor
KAMERA	Atik 4000
BELICHTUNGSZEIT	1110 min
ORT	Lohmar, Deutschland

NGC 2274

NGC 2274 ist in der Aufnahme in der Bildmitte zu sehen; 1,9′ weiter nördlich befindet sich die SB-Galaxie NGC 2275. Bei NGC 2274 handelt es sich um eine Elliptische Galaxie, die mit einem Durchmesser von 1,7′ etwas größer als NGC 2275 ist, deren Winkeldurchmesser mit 1,3′ angegeben wird (siehe Vergrößerung). Berücksichtigt man die Fehlerangaben der Fluchtgeschwindigkeiten beider Galaxien, so ist es wahrscheinlich, dass sie ein wechselwirkendes Paar bilden. Ihre Entfernung beträgt 220 Millionen Lichtjahre und der transversale Abstand beider Zentren liegt bei 120.000 Lichtjahren. In der Umgebung dieses Paares befindet sich westlich mit UGC 3537 ein SBcd-Typ mit Ringansatz und etwa 0,8′ Durchmesser. Als Gegengewicht liegt außerdem UGC 3544 auf der östlichen Seite. Dieser Scd-Typ ist als nur 0,2′ dünne Spindel zu sehen. UGC 3544 liegt im Gegensatz zu den drei anderen Galaxien, die alle etwa gleich weit von der Milchstraße entfernt sind, in einer Distanz von 320 Millionen Lichtjahren.

Bei der Untersuchung von Galaxien tauchen immer wieder Begriffe wie „ungestörte Morphologie“ oder „typischer Gasanteil“ auf, sodass die Frage aufkommt, was eine normale von einer anormalen Galaxie unterscheidet. Astronomen sind in vergleichenden Studien dieser Frage nachgegangen und haben Galaxien in Katalogen zusammengestellt, die die Typen-Normalität beschreiben sollen. Dabei wurden alle Arten von wechselwirkenden Galaxien aussortiert. Verfügbare Daten aus anderen Katalogen, wie die Röntgenleuchtkraft, die Massenangaben für warmen Staub, atomares und molekulares Gas in normalisierter Form wurden hinzugefügt, um die Variation des Gasanteiles entlang der Hubble-Sequenz zu untersuchen. Die wichtigsten Parameter waren dabei die Leuchtkraft im blauen Spektralbereich L_{blau} und das Quadrat des linearen Durchmessers D^2. Für die normalen Galaxien ergab sich der fast konstante Mittelwert von $\log(L_{blau}/D^2) = 7{,}6 - 0{,}01 \times t$. Der Wert t ist der Typencode, der bei elliptischen Typen negativ beginnt (–5 ... –3), für S0 bei –2 liegt, und dann über Sa, Sab, Sb, Sbc ... mit 1, 2, 3, 4 ... anwächst. Der Mittelwert hängt somit kaum vom Typ ab, woraus astrophysikalische Abhängigkeiten abgeleitet werden können. So ergibt sich für die normalen Galaxien eine Zunahme des warmen Staubanteils von frühen zu späten Typen um einen Faktor zwei.

OBJEKT	NGC 2274
STERNBILD	Gemini
REKT.	$06^h\ 47^m\ 17^s$
DEKL.	+33° 34′ 02″
HELLIGKEIT	13,1 mag
TYP	E
FOTOGRAFEN	Michael König
TELESKOP	350-mm-Reflektor
KAMERA	SBIG STL-11000M
BELICHTUNGSZEIT	110 min
ORT	Rimbach, Deutschland

NGC 2276

Nur 5° von Himmelsnordpol entfernt steht die Sc-Galaxie NGC 2276 in der Nähe eines 8 mag hellen F-Sterns (SAO 1148), der auf der Aufnahme durch seine farbige Beugungsfigur auffällt. Rechts neben NGC 2276 findet man, 6,3′ weiter östlich, die Elliptische Galaxie NGC 2300. Beide Galaxien werden als Arp 114 katalogisiert, die Relativgeschwindigkeit von NGC 2276 übertrifft die von NGC 2300 um 511 km/s. Benutzt man von der Fluchtgeschwindigkeit unabhängige Entfernungsbestimmungsmethoden, so erhält man für beide Galaxien ähnliche Werte zwischen 115–120 Millionen Lichtjahren Distanz von der Milchstraße. Die Winkelgrößen von NGC 2276 sind 2,8′ × 2,7′ und ihr Scheibendurchmesser errechnet sich zu 96.000 Lichtjahren. Das Spiralmuster von NGC 2776 ist stark asymmetrisch aufgebaut und der Galaxienkern zeigt einen deutlichen Versatz zur Scheibenmitte. Die multiple Armstruktur ist durch viele aktive Regionen geprägt, die auf der Südwest-Seite besonders zahlreich sind. Auf dieser Scheibenseite scheinen die Spiralarme zusammengeschoben; entlang des Scheibenrandes liegen die hellsten HII-Regionen von NGC 2276.

Die mögliche Wechselwirkung zwischen NGC 2276 und NGC 2300 wurde in einigen Studien untersucht. Dabei verfolgten Astronomen auch den Ansatz, dass beide Galaxien Teil einer Gruppe sind und NGC 2300 bereits einige Verschmelzungen mit Begleitgalaxien erlebt hat. Während dieser Wechselwirkung verloren die Galaxien Gas, das sich als „intragroup medium" (IGM) zwischen den Galaxien angesammelt hat. Beobachtungen mit dem Röntgenteleskop CHANDRA zeigen dieses verdünnte Gas als leuchtende Einhüllende um NGC 2300, die auch NGC 2276 umschließt. Die Röntgenisophoten von NGC 2276 sind auf der Südwest-Seite der Scheibenebene dichter gedrängt und ein weniger heißer, diffuser Gasschweif auf der gegenüberliegenden Seite belegt, dass sich NGC 2276 mit hoher Geschwindigkeit durch das IGM bewegt. Diese Geschwindigkeit errechnet sich zu 850 km/s und führt zum Aufbau einer Stoßfront und eines zeitgleichen Gasverlusts auf der gegenüberliegenden Seite, engl. „ram pressure stripping". Innerhalb von 1–2 × 10^9 Jahren bewirkt dies den Verlust des gesamten neutralen Wasserstoffs. NGC 2276 würde sich dann zu einer S0-ähnlichen Galaxie weiterentwickeln.

OBJEKT	NGC 2276
STERNBILD	Cepheus
REKT.	$07^h\ 27^m\ 14^s$
DEKL.	+85° 45′ 16″
HELLIGKEIT	11,9 mag
TYP	SAB(rs)c
FOTOGRAFEN	Adam Block
TELESKOP	800-mm-Reflektor
KAMERA	SBIG STX-16803
BELICHTUNGSZEIT	1200 min
ORT	Mount Lemmon SkyCenter/ University of Arizona, USA

NGC 2366

Die irreguläre Galaxie NGC 2366 steht in einer Entfernung von 11,8 Millionen Lichtjahren zur Milchstraße und gehört zur M 81-Gruppe. Aus ihrer Größe von 8,1′ × 3,3′ ergibt sich ein projizierter Durchmesser von nur 28.000 Lichtjahren. Dies erklärt, warum NGC 2366 auch als blaue, kompakte Zwerggalaxie, engl. „blue compact dwarf" (BCD), beschrieben wird. Innerhalb der BCDs wird NGC 2366 zu den „kometenähnlichen" Galaxien gezählt, da ihre Sternentstehungsgebiete in einer Außenregion konzentriert sind. Diese Gebiete finden sich nicht nur am südlichen Ende der Galaxie, sondern auch in einem separierten Bereich, der die eigene Bezeichnung NGC 2363 besitzt. Es handelt sich um einen 5000 Lichtjahre messenden Komplex, dessen Spektrum charakteristische Emissionslinien aufweist. Diese Linien deuten neben HII-Regionen auch auf heiße Wolf-Rayet-Sterne hin, die in die Sternentstehungsgebiete eingebettet sind.
Obwohl NGC 2366 gemäß ihrer IB(s)m-Typisierung einen Balken enthalten sollte, lässt sich dieser im Optischen kaum ausmachen. Astronomen fanden jedoch bei HI-Radiobeobachtungen heraus, dass die Verteilung des atomaren Wasserstoffgases in NGC 2366 zwei parallel zur Hauptachse verlaufende Strukturen zeigt. Diese entsprechen nicht der einer wohldefinierten, rotierenden Scheibe, sondern offenbaren Asymmetrien, die auf zurückliegende Wechselwirkungen mit anderen Gruppenmitgliedern schließen lassen. Dennoch können die Strukturen als Projektion eines Ringes aus Wasserstoffgas gedeutet werden; bei genauer Betrachtung erkennt man im Ringverlauf Anomalien, die auf die Existenz eines Balkens in NGC 2366 hinweisen.

OBJEKT	NGC 2366
STERNBILD	Camelopardalis
REKT.	$07^h\ 28^m\ 55^s$
DEKL.	+69° 12′ 57″
HELLIGKEIT	11,4 mag
TYP	IB(s)m
FOTOGRAFEN	Michael König
TELESKOP	280-mm-Reflektor
KAMERA	SBIG ST-10XME
BELICHTUNGSZEIT	240 min
ORT	Rimbach, Deutschland

NGC 2460

Die Aufnahme zeigt die SA(s)a-Galaxie NGC 2460, die mit der rechts über ihr stehenden SB(rs)b-Galaxie IC 2209 ein wechselwirkendes Paar bildet. Die Entfernung des Paares liegt bei 68 Millionen Lichtjahren und ihr Abstand von 5,4′ entspricht einer Strecke von etwa 110.000 Lichtjahren. Von dieser Größenordnung ist auch der beobachtete Durchmesser von NGC 2460 – die lichtschwachen, äußeren Spiralarme eingeschlossen. Der Begleiter IC 2209 ist deutlich kleiner und seine Winkelausdehnung von 1,2′ × 0,9′ entspricht einem Durchmesser seiner galaktischen Scheibe von nur 24.000 Lichtjahren. Diese für SB-Galaxien geringe Größe geht auf die Gezeitenwechselwirkung mit NGC 2460 zurück, in deren Verlauf der kleinere Begleiter Gas, Staub und Sterne verloren hat. Ein Beleg dafür findet sich in den Gezeitenschweifen, die IC 2209 als diffuses Leuchten umgeben. Erhöht man den Kontrast des Bildes, so erkennt man eine farbliche Differenzierung der Schweife, die auf ihre Entstehung während verschiedener Phasen der Wechselwirkung hinweist. In der Vergangenheit ist es in diesem System zu mehreren Umläufen gekommen, wobei NGC 2460 bei ihrer letzten Annäherung auch Material ihrer äußeren Spiralarme verlor. Dieses zeigt sich als zweiteilige Reihe aus HII-Regionen und hellblauen, aktiven Bereichen, die senkrecht zur Verbindungslinie zwischen beiden Galaxien zu finden ist. Die innere Spiralstruktur von NGC 2460 ist durch einen mehrfach umlaufenden Spiralarm geprägt, der entlang seiner Staubfilamente ebenfalls Dutzende großer HII-Regionen aufweist. Obwohl NGC 2460 nicht als Balkenspiraltyp katalogisiert ist, beinhaltet das Zentrum eine schwache Balkenstruktur, die 30° zur Bildhorizontalen geneigt erscheint. Eine zweidimensionale Strukturanalyse des Kernbereichs lieferte neben dem Hinweis auf einen schwachen Balken auch eine deutliche Asymmetrie in der Bulge- und Scheibenkomponente des Modells. Da die Galaxie im Zentrum große Mengen Staub besitzt, ist eine sichere Aussage zur Existenz der Komponenten allerdings schwer möglich. Astronomen gehen davon aus, dass Wechselwirkungsstörungen bis ins Zentrum einer Galaxie hineinreichen können, wobei eine innere Struktur aus Gas- und Staubverläufen die Folge ist, deren Komplexität die der Außenbereiche übertrifft.

OBJEKT	NGC 2460
STERNBILD	Camelopardalis
REKT.	$07^h\ 56^m\ 52^s$
DEKL.	+60° 20′ 58″
HELLIGKEIT	12,7 mag
TYP	SA(s)a
FOTOGRAFEN	Adam Block
TELESKOP	800-mm-Reflektor
KAMERA	SBIG STX-16803
BELICHTUNGSZEIT	660 min
ORT	Mount Lemmon SkyCenter/ University of Arizona, USA

NGC 2535

Das Galaxienpaar am unteren, rechten Bildrand besteht aus der SA(r)c-Galaxie NGC 2535 und der kleineren SB(rs)c-Galaxie NGC 2536 (siehe Vergrößerung). Die Größe von NGC 2535 beträgt 2,5′; der Abstand beider Galaxien zueinander ist mit 1,7′ kleiner als der Durchmesser von NGC 2535 und entspricht 89.000 Lichtjahren, wobei von einer Entfernung von 180 Millionen Lichtjahren zur Milchstraße ausgegangen wird. Sowohl im Optischen als auch im Radiolicht kann eine Materiebrücke zwischen den beiden Galaxien beobachtet werden; auf der dem Begleiter abgewandten nordwestlichen Seite von NGC 2535 verläuft ein Gezeitenschweif, engl. „counter tail", der einen Woronzow-Weljaminow-Knick aufweist. In der linken, oberen Bildecke steht außerdem eine kleine Galaxiengruppe, deren auffälligstes Mitglied UGC 4257 ist. Es handelt sich dabei um eine Sd-Galaxie in Kantenlage, die in einer Entfernung von über 200 Millionen Lichtjahren liegt.

Das Galaxienpaar, das auch als Arp 82 klassifiziert ist, wurde in mehreren Studien hinsichtlich seiner aufeinander folgenden Phasen der Wechselwirkung untersucht. Der Typenunterschied zwischen NGC 2535 und NGC 2536 definiert enge Rahmenbedingungen für die Modellbetrachtungen. Simulationen lassen den Schluss zu, dass der kleine Begleiter NGC 2536 seine Partnergalaxie umläuft. Die Bahnebene des Begleiters und die Scheibenebene von NGC 2535 liegen dicht beieinander und die Umlaufrichtung von NGC 2536 entspricht der Rotationsrichtung der Scheibenebene. Die Modellrechnungen zeigen auch, dass es zu zwei engen Begegnungen gekommen sein muss. Beiden Annäherungen folgten laut Simulation Starburst-Aktivitäten in NGC 2535, wobei der Begleiter während der zweiten Begegnung ebenfalls eine solche Aktivität zeigte. Astronomen gehen davon aus, dass NGC 2536 bei der ersten Begegnung durch Wirkung der Gezeitenkräfte der achtmal massiveren Galaxie NGC 2535 eine Typenänderung durchlief. Dabei wurde aus einer regulären Spiralgalaxie die kompakte SB-Galaxie, die man heute beobachten kann.

OBJEKT	NGC 2535
STERNBILD	Cancer
REKT.	$08^h\ 11^m\ 13^s$
DEKL.	+25° 12′ 25″
HELLIGKEIT	13,3 mag
TYP	SA(r)c pec
FOTOGRAFEN	Michael König
TELESKOP	350-mm-Reflektor
KAMERA	SBIG STL-11000
BELICHTUNGSZEIT	200 min
ORT	Rimbach, Deutschland

NGC 2537

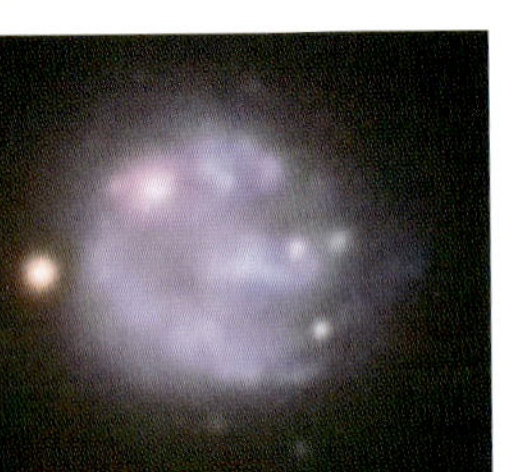

Die Galaxie NGC 2537 ist aufgrund ihrer auffälligen Morphologie auch als „Bärentatzen-Galaxie", engl. „bear paw galaxy", bekannt. In den Katalogen wird sie als SBm-Typ geführt, es handelt sich also um einen kompakten und mit 12,3 mag recht hellen Spiraltyp, der auch als Magellansche Spiralgalaxie beschrieben wird. Diese Typen zeigen einen asymmetrischen Aufbau mit stellarem Balken, an dem ein einzelner Spiralarm ansetzt (siehe Vergrößerung). NGC 2537 steht in einer Entfernung von 26 Millionen Lichtjahren und ihre Größe von 13.000 Lichtjahren liegt unterhalb der Ausdehnung der Großen Magellanschen Wolke (LMC).

Die Aufnahme zeigt in südöstlicher Richtung im Abstand von 15′ die spindelförmige Galaxie IC 2233. Dieser SB(s)d-Typ ist mit 5,2′ Durchmesser größer und mit einer Relativgeschwindigkeit von +112 km/s auch weiter entfernt als NGC 2537. Die Blaufärbung von IC 2233 ist ein Hinweis auf junge Sterne und eine größere Sternentstehungsrate im Vergleich zur Bärentatzen-Galaxie.

Astronomen haben mit dem VLA-Radioteleskop (Very Large Array, National Radio Astronomy Observatory, New Mexico, USA) die Verteilung des atomaren Wasserstoffgases in beiden Galaxien genau untersucht. Sie besitzen jeweils eine HI-Einhüllende, wobei die Radioemission von NGC 2537 einen weiter reichenden, diffusen Halo zeigt. Eine Materiebrücke oder Gezeitenschweife aus atomarem Wasserstoffgas sind zwischen den beiden Galaxien oder in ihrem Umfeld nicht nachweisbar. Der Schwerpunkt der Radioemission in NGC 2537 ist, relativ zum optischen Zentrum der Galaxie, leicht nach Süden verschoben. Diese Asymmetrie der Verteilung des atomaren Wasserstoffgases in der galaktischen Scheibe ist nicht ungewöhnlich und wird bei 50 % der Spiralgalaxien beobachtet. Da bei den meisten dieser Galaxien eine nahe Nachbargalaxie zu sehen ist, wird die Asymmetrie als Folge der gegenseitigen Wechselwirkung betrachtet. Aus Simulationen geht außerdem hervor, dass dies oft ein vorübergehender Effekt ist. Das Wasserstoffgas bewegt sich in der Scheibe und erreicht eine maximale Auslenkung bei der dichtesten Annäherung. Während der nächsten Umläufe reduziert sich diese Ungleichverteilung des Gases wieder. Da NGC 2537 keine Zeichen einer zurückliegenden Passage von IC 2233 zeigt, kann davon ausgegangen werden, dass die Asymmetrie eine andere Ursache besitzt. Dieser besondere Fall wird auch durch das Geschwindigkeitsprofil des atomaren Wasserstoffs belegt. Der SBm-Typisierung folgend, beobachtet man die Scheibenebene von NGC 2537 frontal und erwartet keine Rotationsbewegung im Radiolicht. Bei Betrachtung der Relativgeschwindigkeiten zeigt sich jedoch eine Rotation. Der südliche Radio-Halo (rechts in der Aufnahme) bewegt sich auf die Milchstraße zu, der nördliche Halo von ihr weg. Daraus kann man schließen, dass es sich bei NGC 2537 nicht um eine gestörte SBm-Galaxie, sondern um ein Verschmelzungsprodukt zweier kompakter Galaxien handelt.

OBJEKT	NGC 2537
STERNBILD	Lynx
REKT.	$08^h\ 13^m\ 15^s$
DEKL.	+45° 59′ 23″
HELLIGKEIT	12,3 mag
TYP	SB(s)m pec
FOTOGRAFEN	Michael König
TELESKOP	350-mm-Reflektor
KAMERA	SBIG STX-16803
BELICHTUNGSZEIT	360 min
ORT	Rimbach, Deutschland

NGC 2798

Die SB(s)a-Galaxie NGC 2798 bildet zusammen mit ihrem nahen Begleiter NGC 2799 ein wechselwirkendes Paar. In der 2,6′ × 1,0′ messenden Balkenspiralgalaxie erkennt man, dass der zentrale Balken neben einem durchlaufenden Staubband auch viele aktive Bereiche besitzt. Der Ansatz zweier Spiralarme ist sichtbar, weiter außen sind die Arme jedoch nicht mehr definiert und die typischen Verläufe mit Staub- und Sternstrukturen fehlen. Vielmehr zeigen sie sich als diffuses Leuchten, das beim unteren, nördlichen Spiralarm eine schleifenförmige Verdichtung aufweist. Die Entfernung des Galaxienpaares beträgt 77 Millionen Lichtjahre. Die Balkenspiralgalaxie UGC 4904, die 5,5′ weiter südlich steht und auf der Aufnahme links des Paares zu sehen ist, liegt in gleicher Entfernung. Es gibt jedoch keine Hinweise auf Gezeitenschweife oder Materiebrücken, die zwischen dem Paar und UGC 4904 bestehen.

Da die Differenz der Fluchtgeschwindigkeiten von NGC 2798 und NGC 2799 nur 53 km/s beträgt, kann man davon ausgehen, dass die Annäherung in transversaler Richtung erfolgt. Dies wird auch durch die auffallend langgestreckte Morphologie von NGC 2799 bestätigt, da sich der nordwestliche Teil der Spiralebene bereits in Richtung des Zentrums von NGC 2798 verformt hat. Die Scheibenebene der ehemaligen Sc-Galaxie NGC 2799, die in Kantenlage beobachtbar ist, weist in Richtung NGC 2798 die doppelte Seitenlänge auf. Die Durchmesser beider Galaxien entsprechen mit 60.000–80.000 Lichtjahren gut dem Durchschnittswert von Spiraltypen. Aus dem Fehlen von Spuren zurückliegender Umläufe lässt sich außerdem schließen, dass es sich bei der stattfindenden Wechselwirkung um die erste Annäherung der beiden Galaxien handelt.

OBJEKT	NGC 2798
STERNBILD	Lynx
REKT.	$09^h\ 17^m\ 23^s$
DEKL.	+41° 59′ 59″
HELLIGKEIT	13 mag
TYP	SB(s)a pec
FOTOGRAFEN	Adam Block
TELESKOP	800-mm-Reflektor
KAMERA	SBIG STX-16803
BELICHTUNGSZEIT	1090 min
ORT	Mount Lemmon SkyCenter/ University of Arizona, USA

NGC 2857

Die Aufnahme zeigt eine 11′ lange Reihe von drei Galaxien. Bei diesen handelt es sich um die SA(s)c-Galaxie NGC 2857 (links oben), die Spiralgalaxie NGC 2856 und die Balkenspirale NGC 2854 (unten rechts). Die größte ist dabei NGC 2857 mit einem Winkeldurchmesser von 1,7′. Der davon abgeleitete Durchmesser liegt bei 110.000 Lichtjahren und in einigen Datenbanken finden sich Werte, die bis 150.000 Lichtjahre reichen. Die Distanz zur Milchstraße beträgt 220 Millionen Lichtjahre. NGC 2856 und NGC 2854 liegen beide mit einer Entfernung von 120 Millionen Lichtjahren näher zur Milchstraße und bilden ein physikalisches Paar. Im Vergleich zu NGC 2857 sind sie mit 45.000 Lichtjahren (NGC 2856) und 58.000 Lichtjahren (NGC 2854) deutlich kleiner als normale Spiraltypen. Ihr gegenseitiger Abstand von 3,5′ entspricht dem doppelten Durchmesser von NGC 2857. Der kompakte Aufbau des Galaxienpaares geht auf Wechselwirkungen zurück, deren Auswirkungen man auch an den hellen Spiralarmenden und hellblauen Gezeitenschweifen erkennen kann.

Die große Spiralgalaxie NGC 2857 ist der erste Eintrag im *Atlas of Peculiar Galaxies* von Halton Arp und wird dort der Klasse der „spiral galaxies with low surface brightness“ zugeordnet. Sie besitzt einen kompakten Kern und zwei auffallend schlanke Spiralarme. Das Spiralarmmuster scheint ungestört, und erst bei genauer Betrachtung erkennt man in den inneren Spiralbögen Woronzow-Weljaminow-Reihensegmente mit den typischen 120°-Knickwinkeln. Diese Reihen findet man bei 6–8 % der Spiralgalaxien, am häufigsten treten sie bei gasreichen Sbc ... Scd-Spiraltypen auf. Sie umfassen außerdem überdurchschnittlich viele wechselwirkende Galaxien. Dem ersten Anschein nach handelt es sich bei NGC 2857 um eine Ausnahme, da keine nahe Begleitgalaxie zu sehen ist. Erst eine Umkreissuche nach Galaxien gleicher Rotverschiebung führt zu einer 0,3′ kleinen und nur 17 mag hellen Galaxie, die in 5,4′ Abstand zu NGC 2857 steht. Auf der Aufnahme findet man sie als kleine E0-Galaxie oberhalb, in einer Entfernung, die drei Durchmessern von NGC 2857 entspricht. Man kann davon ausgehen, dass eine nahe Passage beider Galaxien zu den beobachteten Störungen der Spiralstruktur von NGC 2857 führte.

OBJEKT	NGC 2857
STERNBILD	Ursa Major
REKT.	$09^h\ 24^m\ 38^s$
DEKL.	+49° 21′ 25″
HELLIGKEIT	13,9 mag
TYP	SA(s)c
FOTOGRAFEN	Richard Müller
TELESKOP	310-mm-Reflektor
KAMERA	Artemis 4021
BELICHTUNGSZEIT	580 min
ORT	Lohmar, Deutschland

NGC 3169

Die gemeinsame Entfernung dieses wechselwirkenden Galaxienpaares aus NGC 3169 und NGC 3166 beträgt etwa 50 Millionen Lichtjahre. Dadurch ergibt sich eine Skalierung von 15.000 Lichtjahren für 1′, und der sichtbare Abstand beider Galaxienzentren von 7,7′ entspricht 112.000 Lichtjahren. Auf der linken, östlichen Seite steht NGC 3169, eine SA(s)-Galaxie; für ihre Begleitgalaxie NGC 3166 findet sich in den Katalogen die SA(rs)0-Typisierung. Beide Galaxien besitzen Durchmesser im Bereich von 100.000–110.000 Lichtjahren. Die kleine SA(s)-Galaxie NGC 3165, die rechts neben NGC 3166 zu sehen ist, befindet sich nicht hinter dem Galaxienpaar, wie ihre geringe Größe vermuten ließe, sondern besitzt mit 1340 km/s fast die gleiche Fluchtgeschwindigkeit wie NGC 3166 mit 1345 km/s. In 4,8′ Abstand steht NGC 3165 näher zu NGC 3166 als ihr größerer Partner NGC 3169, der sich mit 1238 km/s von der Milchstraße entfernt. Ihr Winkeldurchmesser von 1,5′ und der Durchmesser von 22.000 Lichtjahren macht NGC 3165 zum Zwerg einer kleinen Vierergruppe, die durch NGC 3156 komplettiert wird. NGC 3156 steht in 12′ Abstand in südwestlicher Richtung und ist nicht auf der Aufnahme zu sehen.

NGC 3166 zeigt im diffusen, farblich neutralen Halo rechts und links des hellen Zentrums bräunliche Staubstrukturen, die bis an den Rand des Halos reichen, der NGC 3169 zugewandt ist. Eine Materiebrücke zum großen Begleiter lässt sich jedoch selbst auf kontrastverstärkten Aufnahmen nicht nachweisen. Rechts oberhalb von NGC 3166 zeigt sich bei einer solchen Aufnahme eine lichtschwache Kondensation, die einen Gezeitenschweif darstellen könnte. Im Umfeld von NGC 3169 sind hingegen deutlich mehr Strukturen und Farbdifferenzierungen zu sehen, die auf eine komplexe Vorgeschichte dieser Galaxie hinweisen. Im inneren Halo, der die SA-Spiralebene umgibt, dominiert ein rotbrauner Farbton und es zeigen sich bogenartige Verläufe, die senkrecht zur Spiralebene orientiert scheinen. Dieser innere Halo wird von einer weniger dichten Schale umschlossen, in der hellblaue Filamente von Spiralarmen zu erkennen sind. Diese könnten aus der zerrissenen Spiralebene einer Galaxie stammen, die mit NGC 3169 wechselwirkte. Da in NGC 3169 kein zweiter Kern auszumachen ist, kann davon ausgegangen werden, dass sich diese zerrissene Galaxie vollständig aufgerieben hat und ihr Material die Halostrukturen in NGC 3169 entstehen ließ. Die Halo-Schalen werden von einer dritten Struktur umgeben. Diese lichtschwachen Streifen und Bögen stehen ober- und unterhalb der Galaxie und erstrecken sich über 200.000 Lichtjahre. Vermutlich handelt es sich hier um die in Kantenlage beobachtete Bahnebene der ehemaligen Begleitgalaxie. Die Gezeitenschweife, die während der Umläufe entstanden sind, zeigen sich hier wahrscheinlich als Relikte.

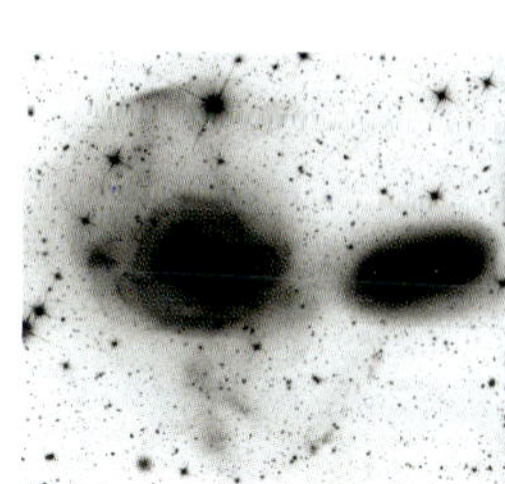

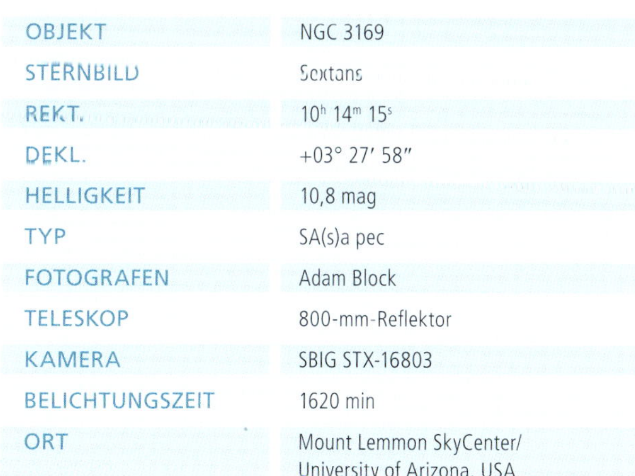

OBJEKT	NGC 3169
STERNBILD	Sextans
REKT.	$10^h\ 14^m\ 15^s$
DEKL.	+03° 27′ 58″
HELLIGKEIT	10,8 mag
TYP	SA(s)a pec
FOTOGRAFEN	Adam Block
TELESKOP	800-mm-Reflektor
KAMERA	SBIG STX-16803
BELICHTUNGSZEIT	1620 min
ORT	Mount Lemmon SkyCenter/ University of Arizona, USA

NGC 3227

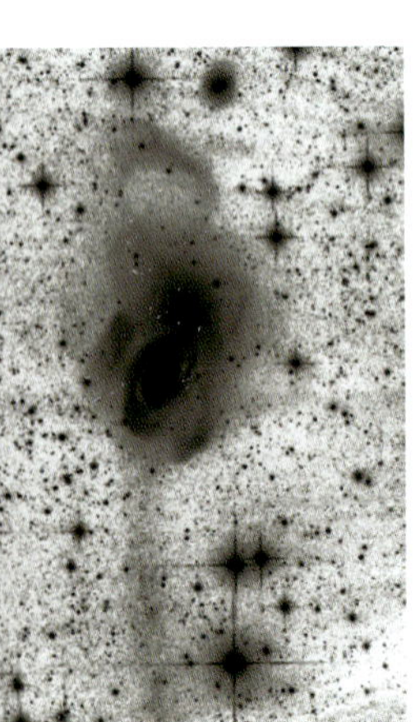

Im Bildzentrum steht die SAB-Galaxie NGC 3227, die zusammen mit der Elliptischen Zwerggalaxie NGC 3226, die nordwestlich über ihr steht, ein wechselwirkendes Paar bildet. Die Entfernung zur Milchstraße beträgt nur 48 Millionen Lichtjahre, was die Vielzahl der Beobachtungen des Galaxienpaars in allen beobachtbaren Wellenlängenbereichen erklärt. So wurde festgestellt, dass NGC 3227 eine Seyfert-1,5-Galaxie ist, deren aktives Zentrum einen Versatz zur Mittelachse des Balkens aufweist. Die Ursache dafür liegt in der Wechselwirkung mit NGC 3226, deren Zentrum nur 2,3′ oder 32.000 Lichtjahre entfernt liegt. Radiobeobachtungen zeigen außerdem, dass NGC 3226 wenig Gas enthält, was ein Hinweis darauf ist, dass die Gezeitenschweife, die das Galaxienpaar umgeben, aus Material aufgebaut sind, das NGC 3226 verloren hat. In einem dieser Gezeitenschweife, am westlichen Rand von NGC 3227 neben einem auffälligen Staubfilament, konnte eine dort neu entstandene Zwerggalaxie (engl. „tidal dwarf galaxy") nachgewiesen werden. Diese 9000 Lichtjahre große Kondensation aus Gas, Staub und Sternen ist von einem diffusen Halo umgeben und besitzt eigene Sternentstehungsgebiete. Anhand ihrer Sterne kann auf ein Alter kleiner als 100 Millionen Jahre geschlossen werden.

Erhöht man den Kontrast der Aufnahme (siehe invertierte Abbildung), treten lichtschwache Strukturen hervor. So ist das Streulicht von Algieba (Gamma Leonis), einem 2 mag-Stern im Löwen, das strahlenartig vom rechten Bildrand die Szenerie beleuchtet, erkennbar. Unterhalb des Galaxienpaares tritt außerdem eine schwache Lichtspur zu Tage, die vom unteren Rand bis zum Paar führt und deren geschwungene Form sich über das System hinaus bis zum Schleifenende des nördlichen Gezeitenschweifes fortsetzen lässt. Es erscheint plausibel, dass es sich dabei um die von NGC 3226 hinterlassene Spur während der Annäherung an NGC 3227 handelt, die nach dem Vorbeiflug zu einer Abbremsung und Richtungsumkehr führte. Die zwei Lichtbögen, die außerdem rechts und links von NGC 3226 zu erkennen sind, lassen aufgrund ihrer größeren Helligkeit auf ein dynamisch jüngeres Alter schließen und erklären sich durch stattgefundene nahe Umläufe beider Galaxien.

OBJEKT	NGC 3227
STERNBILD	Leo
REKT.	$10^h\ 23^m\ 31^s$
DEKL.	+19° 51′ 54″
HELLIGKEIT	11,1 mag
TYP	SAB(s)a pec
FOTOGRAFEN	Bernhard Hubl
TELESKOP	300-mm-Reflektor
KAMERA	SBIG ST-2000XM
BELICHTUNGSZEIT	1908 min
ORT	Nussbach, Österreich

NGC 3239

Die irreguläre Galaxie NGC 3239 wurde von de Vaucouleurs als SBm-Typ klassifiziert. Die Aufnahme zeigt, dass der Aufbau von NGC 3239 mehrere Symmetrieachsen aufweist, die zu unterschiedlichen Typisierungen führen können. Die Nord-Süd-Richtung verläuft in der Aufnahme entlang der Bilddiagonalen, Norden liegt unten links. Am oberen, südlichen Ende von NGC 3239 erkennt man einen Verlauf von aktiven Bereichen, die als Spiralarm gedeutet werden können, der an einem Balken ansetzt, der von links oben nach rechts unten verläuft.

NGC 3239 liegt in 30 Millionen Lichtjahren Entfernung und ihre Winkelausdehnung von 5,0′ × 3,3′ entspricht einer physikalischen Größe von 44.000 × 29.000 Lichtjahren. Das optische Zentrum von NGC 3239 liegt 0,5′ unterhalb eines 10 mag-Vordergrundsternes. Dieses Zentrum zeigt in der Aufnahme drei Aufhellungen, von denen die obere, linke Punktquelle die Supernova SN2012A darstellt.

NGC 3239 liegt in einem Feld von Galaxien; eine direkte Nachbarschaft zu einer Begleitgalaxie besteht jedoch nicht. Es finden sich keine Galaxien mit ähnlicher Fluchtgeschwindigkeit in einem Umkreis von 10′. Radiobeobachtungen von NGC 3239 liefern allerdings ein zweidimensionales Geschwindigkeitsbild des atomaren Wasserstoffs, das dem einer rotierenden Gasscheibe entspricht. Die zugehörige Rotationsachse liegt fast horizontal und ist um 30° gegenüber der optischen Balkenachse verkippt. Diese Asymmetrie der Komponenten lässt sich durch eine stattgefundene Verschmelzung zweier Galaxien erklären. Zu dieser Hypothese passen die hellen HII-Regionen und OB-Assoziationen in der Galaxie, die auf induzierte Sternentstehung während der Wechselwirkung zurückzuführen sind. Da in NGC 3239 kein zweiter Kern beobachtet werden kann und die Radiodaten zeigen, dass die Galaxie keine gleichmäßige Verteilung atomaren Wasserstoffs aufweist, ist es wahrscheinlich, dass der kleinere Wechselwirkungspartner zerrissen wurde und sein Material im Zuge lediglich einer Annäherung vollständig an den größeren Partner überging.

OBJEKT	NGC 3239
STERNBILD	Leo
REKT.	$10^h\ 25^m\ 05^s$
DEKL.	+17° 09′ 49″
HELLIGKEIT	11,7 mag
TYP	IB(s)m pec
FOTOGRAFEN	Adam Block
TELESKOP	800-mm-Reflektor
KAMERA	SBIG STX-16803
BELICHTUNGSZEIT	470 min
ORT	Mount Lemmon SkyCenter/ University of Arizona, USA

NGC 3256

In einer Galaxiengruppe im südlichen Sternbild Vela findet sich die Galaxie NGC 3256. Nahe ihrem Zentrum erkennt man helle Sternentstehungsgebiete, deren Anordnung jedoch keiner Spiralstruktur folgt. Dieser Bereich besitzt einen sichtbaren Durchmesser von 18.000 Lichtjahren und ist von einer dreiecksförmigen, diffusen Struktur umgeben, deren Winkeldurchmesser 1,5′ beträgt, was etwa 50.000 Lichtjahren entspricht. NGC 3256 liegt in einer Entfernung von 115 Millionen Lichtjahren zur Milchstraße.

An der Ober- und Unterseite der Dreiecksstruktur der Galaxie setzen lichtschwache Gezeitenschweife an. Diese verlaufen in entgegengesetzten Richtungen nach Osten und Westen und spannen einen Winkel von 7′ auf, der in Projektion einer Strecke von über 230.000 Lichtjahren gleichkommt. Die Galaxiengruppe, zu der NGC 3256 gehört, ist Teil des Hydra-Centaurus-Superhaufens. Aufgrund der erhöhten Wechselwirkungswahrscheinlichkeit in einem Superhaufen vermuten Astronomen, dass es sich bei NGC 3256 um das Relikt einer Verschmelzung von mindestens zwei Galaxien handelt. Einen Beleg hierfür lieferten Infrarot-Beobachtungen, die die Staubverteilung im Zentrum der Galaxie untersuchten. Dabei fanden sich zwei Komponenten, die sich in Größe und Temperatur unterscheiden und wahrscheinlich Überreste der Vorgänger-Galaxien darstellen.

OBJEKT	NGC 3256
STERNBILD	Vela
REKT.	$10^h\ 27^m\ 51^s$
DEKL.	−43° 54′ 14″
HELLIGKEIT	12,2 mag
TYP	pec
FOTOGRAFEN	Philipp Keller, Konstantin Buchhold, Bernd Flach-Wilken, Johannes Schedler, Volker Wendel (Chart 32-Team)
TELESKOP	800-mm-Reflektor
KAMERA	FLI Proline 16803
BELICHTUNGSZEIT	820 min
ORT	CTIO, Chile

NGC 3310

Der 5,5 mag helle Stern SAO 27724 am oberen Bildrand steht nur 10′ nördlich der SAB(r)bc-Galaxie NGC 3310. Die Fluchtgeschwindigkeit dieser Galaxie wird mit 993 km/s angegeben und ist als Entfernungsmaßstab nur eingeschränkt nutzbar. Bestimmt man die Entfernung mit Hilfe anderer Indikatoren, so ergibt sich ein Wert von 59 Millionen Lichtjahren mit einer Standardabweichung von 2,7 Millionen Lichtjahren. Für NGC 3310 beträgt die Skalierung damit 17.000 Lichtjahre pro Bogenminute. NGC 3310 ist eine Starburst-Galaxie und ein Großteil der Sternentstehungsgebiete ist in einem inneren Ring konzentriert. An diesem beginnt ein symmetrisches Spiralmuster, das von zwei Spiralarmen bestimmt wird, die selbst auch aktive Bereiche beinhalten. Der Galaxienkern liegt jedoch nicht im Zentrum des inneren Ringes. Diese Asymmetrie deuten Astronomen als einen Hinweis darauf, dass NGC 3310 das Produkt einer Verschmelzung zweier oder mehrerer Galaxien darstellt. Bei NGC 3310 handelt es sich um eine der blauesten Spiralgalaxien des Kataloges von de Vaucouleurs mit (B – V) = 0,3 mag. Ihre Infrarotleuchtkraft von $1{,}1 \times 10^{10}$ Sonnenleuchtkräften ist mit M 82, dem Prototyp einer Starburst-Galaxie, vergleichbar.

Die Spiralebene von NGC 3310 ist von einer komplexen Struktur aus Gezeitenschweifen umgeben. Auf der rechten, westlichen Seite befinden sich zwei kongruente Bogenverläufe, die sich neben der Größe auch in ihrer Helligkeit unterscheiden. Der innere, leuchtstärkere Bogen hat einen Radius von 1,8′ und ist 30.000 Lichtjahre vom Kern entfernt. Die Farben dieser Strukturen reichen von (B – V) = 0,42 mag bis zu Werten von (B – V) = 0,63 mag und legen die Vermutung nahe, dass das Schweifmaterial nicht aus der Scheibe von NGC 3310 stammt. Ein möglicher Ursprung könnte eine rötere Vorgängergalaxie sein, die während der Verschmelzung vollständig zerstört wurde. Deren alte Sternpopulation hat im Material der Gezeitenschweife den Verschmelzungsprozess überlebt. Astronomen sehen in NGC 3310 auch ein mögliches Ergebnis eines multiplen Mergers, bei dem mehrere kleine Galaxien fast simultan miteinander verschmolzen sein könnten. Dafür spricht der hohe Gasanteil und die weitreichenden Schleifen- und Bänderstrukturen der Gezeitenschweife, die man auf der Südost-Seite des NGC 3310-Systems verfolgen kann.

OBJEKT	NGC 3310
STERNBILD	Ursa Major
REKT.	$10^h\ 38^m\ 46^s$
DEKL.	+53° 30′ 12″
HELLIGKEIT	11,2 mag
TYP	SAB(r)bc pec
FOTOGRAFEN	Adam Block
TELESKOP	800-mm-Reflektor
KAMERA	SBIG STX-16803
BELICHTUNGSZEIT	460 min
ORT	Mount Lemmon SkyCenter/ University of Arizona, USA

NGC 3395 / NGC 3396

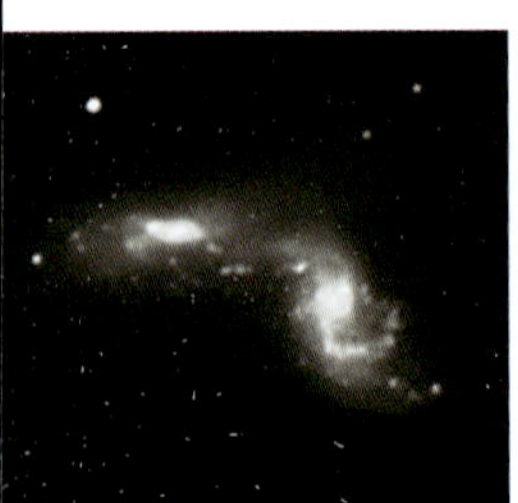

Nahe des linken Bildrandes steht die SAB(rs)c-Galaxie NGC 3430, und 4,5′ südwestlich sieht man NGC 3424, einen SB-Typ, in Kantenlage. Beide Galaxien befinden sich in der gleichen Entfernung von 64 Millionen Lichtjahren zur Milchstraße; eine direkte Wechselwirkung ist kaum feststellbar. Lediglich bei NGC 3424 zeigt sich ein lichtschwacher Ansatz eines Gezeitenschweifs, der in Richtung von NGC 3430 weist. Das Galaxienpaar am rechten Bildrand weist hingegen eine deutlichere Wechselwirkung auf (siehe Vergrößerung). Dieses Paar, das aus NGC 3396 und NGC 3395 (rechts) besteht, befindet sich vor der Verschmelzung und hat bereits einen gemeinsamen Halo ausgebildet. Der Abstand der Galaxienkerne beträgt 68″, was einer transversalen Strecke von 21.000 Lichtjahren entspricht. Das System ist auch als Arp 270 bekannt und gehört zusammen mit NGC 3430 und NGC 3424 zu einer kleinen Galaxiengruppe.

NGC 3395 lässt ihre ursprüngliche Morphologie immer noch erkennen; es handelte sich um einen SAB(rs)-Typ, auf dessen Südseite noch ein Spiralarm mit zwei Woronzow-Weljaminow-Reihen zu sehen ist. Auf der gegenüberliegenden, oberen Seite ist die Spiralstruktur nicht mehr intakt. Das Galaxienpaar war Teil einer Beobachtungskampagne, bei der Astronomen die radialen Geschwindigkeiten in den Spiralebenen mit Hilfe von Hα-Aufnahmen untersucht haben. So ergab sich ein zweidimensionales Geschwindigkeitsfeld und die Unterschiede zwischen normalen und irregulären Galaxientypen konnten studiert werden. Die Inklination von NGC 3396 beträgt 70° und ist größer als die von NGC 3395 mit 50°. Mit 198 km/s ist die maximale Rotationsgeschwindigkeit von NGC 3395 deutlich größer als die von NGC 3396 (66 km/s). Das Geschwindigkeitsfeld von NGC 3396 zeigt bereits eine deutliche Asymmetrie und erklärt ihre IBm-Typisierung. In den Daten von NGC 3395 erkennt man noch die typischen Rotationskurven einer Spiralgalaxie, aber auch in dieser Rotationskurve zeigen sich Störungen. Sie gehen auf Material zurück, das dabei ist, sich von der Scheibenebene abzulösen und wahrscheinlich einen Gezeitenschweif ausbilden wird.

OBJEKT	NGC 3395 / NGC 3396
STERNBILD	Leo Minor
REKT.	$10^h\ 49^m\ 55^s$
DEKL.	+32° 59′ 27″
HELLIGKEIT	13 mag
TYP	SAB(rs) / IBm pec
FOTOGRAFEN	Michael König
TELESKOP	350-mm-Reflektor
KAMERA	SBIG STL-11000
BELICHTUNGSZEIT	190 min
ORT	Rimbach, Deutschland

NGC 3432

Die SB(s)m-Galaxie NGC 3432 steht nahe der linken oberen Bildecke und bildet zusammen mit UGC 5983 ein Paar, das auch als Arp 206 katalogisiert ist (Kategorie „material ejected from nuclei“). Die in Kantenlage beobachtete Galaxie NGC 3432 misst etwa 6,8′ × 1,5′ und zeigt einen asymmetrischen Aufbau mit einer auffälligen, spiralarmartigen Ausdehnung am oberen, nordöstlichen Ende. Diese ca. 3–4′ weitreichende Ausdehnung erinnert an einen Gezeitenschweif, lässt jedoch auch viele fein strukturierte Sternhaufen, die auch als ein Spiralarmfragment interpretierbar sind, erkennen. An ihrem anderen, südwestlichen Scheibenende findet man in 1′ Abstand die Zwerggalaxie UGC 5983. Eine optische Brücke zwischen beiden Galaxien ist nicht sichtbar. NGC 3432 liegt in etwa 27 Millionen Lichtjahren Entfernung. Mit einer absoluten Skalierung von 7800 Lichtjahren pro Bogenminute, besitzt NGC 3432 einen Durchmesser von 53.000 Lichtjahren. Ihre Größe entspricht damit nur 60 % des SB-Standards, weshalb NGC 3432 auch als SB-Zwerggalaxie typisiert wird.

Die kanadischen Astronominnen Jayanne English und Judith Irwin haben das System näher betrachtet und dabei Radio-Beobachtungen bei 1,4 GHz mit Hα-Beobachtungen in Beziehung gesetzt. Im Radio-Kontinuum gibt es wie bei den Hα-Aufnahmen keine Verbindung zwischen beiden Galaxien. Die Radio-Strukturen besitzen einen zweiteiligen Aufbau: Ein langgezogenes Rechteck mit einem leichten Versatz entlang der Scheibenebene und eine zweite Komponente, die in Richtung Begleiter verformt ist, diesen einhüllt und darüber hinausreicht. Dieses extraplanare Filament könnte ein Hinweis auf eine Scheiben-Halo-Interaktion sein; etwa in Form von Sternwinden aus aktiven Sternentstehungsregionen, engl. „blow outs“. Die Struktur steht jedoch allein. Da „blow outs“, wie etwa bei M 81, oftmals Symmetrien zeigen, und zudem das Filament diffus erscheint, handelt es sich hier eher um einen Gezeitenschweif. Von der gesamten Hα-Leuchtkraft werden nur etwa 7 % von extraplanarem Gas geliefert, das eine Skalenhöhe von 3000 Lichtjahren beidseitig zur Hauptebene aufweist. Die enthaltene ionisierte Gasmenge besitzt eine Masse von 5,5 × 10^7 Sonnenmassen.

Ein mögliches Entstehungsszenario von NGC 3432 ist ein Beinahe-Zusammenstoß zweier Spiralsysteme, der zu einem gegenseitigen Umlaufen geführt hat. Könnte man also einen Blick „von oben“ auf die Scheibenebene werfen, so würde man zwei Gezeitenschweife sehen, die NGC 3432 umgeben. Der zweite Umlauf hat den Begleiter UGC 5893 aus der Ebene herausgeführt und dabei weiter von ihr entfernt. Dessen um ca. +150 km/s höhere Geschwindigkeit passt zu dieser Annahme. Platziert man das Perizentrum des Umlaufs im Bereich des Scheibenrandes von NGC 3432, so stimmt die Geschwindigkeit des Begleiters, der sich auf einer parabolischen Bahn bewegt, und die Rotationsgeschwindigkeit des Scheibenrandes gut überein, wodurch sich der Vorbeiflug als minimal invasiv beschreiben lässt.

OBJEKT	NGC 3432
STERNBILD	Leo Minor
REKT.	$10^h\ 52^m\ 31^s$
DEKL.	+36° 37′ 08″
HELLIGKEIT	10,5 mag
TYP	SB(s)m edge-on
FOTOGRAFEN	Michael König
TELESKOP	350-mm-Reflektor
KAMERA	SBIG STL-11000
BELICHTUNGSZEIT	375 min
ORT	Rimbach, Deutschland

NGC 3521

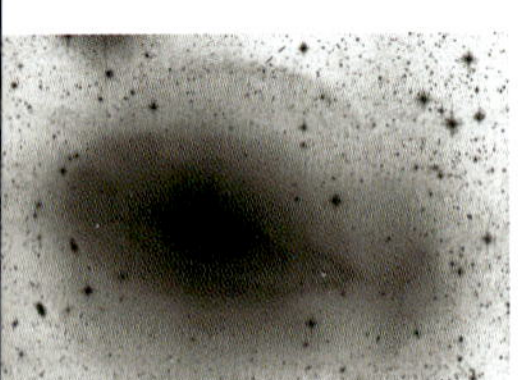

Die SAB(rs)bc-Galaxie NGC 3521 steht mit einer Entfernung von 33 Millionen Lichtjahren zur Milchstraße in entfernter Nachbarschaft der Lokalen Gruppe. Ihre Größe wird mit 11,0′ × 9,8′ angegeben, wobei die Galaxie allerdings in einen diffusen Halo mit teilweise differenzierten Schalenstrukturen eingebettet ist (siehe kontrastverstärkte Aufnahme). In der Aufnahme verläuft die Nord-Süd-Richtung entlang der Horizontalen. Auf der rechten, nördlichen Seite der galaktischen Ebene ist ein leuchtschwacher Spiralarm mit einem Kernabstand von 6,8′ noch zu erkennen. Dieser Abstand entspricht einer Strecke von 65.000 Lichtjahren. Der zu diesem Teil des Armes zugehörige Abschnitt der Scheibebene erscheint relativ zum Zentrum nach rechts verschoben zu sein. Diese äußere Scheibe von NGC 3521 ist gegenüber der inneren Scheibenebene mit ihrer flokkulenten Armstruktur um einige Grad verkippt.

Der tropfenförmig aufgebaute Halo von NGC 3521 ist auf der linken, südlichen Seite stärker kondensiert. Das schmale Ende des Halos fällt dabei mit dem beschriebenen, weit außen liegenden Spiralarm zusammen. Weiter nördlich zeigt er außerdem eine Materieverdichtung, deren projizierter Abstand zum Zentrum der Galaxie über 120.000 Lichtjahre misst. Die Strukturen im Halo sind Überreste ehemaliger, kleinerer Begleitgalaxien, die durch die Wirkung der Gezeitenkräfte zerstört wurden. Diese Sternströme durchziehen dynamisch reibungsfrei den Raum, weshalb diese Wechselwirkungs-Relikte im Halo erhalten bleiben. Durch die relative Nähe und die hohe Inklination von 70° kann bei NGC 3521 das Profil der Rotationsgeschwindigkeiten in der Scheibenebene auf Skalen im Bereich einiger Hundert Lichtjahre untersucht werden. Das HI-Radio-Profil zeigt im Bereich < 5000 Lichtjahre den typisch steilen Anstieg auf ein Plateau von 230 km/s, das anschließend bis zu einem Radius von 75.000 Lichtjahren auf 180 km/s abfällt, um dann bis zum äußeren Rand wieder auf 200 km/s anzusteigen. Diese komplexe Geschwindigkeitsverteilung des atomaren Wasserstoffgases legt ein Scheibenmodell nahe, das aus mehreren Komponenten aufgebaut ist und die verschiedenen Zonen der Wechselwirkungseinflüsse bei NGC 3521 berücksichtigt.

OBJEKT	NGC 3521
STERNBILD	Leo
REKT.	11h 05m 49s
DEKL.	−00° 02′ 09″
HELLIGKEIT	9,8 mag
TYP	SAB(rs)bc
FOTOGRAFEN	Josef Pöpsel, Beate Behle
TELESKOP	600-mm-Reflektor
KAMERA	SBIG ST-10XME
BELICHTUNGSZEIT	210 min
ORT	Amani Lodge, Namibia

NGC 3656

Bei NGC 3656 handelt es sich um eine gestörte Elliptische Galaxie in einer Entfernung von 130 Millionen Lichtjahren zur Milchstraße. Das helle Zentrum der Galaxie besitzt einen Winkeldurchmesser von 0,6′ und ist von zwei Schalenstrukturen umgeben (siehe Vergrößerung). Diese liegen wiederum im Zentrum eines 3,5′ großen Halos, dessen sichtbarer Durchmesser damit 132.000 Lichtjahre misst. Über das Zentrum von NGC 3656 läuft vertikal ein breites Staubband und an seiner südlichen Seite setzt der Überrest eines Spiralarmes an, der bis zum Rand des Halos läuft und in einer hellen Materiekondensation endet. Am linken Rand der Aufnahme erkennt man außerdem die Spiralgalaxie UGC 6446. Dieser sehr lichtschwache SAd-Typ steht in einer Distanz von 32 Millionen Lichtjahren und ist damit nur ein Viertel so weit wie NGC 3656 von der Milchstraße entfernt.
Bei wechselwirkenden oder gar verschmelzenden Galaxien spielen Gasströme eine entscheidende Rolle für die Ausprägung morphologischer Eigenschaften. Diese Gasströme induzieren Verdichtungen und bilden die Grundlage von Starburst-Regionen und der damit zusammenhängenden großen IR-Leuchtkraft. Die neu entstandenen Sterne tragen den Drehimpuls des zuvor aufgeschobenen galaktischen Gases. Beispielrechnungen zeigen, dass in typischen Fällen 60 % des ursprünglichen Scheibengases eines Verschmelzungsvorläufers in einer Starburst-Wolke von nur wenigen Hundert Lichtjahren Größe zusammengeschoben wird. Die Gasanteile der Vorläufer, die nicht in diesen zentralen Regionen verarbeitet werden, finden sich in weitläufigen Scheiben aus atomarem Wasserstoff im Merger-Umfeld. Am Beispiel von NGC 3656 kann die Verbindung zwischen Gezeitenschweifen und Schalenstrukturen in der Hülle genau untersucht werden. Die differenzierten Schalen der Galaxie deuten Astronomen als das Ergebnis einer Verschmelzung zweier Spiralgalaxien mit dünnen Scheiben. Die zwei verschmolzenen „precursor galaxies" liefern eine zentral konzentrierte Scheibengeometrie, wobei bis zu 50 % der gesamten Gasmenge im Halo ausgelagert sind. Dieses Gas rotiert und besitzt daher einen Drehimpuls, der ein Zusammenfallen des Halos verhindert und die Schalenstrukturen örtlich gut definiert.

OBJEKT	NGC 3656
STERNBILD	Ursa Major
REKT.	$11^h\ 23^m\ 39^s$
DEKL.	+53° 50′ 32″
HELLIGKEIT	13,3 mag
TYP	(R')I0/a pec
FOTOGRAFEN	Michael König
TELESKOP	350-mm-Reflektor
KAMERA	SBIG STL-11000M
BELICHTUNGSZEIT	520 min
ORT	Rimbach, Deutschland

NGC 4017

Die Aufnahme zeigt die zwei Galaxien NGC 4016 und NGC 4017, die am westlichen Rand des Coma-Haufens zu finden sind. Das Paar liegt in einer Entfernung von 160 Millionen Lichtjahren zur Milchstraße. Die kleinere der beiden Galaxien ist NGC 4016, eine gestört wirkende Balkenspiralgalaxie, deren Winkelausdehnung 1,5′ × 0,8′ beträgt; ihr Durchmesser erreicht somit 70.000 Lichtjahre. In einem Abstand von 5,9′ südöstlich der Galaxie befindet sich die SAB-Galaxie NGC 4017. Sie zeigt einen z-förmigen Verlauf vom zentralen Balken zu den ansetzenden Spiralarmen und entspricht damit mehr dem klassischen Bild eines Spiraltyps als NGC 4016.

NGC 4016 zeigt nahe ihres Zentrums zwei kleine, auffallend blaue Bögen, die eine „8" formen. Astronomen nehmen an, dass es sich hierbei nicht um eine akkretierte Struktur handelt. Simulationsrechnungen zeigen, dass eine 8er-Symmetrie durch das axialsymmetrische Gravitationspotenzial eines Balkens entstehen kann. Der größere Partner NGC 4017 zeigt hingegen Zeichen von Wechselwirkungen. In den lichtschwachen, fast linear verlaufenden Gezeitenschweifen konnten junge, aktive Regionen nachgewiesen werden, die auf die Entstehung einer Gezeiten-Zwerggalaxie hindeuten. Auf halber Strecke zu NGC 4016 erkennt man die größte dieser Kondensationen, die 6×10^7 Sonnenmassen an atomarem Wasserstoff besitzt. Im Vergleich dazu hat NGC 4017 eine HI-Masse von $7{,}1 \times 10^9$ Sonnenmassen und besitzt damit 120-mal mehr atomaren Wasserstoff. Die Gesamtmasse von NGC 4017 liegt bei 162×10^9 Sonnenmassen.

OBJEKT	NGC 4017
STERNBILD	Coma Berenices
REKT.	$11^h\ 58^m\ 46^s$
DEKL.	+27° 27′ 09″
HELLIGKEIT	13 mag
TYP	SABbc
FOTOGRAFEN	Michael König
TELESKOP	350-mm-Reflektor
KAMERA	SBIG STL-11000
BELICHTUNGSZEIT	210 min
ORT	Rimbach, Deutschland

NGC 4088

Die SAB(rs)bc-Galaxie NGC 4088 gehört, zusammen mit ihrem 12′ entfernten Nachbarn NGC 4085 (nicht in der Aufnahme), zum Ursa Major-Galaxienhaufen und ist 37 Millionen Lichtjahre von uns entfernt. Aus ihrer Winkelausdehnung von 5,8′ × 2,2′ errechnet sich ein projizierter Durchmesser von 62.000 Lichtjahren. Am unteren, nordöstlichen Ende der Galaxie scheint sich ein Spiralarm vom Scheibenrand abzulösen; am linken, westlichen Scheibenrand geht ein Spiralarm in einen Gezeitenschweif über und entfernt sich von der Scheibe.

Die Spiralarme von NGC 4088 enthalten viele aktive Bereiche, die von HII-Regionen begleitet werden. Da die Galaxie fast in Kantenlage mit 70° Inklination beobachtet wird, werden einige dieser Bereiche durch Staubfilamente überdeckt, die sich entlang der Spiralarme abzeichnen. Beobachtet man NGC 4088 im Radiospektrum, so zeigen sich neben dem kompakten Zentrum nur drei weitere, hellere HI-Emissionsregionen. Sie fallen mit den ebenfalls im Visuellen sichtbaren Sternentstehungsgebieten des linken Spiralarmes zusammen. Ebenfalls auf der Aufnahme zu sehen ist die Supernova SN2009dd. Sie befindet sich als Stern von 13,5 mag nahe dem Zentrum der Galaxie und dominiert deren Kernbereich. Man hat für sie einen Winkelabstand von 6″ zum Zentrum gemessen, was in Projektion etwa 1000 Lichtjahren entspricht. Zwei italienische Amateurastronomenteams haben die Supernova unabhängig voneinander am 13. April 2009 entdeckt. Zwar wurde sie bereits neun Tage zuvor von anderen Fotografen aufgenommen, aufgrund der Nähe zum Galaxiekern jedoch übersehen.

OBJEKT	NGC 4088
STERNBILD	Ursa Major
REKT.	$12^h\ 05^m\ 34^s$
DEKL.	+50° 32′ 21″
HELLIGKEIT	11,2 mag
TYP	SAB(rs)bc
FOTOGRAFEN	Volker Wendel
TELESKOP	380-mm-Reflektor
KAMERA	SBIG ST-10XME
BELICHTUNGSZEIT	260 min
ORT	Weisenheim am Berg, Deutschland

N

NGC 4038

Die „Antennen-Galaxien" NGC 4038 und NGC 4039 formen eines der bekanntesten Wechselwirkungs-Paare. Dieses ist auch als Arp 244 bekannt und gehört zusammen mit fünf anderen Galaxien zu einer Galaxiengruppe in 65 Millionen Lichtjahren Entfernung. Eine Bogenminute entspricht hier einem projizierten Abstand von 19.000 Lichtjahren. Seinen Namen verdankt das System zwei langen Gezeitenschweifen, die eine Gesamtlänge von 360.000 Lichtjahren aufspannen. Das untere, südliche System der Antennen-Galaxien bildet die SA-Galaxie NGC 4039, am Nordende steht die SB(s)m-Galaxie NGC 4038. Sie besitzt eine auffällige Blaufärbung, die sich auch im zugehörigen Gezeitenschweif fortsetzt. Dieser blaue Gezeitenschweif läuft zum rechten Bildrand und zeigt am Ende lichtschwache Materiekondensationen, die als „tidal dwarf" bezeichnet werden. Das Radiobild der Antennen-Galaxien bestätigt die Unterschiedlichkeit der zwei Gezeitenschweife. Der rotbraun erscheinende Gezeitenschweif von NGC 4039 zeigt eine nur schwach ausgeprägte HI-Emission, wohingegen der blaue, südliche Gezeitenschweif von NGC 4038 deutlich heller erscheint, da er mehr atomaren Wasserstoff enthält. Aufgrund der relativen Nähe dieses Galaxienpaares konnten Astronomen mit hochauflösenden Radioaufnahmen nachweisen, dass das Schweifende einen starken Geschwindigkeitsgradienten besitzt und sich nach hinten biegt.

Die Gezeitenschweife in diesem System sind Lehrbuchbeispiele dafür, wie die Gezeiten-Wechselwirkung bei der Annäherung zweier Galaxien gleicher Masse aus den Außenbereichen der Scheibenebene Materie herausströmen lässt. Die Kinematik formt die Gezeitenschweife und so konnte in einer der ersten Simulationsrechnungen Anfang der 1970er Jahre mittels der Antennen-Galaxien nachgewiesen werden, dass diese morphologischen Attribute bei nahen Umläufen entstehen können. Ihre Erscheinungsform auf großen Skalen hängt dabei von den Ausgangsparametern ab, besonders wichtig ist die relative Orientierung der Scheibenrotation der zusammenstoßenden Galaxien. In vielen Studien wurde diese Systematik untersucht und im Falle der Antennen-Galaxien gehen Astronomen heute davon aus, dass die Scheibenrotation und das Bahndrehmoment der Umlaufbewegung beider Galaxien bei der Annäherung gleichgerichtet waren. Die Modellrechnungen zeigen, dass in diesen Fällen 30 % der Scheibenmasse überfließen und lange Gezeitenschweife entstehen können. Beim ersten Perizentrum der gegenseitigen Umlaufbewegung, d.h. bei der ersten, dichtesten Annäherung der Vorgänger-Galaxien, gab es zunächst keine Gezeitenschweife. Erst 150 Millionen Jahre später begann sich Scheibenmaterie entlang eines Bogens vom Scheibenrand der Galaxien abzulösen. Nach 300 Millionen Jahren kam es zu einer zweiten Annäherung der Galaxienzentren, wobei die aktiven Bereiche in den zwei sich überlappenden Galaxien entstanden. Die Gezeitenschweife wurden durch das zentrale Geschehen nicht beeinflusst. Auf der Zeitskala der Simulationsrechnungen sind heute 350 Millionen seit dem ersten Perizentrum vergangen.

OBJEKT	NGC 4038
STERNBILD	Corvus
REKT.	$12^h\ 01^m\ 53^s$
DEKL.	−18° 52′ 03″
HELLIGKEIT	11,2 mag
TYP	SB(s)m pec
FOTOGRAFEN	Adam Block
TELESKOP	800-mm-Reflektor
KAMERA	SBIG STX-16803
BELICHTUNGSZEIT	370 min
ORT	Mount Lemmon SkyCenter/ University of Arizona, USA

UGC 7085A

Im rechten oberen Quadranten der Aufnahme fällt ein kleines wechselwirkendes Galaxienpaar auf, das als Arp 97 oder UGC 7085A im *Uppsala General Catalog of Galaxies* zu finden ist (siehe Vergrößerung). Seine Entfernung zur Milchstraße beträgt 310 Millionen Lichtjahre und die zwei in Nord-Süd-Richtung liegenden Galaxienkerne stehen in einem Abstand von 1,2′ bzw. 108.000 Lichtjahren. Die obere, südlich stehende Komponente des Paares ist die SA(r)0-Galaxie MCG +05-29-011; die untere ist die SAB0-Galaxie MCG +05-29-010. Ihre Fluchtgeschwindigkeiten sind bis auf 4 km/s gleich, sodass angenommen werden kann, dass sich beide Galaxien in der gleichen Entfernung befinden.

Die Komponenten sind in ihrem Aufbau deutlich gestört: MCG +05-29-011 zeigt einen Gezeitenschweif oder Spiralarm, der in südwestlicher Richtung bogenförmig nach außen weist. Von MCG +05-29-011 läuft ein sich verjüngender Gezeitenschweif zum Partner MCG +05-29-010. Dieser Schweif besitzt eine neutrale Färbung im Vergleich zum oberen, hellblauen Gezeitenschweif von MCG +05-29-011.

Viele der Galaxien, die auf der Aufnahme zu sehen sind, gehören zu einer Galaxiengruppe, die nur aus wenigen Dutzend Mitgliedern besteht und daher als armer Haufen, engl. „poor cluster" (PC), bezeichnet wird. Diese Galaxien liegen am Rand des PCs mit der Bezeichnung MKW4, der weiter südlich steht und nicht mehr im Bildfeld liegt. Die Bezeichnung MKW geht auf einen Katalog von W. W. Morgan, S. Kayser und R. A. White zurück. Der Nachweis einer massereichen, zentralen cD-Galaxie ist in den PCs aufgrund ihres lockeren Aufbaus nicht einfach, jedoch zeigen Modellrechnungen, dass cD-Galaxien sehr früh in Clustern entstehen können – durch eine Reihe von Mergern auf Zeitskalen im Bereich von 10^9–10^{10} Jahren. Daher bilden die PCs eine Vorstufe größerer, reicherer Cluster. Eine Schlüsselstellung bei diesen Untersuchungen nimmt die Kinematik der PCs ein, d.h. die Messung der Rotverschiebungen der Mitglieder. Im Fall von MKW4 misst man eine bimodale Verteilung der Rotverschiebungen mit Maxima bei 6700 ± 200 km/s und 8000 ± 300 km/s, die als ein Hinweis auf eine bereits stattgefundene bzw. gerade stattfindende Verschmelzung zweier PC-Vorläufer gewertet wird. UGC 7085A liegt dabei mit 6900 km/s am Rand des ersten Maximums. Links der Bildmitte zeigt die Aufnahme mit UGC 7064 einen SAB(r)-Typ, der mit 7500 km/s der zweiten Gruppe zuzuordnen ist.

OBJEKT	UGC 7085A
STERNBILD	Ursa Major
REKT.	$12^h\ 05^m\ 46^s$
DEKL.	+31° 04′ 08″
HELLIGKEIT	14,8 mag
TYP	Sab (M 51-Typ)
FOTOGRAFEN	Michael König
TELESKOP	350-mm-Reflektor
KAMERA	SBIG STL-11000
BELICHTUNGSZEIT	385 min
ORT	Rimbach, Deutschland

NGC 4216

Die SAB(s)b-Galaxie NGC 4216 gehört zum Virgo-Galaxienhaufen und steht, wie auch ihre zwei Begleiter, die rechts (NGC 4206) und links (NGC 4222) von ihr zu sehen sind, in einer Entfernung von 55 Millionen Lichtjahren zur Milchstraße. Alle drei Galaxien werden in Kantenlage beobachtet. Die Inklination von NGC 4216 beträgt 89°, wodurch die Staubstrukturen des nahen Spiralarmes Teile des hellen, kompakten Kerns überdecken. Die Größe von 8,1′ × 1,8′ entspricht den Dimensionen 130.000 × 29.000 Lichtjahren – der Durchmesser der Scheibenebene übertrifft damit ein wenig den der Milchstraße. Es fällt auf, dass die Staubstrukturen in Kernnähe nur in südwestlicher Richtung zu sehen sind, die gegenüberliegende Seite zeigt stattdessen eine diffuse Aufhellung, die an einen Balken-Endpunkt erinnert. Da der Verlauf der Helligkeits-Isophoten im Kernbereich in die Länge gezogene Ellipsen liefert, vermuten Astronomen, dass NGC 4216 einen Balken enthalten könnte, der ebenfalls in Kantenlage beobachtet wird.

Im Rahmen einer Beobachtungskampagne wurde NGC 4216 zusammen mit sieben anderen Galaxien untersucht, um lichtschwache Spuren von Wechselwirkungen im Umfeld nachzuweisen. Dabei ging es um die Verschmelzung kleiner Galaxien mit einer größeren Galaxie, engl. „minor mergers", die im Vergleich zu den „major mergers" die stellare Scheibe der großen Galaxie nicht zerstören. Dem kosmologischen Modell der Galaxienentstehung folgend, sind solche kleinen Verschmelzungen viel häufiger anzutreffen als die Verschmelzungen großer Galaxien gleicher Masse. Die Aufnahme von NGC 4216 zeigt einen Gezeitenschweif, der in einem weiten Bogen östlich die Galaxie umläuft und in der kleinen Elliptischen Galaxie PGC 39247 endet. Dieser Bogen ist die projizierte Bahnkurve des sich auflösenden kleinen Begleiters und die Längsstrukturen im Halo von NGC 4216 sind Hinweise auf bereits zurückliegende Verschmelzungen (siehe dazu auch die kontrastverstärkte, invertierte Abbildung).

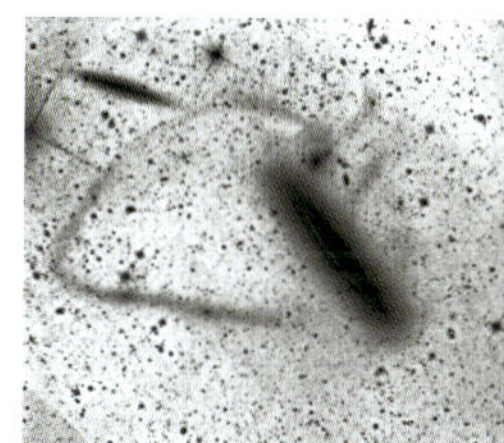

OBJEKT	NGC 4216
STERNBILD	Virgo
REKT.	$12^h\ 15^m\ 54^s$
DEKL.	+13° 08′ 58″
HELLIGKEIT	11 mag
TYP	SAB(s)b
FOTOGRAFEN	Johannes Schedler
TELESKOP	500-mm-Reflektor
KAMERA	SBIG STL-11000
BELICHTUNGSZEIT	390 min
ORT	Blackbird Observatory, New Mexico, USA

NGC 4438

Die SA-Galaxie NGC 4438 bildet mit ihrer Nachbargalaxie NGC 4435, einem SB0-Typ, ein wechselwirkendes System, das auch als „the Eyes“ (Arp 120) bekannt ist. NGC 4435 ist mit 2,4′ Durchmesser kleiner als NGC 4438, deren gestörte Scheibe eine Winkelausdehnung von 8,5′ erreicht. Das System liegt nahe dem Zentrum des Virgo-Galaxienhaufens, wobei die Scheibe in einer Entfernung von 48 Millionen Lichtjahren einen Durchmesser von 120.000 Lichtjahren besitzt. NGC 4438 enthält wenig atomaren Wasserstoff, jedoch wurden große Mengen an molekularem Gas in ihr festgestellt. Dieses Gas befindet sich nicht in der Scheibenebene, sondern wurde zusammen mit Sternen durch Gezeitenkräfte, die auf NGC 4435 zurückgehen, aus der Ebene entfernt. In der Aufnahme wird dies anhand der Staubstrukturen deutlich, die den elliptischen, vertikal orientierten Kern auf dessen rechter Seite umgeben. Diese rechte, westliche Seite von NGC 4438 ist dem Begleiter zugewandt und zeigt einen ausgedehnteren Halo. Diese Verformung könnte auf eine zurückliegende, nahe Begegnung mit NGC 4435 zurückzuführen sein.

Der Kern von NGC 4438 befindet sich in einem aktiven Zustand und zeigt neben einer erhöhten Radioleuchtkraft im optischen Spektralbereich auch das Emissionslinienspektrum einer Seyfert-2-Galaxie. Im infraroten Licht zeigt sich, dass ein Großteil der Emission nicht aus dem Kern selbst, sondern aus dem rechts davon liegenden, diffusen Bereich stammt, in dem auch die Staubstrukturen platziert sind. Die komplexe Morphologie von NGC 4438 erklären Astronomen als Folge einer Hochgeschwindigkeitskollision mit NGC 4435, die mit einer radialen Relativgeschwindigkeit von mehr als 750 km/s geschah. Der transversale Abstand beider Galaxien beträgt heute 60.000 Lichtjahre. Folgt man Simulationsrechnungen, kam es vor 100 Millionen Jahren zur dichtesten Annäherung von nur 15.000 Lichtjahren. Bei diesen großen Geschwindigkeiten ist die Wechselwirkungszeit allerdings zu kurz, um zu einer Verschmelzung zu führen. In diesen Fällen wird Gas und Staub aus den Scheiben entfernt oder die Scheibenebene so stark gestört, dass eine lentikulare Galaxie entsteht. Dies erklärt auch, warum Galaxienhaufen eine erhöhte Häufigkeit der lentikularen Typen aufweisen.

OBJEKT	NGC 4438
STERNBILD	Virgo
REKT.	$12^h\ 27^m\ 46^s$
DEKL.	+13° 00′ 32″
HELLIGKEIT	11 mag
TYP	SA0/a(s) pec
FOTOGRAFEN	Johannes Schedler
TELESKOP	400-mm-Reflektor
KAMERA	SBIG STL-11000M
BELICHTUNGSZEIT	960 min
ORT	Wildon, Österreich

NGC 4449

Die irreguläre Galaxie NGC 4449 ähnelt in Form und Aufbau den Magellanschen Wolken und wird auch als Zwerggalaxie beschrieben. Ihr maximaler Winkeldurchmesser beträgt 6,2′, was in zwölf Millionen Lichtjahren Abstand zur Milchstraße einer Strecke von 22.000 Lichtjahren entspricht. Die Aufnahme lässt viele in Bändern verlaufende aktive Zonen erkennen, die helle OB-Assoziationen und große HII-Regionen enthalten. Dies ist besonders auffällig am nördlichen Ende der Galaxie. Spektrale Analysen zeigen, dass in diesen Zonen die jüngsten Sterne mit einem Alter unter zehn Millionen Jahren zu finden sind. Die Leuchtkraft von NGC 4449 entspricht der 1,4-fachen Leuchtkraft der Großen Magellanschen Wolke. Die Sternentstehungsrate der Galaxie wird mit 1,5 Sonnenmassen pro Jahr angegeben und erklärt ihre Einordnung als Starburst-Galaxie.
Radiobeobachtungen von NGC 4449 zeigen einen HI-Halo, der mit 250.000 Lichtjahren den optischen Durchmesser weit übertrifft und über das Bildfeld der Aufnahme hinausreicht. Es zeigt sich auch, dass das Wasserstoffgas im Halo in entgegengesetzter Richtung zum zentralen Gas rotiert. Der Halo weist außerdem Strukturen auf, die Reste von Gezeitenschweifen sein könnten, die NGC 4449 umlaufen und auf frühere Wechselwirkungen hinweisen. Auf tiefen optischen Aufnahmen von NGC 4449 wurde nachgewiesen, dass sie einen lichtschwachen Begleiter besitzt. Dieser ist als Zwerggalaxie NGC 4449B katalogisiert und liegt außerhalb des Bildfeldes. Der Abstand von NGC 4449B zum Kern von NGC 4449 beträgt etwa 30.000 Lichtjahre und die längliche Form des Begleiters lässt vermuten, dass diese Galaxie von den Gezeitenkräften von NGC 4449 zerrissen und ein Sternstrom in ihrem Halo werden wird.

OBJEKT	NGC 4449
STERNBILD	Canes Venatici
REKT.	$12^h\ 28^m\ 11^s$
DEKL.	+44° 05′ 37″
HELLIGKEIT	10 mag
TYP	IBm
FOTOGRAFEN	Volker Wendel
TELESKOP	380-mm-Reflektor
KAMERA	SBIG ST-10XME
BELICHTUNGSZEIT	190 min
ORT	Weisenheim am Berg, Deutschland

NGC 4490

NGC 4485 und NGC 4490 sind zwei benachbarte Spiralgalaxien, die beide zur NGC 4631-Galaxiengruppe gehören. Das Paar ist auch als Arp 269 bekannt und NGC 4490 wird aufgrund der diffusen Textur auch „Cocoon-Galaxy" genannt. Bei ihr handelt es sich um einen SB(s)d-Typ, der kleinere Begleiter NGC 4485, der nur ein Viertel der Masse von NGC 4490 besitzt, ist eine irreguläre Galaxie mit Balken. Die Entfernung beider Galaxien zur Milchstraße liegt bei 27 Millionen Lichtjahren und ihr Projektionsabstand beträgt 24.000 Lichtjahre. Der maximale Winkeldurchmesser von NGC 4490 beträgt 6,3′, bei NGC 4485 sind es 2,3′. Aus diesen Werten errechnen sich die Durchmesser zu 49.000 und 18.000 Lichtjahren. Beide Spiralgalaxien sind somit kleiner als die Standardgröße einer Spiralgalaxie, die bei 75.000 Lichtjahren liegt.

Die Sterne im Raum zwischen den Galaxien sowie im Gezeitenschweif von NGC 4485 sind jünger als die Sterne in den aktiven Bereichen von NGC 4490. Astronomen führen diesen Altersunterschied darauf zurück, dass die Annäherung beider Galaxien nicht zu einer weitreichenden Sternentstehung geführt hat, sondern vornehmlich nur in den einander zugewandten Seiten neue Sterne entstanden sind. Simulationen der Wechselwirkung zeigen außerdem, dass NGC 4490 und NGC 4485 vor 400 Millionen Jahren beinahe kollidiert sein könnten. Diese Zeitspanne entspricht auch dem Alter der jüngsten Sterne, die in den Schweifstrukturen nachweisbar sind. Daher liegt es nahe, dass sich beide Galaxien in dieser Zeit mehrfach umliefen, wobei ein großer Teil ihres Gases im intergalaktischen Umfeld verteilt wurde. Der sie umgebende Halo aus atomarem Wasserstoffgas zählt zu den größten dieser einhüllenden Halos. Der Durchmesser der Radiostruktur übertrifft den optischen Durchmesser um das Neunfache. Der Radio-Halo beinhaltet eine Gasmasse von $1{,}8 \times 10^{10}$ Sonnenmassen und entspricht damit 50 % der Masse des gesamten Systems.

OBJEKT	NGC 4490
STERNBILD	Canes Venatici
REKT.	$12^h\ 30^m\ 36^s$
DEKL.	+41° 38′ 38″
HELLIGKEIT	10,2 mag
TYP	SB(s)d pec
FOTOGRAFEN	Adam Block
TELESKOP	800-mm-Reflektor
KAMERA	SBIG STX-16803
BELICHTUNGSZEIT	780 min
ORT	Mount Lemmon SkyCenter/ University of Arizona, USA

NGC 4567

Die Aufnahme zeigt die zwei SA(rs)bc-Galaxien NGC 4567 und NGC 4568. Dabei steht die kleinere NGC 4567 über NGC 4568, der transversale Abstand beider Galaxienzentren beträgt 1,3′. Der Winkeldurchmesser von NGC 4567 wird mit 2,9′ angegeben, der von NGC 4568 liegt bei 4,6′. Die Galaxien werden oft als „Siamesische Zwillinge“ beschrieben und viele Aufnahmen liefern Hinweise darauf, dass es sich um ein wechselwirkendes System handeln könnte. NGC 4567 besitzt eine Fluchtgeschwindigkeit von 2247 km/s, für NGC 4568 wird ein Wert von 2255 km/s gemessen. Im Rahmen der Messfehler scheinen die beiden Galaxien somit gleich weit entfernt zu sein. Alternative Entfernungsindikatoren ergeben für NGC 4567 einen Abstand von 83 Millionen Lichtjahren und für NGC 4568 eine geringere Distanz von 69 Millionen Lichtjahren. Die Fehlergrenzen dieser Methoden sind jedoch deutlich größer als die der Fluchtgeschwindigkeitswerte und ermöglichen keine sichere Feststellung der Positionierung beider Galaxien. Im Gegensatz zu den Messwerten erlaubt es jedoch der visuelle Eindruck, eine verlässlichere Aussage zur relativen Lage im Raum zu treffen.

Die Staubstrukturen im linken Teil der Spiralebene von NGC 4568 liegen vor der bläulichen Hauptebene ihres Partners. Teilweise sind hier aktive Bereiche des unteren Spiralarms von NGC 4567 zu erkennen, die die Ebene von NGC 4568 durchleuchten. Daraus lässt sich folgern, dass NGC 4567, in Bezug auf unsere Blickrichtung, hinter der größeren NGC 4568 steht und weiter entfernt ist.

Die Morphologie der Galaxien erscheint ungestört, und auch bei tiefen Aufnahmen lassen sich keine Gezeitenschweife ausmachen. Radiobeobachtungen zeigen in beiden Galaxien intakte Scheiben, die keine Störungen aufweisen und sich somit nicht von normalen Spiralgalaxien unterscheiden. Es handelt sich bei NGC 4567 und NGC 4568 vermutlich nicht um ein wechselwirkendes System, sondern um zwei Galaxien, die in fast gleicher Richtung zur Milchstraße liegen. Da angenommen werden kann, dass beide Galaxien zum Virgo-Haufen gehören, besteht auch die Möglichkeit, dass dieses Paar ein momentaner perspektivischer Effekt ist, der sich durch das Kreuzen ihrer Bewegungsrichtungen im Haufen ergibt.

OBJEKT	NGC 4567
STERNBILD	Virgo
REKT.	$12^h\ 36^m\ 32^s$
DEKL.	+11° 15′ 29″
HELLIGKEIT	12,6 mag
TYP	SA(rs)bc
FOTOGRAFEN	Wolfgang Ries, Stefan Heutz
TELESKOP	450-mm-Reflektor
KAMERA	SBIG ST-10XME
BELICHTUNGSZEIT	240 min
ORT	Altschwendt, Österreich

NGC 4618

Bei der SB(rs)m-Galaxie knapp unterhalb des Bildzentrums handelt es sich um eine Magellansche Spiralgalaxie. Die asymmetrische Morphologie dieses Typs wird durch einen massiven Spiralarm bestimmt, der einen Kernbereich umläuft, der relativ zum Mittelpunkt der galaktischen Ebene versetzt ist. Der Galaxienkern ist Teil eines diffusen Balkens, an dessen nordöstlichem Ende der prominente Spiralarm ansetzt und über einen Winkel von 300° zu verfolgen ist. Nur in der ersten Hälfte des Spiralarms zeigen sich zudem hellblau erscheinende Sternentstehungsgebiete. NGC 4618 steht in einer Entfernung von 24 Millionen Lichtjahren und ihr Winkeldurchmesser von 4,2′ × 3,4′ liefert einen transversalen Durchmesser der galaktischen Scheibe von 29.000 Lichtjahren. In etwa gleicher Entfernung steht die SAB(rs)m-Galaxie NGC 4625, die 8′ weiter nördlich von NGC 4618 beobachtet werden kann. Auf der Aufnahme steht NGC 4625 links über NGC 4618, und auch bei dieser Galaxie erkennt man die Dominanz des südlich umlaufenden Spiralarms. Der helle Innenbereich ist mit 24.000 Lichtjahren Durchmesser kleiner als bei NGC 4618, wird jedoch von einem Spiralarmmuster mit geringer Leuchtkraft umgeben, das fast die Ausmaße des größeren Begleiters erreicht.
Beide Galaxien gehören zu einer von drei kinematischen Untergruppen des größeren Ursa Major-Galaxienhaufens. Diese vier bis neun Mitglieder umfassenden Untergruppen weisen ähnliche Fluchtgeschwindigkeiten auf. Bei NGC 4618 und NGC 4625 beträgt die Differenz der Fluchtgeschwindigkeiten 46 km/s und der projizierte lineare Abstand liegt bei 48.000 Lichtjahren. HI-Radiobeobachtungen untersuchten die Kinematik der galaktischen Scheiben von NGC 4618 und NGC 4625 genau. Dabei wurde festgestellt, dass NGC 4618 eine massive Scheibe im Vergleich zum Halo aufweist. Hier trägt die Scheibe mit 60 % zur Gesamtmasse bei. Bei NGC 4625 beträgt dieser Anteil nur 8 %, da hier die Halomasse dominiert. Aus Simulationen einer nahen Wechselwirkung zweier Galaxien mit derart unterschiedlichem Verhältnis von Scheibenmasse zu Halomasse geht hervor, dass in der scheibendominierten Galaxie eine Balkenstruktur entsteht. Die Entwicklung von Strukturen in der halodominierten Galaxie vollzieht sich hingegen viel langsamer. Dies erklärt, warum NGC 4618 bereits eine typische Magellansche Spiralmorphologie mit zentralem Balken zeigt, in NGC 4625 im Gegensatz dazu die Asymmetrie weniger stark ausgeprägt und die Spiralstruktur der Vorgängergalaxie noch erkennbar ist.

OBJEKT	NGC 4618
STERNBILD	Canes Venatici
REKT.	$12^h\,41^m\,33^s$
DEKL.	+41° 09′ 03″
HELLIGKEIT	11,2 mag
TYP	SB(rs)m
FOTOGRAFEN	Richard Müller
TELESKOP	310-mm-Reflektor
KAMERA	Atik 4000
BELICHTUNGSZEIT	470 min
ORT	Lohmar, Deutschland

NGC 4676

Die beiden Galaxien NGC 4676A und NGC 4676B bilden ein wechselwirkendes System, bei dem die Galaxienkerne nur 0,6′ voneinander entfernt sind. Am Nordende des Systems steht NGC 4676A, deren dünner Gezeitenschweif 1,9′ weit reicht. Da auch die südliche Galaxie einen Gezeitenschweif aufweist, entstand aufgrund der Ähnlichkeit mit Mäuseschwänzen die Bezeichnung „the Mice" für das System, das auch als Arp 242 katalogisiert ist. Die Entfernung zur Milchstraße beträgt 300 Millionen Lichtjahre und für den Projektionsabstand der Zentren errechnen sich 52.000 Lichtjahre. NGC 4676A wird in Katalogen als Irr-Galaxie typisiert, obwohl das über das Zentrum laufende Staubband auch eine Spiralgalaxie in Kantenlage vermuten lässt. Die SB(s)0-Beschreibung für NGC 4676B ergibt sich durch den diagonal verlaufenden Balken. Am nordöstlichen Balkenende ist ein hellblauer Bereich zu sehen. Von ihm geht ein nach Süden verlaufender, gebogener Gezeitenschweif sowie ein kürzerer Spiralarm aus.

Die Länge und Linearität des nördlichen Gezeitenschweifs verweist auf einen in der Projektion geradlinig erscheinenden Zusammenstoß oder Vorbeiflug sowie auf die Kantenlage von NGC 4676A. Der lichtschwächere und gebogene südliche Gezeitenschweif ist ein Hinweis auf die frontale Perspektive für NGC 4676B. Daher kann davon ausgegangen werden, dass die Spiralebenen der Galaxien senkrecht zueinander stehen. Der Umstand, dass beide Gezeitenschweife etwa gleich lang sind, verdeutlicht die gleiche Masse der wechselwirkenden Galaxien. Dieses System wurde in den letzten Jahrzehnten immer wieder für Modellrechnungen benutzt, sodass Astronomen die dynamischen Details im System genau studieren konnten. Auf diese Weise wurde gezeigt, dass sich beide Galaxien auf parabolischen Orbits einander näherten und das Perizentrum vor 170 Millionen Jahre erreicht wurde. Die Bahnebene der Galaxienbewegung wird von der Milchstraße aus fast in Kantenlage beobachtet. Könnte man das System allerdings von der Seite betrachten, so würde sich die auffallende Symmetrie der zwei Gezeitenschweife zeigen, die in weiten Bögen verlaufen und sich diametral gegenüberstehen.

OBJEKT	NGC 4676
STERNBILD	Coma Berenices
REKT.	$12^h 46^m 11^s$
DEKL.	+30° 43′ 38″
HELLIGKEIT	13,6 mag
TYP	Galaxienpaar
FOTOGRAFEN	Makis Palaiologou, Stefan Binnewies
TELESKOP	1,3-m-Reflektor
KAMERA	Andor DZ 436
BELICHTUNGSZEIT	240 min
ORT	Skinakas-Observatorium, Kreta, Griechenland

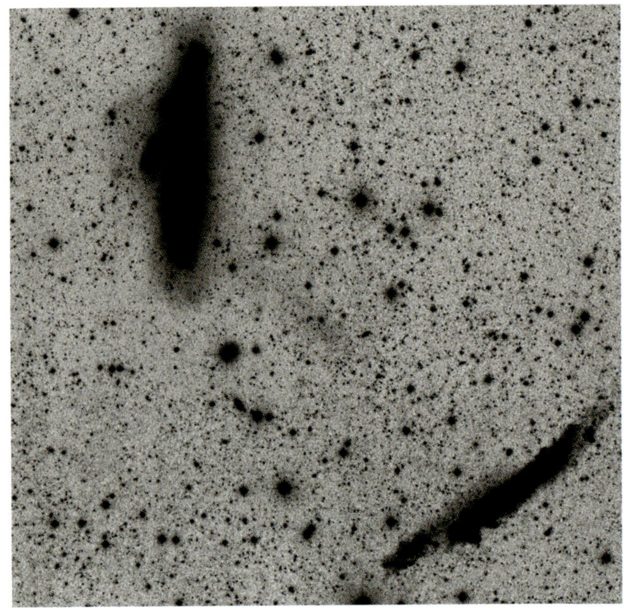

NGC 4631

Die Aufnahme zeigt einige Galaxien einer Gruppe im Sternbild Canes Venatici (CnV II Cloud). Oben links erkennt man die Spiralgalaxie NGC 4631, die in Kantenlage beobachtet wird, und mit NGC 4627 eine Elliptische Zwerggalaxie in 2,7′ Winkelabstand als nahen Begleiter besitzt. Der Halo von NGC 4631 ist auf der Nordseite, die NGC 4627 zugewandt ist, nicht homogen aufgebaut, sondern zeigt bogenförmige Lichtverläufe, die auf wirkende Gezeitenkräfte hinweisen. Diese Halostrukturen werden in der invertierten und stark kontrastierten Darstellung deutlich. Der kleine Begleiter hat Materieströme aus und in der Scheibenebene induziert und so, neben einer Verbiegung der Ebene, über den gesamten Durchmesser von NGC 4631 viele HII-Regionen und Haufen mit jungen Sternen entstehen lassen. Die Entfernung von NGC 4631 beträgt 20 Millionen Lichtjahre und ihr Winkeldurchmesser von 15,5′ liefert einen sichtbaren Durchmesser von 90.000 Lichtjahren. NGC 4631 wird aufgrund ihrer Form auch als „Herings-" oder „Walfisch-Galaxie", bezeichnet. Passend dazu wird die Galaxie NGC 4656, die unten rechts auf der Aufnahme zu sehen ist, in der deutschsprachigen Literatur als „Angelhaken-Galaxie" beschrieben. Der Winkelabstand zu NGC 4631, die in Kantenlage beobachtet wird, beträgt 31′ und der zugehörige Projektionsabstand 180.000 Lichtjahre. Die am nordöstlichen Ende von NGC 4656 stehende helle, abknickende Struktur ist als NGC 4657 katalogisiert. Dabei handelt es sich jedoch nicht um eine eigenständige Galaxie, sondern um die Relikte einer nahen Begegnung mit NGC 4631.

Mit Hilfe von Radiobeobachtungen haben Astronomen die Geschichte der Wechselwirkung in dieser Dreiergruppe zu rekonstruieren versucht. Dabei stellten sie mehrere Spuren im Radiolicht fest, die auf atomaren Wasserstoff zurückgehen, der entlang früherer Bewegungsbahnen verloren wurde. So findet sich ein halbkreisförmiger Bogen nördlich von NGC 4631, an dessen Endpunkt NGC 4627 steht. Außerdem zeigen sich drei weitere linear verlaufende Spuren, die nicht mit dem Begleiter zusammenhängen. Eine dieser Spuren weist genau auf das Wechselwirkungsrelikt NGC 4657 und die Radioemission überdeckt 70 % des Abstandes zwischen beiden großen Galaxien. Es erscheint somit wahrscheinlich, dass es zu einer nahen Begegnung der Galaxien NGC 4631 und NGC 4656 gekommen ist. Bei dieser Annäherung wurde die Scheibenebene von NGC 4656 verbogen und am Nordost-Ende entstand ein Gezeitenschweif. Genaue Analysen dieses Gezeitenschweifs zeigten, dass atomarer Wasserstoff von $3{,}8 \times 10^8$ Sonnenmassen vorliegt und somit eine gravitativ eigenständige Gezeiten-Zwerggalaxie entstehen konnte.

OBJEKT	NGC 4631
STERNBILD	Canes Venatici
REKT.	$12^h\ 42^m\ 08^s$
DEKL.	+32° 32′ 29″
HELLIGKEIT	9,8 mag
TYP	SB(s)d edge-on
FOTOGRAFEN	Josef Pöpsel, Stefan Binnewies
TELESKOP	600-mm-Reflektor
KAMERA	SBIG STL-11000M
BELICHTUNGSZEIT	405 min
ORT	Skinakas-Observatorium, Kreta, Griechenland

NGC 4731

Die SB(s)cd-Galaxie NGC 4731 liegt in einer Entfernung von 60 Millionen Lichtjahren und ist ein Mitglied des Virgo-Haufens. Ihre Winkelausdehnung von 6,6′ × 3,2′ lässt auf einen Durchmesser von 115.000 Lichtjahren schließen. Damit ist NGC 4731 in Typ und Größe fast ein Zwilling der Milchstraße. Diese Galaxie zeigt zwar ebenfalls eine offene Spiralstruktur in einer weitläufigen Scheibe mit gasreichem Innenbereich, doch besteht der Unterschied zur Milchstraße in den sichtbaren Störungen ihrer Morphologie. Den größten Anteil daran hat die Wechselwirkung mit der benachbarten Elliptischen Galaxie NGC 4697, die mit einem Abstand von 36′ nicht mehr im Bildfeld der Aufnahme liegt.
Entlang der Scheibe zeigen sich faserartige Gezeitenschweife, engl. „tidal plumes“, die auf nahe Begegnungen im Haufen hinweisen, die durch die große Zahl Elliptischer und irregulärer Zwerggalaxien im Umfeld zu erklären sind. Entlang des schmalen zentralen Balkens finden sich Sternentstehungsregionen; der Kern ist nicht direkt sichtbar. Seine Lage lässt sich allerdings anhand der hellen, zentralen HII-Regionen gut abschätzen. Das Auftreten von Balkenstrukturen bezeugt außerdem das Hineinströmen von Materie in das Zentrum einer SB-Galaxie. Diese Gasströme führen zu einer Durchmischung und beeinflussen die Sternentwicklung im Bereich des Balkens. Durch die Wechselwirkungen wird allerdings nicht nur der zentrale Bereich beeinflusst: Auch in den äußeren Spiralarmen zeigen sich signifikante Abweichungen einer zirkularen Bewegung in den Geschwindigkeiten des atomaren Wasserstoffgases. Dies kann ein Grund für die beobachtete Auffächerung der Enden der Spiralarme in NGC 4731 sein.

OBJEKT	NGC 4731
STERNBILD	Virgo
REKT.	$12^h\ 51^m\ 01^s$
DEKL.	−06° 23′ 35″
HELLIGKEIT	11,9 mag
TYP	SB(s)cd
FOTOGRAFEN	Josef Pöpsel, Beate Behle
TELESKOP	600-mm-Reflektor
KAMERA	SBIG ST-10XME
BELICHTUNGSZEIT	175 min
ORT	Amani Lodge, Namibia

NGC 5216 / NGC 5218

Das System Arp 104, das aus den Galaxien NGC 5218 und NGC 5216 besteht, ist Teil der kleinen Galaxiengruppe LGG 854. Der Astronom P. C. Keenan beschrieb 1935 dieses auffällige System, weshalb in Katalogen auch die Bezeichnung „Keenan's system" zu finden ist. Am rechten, südlichen Ende steht die Galaxie NGC 5216; 4,2′ weiter nördlich NGC 5218. Beide Galaxien liegen in einer Entfernung von 137 Millionen Lichtjahren zur Milchstraße und sind durch einen dünnen Gezeitenschweif verbunden, der eine Länge von fast 170.000 Lichtjahren besitzt. Weiterhin zeigen sie beide Störungen in ihrer Morphologie, die zusammen mit den Gezeitenschweifen am Nord- und am Südende des Systems auf eine lange Wechselwirkungsgeschichte hinweisen. NGC 5218 ist von hellen, auffallend blauen Gezeitenschweifen eingerahmt. Im Zentrum dieser Galaxie zeigt sich ein breiter Balken, der von Staubstrukturen umgeben ist und aktive Bereiche mit HII-Regionen am nordöstlichen Ende erkennen lässt. Der E0-Typ NGC 5216 ist hingegen von einer zweifachen Schalenstruktur umgeben, deren äußere Schale einen Durchmesser von 2,8′ erreicht und somit die Größe von NGC 5218 übertrifft. Beide Galaxien besitzen in Gegenrichtung zum Partner orientierte Gezeitenschweife, engl. „countertides", die sich in Form und Farbe unterscheiden. In NGC 5216 führt ein kurzer und leicht strukturierter Gezeitenschweif den gebogenen Verlauf des verbindenden Streamers weiter, wobei die Fortsetzung in Form einer diffusen und lichtschwachen Auffächerung des Schweifs zu finden ist. Der Gezeitenschweif, der am linken Systemende an NGC 5218 ansetzt, erscheint ähnlich diffus, jedoch deutlich blauer. In diesem Schweif gibt es hellere lokale Verdichtungen. Deren leichte Blaufärbung geht auf junge Sterne zurück. Radiobeobachtungen belegen, dass in diesen Bereichen ein Großteil des atomaren Wasserstoffgases des Galaxiensystems liegt.

In detaillierten Studien konnten Astronomen auch in NGC 5218 eine zweiteilige Struktur nachweisen, die durch zwei gegeneinander verkippte Scheiben beschrieben werden kann. Da diese beiden Scheiben in Gegenrichtung rotieren, vermutet man, dass NGC 5218 das Produkt einer oder mehrerer Verschmelzungen ist. Die beschriebenen „countertides" liegen typischerweise in Gegenrichtung zum Schwerpunkt des Systems und weisen auf eine zurückliegende nahe Begegnung hin. Die Simulation möglicher Szenarien ergibt unter der Annahme, dass sich beide Galaxien auf Parabelbahnen bewegen, ein Massenverhältnis von 2:1 (NGC 5218 zu NGC 5216). Die letzte Begegnung fand demnach vor 330 Millionen Jahren statt und die Galaxien zogen in nur 40.000 Lichtjahren Abstand aneinander vorbei. Die Modellrechnungen zeigen auch, dass dabei die kompaktere Galaxie NGC 5216 Material aus NGC 5218 herauslöste, das dann den Streamer zwischen beiden Galaxien und den diffusen Gezeitenschweif am Südende entstehen ließ.

OBJEKT	NGC 5216
STERNBILD	Ursa Major
REKT.	13ʰ 32ᵐ 07ˢ
DEKL.	+62° 42′ 03″
HELLIGKEIT	13,6 mag
TYP	E0 pec / SB(s)b? pec
FOTOGRAFEN	Makis Palaiologou, Stefan Binnewies
TELESKOP	1,3-m-Reflektor
KAMERA	SBIG STX-16803
BELICHTUNGSZEIT	420 min
ORT	Skinakas-Observatorium, Kreta, Griechenland

N

NGC 5153

Das Sternbild Hydra ist mit 1300 Quadratgrad das flächenmäßig größte aller 88 Sternbilder, die die Internationale Astronomische Union 1922 festgelegt hat. Die Aufnahme zeigt die Elliptische Galaxie NGC 5153 zusammen mit einigen umgebenden Galaxien. Diese Assoziation gehört allerdings nicht zum bekannten Hydra-Galaxienhaufen um Abell 1060, der 35° weiter westlich zu finden ist. Die Entfernung von NGC 5153 beträgt 180 Millionen Lichtjahre und der helle Halo entspricht mit einer Winkelgröße von 2,7′ einem Durchmesser von 140.000 Lichtjahren. Anhand der Entfernungsangaben kann NGC 5153 als Ausläufer des Haufens Abell 3565 beschreiben werden, der 10° südlicher im Sternbild Centaurus zu finden ist.

Im Halo von NGC 5153 sind die Überreste einer Spiralgalaxie zu erkennen, die als NGC 5152 katalogisiert wurde. Deren heller Kern ist 0,7′ vom Zentrum von NGC 5153 entfernt. Links unter diesem Paar steht in nordwestlicher Richtung die SBbc-Galaxie NGC 5150 in 5,1′ Abstand. Deren Fluchtgeschwindigkeit ist 437 km/s geringer als die von NGC 5153; von der Fluchtgeschwindigkeit unabhängige Entfernungsmessmethoden platzieren diese Spiralgalaxie allerdings hinter NGC 5153. Da die Messwerte jedoch mit großen Fehlern verbunden und beide Galaxien von leuchtschwachen Gezeitenschweifen umgeben sind, ist es wahrscheinlich, dass NGC 5150 und NGC 5153 von den Gezeitenkräften des Nachbarn beeinflusst werden und mit NGC 5152 ein interaktives Triplett bilden.

Der Galaxienkern der fast zerstörten Galaxie NGC 5152 liegt nicht mehr in ihrer Mitte. Vielmehr wirkt der Aufbau so, als sei das Scheibenmaterial nach links herausgeschleudert worden. Dieser Effekt könnte durch einen engen Umlauf von NGC 5152 um NGC 5153 erklärt werden. Durch die Wechselwirkung mit dem Halogas käme es dabei auch zu einem Materialverlust. Ein Beleg für diese Annahme liefern zwei bogenförmige Lichtverläufe in der oberen Halohälfte, die am deformierten Rand von NGC 5152 ansetzen. Auf dem Entwicklungsweg von einem wechselwirkenden System zu einem Verschmelzungsprodukt wächst die Sternentstehungsrate typischerweise um das Zwei- bis Dreifache an. Die damit verbundene Farbdifferenzierung ist am Rand von NGC 5152 zu erkennen – die Blaufärbung der aktiven Gebiete unterscheidet sich deutlich von der gelblichen Population, die die Kernregion der Galaxie umgibt.

OBJEKT	NGC 5153
STERNBILD	Hydra
REKT.	$13^h\ 27^m\ 54^s$
DEKL.	–29° 37′ 05″
HELLIGKEIT	12,8 mag
TYP	E1 pec
FOTOGRAFEN	Philipp Keller, Konstantin Buchhold, Bernd Flach-Wilken, Johannes Schedler, Volker Wendel (Chart 32-Team)
TELESKOP	800-mm-Reflektor
KAMERA	FLI Proline 16803
BELICHTUNGSZEIT	940 min
ORT	CTIO, Chile

M 51

Bei M 51 (NGC 5194, engl. „whirlpool galaxy") handelt es sich um eine der meistfotografierten Galaxien. Die Bezeichnung M 51 gilt für das Paar, das sich aus der Hauptgalaxie NGC 5194 und ihrem Begleiter NGC 5195 zusammensetzt. Die SA(s)b-Galaxie NGC 5194 steht in 30,7 Millionen Lichtjahren Entfernung und ihr Winkeldurchmesser von 11,2′ × 6,9′ ergibt einen projizierten Durchmesser von 100.000 Lichtjahren. Dies ist eine typische Größe für Spiralsysteme und damit ist diese Galaxie nur etwas kleiner als die Milchstraße. NGC 5194 zeigt sich als „face-on"-Galaxie mit einem weitflächig definierten Spiralmuster, engl. „grand design", und zwei Spiralarmen, die über ihren Verlauf hinweg von fein strukturierten Staubbändern durchzogen sind.
Am nördlichen Ende sieht man den Begleiter NGC 5195, eine SB0/a-Galaxie, die 4,8′ vom Zentrum von M 51 entfernt steht und nur ein Drittel deren Masse besitzt. Die aufgefächerten, bräunlichen Staubstrukturen gehören nicht zu NGC 5195, sondern sind Teil des oberen Spiralarms von NGC 5194. Dabei wirkt NGC 5195 als Hintergrundbeleuchtung, die die Feinstrukturen des Staubes hervortreten lässt.
Mit Hilfe von Simulationsrechnungen konnten Astronomen die Vorgeschichte dieses Galaxienpaares genau untersuchen und stellten fest, dass die prominente Spiralstruktur von NGC 5194 ein Ergebnis der Wechselwirkung mit dem Begleiter ist. Die Interaktion mit NGC 5195 begann vor 240 Millionen Jahren – der Abstand beider Galaxien betrug 80.000 Lichtjahre. Zur damaligen Zeit besaß NGC 5194 noch ein flokkulentes Spiralarmmuster, das keine großen Spiralarme ausgebildet hatte. NGC 5195 näherte sich auf einer steilen Bahn an und zog relativ zur Milchstraße vor der Hauptebene von M 51 vorbei. Vor 120 Millionen Jahren durchstieß sie schließlich diese Hauptebene im südlichen Bereich, wobei der Begleiter abgebremst wurde. Somit war es NGC 5195 möglich, M 51 zu umlaufen. Mit der folgenden hinteren Passage von NGC 5195 begann in der großen Galaxie NGC 5194 die Ausbildung der heute sichtbaren Spiralstruktur. Modellrechnungen zufolge befindet sich das M 51-System heute in einem Zustand kurz vor dem zweiten Durchstoßen der Hauptebene durch den kleineren Begleiter. Dieser bevorstehende Durchstoß der Hauptebene zeigt sich in einer Zunahme der Störeinflüsse in NGC 5194. In der Berührungszone und im anschließenden nördlichen Spiralarm von der Galaxie ist eine große Zahl heller, blauer Sterne und großer HII-Regionen zu sehen. Entstanden sind diese durch die Aufschiebung und Verdichtung von Gas und Staub sowie durch diese Zone durchlaufende Stoßwellen. Die Aktivität in diesem Bereich zeigt sich außerdem an der Emission von Röntgenstrahlung, die auf heißes Gas im nahen Umfeld dieser Sterne zurückgeht. Die Störungen haben ebenfalls bereits die Dichtewellen beeinflusst, die das Spiralmuster in NGC 5194 erzeugen. So zeigen sich in beiden Spiralarmen Woronzow-Weljaminow-Reihen, die man am deutlichsten als 120°-Knicke im Bereich zwischen beiden Galaxienzentren erkennen kann. Laut Simulationsrechnungen der Wechselwirkung beider Galaxien wird NGC 5195 in 70 Millionen Jahren auf den inneren Bereich von NGC 5194 stürzen und die Galaxien verschmelzen miteinander.
Auf der zweiten Aufnahme von M 51 ist außerdem links unten, im äußeren Spiralarm, die Supernova SN2011dh zu sehen (siehe Pfeil). Zum Zeitpunkt ihrer Entdeckung im Juni 2011 hatte SN2011dh eine visuelle Helligkeit von 14 mag.

OBJEKT	M 51
STERNBILD	Canes Venatici
REKT.	$13^h\ 29^m\ 56^s$
DEKL.	+47° 13′ 50″
HELLIGKEIT	8,9 mag
TYP	SA(s)b und SB0/a
FOTOGRAFEN	Josef Pöpsel, Stefan Binnewies
TELESKOP	600-mm-Reflektor
KAMERA	SBIG STL-11000
BELICHTUNGSZEIT	285 min
ORT	Skinakas-Observatorium, Kreta, Griechenland

NGC 5297

Die SAB(s)c-Galaxie NGC 5297 und ihr kleiner Begleiter, die S0-Galaxie NGC 5296, besitzen einen Winkelabstand von nur 1,5′. Die Fluchtgeschwindigkeiten beider Galaxien unterscheiden sich nur um 155 km/s; NGC 5297 entfernt sich dabei schneller von uns als ihr Begleiter. Die Entfernung von NGC 5297 beträgt 112 Millionen Lichtjahre und ihre Ausdehnung von 5,6′ × 1,3′ liefert einen enormen Durchmesser von 182.000 Lichtjahren. Der transversale Abstand der beiden Galaxienkerne liegt bei 48.000 Lichtjahren. NGC 5296 lässt zudem eine Verformung des Halos in Richtung NGC 5297 erkennen. Das Zentrum von NGC 5296 wird auf seiner westlichen Seite von einem Staubband begrenzt und zeigt gegenüberliegend helle Punktquellen, bei denen es sich um aktive Bereiche mit OB-Assoziationen handelt.

Die große Begleitgalaxie zeigt hingegen weniger Störungen in ihrer Morphologie als NGC 5296. Im Bereich des rechten, südöstlichen Spiralarmes löst sich der Arm von der galaktischen Scheibe und sein Knickwinkel weicht hier vom modellgerechten Verlauf einer „grand design"-Spirale ab. Ein Gezeitenschweif oder eine Verbindung zu NGC 5296 sind hier jedoch nicht zu erkennen. Aufgrund der Kantenlage ist das Geschwindigkeitsprofil der rotierenden Spiralebene gut messbar und zeigt den für Spiralgalaxien typischen flachen Verlauf. Da die Störung nicht den inneren Bereich betrifft, vermuten Astronomen, dass die Galaxien sehr langsam aneinander vorbeilaufen. Die Relativgeschwindigkeit dieser langsamen Begegnung, engl. „slow encounter", ist geringer als die interne Geschwindigkeitsdispersion der beiden Galaxien. Diese liefert für NGC 5297 Werte im Bereich von 60–150 km/s, für NGC 5296 misst man im Zentrum einen Wert von 300 km/s. Somit erscheint es möglich, dass NGC 5296 Material aus der gasreichen Spiralebene von NGC 5297 entfernt hat und dieses die Verformung im Halo der S0-Galaxie bewirkte.

OBJEKT	NGC 5297
STERNBILD	Canes Venatici
REKT.	$13^h\ 46^m\ 24^s$
DEKL.	+43° 52′ 20″
HELLIGKEIT	12,5 mag
TYP	SAB(s)c edge-on
FOTOGRAFEN	Josef Pöpsel, Stefan Binnewies
TELESKOP	600-mm-Reflektor
KAMERA	SBIG STX-16803
BELICHTUNGSZEIT	435 min
ORT	Skinakas-Observatorium, Kreta, Griechenland

NGC 5364

Die drei Galaxien auf der Aufnahme gehören zu einem Filament am östlichen Rand des Virgo-Galaxienhaufens und liegen in einer Entfernung von etwa 50 Millionen Lichtjahren. Links oben steht mit NGC 5364 eine „grand design"-Spiralgalaxie mit SA(rs)bc-Typisierung und einer Ausdehnung von 6,8′ × 4,4′. Ihr zweiarmiges Spiralmuster ist gut definiert und die Armverläufe umschließen Winkel von mehr als 360°. Der innere, von hellblauen Sternen aufgebaute Ring ist geschlossen und zeigt einen Versatz zum Zentrum der Galaxie. Am rechten Bildrand steht 14′ weiter nördlich die Galaxie NGC 5363, deren elliptisch-diffuser Aufbau an einen E-Typ erinnert. Das hellbraune Staubband, das über ihr kompaktes Zentrum läuft, zeigt allerdings, dass NGC 5363 ein Verschmelzungsprodukt ist und eine der beiden Vorgängergalaxien eine Spiralgalaxie gewesen sein muss. Die helle Punktquelle direkt unterhalb des Zentrums von NGC 5363 ist ein Vordergrundstern und gehört zur Milchstraße.
NGC 5360 ist die kleinste Galaxie des Tripletts und steht 8,7′ westlich von NGC 5364, nahe am unteren, linken Bildrand. Mit einem Winkeldurchmesser von 2,2′, der einem Durchmesser von 32.000 Lichtjahren entspricht, ist sie nur halb so groß wie NGC 5363. Bei Erhöhung des Kontrasts zeigen sich in den Zwischenräumen keine Spuren von Gezeitenschweifen. Auch in Radiobeobachtungen offenbaren sich keine Emissionsstrukturen im Umfeld der drei Galaxien. Daher kann davon ausgegangen werden, dass sich ihre Anordnung seit einigen 100 Millionen Jahren in einem stabilen Zustand befindet. Dies liegt zum einen daran, dass das Triplett am Rand des Virgo-Galaxienhaufens liegt und nicht in seinem Zentrum, wo die Zahl der Wechselwirkungen größer ist. Außerdem ist es denkbar, dass das etwa 5° reichende Haufenfilament, zu dem auch die drei Galaxien zählen, durch Dunkle Materie bestimmt wird und die gravitative Wechselwirkung dominiert.

OBJEKT	NGC 5364
STERNBILD	Virgo
REKT.	$13^h\ 56^m\ 12^s$
DEKL.	+05° 00′ 52″
HELLIGKEIT	11,2 mag
TYP	SA(rs)bc pec
FOTOGRAFEN	Stefan Binnewies, Josef Pöpsel
TELESKOP	600-mm-Reflektor
KAMERA	SBIG STL-11000M
BELICHTUNGSZEIT	525 min
ORT	Skinakas-Observatorium, Kreta, Griechenland

NGC 5395 / NGC 5394

Die beiden Galaxien NGC 5395 (rechts) und NGC 5394 (links oben) bilden ein wechselwirkendes Paar, das auch als Arp 84 bekannt ist und für das Amateurastronomen den englischen Namen „The Heron", „der Reiher", verwenden. Beide Galaxien liegen in einer Entfernung von 160 Millionen Lichtjahren, der Abstand beider Zentren beträgt 1,9′, was in Projektion einer Strecke von 88.000 Lichtjahren gleichkommt. Vergleicht man die Relativgeschwindigkeiten, so bewegt sich die kleinere SB(s)-Galaxie NGC 5394 mit 63 km/s auf uns zu. Die größere Galaxie NGC 5395 zeigt einen gestörten SA(s)b-Typ mit einem halb umlaufenden Spiralarm auf der östlichen Seite, der kaum Staubstrukturen aufweist. Die westliche Seite zeigt hingegen einen Spiralarm, der bis zum Ansatz des unteren Spiralarms von NGC 5394 führt. Hier zieht sich ein breites Staubband bis zum nördlichen Scheibenrand von NGC 5395 und geht in einen diffusen und lichtschwachen Gezeitenschweif über.
Astronomen fanden mit Hilfe von Simulationsrechnungen heraus, dass beide Galaxien eine nahe Begegnung erfahren haben. Die dadurch ausgelösten Strömungen von Gas und Staub führten zu einer Radioemission, die auf eine Anregung des CO-Moleküls zurückgeht. Etwa 80 % der CO-Emission stammen dabei aus dem zentralen Starburst-Bereich der Galaxie NGC 5394. Dies ist ein Hinweis darauf, dass ein großer Teil des aufgesammelten Gases von NGC 5395 in dieses Gravitationspotenzial gezogen wurde. Der größere Nachbar zeigt zwar eine breite CO-Linie im Radiospektrum, die auf große Geschwindigkeitsunterschiede der Gasströme schließen lässt. Jedoch bedeutet die ebenfalls beobachtete geringere Intensität der Emission, dass in NGC 5395 die Gezeitenkräfte nicht auf das gesamte Scheibenmaterial gewirkt haben.

OBJEKT	NGC 5395 / NGC 5394
STERNBILD	Canes Venatici
REKT.	$13^h\ 58^m\ 36^s$
DEKL.	+37° 26′ 20″
HELLIGKEIT	13,8 mag
TYP	SA(s)b pec / SB(s)b pec
FOTOGRAFEN	Makis Palaiologou, Stefan Binnewies
TELESKOP	1,3-m-Reflektor
KAMERA	Andor DZ 436
BELICHTUNGSZEIT	300 min
ORT	Skinakas-Observatorium, Kreta, Griechenland

NGC 5426

Die Aufnahme zeigt die Galaxie NGC 5426 auf der rechten Seite und 2,3′ weiter nördlich die Galaxie NGC 5427. Bei beiden Galaxien handelt es sich um SA(s)c-Typen; sie unterscheiden sich nur in ihrer Orientierung zur Milchstraße. Der Durchmesser der Scheibe beträgt für NGC 5427 2,8′; für NGC 5426 wird ein Wert von 3,0′ angegeben, wobei eine genaue Angabe schwierig ist, da sich die Galaxien überdecken. Beide haben somit einen projizierten Scheibendurchmesser von etwa 100.000 Lichtjahren. Geht man von der kosmologischen Entfernung aus, so liegt NGC 5426 vor NGC 5427 und befindet sich im Abstand von 112 Millionen Lichtjahren zur Milchstraße. Relativ zu NGC 5426 entfernt sich NGC 5427 mit 56 km/s schneller, was einer um zwei Millionen Lichtjahre größeren Entfernung entspricht. Die Fehlerangaben in den Katalogen liegen bei sechs Millionen Lichtjahren und übertreffen damit die berechnete Differenz der Entfernungen.
Die Morphologie beider Galaxien erscheint weitgehend ungestört, bis auf die sichtbaren Woronzow-Weljaminow-Reihen im nach oben laufenden, westlichen Spiralarm von NGC 5427. Im Zwischenraum werden Gezeitenströme beobachtet, die helle, aktive Bereiche beinhalten. Mit detaillierten Studien der Gasbewegungen konnten Astronomen ein dreidimensionales Modell entwickeln und zeigen, dass sich NGC 5427 auf einer parabelförmigen Bahn bewegt und NGC 5426 in Zukunft an ihrer unteren, westlichen Seite umlaufen wird. Da die Scheibenebene der beiden Galaxien fast senkrecht zueinander steht, konnten sich trotz der nahen Bewegung keine Gezeitenschweife ausbilden, die aus den galaktischen Ebenen herauslaufen. Mit dem Gemini South Telescope (8,1-m-Reflektor, Cerro Pachon, Chile) konnte jedoch ein Materieaustausch in der Berührungszone der beiden Galaxien nachgewiesen werden. Es ließen sich sowohl Ströme aus Sternen, Staub und Wasserstoffgas als auch neue Sternentstehungsgebiete zwischen den Galaxien beobachten. Somit wurden NGC 5426 und NGC 5427 als enges, wechselwirkendes Galaxienpaar bestätigt.

OBJEKT	NGC 5426
STERNBILD	Virgo
REKT.	$14^h\ 03^m\ 25^s$
DEKL.	–06° 04′ 09″
HELLIGKEIT	12,7 mag
TYP	SA(s)c pec
FOTOGRAFEN	Josef Pöpsel, Beate Behle
TELESKOP	60-cm-Reflektor
KAMERA	SBIG ST-10XME
BELICHTUNGSZEIT	140 min
ORT	Amani Lodge, Namibia

NGC 5474 ist Teil der Galaxiengruppe um M 101 (unten). Aufnahme: Mario Weigand, 105-mm-Refraktor, SBIG STL-11000M, Belichtungszeit 330 Minuten, Col de Joux Plane/Frankreich.

NGC 5474

Die Galaxie NGC 5474 gehört zur Galaxiengruppe um M 101. NGC 5474 ist mit einem Winkelabstand von 44′ der nächstgelegene Begleiter von M 101. Der projizierte transversale Abstand zwischen den beiden Galaxien liegt bei etwa 275.000 Lichtjahren. Bezogen auf die Orientierung der Aufnahme von NGC 5474 (links) steht M 101 links unten, in nordwestlicher Richtung (siehe rechte Übersichtsaufnahme). NGC 5474 befindet sich in einer Entfernung von 21 Millionen Lichtjahren zur Milchstraße und ihr Winkeldurchmesser von 4,8′ entspricht einem Durchmesser von 29.000 Lichtjahren. Dieser auffallend kleine Durchmesser erklärt, warum man für NGC 5474 oft auch die Beschreibung als Zwerggalaxie findet. Der Aufbau von NGC 5474 ist zwar asymmetrisch, aber nicht völlig irregulär. Das südlich vom hellen Kern sichtbare Kreissegment enthält Reste zweier Spiralarme, deren Verlauf man anhand der HII-Regionen und der hellblauen Sternentstehungsgebiete folgen kann. Die hellste und größte HII-Region liegt am Rand der Scheibe, auf der Aufnahme ist sie links unterhalb des Zentrums als sternähnliche, blauviolette Aufhellung zu erkennen. Vom Zentrum ist sie etwa 2′ entfernt. Der Durchmesser dieser HII-Region liegt bei 1100 Lichtjahren.

Das Zentrum von NGC 5474 weist einen deutlichen Versatz zum Rest der Galaxie auf. Im Hα-Licht zeigt sich die Hauptebene der Galaxie als eine strahlende, symmetrische Scheibe. Das Geschwindigkeitsfeld des ionisierten Wasserstoffs weist eine normale differentielle Rotation in der Scheibe auf. Die HI-Radiodaten von NGC 5474 lassen erkennen, dass die Verteilung des atomaren Wasserstoffs an die optische Scheibe anschließt, im Gegensatz dazu aber weist die HI-Scheibe im Randbereich eine deutliche Verbiegung auf. Diese Störung geht auf die Gezeitenkräfte von M 101 zurück, deren gesamte Masse $2{,}3 \times 10^{11}$ Sonnenmassen beträgt und damit 19-mal größer ist als die Masse von NGC 5474. Da Gravitationspotenziale durch das Verhältnis von Masse zu Abstand bestimmt werden, macht sich M 101 aufgrund dieser hohen Masse trotz des Abstandes deutlich bemerkbar. Die Gezeitenkräfte, die M 101 in NGC 5474 hervorruft, entsprechen in ihrer Größenordnung den Gravitationskräften, die durch das eigene Potenzial in NGC 5474 wirken. Diese relativ starke gravitative Beeinflussung stört die Spiralstruktur nachhaltig und ist dafür verantwortlich, dass das galaktische Zentrum in NGC 5474 aus der Scheibenmitte verschoben wurde.

OBJEKT	NGC 5474
STERNBILD	Ursa Major
REKT.	$14^h\ 05^m\ 02^s$
DEKL.	+53° 39′ 44″
HELLIGKEIT	11,3 mag
TYP	SA(s)cd pec
FOTOGRAFEN	Michael König
TELESKOP	280-mm-Reflektor
KAMERA	Starlight Xpress SXV-H9
BELICHTUNGSZEIT	276 min
ORT	Berlin, Deutschland

NGC 5754

Die SB(rs)b-Galaxie NGC 5754, die unterhalb des Bildzentrums zu sehen ist, besitzt mit NGC 5752 eine Sab-Begleitgalaxie, von der ein s-förmiger Gezeitenschweif ausgeht. Beide Galaxien liegen in einer Entfernung von 200 Millionen Lichtjahren, woraus sich für den nach oben laufenden Gezeitenschweif eine Projektionslänge von über 300.000 Lichtjahren errechnet. Im Innenbereich von NGC 5754 erkennt man zwei helle Spiralarme, die an den Balken-Ansae ansetzen. Dort erscheinen diese Spiralarme ungestört und beinhalten viele Haufen junger Sterne und HII-Regionen. Im weiteren Verlauf der Arme in der frontal beobachteten Hauptebene von NGC 5754 gehen sie in lichtschwächere Gezeitenschweife über. Der auffälligere Gezeitenschweif definiert einen Durchmesser von 2,5′ und entspricht etwa 150.000 Lichtjahren. Der Begleiter NGC 5752 ist 1,1′ vom Zentrum von NGC 5754 entfernt. Das hellbraune Staubband, das leicht westlich versetzt über das ovale Zentrum läuft, illustriert die Kantenlage von NGC 5752. Das ebenfalls wechselwirkende Galaxienpaar NGC 5755, das in 3′ Abstand zu NGC 5754 weiter links in nördlicher Richtung steht, ist doppelt so weit von der Milchstraße entfernt und steht zufällig in der fast gleichen Beobachtungsrichtung. Im kompakten Zentrum von NGC 5752 lassen sich zudem HII-Regionen nachweisen, die im Vergleich zu NGC 5754 dichter gepackt sind. Die Sternentstehungsrate ist in NGC 5752 größer, ebenso die Leuchtkraft der Sternhaufen. In einigen Studien wird daher von einer andauernden Starburst-Episode im Begleiter von NGC 5754 gesprochen, die durch ein nahes Vorbeilaufen ausgelöst wurde. Eine Simulation der Wechselwirkung dieses Paares ist schwierig, da die Modellierung eines komplexen Gezeitenschweif-Musters nötig ist. Die besten Resultate liefert ein Modell, bei dem der Begleiter NGC 5752 vor 250 Millionen Jahren die Spiralebene von NGC 5754 durchstoßen hat. Der vermeintliche Durchstoßpunkt liegt links unterhalb des hellen Innenbereichs von NGC 5754. Der kompakte Begleiter besitzt in diesem Modell 20 % der Masse von NGC 5754 und seine Bahnebene ist zur Hauptebene von NGC 5754 um 60° geneigt. Nach dem Durchstoßen der Scheibe verlor NGC 5752 viel Material auf ihrer weiteren Bahn, die sich aufgrund der Fliehkräfte weit von der parabelförmigen Bahn entfernt hat und so den langen Gezeitenschweif entstehen ließ. Die sichtbare s-förmige Struktur im Verlauf des Gezeitenschweifs geht auf Sternwinde im Begleiter zurück, die die Stärke und Richtung des Materieverlusts beeinflusst haben.

OBJEKT	NGC 5754
STERNBILD	Bootes
REKT.	$14^h\ 45^m\ 20^s$
DEKL.	+38° 43′ 52″
HELLIGKEIT	13,8 mag
TYP	SB(rs)b
FOTOGRAFEN	Josef Pöpsel, Stefan Binnewies
TELESKOP	600-mm-Reflektor
KAMERA	SBIG STX-16803
BELICHTUNGSZEIT	360 min
ORT	Skinakas-Observatorium, Kreta, Griechenland

NGC 5929

Dieses wechselwirkende Paar besteht aus dem größeren Partner NGC 5929 – einer Sab-Galaxie – und der damit verbundenen kleineren Partnergalaxie NGC 5930. NGC 5930 fällt besonders durch ihren verschobenen, hellen Kern auf, dessen große Leuchtkraft im Zentrum durch eine intensive Sternentstehung bewirkt wird. Der Winkelabstand beider Galaxienkerne beträgt nur 0,5′. Mit einer Entfernung von 120 Millionen Lichtjahren ergibt dies einen transversalen Abstand von 17.000 Lichtjahren. Der Durchmesser der galaktischen Scheibe von NGC 5929 beträgt 1,1′, was mit 38.000 Lichtjahren einem relativ kleinen Sab-Typ entspricht. Daher kann angenommen werden, dass bei der Wechselwirkung mit NGC 5930 Material aus der Scheibe von NGC 5929 entfernt wurde. Im Umfeld von NGC 5929 sind diffuse Gezeitenschweife und östlich der Scheibe eine lichtschwache Aufhellung zu erkennen, die auf diese Materialverluste zurückgehen. Nordöstlich des Galaxienpaares findet sich außerdem die bläuliche, irreguläre Galaxie UGC 9857, deren Entfernung mit 110 Millionen Lichtjahren angegeben wird. Bei ihr handelt es sich um ein Verschmelzungsprodukt. UGC 9857, NGC 5929 und NGC 5930 bilden zusammen mit zwei anderen Galaxien eine lockere Galaxiengruppe. Durch die Wechselwirkungen wurde außerdem Materie ins Zentrum von NGC 5929 transportiert und es entstand in ihr ein Seyfert-2-Galaxienkern. Dieser aktive Galaxientyp zeichnet sich durch hochangeregte, schmale Emissionslinien in seinem optischen Spektrum aus. Mit Hilfe einer Kombination aus hochauflösenden Radiobeobachtungen (MERLIN, „multi-element radio-linked interferometer network") und Daten des Weltraumteleskops Hubble konnte die Verteilung von atomarem Wasserstoff in der Kernregion von NGC 5929 genau untersucht werden. Es zeigte sich eine schwache, zentrale Radioquelle, die zu ihrer rechten und linken Seite von zwei noch helleren Radioquellen umgeben ist. Diese beiden Quellen sind 1,26″ bzw. 700 Lichtjahre voneinander entfernt. Die schwache Quelle ist die hell leuchtende Region um das supermassive Schwarze Loch, die jedoch von einem Staubtorus verdeckt wird und damit in der Leuchtkraft abgeschwächt erscheint. Der Staubtorus im Kern besitzt eine hohe Inklination und seine Kantenlage erklärt das Seyfert-2-Spektrum von NGC 5929. Offensichtlich ist auch, dass die Orientierung des Torus nicht mit der frontal beobachteten Scheibenebene der Galaxie in Verbindung steht.

OBJEKT	NGC 5929
STERNBILD	Bootes
REKT.	$15^h\ 26^m\ 06^s$
DEKL.	+41° 40′ 14″
HELLIGKEIT	13,9 mag
TYP	Sab pec
FOTOGRAFEN	Michael König
TELESKOP	350-mm-Reflektor
KAMERA	SBIG STL-11000M
BELICHTUNGSZEIT	220 min
ORT	Rimbach, Deutschland

NGC 5996

Die Aufnahme zeigt das System Arp 72, das aus den beiden wechselwirkenden Galaxien NGC 5996 und NGC 5994 aufgebaut ist. Die größere Galaxie NGC 5996 misst 1,6′ × 0,7′ und ihr SBc-Typus ist mit zwei hellen Spiralarmen, die an einem breiten Balken ansetzen, gut zu erkennen. Jedoch zeigt der obere, nördliche Spiralarm einen gestörten Verlauf und eine Fortsetzung in einen leicht bläulichen, lichtschwachen Gezeitenschweif, der in einem weiten 180°-Bogen das System links umläuft (siehe kontrastverstärkte Aufnahme). Der südliche Spiralarm verläuft in zwei Abschnitten. Nach einem Woronzow-Weljaminow-Knick auf halber Strecke weist er in Richtung des kompakten Begleiters NGC 5994. Der Abstand der Galaxienzentren beträgt 1,47′, was 64.000 Lichtjahren entspricht. Da die Entfernung beider Galaxien zur Milchstraße 150 Millionen Lichtjahre, ihre relative Fluchtgeschwindigkeit jedoch nur 7 km/s beträgt, kann angenommen werden, dass die Bahnebene ihrer Wechselwirkung senkrecht zur Beobachtungsrichtung liegt. Die Gezeitenwechselwirkung beim nahen Vorbeiflug des Begleiters führte nicht nur zu den sichtbaren Störungen der Spiralarm-Morphologie, sondern bewirkte auch, dass in den Ansätzen der beiden großen Spiralarme viele aktive Bereiche mit jungen Sternen entstanden sind. NGC 5996 wird daher auch als Starburst-Galaxie bezeichnet und zeigt einen auffälligen Blauanteil in ihrem Spektrum, der auf die UV-Strahlung der heißen O- und B-Sterne zurückzuführen ist. Ein weiterer Hinweis auf die besondere Aktivität in NGC 5996 sind typische Absorptionsprofile im Galaxienspektrum, die von Wolf-Rayet-Sternen herrühren. Diese massereichen Sterne verlieren durch starke Sternwinde ihre äußere Hülle, die durch die Strahlung des heißen Kerns ionisiert wird und den charakteristischen Strahlungsbeitrag liefert. Vergleiche der Aufnahme mit den Bilddaten des Sloan Digital Sky Surveys (SDSS) zeigen eine auffälligere Blaufärbung in den SDSS-Aufnahmen. Dies liegt an den für die SDSS-Onlinedarstellung genutzten Spektraldaten, die nur einen Blau- und einen Rotbereich abdecken. Man kann daher davon ausgehen, dass die Farbdarstellung der hier gezeigten Aufnahme der Realität in besserem Maße entspricht.

OBJEKT	NGC 5996
STERNBILD	Serpens
REKT.	15h 46m 59s
DEKL.	+17° 53′ 03″
HELLIGKEIT	13,4 mag
TYP	S?
FOTOGRAFEN	Wolfgang Ries, Stefan Heutz
TELESKOP	450-mm-Reflektor
KAMERA	ALccd 9
BELICHTUNGSZEIT	1242 min
ORT	Altschwendt, Österreich

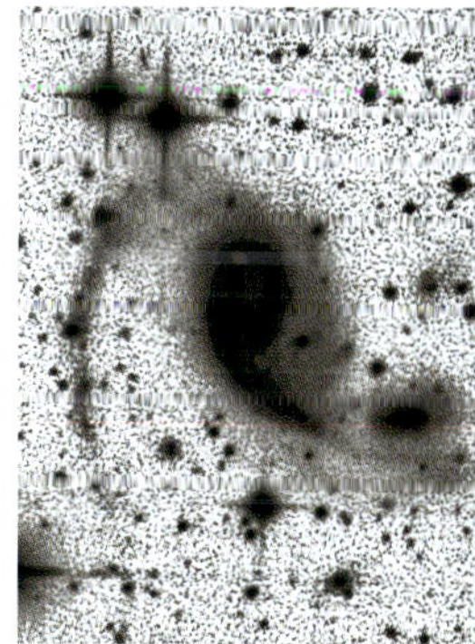

UGC 10214

Die SB(s)c-Galaxie UGC 10214 gehört als Arp 188 zum *Atlas of Peculiar Galaxies*; große Bekanntheit erlangte diese Galaxie allerdings im Jahre 2002 durch eine Aufnahme des Weltraumteleskops Hubble. UGC 10214 befindet sich 430 Millionen Lichtjahre von der Milchstraße entfernt und die Ausdehnung ihrer Spiralebene beträgt 0,9′ × 0,8′. Ihr auffälligstes Merkmal ist ein nach Osten weisender Gezeitenschweif, der mit einer Länge von 2,3′ den Scheibendurchmesser übertrifft. In Projektion betrachtet, entspricht dies einer Strecke von 290.000 Lichtjahren. Diesem Gezeitenschweif verdankt UGC 10214 die Bezeichnung „Kaulquappen-Galaxie", engl. „tadpole galaxy". Der innere Balken verläuft in der Aufnahme vertikal und lässt zwei hellbraune Staubbänder in den ansetzenden Spiralarmen erkennen, die bis ins Zentrum hineinreichen. Aus ihrer Lage kann geschlussfolgert werden, dass die Hauptebene von UGC 10214 eine hohe Inklination von 70° besitzt. Die Elliptische Galaxie PGC 57108, die rechts über UGC 10214, dicht neben einem Vordergrundstern zu sehen ist, besitzt die gleiche Fluchtgeschwindigkeit und ist damit ein direkter Nachbar. Für die zwei Spiralgalaxien, die am rechten (PGC 57109) und linken (PGC 57087) Bildrand zu sehen sind, finden sich keine Entfernungsangaben. Da ihre Scheibendurchmesser jedoch nur etwa zwei Drittel des Durchmessers von UGC 10214 oder PGC 57108 entsprechen, ist die Annahme gerechtfertigt, dass sie in größerer Entfernung liegen.
Im nach unten laufenden Gezeitenschweif sind auffällig hellblaue Leuchtspuren zu erkennen, die sich mit Hilfe der Hubble-Aufnahme als helle Sternhaufen identifizieren lassen. In der Mitte des Schweifs findet sich der hellste Knoten, den Astronomen als Super-Sternhaufen, engl. „super star cluster" (SSC), beschreiben. Seine visuelle Leuchtkraft liegt bei 5×10^7 Sonnenleuchtkräften und seine Masse entspricht $1{,}3 \times 10^6$ Sonnenmassen. Die Sterne im SSC sind mit drei bis zehn Millionen Jahren noch jung, und da das dynamische Alter des Schweifs bei 150 Millionen Jahren liegt, ist der SSC erst lange nach dem Gezeitenschweif entstanden. Der Schweif selbst geht auf eine nahe Begegnung von der Galaxie UGC 10214 mit einer kleinen, kompakten Galaxie zurück, deren Reste im oberen rechten Bereich der Scheibe von UGC 10214 beobachtbar sind. Weiterhin kann angenommen werden, dass dieser namenlose Begleiter sich bereits hinter der Scheibe von UGC 10214 befindet und sich von der großen Galaxie entfernt.

OBJEKT	UGC 10214
STERNBILD	Draco
REKT.	$16^h\ 06^m\ 04^s$
DEKL.	+55° 25′ 32″
HELLIGKEIT	14,6 mag
TYP	SB(s)c pec
FOTOGRAFEN	Josef Pöpsel, Volker Wendel
TELESKOP	600-mm-Reflektor
KAMERA	SBIG STL-11000
BELICHTUNGSZEIT	570 min
ORT	Skinakas-Observatorium, Kreta, Griechenland

NGC 6240

Die irreguläre Galaxie NGC 6240 steht in einer Entfernung von 330 Millionen Lichtjahren zur Milchstraße. Sie zählt zu den ultrahellen Infrarotgalaxien, engl. „ultraluminous infrared galaxies“ (ULIRGs), deren Infrarot-Leuchtkraft auf zentrale Sternentstehungsgebiete und einen aktiven Kern zurückgeht. Der Winkeldurchmesser der Galaxie beträgt 2,1′ × 1,1′. Würden die Gezeitenschweife dabei ebenfalls berücksichtigt, wäre der Längsdurchmesser der Galaxie fast 4′. Der Durchmesser von NGC 6240 liegt, ohne Einbeziehung der Gezeitenschweife, im Bereich von 200.000 Lichtjahren. Die Gezeitenschweife setzen am Nord- und Südende an und entfernen sich von der Hauptachse der Galaxie, die durch ein Staubband definiert wird. Im gelbbraunen Kernbereich sind zwei Aufhellungen zu erkennen, deren Abstand zueinander 1,5″ beträgt und einer Strecke von 2400 Lichtjahren entspricht. Ein weiterer, heller Gezeitenschweif scheint vom Zentrum auszugehen und läuft als 90°-Bogen in Süd-Ost-Richtung. Auf der Nordwest-Seite beobachtet man ein lichtschwächeres, kürzeres Gegenstück dieses Gezeitenschweifs. Astronomen gehen davon aus, dass NGC 6240 aus der Verschmelzung zweier gasreicher Spiralgalaxien entstanden ist. Dies führte zu zwei zentralen Kernen, die sich auch im Röntgenbereich als aktive Kerne nachweisen lassen. Beobachtungen mit dem Hubble Space Telescope zeigen, dass sich die hellere, rechts unten in der Aufnahme zu erkennende Komponente in zwei weitere Quellen auflösen lässt, die einen Abstand von 0,45″ zueinander besitzen. Eine dieser Quellen ist der aktive Kern; bei der anderen Quelle handelt sich vermutlich um eine helle HII-Region in einem Staubfilament, das den aktiven Kern umgibt. Die Verteilung der Gasgeschwindigkeiten ist zwischen den aktiven Kernen maximal, mit Werten von bis zu 600 km/s. In den Kernen selbst sind die Gasgeschwindigkeiten geringer und die Emissionslinien zeigen keine Zunahme der Linienbreiten, wie man es bei einigen aktiven Galaxien feststellen kann. Die hohen Gasgeschwindigkeiten gehen dabei nicht auf die Dynamik im Nahbereich der zwei Schwarzen Löcher zurück, sondern entstehen durch lokale Sternwinde. In den nächsten 100–300 Millionen Jahren werden die zwei aktiven Kerne miteinander verschmelzen, woraus ein noch leuchtkräftigerer aktiver Galaxienkern hervorgehen wird.

OBJEKT	NGC 6240
STERNBILD	Ophiuchus
REKT.	$16^h\ 52^m\ 59^s$
DEKL.	+02° 24′ 03″
HELLIGKEIT	13,8 mag
TYP	I0: pec
FOTOGRAFEN	Stefan Binnewies, Josef Pöpsel
TELESKOP	600-mm-Reflektor
KAMERA	SBIG STX-16803
BELICHTUNGSZEIT	255 min
ORT	Skinakas-Observatorium, Kreta, Griechenland

NGC 6621

Das in der Aufnahme gezeigte wechselwirkende Galaxienpaar ist auch als Arp 81 bekannt und besteht aus den Galaxien NGC 6621 und NGC 6622. Der nordwestliche Partner NGC 6621 steht oberhalb von NGC 6622, und aufgrund seines Gezeitenschweifes ist in den Katalogen für diese Sb-Galaxie ein Winkeldurchmesser von 1,9′ × 0,7′ aufgeführt; die Ausmaße von NGC 6622 sind mit 0,5′ × 0,4′ kleiner. Die mittlere Entfernung der beiden Galaxien beträgt 290 Millionen Lichtjahre, der Abstand ihrer Galaxienzentren liegt bei 0,7′, was einer projizierten Strecke von 59.000 Lichtjahren entspricht. Sowohl in NGC 6621 als auch in NGC 6622 zeigen sich Staubfilamente, die auf Staubbänder zurückgehen, welche in den nicht mehr existierenden galaktischen Scheiben bei den Spiralarmen lokalisiert waren. NGC 6621 weist sogar noch Reste eines Spiralarmes auf der von NGC 6622 abgewandten Seite auf. Um ihren Kern herum ist außerdem eine hellblaue Sternentstehungsregion sichtbar, in deren Nachbarschaft eine ähnlich helle HII-Region zu erkennen ist. Zwischen beiden Galaxien stehen zusätzlich scheinbar verdrehte Staubverläufe und eine dreigliedrige Sternentstehungsregion.

Das Paar wird als Zwischenzustand einer vollständigen Verschmelzung, engl. „intermediate-state merger", beschrieben. NGC 6621 umläuft dabei NGC 6622 und bewegt sich rechts an ihr vorbei. Ihre Relativgeschwindigkeit liegt bei +275 km/s. Simulationen legen nahe, dass sich NGC 6621 seit einer etwa 100 Millionen Jahre zurückliegenden, nahen Begegnung mit NGC 6622 auf einer bogenförmigen Umlaufbahn befindet und sich nun auf die Milchstraße zubewegt. Bei der Begegnung wurde Material aus der Scheibenebene von NGC 6621 durch die Gezeitenkräfte entfernt, wobei der sichtbare Gezeitenschweif entlang des bisherigen Bahnverlaufs entstand. Die gegenseitige Wechselwirkung führte in beiden Galaxien zu einer erhöhten Sternentstehungsrate und somit auch zur Entstehung junger, massiver Sternhaufen entlang einer Materiebrücke, die beide Galaxien miteinander verbindet.

OBJEKT	NGC 6621
STERNBILD	Draco
REKT.	$18^h\ 12^m\ 55^s$
DEKL.	+68° 21′ 48″
HELLIGKEIT	14 mag
TYP	Sb: pec
FOTOGRAFEN	Stefan Binnewies, Josef Pöpsel
TELESKOP	600-mm-Reflektor
KAMERA	SBIG STL-11000
BELICHTUNGSZEIT	130 min
ORT	Skinakas-Observatorium, Kreta, Griechenland

IC 1291

In den Katalogen wird IC 1291 (UGC 11283) als SB(s)-Typ geführt und lässt zwei Spiralarme erkennen, die an einem zentralen Balken ansetzen. Ungewöhnlich ist, dass es nur ein schwach definiertes und farblich kaum abgesetztes Zentrum gibt und die Spiralarme in ihrem kurzen Verlauf diffus auffächern. Die Entfernung zur Milchstraße beträgt 100 Millionen Lichtjahre; die Größe von 1,8′ × 1,5′ lässt auf einen Durchmesser von 52.000 Lichtjahren schließen. Auf der Aufnahme erkennt man auch einen Begleiter, UGC 11283c, der 4,5′ nördlich von IC 1291 steht und zwei helle HII-Regionen beherbergt. Dieser Begleiter könnte ein Relikt einer stattgefundenen Wechselwirkung sein. Weitere Hinweise liefern Radiobeobachtungen, aus denen hohe HI-Rotationsgeschwindigkeiten in IC 1291 hervorgehen. Zudem zeigt sich in der Umgebung isoliertes Wasserstoffgas, das die Galaxie zu umlaufen scheint.

Ein Kennzeichen für eine Wechselwirkung zwischen Galaxien ist eine erhöhte Sternentstehungsrate. Im Jahre 2002 bestimmte eine Gruppe von Astronomen diese Rate für 334 Galaxien, wobei Spektralaufnahmen analysiert und die Ergebnisse statistisch untersucht wurden. Dabei nutzten die Forscher die Intensitäten der Hα- und [NII]-Spektrallinien, da die Sternentstehungsrate, engl. „star formation rate“ (SFR) mit der Linien-Leuchtkraft korreliert. Außerdem ermittelten sie die Rot-Leuchtkraft der Galaxien und ordneten die Galaxientypen in eine oft genutzte T-Skala ein (T0 = S0/a, T1 = Sa, … , T5 = Sc, … , T10 = Im). Das Ergebnis war der *H-Alpha Galaxy Survey*, in der IC 1291 mit einer Sternentstehungsrate von SFR = 1,8 Sonnenmassen pro Jahr, ein vergleichsweise hoher Wert (Rang 296/334), verzeichnet ist. Damit gehört diese Galaxie fast zu den ersten 10 % der aktivsten Galaxien der Studie. Eine Erkenntnis war zudem der starke Zusammenhang zwischen der SFR und dem Hubble-Typ: Die SFR ist bei isolierten Sc/SBc-Typen maximal. Allerdings besteht kein Zusammenhang zwischen der SFR und der Leuchtkraft im Roten, was als Hinweis darauf zu sehen ist, dass die SFR eher als lokales Phänomen in der Galaxie auftritt und nicht die gesamte Leuchtkraft einer Galaxie bestimmt.

OBJEKT	IC 1291
STERNBILD	Draco
REKT.	$18^h\ 33^m\ 53^s$
DEKL.	+49° 16′ 43″
HELLIGKEIT	13,5 mag
TYP	SB(s)dm?
FOTOGRAFEN	Michael König
TELESKOP	350-mm-Reflektor
KAMERA	SBIG STL-11000
BELICHTUNGSZEIT	215 min
ORT	Rimbach, Deutschland

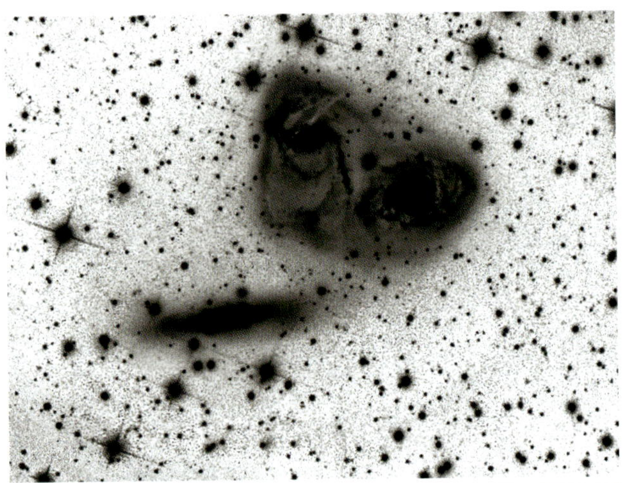

NGC 6771

Das in der Aufnahme gezeigte Galaxientriplett besteht aus dem engen, wechselwirkenden Paar NGC 6770 und NGC 6769 sowie aus der links unterhalb, etwa 3′ entfernt stehenden NGC 6771. Im Paar steht der (R)SA(r)b-Typ NGC 6769 rechts und 1,7′ weiter entfernt die SB(rs)b-Galaxie NGC 6770, über deren Innenbereich ein auffälliges Staubband verläuft. Die gesamte Gruppe ist 170 Millionen Lichtjahre von der Milchstraße entfernt. Da NGC 6769 und NGC 6770 mit 2,3′ den gleichen Winkeldurchmesser besitzen, liegt der Scheibendurchmesser beider Galaxien bei etwa 115.000 Lichtjahren. In NGC 6770 erscheint der Bereich um den Balken diffus beleuchtet; der westliche Spiralarm, der auffallend gerade in Richtung NGC 6769 weist, besitzt viele junge Sternhaufen. Das Innere von NGC 6769 zeigt im Gegensatz ein flokkulentes Spiralarmmuster zwischen einer inneren und äußeren, ringförmigen Armstruktur.

Das Paar ist von einer gemeinsamen Einhüllenden umschlossen; aus der Differenz der Fluchtgeschwindigkeiten ergibt sich eine relative Bewegung von +155 km/s von NGC 6769. Diese lässt darauf schließen, dass die Galaxie während eines nahen Vorbeifluges den Scheibenaufbau ihres Partners gestört und dabei auch Halogas entfernt hat. Mit dieser Wechselwirkung lässt sich daher der weitgehend ungestörte, elliptische Halo von NGC 6769 sowie der dreieckig verformte Halo von NGC 6770 erklären. Relativ zum Galaxienpaar besitzt NGC 6771 eine um 400 km/s größere Fluchtgeschwindigkeit. Erhöht man den Kontrast der Aufnahme (siehe Abbildung), so sind Anzeichen einer Materiebrücke zwischen dem Süd-Ende des Galaxienpaares und NGC 6771 zu erkennen. Durch die Kantenlage von NGC 6771 ist außerdem gut die x-förmige Helligkeitsstruktur, die auf vertikale Bewegungen der Sterne im Balken zurückzuführen ist, zu beobachten. Sie findet sich oft bei Galaxien mit kleinem Kernbereich und offenen Spiralarmen. Noch diskutieren Astronomen deren mögliche Entstehungsprozesse; meist gehen diese Modelle aber von einer gravitativen Kopplung zwischen dem Bulge und dem Balken aus. So könnten wirkende Gezeitenkräfte bei NGC 6771 dazu geführt haben, dass es zu einer Instabilität dieser Kopplung kam, wodurch sich die Balkenform veränderte.

OBJEKT	NGC 6771
STERNBILD	Pavo
REKT.	$19^h\ 18^m\ 40^s$
DEKL.	–60° 32′ 46″
HELLIGKEIT	13,6 mag
TYP	SB0(r)? edge-on
FOTOGRAFEN	Josef Pöpsel, Beate Behle
TELESKOP	600-mm-Reflektor
KAMERA	SBIG ST-10XME
BELICHTUNGSZEIT	175 min
ORT	Amani Lodge, Namibia

UGC 11871

Am linken Bildrand zeigt die Aufnahme den 6,8 mag hellen K5-Stern SAO 107567, der im südwestlichen Teil des Sternbildes Pegasus, etwa 4° von Enif (ε Peg), entfernt steht. Weiter östlich findet sich in der Aufnahme ein hellblaues Objekt. Es handelt sich dabei um die Galaxie UGC 11871, deren heller Kern von einem ovalen, fast geschlossenen Bogen umgeben ist (siehe Vergrößerung). Der Lichtpunkt im oberen, rechten Teilstück des Bogens ist ein Vordergrundstern. Die Winkelausdehnung von UGC 11871 beträgt 1,1′ × 0,7′ und in ihrer Entfernung von 365 Millionen Lichtjahren entspricht dies einem projizierten Durchmesser von 117.000 Lichtjahren. Die Blaufärbung geht auf eine wechselwirkungsinduzierte Sternentstehung zurück und an ihrem unteren, nördlichen Ende zeigt sich ein lichtschwacher Hockeyschläger-förmiger Gezeitenschweif. Dieser reicht 1,5′ weit und deutet darauf hin, dass UGC 11871 ein Verschmelzungsprodukt zweier Galaxien ist. Am linken Bildfeldrand ist zudem eine auffällige Ringgalaxie zu sehen, die als PGC 67786 katalogisiert ist.
Die gängige Theorie zur Kalten Dunklen Materie, engl. „cold dark matter" (CDM), geht davon aus, dass die leuchtende, baryonische Materie von Galaxien, somit auch alle Objekte dieser Aufnahme, in einen CDM-Halo eingebettet ist. Diese überall verteilte CDM bewirkt auch die konstante Bahngeschwindigkeit der differentiellen Rotation in den Außenbereichen von Spiralgalaxien. Zusätzlich sollte es „reine" CDM-Ansammlungen geben, sog. „sub-halos", deren Massen im Bereich 10^8–10^{11} Sonnenmassen liegen. Die CDM-Theorie sagt voraus, dass die Gesamtzahl dieser „sub-halos" die Zahl der normalen Galaxien um einen Faktor eins bis zehn übersteigt. Innerhalb der Lokalen Gruppe prognostizieren Astronomen anhand der kosmologischen Modelle etwa 300 dieser sub-halos im Vergleich zu den ca. 45 normalen Mitgliedern. Diese Modelle lassen den Schluss zu, dass die physikalischen Prozesse baryonische, leuchtende Galaxien nur bei den schweren sub-halos entstehen ließen; leichte sub-halos blieben dagegen „galaxienfrei" und damit unsichtbar.

Statt von „galaxienfrei" sprechen Astronomen von „completely dark galaxies", die etwa durch Gravitationslinseneffekte nachgewiesen werden können. Damit verbunden ist die Folgerung, dass es einige scheinbar isoliert stehende Galaxien gibt, die Wechselwirkungseffekte zeigen müssten, obwohl kein „leuchtender" Nachbar zu sehen ist. Um die „CDM sub-halo"-Hypothese zu prüfen, haben Astronomen einen *Catalog of isolated Galaxies* erstellt. Darin fanden sich acht Mitglieder, die Wechselwirkungseffekte zeigen, ohne jedoch einen sichtbaren Wechselwirkungspartner zu besitzen. Diese acht Galaxien entsprechen jedoch nur 0,5 % und liegen damit unter den 8 %, die die Theorie postuliert. Die geringe Anzahl spricht somit gegen die Existenz der CDM sub-halos. Relativiert wird diese Aussage allerdings dadurch, dass bei einigen sub-halo-Verschmelzungsprodukten heute keine Wechselwirkungseffekte mehr festgestellt werden können. Eine dieser acht isolierten Galaxien mit Wechselwirkungseffekten aus dem 1050 Mitglieder umfassenden *Catalog of isolated Galaxies* ist UGC 11871. Neben den Gezeitenschweifen macht ihr aktiver Seyfert-Galaxienkern sie ebenfalls zu einem Kandidaten, der aus der Verschmelzung einer normalen Galaxie mit einem CDM sub-halo, also einer dunklen, unsichtbaren Galaxie, entstanden sein könnte.

OBJEKT	UGC 11871
STERNBILD	Pegasus
REKT.	$22^h\ 00^m\ 42^s$
DEKL.	+10° 32′ 59″
HELLIGKEIT	14,7 mag
TYP	S?
FOTOGRAFEN	Michael König
TELESKOP	350-mm-Reflektor
KAMERA	SBIG STL-6303
BELICHTUNGSZEIT	355 min
ORT	Rimbach, Deutschland

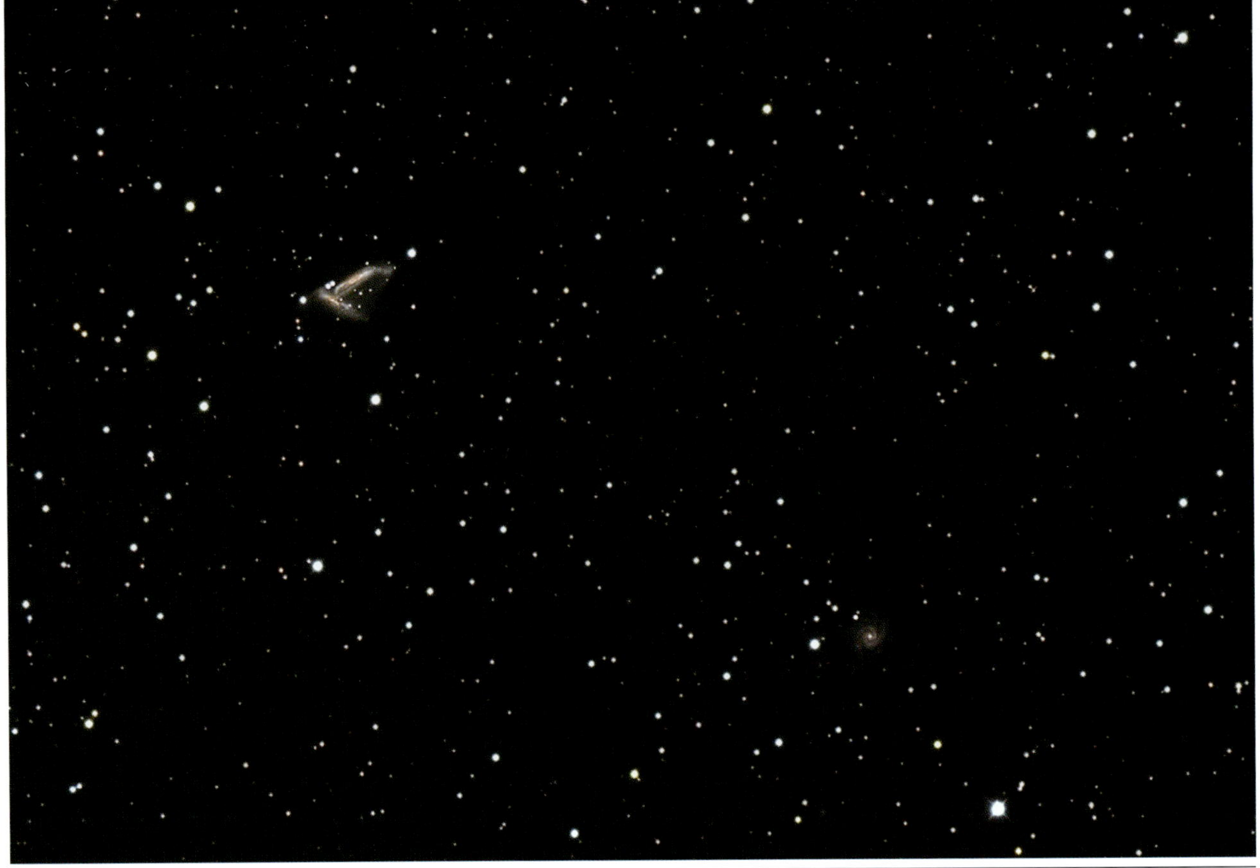

NGC 7253

In seinem *Atlas of Peculiar Galaxies* notierte Halton Arp als Nr. 278 das Galaxienpaar NGC 7253A+B. Die Aufnahme zeigt die SABc-Galaxie NGC 7253A, die rechts über ihrem Begleiter, der Sc-Galaxie NGC 7253B, steht (siehe Vergrößerung). Beide liegen in gleicher Entfernung von 210 Millionen Lichtjahren zur Milchstraße; ihre Fluchtgeschwindigkeiten unterscheiden sich um nur 76 km/s. Beide Galaxien liegen in Kantenlage und anhand der längs verlaufenden Staubbänder kann auf eine Verbiegung der Scheibenebene geschlossen werden. Auch die Gezeitenschweife, die am westlichen Ende von NGC 7253A und auf der gegenüberliegenden Systemseite, am Ostende von NGC 7253B, ansetzen, liefern Hinweise auf eine stattfindende Wechselwirkung. Hinsichtlich ihrer Form und Farbe erscheinen die etwa 1,6′ großen Galaxien sehr ähnlich, ihre projizierten Scheibendurchmesser liegen im Bereich von 90.000–100.000 Lichtjahren.

Bei Wechselwirkungen wird im Regelfall Material aus der Scheibenebene entfernt, was Einfluss auf die gemessene Skalenhöhe der gesamten galaktischen Ebene hat. Statistische Analysen von wechselwirkenden und nicht wechselwirkenden Systemen in Kantenlage untersuchten die Scheibendicken für mehrere Radien. Es zeigte sich, dass die Dicke z_0 einen nahezu konstanten Wert annimmt, der durch eine Verbiegung der Scheibe kaum beeinflusst wird, und durch ein vertikales Profil D(z) beschrieben werden kann. Vergleicht man nun das Verhältnis der radialen Skalenlänge h mit der Konstanten z_0, so ergeben sich für wechselwirkende Systeme Werte h/z_0 von zwei bis drei und für normale Galaxien von vier bis fünf. Die Gezeitenkräfte vergrößern also die Scheibendicke und sorgen dafür, dass in Wechselwirkungssystemen im Vergleich zu normalen Spiraltypen zwei- bis dreimal dickere Scheiben entstehen können. Die kleineren h/z_0-Werte erklären Astronomen durch eine Massenkonzentration im Zentrum und einer damit relativen Abnahme der Skalenhöhen h. Ebenso fehlen wechselwirkenden Galaxien heiße Gaskomponenten, deren thermische Energie größere z_0-Werte bewirken würde. Interessant ist, dass im Nachlauf einer Wechselwirkung durch von außen zuströmendes Gas wieder eine dünnere Scheibe entsteht, und somit die dickeren Scheiben nur einen Übergangszustand während der Wechselwirkung darstellen.

OBJEKT	NGC 7253
STERNBILD	Pegasus
REKT.	$22^h\ 19^m\ 29^s$
DEKL.	+29° 23′ 30″
HELLIGKEIT	14,4 mag
TYP	SABc / Sc
FOTOGRAFEN	Michael König
TELESKOP	350-mm-Reflektor
KAMERA	SBIG ST-10XME
BELICHTUNGSZEIT	290 min
ORT	Rimbach, Deutschland

NGC 7252

Die Galaxie NGC 7252 liegt im südlichen Wassermann und ist 220 Millionen Lichtjahre von der Milchstraße entfernt. Ihr innerer Bereich besitzt eine Winkelausdehnung von 1,9′ × 1,6′ und entspricht damit 120.000 Lichtjahren. Ihre Außenbereiche sind jedoch deutlich größer und erreichen Durchmesser von über 400.000 Lichtjahren. Dies ist der Vielzahl von Gezeitenschweifen geschuldet, die NGC 7252 umlaufen und eine mehrteilige Schalenstruktur entstehen ließen. Diese Struktur ähnelt dem Elektronenschalenmodell eines Atoms und hat auch zu ihrer Bezeichnung „Atoms for Peace Galaxy" geführt.

Entstanden ist NGC 7252 aus der Kollision und Verschmelzung zweier gasreicher Galaxien. Im gegenwärtigen Stadium stellt NGC 7252 einen proto-elliptischen Typ dar. Aus dem Schalen-Halo laufen zwei fast geradlinige Gezeitenschweife heraus, wobei der nach oben führende, nördliche Schweif mit 4′ länger ist als der östliche Schweif mit 3′. An beiden Schweifenden sind hellblaue Kondensationen zu erkennen, die auf Sternentstehungsgebiete hinweisen. Aufgrund der großen Entfernung vom Galaxienzentrum erscheint es wahrscheinlich, dass dort Gezeiten-Zwerggalaxien entstehen.

Die besten Modellrechnungen für die Entstehung von NGC 7252 ergeben sich aus zwei Sc-Galaxien, deren Halos viermal massereicher sind als ihre Scheibe. Sie näherten sich vor 620 Millionen Jahren bis auf 10.000 Lichtjahre an und umliefen sich infolgedessen mehrfach. Durch induzierte Stoßwellen kam es vor 540 Millionen Jahren zu einer ersten intensiven Sternentstehungsphase. In dieser Zeit entstanden auch die beiden langen Gezeitenschweife, wobei jeder Schweif aus dem Scheibenmaterial einer Vorgängergalaxie gespeist wurde. Durch dynamische Reibung nahmen die Bahnradien weiter ab, engl. „orbital decay", und einer zweiten engen Passage vor 240 Millionen Jahren folgte eine weitere aktive Sternentstehungsphase. Vor 215 Millionen Jahren verschmolzen die Galaxien vollständig, doch die bis heute sichtbare Schalenstruktur blieb erhalten. Das Hubble Space Telescope hat den Kern von NGC 7252 im Detail untersucht und eine Miniatur-Spiralstruktur ausfindig gemacht. Diese überdeckt nur die innersten 7″, entsprechend 10.000 Lichtjahren Durchmesser und besteht aus einer intakten Gasscheibe mit Armstruktur und Dutzenden heller, junger Sternhaufen. Deren Größe von 60 Lichtjahren entspricht der typischen Ausdehnung von mittelgroßen Kugelsternhaufen. Das ermittelte Alter der Sterne in diesen Haufen stimmt mit dem Zeitpunkt der ersten Begegnung überein.

OBJEKT	NGC 7252
STERNBILD	Aquarius
REKT.	$22^h\ 20^m\ 45^s$
DEKL.	–24° 40′ 42″
HELLIGKEIT	12,7 mag
TYP	(R)SA0?(r)
FOTOGRAFEN	Josef Pöpsel
TELESKOP	600-mm-Reflektor
KAMERA	SBIG ST-10XME
BELICHTUNGSZEIT	210 min
ORT	Amani Lodge, Namibia

NGC 7469

Die (R')SAB(rs)a-Galaxie NGC 7469 steht über ihrem kompakten Begleiter IC 5283, der in einem Abstand von 1,4′ nordöstlich zu sehen ist. Das System gehört zu den Außenbereichen des Pegasus I-Galaxienhaufens; es besitzt jedoch keine nahen Nachbarn. Die Entfernung der beiden Galaxien beträgt 225 Millionen Lichtjahre, der transversale Abstand der Galaxienzentren liegt bei 90.000 Lichtjahren. NGC 7469 zeigt keine ausgeprägte Spiralarmstruktur, es sind lediglich zwei schwache Arme zu erkennen, die den helleren inneren Ring mit einem lichtschwächeren äußeren Ring verbinden. Das leuchtstarke Zentrum von NGC 7469 beherbergt einen Seyfert-1-Galaxienkern und wird in der Literatur oft als Prototyp dieser aktiven Galaxienvariante beschrieben. Der Begleiter IC 5283 ist eine Scd-Galaxie mit einer asymmetrischen Helligkeitsverteilung sowie einem Staubband, das quer zur Längsachse verläuft und in einen leuchtschwachen Gezeitenschweif übergeht.

Radiobeobachtungen des Systems zeigen eine Brücke aus Wasserstoffgas zwischen NGC 7469 und der Begleitgalaxie IC 5283. Diese Daten belegen auch, dass die Kontinuum-Leuchtkraft von NGC 7469 im Kern konzentriert ist, in IC 5283 jedoch den etwa 30.000 Lichtjahre langen Gezeitenschweif dominiert. Ebenso zeigt sich, dass NGC 7469 eine blauverschobene Emissionskomponente besitzt. Ihre Ursache liegt in einer Gasströmung, die die Brücke zu IC 5283 mit Material versorgt. Da die Auflösung des Radioteleskops kleiner als eine Bogensekunde war, konnten Astronomen damit auch den Kern von NGC 7469 genau untersuchen. Sie fanden in 2,5″ zum Galaxienkern eine diffuse Radioquelle mit einem Durchmesser von etwa einer Bogensekunde. Der Vergleich mit Aufnahmen des Weltraumteleskops Hubble, die in etwa die gleiche Auflösung wie die Radiokarten aufweisen, zeigte, dass die Radioemission in einem nuklearen Starburst-Ring in NGC 7469 entsteht. Die dort enthaltenen Sterne führen zu Supernovae, deren Stoßwellen Elektronen beschleunigen, die das Kontinuum des Radiospektrums liefern. Der benachbarte aktive Galaxienkern besitzt eine nichtthermische Radiokomponente, die 20-mal leuchtkräftiger ist als die Radioquellen im Ring.

OBJEKT	NGC 7469
STERNBILD	Pegasus
REKT.	$23^h\ 03^m\ 16^s$
DEKL.	+08° 52′ 26″
HELLIGKEIT	13 mag
TYP	(R')SAB(rs)a
FOTOGRAFEN	Michael König
TELESKOP	350-mm-Reflektor
KAMERA	SBIG ST-10XME
BELICHTUNGSZEIT	340 min
ORT	Rimbach, Deutschland

UGC 12342

Im Zentrum der Aufnahme steht UGC 12342, ein System aus zwei wechselwirkenden Galaxien, die sich mitten in einem Verschmelzungsprozess befinden. Die Struktur, die aus zwei aneinanderhängenden Bogenstücken aufgebaut ist, besitzt eine Ausdehnung von 1,3′ × 0,5′. Mit der Entfernungsangabe von 390 Millionen Lichtjahren für UGC 12342 berechnet sich eine Gesamtlänge des Systems von 147.000 Lichtjahren. Das Zentrum der oberen, südlich stehenden Galaxie erscheint hellblau, wohingegen das Galaxienzentrum der unten stehenden Komponente eine gelbliche Färbung zeigt. In den beiden entgegengesetzt gerichteten Spiralarm-Relikten setzt sich dieser Farbunterschied fort (siehe Vergrößerung). Diesen Bögen verdankt UGC 12342 auch den Namen „seagull galaxy“ (Seemöwe). Die Zentren der zusammenstoßenden Galaxien haben einen Abstand von nur 12″, was einem Projektionsabstand von 23.000 Lichtjahren entspricht.

UGC 12342 liegt am südwestlichen Ende des Pisces-Perseus-Superclusters, der sich über 25° am Himmel erstreckt. Analysen der Galaxienverteilung in diesem Haufen zeigen auffällige Substrukturen. Mit Hilfe der Fluchtgeschwindigkeiten der Untergruppenmitglieder lässt sich deren Lage im Raum des Superclusters näher untersuchen. Dabei erstellen Astronomen für eine Schnittebene durch den Supercluster ein keilförmiges Diagramm, engl. „wedge diagram“, das die Fluchtgeschwindigkeiten in Abhängigkeit des Winkels in der Ebene aufträgt. Dieses Diagramm zeigt in Richtung UGC 12342 ein Längsfilament aus Galaxien mit Fluchtgeschwindigkeiten von 9000–13.000 km/s, dessen Öffnungswinkel nur wenige Grad ausmacht. UGC 12342 steht mit einer Fluchtgeschwindigkeit von 8477 km/s an der Spitze dieses Filamentes, das auf die Milchstraße weist.

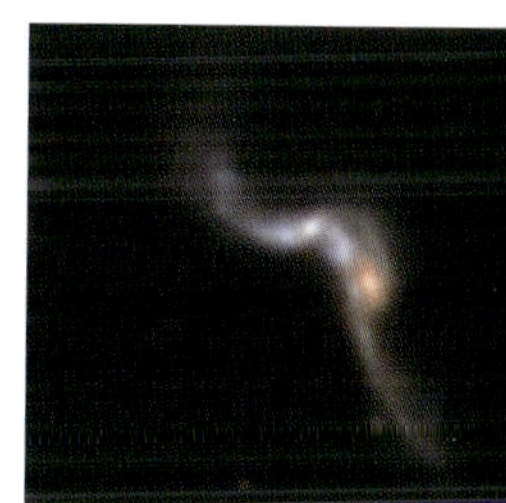

OBJEKT	UGC 12342
STERNBILD	Pegasus
REKT.	$23^h 04^m 54^s$
DEKL.	+16° 40′ 42″
HELLIGKEIT	15 mag
TYP	SB?
FOTOGRAFEN	Wolfgang Ries, Stefan Heutz
TELESKOP	450-mm-Reflektor
KAMERA	SBIG ST-10XME
BELICHTUNGSZEIT	599 min
ORT	Altschwendt, Österreich

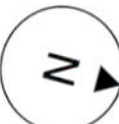

ARP 295

Dieses System zweier wechselwirkender Galaxien demonstriert eindrucksvoll, wie weit Gezeitenschweife unter bestimmten Bedingungen reichen können. Entdeckt wurde dieses Paar durch Fritz Zwicky 1953 mit einer 18-Zoll-Schmidt-Kamera (Palomar Observatory, San Diego, USA); im Jahr 1966 wurde es als Arp 295 katalogisiert. Das Paar besteht aus der Sc-Galaxie PGC 72139 (Arp 295A), die nahe am linken Bildrand steht, und der gleich hellen Sb-Galaxie PGC 72155, die 4,8′ weiter nordöstlich zu sehen ist. Zwischen beiden Galaxien erkennt man einen bläulichen Gezeitenschweif, der sich über PGC 72139 als Gegenschweif, engl. „counter tail", weiter fortsetzt. Einen solchen kleineren Fortsatz zeigt auch PGC 72155; er wirkt jedoch röter und diffuser als der Gezeitenschweif der Sc-Galaxie. Beide Galaxien liegen in einer Entfernung von 310 Millionen Lichtjahren, woraus sich ein Mindestabstand von 430.000 Lichtjahren ergibt. In der Sc-Galaxie PGC 72139 steht mittig über dem Staubband ein 16 mag-Stern. Dabei handelt es sich um die Supernova SN2006dm, die zum Zeitpunkt der Aufnahme in PGC 72139 zu sehen war.

Die Scheibenebenen beider Galaxien stehen senkrecht zueinander. PGC 72139 beobachtet man in Kantenlage und erkennt ein Staubband, das sich über den Durchmesser von 1,37′, entsprechend 124.000 Lichtjahren, erstreckt. Bei PGC 72155 blickt man hingegen auf die Scheibenebene und sieht im Inneren einen hellblauen Ring aus Sternentstehungsregionen, der einen Durchmesser von 15.000 Lichtjahren besitzt. Weitere Rückschlüsse auf die Bewegung im Raum bringt die Betrachtung der Fluchtgeschwindigkeiten: Die Geschwindigkeiten beider Galaxien differieren um 360 km/s. Trotz der offensichtlich geradlinigen Wechselwirkung existiert daher auch eine radiale Bewegungskomponente. Die Ebene, in der die Bewegung stattfindet, steht senkrecht zur Bildebene und beinhaltet auch die Milchstraße. Beim Blick auf die Gezeitenschweife wirken daher Projektionseffekte, die zu einer linearen Ausrichtung der Strukturen führen.

OBJEKT	Arp 295
STERNBILD	Aquarius
REKT.	$23^h\ 41^m\ 54^s$
DEKL.	−03° 38′ 29″
HELLIGKEIT	14,5 mag
TYP	Sc pec / Sb pec
FOTOGRAFEN	Josef Pöpsel, Stefan Binnewies
TELESKOP	600-mm-Reflektor
KAMERA	SBIG STL-11000
BELICHTUNGSZEIT	260 min
ORT	Skinakas-Observatorium, Kreta, Griechenland

N

UGC 12667 / UGC 12665

Die Aufnahme zeigt die beiden Galaxien UGC 12667 (links) und UGC 12665, wobei letztere auch als Arp 46 bekannt ist. Halton Arp beschrieb sie in seinem Katalog als „Companion connected to main spiral". Diese Galaxie ist nur 1,2′ × 0,9′ groß und zeigt 0,5′ vom Zentrum in nordöstlicher Richtung eine hellblaue Aufhellung, bei der es sich um einen eingefangenen, kompakten Begleiter handelt. In einer Entfernung von 245 Millionen Lichtjahren zur Milchstraße entspricht dies 36.000 Lichtjahren. Die zwei ebenfalls sichtbaren Gezeitenschweife verweisen außerdem auf die bewegte Orbit-Vorgeschichte dieser SB(rs)d-Galaxie. Die Scd-Galaxie UGC 12667, die in 2,5′ Winkelabstand zu UGC 12665 zu sehen ist, steht mit einer Entfernung von 180 Millionen Lichtjahren der Milchstraße deutlich näher und bildet kein physikalisches Paar mit UGC 12665.

Bei der Untersuchung von Supernovae (SN) gibt es viele Ansätze, die Art und Weise ihres Auftretens näher zu studieren. Interessant sind dabei die Umstände einer SN-Explosion in Galaxienpaaren sowie in wechselwirkenden Galaxien. Die Vermutung liegt nahe, dass Supernovae vom Typ II und Ib, deren Vorläufer junge, massive Sterne waren, bevorzugt in Richtung des Wechselwirkungspartners auftreten. Daher wurde im Jahre 1995 eine Studie durchgeführt, in der der *Asiago Supernovae Catalog* (ASC) als Grundlage diente. Zusätzlich wurden die Kataloge *Isolated Pairs of Galaxies* von Igor Karachentsev, *Atlas of Peculiar Galaxies* von Halton Arp sowie der *Atlas and Catalogue of Interacting Galaxies* von Boris Woronzow-Weljaminow zum Vergleich herangezogen. Studienobjekte waren Galaxien, deren Morphologie sichtbar gestört war, wie etwa durch starke Absorptionsstrukturen, verformte Spiralarme oder durch Gezeitenschweife. Der Abgleich mit dem ASC lieferte so 32 ARP/VV-Systeme und 14 isolierte Paare. Zu jeder SN wurde der projizierte Abstand zum galaktischen Kern berechnet, wobei die Inklination der Galaxie gegenüber der Sichtlinie berücksichtigt wurde. Letztendlich nutzen Astronomen den Abstand beider Galaxien und somit die Projektionsdistanz der Supernova zur Nachbargalaxie sowie den Positionswinkel (bezogen auf die Verbindungslinie beider Galaxienzentren) zur Auswertung der Daten. Sie ergab eine homogene Verteilung der Supernovae-Positionswinkel. Somit zeigen weder die SN-Typen II und Ib, noch der Typ Ia eine Tendenz, bevorzugt auf der Begleiterseite zu liegen.

OBJEKT	UGC 12667 / UGC 12665
STERNBILD	Andromeda
REKT.	$23^h\ 33^m\ 49^s$
DEKL.	+30° 03′ 37″
HELLIGKEIT	13,5 mag
TYP	Scd / SB(rs)d pec
FOTOGRAFEN	Michael König
TELESKOP	350-mm Reflektor
KAMERA	SBIG STL-6303
BELICHTUNGSZEIT	295 min
ORT	Rimbach, Deutschland

NGC 7753

Die SAB(rs)bc-Galaxie NGC 7753 ist 240 Millionen Lichtjahre von der Milchstraße entfernt und besitzt eine Winkelausdehnung von 3,3′ × 2,1′. Einer ihrer äußeren, hellblau gefärbten Spiralarme zeigt in südwestlicher Richtung auf den irregulären Begleiter NGC 7752. Die Fluchtgeschwindigkeit von NGC 7752 ist nur 96 km/s geringer als die der 2′ entfernt stehenden größeren Galaxie. Der zugehörige transversale Abstand liegt bei 140.000 Lichtjahren. Beide Spiralarme von NGC 7753 erscheinen symmetrisch und lassen sich weit ins Innere verfolgen, wo sie in eine lockerere Spiralstruktur mit mehreren Armen übergehen. Ihre äußeren Bereiche sind von Sternentstehungsregionen durchzogen, wobei auffällt, dass die dem Begleiter abwandte Seite von NGC 7753 besonders viele dieser aktiven Gebiete aufweist. Im Zentrum von NGC 7753 zeigt sich eine hellgelbe, vertikal ausgerichtete Ovalstruktur, die dazu geführt hat, dass NGC 7753 auch als SB(r)bc-Typ katalogisiert wurde. Die Färbung der galaktischen Scheibe zeigt einen deutlichen Unterschied zu den zwei Spiralarmstrukturen. Der Farbindex von NGC 7753 verweist eher auf einen Sa-Typ, was sich durch die hohe Zahl an Sternentstehungsgebieten erklären lässt. Der fast neutral weiß gefärbte Begleiter NGC 7752 ist typisch für einen irregulären Typ und liefert einen deutlichen Farbkontrast zu NGC 7753. Radiobeobachtungen des atomaren Wasserstoffs in diesem Galaxiensystem zeigen eine bestehende Materiebrücke, engl. „tidal bridge", zwischen NGC 7753 und NGC 7752. Die gemessenen Geschwindigkeiten des HI-Gases liefern außerdem die Information, dass sich die südöstliche Seite der rotierenden Scheibe in NGC 7753 auf die Milchstraße zu bewegt. Dies gilt ebenso für das Wasserstoffgas in der Materiebrücke, die jedoch zur Südwest-Seite von NGC 7753 führt. Das Geschwindigkeitsfeld besitzt einen komplexen Aufbau, der auf mehrere stattgefundene Umläufe des kleinen Begleiters hinweisen könnte. Dies wird durch zwei auffällige Bögen im Radiolicht bestätigt, die das System umgeben. Ihre Winkelabstände betragen 3,2′ und 2,1′ und legen nahe, dass sie durch von NGC 7752 verlorenes Wasserstoffgas entstanden und Teil der spiralförmigen Bahn sind, auf der sich NGC 7752 bewegt.

OBJEKT	NGC 7753
STERNBILD	Pegasus
REKT.	$23^h\ 47^m\ 05^s$
DEKL.	+29° 29′ 00″
HELLIGKEIT	12,8 mag
TYP	SAB(rs)bc
FOTOGRAFEN	Makis Palaiologou, Stefan Binnewies
TELESKOP	1,3-m-Reflektor
KAMERA	Andor DZ 436
BELICHTUNGSZEIT	200 min
ORT	Skinakas-Observatorium, Kreta, Griechenland

ZWERGGALAXIEN

Dieses Kapitel widmet sich den kleinsten aller Galaxien. Bei genauer Betrachtung offenbaren sie, neben ihrer geringen Ausmaße, weitere Eigenschaften, die sie deutlich von ihren größeren Geschwistern unterscheiden.

DIE MORPHOLOGIE DER ZWERGGALAXIEN

Die Klassifizierung irregulärer Galaxien führt oft eine eigene Gruppe auffallend kleiner, leuchtschwacher Galaxien auf. Dies sind die sogenannten Zwerggalaxien, im Englischen als „dwarfs“ bezeichnet. Die Zwerggalaxien unterscheiden sich nach ihrem Aussehen in blaue, kompakte Zwerge (engl. „blue compact dwarfs“, BCDs), sphäroide Zwerge (dSph) bzw. elliptische Zwerggalaxien (dE) und irreguläre Zwerggalaxien (dIrr), zu denen auch die Gezeitenzwerge gezählt werden. Die Typenbeschreibungen sind in der Literatur nicht eindeutig, was daran liegt, dass ihre Erforschung durch die schlechte Nachweisbarkeit erst in den letzten beiden Jahrzehnten in breitem Umfang stattgefunden hat. Dies umfasst auch die Gruppe der ultrakompakten Zwerggalaxien (engl. „ultra-compact dwarf galaxies“, UCDs), die 1999 in nahen Galaxienhaufen entdeckt wurden. Die UCDs sind kompakter als die anderen Zwerggalaxien und ihr Aussehen erinnert an helle Kugelsternhaufen.
Die Typenbezeichnung „d“ der Zwerge wurde eingeführt, um die „regulären“ Galaxien der Hubble-Sequenz in der dwarf-Morphologie zu ergänzen. So wurde vor das „E“ bzw. „Irr“ ein „d“ gesetzt, um eine elliptische bzw. irreguläre Galaxie als dwarf zu kennzeichnen. Die BCDs zeigen die größte Flächenhelligkeit unter den Zwergen. Ihre auffällige Blaufärbung geht auf eine große Sternentstehungsrate im Zentrum zurück. Viel leuchtschwächer sind hingegen sphäroide Zwerggalaxien. Diese besitzen weniger bzw. fast kein konzentriertes Gas und beschreiben, neben den UCDs, den kleinsten Zwerggalaxientyp.
Die Klassifikation der Zwerggalaxien beinhaltet außerdem die sogenannten Gezeitenzwerge, engl. „tidal dwarf galaxies“, die aus dem Material von Gezeitenschweifen entstehen können, wie sie bei Wechselwirkungsprozessen großer Galaxien häufig sind. Diese Schweife reichen von einige Zehntausend bis zu einigen Hunderttausend Lichtjahren in den Weltraum. Beim gegenseitigen Umlaufen der Wechselwirkungspartner entstehen gewundene Spuren aus Gas, Staub und Sternen, die die Szenerie einrahmen. Ein lokales Gravitationspotenzial kann in genügend großer Entfernung vom Galaxienzentrum Material ansammeln und konzentrieren, was zur Entstehung einer Gezeitenzwerggalaxie in der Spur der Gezeitenschweife führt.

Die Zwerggalaxie IC 1613 ist ein Mitglied der Lokalen Gruppe (s. Seite 302). Aufnahme: D. Böcker, E. von Voigt (600-mm-Reflektor).

DIE ASTROPHYSIK DER ZWERGGALAXIEN

Die Sterne von Zwerggalaxien sind überwiegend aus Wasserstoff und Helium aufgebaut; im Vergleich zu normalen Galaxientypen besitzen sie eine Metallizität im Bereich einiger Promille bis wenigen Prozent der Sonnenmetallizität. Dies ist ein Hinweis darauf, dass in den Zwerggalaxien nur wenige Sternpopulationszyklen stattgefunden haben und es daher kaum schwerere Elemente gibt. Diese kleinen Varianten einer Galaxie besitzen also Vorgeschichten, die von denen der großen Spiralgalaxien abweichen. Vom Spezialfall der „tidal dwarf galaxies“ abgesehen, sind Zwerggalaxien nicht das junge Ergebnis einer Wechselwirkung entwickelter Galaxien, sondern zählen zu den ältesten Objekten im Universum und bilden eine eigenständige Klasse.
Man spricht von einer Zwerggalaxie, wenn ihre Flächenhelligkeit gering ist und ihre absolute Helligkeit im Visuellen über −16 Mag liegt. Genau diese schwache Leuchtkraft macht ihr Auffinden schwierig, weshalb ein Vergleich der Häufigkeit von Zwerggalaxien in entfernten Galaxien mit der in der Lokalen Gruppe nur bedingt möglich ist. In dieser findet sich z.B. die Zwerggalaxie Sextans A, die Sternentstehungsgebiete mit hellen, jungen Sternen besitzt sowie rotviolette HII-Regionen, deren Gas von Sternen ihrer Umgebung zum Leuchten angeregt wird. Noch näher als Sextans A liegen die Magellanschen Wolken, zwei größere Begleiter der Milchstraße, die auch zu den irregulären Galaxien gezählt werden. Zwischen diesen beiden Galaxien (und darüber hinaus) existiert eine Materiebrücke aus neutralem Wasserstoff. Neuere Radiobeobachtungen zeigen, dass dieser

„Magellansche Strom" viel weiter reicht und älter ist als bisher angenommen und diese beiden Satellitengalaxien schon vor ihrer Annäherung an die Milchstraße interagierten.
M 31 weist mit NGC 221 und NGC 204 ebenfalls zwei Zwerggalaxien im Nahbereich einer großen Spiralgalaxie auf. Jede der beiden großen Spiralgalaxien der Lokalen Gruppe wird von einem Gesamtsystem aus etwa 40 irregulären, elliptischen und sphäroiden Zwergen umgeben.
Im Vergleich zur Milchstraße besitzt eine durchschnittliche Zwerggalaxie maximal 1/100 der Masse; meist sind die Massen jedoch deutlich geringer. Zwerggalaxien sind allerdings keine Miniaturausgaben einer Spiral- oder Elliptischen Galaxie, sondern stellen einen Galaxientyp dar, dessen Aufbau und Entwicklung sich in grundsätzlichen Dingen von den großen Galaxien unterscheidet. Der wichtigste Unterschied der Zwerggalaxien, abgesehen von den dSph-Galaxien, liegt in ihrer Sternentstehung. Sie zeigen ein deutlich höheres Sternentstehungsniveau als etwa eine Spiralgalaxie.
Die sphäroiden Zwerge haben in der Regel bei einer Vielzahl von Passagen durch den Halo ihrer Muttergalaxie allerhand Gas verloren, sodass die Sternentstehung in ihnen zum Stillstand gekommen ist. In den irregulären Zwerggalaxien verdoppelt sich die Anzahl der Sterne hingegen in zehn Millionen Jahren – im Vergleich dazu würde die Milchstraße 1000-mal länger benötigen, um ihre Sternpopulation zu verdoppeln. Mit dem Weltraumteleskop Hubble konnten in vielen Zwerggalaxien diese hohen Sternentstehungsraten nachgewiesen werden, da die heißen, jungen Sterne den Wasserstoff in den umgebenden Gaswolken der Sternentstehungsgebiete hell aufleuchten lassen. Mit der Entdeckung einer großen Zahl von Zwerggalaxien wurde in den letzten zwei Jahrzehnten der Forschung auch klar, dass diese kleinen, auf Astrofotografien oft unscheinbar wirkenden Galaxien die häufigste Galaxienart im Universum darstellen.
In einem dreijährigen Beobachtungsprogramm (CANDELS, engl. „Cosmic Assembly Near-infrared Deep Extragalactic Legacy Survey") wurde vor einigen Jahren eine Zählung und Einordnung von weit entfernten Galaxien durchgeführt. Mit diesem Blick zurück in frühe Epochen des Universums untersuchten Astronomen, wie sich die Sternentstehungsrate im Laufe der Zeit verändert hat. Im Grunde ist die Sternentstehung ein relativ langsamer Prozess, der sich über viele Milliarden Jahre hinzieht. Doch die CANDELS-Ergebnisse zeigen, dass es Galaxien gibt, die viel größere Raten der Sternentstehung in ihrer Frühzeit aufwiesen. Diese Entdeckung lässt sich nicht mit den bekannten Annahmen zur Entwicklung von Zwerggalaxien erklären.
Im CANDELS-Programm wurden 68 Zwerggalaxien in Aufnahmen entdeckt, die mit dem Weltraumteleskop Hubble im nahen Infrarotbereich gewonnen worden waren. Aus den Ergebnissen kann geschlussfolgert werden, dass Zwerggalaxien vor etwa neun Milliarden Jahren sehr häufig waren und sie in dieser Phase ihrer Existenz eine große Sternentstehungsrate besaßen. Zwerggalaxien enthalten allerdings zu wenig Masse, um diese Rate kontinuierlich aufrechtzuerhalten. Die festgestellten Sternproduktionszahlen stellen daher vielmehr Episoden der Entwicklung dar und unterliegen starken Schwankungen. Prinzipiell läuft Sternentstehung, im Vergleich zur umgebenden Galaxie, auf kleinen Längenskalen ab. So ist der grundlegende Prozess einer abkühlenden und kollabierenden Gaswolke, aus der letztendlich Sterne entstehen, derselbe – ob Spiral- oder Zwerggalaxie. Im Laufe des Lebens eines Sterns wird diese Gaswolke – etwa durch Supernovae – wieder erhitzt und durch Sternwinde verdünnt. Somit kann es wieder zu einem Kollaps der Wolke

Abbildung 5.1: Die Große Magellansche Wolke ist eine Zwerggalaxie des Milchstraßensystems (siehe Seite 298).

kommen, wodurch ein zyklischer Prozess der Sternentstehung beschrieben wird. Mit diesen klassischen Ansätzen können jedoch die beobachteten sehr intensiven Phasen der Sternentstehung nicht erklärt werden.

Neue Theorien gehen daher davon aus, dass die Annahme der kleinen Längenskalen nicht für Zwerggalaxien gilt. Supernovawinde blasen große Mengen an Gas aus dem Innenbereich der Zwerggalaxie. Dies geschieht im Vergleich zu ihrer Gesamtmasse in solch einem Ausmaß, dass durch den Massenverlust die zentrale Materiedichte deutlich verringert wird. Somit kann es im Zentrum nicht zu einer Anhäufung von Sternen kommen, wie man es im Gegensatz dazu beim Bulge einer Spiralgalaxie beobachtet. Die bisherigen Modelle von Zwerggalaxien, die diese wichtige Rolle der Sternentstehungsprozesse nicht berücksichtigen, lieferten einen zu dichten Kernbereich. Nur die in den letzten Jahren benutzten, komplexen Sternwindmodelle, die eine konstante Dichte an Dunkler Materie im Zentrum von Zwerggalaxien annehmen, lassen im Computer solche Galaxien entstehen, wie man sie auch im Kosmos beobachtet. Dabei muss angemerkt werden, dass es eine Untergruppe der Zwerggalaxien gibt, die genau durch diese erhöhte zentrale Sterndichte charakterisiert wird. Sie wird in der Literatur als „nucleated dwarfs“ (dN) bezeichnet.

DIE MASSE-LEUCHTKRAFT-BEZIEHUNG VON GALAXIEN

Die Leuchtkraft einer Galaxie ist als Leistung definiert und beschreibt die von allen Komponenten der Galaxie (Kern, Scheibe, Halo etc.) abgestrahlte Energie pro Zeit. Die gesamte Strahlungsleistung einer Galaxie wird von Astronomen in Sonnenleuchtkräften angegeben, oft nach bestimmten Spektralbereichen differenziert und etwa als Radioleuchtkraft oder Röntgenleuchtkraft bezeichnet. Bei Spiralgalaxien ist die maximale Rotationsgeschwindigkeit mit der Leuchtkraft verbunden. Dies bedeutet, dass hellere Spiralgalaxien auch schneller rotieren. Mit Hilfe dieser sogenannten Tully-Fisher-Relation kann die Leuchtkraft einer typischen Spiralgalaxie ermittelt werden, wenn die Breite der 21-cm-Radiolinie bekannt ist. Diese Linienbreite ist ein Maß der Rotationsgeschwindigkeit. Einen ähnlichen Zusammenhang liefert die Faber-Jackson-Relation der Elliptischen Galaxien, bei der die Korrelation zwischen Geschwindigkeitsdispersion und Leuchtkraft benutzt wird. Je größer die gemessenen Geschwindigkeiten der Sterne im Zentrum sind, desto leuchtkräftiger ist die Elliptische Galaxie.

Zur Bestimmung der Masse einer Galaxie oder eines Galaxienhaufens werden hingegen dynamische Methoden eingesetzt. Meist nutzen Astronomen das Virialtheorem, das die zwischen den zeitlichen Mittelwerten von kinetischer Energie E_{kin} und potenzieller Energie E_{pot} bestehende Beziehung $2 \times E_{kin} = -E_{pot}$ beschreibt. Die Gesamtmasse eines Systems kann damit aus dem Radius und der Verteilung der Geschwindigkeiten berechnet werden. Voraussetzung für die Anwendung des Virialtheorems ist allerdings ein abgeschlossenes System, das auch als relaxiertes System bezeichnet wird und sich in einem Gleichgewichtszustand befindet, der keinen äußeren Störungen unterliegt.

Die Tabelle enthält die mittleren M/L-Werte, die sich für die verschiedenen Typen ergeben, wobei es Ausnahmen gibt, die hier nicht berücksichtigt sind. Für die Milchstraße ergibt sich ein Wert von M/L = 50–80, für Zwerggalaxien in der Lokalen Gruppe findet man in der Literatur M/L-Werte im Bereich von 3–60.

Aus der Physik des Sternaufbaus ergibt sich für Hauptreihensterne ebenfalls eine Masse-Leuchtkraft-Beziehung. Für die Sonne ist M/L = 1, für einen Stern mit vier Sonnenmassen beträgt M/L = 0,2 und nimmt mit wachsender Sternmasse ab. Massearme Sterne unter einer Sonnenmasse liefern Werte M/L > 1, für einen Stern mit 0,5 Sonnenmassen errechnet sich M/L = 2,8. Wäre eine Galaxie nur aus Sternen aufgebaut, könnte die Masse durch Aufsummieren der leuchtenden Materie bestimmt werden und ergäbe kleine, einstellige Werte für M/L. Die errechneten großen M/L-Werte weisen daher auf einen dominierenden Massenbeitrag durch nichtleuchtende Materie hin und werden als Beleg für die Existenz Dunkler Materie betrachtet. Bei Zwerggalaxien fällt auf, dass sie die größte Streubreite der erhaltenen M/L-Werte aller Galaxientypen besitzen. Die elliptischen Zwerggalaxien erreichen so einen Anteil an Dunkler Materie, der dem von großen Elliptischen Galaxien oder Galaxienhaufen entspricht.

Da die Massenbestimmung über das Virialtheorem jedoch ein abgeschlossenes System verlangt, vermuten einige Forscher, dass Zwerggalaxien diese Voraussetzung nicht erfüllen und die Massenwerte aufgrund gravitativer Einflüsse überschätzt werden. So zeigt sich zum Beispiel bei sphäroiden Zwerggalaxien der Trend, dass diejenigen, welche näher am galaktischen Zentrum der Milchstraße liegen, die größten M/L-Werte aufweisen. Untersuchungen der Bewegung der M 31-Begleiter ergaben, dass die Hälfte dieser Zwerggalaxien M 31 in einer gemeinsamen Bahnebene umlaufen. Diese Untergruppe besitzt die gleiche Rotationsrichtung und ähnliche dynamische Parameter und bildet eine planare Gruppe (engl. „co-planar group").

Genau diese Beobachtungen stellen die Annahme in Frage, ob es sich bei den Zwerggalaxien wirklich um abgeschlossene, ungestörte Systeme handelt. Denn nur wenn dies zutrifft, würde zur Erklärung ihres Aufbaus Dunkle Materie benötigt.

	$M/M_\odot$	$L/L_\odot$	M/L
KUGELSTERNHAUFEN	10^5–10^6	10^4–10^6	1–2
ULTRAKOMPAKTE ZWERGGALAXIEN	10^6–10^7	10^6–10^7	2–3
SPHÄROIDE ZWERGGALAXIEN	10^6–10^8	10^6–10^7	3–250
ELLIPTISCHE ZWERGGALAXIEN	10^7–10^9	10^7–10^8	3–300
SPIRALGALAXIEN	10^9–10^{12}	10^8–10^{11}	5–50
ELLIPTISCHE GALAXIEN	10^8–10^{13}	10^7–10^{12}	10–100
GALAXIENHAUFEN	10^{12}–10^{15}	10^{11}–10^{14}	100–500

Die Sternentstehung in Zwerggalaxien weist zudem noch eine weitere Besonderheit auf. Es laufen zwar Prozesse ab, wie man sie auch von größeren Galaxien kennt, allerdings bewirkt die geringe Größe selbst einige Unterschiede. Infolge dieser räumlichen Einschränkung werden gewisse physikalische Grenzen erreicht, die für die Sternentstehung eine Barriere darstellen können. Beobachtungen zeigen, dass in Zwerggalaxien in der Regel wenige Variationen in der Metallizität der Sterne auftreten und schwere Elemente, etwa Eisen, kaum vorkommen. Versuche, diesen Sachverhalt in Simulationen zu modellieren, gelingen nur durch eine Beschränkung der maximalen Masse der Sterne, die in der Zwerggalaxie entstehen. Je massearmer ein Stern ist, desto weniger schwere Elemente kann er durch die Kernfusion produzieren. In den kleinen Galaxien gibt es nach diesem Modell keine großen, massiven Sterne und die ermittelte Grenze liegt bei etwa 25 Sonnenmassen. Im Vergleich dazu erscheinen die schwersten Sterne unserer Milchstraße mit etwa 120 Sonnenmassen geradezu riesig. Diese neuen Erkenntnisse der astronomischen Forschung legen den Schluss nahe, dass Zwerggalaxien nur über ein kleines Sternsortiment mit geringen Sterngrößen verfügen. Der Grund dafür könnte – so aktuelle Vermutungen – in der geringen Massendichte von Zwerggalaxien liegen. Diese bewirkt, dass auch die sternproduzierenden Gaswolken nie einen bestimmten Dichtewert überschreiten. Damit würde auch eine obere Massengrenze für Sterne definiert.

Die verschiedenen Zwerggalaxientypen unterscheiden sich im Hinblick auf ihre Sternentstehungsraten und der stattgefundenen Sternentwicklung. Eine der zuletzt entdeckten Gruppen der UCDs ist durch alte Populationen geprägt und erinnert dabei an die den UCDs ähnlichen Kugelsternhaufen. In den dSph-Galaxien ist dieser Sachverhalt sehr ähnlich und schon seit langem bekannt. Im Vergleich zu Kugelsternhaufen sind UCDs und dSphs jedoch größer, massereicher und von höherer absoluter Leuchtkraft. Sie kommen auf eine enorme Sterndichte von etwa einer Million Sterne pro Kubik-Lichtjahr, bei Durchmessern von 100 Lichtjahren. Das für die UCDs ermittelte Masse-Leuchtkraft-Verhältnis (M/L) ist doppelt so groß wie das der Kugelsternhaufen und liegt somit über den Werten, die sich durch einen einfachen stellaren Aufbau erklären lassen. Es gibt Ansätze, die diese Masse-Leuchtkraft-Werte ohne Dunkle Materie zu erklären versuchen. Dabei wird davon ausgegangen, dass Sterne aufgrund der großen Sterndichte im Zentrum der UCDs miteinander verschmelzen. Dies führt zu massereichen, kurzlebigen Sternen, die in Supernovae enden und in den UCD-Zentren Neutronensterne und stellare Schwarze Löcher entstehen lassen. Sie liefern somit einen nichtleuchtenden Beitrag zur dynamischen Masse der UCDs und erklären das beobachtete Masse-Leuchtkraft-Verhältnis ohne Dunkle Materie. In neuen Studien haben Astronomen die Verteilung der UCDs in Galaxienhaufen mit statistischen Methoden untersucht. Für etwa 180 UCDs des Fornax-Galaxienhaufens konnte nachgewiesen werden, dass sich ihre Leuchtkraftfunktion sehr gut als das helle Ende der Verteilung der Kugelsternhaufen modellieren lässt. Auch die Untersuchungen anderer Galaxienhaufen lassen vermuten, dass es sich bei den UCDs eher um übergroße und sehr helle Kugelsternhaufen als um einen Zwerggalaxientyp handelt.

LITERATUR UND LINKS

Coleman, M. G. u.a.: *Zwerggalaxien unter der Lupe – Dwarf Galaxies under the magnifying glass*, 2009, http://www.mpg.de/345100/forschungsSchwerpunkt1

Da Costa, G.: *Local Group of Galaxies – Research School of Astronomy & Astrophysics*, 2006, http://www.mso.anu.edu.au/~gdc/talks/LocalGroupLect_17Dec2012.pdf

Faber, S. M.: *Masses and Mass-to-Light ratios of Galaxies*, 1980, http://ned.ipac.caltech.edu/level5/Faber/Faber3_2.html

Fendt, C.: *Sternentwicklung*, 2009, http://www.mpia.de/homes/fendt/Lehre/Lecture_ANPh/07_CF_sterne_entwickl-09-06-11.pdf

Frank, M. J. u.a.: *Spatially resolved kinematics of an ultra-compact dwarf galaxy*, Monthly Notices of the Royal Astronomical Society, 414, 2011

Grebe, E. K.: *Dwarf Galaxies as Archaeological Tracers of Galaxy Evolution, Evolution of galaxies, their central black holes and their large-scale environment*, Potsdam, Germany, 2010

Gronwall, C.: *Dwarf Galaxies*, 2012, http://www2.astro.psu.edu/~caryl/a480/lecture9_10.pdf

Hiroyuki, H. u.a.: *Physical Interpretation of the Mass-Luminosity Relation of Dwarf Spheroidal Galaxies*, The Astrophysical Journal, 504, 1998

Ibata, R. A. u.a.: *A vast, thin plane of co-rotating dwarf galaxies orbiting the Andromeda galaxy*, Nature, 493, 2013

Ibata, R. u.a.: *Do globular clusters possess dark matter haloes? A case study in NGC 2419*, 2012, http://mnras.oxfordjournals.org/content/early/2012/11/26/mnras.sts302.full

Mieske, S. u.a.: *The specific frequencies of ultra-compact dwarf galaxies*, Astronomy and Astrophysics, 537, 2012

Mieske, S.: *Ultra-compact dwarf galaxies (UCDs)*, 2012, http://www.eso.org/~smieske/ucds.htm

De Rijcke, S. u.a.: *The internal dynamics of the Local Group dwarf elliptical galaxies NGC 147, 185 and 205*, Monthly Notes of the Royal Astronomical Society, 369, 2006

Stanek, R. und Evrard, A.: *Mass-Luminosity Relationship of Galaxy Clusters*, American Physical Society, Ohio Section Spring Meeting 2004, Ohio University, 2004

Tollerud, E. J. u.a.: *From Galaxy Clusters to Ultra-Faint Dwarf Spheroidals: A Fundamental Curve Connecting Dispersion-supported Galaxies to Their Dark Matter Halos*, 2010, http://arxiv.org/pdf/1007.5311v2.pdf

IC 10

Im Sternbild Cassiopeia steht 12′ nordöstlich eines 9 mag hellen A5-Sternes (außerhalb des Bildfelds) die irreguläre Galaxie IC 10. Ihre Winkelausdehnung beträgt 6,8′ × 5,9′ und für ihre Entfernung zur Milchstraße findet man in den Katalogen 2,8 Millionen Lichtjahre. Trotz des großen Fehlers von 35 %, der in diesem Messwert enthalten ist, kann gefolgert werden, dass IC 10 zur Lokalen Gruppe und somit zu den entfernten Begleitern von M 31 zählt. Wie es schon die diffuse und irreguläre Morphologie nahelegt, ist IC 10 eine irreguläre Zwerggalaxie mit einer absoluten Größe von nur 5600 Lichtjahren. Das Farben-Helligkeits-Diagramm der Sterne von IC 10 zeigt eine für eine Zwerggalaxie ungewöhnlich große Zahl an blauen Sternen.

In IC 10 zeigen sich Staubstrukturen sowie ein Staubband in ihrem südlichen Bereich, an das aktive Bereiche mit HII-Regionen und OB-Assoziationen anschließen. Der Staub spielt eine entscheidende Rolle bei den Prozessen der Sternentstehung. Er schirmt molekulares Gas vor der intensiven Strahlung heißer Sterne ab und verhindert somit dessen Aufspaltung in Atome. In IC 10 konnte nachgewiesen werden, dass molekulares Wasserstoffgas und CO-Gas in 14 großen Wolken, engl. „giant molecular clouds“ (GMC), auftritt. Die einzelnen Massen dieser GMCs liegen bei über 40.000 Sonnenmassen, ihre Gesamtmasse beträgt 400.000 Sonnenmassen. Die durch die Gezeitenkräfte von M 31 und anderen Begleitern induzierte Sternentstehung erreicht in IC 10 einen Wert von 0,2 Sonnenmassen pro Jahr und übertrifft damit typische Werte von normalen Spiralgalaxien. Die vergleichsweise großen Werte sind bei kleinen irregulären Galaxien jedoch immer Momentaufnahmen und können sich aufgrund der begrenzten Gasmengen und der äußeren Faktoren schnell ändern.

OBJEKT	IC 10
STERNBILD	Cassiopeia
REKT.	$00^h\ 20^m\ 17^s$
DEKL.	+59° 18′ 14″
HELLIGKEIT	11,8 mag
TYP	IBm
FOTOGRAFEN	Rainer Sparenberg
TELESKOP	1,12-m-Reflektor
KAMERA	SBIG STL-11000M
BELICHTUNGSZEIT	240 min
ORT	Melle, Deutschland

M 110

Die elliptische Zwerggalaxie M 110 (NGC 205) gehört zu den größeren Begleitgalaxien des Andromeda-Nebels. Ihr Winkeldurchmesser beträgt 21,9′ × 11,0′, was den physikalischen Dimensionen von 16.500 × 8300 Lichtjahren entspricht, wobei eine Entfernung von 2,59 Millionen Lichtjahren zugrunde gelegt wird. Im Vergleich zu M 32, dem anderen nahen Begleiter des Andromeda-Nebels, ist M 110 weiter als dieser entfernt und befindet sich vermutlich, bezogen auf die Position der Milchstraße, dicht hinter der Spiralebene von M 31. M 110 steht etwa 1° nordwestlich des Zentrums von M 31 und ist nach M 32 die zweithellste Zwerggalaxie im Andromeda-System. Verglichen mit M 32 besitzt M 110 fast den zweieinhalbfachen Durchmesser, ihre Morphologie ist aber diffuser und ihre Flächenhelligkeit ist mit 13,8 mag/arcsec^2 deutlich geringer als die von M 32 (12,5 mag/arcsec^2). Beide Begleiter bilden zusammen mit M 31 ein Triplett, das auch als Holmberg 17 bekannt ist. Die Masse der Zwerggalaxie M 110 wird auf 10–15 Milliarden Sonnenmassen geschätzt und das Farben-Helligkeits-Diagramm ihrer Sterne zeigt die Präsenz alter und mittelalter Sterne sowie von entwickelten Roten Riesen. In M 110 konnten bislang zwölf Planetarische Nebel und acht Kugelsternhaufen nachgewiesen werden. Der innere Aufbau der Galaxie ähnelt sehr stark der Zwerggalaxie NGC 185. So sind auch im Zentrum von M 110 Staubstrukturen zu erkennen und Astronomen konnten ebenfalls eine junge Sternpopulation nachweisen. Bemerkenswert ist, dass damit nicht nur ein Beleg für die stattfindende Sternentstehung in der Zwerggalaxie gefunden wurde, sondern auch gezeigt werden konnte, dass die Verteilung der Riesensterne im Farben-Helligkeits-Diagramm Gruppierungen aufweist. Aus den Abständen zwischen diesen Gruppen können Zeiträume abgeleitet, und so ein Szenario einer episodenhaften Sternentstehung beschrieben werden.

Modellrechnungen der Bewegung der beiden nahen Begleiter von M 31 – M 110 und M 32 – führen zu dem Ergebnis, dass deren aktuelle Position und Geschwindigkeit aus zwei geschlossenen Orbits um M 31 resultieren. Der Radius des M 32-Orbits beträgt in diesem Modell 38.000 Lichtjahre mit einer Umlaufdauer von 270 Millionen Jahren. Der Orbit von M 110 ist mit einem Radius von 41.000 Lichtjahren größer; mit 290 Millionen Jahren benötigt die Galaxie außerdem mehr Zeit für den Umlauf. Die Modelle der Forscher liefern weitere Bahnparameter: So ist die Bahnebene von M 32 fast polar, die Ebene, in der M 110 umläuft, steht hingegen in einem Winkel von etwa 45° zur Hauptebene der Andromeda-Galaxie. Für M 32 liegt das letzte Durchlaufen dieser M 31-Hauptebene 130 Millionen Jahre zurück, für M 110 sind seitdem 93 Millionen Jahre vergangen. Als M 110 diese Ebene mit hoher Teilchendichte durchlief, kam es zur letzten intensiven Wechselwirkung zwischen M 31 und M 110. Dieser Zeitpunkt bestätigt gut die nachgewiesenen Episoden der Sternentstehung in M 110.

OBJEKT	M 110
STERNBILD	Andromeda
REKT.	00h 40m 22s
DEKL.	+41° 41′ 07″
HELLIGKEIT	8,9 mag
TYP	E5 pec
FOTOGRAFEN	Volker Wendel
TELESKOP	380-mm-Reflektor
KAMERA	SBIG ST-10XME
BELICHTUNGSZEIT	115 min
ORT	Weisenheim am Berg, Deutschland

NGC 185 / NGC 147

Die Zwerggalaxie NGC 185 gehört zu den größeren Begleitgalaxien des Andromeda-Nebels M 31. Sie steht in einer Entfernung von 2,20 Millionen Lichtjahren und über ihren Winkeldurchmesser von 11,7′ × 10,0′ errechnet man einen maximalen Durchmesser von 7500 Lichtjahren. Der Andromeda-Nebel ist 2,56 Millionen Lichtjahre von der Erde entfernt und NGC 185 steht 7,3° nördlich – in dichter Nachbarschaft zu NGC 147 (siehe rechte Seite). Der Abstand beider Galaxien zueinander beträgt 55′, woraus sich ein Projektionsabstand von 35.200 Lichtjahren ergibt.
In der Literatur finden sich für NGC 185 sowohl Typisierungen als sphäroide wie auch als elliptische Zwerggalaxie. Die sphäroiden Zwerggalaxien (dSph) enthalten kaum Gas und besitzen keine jungen Sterne, wodurch sie leuchtschwächer sind als elliptische Typen (dE). Es könnte sich bei NGC 185 aufgrund der geringen Flächenhelligkeit somit um eine sphäroide Zwerggalaxie handeln. Dagegen spricht, dass die Galaxie Staub und Gas im Zentrum aufweist. Ein visueller Beleg sind die zwei zentralen Staubstrukturen, die auf der Aufnahme zu sehen sind. Im Gegensatz dazu ist NGC 147 frei von Gas und Staub und Astronomen konnten zeigen, dass in NGC 185 eine Population junger, blauer Sterne im Zentrum zu finden ist. Die beiden Partner NGC 185 und NGC 147 unterscheiden sich also deutlich hinsichtlich ihrer chemischen Zusammensetzung, und somit auch in Bezug auf ihr Entwicklungsstadium. Diesem Ansatz folgend,

OBJEKT	NGC 185
STERNBILD	Cassiopeia
REKT.	00^h 38^m 58^s
DEKL.	+48° 20′ 15″
HELLIGKEIT	10,1 mag
TYP	E3 pec
FOTOGRAFEN	Johannes Schedler
TELESKOP	400-mm-Reflektor
KAMERA	SBIG STX-16803
BELICHTUNGSZEIT	760 min
ORT	Panther Observatory, Wildon, Österreich

NGC 147, Aufnahme: Bernhard Hubl, 300-mm-Reflektor, SBIG ST-2000XM, 606 min, Nussbach, Österreich.

bilden die Zwerggalaxien kein wechselwirkendes Paar, sondern stehen im Raum hintereinander, wobei NGC 147 etwa 180.000 Lichtjahre weiter entfernt ist.

Das infrarote Spektrum von NGC 185 zeigt Emissionslinien von komplexeren Molekülen, sogenannte polyzyklische aromatische Kohlenwasserstoff-Verbindungen, und Absorptionslinien, die auf Silikate – also Staub – zurückgehen. Beide spektralen Signaturen sind Hinweise auf stattfindende Sternentstehung, die einen Zeitraum von 100 Millionen Jahren umfasst, aber nur eine geringe Sternentstehungsrate besitzt. Zusammen mit anderen schwachen Emissionslinien im Spektrum erfüllt NGC 185 somit formell die Anforderungen, um sie als Seyfert-2-Galaxie zu kategorisieren – obwohl die Galaxie keinen aktiven Kernbereich mit Schwarzem Loch enthält. Die Seyfert-2-Zuordnung, die Kataloge zu dieser Galaxie angeben, ist somit nicht korrekt, da die Emissionslinien nicht durch ein aktives Zentrum erzeugt werden, sondern auf einer Überlagerung von stellaren Emissionsprozessen beruhen.

Bei einer Umgebungsuntersuchung von 57 Quadratgrad um M 31 (Megacam CCD Array, Canada-France-Hawaii Telescope, Mauna Kea, USA) wurden weitere Zwerggalaxien gefunden. In neueren Studien zu M 31 entdeckten Astronomen mit Hilfe des „Sloan Digital Sky Survey" (SDSS) weitere Zwerggalaxien, die jedoch mehr als 950.000 Lichtjahre von M 31 entfernt sind. Somit liegen sie außerhalb des Virialradius der Galaxie und werden gravitativ kaum mehr durch M 31 beeinflusst. Im Andromeda-Nebel konnten Astronomen mehr als zwei Dutzend Zwerggalaxien nachweisen; die größten Begleiter sind hier M 32, NGC 205, NGC 185 und NGC 147. Zusätzlich zu den vielen dSph-Begleitern, die als Andromeda I bis Andromeda XXVIII bezeichnet werden, ergaben weitere Untersuchungen der letzten Jahre sowohl im Halo der Milchstraße als auch im M 31-System zahlreiche Sternströme. Der „Andromeda stream" ist der wohl bekannteste von ihnen. Die Halostruktur hat sich allerdings als noch viel detaillierter erwiesen. Dies zeigt einerseits, dass bis in die jüngste Vergangenheit zahlreiche Zwerge akkretiert wurden, andererseits aber noch immer zahlreiche weitere auf ihr bevorstehendes kannibalisches Ende warten.

KLEINE MAGELLANSCHE WOLKE

Die Kleine Magellansche Wolke (SMC, NGC 292) ist nur etwa halb so groß wie die LMC und ist mit 200.000 Lichtjahren weiter von der Milchstraße entfernt als ihr größerer Begleiter. Trotz der in der Entfernungsangabe enthaltenen Ungenauigkeit von ±10 % kann angenommen werden, dass die SMC 35.000 Lichtjahre weiter von der Erde entfernt ist als die LMC. Der Winkelabstand der Zentren beider Magellanschen Wolken liegt bei etwa 20°; die SMC steht mit −73° Deklination weiter südlich als die LMC mit −69°. Die Winkelausdehnung der SMC von 5° 20′ × 3° 5′ macht sie zu einem idealem Feldstecherobjekt. Allerdings müssen mitteleuropäische Amateurastronomen bis zum Äquator reisen, damit sich die kulminierende SMC 17° über den Südhorizont erhebt.

Am rechten Rand der Aufnahme findet sich der Kugelsternhaufen 47 Tucanae (NGC 104). Er gehört zum Halo der Milchstraße und steht 18.000 Lichtjahre von der Sonne entfernt in Blickrichtung zur SMC. Nach Omega Centauri ist 47 Tucanae der zweithellste Kugelsternhaufen der Milchstraße. Er enthält viele Rote Riesen, die als gelbrote Sterne im Haufen gut zu identifizieren sind. 47 Tucanae besitzt einen Winkeldurchmesser von 30′, sein Durchmesser wird mit 160 Lichtjahren in den Katalogen angegeben. Wie die SMC selbst – ihre visuelle Helligkeit beträgt 2,7 mag – ist auch 47 Tucanae mit einer Helligkeit von 4,0 mag ein Objekt für das bloße Auge. Der Kugelsternhaufen besteht aus einigen Millionen Sternen und erreicht damit zahlenmäßig die Masse einer Zwerggalaxie.

In der SMC gibt es, wie auch in der LMC, einen besonderen Typ großer, dichter Sternhaufen, die Ausdehnungen von bis zu 150 Lichtjahren erreichen. Die überdurchschnittliche Häufigkeit blauweißer Sterne in diesen Haufen führte zu ihrer Beschreibung als „blaue Kugelsternhaufen", obwohl ihre Sternanzahl eher dem der offenen Sternhaufen entspricht. Das zugehörige Farben-Helligkeits-Diagramm dieser Haufen zeigt Hauptreihensterne und blaue Superriesen; das Abknicken der Hauptreihensterne im Diagramm erlaubt den Rückschluss auf ein Alter von 100–130 Millionen Jahren. Damit sind sie deutlich jünger als die Kugelsternhaufen der Milchstraße, die in der Regel mit acht bis zwölf Milliarden Jahren um einiges älter sind. Neben den beiden Magellanschen Wolken werden die „blauen Kugelsternhaufen" außerdem in M 33 beobachtet; in der beobachtbaren Milchstraße sind sie nicht zu finden. Ähnliche Sternhaufen gibt es allerdings in Starburst-Galaxien oder in stark wechselwirkenden Systemen.

Die blauen Riesensterne besitzen Massen von 10–50 Sonnenmassen. Ihre hohe Leuchtkraft im Vergleich zu Roten Riesen ist dadurch zu erklären, dass sie aufgrund ihrer großen Masse das Riesenstadium nach ca. zehn Millionen Jahren wieder verlassen. Außerdem sind sie in Doppelsternsystemen vorzufinden. Durch die Größe des Riesensterns im Doppelsternsystem erreicht dieser die sogenannte Roche'sche Grenze, ab der Materie ohne Energieaufwand auf den oftmals kleineren Begleiter überfließen kann. Handelt es sich bei diesem Begleitstern um einen Weißen Zwerg, einen Neutronenstern oder um ein Schwarzes Loch, kann Materie, die der Riesenstern in Form von Sternwinden verliert, auf den kompakten Begleiter stürzen. Dabei entstehen so hohe Temperaturen, dass es zur Emission von Röntgenstrahlung kommt. Solche Röntgendoppelsternsysteme (engl. „X-ray binaries", XRBs) sind in Kugelsternhaufen häufig anzutreffen, da dort die Entstehung von Doppelsternsystemen durch die hohe lokale Sterndichte begünstigt wird.

In den Magellanschen Wolken wurde mit Beobachtungsdaten des Hochenergiesatelliten HEASARC ein Katalog von Hochenergie-Röntgendoppelsternen (engl. „high mass XRBs") zusammengestellt. Unter all diesen Systemen enthält die SMC mit 92 XRBs sogar mehr als die LMC mit 36 Röntgendoppelsternen.

Bei der Bearbeitung der Aufnahme sind zusätzlich zu den RGB-Daten Belichtungen im Hα-Licht hinzugefügt worden. Diese zeigen deutlich die Lage der aktiven Regionen, in denen junge, heiße Sterne die umgebenden Gaswolken zur Emission anregen und die prominenten HII-Nebel der SMC ausbilden. Die Aufnahme zeigt einen nahezu vertikal verlaufenden, axialen Balken, von dem oben ein nach links laufender und mit vielen hellen Knoten besetzter Spiralarm ausgeht. In diesem sind zahlreiche HII-Regionen und Superriesen enthalten. Ein zweiter, weniger heller Spiralarm führt nach rechts. Er enthält weniger helle Sterne und beherbergt keine Riesensterne. Die sichtbaren asymmetrischen Störungen der Strukturen weisen in Richtung der LMC. Beide Galaxien liegen eingebettet im Magellanschen Strom, einem über 800.000 Lichtjahre langem Schweif aus neutralem Wasserstoffgas. Er zeigt sich auf Weitwinkel-Radiobildern als langes

Band, das sich fast 180° über den Himmel zieht. Der dichteste Bereich dieser Emission ist die Einhüllende der beiden Magellanschen Wolken, wobei davon ausgegangen wird, dass das Wasserstoffgas des Magellanschen Stromes aus den Magellanschen Wolken selbst stammt. So entfernten einerseits die Gezeitenkräfte ihrer Wechselwirkung Gas aus ihren Halos. Der größere Gasverlust wird jedoch durch die starken Sternwinde der Superriesen sowie durch Druckwellen von Supernovae in den vielen aktiven Regionen verursacht. Davon ausgehend, dass der Magellansche Strom den bisherigen Bahnverlauf der beiden Wolken widerspiegelt, kann anhand der Länge des Magellanschen Stromes auf sein Alter von 2,5 Milliarden Jahren geschlossen werden. Zu dieser Zeit begann die Bewegung der Wolken umeinander sowie ihr Umlauf um die Milchstraße.

OBJEKT	SMC
STERNBILD	Tucana
REKT.	$00^h\ 52^m\ 45^s$
DEKL.	−72° 49′ 43″
HELLIGKEIT	2,7 mag
TYP	SB(s)m pec
FOTOGRAFEN	Stefan Binnewies, Rainer Sparenberg
TELESKOP	200-mm-Objektiv
KAMERA	Nikon D850
BELICHTUNGSZEIT	242 min
ORT	Farm Kiripotib, Namibia

M 32

Bei M 32 (NGC 221) handelt es sich um den nächststehenden Begleiter des Andromeda-Nebels. Diese 9,1′ × 6,3 große Zwerggalaxie wird in einigen Katalogen als elliptische Zwerggalaxie beschrieben. Aufgrund ihrer hohen Flächenhelligkeit und ihres kompakten Aufbaus finden sich jedoch auch cE-Typisierungen, die sie als kompakte Elliptische Galaxie einordnen. Bei Betrachtung der Aufnahme kommt außerdem der Eindruck auf, M 32 ähnele dem Kern einer Spiralgalaxie, der die umgebende Scheibe verloren hat. Für diese Hypothese sprechen zum einen die passende Größe von 6500 Lichtjahren und zum anderen die kaum vorhandene Sternentstehung. M 32 ist zum großen Teil aus einer alten Sternpopulation aufgebaut und es finden sich kaum Hinweise auf Gas und Staub in den Spektren ihrer Sterne. Diese Eigenheit ist auch ein Hinweis darauf, dass sich M 32 von der Erde aus gesehen vor der Spiralebene von M 31 befindet. Und es gibt dafür einen weiteren Beleg: Würde das Licht der Sterne durch die gas- und staubreiche Spiralebene von M 31 laufen, könnten Astronomen dies anhand von Absorptionslinien in den Sternspektren nachweisen.

Unter Nutzung des Orbitmodells (siehe Text zu M 110) für M 32 kann abgeleitet werden, dass die 130 Millionen Jahre, die seit dem letzten Durchlaufen der M 31-Hauptebene vergangen sind, 48 % der gesamten Umlaufzeit entsprechen. Damit steht M 32 vor dem nächsten Durchgang, wobei ihr gegenwärtiger Abstand zur Ebene laut Modell etwa 5000 Lichtjahre beträgt.

Weitere Belege für die außergewöhnliche Natur von M 32 liefern die fotometrischen und dynamischen Daten ihrer Sterne. Einerseits messen Forscher ein steiles Helligkeitsprofil vom Rand zum Zentrum hin, andererseits ermitteln sie Spitzen im Verlauf der Rotationsgeschwindigkeiten über das Zentrum hinweg. Die Kombination der Ergebnisse aus den Beobachtungsdaten, die mit erdgebundenen Teleskopen und dem Weltraumteleskop Hubble gewonnen wurden, ergeben nur dann mit den Messwerten kompatible Vorhersagen, wenn innerhalb eines Zentrumsabstandes von 0,85 Lichtjahren ein kompaktes Objekt mit 3,4 Millionen Sonnenmassen platziert wird. Die hierbei benötigte Dichte liefert nur ein supermassives Schwarzes Loch. Ein weiterer Beweis dafür, dass es sich bei M 32 um den Kernbereich einer ehemaligen Spiralgalaxie handeln könnte, ist, dass diese Schwarzen Löcher normalerweise nicht in Zwerggalaxien anzutreffen sind.

OBJEKT	M 32
STERNBILD	Andromeda
REKT.	$00^h\ 42^m\ 42^s$
DEKL.	+40° 51′ 55″
HELLIGKEIT	9 mag
TYP	compact E2
FOTOGRAFEN	Wolfgang Ries, Stefan Heutz
TELESKOP	460-mm-Reflektor
KAMERA	SBIG ST-10XME
BELICHTUNGSZEIT	165 min
ORT	Altschwendt, Österreich

ESO 351-G030

Die Zwerggalaxie ESO 351-G030 (PGC 3589) ist auch als „Sculptor dwarf" bekannt und wird zu den Satellitengalaxien der Milchstraße gezählt. Diese Zwerggalaxie besitzt etwa die gleiche galaktische Länge wie die Magellanschen Wolken. Der Winkelabstand von ESO 351-G030 zur Hauptebene der Milchstraße ist mit −83° allerdings um 45° größer und ihre Entfernung von 260.000 Lichtjahren übertrifft die der Magellanschen Wolken um mehr als 50 %. Ihr Durchmesser beträgt fast 40′ und der physikalische Durchmesser ist mit 3000 Lichtjahren deutlich kleiner als der der Magellanschen Wolken (20 % des SMC-Durchmessers).
1937 entdeckte der Astronom Harlow Shapley die „Sculptor dwarf galaxy" auf Plattenaufnahmen des Harvard 24-Inch Survey Telescope der Boyden Station des Harvard-Observatoriums (Bloemfontein, Südafrika). Die Zwerggalaxie wurde 1982 im *ESO/Uppsala Survey of the ESO(B) Atlas* als ESO 003747-3358.7 katalogisiert. Statt dieser Bezeichnung mit den Koordinaten wird heute oft der Ausdruck ESO 351-G030 genutzt, der die ESO-Feld/Plattennummer sowie die Objektklasse (G = Galaxy) enthält. Bei ESO 351-G030 handelt es sich um eine sphäroide Zwerggalaxie. Auf der Aufnahme ist gut zu erkennen, dass diese dSph-Typen, im Vergleich zu den elliptischen Zwerggalaxien, einen weniger kompakten Aufbau und ein flacheres Intensitätsprofil aufweisen. Astronomen sehen in diesen Galaxien die Überbleibsel von hierarchisch ablaufenden Verschmelzungsprozessen, die große Galaxien, wie die Milchstraße, in mehreren Schritten entstehen ließen.
In Radiobeobachtungen von ESO 351-G030 zeigen sich zwei große Radioblasen, die 15–20′ nordöstlich und südwestlich des Zentrums der Zwerggalaxie entfernt stehen und an die Morphologie großer Radiogalaxien erinnern. Die Galaxie selbst zeigt fast keine Radioemission und der große Teil des nachgewiesenen Wasserstoffgases fällt nicht mit der Lage der Sterne zusammen. Da Zwerggalaxien keinen aktiven Kernbereich besitzen, sind sie selbst nicht in der Lage, eine bipolare Radioemission zu erzeugen. Daher ist es wahrscheinlicher, dass ESO 351-G030 Bestandteil eines Gezeitenstroms ist und die Verteilung von neutralem Wasserstoff entlang dieses Stromes die Radiostruktur verursacht. Verstärkt wird dieser Effekt zum einen durch den Verbrauch von Wasserstoff durch stattgefundene Sternentstehung, zum anderen können Sternwinde das neutrale Gas im interstellaren Medium aufgeschoben haben. Durch diese Mechanismen könnten im Gezeitenstrom vor und nach der Zwerggalaxie Kondensationen aus neutralem Wasserstoffgas entstanden sein. Die Menge an Wasserstoffgas, die man in den Radiobeobachtungen nachweisen kann, entspricht etwa 10 % des Massenverlustes der Riesensterne, die während der stärksten Sternentstehungsphase vor acht bis zehn Milliarden Jahren entstanden sind.

OBJEKT	ESO 351-G030
STERNBILD	Sculptor
REKT.	$01^h\ 00^m\ 09{,}3^s$
DEKL.	−33° 42′ 33″
HELLIGKEIT	8,6 mag
TYP	dSph
FOTOGRAFEN	Dietmar Böcker, Ernst von Voigt
TELESKOP	600-mm-Reflektor
KAMERA	SBIG ST-10XME
BELICHTUNGSZEIT	57 min
ORT	Amani Lodge, Namibia

N

GROSSE MAGELLANSCHE WOLKE

Diese irreguläre Zwerggalaxie ist mit 165.000 Lichtjahren Abstand zum Milchstraßenzentrum die drittnächste Begleitgalaxie. Noch näher stehen nur die Sagittarius- und Canis Major-Zwerggalaxien. Der Name Große Magellansche Wolke (engl. „Large Magellanic Cloud", LMC) geht auf den portugiesischen Seefahrer Ferdinand Magellan (1480–1521) zurück. Seine Weltumsegelung 1519–1522 im Auftrag der spanischen Krone wurde vom italienischen Chronisten Antonio Pigafetta begleitet, der sich für Geographie und Astronomie interessierte. Ihm ist zu verdanken, dass die zwei Begleiter der Milchstraße – die Große und die Kleine Magellansche Wolke – beschrieben wurden und in die europäische Wissenschaft Einzug hielten. Der persische Astronom Abd ar-Rahman as-Sufi hatte, dank seines Zugangs zum Südhimmel, in seinem Hauptwerk *Buch der Fixsterne* aus dem Jahr 964 die LMC bereits dargestellt.

Die LMC besitzt eine Masse von etwa zehn Milliarden Sonnenmassen und damit 1/20 der Masse der Milchstraße. Das und ihr Durchmesser von 31.000 Lichtjahren macht sie im Vergleich zu anderen Zwerggalaxien zu einem bemerkenswert großen Vertreter. In der Lokalen Gruppe ist sie nach der Milchstraße, M 31 und M 33 die viertgrößte Galaxie. Ihre Ausdehnung am Himmel mit allen Ausläufern liegt bei 10,7° × 9,2°, und die etwa 100 Quadratgrad machen die LMC zum ausgedehntesten extragalaktischen Objekt, das mit bloßem Auge beobachtet werden kann. Die sichtbare Längsstruktur im Inneren der LMC kann als Balken interpretiert werden und die nur schwach zu erkennenden Spiralarme lassen den Schluss auf einen wenig entwickelten Balkenspiraltyp zu. Ihre geringe Rotationsgeschwindigkeit von 40 km/s könnte außerdem als Anzeichen für eine zurückliegende Wechselwirkung interpretiert werden, die ein bestehendes Spiralarmmuster zerstört hat. Die auf der invertierten Aufnahme zu sehenden schwachen Lichtbögen, die die LMC links umlaufen und als Fortsatz unter der LMC weiterführen, sind Gezeitenschweife, die aufgrund der Wechselwirkung mit der Kleinen Magellanschen Wolke (SMC) entstanden sind. Eine genaue Zuordnung wird jedoch durch galaktischen Zirrus erschwert.

Die Große Magellansche Wolke enthält einige Dutzend NGC-Objekte, wobei NGC 2070 (30 Doradus) ein Haufen junger, heißer Riesensterne ist, der im bekannten Tarantelnebel eingebettet ist. In diesem Haufen ist mit R136a1 einer der massereichsten und hellsten Sterne (265 Sonnenmassen)

OBJEKT	LMC
STERNBILD	Dorado
REKT.	$05^h\ 23^m\ 35^s$
DEKL.	−69° 45′ 22″
HELLIGKEIT	0,9 mag
TYP	SB(s)m
FOTOGRAFEN	Stefan Binnewies, Rainer Sparenberg
TELESKOP	28-mm-Weitwinkel-Objektiv
KAMERA	Canon EOS 5D
BELICHTUNGSZEIT	3 min
ORT	Atacamawüste nahe Cerro Armazones, Chile

enthalten. Die innere Struktur von NGC 2070 besteht aus etwa 30 kleineren Haufen, sogenannten „subclusters" (Unterhaufen). Jeder von ihnen umfasst 10–150 Sterne und repräsentiert Filamente größerer Bögen mit 30–60 Lichtjahren Durchmesser. Das ionisierte Gas in diesen Bögen modelliert die hellen Lichtverläufe im Zentrum des Tarantelnebels. Die Analyse der Farben-Helligkeits-Diagramme der Unterhaufen in NGC 2070 ergab, dass diese in Nähe des Zentrums die helleren, massiveren Sterne enthalten. Die Unterhaufen am Rand von NGC 2070 besitzen hingegen weniger helle Sterne, was durch ein höheres Alter oder andere physikalische Rahmenbedingungen in der Randzone erklärt werden kann. Diese Ausnahmestellung der LMC in Bezug auf die Sternentstehung wird auch durch die Supernova 1987A belegt. Sie explodierte in der LMC, sodass es sich um die nächstgelegenste und somit hellste Supernova seit 1604 handelt.

Die hohen Sternentstehungsraten in der LMC werden durch die großen Sterndichten belegt, die in einigen Regionen 100.000-mal höher sind als in der Umgebung der Sonne. Auch besitzt die LMC eine Metallizität, die nur etwa halb so groß ist wie die der Milchstraße. Das begünstigt die Entstehung großer Sterne. Die aktiven Regionen führen zur Ausprägung großer Blasen, die Größen von einigen Hundert Lichtjahren erreichen können, und durch Sternwinde und Stoßwellen heißer Sterne und Supernovae verursacht werden. So haben Astronomen in der LMC 60 Kugelsternhaufen, 400 Planetarische Nebel und Hunderttausende von Riesensternen und Superriesen gefunden – eine enorme Dichte an Objekten, die die Sonderstellung der LMC als eine der aktivsten Galaxien der Lokalen Gruppe belegt.

Die Bestimmung von Entfernungen und Geschwindigkeiten ist gerade bei nahen Objekten wie der LMC besonders schwierig, da sich enthaltene systematische Fehler prozentual stark auswirken können. Ein Beispiel ist die mit Hilfe der LMC-Cepheiden geeichte Perioden-Leuchtkraft-Korrelation mit Cepheiden als Standardkerzen zur Entfernungsbestim-

Ein Blick ins Zentrum der Großen Magellanschen Wolke. Aufnahme: Stefan Binnewies, 105-mm-Refraktor und Rollfilm Kodak Panther 400, 90 min, Insel Réunion, Frankreich.

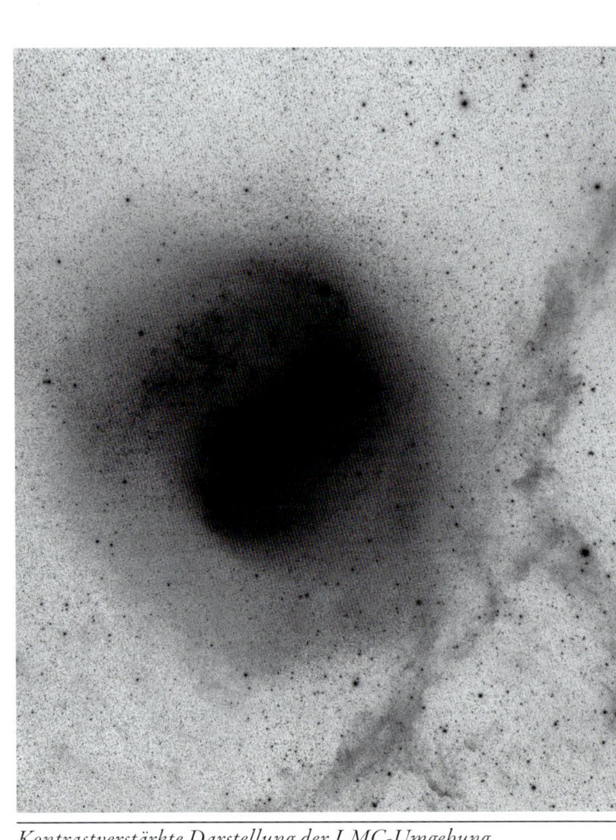

Kontrastverstärkte Darstellung der LMC-Umgebung. Aufnahme: Stefan Binnewies, Rainer Sparenberg, 85-mm-Objektiv, Canon EOS 6D, 120 min, Farm Kiripotib, Namibia.

mung. So konnten aktuelle Forschungen belegen, dass sich die Magellanschen Wolken schneller auf die Milchstraße zubewegen als bisher vermutet wurde.
Zur Analyse der Kinematik der Magellanschen Wolken und der Milchstraße nutzen Astronomen Simulationsrechnungen, wobei die dreidimensionalen Positionen und Geschwindigkeiten den Ausgangspunkt bilden. So kann gezeigt werden, dass die LMC die Milchstraße in einem exzentrischen Orbit mit einem Durchmesser von zwei Millionen Lichtjahren umläuft; dicht begleitet von der Kleinen Magellanschen Wolke (SMC, mit 15 % der LMC-Masse). Aufgrund der schnelleren Bewegung hin zur Milchstraße vermuten Forscher, dass dies die erste Annäherung an diese ist. Sie führte unter anderem zur beobachteten vermehrten Sternentstehung, als die Wolken in den letzten ein bis drei Milliarden Jahren mit dem Halogas der Milchstraße zu wechselwirken begannen. Durch die größeren Geschwindigkeiten folgt jedoch auch eine kürzere Wechselwirkungszeit. Sie wirft neue Fragen auf, wie etwa die nach der Entstehungsursache der verbogenen Scheibe der Milchstraße, die bislang nur durch mehrere bereits stattgefundene Umläufe der Begleitgalaxien erklärt werden kann.
Eine weitere Frage, die sich Astronomen in Bezug auf die Magellanschen Wolken stellen, ist die nach der Einzigartigkeit solcher Zwerggalaxien als Begleiter großer Spiralgalaxien. Um diese Frage zu beantworten, benutzten sie Daten des „Sloan Digital Sky Survey“ (SDSS Data Release 7). Sie extrahierten milchstraßenähnliche Spiraltypen aus dem SDSS-Spektralkatalog sowie Kandidaten möglicher Magellanscher Wolken aus dem Fotometrie-Katalog. Daraus wurde anschließend berechnet, mit welcher Wahrscheinlichkeit große Spiralgalaxien Magellansche Begleiter aufweisen. Die Berechnung ergab, dass 82 % der milchstraßenähnlichen Galaxien keine dieser Begleiter besitzen. 12 % besitzen im statistischen Mittel einen Begleiter und nur bei 3,5 % finden sich zwei Begleiter wie bei der Milchstraße. So scheint es, dass die Magellanschen Wolken nicht nur aufgrund ihrer hohen Sternentstehungsraten eine besondere Rolle unter den Zwerggalaxien einnehmen, sondern dass ihre Existenz selbst schon einen kosmischen Ausnahmefall darstellt. Dem Kopernikanischen Prinzip folgend, das besagt, dass die Erde und die Milchstraße keine privilegierte Position im Weltall einnehmen, ergibt sich ein Widerspruch zur nachgewiesenen Begleiterbesonderheit der Milchstraße. Dieser wäre dadurch aufzulösen, dass die Magellanschen Wolken als vorübergehendes Phänomen angenommen werden. In einigen Milliarden Jahren würde die Milchstraße ihre Begleiter verlieren entweder durch Verschmelzung oder durch deren Entweichen aus dem Schwerefeld. Dann entspräche das Milchstraßensystem wieder dem statistischen Normalfall.

Der Tarantelnebel (oben links) in der LMC. Aufnahme: Johannes Schedler, 140-mm-Refraktor, SBIG STL-11000, 210 min, Farm Hakos, Namibia.

IC 1613

Die irreguläre Galaxie IC 1613 ist ein Mitglied der Lokalen Gruppe, das in einer Entfernung von 2,4 Millionen Lichtjahren zur Erde steht. Damit ist sie etwa gleich weit wie der Andromeda-Nebel entfernt. Allerdings besteht ein Winkelabstand von über 40° zwischen beiden Objekten, sodass IC 1613 nicht als Begleiter des Andromeda-Nebels angesehen werden kann. Die Größe von IC 1613 beträgt 16,2′ × 14,5′ und ihre Helligkeit liegt unter 10 mag. Der maximale physikalische Durchmesser misst 11.300 Lichtjahre. Der Größe und Typisierung dieser Galaxie folgend, liegt sie morphologisch zwischen der Kleinen und Großen Magellanschen Wolke.
Verglichen mit beiden Magellanschen Wolken weist IC 1613 allerdings deutliche Unterschiede auf. So ist ihr Aufbau kompakter und die Verteilung der Sterne konzentriert sich auf einen zentralen Bereich von etwa 9′ Durchmesser.
IC 1613 besitzt keine aktive Sternentstehungshistorie wie die LMC und SMC und es fehlen die Hinweise auf mehrere Sterngenerationen. Astronomen messen in IC 1613 nur eine kleine Sternentstehungsrate, die durch die geringe Metallizität der irregulären Galaxie verursacht wird. Daher zeigt die Aufnahme nur am linken, östlichen Rand der Galaxie einige aktive Bereiche. Dort finden sich außerdem junge, massive Sterne in OB-Assoziationen. Diese OB-Sterne sind relativ kurzlebig und ihre kurze Altersspanne ist ein guter, kompakter Indikator für die chemische Zusammensetzung des Gases in der Galaxie.
So ergibt sich für die Galaxie eine typische Anzahl von OB-Sternen in diesen Assoziationen, woraus auch eine typische Größe folgt. Im Fall von IC 1613 bestehen diese Assoziationen meist aus weniger als zehn Sternen; etwa die Hälfte dieser Gruppen besteht aus drei OB-Sternen. Nur 10 % erreichen die Zahl von zehn OB-Sternen. Die mittlere Größe der OB-Assoziationen liegt zwischen 140 und 200 Lichtjahren. In großen Gruppen kann mittels Radiobeobachtungen außerdem der Zusammenhang zum Auftreten von neutralem Wasserstoff, wie in IC 1613, hergestellt werden. In diesen befinden sich die aktiven Sternentstehungsregionen und es zeigen sich außerdem Schalen aus Wasserstoffgas, die durch die Sternwinde der OB-Sterne mit Energie versorgt werden. In größerem Umfang sind sie auch in den Magellanschen Wolken anzutreffen.

OBJEKT	IC 1613
STERNBILD	Cetus
REKT.	$01^h\ 04^m\ 48^s$
DEKL.	+02° 07′ 04″
HELLIGKEIT	9,9 mag
TYP	IB(s)m
FOTOGRAFEN	Bernhard Hubl
TELESKOP	101-mm-Refraktor
KAMERA	SBIG ST-2000XM
BELICHTUNGSZEIT	143 min
ORT	Steinbach am Ziehberg, Österreich

NGC 2976

Die Galaxie NGC 2976, laut der *NASA Extragalactic Database* (NED) als SAc typisiert, liegt etwa 1,5° von M 81 entfernt und gehört zur M 81-Gruppe, die zusammen mit NGC 4236 und NGC 2403 ein 24° langes, zusammenhängendes Filament aus Galaxien am Himmel bildet. Die Entfernung von NGC 2976 zur Milchstraße beträgt 11,3 Millionen Lichtjahre und liefert einen Skalierungsfaktor von 3300 Lichtjahren für eine Bogenminute. Der Winkeldurchmesser von 5,9′ × 2,7′ führt damit zu einem maximalen Durchmesser von 19.400 Lichtjahren, sodass NGC 2976 kleiner als die Große Magellansche Wolke ist. Daher muss NGC 2976 auch als Zwerggalaxie der M 81-Gruppe katalogisiert werden. Ihre Morphologie weicht deutlich von der einer normalen Spiralgalaxie ab, da NGC 2976 keinen Bulge besitzt, keine Balken im Inneren aufweist und keine Spiralarme ausgebildet hat, sondern nur Ansätze eines flokkulenten Musters besitzt, das die Scheibe fast vollständig ausfüllt. Auffällig ist, dass der Scheibenrand dichte Staubstrukturen und Sternentstehungsgebiete besitzt sowie zwei große HII-Regionen, die sich diametral gegenüberstehen. Außerhalb des Scheibenrandes zeigt NGC 2976 einen diffusen Ring, der im Vergleich zum inneren Bereich aus deutlich älteren Sternen aufgebaut ist. Astronomen nehmen an, dass NGC 2976 durch Wechselwirkungen in der M 81-Gruppe große Teile ihres Gases eingebüßt hat und der Rest ins Zentrum der Galaxie geströmt ist. In den letzten 500 Millionen Jahren führte dies zu einer hohen Sternentstehungsrate im Bereich der inneren Scheibe. Da der Zustrom von Gas heute jedoch nicht mehr vorhanden ist, wird es in den nächsten 500 Millionen Jahren zu einer Abnahme dieser Aktivität kommen.

OBJEKT	NGC 2976
STERNBILD	Ursa Major
REKT.	$09^h\ 47^m\ 15^s$
DEKL.	+67° 54′ 59″
HELLIGKEIT	10,8 mag
TYP	SAc pec
FOTOGRAFEN	Volker Wendel
TELESKOP	380-mm-Reflektor
KAMERA	SBIG ST-10XME
BELICHTUNGSZEIT	190 min
ORT	Weisenheim am Berg, Deutschland

HOLMBERG II

Bei Holmberg II (UGC 4305, Arp 268) handelt es sich um eine irreguläre Galaxie, die der Galaxiengruppe um M 81 zugeordnet wird. Ihre Entfernung beträgt 11,4 Millionen Lichtjahre und ihre Winkelausdehnung von 7,9′ × 6,3′ entspricht einem mittleren Durchmesser von 26.200 Lichtjahren. Holmberg II besitzt einen unregelmäßigen, trichterartigen Aufbau, der von mehreren Blasen durchzogen ist. Diese sind einige Tausend Lichtjahre groß und von aktiven Regionen umgeben, die kettenförmig aufgereihte OB-Assoziationen und HII-Regionen beinhalten. Besonders auffällig ist ein u-förmiger Verlauf aktiver Zonen am Ost-Ende von Holmberg II. Er reicht über eine Bogenminute weit, sodass seine Länge über 3300 Lichtjahren entspricht. Die einzelnen aktiven Zonen haben fast gleiche Durchmesser von 400–500 Lichtjahren. Studien zu Holmberg II beschreiben sie als irreguläre Zwerggalaxie, deren Struktur und Aussehen an die Große Magellansche Wolke erinnert, weshalb sie in der Literatur auch als „dwarf magellanic galaxy" beschrieben wird. Dies bedeutet auch, dass Holmberg II deutliche Zeichen aktiver Sternentstehung aufweist und somit einen Übergangstyp zwischen einer gasarmen Zwerggalaxie und einer normalen Galaxie darstellt.

Bemerkenswert ist dabei, dass irreguläre Galaxien wie Holmberg II keine Spiralebene mit differentieller Rotation oder einen zentralen Bulge besitzen, die in die Blasenstruktur dieser Zwerggalaxie eingreifen. Somit ist es möglich, dass diese Sternentstehungsregionen über einen Zeitraum stabil sind, den sie in einer Spiralgalaxie niemals erreichen würden. So können mehrere Sternpopulationen aufeinander folgen, da mit den Mischprozessen und Gasverdichtungen, die eine Supernova in ihrer Umgebung bewirkt, immer wieder neue Sternentstehungsregionen ausgebildet werden. In einer Zwerggalaxie kann die Sternentstehung damit als Kettenreaktion weitgehend ungestört ablaufen.

Das optische Spektrum der Galaxie Holmberg II zeigt starke Emissionslinien der Elemente Wasserstoff und Sauerstoff. Angeregt wird diese Strahlung durch Photoionisation, d.h. durch das energiereiche Licht junger, heißer Sterne, das die umgebenden Gasnebel zum Leuchten bringt. Die zwei stärksten Linien sind die von Wasserstoff Hα (656,3 nm) sowie die Sauerstofflinie [OIII] (436,3 nm), die in der Wissenschaft auch als „temperatursensitive" Linie bezeichnet wird. Aus der Linienstärke kann mit Hilfe physikalischer Anregungsmodelle die Temperatur der Emissionsregionen ermittelt werden. Bei spektroskopischen Untersuchungen der Galaxie haben Astronomen mehrere verschiedene Positionen des Spektralspalts gewählt, um die Temperaturen der verschiedenen aktiven Regionen der Galaxie zu studieren. Die Linienintensitäten lieferten dabei Temperaturen im Bereich von 12.500–15.600 K. Zudem konnte nachgewiesen werden, dass Holmberg II im Vergleich zu anderen Zwerggalaxien zwar eine ähnliche Leuchtkraft, aber auch eine unterdurchschnittliche Metallizität aufweist. Diese Metallizität, die in der Astronomie die Häufigkeit von schwereren Elementen als Helium angibt, wurde anhand des Verhältnisses von Sauerstoff zu Wasserstoff ermittelt. Diese Verhältniszahl liegt bei Holmberg II unterhalb des Mittelwertes, den man aufgrund der Leuchtkraft der Zwerggalaxie erwarten würde. Aus allgemeineren Betrachtungen des Zusammenhangs zwischen Leuchtkraft und Metallizität bei Zwerggalaxien abgeleitet, führen diese Beobachtungen zu der Annahme, dass Holmberg II eine Zwerggalaxie mit besonders starker Leuchtkraft ist. Als Beleg für die Richtigkeit dieser Vermutung führen Astronomen im Spektrum von Holmberg II die Helium II-Emissionslinie (468,6 nm) an, die auf eine zusätzliche Ionisationsquelle hinweist. Dies könnten sogenannte Wolf-Rayet-Sterne sein, die 20- bis 100-mal massereicher sind als die Sonne. Am Ende ihres Sternenlebens wird die Außenhülle abgestoßen und ihr heißer Kern freigelegt. Dieser sendet mächtige Sternwinde aus, die das ausgestoßene Material zu einem umgebenden, expandierenden Nebel formen. Die hohe Strahlungsenergie des Kerns bringt die entstandene Gasblase um den Wolf-Rayet-Stern schließlich zum Leuchten. Man nimmt an, dass die massereichen Vertreter dieser Sterne nur wenige Zehntausend Jahre nach dieser Phase als Supernovae enden.

Die hohen Temperaturen dieser Bereiche machen sie auch für die Röntgenastronomie interessant, in der Holmberg II und andere irreguläre Galaxien mit Satellitenbeobachtungen untersucht werden. An Stellen, an denen die Röntgenstrahlung örtlich aufgelöst werden konnte, war es möglich, sie den großen Blasen mit heißem Gas zuzuordnen. Bei Holmberg II fiel im Vergleich zu anderen Galaxien auf, dass die Röntgenemission von einer Punktquelle ausgeht, die zwar eine zeitliche, aber nicht periodische Variabilität auf Skalen von Tagen bis einigen Monaten aufweist. Diese be-

sonders leuchtkräftige Röntgenquelle (engl. „ultraluminous X-ray source“, ULX) erhielt den Namen Holmberg II X-1 und wurde von mehreren Missionen eingehend untersucht. Eine eindeutige Typisierung von Holmberg II X-1 ist allerdings schwierig, da die Quelle inmitten einer Sternentstehungsregion liegt und die Messdaten durch andere nahe Quellen kontaminiert sein könnten. Es wird vermutet, dass es sich bei Holmberg II X-1 um ein stellares Schwarzes Loch mit einer Masse von 10–20 Sonnenmassen handelt, auf das Materie einströmt und das von einer kompakten Gaswolke umgeben ist. Der Ort dieser ULX befindet sich in der Aufnahme im unteren Bereich der anfangs beschriebenen u-förmigen Struktur.

OBJEKT	Holmberg II
STERNBILD	Ursa Major
REKT.	$08^h\ 19^m\ 05^s$
DEKL.	+70° 43′ 12″
HELLIGKEIT	11,1 mag
TYP	Im
FOTOGRAFEN	Bernhard Hubl
TELESKOP	305-mm-Reflektor
KAMERA	SBIG ST-2000XM
BELICHTUNGSZEIT	468 min
ORT	Nussbach, Österreich

N

IC 2574

Der amerikanische Astronom Edwin Foster Coddington, der am Lick-Observatorium (University of California, USA) mit dem Crocker Photographic Telescope nach Kometen und Asteroiden suchte, entdeckte 1898 auf einer Fotoplatte die irreguläre Zwerggalaxie IC 2574 in Ursa Major. Später wurde sie auch als „Coddington-Nebel" bekannt. Diese Zwerggalaxie gehört zur M 81-Galaxiengruppe und zählt mit einer Winkelausdehnung von 13,2′ × 5,4′ und einer visuellen Helligkeit von 10,8 mag zu den fünf größten Galaxien dieser Gruppe. Diese besteht aus insgesamt 30 Mitgliedern und ihre größten Galaxien sind M 81, NGC 2403 und NGC 4236. Die Entfernung von IC 2574 zur Milchstraße beträgt 12,5 Millionen Lichtjahre und ihre Größe von etwa 48.000 Lichtjahren übertrifft die der Starburst-Galaxie M 82 (40.000 Lichtjahre Durchmesser).

Im Vergleich zu M 81 erscheint IC 2574 als „gedimmte" Variante einer irregulären Galaxie, obwohl auch in ihr in vielen aktiven Bereichen neue Sterne entstehen. In der Astronomie wird die Aktivität durch die Sternentstehungsrate (engl. „star formation rate", SFR) beschrieben und in Einheiten von Sonnenmassen pro Jahr angegeben. In IC 2574 liegt diese Rate bei etwa 0,1 Sonnenmassen pro Jahr. In der größeren Milchstraße schwankt die Sternentstehungsrate zwischen 0,5 und 1,6 Sonnenmassen pro Jahr. Bei diesem Vergleich muss allerdings beachtet werden, dass in der Milchstraße die Spiralarme als Generatoren für Sternentstehung auf großen Skalen zur Verfügung stehen und die Metallizität des Gases, das für Sternentstehung zur Verfügung steht, in irregulären Galaxien geringer ist als in Spiralgalaxien. Es existiert also ein fundamentaler Zusammenhang zwischen der Sternentstehungsrate, der Metallizität und der stellaren Masse einer Galaxie. In Bezug auf die Zwerggalaxie folgt, dass sie meist gasreiche Systeme mit geringer Metallizität sind, jedoch keinen oder kaum Staub enthalten, und die größte Streuung der Metallizität aller Galaxientypen aufweisen. Grund dafür ist, dass in ihnen klumpige Verteilungen der Materie, also besonders hohe lokale SFR-Werte, einen signifikanten Beitrag zur Sternentstehung liefern.

In vielen Zwerggalaxien liegen die Sternentstehungsgebiete in der Peripherie großer Blasenstrukturen mit HI-Defiziten im Zentrum. In IC 2574 fanden Forscher eine Besonderheit eines solchen schalenartigen Gasgebildes: eine „supergiant shell" (SGS). Sie weist eine Ausdehnungsgeschwindigkeit von 25 km/s und einen enormen Durchmesser von 2600 Lichtjahren auf, was auf ein Alter von 15,8 Millionen Jahre schließen lässt. Die Masse an Wasserstoff, der in dieser Gasblase enthalten sein muss, beträgt 820.000 Sonnenmassen. Am Rand dieser Blase wird das Gas von innen aufgeschoben und es entstehen neue Sternhaufen, die dazu beitragen, dass die SGS in IC 2574 die Infrarotleuchkraft der Galaxie dominiert. Auf der Aufnahme kann man die SGS am linken, nördlichen Rand von IC 2574 anhand der dichten Haufen aus hellen, blauweißen Sternen leicht identifizieren. Diese heißen Sterne emittieren außerdem ultraviolette Strahlung, die in einer staubreichen Umgebung absorbiert und als infrarotes Licht wieder abgestrahlt wird. Zwischen den verschieden Indikatoren für eine hohe Sternentstehungsrate, wie etwa der Hα-Intensität oder der Infrarotleuchtkraft, bestehen Zusammenhänge, die von Astronomen benutzt werden, um die wirkenden Prozesse innerhalb einer Galaxie genau zu studieren. IC 2574 wurde mit dem Spitzer Space Telescope im Rahmen des „Spitzer Infrared Nearby Galaxies Survey" (SINGS) mit der Infrared Array Camera und dem Multiband Imaging Photometer des Satelliten im Oktober und November 2004 insgesamt 127 Minuten und 36 Sekunden beobachtet. Im infraroten Spektrum, im Bereich von 24–160 µm, ist der Sternhaufen, der im Zentrum der SGS liegt und von dichten Zonen aus Staub und Gas umgeben ist, zu erkennen. Die Infrarotmessungen zeigen, dass die Temperaturen dieses Staubes um den Faktor drei variieren, und die wärmsten Regionen 30 Kelvin erreichen.

OBJEKT	IC 2574
STERNBILD	Ursa Major
REKT.	$10^h\ 28^m\ 23^s$
DEKL.	+68° 24′ 44″
HELLIGKEIT	10,8 mag
TYP	SAB(s)m
FOTOGRAFEN	Rainer Sparenberg
TELESKOP	1,12-m-Reflektor
KAMERA	SBIG STL-11000
BELICHTUNGSZEIT	290 min
ORT	Melle, Deutschland

LEO I

Bei der Zwerggalaxie Leo I handelt es sich um eine sphäroide Zwerggalaxie, die in einem Winkelabstand von 20′ dicht neben dem Stern Regulus in der Aufnahme zu sehen ist. Im Vergleich zu den anderen Zwerg-Begleitgalaxien der Milchstraße ist die Zwerggalaxie Leo I mit 789.000 Lichtjahren relativ weit entfernt und erscheint daher mit ihrer Winkelausdehnung von 9,8′ × 7,4′ recht kompakt; ihre wahre Größe wird mit 2300 × 1700 Lichtjahren angegeben. Leo I entfernt sich mit +285 km/s von der Milchstraße, und ihr Winkelabstand von 120° zu den Zwerggalaxien Ursa Minor und Draco, die sich auf die Milchstraße zubewegen, ist ebenfalls ein Hinweis darauf, dass Leo I zu einem anderen Gezeitenstrom gehört, der die Milchstraße umgibt.

Im Rahmen des „Leiden/Dwingeloo HI-Survey" (1997, Dwingeloo Radio Observatory, Niederlande) haben Astronomen die Zwerggalaxien der Lokalen Gruppe untersucht. Mit einer Auflösung von 36′ war die Auflösung des Radioteleskops jedoch schlechter als die Maße der knapp 10′ großen Zwerggalaxie. Der Geschwindigkeitsbereich, der damit untersucht werden konnte, lag bei −450 km/s bis +400 km/s und war für die Lokale Gruppe ausreichend. Für dSph-Zwerge der Lokalen Gruppe wurde so nur etwa bei der Hälfte eine HI-Emission festgestellt – Leo I zeigte dabei eine differenzierte Intensitätsverteilung. Im Gegensatz dazu war in den Zwerggalaxien Ursa Minor, Draco und Leo II keine Radioemission nachweisbar. Das Radiobild zeigt Leo I nicht als Punktquelle, sondern als Teil einer Struktur aus mehreren Emissionsbändern. Astronomen sprechen hier von einer hoch-fragmentierten Emission, die einige Winkelgrade weit reicht, und deren Bänder 30–60′ breit werden können. Leo I liegt am Rand eines solchen Bandes, das in dichter Nachbarschaft zwei HI-Emissionsknoten in 40′ Abstand aufweist.

Die Lehrmeinung zu Zwerggalaxien beschreibt diese Typen als gasarme oder gasfreie Systeme, wodurch die Frage aufkommt, wie Zwerggalaxien überhaupt Radioquellen darstellen können. Die Forschung erklärt dies durch sogenannte Hochgeschwindigkeitswolken (engl. „high velocity clouds", HVC), die das galaktische Zentrum umlaufen und mit den Materieströmen assoziiert sind. Diese Wolken bestehen überwiegend aus atomarem Wasserstoff mit einer geringen Metallizität, die nur einem Zehntel der solaren Umgebung entspricht. Das in der Leiden/Dwingeloo-Studie bei einigen Zwerggalaxien beobachtete atomare Wasserstoffgas dieser Wolken kann der Einhüllenden der Zwerggalaxie zugeordnet werden, nicht aber ihrem Zentrum. Dies erklärt auch, warum andere Radiobeobachtungen der Kerne von Zwerggalaxien, bei denen Teleskope besserer Auflösung genutzt wurden, keine Radioemission nachweisen konnten.

OBJEKT	Leo I
STERNBILD	Leo
REKT.	$10^h\ 08^m\ 28^s$
DEKL.	+12° 18′ 23″
HELLIGKEIT	11,2 mag
TYP	dE3
FOTOGRAFEN	Stefan Binnewies
TELESKOP	13-cm-Reflektor
KAMERA	Nikon D850
BELICHTUNGSZEIT	60 min
ORT	Vulkan-Eifel, Deutschland

LEO II

Die Aufnahme zeigt die Zwerggalaxie Leo II, die einem lockeren Kugelsternhaufen ähnelt und mit einer Winkelausdehnung von etwa 11′ kompakter als andere Zwerggalaxien ist, die die Milchstraße umlaufen. Der Durchmesser dieser sphäroiden Zwerggalaxie beträgt etwa 2200 Lichtjahre, ihre Entfernung ist mit 710.000 Lichtjahren angegeben. Der Fehler dieser rotverschiebungsunabhängigen Entfernungsbestimmung ist mit 4,6 % deutlich geringer als für andere Zwerggalaxien.

Bei dem gelben Stern im Zentrum von Leo II handelt es sich lediglich um einen Vordergrundstern, die Zwerggalaxie selbst besitzt kein ausgeprägtes Zentrum. Auf der Aufnahme ist außerdem rechts unterhalb von Leo II eine RGB-Spur zu sehen, die durch einen während der Aufnahme vorüberlaufenden Asteroiden verursacht wurde.

In einer Studie zu Leo II haben Astronomen die Roten Riesensterne in den Zwerggalaxien mit spektroskopischen Methoden untersucht. Darin wurde zunächst anhand der gemessenen Verschiebungen der Kalzium-Spektrallinien festgestellt, ob der Rote Riese ein Stern der Zwerggalaxie ist, oder ob es sich um einen Milchstraßenstern im Vordergrund handelt. In Leo II besitzt die Metallizität der Roten Riesensterne eine große Streubreite, die über eine Größenordnung hinausreicht. Die daraus abgeleiteten Altersschätzungen liefern Sternalter von 2–15 Milliarden Jahren; das Alter der dominanten Population liegt bei neun Milliarden Jahren. Leo II weist zudem keinen Altersgradienten zwischen Innen- und Außenbereich auf, wie er in anderen Zwerggalaxien beobachtet wird, die Phasen intensiver Sternentstehung durchlaufen haben.

Die Analysen ergaben außerdem eine dreidimensionale Verteilung der Relativgeschwindigkeiten der Sterne in der Zwerggalaxie. Anhand des Mittelwertes der Messungen wurde die Relativgeschwindigkeit der Zwerggalaxie zu 79,1 ± 0,6 km/s bestimmt. Die Dispersion der Radialgeschwindigkeiten, d.h. die Breite der erhaltenen Verteilung, beträgt 6,6 ± 0,7 km/s. Diese Verteilung ist flach und zeigt, dass die Radialgeschwindigkeit eine Konstante innerhalb der Zwerggalaxie darstellt. Dies wird als ein Hinweis darauf gesehen, dass Leo II über ihre gesamte Größe durch Dunkle Materie bestimmt sein könnte. Problematisch erscheint dabei allerdings, dass die Dunkle Materie wegen der kleinen Abmessung der Galaxie auch nur einen sehr kleinen Raum beanspruchen kann. Dies steht in einem Widerspruch zum Modell der „cold dark matter“ (CDM), das von Verteilungen der Dunklen Materie auf großen Skalen ausgeht und zudem postuliert, dass im Zentrum von Galaxien eine Konzentration der Dunklen Materie auftritt.

Gerade die erstaunlich großen Masse-Leuchtkraft-Verhältnisse der Zwerggalaxien machen sie zu einem idealen Studienobjekt zur Existenz Dunkler Materie sowie zur Überprüfung der zugehörigen Modelle. Weiterhin sind sie besonders für Beobachtungen mittels Hochenergie-Satelliten wie dem FERMI GAMMA-RAY SPACE TELESCOPE interessante Untersuchungsobjekte. Bei der Suche nach diesen Signalen, die sich aus der Teilchen-Vernichtungsstrahlung sogenannter WIMPs („Weakly Interacting Massive Particles“) ergeben würden, haben Astronomen zehn Zwerggalaxien der Milchstraße beobachtet. In ihnen konnte jedoch keine derartige Gammastrahlung nachgewiesen werden, was entweder die WIMPs als mögliche Kandidaten für Dunkle Materie relativiert oder die Modellannahme von Dunkler Materie in Zwerggalaxien in Frage stellt.

OBJEKT	Leo II
STERNBILD	Leo
REKT.	11h 13m 29s
DEKL.	+22° 09′ 06″
HELLIGKEIT	12,6 mag
TYP	dE0
FOTOGRAFEN	Frank Sackenheim
TELESKOP	80-mm-Refraktor
KAMERA	SBIG ST-8300M
BELICHTUNGSZEIT	620 min
ORT	Neroth, Deutschland

URSA MINOR DWARF

Bei der Zwerggalaxie Ursa Minor Dwarf (UGC 9749, PGC 54074) handelt es sich um eine kleine Satellitengalaxie der Milchstraße. Sie wurde 1954 von Albert G. Wilson am Lowell-Observatorium entdeckt. Neben der Ursa Minor Dwarf-Galaxie entdeckte er drei weitere Zwerggalaxien, die alle zur Milchstraße gehören (Leo I und II, Draco Dwarf). Um die Milchstraße kreisen einige Dutzend dieser Zwerggalaxien. Die Zwerggalaxien der Lokalen Gruppe kann man in die Typen irreguläre, elliptische und sphäroide Zwerge unterteilen. Die Letzteren sind deutlich diffuser und erscheinen weniger definiert als die Zwergellipsen, wobei ein Vergleich mit normalen Galaxien aufgrund der verschiedenen Maßstäbe nicht aussagekräftig ist. Ursa Minor Dwarf wird als dSph klassifiziert, wobei sie lediglich als leichte Aufhellung in der Mitte der rechten Bildhälfte wahrzunehmen ist. Bei den Sternen in dSph-Galaxien handelt es sich um eine alte Population. Die meisten Sterne sind mehrere Milliarden Jahre alt, und da diese Galaxien kaum Gas enthalten, kommt es nicht zur Entstehung neuer Sterne.
Die Fluchtgeschwindigkeit der Ursa Minor-Zwerggalaxie beträgt –247 km/s – sie bewegt sich also auf die Milchstraße zu und zeigt, dass die relativen Geschwindigkeiten der Galaxien in der Lokalen Gruppe stark streuen und sogar negativ werden können. Für eine Entfernungsbestimmung müssen Astronomen daher auf andere Verfahren zurückgreifen. Diese erbrachten eine Distanz von 220.000 Lichtjahren, wobei diese Entfernungsbestimmung jedoch einen Fehler von 22 % (NED-Angaben) besitzt. Die Größe von Ursa Minor Dwarf am Himmel liegt bei 30′ × 19′, ihre physikalische Größe errechnet sich zu 1900 × 1200 Lichtjahren.

Die Anzahl der Sterne einer Zwerggalaxie übertrifft in der Regel die eines galaktischen Kugelsternhaufens; ihre räumliche Konzentration ist jedoch um Größenordnungen geringer. Die Forschung konnte in den letzten Jahren zeigen, dass erst ab einer Zahl von mindestens zehn Millionen Sternen in einem Raumareal von 1000 Lichtjahren die Stabilitätsgrenze für Zwerggalaxien überschritten wird. Der Anteil an Dunkler Materie in den Zwerggalaxien übertrifft prozentual deutlich den einer normalen Spiralgalaxie, und es scheint, dass die Zwerggalaxien die ersten Kondensationen von leuchtender Materie um diese Ansammlungen von Dunkler Materie sind. In einem hierarchischen Entstehungsszenario geht anschließend eine große Galaxie aus vielen dieser Zwerge durch eine Reihe von Verschmelzungen hervor.

OBJEKT	Ursa Minor Dwarf
STERNBILD	Ursa Minor
REKT.	$15^h\ 09^m\ 08^s$
DEKL.	+67° 13′ 21″
HELLIGKEIT	11,9 mag
TYP	E
FOTOGRAFEN	Stefan Binnewies, Josef Pöpsel
TELESKOP	600-mm-Reflektor
KAMERA	SBIG STL-11000
BELICHTUNGSZEIT	470 min
ORT	Skinakas Observatorium, Kreta, Griechenland

DRACO DWARF

Die Milchstraße besitzt im Entfernungsbereich zwischen 50.000 Lichtjahren und 800.000 Lichtjahren elf Zwerggalaxien, die alle gravitativ gebunden sind. Dazu zählt auch die sphäroide Zwerggalaxie UGC 10822 im Sternbild Draco, die als schwach leuchtende Wolke im Zentrum der Aufnahme zu sehen ist. Diese Galaxie zählt zu den leuchtschwächsten Begleitern der Milchstraße und steht in einer Entfernung von 265.000 Lichtjahren. Ihre Relativgeschwindigkeit liegt mit –292 km/s nahe am Wert der Ursa Minor Dwarf-Galaxie, die zu Draco Dwarf einen Winkelabstand von 20° und somit eine ähnliche galaktische Orientierung hat. Der Durchmesser von Draco Dwarf beträgt 2800 Lichtjahre. Zwerggalaxien besitzen in der Regel geringe Massen und eine Ausdehnung im Raum von lediglich mehreren Hundert bis wenigen Tausend Lichtjahren. Diese Ausdehnung macht sie anfällig für die lokal differenzierte Wirkung der Gezeitenkräfte, die die Milchstraße auf die sie umlaufenden Zwergbegleiter ausübt. Bei typischen Bahnradien von bis zu 60.000 Lichtjahren werden die Zwerggalaxien auseinandergezogen und können sogar zerrissen werden. Ihre Überbleibsel verteilen sich entlang der ehemaligen Bahnen und erlauben Forschern dann einen direkten Einblick in die kinematischen Verhältnisse im Umfeld der Milchstraße. Anhand dieser Beobachtungen kann die Frage nach der Existenz von Materieströmen beantwortet werden, die aus Gruppen von Zwerggalaxien hervorgehen und große Galaxien wie die Milchstraße oder auch den Andromeda-Nebel umgeben. Im Umkehrschluss lässt sich durch die Kinematik der Zwerge auch das Gravitationspotenzial der Milchstraße untersuchen, um Modelle für die Massenverteilung in der galaktischen Ebene einem Test zu unterziehen.

Die wirkenden Gezeitenkräfte stellen allerdings auch ein Hindernis dafür dar, Zwerggalaxien als im dynamischen Gleichgewicht befindliche Systeme anzusehen. Die Massenabschätzung gestaltet sich daher schwierig und es kann davon ausgegangen werden, dass die ermittelten Massen eher zu groß sind. Somit besitzt wahrscheinlich auch das auffällig große Masse-Leuchtkraft-Verhältnis, das in Zwerggalaxien ermittelt wurde, einen systematischen Messfehler. Dieses Masse-Leuchtkraft-Verhältnis liegt bei Zwerggalaxien im Bereich von 30–100, für die Draco-Zwerggalaxie finden sich in der Literatur Werte von 60–250. Spiralgalaxien liefern im Vergleich dazu unter Nutzung kinematischer Methoden Masse-Leuchtkraft-Verhältnisse im Bereich von 30, Elliptischen Galaxien zwischen 10 und 20. Die besonders großen Masse-Leuchtkraft-Verhältnisse, die einige Zwerggalaxien aufweisen, gehen somit vermutlich auch auf einen beitragenden Gezeitenkräfte-Effekt zurück und sind nicht nur auf einen überdurchschnittlich großen Anteil Dunkler Materie zurückzuführen. Zukünftige astrometrische Missionen können helfen, diese Frage zu klären, da mit genaueren Bahngeschwindigkeitsmessungen das Perizentrum eines Zwerggalaxien-Umlaufs besser berechnet werden kann. Je größer das tatsächliche Masse-Leuchtkraft-Verhältnis ist, desto geringer ist der kleinstmögliche Abstand des Perizentrums. Mit einer Verhältniszahl von 30 ergibt sich ein Abstand von 156.000 Lichtjahren, aus einem Verhältniswert von 100 folgt sogar, dass eine Zwerggalaxie einen Perizentrumsabstand von nur 81.000 Lichtjahren unbeschadet überstehen kann.

OBJEKT	Draco Dwarf
STERNBILD	Draco
REKT	$17^h\ 20^m\ 12^s$
DEKL.	+57° 54′ 55″
HELLIGKEIT	10,9 mag
TYP	E pec
FOTOGRAFEN	Bernhard Hubl
TELESKOP	101-mm-Refraktor
KAMERA	SBIG ST-2000XM
BELICHTUNGSZEIT	540 min
ORT	Schlierbach, Österreich

NGC 6822

NGC 6822 ist eine irreguläre Zwerggalaxie, die auch als „Barnards Galaxie“ bekannt ist. Diese Zwerggalaxie steht zwar näher zur Milchstraße als zum Andromeda-Nebel, sie wird aber aufgrund des großen Abstandes zu den beiden großen Galaxien der Lokalen Gruppe oft als ein isoliertes Gruppenmitglied beschrieben. NGC 6822 wurde 1884 durch den amerikanischen Astronomen Edward Emerson Barnard entdeckt, einen der ersten Pioniere der Astrofotografie. Er beobachtete NGC 6822 zuerst mit einem 5-Zoll-Refraktor und beschrieb das Objekt in seinen Notizen als „exzessiv schwachen Nebel“.

Die Winkelausdehnung von NGC 6822 liegt bei 14′ × 18′; die sichtbare Balkenstruktur im Inneren misst 6′ × 11′. Aus der Entfernung zur Milchstraße, die 1,62 Millionen Lichtjahre beträgt, ergibt sich ein Durchmesser von 8500 Lichtjahren. Der gelbliche Farbeindruck von NGC 6822 wird durch viele mittelalte Sterne bestimmt, allerdings trägt auch die Extinktion ihres Lichts durch die Hauptebene der Milchstraße dazu bei. Die Zwerggalaxie steht mit einer galaktischen Höhe von nur −18° hinter dieser staub- und gasreichen Zone, die sich auf der Übersichtsaufnahme durch schwache, schräg durch das Bild verlaufende Schleier – dem galaktischen Zirrus – offenbart. Die Detailaufnahme lässt am nördlichen Rand der Zwerggalaxie einige auffallend rot leuchtende Gasblasen erkennen, bei denen es sich um HII-Regionen mit dazugehöri-

OBJEKT	NGC 6822
STERNBILD	Sagittarius
REKT.	$19^h\ 44^m\ 58^s$
DEKL.	−14° 48′ 12″
HELLIGKEIT	9,3 mag
TYP	IB(s)m
FOTOGRAFEN	Stefan Binnewies, Rainer Sparenberg
TELESKOP	105-mm-Refraktor
KAMERA	SBIG ST-2000XM
BELICHTUNGSZEIT	180 min
ORT	Amani Lodge, Namibia

Große HII-Regionen in NGC 6822. Aufnahme: Rainer Sparenberg, Stefan Binnewies, 600-mm-Reflektor, SBIG ST-10XME, 180 min, Amani Lodge, Namibia.

gen OB-Sternen handelt. In NGC 6822 sind mittlerweile über 150 dieser HII-Regionen katalogisiert worden, deren Durchmesser Werte von 600 Lichtjahren erreichen.

Der erste Schritt zur kosmischen Entfernungsbestimmung ist die Nutzung von Cepheiden als Standardkerzen, die eine Gruppe von pulsationsveränderlichen Sternen sind. Zwischen ihrer absoluten Helligkeit und dem Logarithmus ihrer Lichtwechselperiode besteht ein linearer Zusammenhang. Er erlaubt es den Astronomen, aus den gemessenen Perioden die absolute Helligkeit M zu ermitteln und mittels der scheinbaren Helligkeit m den Entfernungsmodul (m – M) und damit die Entfernung zu berechnen. Finden sich in einer Galaxie mehrere Cepheiden, ergibt sich eine gemittelte Entfernung, wodurch der statistische Fehler auf wenige Prozent reduziert werden kann. Edwin Hubble war der erste Astronom, der in NGC 6822 nach Cepheiden suchte und elf davon identifizieren konnte. Diese erste Entfernungsbestimmung führte Hubble durch, nachdem er das Verfahren bei den Magellanschen Wolken genutzt hatte und bevor er mit seinen Studien zum Andromeda-Nebel begann.

Bei einer Beobachtungskampagne im Jahr 2002 am William Herschel Telescope (WHT, Öffnung 4,2 Meter, La Palma, Spanien) wurden in zwei Nächten die Farbhelligkeiten Tausender Sterne detektiert, um daraus ein Farben-Helligkeits-Diagramm von NGC 6822 anzufertigen. Die Fotometriedaten der Sterne bestätigten die durch die Cepheiden gefundene Entfernung. Andererseits zeigte sich den Forschern, dass das bei NGC 6822 gefundene Intervall der Metallizitäten doppelt so weit gespreizt ist wie das der Metallizitäten der Magellanschen Wolken. Weiterhin wies dieses Intervall zwei Maxima auf. Dies offenbart zwei zurückliegende Epochen der Sternentstehung in NGC 6822, die etwa zwei Milliarden Jahre auseinanderliegen und nacheinander die schwereren Elemente entstehen ließen. Unter Nutzung der relativen Geschwindigkeit von 64 km/s, die NGC 6822 bezogen auf das Zentrum der Lokalen Gruppe besitzt, hat die Galaxie zwischen diesen Sternentstehungsepochen 430.000 Lichtjahre zurückgelegt. Dies lässt auf eine Wechselwirkung mit einem anderen Mitglied der Lokalen Gruppe zu dieser Zeit schließen, wodurch die erste aktive Phase der Sternentstehung hervorgerufen wurde.

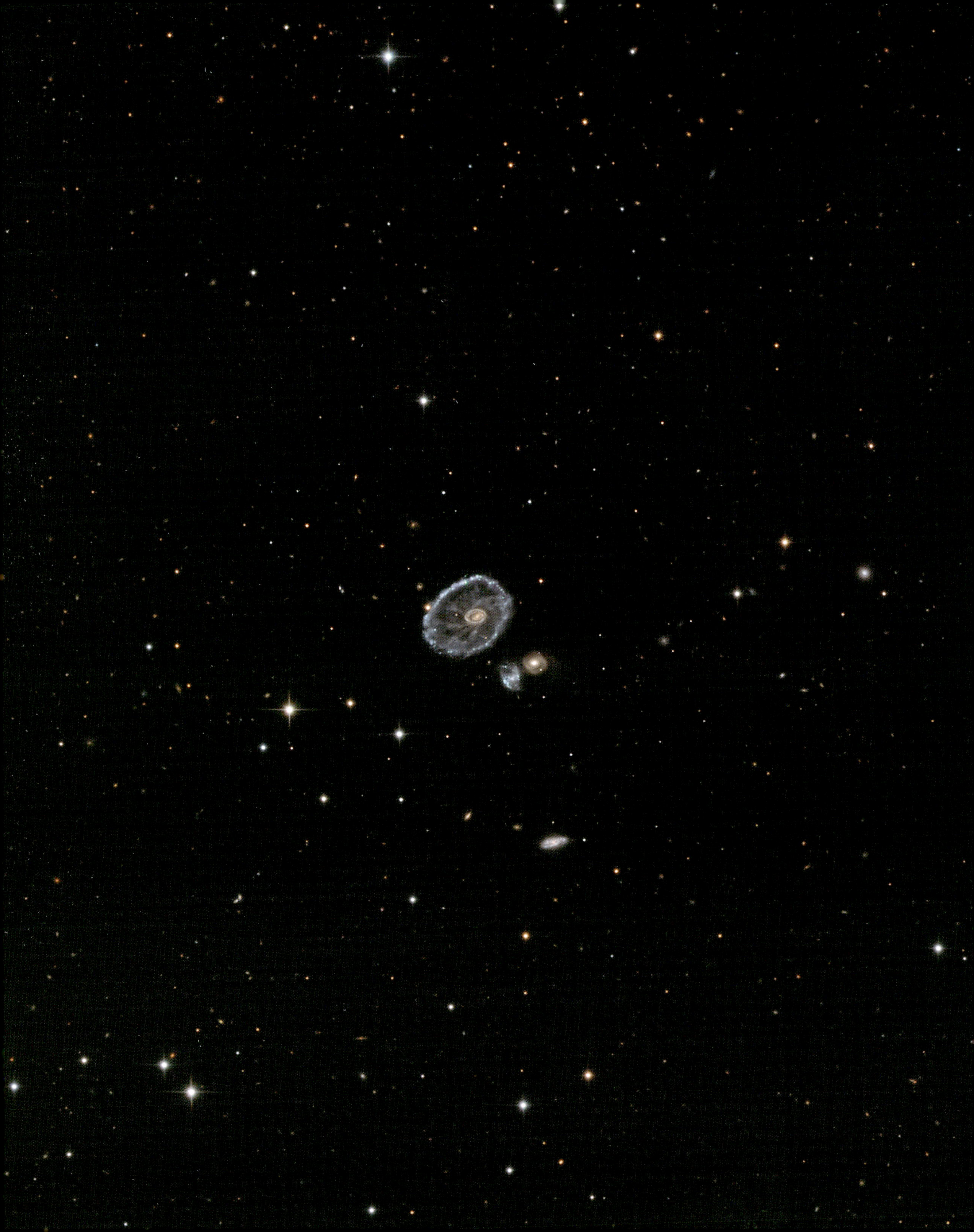

RINGGALAXIEN

Die Gesamtheit der Galaxien bietet einen Reichtum an verschiedenartigen Formen. In dieser Vielzahl fallen einige besonders schöne Beispiele auf, die sich durch Ringstrukturen hervorheben. Diese galaktischen Ausnahmeerscheinungen haben verschiedene Ursachen.

DIE MORPHOLOGIE DER RINGGALAXIEN

Wie schon bei den irregulären und wechselwirkenden Galaxien handelt es sich auch bei den Ringgalaxien um galaktische Sonderfälle, deren Vorgeschichte eine entscheidende Rolle spielt. Sie sind das Resultat des Zusammenstoßes zweier Galaxien, der etwas Neues entstehen ließ – eine Ringgalaxie. Neben einer hellen Zentralkomponente besitzt dieser Galaxientyp einen Ring, der meist symmetrisch zum Zentrum orientiert ist. Die Größe des Rings übertrifft dabei deutlich die Größe der zentralen Komponente. Auf Fotos ist dieser Ring sehr auffällig, da hier helle Sternentstehungsgebiete mit jungen, massiven Sternen zu sehen sind. Man erkennt meist eine Blaufärbung des Rings, die im farblichen Kontrast zur gelblichen Zentralkomponente steht. Die Farben dieser Komponenten erinnern an eine Spiralgalaxie mit ihrem Bulge und den Spiralarmen, weshalb der Ring mit einem in sich geschlossenen Spiralarm vergleichbar ist. Diese morphologische Besonderheit hat de Vaucouleurs in seinem Klassifikationsschema explizit berücksichtigt; es wird (R) vor die Galaxienbeschreibung gestellt, wenn man einen Ring beobachtet.
Betrachtet man die Ringmorphologie genauer, so fallen von Galaxie zu Galaxie Unterschiede auf. Daher werden zwei Fälle unterschieden: a) Der Ring entstand durch eine echte Kollision zweier Partnergalaxien, b) Die Ringstruktur ergab sich als Aufwicklung aus den Gezeitenschweifen zweier umkreisender Partnergalaxien.
Bei letzterem Fall spielt allerdings die Perspektive eine wichtige Rolle, denn die Gezeitenschweife ergeben nur aufeinanderliegend betrachtet einen ausreichend hellen Ring. In der Fachliteratur werden die aus einem Zusammenstoß hervorgegangenen Ringgalaxien als „true colliding galaxies" bezeichnet. Aber auch hier kann ein flacher Blickwinkel auf die Ringebene dazu führen, dass man den Ring nicht erkennt, da er von Staubregionen oder Teilen der Spiralarme überdeckt wird. Es wird davon ausgegangen, dass nur etwa 30 % aller Ringgalaxien sicher identifiziert werden können. Dabei beinhaltet diese Abschätzung auch die Fehlklassifikationen von Balkenspiralgalaxien mit ringförmigen Strukturen im Ansatz der Spiralarme. Ein Beispiel einer solchen falsch klassifizierten Ringgalaxie ist NGC 2381, die sich als SB-Typ erklären lässt und deren Spiralarme einen Pseudo-Ring ausgebildet haben. Auffällig ist dieser perspektivisch bedingte Fehler besonders bei der Betrachtung einer Gruppe von Ringgalaxien – hier finden sich überverhältnismäßig viele Ringgalaxien des Typs „face-on". Davon ausgehend, dass ein Beobachter eine Gleichverteilung der Orientierungen von Ringebenen sieht, weist dieses „face-on"-Übergewicht auf einen Auswahleffekt hin – ein Teil der Ringgalaxien wird also übersehen.
Einen Sonderfall stellen die polaren Ringgalaxien dar. Die Mitglieder dieser Untergruppe der Ringgalaxien bestehen aus einer lentikularen oder elliptischen Zentralgalaxie, die meist als „host galaxy" bezeichnet wird. Diese Komponente wird von einem Ring aus Gas, Staub und Sternen umgeben. Die Bezeichnung „polar" bedeutet hier, dass die Rotationsebenen der Zentralgalaxie und die des Rings senkrecht zueinander stehen, sodass der Ring die Pole der Zentralgalaxie durchläuft. Physikalisch beschrieben bilden die beiden Drehimpulse einen rechten Winkel und verursachen damit die dynamische Besonderheit dieses Aufbaus. Polare Ringgalaxien sind seltene Ausnahmen – nur bei etwa 0,5 % der lentikularen Galaxien und bei wenigen Spiralgalaxien zeigt sich ein polarer Ring. Da auch der Nachweis dieser Ringgalaxien negativ durch die Beobachtungsrichtung beeinflusst wird, schätzt man den tatsächlichen Anteil von polaren Ringgalaxien auf etwa 4 %.
Polare Ringe enthalten meist weniger Material und somit auch weniger Masse als die zentrale Galaxie und ihre Radien übertreffen die Skalenlängen der zentralen Galaxie deutlich. Es gibt allerdings auch Fälle, in denen die Größe der Galaxie und die des Rings einander entsprechen. Daher nutzen einige Astronomen die relative Ringgröße und unterscheiden so

Die Ringgalaxie ESO 350-40 erscheint als weitgehend isolierte Feldgalaxie und verweist so auf ihre Verschmelzungs-Vorgeschichte (siehe Seite 320). Aufnahme: Chart 32-Team (800-mm-Reflektor).

Abbildung 6.1: Die Galaxie NGC 3718 besitzt einen komplexen Aufbau, der durch eine verdrehte Hauptebene bestimmt wird (siehe Seite 330).

zwischen Galaxien mit engen Ringen (engl. „narrow rings", „short rings") und Galaxien mit weiten Ringen (engl. „wide annulus", „extended rings"). Bei Galaxien mit engem Ring handelt es sich um polare Ringgalaxien, deren Ringgröße dem optischen Durchmesser der Zentralgalaxie entspricht. Beispiele hierfür sind ESO 415-G26, NGC 2685, IC 1689 und AM 2020-504. Den zweiten Fall beschreiben Galaxien mit größeren, weitreichenden Ringen. Die Ausdehnung dieser Ringe erreicht typischerweise das Zwei- bis Dreifache der Größe der Zentralgalaxie. Als Beispiele werden oft die Galaxien UGC 7576, NGC 4650A, UGC 9796 und NGC 5122 genannt. Sie fallen außerdem durch eine spezielle Morphologie auf, bei der die Scheibe das Erscheinungsbild der Ringgalaxie dominiert. Der Kern ist kompakt und in der Regel lichtschwächer als bei vergleichbaren frühen Galaxientypen. Diese auffällige Scheiben-Dominanz führt dazu, dass diese Galaxien auch als polare Scheibengalaxien, engl. „polar disk galaxies", beschrieben werden. Beide Typen, die polaren Ringgalaxien und die polaren Scheibengalaxien, unterscheiden sich jedoch nicht nur durch die Ringgrößen, sondern auch in der Lage der Ringe. So stellten Astronomen fest, dass die Ringebenen der polaren Scheibengalaxien stärker von der Senkrechten abweichen als es die engen Ringe der polaren Ringgalaxien tun. Die Inklination der Ebene weiter Ringe liegt zwischen 5° und 25°; bei Galaxien mit engen Ringen liegen die meisten Werte unter 15°.

DIE ASTROPHYSIK DER RINGGALAXIEN

Vergleiche von Ringgalaxien mit Spiralgalaxien zeigen, weshalb vor allem Ringgalaxien besonders interessante und vielversprechende Studienobjekte darstellen: Durch die Einfachheit des dynamischen Aufbaus der Ringebene kann man die Sternentstehung und den Einfluss von Dichtewellen eingehend studieren. Weiterhin lassen sich durch die Konzentration der leuchtenden Materie im Ringverlauf Rückschlüsse auf die Verteilung von Dunkler Materie ziehen.

Die Entstehung von Ringgalaxien wird durch den Zusammenstoß einer kompakten Galaxie mit einer größeren Spiralgalaxie erklärt. Bei der frontalen Annäherung der kompakten Galaxie kommt es zu einer ringsymmetrischen Gezeitenwechselwirkung in der Ebene der Spiralgalaxie. Simulationen zeigen, dass zunächst eine Dichtewelle in der Ebene ent-

Abbildung 6.2: Bei vielen Ringgalaxien, so auch bei NGC 7217, findet man in der Hauptebene einen Bruch der Morphologie – hier erfolgt der Übergang vom Spiralmuster zu einem umgebenden Ring (siehe Seite 341).

steht, die ins Zentrum läuft und sich später zu einer nach außen laufenden expandierenden Dichtewelle entwickelt. Somit werden die Bewegungen von Gas, Staub und Sternen beeinflusst und es formen sich Ringe aus heißen, jungen Sternen und großen HII-Regionen mit Ringdurchmessern von 45.000–130.000 Lichtjahren. Typisch für Ringgalaxien ist der ausgedünnte Bereich, der in der Ringebene hinter der expandierenden Dichtewelle zurückbleibt. Modellrechnungen zeigen zudem, dass sich der Ring in der Regel aus dem Material der Spiralgalaxie aufbaut, das vor dem Zusammenstoß in den Außenbereichen lokalisiert war. Im Grunde erinnert dieses Modell des Zusammenstoßes an einen Stein, der ins Wasser geworfen wird. Auch hier kommt es zu einer Oberflächenstörung, die sich als ringförmige Welle ausbreitet. Ist die Masse der kompakten Galaxie groß oder ihre Bewegung sehr langsam, dann kommt es bei der Durchstoßung zu besonders starken Störungen. Diese wirken senkrecht zur Ebene und führen zu einer Verbiegung der Scheibe. Somit erklärt die Theorie, wie es zu Abweichungen von der idealen Kreisform kommt, zum Beispiel in Form bananenförmiger oder sichelförmiger Ringsegmente.

Trifft die kompakte Galaxie nicht zentral auf die Scheibenebene, so ist das Ergebnis ebenfalls ein asymmetrischer Ring oder nur ein Teilstück davon. Ein solcher zentraler Versatz beim Zusammenstoß kann außerdem dazu führen, dass der Kern der Spiralgalaxie aus der Scheibenebene geschleudert wird und ein leerer Ring, wie zum Beispiel in Arp 147, zu beobachten ist.

Die Astrophysik der polaren Ringgalaxien unterscheidet sich von dem beschriebenen Szenario durch die senkrecht stehenden Drehimpulse von Ring und zentraler Galaxie. Nur unter Einhaltung bestimmter Rahmenbedingungen können diese beiden Komponenten koexistieren. Eine wichtige Rolle spielt dabei die Masse des Rings: Damit dieser durch seine Eigengravitation über mehrere Milliarden Jahre stabil erhalten bleibt, darf er eine gewisse Mindestmasse nicht unterschreiten. Theoretische Untersuchungen legen zudem nahe, dass es zu Verbiegungen der Ringebene kommen kann. Bei schweren Ringen bleibt diese Störung durch die zentrale Galaxie klein und der Ring trotz einer gewellten Ringebene stabil. Ein Zusammenhang mit der Einbettung der Ringe in Dunkle Materie wird dabei jedoch auch nicht ausgeschlossen.

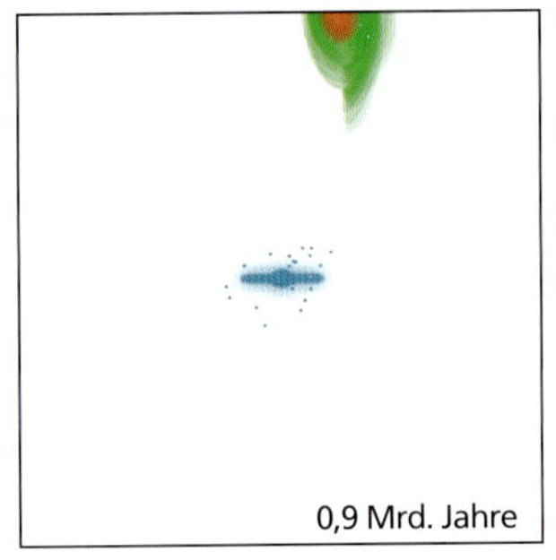

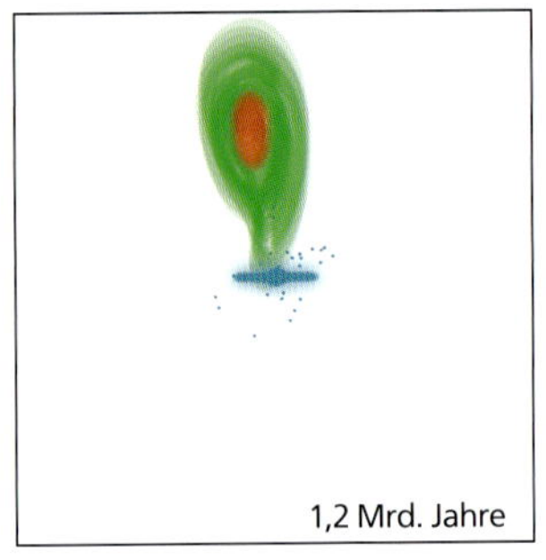

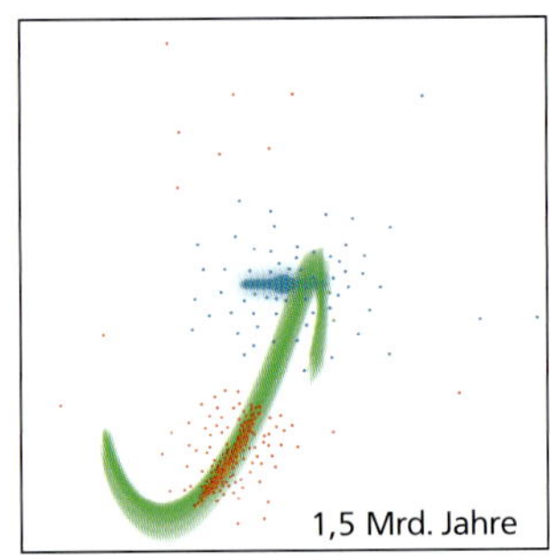

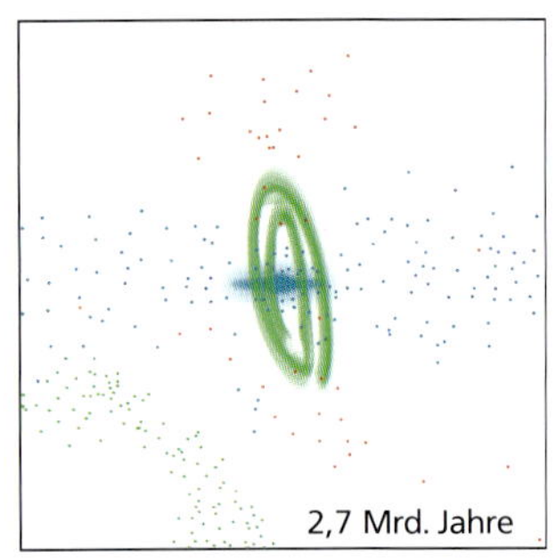

Abbildung 6.3: Ausschnitte eines Simulationsszenarios, das zur Entstehung einer polaren Ringgalaxie führt (nach F. Bournaud und F. Combes, 2003). Eine Spiralgalaxie (grün markiert ist das Gas und rot die Sterne) nähert sich von oben einer anderen Spiralgalaxie (blau) an und stößt mit dieser zusammen. Die Angaben beschreiben die Zeitpunkte der Momentaufnahmen der Simulation. Eine Kantenlänge entspricht 140.000 Lichtjahren. Die blau dargestellte Galaxie ist das Zentrum der Simulation.

SIMULATIONEN DER BEGEGNUNGEN UND ZUSAMMENSTÖSSE VON GALAXIEN

Der Mathematiker und Astronom Alar Toomre und sein Bruder Juri Toomre, ebenfalls Mathematiker, benutzten 1970 erstmals erfolgreich einen Computer zur Simulation des Zusammenstoßes zweier Galaxien. Bereits Anfang der 1960er Jahre gab es erste Untersuchungen zu Gravitationseffekten bei Galaxienbegegnungen, die am Astronomischen Institut der Universität Tübingen von Jörg Pfleiderer und Heinrich Siedentopf durchgeführt wurden. Die Resultate wurden jedoch nur in deutschen Zeitschriften veröffentlicht und sind weit weniger bekannt als die Arbeiten der Gebrüder Toomre, die in ihren Artikeln auf die Arbeiten der Tübinger Astronomen Bezug nahmen.

Die Berechnungen führten Alar und Juri Toomre an Computern des Goddard Institute for Space Studies (GISS, Cambridge, Massachusetts, USA) durch und die ASCII-Bildschirmdarstellungen der simulierten Abläufe wurden mit einer 16-mm-Filmkamera festgehalten. Die ersten Modelle der Galaxien besaßen dabei einfache Geometrien aus einzelnen Massepunkten. Die Scheibenebenen wurden durch einige konzentrische Kreise aus Massepunkten modelliert, die differentiell rotierten. Eine Galaxie bestand dabei aus 100–200 Punkten und die schrittweise ablaufenden N-Körper-Berechnungen bestimmten iterativ die Auswirkung der Schwerkräfte auf die Massepunkte beider Galaxien. Die Einzelschritte umfassten Zeitabschnitte von nur einigen Millionen Jahren und erlaubten so eine zeitliche Auflösung der stattfindenden Gezeitenwechselwirkung zwischen den dicht aneinander vorbeilaufenden oder kollidierenden Galaxien.

Trotz der Einfachheit der Simulation erklärten die Ergebnisse, wie Gezeitenschweife aus weggerissenem Scheibenmaterial entstehen oder Balkenstrukturen bzw. weitreichende Spiralarme aus Störungen hervorgehen können. Bei einem direktem Stoß (engl. „head-on collision") einer Scheibengalaxie mit einem kompakten Stoßpartner konnte nachverfolgt werden, wie es zu Ringstrukturen in der Scheibenebene kommen kann.

Eines der wichtigsten Resultate der Simulationen war die Auflösung des Paradigmas, dass Spiralstrukturen über die gesamte Hubble-Zeit Bestand haben.

Moderne Simulationsverfahren berücksichtigen nicht mehr nur einzelne Massenpunkte, sondern beinhalten auch Gas-Komponenten, deren hydrodynamisches Verhalten bei den Wechselwirkungen ebenso modelliert wird. Dazu nutzen Astronomen die Methode der adaptiven Gitterverfeinerung (engl. „adaptive mesh refinements", AMR) aus der numerischen Mathematik, um die Bereiche der untersuchten Galaxiendynamik dort fein zu untergliedern, wo die Gasdichte hoch ist und hydrodynamische Instabilitäten und Stoßwellen auftreten können. Bei Ringgalaxien kann man mit dieser Methode den Raum der Stoßparameter zweier Galaxien (engl. „intruder" und „target") sowie die physikalischen Größen der entstandenen Ringe genau untersuchen.

Ein Ergebnis war die Feststellung, dass ein schwerer Stoßpartner, der auf die Scheibenebene trifft, schärfere und schneller expandierende Ringstrukturen hervorruft als dies mit einem leichten Stoßpartner der Fall ist. Die Berechnungen zeigen außerdem, dass für den Großteil der Ringgalaxien Standardwerte gelten: Etwa 50 Millionen Jahre nach der Kollision bildet sich ein Ring, der einen typischen Durchmesser von 40.000–60.000 Lichtjahren besitzt.

Auch Spezialfälle der Ringgalaxien, wie kernlose Typen, lassen sich mittels moderner Simulationsrechnungen gut nachvollziehen. Diese besondere Morphologie tritt bei versetzten Stößen (engl. „off-centre collisions") auf, bei denen der Zentrumsversatz bis zu 15.000–30.000 Lichtjahre betragen kann. Der entstandene leere Ring ist asymmetrisch aufgebaut und besteht aus einem weiten Bogen und einem schmalen Teilstück. Simulationen zeigen zudem, dass es zu einer Verdichtung des Gases im Ring kommt, die die Sternentstehungsrate ansteigen lässt, sodass diese die Rate der ursprünglichen Galaxie übertrifft.

Die Frage nach der Entstehung polarer Ringe wird heute mit Hilfe zweier Entstehungsszenarien beantwortet: Einerseits wird von einer Verschmelzung zweier zusammenstoßender Galaxien zu einer polaren Ringgalaxie ausgegangen. Alternativ dazu ist außerdem ein Entstehungsszenario möglich, bei dem die Ringe von polaren Ringgalaxien schrittweise durch einen Akkretionsprozess entstehen.

Beim Verschmelzungsszenario trifft eine Spiralgalaxie frontal auf eine zweite Spiralgalaxie, wobei die Scheibenebenen beider Galaxien senkrecht zueinander stehen. Für große Relativgeschwindigkeiten entspricht dies auch der Entstehungsgeschichte von Ringgalaxien, wobei hier Ringgalaxien mit einer „cartwheel"-Morphologie (Wagenrad) entstehen. Geringere Relativgeschwindigkeiten erhöhen hingegen die Wechselwirkungszeit, wodurch es zu einer Verschmelzung der Komponenten kommt. Dabei zeigen Simulationsrechnungen, dass die auftreffende Galaxie die neue Zentralgalaxie bildet und die Außenbereiche der getroffenen Spiralgalaxie den polaren Ring formen. Deren Zentralbereich wird vollständig aufgelöst und füllt in ausgedünnter Form den neuen Galaxienhalo auf. Einen stabilen polaren Ring liefern diese Modelle jedoch nur, wenn die Stoßrichtung in einem Winkel zwischen 50° und 90° und der Durchstoßpunkt innerhalb des halben Scheibenradius liegt. Aus diesen Rahmenbedingungen kann unter der Annahme einer Gleichverteilung eine Wahrscheinlichkeit von nur 4 % abgeleitet werden, dass der Zusammenstoß zweier Spiralgalaxien in einer polaren Ringgalaxie resultiert – dies entspricht sehr gut der tatsächlich ermittelten Häufigkeit.

Im Falle des Akkretionsszenarios wird angenommen, dass die Zentralgalaxie Materie von einer anderen Galaxie aufsammelt. Somit kommt es nicht zu einem Zusammenstoß, sondern nur zu einer Annäherung. Durch Gezeitenwechselwirkung werden Gas, Staub und Sterne akkretiert und fließen in Richtung der größeren Schwerkraftwirkung durch die Zentralgalaxie ab. Da sich beide Galaxien umlaufen, sammelt sich das Material zunächst in einer Ebene an. Simulationen zeigen hier, dass diese Ringebene nur dann stabil ist, wenn die Umlaufbahn eine hohe Neigung besitzt, d.h. wenn die Bahnebene schon im polaren Bereich liegt. Ist genügend Masse im Ring enthalten, stabilisiert sich die Ringebene selbst in der extrem polaren Ausrichtung. Am Ende dieser Wechselwirkung hat sich die materieliefernde Galaxie vollkommen aufgelöst. Im Grunde handelt es sich also bei den polaren Ringgalaxien um zwei Sternsysteme, die einen eigenständigen Rotationssinn besitzen. Eine polare Ringgalaxie ist somit ein seltener, in kosmischen Zeitskalen jedoch stabiler Fall der Koexistenz zweier Systeme, die sehr dicht beieinander stehen.

Die Entstehung polarer Ringe kann jedoch auch völlig ohne Verschmelzung oder Akkretion erklärt werden. Die Theorie geht dabei davon aus, dass einfallendes Gas aus kosmischen Gasströmen einen polaren Ring aufbauen kann. Dabei unterliegt die Drehimpulsorientierung jedoch ganz bestimmten Voraussetzungen.

Ein vierter und eher exotischer Erklärungsansatz nutzt einen Mechanismus, der von einer Scheibengalaxie ausgeht, deren Halo als dreiachsiges Ellipsoid aus Dunkler Materie beschrieben wird. Dieser Halo rotiert relativ zur Galaxie und durch Resonanzeffekte wandern Sterne aus der Scheibenebene in eine polare Ringstruktur. Bei diesem Erklärungsmodell konnte allerdings bislang keine Simulation die theoretischen Annahmen bestätigen. Die Szenarien der Verschmelzung und Akkretion bezeugen hingegen sowohl die Morphologie sowie die realen Häufigkeiten der polaren Ringgalaxien und werden daher von vielen Astronomen als die plausibelsten Modellbeschreibungen akzeptiert.

LITERATUR UND LINKS

Allam, S. S.: *Ring Galaxies*, http://home.fnal.gov/~sallam/MergePair/SDSSRingGalaxies.html

Appleton, P. N. und Struck-Marcell, C.: *Collisional Ring Galaxies*, Fundamentals of Cosmic Physics, 16, 1996

Bournaud, F.: *Polar ring galaxies and dark matter*, 2012, http://www.obspm.fr/actual/nouvelle/apr03/prg.en.shtml

Casertano, S. und Sackett, P. D.: *Warped Disks and Inclined Rings Around Galaxies*, Cambridge University Press, 1991

Hogg, D. W.: *SDSS images of selected RC3 galaxies*, http://cosmo.nyu.edu/hogg/rc3/index.html

Lauter, M.: *Galactic Bridges and Tails*, A. Toomre und J. Toomre – Restaurierte Filme, 2007, http://kinotonik.net/mindcine/toomre/

Leibinger, H.: *Struktur von Polar Ring Galaxien*, 2009, http://othes.univie.ac.at/6874/1/2009-09-28_0009449.pdf

McElroy, D. B.: *Polar Ring Galaxies*, http://alumnus.caltech.edu/~mcelroy/polar.html

Mihos, C.: *Galaxy Crash JavaLab*, 2012, http://burro.astr.cwru.edu/JavaLab/GalCrashWeb/dynamic.html

Pfleiderer, J.: *Gravitationseffekte bei der Begegnung zweier Galaxien*, Zeitschrift für Astrophysik, 58, 1963

Pfleiderer, J. und Siedentopf, H.: *Spiralstrukturen durch Gezeiteneffekte bei der Begegnung zweier Galaxien*, Zeitschrift für Astrophysik, 51, 1961

Toomre, A. und Toomre, J.: *Galactic Bridges and Tails*, The Astrophysical Journal, 178, 1972

Toomre, A. und Toomre, J.: *On Intergalactic Bridges*, Bulletin of the American Astronomical Society, 2, 1970

Whitmore, B. C.: *A few statistics from the catalog of polar ring galaxies*, http://ned.ipac.caltech.edu/level5/Whitmore/Whit_contents.html

Whitmore, B. C. u.a.: *New observations and a photographic atlas of polar-ring galaxies*, The Astronomical Journal, 100, 1990

ESO 350-40

Bei ESO 350-40 handelt es sich um eine der eindrucksvollsten Ringgalaxien. Ihr Beiname „Cartwheel-Galaxy“ geht auf eine Beschreibung von Fritz Zwicky zurück, der sie 1941 entdeckte. Ihre Deklination von –33° macht sie für Astrofotografen in Mitteleuropa schwer erreichbar und ihr geringer Winkeldurchmesser von etwa einer Bogenminute erfordert zur Aufnahme von Details außerdem eine lange Brennweite. ESO 350-40 liegt in einer Entfernung von 400 Millionen Lichtjahren, woraus ein Durchmesser des auffällig bläulichen Ringes von ca. 116.000 Lichtjahren folgt. Genau betrachtet, handelt es sich bei diesem zudem um eine Ellipse. Im Inneren zeigt ESO 350-40 eine zweite, kleinere Ellipse, die direkt am Zentrum anschließt und neben einer deutlichen Gelbfärbung auch eine um etwa 30° versetze Orientierung der Hauptachse aufweist. Zwischen beiden Ringen fallen speichenartige Filamente auf, die die Ringe zu verbinden scheinen und an Spiralarme erinnern.

Radiobeobachtungen der Cartwheel-Galaxie und ihres Umfelds mit dem VLA (New Mexico, USA) zeigen eine gerichtete HI-Emission, die das Zentrum der Ringgalaxie mit nächstgelegenen Filamenten der Ringebene verbindet. Die Vorgeschichte des Zusammenstoßes zweier Galaxien, die diese Ringgalaxie entstehen ließen, ist noch sichtbar, wobei die Asymmetrie der HI-Strukturen ein direkter Hinweis auf die Richtung ist, aus der sich die kompakte Galaxie der Spiralgalaxie näherte. Mit Simulationen kann die einzigartige Morphologie dieser Ringgalaxie sehr gut modelliert werden. Dabei wird von einem Zusammenstoß mit leichtem Zentrumsversatz und einem kompakten Stoßpartner mit 20 % der Masse der Spiralgalaxie ausgegangen.

OBJEKT	ESO 350-040
STERNBILD	Sculptor
REKT.	$00^h\ 37^m\ 41^s$
DEKL.	–33° 42′ 59″
HELLIGKEIT	15,2 mag
TYP	Ringgalaxie
FOTOGRAFEN	Josef Pöpsel
TELESKOP	600-mm-Reflektor
KAMERA	SBIG ST-10XME
BELICHTUNGSZEIT	105 min
ORT	Amani Lodge, Namibia

NGC 660

Bei NGC 660 handelt es sich um eine Ringgalaxie, deren umlaufender äußerer Ring im Vergleich zur Lage der Hauptebene der innenliegenden Galaxie um etwa 60° geneigt ist. Dieser Winkel ist gut an den übereinander liegenden Staubbändern ablesbar, wobei auffällt, dass die Ebene des äußeren Ringes verbogen ist und in den Polregionen eine noch steilere Orientierung aufweist. Die Aufnahme zeigt die beiden Komponenten, die NGC 660 aufbauen, mit vielen Details. Das gesamte Objekt besitzt eine Winkelausdehnung von 8,5′ × 3,2′. Berücksichtigt man die recht geringe Entfernung von 42 Millionen Lichtjahren, so kann aus der Skalierung von 12.000 Lichtjahren pro Bogenminute eine Größe von etwa 30.000 Lichtjahren für die kompakte innere Galaxie abgeleitet werden. Die deutlich sichtbare Verbiegung der Ringebene lässt sich vermutlich auf die Gezeitenwechselwirkung mit UGC 1195 zurückführen. Der Durchmesser der Ringebene beträgt 100.000 Lichtjahre, der Begleiter UGC 1195 (er liegt in 22′ Winkelabstand und ist auf der Aufnahme nicht zu sehen) ist entsprechend 270.000 Lichtjahre entfernt.

Bei der zentralen Galaxie in NGC 660 handelt es sich nicht wie beim „Polar-Ring"-Prototyp um eine eher strukturlose Spindelgalaxie, sondern um einen SB-Typ mit feinen Strukturen im Staubband und einem gelblichen, diffusen Leuchten, das die Scheibe einhüllt und im Bereich der Ebene des äußeren Ringes in dessen Richtung verformt zu sein scheint. Dieser bläuliche äußere Ring besitzt viele junge Sterne sowie große Mengen an Staub und molekularem Gas. In der Aufnahme sind in besonders aktiven Teilstücken sogar OB-Assoziationen und HII-Emissionsgebiete zu erkennen.

Schätzungen gehen davon aus, dass im Ring etwa 10 % der gesamten molekularen Masse des Objektes enthalten sind, womit sich auch die Stabilität des Ringes in dieser fast polaren Lage erklärt. Untersucht man die Population der Sterne im Ring genauer, finden sich dort auch blaue und rote Überriesen und das Farben-Helligkeits-Diagramm verrät, dass die jüngsten Sterne im Ring etwa sieben Millionen Jahre alt sind. Somit muss der Ring relativ jung sein, und ein Vergleich mit „galactic color evolution"-Modellen deutet ein mögliches Alter von etwa einer Milliarde Jahren an. Entstanden ist NGC 660 mit hoher Wahrscheinlichkeit durch ein Verschmelzungsszenario. Zum einen wird dies durch die Kompaktheit der zentralen Komponente belegt, und zum anderen durch den für dieses Szenario typischen gelblichen Halo, der auf alte und mittelalte Sterne zurückgeht.

OBJEKT	NGC 660
STERNBILD	Pisces
REKT.	01ʰ 43ᵐ 02ˢ
DEKL.	+13° 38′ 42″
HELLIGKEIT	12 mag
TYP	SB(s)a pec
FOTOGRAFEN	Makis Palaiologou
TELESKOP	1,3-m-Reflektor
KAMERA	Andor DZ 436
BELICHTUNGSZEIT	180 min
ORT	Skinakas-Observatorium, Kreta, Griechenland

NGC 1291

Bei NGC 1291 handelt es sich im Prinzip um einen frühen Typ einer Balkenspirale, die wir fast „face-on“ beobachten. Diese SBa-Galaxie zeigt auf den zweiten Blick im Außenbereich keine Spiralarme, sondern einen umlaufen Ring, der einzelne, lichtschwache Feinstrukturen besitzt. Mit einer Entfernung von 32 Millionen Lichtjahren entspricht der Ringdurchmesser in Projektion etwa 81.000 Lichtjahren. Innerhalb der Balkenstruktur zeigt sich bei genauem Hinsehen ein kleiner Ring mit einer Mittelachse, die relativ zur Balkenachse um etwa 30° gekippt erscheint. Dieser kleine Ring ist auffallend symmetrisch aufgebaut und misst nur ein Sechstel der Länge des Balkens, was einem Durchmesser von 4900 Lichtjahren gleichkommt.

Der linsenförmige Aufbau des Innenbereichs, der den großen Balken umgibt, entspricht der Realität – wir betrachten hier also nicht einen, bezogen auf die Sichtlinie, gekippten Ring, der nur aufgrund der Perspektive als Ellipse erscheint. Die Linsenform dieses Bereichs lässt sich hingegen durch spektroskopische Messung der Geschwindigkeiten der enthaltenen Gaskomponenten bestätigen. Im Gegensatz zum äußeren Ring finden sich in diesem Bereich außerdem kaum Hinweise auf Sternentstehung. Auf hochkontrastierten Darstellungen zeigt sich ein komplexes Muster aus Gas- und Staubfilamenten, die meist einseitig angeordnet sind, d.h. es fehlt ihnen eine diametrale Symmetrie, wie man sie oft bei Balkenspiralsystemen beobachtet.

Wie bei vielen Galaxien, die das Produkt eines Wechselwirkungsprozesses sind, finden Astronomen in NGC 1291 im Radiobereich viel mehr Strukturen des molekularen Wasserstoffs, als es die Aufnahme im Optischen erkennen lässt.

Die Messungen zeigen dabei eine dominierende kreisförmige Konzentration des Gases, die weit über den Bereich des sichtbaren Balkens hinausreicht. Die weitreichende Verteilung des Wasserstoffgases erscheint diffus, wobei dennoch einige spiralförmige Strukturen erkennbar sind. Das Radiobild weicht deutlich vom Optischen ab: Die Spiralarme im Radiobereich liegen zwischen dem Innenbereich und dem äußeren Ring und somit genau dort, wo in der Aufnahme keine Strukturen zu erkennen sind. Weiterhin fällt auf, dass im Zentralbereich von NGC 1291 im Radioabbild ein Loch mit vier Bogenminuten Durchmesser liegt – im Zentrum ist also kaum neutrales Wasserstoffgas nachzuweisen. Mit der Röntgenemission von NGC 1291 verhält es sich hingegen genau umgekehrt; sie besitzt ein zentrales Maximum. Eine Kombination der Spektralbereiche in einem einzigen Bild würde einen im Radiobereich emittierenden äußeren Ring sowie ein im Röntgenlicht hell erstrahlendes Zentrum zeigen. Dies ist dadurch zu erklären, dass das Wasserstoffgas für die Sternentstehung aufgebraucht wurde. Daher liegen diese Sterne in Bereichen mit geringer Gasdichte und durch ihre Strahlung ergeben sich sehr hohe Temperaturen, woraus eine auffällige Röntgenhelligkeit folgt, in der sie eingebettet erscheinen.

OBJEKT	NGC 1291
STERNBILD	Eridanus
REKT.	$03^h\ 17^m\ 19^s$
DEKL.	−41° 06′ 29″
HELLIGKEIT	9,4 mag
TYP	(R)SB0/a(s)
FOTOGRAFEN	Josef Pöpsel
TELESKOP	600-mm-Reflektor
KAMERA	SBIG ST-10XME
BELICHTUNGSZEIT	35 min
ORT	Amani Lodge, Namibia

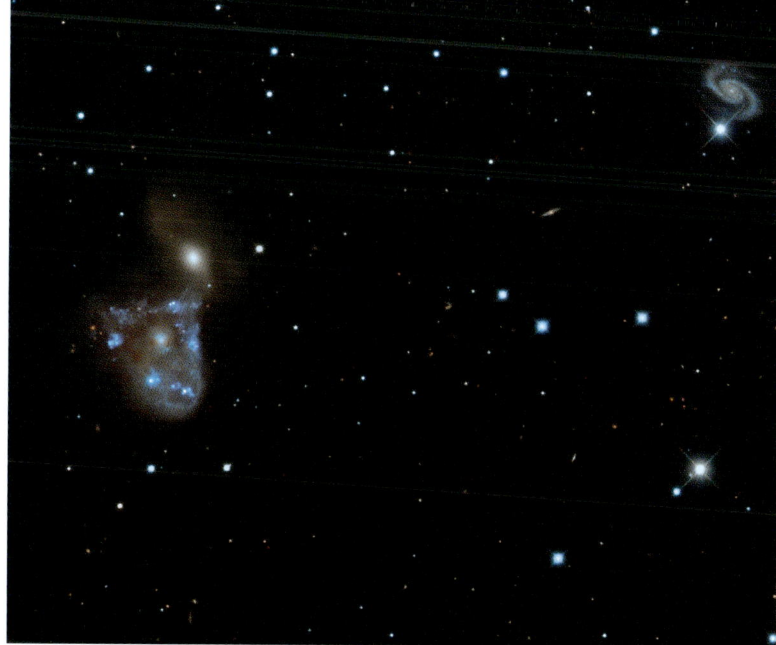

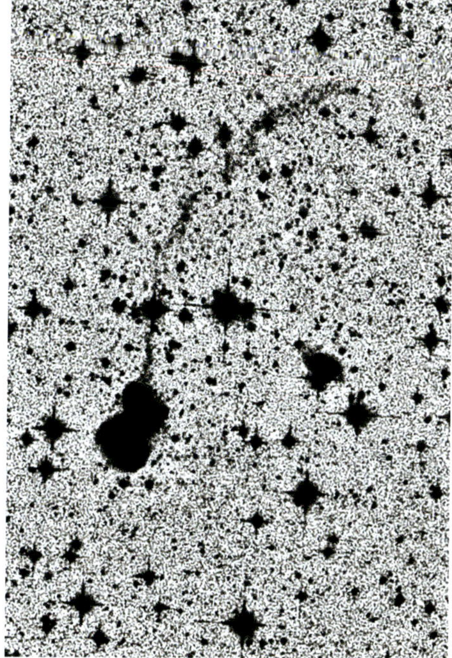

Richard Müller, 320-mm-Reflektor, Artemis 4021, 300 min, Lohmar, Deutschland

NGC 2444 / NGC 2445

NGC 2444 bildet zusammen mit NGC 2445 ein wechselwirkendes System, das auch als Arp 143 bekannt ist. In der englischsprachigen Literatur findet man gelegentlich die Bezeichnung „Lynx ring galaxy“. Bei diesem Paar steht die gelbliche, S0-ähnliche Galaxie NGC 2444 etwa eine Bogenminute nördlich von NGC 2445, deren Ring einen Durchmesser von 1,2′ besitzt. Beide Galaxien sind 180 Millionen Lichtjahre entfernt, eine Bogenminute entspricht dabei einer transversalen Skalierung von 52.000 Lichtjahren.

Tiefe HI-Radiobeobachtungen (VLA, New Mexiko) zeigen einen riesigen intergalaktischen Gasschweif, an dessen einem Endpunkt das Galaxiensystem platziert ist. Dieser Gasschweif übertrifft in seiner Länge das Gesamtsystem aus NGC 2444 und NGC 2445 um das Sieben- bis Achtfache, was einer Ausdehnung von mehr als 330.000 Lichtjahren entspricht (siehe dazu die invertierte Aufnahme). Man kann diesen Schweif als Teil einer riesigen expandierenden Kugel aus Wasserstoffgas betrachten und mit Hilfe einiger Annahmen über die Gasgeschwindigkeiten den Kugelursprung in einer etwa 100 Mio. Jahre zurückliegenden Kollision vermuten. Damals durchstieß die gasreiche Vorgängergalaxie von NGC 2444 die Scheibe der ursprünglichen Spiralgalaxie NGC 2445, aus der sich dann die Ringgalaxie entwickelte. Diese Ringgalaxie sowie die gigantische Wasserstoffblase sind Produkte der Kollision, wobei sich das Galaxienpaar im Laufe der Zeit aus dem Zentrum der Blase entfernt hat. Weiterhin kann angenommen werden, dass sich die beiden Stoßpartner vor dem Zusammenstoß mehrfach umlaufen haben. Dabei transportierten Gezeitenkräfte viel Wasserstoffgas in das intergalaktische Medium, wodurch es in dieser Phase der Wechselwirkung zu mehreren Zusammenstößen der beiden Galaxien gekommen sein kann.

In den letzten Jahren der extragalaktischen Forschung hat man verstärkt die Emissionslinien von Molekülen im infraroten Spektralbereich untersucht. Mit dem Spitzer Space Telescope (Wellenlängenbereich 3–180 µm) wurden die Molekülspektren von warmem molekularem Wasserstoff und polyzyklischen aromatischen Kohlenwasserstoffen (PAK) in NGC 2445 untersucht. Die Temperaturangabe „warm“ ist dabei wörtlich zu verstehen, denn die hellen Knoten in der Ringstruktur von NGC 2445 enthalten Wasserstoffgas bei Zimmertemperatur, also ca. 300 Kelvin. Die starken Wasserstofflinien gehen auf eine expandierende Stoßwelle zurück, die Gas und Staub zusammengeschoben hat, wodurch sich Verdichtungen und schließlich Knoten und Sternentstehungsgebiete gebildet haben. Entsprechend der Temperatur ergibt sich eine Stoßgeschwindigkeit von 120 km/s und somit eine Laufzeit aus dem Kernbereich von 85 Millionen Jahren. Diese Altersangabe passt sehr gut zu dem aus Radiobeobachtungen gefolgerten Wert. Die dynamische Evolutionsgeschichte von Arp 143 ist jedoch noch nicht am Ende, denn aufgrund des geringen Abstandes ist damit zu rechnen, dass NGC 2444 ein weiteres Mal auf NGC 2445 stürzen wird.

OBJEKT	NGC 2444
STERNBILD	Lynx
REKT.	07h 46m 53s
DEKL.	+39° 01′ 55″
HELLIGKEIT	14,2 mag
TYP	Ringgalaxie
FOTOGRAFEN	Makis Palaiologou, Stefan Binnewies
TELESKOP	1,3-m-Reflektor
KAMERA	Andor DZ 436
BELICHTUNGSZEIT	235 min
ORT	Skinakas-Observatorium, Kreta, Griechenland

NGC 2595

Diese Aufnahme zeigt am rechten unteren Bildrand, dicht neben einem Stern neunter Größe, die SABc-Galaxie NGC 2595. Einer ihrer Spiralarme zeigt sich verformt und lässt die Spiralebene asymmetrisch erscheinen. Ohne diese Störung würde sich eine ringförmige Struktur beim Ansatz der Spiralarme ergeben und die Typisierung wäre dann mit SABc(rs) zu beschreiben. NGC 2595 liegt in einer Entfernung von 190 Millionen Lichtjahren und ihre Größe von 2,8′ × 3,2′ wird durch die weitreichende, in den Außenbereichen diffus erscheinende Spiralebene definiert. Im Innenbereich erkennt man eine schwach gelblich leuchtende Balkenstruktur, die um 15° zur Bildhorizontalen verkippt ist.

Auf der Aufnahme finden sich außerdem einige Feldgalaxien nahe einer Gruppe aus drei hellblauen Sternen. Die auffälligste ist die Ringgalaxie UGC 4414, die in etwa 12′ Abstand von NGC 2595 liegt (siehe Vergrößerung). Trotz der großen Entfernung von über 330 Millionen Lichtjahren erkennt man die typischen Komponenten: den bläulichen Ring und den farblich abgesetzten gelblichen Kernbereich mit einem Balken. Die Größe von UGC 4414 ermittelt sich zu 42″ × 33″, was in Projektion einer Ausdehnung von 67.000 Lichtjahren gleichkommt. Die Balkenlänge beträgt 30.000 Lichtjahre. Vergleicht man diese Aufnahme von UGC 4414 mit der des „Sloan Digital Sky Survey“, so reicht letztere noch tiefer, und zeigt zusätzlich einen ovalen gelblichen Bulge. Er umgibt den helleren Kern mit dem Balken, der aber auf dieser Aufnahme nicht zu sehen ist. Bemerkenswert ist, dass die Größenangaben der Komponenten der Ringgalaxie UGC 4414 recht gut den Werten von NGC 5701 entsprechen (vgl. Seite 336). Beide bilden ein morphologisches Zwillingspaar, wodurch außerdem eine Bestätigung der Entstehungshypothese der näher gelegenen und besser untersuchten NGC 5701 erlangt wird, in der ähnliche Verhältnisse herrschen.

OBJEKT	NGC 2595
STERNBILD	Cancer
REKT.	$08^h\ 27^m\ 42^s$
DEKL.	+21° 28′ 45″
HELLIGKEIT	13,7 mag
TYP	SAB(rs)c
FOTOGRAFEN	Richard Müller
TELESKOP	320-mm-Reflektor
KAMERA	Artemis 4021
BELICHTUNGSZEIT	460 min
ORT	Lohmar, Deutschland

NGC 2685

Die polare Ringgalaxie NGC 2685 wird in der Literatur auch als „Helix-Galaxie“ bezeichnet, da sie mehrere polare Ringe besitzt, die entlang der Hauptachse der Zentralgalaxie aufgewickelt erscheinen. Der Winkeldurchmesser der Ringe beträgt ca. 2′, woraus sich bei 46 Millionen Lichtjahren Entfernung ein projizierter Durchmesser von 27.000 Lichtjahren ergibt. Als ein weiteres auffälliges Merkmal zeigt NGC 2685 einen äußeren äquatorial verlaufenden Ring, der die polaren Ringe in seiner Größe übertrifft und die gleiche Ausrichtung wie die spindelförmige Zentralgalaxie besitzt. Diese misst etwa 4,5′ im Durchmesser und ist mit 13 mag der hellste Teil in NGC 2685.

Das gesamte System einer polaren Ringgalaxie befindet sich im Gleichgewichtszustand, d.h. einer zeitlich beständigen Koexistenz von Zentralgalaxie und Ring. Bei NGC 2685 kann aus dem Aufbau des polaren Ringes auf ein Alter der Helixstruktur von zwei bis fünf Milliarden Jahre geschlossen werden. Der HI-Ring hat einen dreimal größeren Radius als der optische Ring aus Gas, Staub und Sternen, wobei nur dieser in der Aufnahme zu sehen ist.

Erst vor kurzem konnte in tiefen HI-Beobachtungen (Westerbork Synthesis Radio Telescope, Niederlande) gezeigt werden, dass die Strukturen im Optischen und in den Radiobeobachtungen gut zusammenpassen. Dies gilt nicht nur im Bereich der Zentralgalaxie, sondern auch bei großen Radien. Weiterhin zeigen diese Untersuchungen, dass es sich bei NGC 2685 vermutlich um den Sonderfall einer Ringgalaxie handeln könnte – eine Galaxie, die nicht nur aus einem polaren und einem äquatorialen Ring aufgebaut ist, sondern zudem eine extrem verbogene Scheibe besitzt. Die vermeintlichen Ringstrukturen wären dann Gas- und Staubfilamente in der gemeinsamen Scheibe. Doch der einfache Ansatz eines Scheibenmodells mit nur zwei verkippten Ringen reicht nicht aus; der „best fit“ des Modells weist signifikante Abweichungen von den Messwerten auf. Eine sehr gute Beschreibung der Werte ergibt sich jedoch durch ein Scheibenmodell, das aus mehreren Ringen aufgebaut ist. Diese Scheibe wäre vom spindelförmigen Kern entkoppelt und die Neigung variierte mit dem Scheibenradius um 70°. Die sichtbaren helixförmigen Strukturen würde man in diesem Modell also nicht als akkretierte Ringe erklären, sondern als Spiralarme in der verbogenen Hauptebene. Bestätigt wird diese Hypothese durch die gemessenen HI-Geschwindigkeitsprofile, welche stark denen von Spiralarmen mit geringer Flächenhelligkeit ähneln.

OBJEKT	NGC 2685
STERNBILD	Ursa Major
REKT.	$08^h\ 55^m\ 35^s$
DEKL.	+58° 44′ 04″
HELLIGKEIT	12,1 mag
TYP	(R)SB0$^+$ pec
FOTOGRAFEN	Michael König
TELESKOPE	280- und 355-mm-Reflektor
KAMERAS	SBIG STL-11000 und Starlight Xpress SXV-H9
BELICHTUNGSZEIT	230 min
ORT	Rimbach, Deutschland

NGC 2859

Diese Ringgalaxie steht in einer Entfernung von 75 Millionen Lichtjahren und wir blicken „face-on" auf die Ebene ihres äußeren Ringes.

Im Innenbereich zeigt NGC 2859 eine helle Ringscheibe, in die ein heller Balken eingebettet ist und somit die Typenbezeichnung (R)SB(r) liefert. Der Balken bildet einen Winkel von etwa 70° mit der Hauptachse von NGC 2859. An den Balkenenden beobachtet man die SB-typischen „ansae"-Aufhellungen. Balkenspiral-Typen sind unter den Ringgalaxien eher selten anzutreffen, bei normalen Spiraltypen sind Balken hingegen recht häufig. Hier besitzen etwa ein Drittel schwache und ein Drittel stark ausgeprägte Balken im Inneren. Bei NGC 2859 besteht zudem noch die Besonderheit, dass im Inneren des prominenten Balkens noch ein zweiter, kleinerer Balken nachgewiesen werden konnte.

Der Bulge von NGC 2859 ähnelt im Aufbau einer S0-Galaxie. Er zeigt das klassische, weiche Erscheinungsbild und auf Aufnahmen großer Teleskope erkennt man, dass der Bulge von einigen schwachen Staubbändern durchzogen ist. Der äußere Ring misst etwa 4,3′ × 3,8′. Sein mittlerer Durchmesser beträgt 94.000 Lichtjahre und ist somit größer als der Durchmesser einer typischen Spiralgalaxie (65.000–80.000 Lichtjahre). Diese Übergröße passt gut zu dem in der Kapiteleinführung beschriebenen Verschmelzungsszenario, dem ein frontaler Zusammenstoß einer kompakten Galaxie mit einer Spiralgalaxie vorangeht.

Beide Ringe, die man auf der Aufnahme erkennen kann, weisen eine gewisse Unschärfe auf, wobei der innere Ring besser definiert ist. Zwischen den Ringen befindet sich eine leuchtschwache Zone. Sie besitzt zwei Minima, die senkrecht zur Hauptachse des Balkens liegen. In der Theorie wird diese Strukturierung durch einen Mangel an Sternen erklärt, da hier zwei Lagrangepunkte des Balkenpotentials liegen, in deren Umgebung keine stabilen Sternorbits möglich sind.

NGC 2859 war Ziel mehrerer Beobachtungskampagnen, die tiefer in den Kernbereich der Galaxien hineinblickten und dabei nach „nuclear stellar rings" Ausschau hielten. Diese Ringe aus Gas, Staub und jungen Sternen finden sich recht häufig in frühen Spiralgalaxien mit Radien von einigen Hundert bis Tausend Lichtjahren. NGC 2859 weist einen solchen Ring mit 2800 Lichtjahren Radius auf, der sich jedoch nur in Form einer filigranen Struktur von Gas und Staub zeigt, wobei Sterne nicht vorkommen. Der Grund dafür liegt auch hier in der Verschmelzungsgeschichte. Es ist anzunehmen, dass mit dem Materialaufbau der Hauptebene der Ringgalaxie auch dieser nukleare stellare Ring wieder neu entstehen muss.

OBJEKT	NGC 2859
STERNBILD	Leo Minor
REKT.	$09^h\ 24^m\ 19^s$
DEKL.	+34° 30′ 49″
HELLIGKEIT	11,8 mag
TYP	(R)SB0⁺(r)
FOTOGRAFEN	Michael König
TELESKOP	355-mm-Reflektor
KAMERA	SBIG ST-10XME
BELICHTUNGSZEIT	120 min
ORT	Rimbach, Deutschland

NGC 3642

NGC 3642 besitzt in den Katalogen keine eindeutige Spezifizierung. So wird sie als SAbc, als Sb(r) und als balkenlose Ringgalaxie mit mehreren Ringen typisiert. Die Galaxie ist 73 Millionen Lichtjahre von uns entfernt und aus ihrer Winkelausdehnung von 6,2′ × 5,0′ ergibt sich ein Scheibendurchmesser von 132.000 Lichtjahren. Somit zählt NGC 3642 zu den großen Spiralgalaxien. Konzentriert man die Betrachtung auf den hellen Innenbereich, so zeigt sich dort eine reguläre SA(r)bc-Spiralgalaxie mit flokkulenten Armstrukturen und einem Durchmesser von 1,8′ × 1,5′. Ihr Durchmesser ergibt sich zu 38.000 Lichtjahren, womit diese innere Galaxie nur halb so groß wie eine übliche Spiralgalaxie ist und die Miniaturausgabe einer SA-Galaxie darstellt.

Bei genauer Betrachtung zeigt sich, dass der äußere „Ring“ eher als ein Pseudoring beschrieben werden muss, der in lichtschwachen äußeren Bereichen der Spiralebene liegt und einem einzelnen Spiralarm gleicht, der das Zentrum 1,5-mal umläuft. Dieser Spiralarm zeigt außerdem Ansätze einer Woronzow-Weljaminow-Reihung, deren 120°-Winkel östlich des Galaxienzentrums liegen. Vergleicht man die Größe des vermeintlichen äußeren Ringes mit dem inneren Ring, so liegt der Pseudoring deutlich außerhalb des Bereiches, den die äußere Lindblad-Resonanz erlauben würde. Sie legt die maximale Reichweite der Spiralarmmuster in der Ebene einer Spiralgalaxie fest. Es zeigt sich also, dass NGC 3642 nicht mit dem Modell einer ungestörten und differentiell rotierenden Hauptebene beschrieben werden kann, sondern dass hier mehrere Komponenten zusammenwirken.

Ein Hinweis auf die ungewöhnliche Natur von NGC 3642 bringt die Radiobeobachtung des atomaren Wasserstoffs. Wie in vielen Spiralgalaxien sieht man auch bei NGC 3642, dass sich das atomare Wasserstoffgas mit einem Faktor von 1,5 über den sichtbaren optischen Radius hinaus erstreckt. Die zugehörige äußere Gasscheibe, die auch den Pseudoring beinhaltet, ist verbogen und besitzt keine Kreisform, sondern erscheint in westlicher Richtung gedehnt. Genau dort zeigt sich auch eine höhere Wasserstoffgasdichte sowie eine größere Anzahl hellerer Sternentstehungsgebiete. Diese Verformung betrifft nur die äußere Scheibe; das reguläre Armmuster der inneren Scheibe bleibt ungestört. Ursache für dieses außergewöhnliche Erscheinungsbild ist die Nachbarschaft zu anderen Galaxien, wobei ihr NGC 3610 (nicht in der Aufnahme zu sehen) am nächsten ist. Sie liegt in 34′ Entfernung, was 720.000 Lichtjahren entspricht. NGC 3610 ist ein elliptischer Typ mit deutlichen Anzeichen von Störungen wie Schalen, einer stellaren Scheibe und kastenförmigen Helligkeitsverläufen im Inneren. Mögliche Ursache ist eine Verschmelzung zweier Spiralgalaxien vor etwa vier Milliarden Jahren. So scheint es möglich, dass NGC 3610 als Stoßpartner zuvor dicht an NGC 3642 vorbeigezogen ist und durch die Gezeitenwechselwirkung deren Hauptebene gestört hat.

OBJEKT	NGC 3642
STERNBILD	Ursa Major
REKT.	$11^h\ 22^m\ 18^s$
DEKL.	+59° 04′ 28″
HELLIGKEIT	12,6 mag
TYP	SA(r)bc
FOTOGRAFEN	Adam Block
TELESKOP	600-mm-Reflektor
KAMERA	SBIG STL-11000
BELICHTUNGSZEIT	360 min
ORT	Mount Lemmon SkyCenter/ University of Arizona, USA

Auschnittsvergrößerung

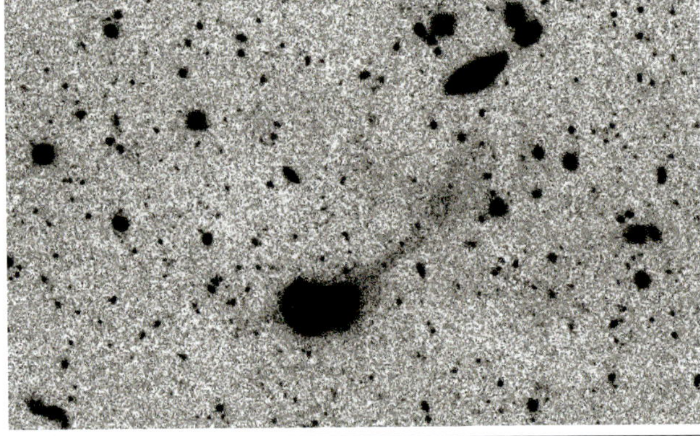

Invertierte, kontrastverstärkte Darstellung

ARP 148

Das wechselwirkende System Arp 148 besteht aus zwei kollidierenden Galaxien, deren Abstand zur Milchstraße 465 Millionen Lichtjahre beträgt. Das System wird auch als KUG 1101+410 (*Kiso Ultraviolet Galaxy Catalogue*) oder GALEXASC J110400.72+404901.7 beschrieben. Beide Katalogeinträge sind Hinweise auf eine große Leuchtkraft des Paares im blauen und ultravioletten Spektralbereich. Das System wurde 1940 vom amerikanischen Astronomen Nicholas U. Mayall auf Plattenaufnahmen entdeckt, die am 0,91-m-Crossley-Spiegelteleskop des Lick-Observatoriums (University of California, USA) entstanden sind. Zu Ehren ihres Entdeckers bezeichnet man Arp 148 in der englischsprachigen Literatur auch oft als „Mayall's Object".

Die Aufnahme zeigt Arp 148 links unterhalb der Bildmitte. Sie ist ein auffälliges Objekt, das sich aus einem spindelförmigen, S0-ähnlichen Galaxienkörper und einem diffusen blauen Ring zusammensetzt. Für die Spindelgalaxie findet sich auch die Bezeichnung PGC 33423 und der Winkeldurchmesser von 0,32′ entspricht einem projizierten Durchmesser von 43.000 Lichtjahren. Der Ring in Arp 148 besitzt mit 0,37′ einen transversalen Durchmesser von 50.000 Lichtjahren. Beide Teile von Arp 148 sind im Vergleich zu Standard-Galaxiengrößen auffallend kompakt, weshalb Astronomen davon ausgehen, dass Arp 148 aus der Kollision zweier Galaxien entstanden ist. Dabei durchstieß der S0-Typ die Hauptebene der Vorgängergalaxie, aus deren Material maßgeblich die Ringstruktur aufgebaut wurde. Relativ zur Ringebene bewegt sich der S0-Typ mit 200 km/s auf die Milchstraße zu und der Winkel von ca. 25° zwischen der S0-Längsachse und der Senkrechten der Ringebene belegt die fast frontale Orientierung der Durchstoßung, engl. „head-on collision". Auf der Aufnahme ist oberhalb der Ringmitte zudem eine gelbliche Aufhellung zu sehen, die als Überbleibsel des zentralen Bulges der Vorgängergalaxie interpretiert werden kann. Beispielrechnungen von Galaxienkollisionen zeigen einen solchen Zentrumsversatz, wenn die durchstoßende Galaxie die Scheibe nicht mittig trifft und somit das während der Durchstoßung stark modifizierte Gravitationsfeld die Lage des gesamten Bulges verändert.

Bei engen Wechselwirkungen oder Kollisionen wird die Verteilung der interstellaren Materie und somit die Sternentstehungsrate in den beteiligten Galaxien massiv beeinflusst. Die resultierenden Starburst-Phasen dauern meist einige Hundert Millionen Jahre an. In Arp 148 entstand so eine Ringstruktur aus der durchstoßenen Spiralgalaxie. Die früher dort vorhandenen Dichtewellen in der Hauptebene und somit auch das ursprüngliche Spiralmuster kamen zum Erliegen und stattdessen traten radiale Oszillationen in der Ebene auf. Es kam zu ringförmigen Stoßwellen, die das Material aufschoben und einen Ring aus Sternentstehungsregionen hervorriefen. Zudem wird in Arp 148 ein weiterer

Effekt dieses radialen Materialtransportes beobachtet – die hohe Konzentration von molekularem Gas im Zentrum des Ringes. In einer Studie wurde der HI-Gehalt von 16 Ringgalaxien untersucht, wobei Arp 148 mit einer HI-Masse von $1{,}15 \times 10^{10}$ Sonnenmassen den Spitzenwert lieferte.
Eine Besonderheit dieser Ringgalaxie ist auf der kontrastverstärkten Aufnahme zu sehen. Dort zeigt sich ein Gezeitenschweif, der in südöstliche Richtung weist. Dessen Entstehung ist vermutlich mit der dynamischen Vorgeschichte des Systems kollidierender Galaxien verbunden. Die Richtung des Schweifs verweist zudem auf eine mögliche Beteiligung der anderen Galaxien, die auf der Aufnahme zu sehen sind. Dies gilt vor allem für die 2,6′ rechts über Arp 148 liegende Galaxie SDSS J110400.47+404904.3.

OBJEKT	Arp 148
STERNBILD	Ursa Major
REKT.	$11^h\ 03^m\ 53^s$
DEKL.	+40° 50′ 57″
HELLIGKEIT	15 mag
TYP	Galaxien-Paar
FOTOGRAFEN	Adam Block
TELESKOP	800-mm-Reflektor
KAMERA	SBIG STX-16803
BELICHTUNGSZEIT	780 min
ORT	Mount Lemmon SkyCenter/ University of Arizona, USA

NGC 3718

Die Aufnahme zeigt NGC 3718 und in 13′ Abstand in östlicher Richtung in der unteren linken Bildecke ihren Begleiter NGC 3729. Beide Galaxien liegen in etwa gleicher Entfernung von 49 Millionen Lichtjahren, woraus ein direkter Abstand von 185.000 Lichtjahren folgt. Aus diesem Abstand sowie einigen Radiobeobachtungen kann geschlussfolgert werden, dass sie miteinander wechselwirken. Die kleinere Galaxie misst 2,8′ × 1,9′ und wird als SB(r)a-Typ klassifiziert, wobei in ihren diffusen Außenbereichen der Ansatz eines „countertails" zu sehen ist, d.h. eines Gezeitenschweifs aus Gas, Staub und Sternen, der vom größeren Wechselwirkungspartner weg weist.
NGC 3718 ist deutlich größer und ihr Kernbereich ist mit 12 mag etwas heller als der des kleinen Begleiters. In der Literatur wird NGC 3718 als polare Ringgalaxie beschrieben, wobei ihre Morphologie keinen einfachen Aufbau zeigt und sie aus mehreren Komponenten zusammengesetzt zu sein scheint. Über den hellen Kernbereich läuft ein geschwungenes und in sich verdrehtes Staubband, das wir in Kantenlage beobachten. Senkrecht dazu schauen wir auf eine innere Ringebene, an der bläulich gefärbte Spiralarme ansetzen, die weit nach außen reichen.
Radiomessungen liefern Astronomen einen sogenannten „HI data cube" für NGC 3718 – eine räumlich aufgelöste Verteilung der Geschwindigkeiten des atomaren Wasserstoffgases. Betrachtet man die Ströme des Wasserstoffgases, so verlaufen diese im Innenbereich nahezu polar in Bezug auf die Scheibenebene. Je größer der Radius wird, umso mehr nimmt diese Neigung der Strömungsebene ab und liegt in den Außenbereichen nur noch bei 30°. Das Wasserstoffgas ist dort 7′ oder umgerechnet 100.000 Lichtjahre vom Zentrum entfernt und die Umlaufzeit des Gases liegt bei einer Milliarde Jahren. Mit Hilfe von Simulationsrechnungen kann gezeigt werden, dass die gemessene Verteilung des Wasserstoffes in NGC 3718 sehr gut durch ein Modell konzentrischer Ringe, die relativ zueinander gekippt sind, beschrieben werden kann.
Sehr dicht bei NGC 3718 fällt eine Gruppe von fünf Galaxien auf, die als Hickson 56 katalogisiert ist und bei der Anzeichen einer starken Wechselwirkung festgestellt wurden. Diese ca. 390 Millionen Lichtjahre entfernten Galaxien erscheinen trotz der großen Entfernung recht blau, was auf eine erhöhte Sternentstehungsrate und somit auf die Leuchtkraft junger, heißer Sterne zurückzuführen ist.

OBJEKT	NGC 3718
STERNBILD	Ursa Major
REKT.	$11^h\ 32^m\ 35^s$
DEKL.	+53° 04′ 05″
HELLIGKEIT	11,6 mag
TYP	SB(s)a pec
FOTOGRAFEN	Stefan Binnewies, Josef Pöpsel
TELESKOP	600-mm-Reflektor
KAMERA	SBIG STL-11000
BELICHTUNGSZEIT	510 min
ORT	Skinakas-Observatorium, Kreta, Griechenland

UGC 6614

Wir blicken bei UGC 6614 fast frontal auf die Spiralebene und ihre Klassifikation als extrem große und sehr leuchtschwache Galaxie, engl. „giant low surface brightness galaxy“ (GLSBG), erscheint sofort plausibel. Ein heller, strukturierter Innenbereich wird durch einen Ring von einem lichtschwachen, weitreichenden Außenbereich getrennt. Dieser Ring misst etwa 1,4′ × 1,7′ im Durchmesser. Aus der Entfernung von 280 Millionen Lichtjahren zur Milchstraße ergibt sich ein mittlerer Ringdurchmesser von 120.000 Lichtjahren. Die Helligkeitsangabe von 14 mag für UGC 6614 bezieht sich auf den Innenbereich; weiter außen ist sie deutlich lichtschwächer. Um den großen Helligkeitsunterschied zu verdeutlichen, sei zudem erwähnt, dass im POSS-Katalog (*Palomar Observatory Sky Survey*) vom Außenbereich nichts zu sehen ist, erst die CCD-Empfindlichkeit bringt diesen zum Vorschein. UGC 6614 erreicht mit einem Durchmesser von über 330.000 Lichtjahren riesige Ausmaße – die Milchstraße könnte dreimal nebeneinander in diese Spiralebene platziert werden.

In großen Bereichen zeigt UGC 6614 keine Auffälligkeiten. So sucht man Sternentstehungsgebiete mit hellen, blauen Sternen oder HII-Emissionsregionen vergebens. Dieses Fehlen von Struktur ist typisch für GLSB-Galaxien. Interessanterweise zeigt der Kern von UGC 6614 jedoch eine Röntgenaktivität wie bei einer Seyfert-Galaxie. Dies ist ein Hinweis auf ein supermassives Schwarzes Loch im Zentrum (mit einer Masse von 0,12 × 10^6 Sonnenmassen) sowie auf eine stattgefundene Wechselwirkung, die den Materiezufluss ins Zentrum auslöste und dieses somit in einen aktiven Zustand versetzte. Wenn die Verschmelzungsszenarien, die zu Ringgalaxien führen, mit Hilfe von Computersimulationen näher untersucht werden, ergibt sich eine logische Verknüpfung zu den GLSBGs, wie etwa UGC 6614. Dazu muss die zeitliche Entwicklung nach der Kollision betrachtet werden. Diese zeigt, dass nach 100–200 Millionen Jahren die entstandene Ringgalaxie dem typischen Bild mit prominentem Ring entspricht. Im weiteren Verlauf der Simulationen zeigt sich jedoch, wie der Ring expandiert und immer schwächer wird. Damit verbunden ist auch eine Vergrößerung der Spiralebene, bis sich nach etwa 500 Millionen Jahren eine ca. 300.000 Lichtjahre große und sehr flache Scheibe zeigt – aus der Ringgalaxie ist somit eine GLSBG geworden. Dieses Ergebnis ist auch für die CDM-Theorie von Wichtigkeit, da dieses kosmologische Modell die Entstehung von GLSBGs lange Zeit nur sehr mühsam erklären konnte.

OBJEKT	UGC 6614
STERNBILD	Leo
REKT.	$11^h\ 39^m\ 15^s$
DEKL.	+17° 08′ 37″
HELLIGKEIT	14,4 mag
TYP	(R)SA(r)a
FOTOGRAFEN	Stefan Binnewies, Josef Pöpsel
TELESKOP	600-mm-Reflektor
KAMERA	SBIG STL-11000
BELICHTUNGSZEIT	645 min
ORT	Skinakas-Observatorium, Kreta, Griechenland

M 94

Die Galaxie M 94 (NGC 4736) liegt in nur 21,5 Millionen Lichtjahren Entfernung und ist somit eine der hellsten Galaxien in den Jagdhunden. Ihre Helligkeit wird mit 9 mag angegeben, was erklärt, weshalb sie auch im Messier-Katalog zu finden ist. M 94 steht in der Canes-Venatici-I-Gruppe, die dem Virgo-Superhaufen zugeordnet wird. Die zentrale Komponente dieser Ringgalaxie ist ein früher Sab-Typ, der in angedeuteter Form zwei Spiralarme zeigt, und in dessen Spiralebene ein flokkulentes Muster aus Gas- und Staubfilamenten mit einigen Sternentstehungsgebieten den Anblick bestimmt.

Umrandet wird die zentrale Komponente durch diffuses Leuchten, welches ein Hinweis auf einen Halo ist, der eine Abtrennung zur angrenzenden sternarmen Ringzone bildet. Dieser Halo spannt maximal etwa 5′ auf, was einem Durchmesser von nur 31.000 Lichtjahren für die zentrale Galaxie entspricht. Die Dimension der äußeren, deutlich lichtschwächeren Ringe ist größer und liefert für die große und kleine Achse die projizierten Längen von 50.000 × 60.000 Lichtjahren. Dabei deuten die lichtschwachen Verläufe der äußeren Struktur auf aufgewickelte Spiralarme mit teilweise aktiven Bereichen hin, in denen junge Sterne, Staub und Gasnebel zu erkennen sind. Gerade aufgrund des äußeren Ringes und der dort erhaltenen Spiralstruktur der zentralen Galaxie ist für die Ringgalaxie M 94 die vollständige Akkretion einer Begleitgalaxie ein plausibles Entstehungsszenario. Durch die geringe Entfernung und exponierte Lage der Spiralebene kann die Rotationsgeschwindigkeit spektroskopisch gemessen und daraus die Massendichte einschließlich der Dunklen Materie in der Ebene bestimmt werden. Die geringen Fehlerbalken der Messwerte erlauben das Anpassen von aussagekräftigen Massenmodellen, die meist aus den drei Komponenten Kern, Scheibe und sphärischem Halo aufgebaut sind. Und gerade die massivste Komponente – der Halo – besitzt in der Literatur die schlechteste empirische Grundlage. So ging man im Falle von M 94 davon aus, dass 68 % der Masse in der Dunklen Halomaterie liegen, wobei eine Gesamtmasse der Galaxie von $5{,}0 \times 10^{10}$ Sonnenmassen zugrunde gelegt wurde. Die gemessenen Rotationskurven zeigen allerdings, dass eine sphärische Halo-Komponente kein gutes Massenmodell liefert. Deutlich besser passt hingegen eine Massenverteilung mit einem abgeflachten Halo und einer geringeren Gesamtmasse von $3{,}4 \times 10^{10}$ Sonnenmassen. Dieses Modell kommt weitgehend ohne Dunkle Materie aus und ist konsistent mit der beobachteten Leuchtkraftverteilung und dem gemessenen Anteil an Wasserstoff in den Außenbereichen der Galaxie.

OBJEKT	M 94
STERNBILD	Canes Venatici
REKT.	$12^h\ 50^m\ 53^s$
DEKL.	+41° 07′ 14″
HELLIGKEIT	9 mag
TYP	(R)SA(r)ab
FOTOGRAFEN	Stefan Binnewies, Josef Pöpsel
TELESKOP	600-mm-Reflektor
KAMERA	SBIG STX-16803
BELICHTUNGSZEIT	480 min
ORT	Skinakas-Observatorium, Kreta, Griechenland

NGC 4350 / NGC 4340

Beide Galaxien, die auf der Aufnahme zu sehen sind, gehören zum Virgo-Haufen und bilden das System Holmberg 391. Links steht die SA0-Galaxie NGC 4350 und 5′ in westlicher Richtung sieht man den SB(r)0-Typ NGC 4340. Benutzt man rotverschiebungsunabhängige Methoden für die Bestimmung der Entfernung, so erhält man für NGC 4340 einen Wert von 51 ± 15 Millionen Lichtjahren sowie 55 ± 10 Millionen Lichtjahre für NGC 4350. Die Rotverschiebungen liefern die Werte 40 ± 3 Millionen Lichtjahre für die Ringgalaxie und 52 ± 4 Millionen Lichtjahre für NGC 4350. Bei NGC 4340 weichen die zwei Entfernungswerte deutlich voneinander ab, bei NGC 4350 sind sie im Rahmen der Fehler nahezu gleich. Es könnte sein, dass die beiden Galaxien ein Paar bilden, sich die Ringgalaxie NGC 4340 aber mit 277 km/s relativ zu NGC 4350 auf die Milchstraße zu bewegt. Für den projizierten Durchmesser von NGC 4350 ergeben sich 48.000 Lichtjahre. Für den Durchmesser von NGC 4340 berechnet man 52.000 Lichtjahre. Auf der Aufnahme erkennt man, dass ihr Winkeldurchmesser mit 3,5′ größer ist als der von NGC 4350, der bei 3′ liegt. NGC 4340 zeigt keine Spiralstruktur, die Scheibe wird von einem geschlossenen Ring dominiert. Der sichtbare Balken in NGC 4340 reicht bis zu diesem Ring und an den Endpunkten des Balkens erkennt man „ansae“-Aufhellungen.

Im hellen Kernbereich von NGC 4340, der auf der Aufnahme leider keine Differenzierung zulässt, kann außerdem ein zweiter Balken beobachtet werden, der von einem nuklearen Ring umschlossen ist. Der Radius dieses zweiten Ringes beträgt 12″ und auch hier reicht der Balken nicht über den Ring hinaus. Diese zweite Ring-Balken-Struktur ist 15-mal kleiner als die umgebende Struktur und die Achsen des großen und kleinen Balkens liegen nicht in gleicher Richtung, sondern zeigen einen Winkelversatz von 12°. Dies kann ein Hinweis darauf sein, dass beide Balken unabhängig voneinander rotieren.

Aus Farbuntersuchungen des Zentralbereichs können weitere Rückschlüsse auf den inneren nuklearen Ring gezogen werden. Dieser ist leuchtkräftig, besitzt jedoch keine Sternentstehungsregionen, sondern ist aus relativ alten Sternen aufgebaut, die in einem gasarmen Umfeld liegen. Die Anwesenheit mehrerer dynamischer Komponenten in NGC 4340 legt den Schluss auf mindestens eine stattgefundene Verschmelzung mit einem kompakten Partner nahe.

OBJEKT	NGC 4350
STERNBILD	Coma Berenices
REKT.	$12^h\ 23^m\ 58^s$
DEKL.	+16° 41′ 36″
HELLIGKEIT	11,9 mag
TYP	SA0 edge-on
FOTOGRAFEN	Michael König
TELESKOP	200-mm-Reflektor
KAMERA	SBIG ST-10XME
BELICHTUNGSZEIT	10 min
ORT	Rimbach, Deutschland

NGC 5128

Bei der Bezeichnung von Radioquellen nutzen Astronomen den Buchstaben A für die hellste Quelle in einem Sternbild. So liegt etwa das Zentrum unserer Milchstraße in Richtung des Sternbildes Schütze, wo sich auch die hellste Radioquelle Sagittarus A findet. Für die hier gezeigte Galaxie NGC 5128 ist die Radiobezeichnung Centaurus A viel bekannter als ihre NGC-Nummer oder ihre Katalogisierung als Arp 153. Es handelt sich bei Centaurus A um die uns nächstgelegene extragalaktische Radioquelle. Ihre Ausdehnung am Radiohimmel übertrifft mit 10° ihren optischen Durchmesser deutlich. Hier misst sie 25,7′ × 20,0′ und besitzt die für eine Galaxie große Helligkeit von 7,8 mag – für Beobachter auf der Südhalbkugel somit ein lohnenswertes Feldstecherobjekt. Die Rotverschiebung von NGC 5128 ist aufgrund der interessanten Entstehungsgeschichte sehr oft und genau vermessen worden. In der *NASA Extragalactic Database* wird eine Geschwindigkeit von 547 ± 5 km/s angegeben. Mit einem Fehler von unter einem Prozent kann die kosmologische Entfernung von NGC 5128 gut berechnet werden und beträgt 17,3 Millionen Lichtjahre. Eine Bogenminute entspricht dabei 5000 Lichtjahren, woraus sich für den optischen Teil eine Ausdehnung von etwa 129.000 × 100.000 Lichtjahren ergibt. Die zwei unsichtbaren Radioblasen reichen gewaltige 1,5 Millionen Lichtjahre weit und werden durch zwei Jets gespeist, die aus dem Schwarzen Loch im Zentrum von NGC 5128 in entgegengesetzter Richtung herausweisen.

Die Galaxie NGC 5128 wird in der Literatur als ein Kandidat einer polaren Ringgalaxie immer wieder erwähnt. Morphologisch ist sie auch als Elliptische Galaxie oder als S0-Typ klassifiziert worden, wobei das breite, verbogene Staubband und die dort sichtbaren Sternentstehungsgebiete Hinweise auf eine Kollision mit einer anderen Galaxie sind. Man geht davon aus, dass NGC 5128 keine ungestörte polare Ringgalaxie mehr ist, sondern dass durch ihre enorme Radioleuchtkraft die Ringstrukturen zerstört wurden. Dabei haben die entstandenen riesigen Radioblasen das Material der äußeren Schalen der Galaxie wie auch das der polaren Ringe immer weiter nach außen abgedrängt, wodurch es verdünnt und schließlich im Halogas aufgelöst wurde. Interessanterweise geht sowohl die Jet-Aktivität als auch das Entstehen und das Verschwinden der äußeren Schalenstrukturen auf die gleiche Ursache zurück: die Verschmelzung zweier Galaxien.

Sehr tiefe optische Aufnahmen von NGC 5128 offenbaren einen großen, lichtschwachen Halo, der eine breite Spindelform aufweist und den optisch prominenten Teil mit auffälligen Staubbändern mit einer nahezu senkrechten Orientierung enthält. Der spindelförmige Halo besitzt den etwa dreifachen Durchmesser des zentralen Bereiches und erinnert damit an das Modell der verbogenen Scheibe von NGC 2685.

OBJEKT	NGC 5128
STERNBILD	Centaurus
REKT.	13h 25m 28s
DEKL	−43° 01′ 09″
HELLIGKEIT	7,8 mag
TYP	S0 pec
FOTOGRAFEN	Josef Pöpsel, Stefan Binnewies
TELESKOP	60-cm-Reflektor
KAMERA	SBIG STL-11000
BELICHTUNGSZEIT	135 min
ORT	Amani Lodge, Namibia

NGC 5701

Im Virgo-Haufen findet sich die Ringgalaxie NGC 5701, deren Zweifarbigkeit schon beim ersten Blick auffällt. Der diffuse und linsenförmige Innenbereich erscheint in einem gelblichen Farbton, der sich von den ansetzenden blauen Spiralarmen deutlich absetzt. Im Zentrum ist ein Balken sichtbar, der eine größere Helligkeit als der ovale Bulge besitzt, in dem er eingebettet ist. Im ultravioletten Licht wird das Erscheinungsbild von Sternentstehungsgebieten in den Spiralarmfragmenten des Ringes dominiert. Hier zeigt sich zwar noch der Kern, der Balken und der ovale Innenbereich sind jedoch verschwunden (*The Galex Ultraviolet Atlas of Nearby Galaxies*). Die Entfernung von NGC 5701 beträgt 69 Millionen Lichtjahre. Da die geringe Inklination von nur 15° uns fast „face-on" auf die Ringebene blicken lässt, kann ein mittlerer Durchmesser von 59.000 Lichtjahren für den Ring errechnet werden.

Bei einer Strukturanalyse der Helligkeitsverteilung in NGC 5701 wurde versucht, einen Modellaufbau aus einem Bulge und einer Scheibe bestmöglich den Pixelwerten einer hochaufgelösten Aufnahme dieser Galaxie anzupassen. Für NGC 5701 benötigte man dabei elf Parameter, um diese Anpassung zu bewerkstelligen. Diese Modellgalaxie wurde daraufhin vom Galaxienbild der Aufnahme abgezogen, wodurch das sogenannte „residual image" gewonnen wurde, das weitere Substrukturen, die in der Aufnahme nicht oder nur sehr schwach auszumachen sind, hervorbrachte. Für NGC 5701 ergab sich so, dass das beste Modell eine Kombination aus Bulge und Balken mit einem äußeren Ring darstellt. Überraschenderweise bedarf es bei der Modellierung keiner Scheibenkomponente, sodass die Frage aufkommt, wie der Balken in dieser scheibenlosen Galaxie entstehen konnte. Eine mögliche Antwort liefern Simulationsrechnungen, die dann einen Balken vorhersagen, wenn die Galaxie von einem nicht-sphärischen, massiven Halo aus Dunkler Materie umgeben ist. Bestätigt wird diese Hypothese durch die sich ergebende Balkengröße von etwa 33.000 Lichtjahren sowie durch die Kollisionsvorgeschichte von NGC 5701, die zu einem solchen Halo geführt haben könnte.

OBJEKT	NGC 5701
STERNBILD	Virgo
REKT.	$14^h\ 39^m\ 11^s$
DEKL.	+05° 21′ 49″
HELLIGKEIT	11,8 mag
TYP	(R)SB0/a(rs)
FOTOGRAFEN	Adam Block
TELESKOP	600-mm-Reflektor
KAMERA	SBIG STL-11000
BELICHTUNGSZEIT	320 min
ORT	Mount Lemmon SkyCenter/ University of Arizona, USA

PGC 54559

Der amerikanische Astronom Arthur Allen Hoag entdeckte 1950 ein ungewöhnliches Objekt auf einer Aufnahme des Jewett Schmidt Telescope des Harvard College Observatory (Cambridge, Massachusetts, USA). In der 75 Minuten lang belichteten Aufnahme zeigte sich ein Objekt, das einem Planetarischen Nebel ähnelte. Der Kern war jedoch untypisch diffus und zu groß für einen solchen. Daher vermutete Hoag, dass es sich um eine pekuliäre Galaxie handeln könnte. Auch spekulierte er darüber, ob der Ring durch einen Gravitationslinseneffekt entstanden sein könnte.

Heute ist bekannt, dass es sich bei „Hoags Objekt" um eine polare Ringgalaxie handelt, die als PGC 54559 katalogisiert ist. Die Entfernung zur Milchstraße beträgt 550 Millionen Lichtjahre und der Winkeldurchmesser des Rings von 45″ entspricht 120.000 Lichtjahren. Die kreisrunde Form des Kerns belegt die besondere Perspektive von PGC 54559; es gibt andere Hoag-ähnliche Ringgalaxien mit ovalen Kernen. Der gelbliche Kern der Galaxie ist im Vergleich dazu nur etwa 17.000 Lichtjahre groß. Eine Aufnahme von PGC 54559 mit dem Hubble Space Telescope zeigt, dass im Raum zwischen Kern und Ring kaum Sterne zu finden sind. Bemerkenswert ist außerdem, dass im Himmelshintergrund eine weitere, viel kleinere Ringgalaxie zu sehen ist. Diese zeigt sich auf der Aufnahme als heller Punkt im oberen Teil des Zwischenraums.

Astronomen gehen heute davon aus, dass PGC 54559 durch die zentrale Kollision einer kompakten Galaxie mit einer Spiralgalaxie entstanden ist. Dabei wurden Teile der früheren Spiralarme durch die nach außen laufenden Dichtewellen zu dem heute sichtbaren Spiralarmring zusammengeschoben. Zudem entwickelten sich bei diesem Prozess neue Sternentstehungsgebiete im Ring. Die Aufnahme zeigt außerdem, dass die aktiven Bereiche im Ring nicht exakt kreissymmetrisch angeordnet sind. Vielmehr lassen sich zwei Halbkreise verfolgen, die einmal die Innenseite des Ringes (links oben) und, nicht genau gegenüberliegend, die Außenseite (rechts) heller erscheinen lassen. Diese Zweiteilung geht vermutlich darauf zurück, dass die Vorgängergalaxie zwei Spiralarme besaß, deren Spiralarmmuster nach der Kollision teilweise erhalten blieb.

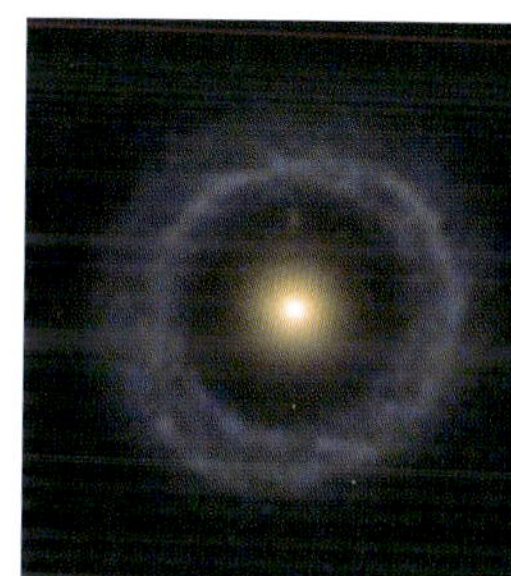

OBJEKT	PGC 54559
STERNBILD	Serpens
REKT.	$15^h\ 17^m\ 14^s$
DEKL.	+21° 35′ 08″
HELLIGKEIT	16,2 mag
TYP	Ringgalaxie
FOTOGRAFEN	Adam Block
TELESKOP	800-mm-Reflektor
KAMERA	SBIG STX-16803
BELICHTUNGSZEIT	1260 min
ORT	Mount Lemmon SkyCenter/ University of Arizona, USA

N

ESO 138-IG29

Die Ringgalaxie ESO 138-IG29 ist Teil des Kataloges von Halton Arp und Barry Madore mit Verschmelzungsringgalaxien und wird dort mit der Bezeichnung AM1724-622 geführt. Die pilzförmige Morphologie aus einer Ringkomponente und einem elongierten Begleiter findet sich im AM-Katalog bei einigen Galaxien. ESO 138-IG29 steht in einer Entfernung von 200 Millionen Lichtjahren und ihre Größe wird mit 2,5′ × 1,4′ angegeben – eine Bogenminute entspricht einer Skalierung von 58.000 Lichtjahren.
Auf den ersten Blick bietet ESO 138-IG29 keine Vogelperspektive auf die Ringebene, sondern zeigt eher einen seitlichen Anblick einer Galaxien-Wechselwirkung mit einem Wechselwirkungspartner und einem verbindenden Gezeitenschweif. Da das Zentrum der Ringgalaxie einen Versatz zeigt und außerdem die Ringdicke variiert, wird ESO 138-IG29 als „junge" Ringgalaxie beschrieben. Da hier Kollisionspartner und Stoßrichtung noch direkt sichtbar sind, bietet sich dieser Typ von Ringgalaxien gut als Modell für Simulationsrechnungen an. Im Gegensatz zum Standardmodell der Ringgalaxien erscheint der Ring bei ESO 138-IG29 eher rötlich, d.h. hier dominiert eine ältere Sternpopulation und die übliche erhöhte Sternentstehungsrate im Ring ist nicht zu verzeichnen. HI-Beobachtungen zeigen, dass bei diesem Objekt wenig Staub und Gas im Ring enthalten ist.
Die Simulationen verdeutlichen, dass kaustische Formen in der Scheibenebene der durchstoßenen Galaxie aus einem nicht-zentralen Stoß resultieren. Dies kann außerdem zu einer sichelartigen Form führen, die eine Unterbrechung im Verlauf des Ringes besitzt. Das Modell, das die beste Übereinstimmung zur sichtbaren Morphologie von ESO 138-IG29 bietet, besitzt einen Stoßpartner mit nur 15 % der Masse der Spiralgalaxie, die beim halben Radius durchstoßen wird. Interessanterweise verlaufen die Bahnen der Stoßpartner nicht geradlinig, sondern parabelförmig, wodurch die Asymmetrie der induzierten radialen Dichtewellen noch verstärkt wird. Der leichtere Wechselwirkungspartner erfährt zwar eine dynamische Reibung, es kommt jedoch zunächst zu keiner merklichen Bremsung. Erst nach dem Durchstoß bildet sich ein Gezeitenschweif aus, der sich, entgegen der Stoßrichtung, rückwärts auf die Spiralgalaxie zu bewegt und die Scheibenstruktur weiter beeinflusst.

Analysiert man Verschmelzungen von Galaxien, kann man neben der theoretischen Betrachtung mit Hilfe von Simulationsrechnungen auch Kataloge von Galaxien nach sogenannten „pre- and post-merger candidates" durchsuchen. Somit können Galaxien ausfindig gemacht werden, deren Aussehen die Momentaufnahme einer Verschmelzung beschreibt. Die Analyse einer Sequenz, die den Ablauf der Verschmelzung Bild für Bild zeigt, ergibt anschließend, dass sich die Infrarotleuchtkraft und somit auch die Effizienz der Sternentstehung kurz vor dem direkten Zusammenstoß erhöht. Danach gehen diese Werte wieder zurück und erreichen das Niveau einer normalen Elliptischen Galaxie. Dieses Verhalten kann dadurch erklärt werden, dass die vorangegangene Sternentstehung den Wasserstoff aufgebraucht hat und er nun nicht mehr zur Verfügung steht. Zu bemerken ist allerdings, dass beim Vergleich der Betrachtungen von Verschmelzungskandidaten immer auch eine Streuung enthalten ist, die auf die individuellen Unterschiede der Galaxien zurückgeht.
Das Verhältnis von Radioleuchtkraft zur Leuchtkraft im blauen Licht ist ebenfalls ein Indikator für Veränderungen entlang der Verschmelzungssequenz. Die blaue Leuchtkraft hängt dabei direkt mit der Zahl junger, heißer Sterne zusammen. Dieses Verhältnis ist auch bei ESO 138-IG29 im Vergleich zu isolierten Spiralgalaxien größer, da aufgrund der Wechselwirkung Materie in den Zentralbereich fließt, die durch die zunehmende Aktivität des Schwarzen Loches die Radioemission stimuliert.

OBJEKT	ESO 138-IG29
STERNBILD	Ara
REKT.	$17^h\ 29^m\ 10^s$
DEKL.	–62° 26′ 44″
HELLIGKEIT	12,8 mag
TYP	(R)SAB0+(s) pec
FOTOGRAFEN	Josef Pöpsel
TELESKOP	600-mm-Reflektor
KAMERA	SBIG ST-10XME
BELICHTUNGSZEIT	140 min
ORT	Amani Lodge, Namibia

NGC 6028

NGC 6028 wird in Anlehnung an den „Prototyp" PGC 54559, der von Arthur Allen Hoag 1950 entdeckt wurde, oft auch als „Hoag-typische" Ringgalaxie beschrieben. Dazu gehört ein spezifischer Aufbau aus zwei Komponenten: einerseits der symmetrische, leicht diffus erscheinende Kern mit einer deutlichen Gelbfärbung. Andererseits besitzt dieser Typ einen klar davon abgesetzten, lichtschwächeren und blau gefärbten Ring mit Substrukturen aus Sternentstehungsgebieten. Im Inneren des Ringes liegt mit einem Zentrumsabstand von 7″ ein Vordergrundstern; ein zweiter Stern steht vor dem Ring.
Auch in tiefen Aufnahmen zeigt NGC 6028 keinerlei Gezeitenschweife oder lichtschwache Begleitgalaxien. Es handelt sich hier also in gewisser Weise um ein dynamisch abgeschlossenes Objekt. Dies ist bei der Untersuchung der Entstehungsgeschichte dieses Typs von Bedeutung. Wird eine am Anfang stehende Kollision angenommen, heißt dies nämlich, dass beide Stoßpartner hier zum Stillstand gekommen sind, woraus sich gut die Rahmenbedingungen für die Relativgeschwindigkeit sowie die Massen vor dem Stoß ableiten lassen.
Der Kernbereich von NGC 6028 erscheint elongiert und zeigt eine eingebettete balkenartige Struktur. Im Vergleich dazu ist der Kern des Hoag-Prototyps kreisförmig. Allerdings muss angemerkt werden, dass „Hoags Objekt" (PGC 54559) fast doppelt so groß ist wie NGC 6028, deren Ringdurchmesser 88.000 Lichtjahre beträgt. Ein Vergleich der Hoag-Typen zeigt, dass die meisten von ihnen ovale Kernbereiche besitzen; die kreisförmigen Kerne sind in der Unterzahl. Es gibt Modellrechnungen, die von einer Wechselwirkung zwischen zentralem Balken und entstandenem Ring ausgehen und die – durch eine Materie- und Drehimpuls-Abgabe an den Ring – eine Auflösung der Balkenstruktur vorhersagen. Das Resultat dieser Wechselwirkung wäre dann eine Ringgalaxie wie NGC 6028 mit ovalem, aber sonst strukturlosem Zentralbereich.

OBJEKT	NGC 6028
STERNBILD	Hercules
REKT.	$16^h\ 01^m\ 29^s$
DEKL.	+19° 21′ 36″
HELLIGKEIT	14,4 mag
TYP	(R)SA0⁺
FOTOGRAFEN	Stefan Binnewies, Josef Pöpsel
TELESKOP	600-mm-Reflektor
KAMERA	SBIG STL-11000
BELICHTUNGSZEIT	330 min
ORT	Skinakas-Observatorium, Kreta, Griechenland

NGC 7217

Bei Betrachtung von NGC 7217 fallen die Spiralarmringe und Staubmuster auf, die sich mehrfach wiederholen und weit in den Kernbereich hineinreichen. Der äußere Ring aus Spiralarmen zeigt Bereiche aktiver Sternentstehung und verstreut liegende HII-Regionen, die sich durch ihre rot-violette Färbung verraten. Die geringe Distanz von 52 Millionen Lichtjahren von NGC 7217 erlaubt einen eingehenden Blick auf die Details in der Spiralebene. So zeigt sich, dass die größten HII-Regionen etwa zwei Bogensekunden messen, was ca. 500 Lichtjahren entspricht. Der äußere Ring hat einen maximalen Durchmesser von 3,9′ und entspricht somit 59.000 Lichtjahren – ein üblicher Wert für Ringgalaxien, die aus einem Verschmelzungsszenario hervorgegangen sind. Eine multiple Struktur zeigt sich außerdem bei tiefen spektroskopischen Untersuchungen, bei denen der Kern innerhalb von 6500 Lichtjahren Radius studiert wird. Sie offenbaren zwei stellare Scheiben – eine innere und eine äußere Scheibe, die sich in ihrer Leuchtkraft und Dichte unterscheiden. Ursache dafür ist vermutlich eine mehrere Milliarden Jahre zurückliegende Verschmelzung einer kleinen kompakten Galaxie mit einer größeren Spiralgalaxie. Dadurch wurden die Sterne, die zuvor in einer Scheibe angeordnet waren, umverteilt und neu angeordnet. Die äußere Gasscheibe liegt dabei fast in der Hauptebene der äußeren Galaxie; die innere Scheibe ist hingegen stark geneigt und ein Teil der Sterne in dieser Scheibe umlaufen mit entgegengesetztem Drehsinn.

Mit Simulationsrechnungen kann nachgewiesen werden, dass ein solcher „minor merger" zu zentralen Gasscheiben führt, die nur bei hohem Neigungswinkel der Scheibe gegenüber der Hauptebene stabil sind. In diesen Gasscheiben entstehen neue Sterne und bilden „star-forming rings". Eine solche Auffälligkeit wird in einigen Ringgalaxien beobachtet, die noch eine weitere Eigenheit gemeinsam haben – sie besitzen alle keinen Balken, da dieser die stellaren Scheiben in kurzer Zeit wieder zerstören würde.

OBJEKT	NGC 7217
STERNBILD	Pegasus
REKT.	$22^h\ 07^m\ 52^s$
DEKL.	+31° 21′ 34″
HELLIGKEIT	11 mag
TYP	(R)SA(r)ab
FOTOGRAFEN	Makis Palaiologou, Stefan Binnewies
TELESKOP	1,3-m-Reflektor
KAMERA	SBIG STX-16803
BELICHTUNGSZEIT	340 min
ORT	Skinakas-Observatorium, Kreta, Griechenland

GALAXIENGRUPPEN UND GALAXIENHAUFEN

Die meisten Galaxien stehen nicht allein im Raum, sondern bilden Ansammlungen. Galaxienhaufen sind die größten Strukturen, die sich mit Übersichtsaufnahmen des Weltalls darstellen lassen. Für Astrofotografen stellen diese galaktischen Gruppen anspruchsvolle Motive dar.

DIE KLASSIFIKATION UND MORPHOLOGIE DER GALAXIENGRUPPEN UND GALAXIENHAUFEN

Bei Betrachtung astrofotografischer Aufnahmen von Galaxien fällt unabhängig von der Brennweite der Aufnahme auf, dass Galaxien keine solitären Objekte sind. Meist stehen sie in der Nachbarschaft anderer Galaxien. Diese Nähe bedeutet allerdings nicht unbedingt eine räumliche Nähe, denn auch bei einem geringen Winkelabstand zweier vermeintlicher Nachbarn kann ihr wahrer Abstand deutlich größer sein. Da die dritte Dimension, die Entfernung der einzelnen Galaxien von der Milchstraße, auf der Fotografie jedoch zunächst nicht festzustellen ist, öffnet sich hier der Raum für Spekulationen. So ist zunächst die Annahme logisch, dass Galaxien, die etwa gleich groß erscheinen und ähnliche Details zeigen, in ähnlichen Entfernungen liegen und somit auch Nachbarn im Raum sind. Allerdings ist die gleiche Größe nur ein grober Anhaltspunkt, da sich das Aussehen und somit die Größenverhältnisse durch Wechselwirkungen in einer Galaxiengruppe stark verändern können. Die in astronomischen Datenbanken angegebenen und anhand von Rotverschiebungen ermittelten Entfernungen von Galaxien lassen hingegen genauere Aussagen darüber zu, welche Galaxien mit hoher Wahrscheinlichkeit ein Paar oder eine Gruppe bilden. Dabei werden Ansammlungen von bis zu 50 Galaxien als Gruppen bezeichnet, sofern der Durchmesser der Anordnung bei drei bis fünf Millionen Lichtjahren liegt. Durch das gemeinsame Gravitationspotenzial besitzen die Gruppenmitglieder nur einen geringen Unterschied in ihrer Rotverschiebung. Mit Hilfe des sogenannten Virialtheorems kann aus einem gebundenen Gruppenzustand gefolgert werden, dass die Masse der Gruppe stets unter $2–3 \times 10^{13}$ Sonnenmassen liegt. Die Milchstraße selbst gehört zu einer solchen Gruppe – der Lokalen Gruppe. Sie besteht aus etwa 35 Galaxien, wobei die Anzahl stetig wächst, da in den letzten Jahren weitere Mitglieder entdeckt wurden. Bei diesen neuen Mitgliedern handelt es sich meist um Zwerggalaxien in der Umgebung der großen Gruppenmitglieder. Neben der Milchstraße sind M 31 und M 33 die größten und leuchtkräftigsten Mitglieder der Lokalen Gruppe. Schaut man über die Lokale Gruppe hinaus, so finden sich in unserer galaktischen Nachbarschaft die nächsten Galaxien ebenfalls in Gruppen angeordnet. Die Sculptor-Gruppe umfasst mehr als 20 Mitglieder. Fünf der Galaxien sind heller als 10 mag, wobei deren Entfernungen zwischen 5,9–13,3 Millionen Lichtjahren liegen. Es folgt die M 81-Gruppe mit einer Zahl von über 44 individuellen Galaxien. Das Zentrum dieser Gruppe befindet sich in einer Entfernung von etwa zwölf Millionen Lichtjahren, ihre projizierte Ausdehnung beträgt 5,9 × 2,9 Millionen Lichtjahre. Innerhalb einer großen Kugel mit 35 Millionen Lichtjahren Radius kommen außerdem die Centaurus-Gruppe (17 Mitglieder), die IC 342/Maffei-Gruppe (24 Mitglieder), die M 101-Gruppe (fünf Mitglieder), die M 66- und M 96-Gruppe (zehn Mitglieder) und schließlich die NGC 1023-Gruppe (sechs Mitglieder) hinzu. Die Lokale Gruppe ist im nahen kosmischen Umfeld die reichste Galaxiengruppe.

Hat eine Galaxiengruppe mehr als 50 Mitglieder, spricht man hingegen von einem Galaxienhaufen. In der Literatur findet sich dabei ein fließender Übergang von armen zu reichen Haufen, wobei letztere Tausende von Galaxien enthalten und eine Größe von über zehn Millionen Lichtjahren erreichen können. Die Verteilung der Galaxien in einem Haufen weist Strukturen auf, die für eine weitergehende Klassifikation genutzt werden. Dabei wird grob zwischen regulären, sphärisch geformten und irregulären Haufen unterschieden. Letztere sind weniger kompakt aufgebaut und zeigen oft flächige oder auch lineare Verteilungsstrukturen. Im Zentrum von regulären Haufen findet sich eine große Elliptische Galaxie, die von einem inneren Kernbereich mit hoher Galaxiendichte umgeben ist. Dominiert ein Paar dieser gro-

Der Galaxienhaufen Abell 262 befindet sich im Sternbild Andromeda, dicht an der Grenze zum Dreieck (siehe Seite 354). Aufnahme: Makis Palaiologou, Josef Pöpsel (1,3-m-Reflektor).

ßen Galaxien das Zentrum, spricht man von Haufen des B-Typs. Ein L-Typ besitzt zudem eine lineare Anordnung der dominanten Galaxien, wohingegen ein C-Haufen eine auffällige Konzentration der hellen Mitglieder und einen ausgedünnten Außenbereich aufweist. Ein F-Typ besitzt eine abgeflachte Verteilung, der I-Typ beschreibt schließlich die irregulären Galaxienhaufen, die weniger reich an Galaxien sind und eine gleichförmige Dichte besitzen. Bei den irregulären Haufen fällt zudem auf, dass die Verteilung der Galaxien typenabhängig ist. Spiralsysteme und irreguläre Galaxien sind in irregulären Haufen häufig anzutreffen; in den regulären Haufen finden sie sich hingegen nur im Außenbereich des Haufens und nicht im Zentrum.

Der uns nächstgelegene Galaxienhaufen ist der Virgo-Haufen in einer Entfernung von 65 Millionen Lichtjahren. Er besteht aus etwa 250 großen und mehr als 2000 kleinen Galaxien, die ein Volumen von zehn Millionen Lichtjahren Durchmesser ausfüllen. Das entspricht am Himmel einem Winkeldurchmesser von etwa 10°. Noch größer ist der Coma-Haufen in einem Abstand von 450 Millionen Lichtjahren zur Milchstraße und einem Durchmesser von 20 Millionen Lichtjahren. Dieser Haufen besteht aus 10.000 Galaxien, wobei die meisten elliptische Zwerggalaxien sind. Weiterhin beinhaltet er ca. 1000 helle Galaxien, die meist vom irregulären oder Spiraltyp sind. Vergleicht man den Virgo- mit dem Coma-Haufen, so ist der Coma-Haufen nicht nur größer und besitzt die deutlich größere Zahl an Mitgliedern, sondern ist auch regulärer und somit symmetrischer aufgebaut. So beeindruckend die Zahlen der Galaxienhaufen auch sind, stellt die Haufenbildung doch eher die Ausnahme dar. Allein auf dem Weg zum Virgo-Haufen liegen 20 kleinere Galaxiengruppen. Daher wird davon ausgegangen, dass nur 20 % aller Galaxien in den großen, reichen Haufen zu finden sind; die Mehrheit der Galaxien befindet sich in vielen kleinen Galaxiengruppen.

DIE ASTROPHYSIK DER GALAXIENGRUPPEN UND GALAXIENHAUFEN

Sowohl in Gruppen als auch in Haufen sorgt die Gravitation für eine gegenseitige Bindung der Mitglieder. Durch die Überlagerung der Gravitationspotenziale der einzelnen Galaxien entsteht ein gemeinsames Potenzial, das ein Massenzentrum definiert. So gleichen sich die Geschwindigkeitsunterschiede der Mitglieder mit der Zeit aus und sorgen für die Stabilisierung der Gruppen- bzw. Haufenstruktur. Die Dispersion der Geschwindigkeiten liegt, bedingt durch den Größenunterschied, für Gruppen meist unter 200 km/s und in Haufen bei 800–1000 km/s. Im Fall sehr großer Haufen wird dieser Wert sogar noch übertroffen, da bei Wechselwirkungsprozessen die einander umlaufenden Galaxien bei großer Annäherung eine starke Beschleunigung erfahren können.

Somit prägen die häufigen Wechselwirkungen zwischen den Galaxien den Aufbau eines Galaxienhaufens maßgeblich.

Die Zentren werden wird fast immer von einer cD-Galaxie beherrscht. Diese Galaxie ist ein massereicher elliptischer Galaxientyp, der nur in reichen Haufen entstehen kann. Durch die hohe Galaxiendichte in einem solchen reichen Haufen kommt es zu vielen, in Kaskaden ablaufenden Verschmelzungsprozessen, die die Masse der cD-Galaxie stetig ansteigen lassen. Da bei diesen Verschmelzungsprozessen in den meisten Fällen elliptische Galaxientypen entstehen, folgt, dass im Inneren eines Haufens – wo die meisten Verschmelzungen stattfinden – der Anteil an E-Typen dominiert. In vielen Galaxienhaufen finden sich daher keine irregulären oder Spiraltypen im Zentrum. Sie trifft man fast nur in den Außenbereichen an, da hier die Häufigkeit der Verschmelzungsprozesse geringer ist. Im Gegensatz zu den Haufen sind Elliptische Galaxien in den meisten Galaxiengruppen und Feldgalaxien selten anzutreffen. Aus diesen Beobachtungen kann eine allgemeine Morphologie-Dichte-Relation abgeleitet werden: Je höher die Galaxiendichte, umso häufiger dominieren elliptische Typen die Szenerie. Spiralgalaxien bevorzugen hingegen Regionen mit geringer Galaxiendichte.

Die Wechselwirkungen zwischen den Galaxien in Gruppen und Haufen haben zudem weitere Auswirkungen. Durch die Annäherung wirken starke Gezeitenkräfte, die Gas und Staub aus den Galaxien herausziehen. Dieses Material sammelt sich im Gravitationspotenzial der Gruppe oder des Haufens an. Man spricht vom „Intragroup- bzw. Intracluster-Medium“, das das gesamte Volumen eines Galaxienhau-

Abb. 7.1: Der Virgo-Haufen bildet, zusammen mit der Lokalen Gruppe und anderen Galaxiengruppen, den Virgo-Galaxien-Superhaufen (siehe Seite 374).

fens ausfüllt. Das zugehörige Gas ist stark verdünnt, woraus eine Temperatur von einigen Millionen Kelvin folgt. Somit kommt es zur Aussendung von Röntgenstrahlung, weshalb Galaxienhaufen zu den hellsten Röntgenobjekten am Himmel zählen. Viele Haufen zeigen im Röntgenlicht zudem Unterstrukturen mit mehreren hellen Bereichen, was auf ungleichförmige Emission hinweist. Diese tritt infolge eines noch nicht abgeschlossenen Verteilungsprozesses des heißen Gases auf, der aus einer stattfindenden Verschmelzung von Teilen des Galaxienhaufens resultiert. Bei Betrachtung von Masse und Leuchtkraft eines Galaxienhaufens in den verschiedenen Wellenlängen des elektromagnetischen Spektrums kann nachgewiesen werden, dass das Haufenmedium typischerweise so viel Masse enthält, wie es der Gesamtmasse aller sichtbaren Galaxien im Haufen entspricht. Daraus ergibt sich, dass sich ein relaxierter Galaxienhaufen über viele stattgefundene Wechselwirkungen und Verschmelzungen entwickelt, wobei sich im Laufe der Zeit die Zahl seiner Mitglieder verringert. Bei kleineren Galaxiengruppen erlaubt in vielen Fällen erst dieses heiße und diffuse Intragroup-Medium den physikalischen Nachweis der Existenz eines Gruppenzusammenhanges von benachbarten Galaxien.

Eine Besonderheit der Klassifizierung von Galaxiengruppen stellt die „fossile Gruppe“ dar, die aus einer großen Elliptischen Galaxie besteht, welche von mehreren Zwerggalaxien umgeben ist. Auch hier findet sich heißes Gas, das die Szenerie einhüllt und sie im Röntgenlicht strahlen lässt. Ein Beispiel dafür ist NGC 1131, eine alleinstehende Elliptische Feldgalaxie, die erst bei genauen Untersuchungen einen sie umgebenden Röntgenhalo sowie eine Population von Zwerggalaxien offenbarte. Einem hierarchischen Erklärungsansatz der Galaxienentwicklung folgend, kann NGC 1131 als Beispiel für einen Übergang interpretiert werden, bei dem aus den Mitgliedern einer Galaxiengruppe eine einzelne Elliptische Galaxie durch mehrere Verschmelzungsprozesse entstanden ist. Diese Galaxie ist der fossile Rest des Prozesses und ein Teil der universalen Entwicklungsgeschichte, die Galaxiengruppen in die größeren Galaxienhaufen übergehen lässt. Ein Beweis dafür liefert das Halogas zwischen den Galaxien. Vergleicht man das Gas in den Haufen mit dem der Gruppen, so weist Ersteres eine höhere Metallizität auf. Diese folgt daraus, dass das Haufengas bereits mehrere Sternpopulationen durchlaufen hat und von den Gruppengalaxien während der Entwicklung in das Haufenmedium abgegeben wurde.

Zwischen Gruppen und Haufen gibt es zudem einen weiteren Unterschied: ihre zeitliche Stabilität. Zwar verlieren die Mitglieder einer Gruppe oder eines Haufens durch dynamische Reibung mehr und mehr ihren Bahndrehimpuls und bewegen sich in beiden Fällen langsam ins Zentrum, allerdings geschieht dies in einer Gruppe aufgrund der kleineren Geschwindigkeiten deutlich schneller. Die Lebensdauer einer Galaxiengruppe – die sogenannte zugehörige dynamische Zeitskala – beträgt nur etwa 2 % der Hubble-Zeit und ist somit erheblich kleiner als das Alter des Universums. Eine Galaxiengruppe ist daher ein Übergangszustand hin zu einer größeren galaktischen Strukturbildung. Anders ausgedrückt: Man beobachtet heute nur Momentaufnahmen stattfindender Verschmelzungen, die neue Bausteine ergeben, aus denen größere Strukturen entstehen. Astronomen haben in den letzten Jahrzehnten der Forschung ein dreidimensionales Muster nachweisen können: Es gibt Regionen mit hoher Massendichte, die Galaxien geradezu anziehen. Im Gegensatz dazu gibt es außerdem leere Bereiche, engl. „voids“, die von Galaxien gemieden werden. Aus diesem Wechselspiel entsteht eine schaumartige Struktur. Sie scheint aus Blasen aufgebaut zu sein, auf deren Randflächen die meisten Galaxienhaufen liegen. Die typische Blasengröße liegt bei 100–300 Millionen Lichtjahren. Dieser Aufbau ist jedoch nicht gleichförmig und einheitlich, wie etwa die Anordnung der Atome in einem Kristall, sondern offenbart organische, filamentartige Strukturen, wie man sie oft in der Natur findet. Unter Kosmologen besteht heute weitgehend Einigkeit darüber, dass diese Blasenstrukturen in der frühen Phase des Universums entstanden sind. Nach dem Urknall vor 13,7 Milliarden Jahren kam es zu Fluktuationen im Quantenvakuum des damals noch 10^{-35} m kleinen Universums. Von dieser kleinen Skala, die auch als Planck-Länge bezeichnet wird, vergrößerte sich das Universum in einer inflationären Phase im extrem kurzen Zeitraum von 10^{-35}– 10^{-32} Sekunden nach dem Urknall. Diese Ausdehnung des Raums an sich erfolgte mit Überlichtgeschwindigkeit und umfasste über 30 Größenordnungen. Am Ende dieser Phase hatte das Universum einen Durchmesser von etwa einem Meter und war von der Grundstruktur dieser blasenartigen Filamente durchzogen, die die Ausgangspunkte der ersten Sterne, Galaxien und folgenden Galaxienhaufen bildeten.

GROSSE STRUKTUREN IM UNIVERSUM, DER SHAPLEY-SUPERHAUFEN UND QUASAR-GRUPPEN

In den 1980er Jahren wurden die Bewegungen aller Galaxien analysiert, die uns näher als 200 Millionen Lichtjahre sind. Die Geschwindigkeitspfeile der Galaxien wiesen ins Sternbild Centaurus, wo in 200–250 Millionen Lichtjahren Entfernung eine große Massenkonzentration zu liegen schien, die die Galaxien anzieht. Diese Masse wurde als „Großer Attraktor“ bezeichnet. Die geschätzte Masse lag bei 10^{16} Sonnenmassen und es wurde angenommen, dass sie fast ausschließlich aus Dunkler Materie besteht.

Durch Analyse der statistischen Methoden, die zur Identifikation des Großen Attraktors benutzt wurden, konnten einige Forscher 1992 nachweisen, dass der Trend der Galaxienbewegungen nicht real, sondern auf unzureichende Korrekturen und Annahmen der Verteilung der Galaxien und der gemessenen Entfernungen zurückzuführen war. Mithilfe eines verbesserten Modells verschwanden die Einfallbewegungen der Galaxien auf den Großen Attraktor; und zwar vor und hinter der vermeintlichen Massenkonzentration. Es verbleibt jedoch eine Bewegung der Galaxien in Richtung einer Massenkonzentration, deren Rotverschiebung $z > 0{,}02$ beträgt. Diese Konzentration wird heute dem Shapley-Superhaufen zugeordnet, der im Norden des Sternbildes Centaurus liegt und 1930 von Harlow Shapley entdeckt wurde. In ESO-Beobachtungskampagnen wurden Geschwindigkeitsmessungen für 8600 Galaxien durchgeführt, um für diese Region ein ortsaufgelöstes, dreidimensionales Bild (engl. „cone diagram“) der Verteilung der Galaxien zu erstellen. In diesem kegelförmigen Ausschnitt, der einen Öffnungswinkel von 15° besitzt, ist die Entfernung der Galaxien bis zu einer Rotverschiebung von $z = 0{,}2$ (= 2,5 Milliarden Lichtjahre) eingetragen. Aus den Strukturen geht hervor, dass zwischen dem Hydra-Centaurus-Superhaufen im Vordergrund und dem Shapley-Superhaufen eine Brücke aus Galaxien existiert. Der Shapley-Superhaufen umfasst 5700 Galaxien des Ausschnitts, deren mittlere Rotverschiebung $z = 0{,}049$ beträgt, was 650 Millionen Lichtjahren entspricht.

Vom Shapley-Superhaufen führen Filamente weiter zu anderen reichen Galaxienhaufen, die jedoch nicht dessen Ausdehnung und Dichte erreichen. Der Shapley-Superhaufen ist linear aufgebaut, erstreckt sich über 120 Millionen Lichtjahre und vereinigt in sich über 20 große Galaxienhaufen. Massenansammlungen dieser Größenordnung rufen in kosmologischen Modellen häufig Widersprüche hervor, da derartig große Strukturen in der Theorie sehr unwahrscheinlich sind. Die Kosmologie favorisiert kleinere Skalierungen für Massenkonzentrationen, die mit der Energiedichte und dem Alter des Universums verbunden sind. Diese kosmologischen Modelle prognostizieren, dass große Massenkonzentrationen von der Dimension des Shapley-Superhaufens relativ selten sind.

Im Jahr 2003 wurde mit Daten des „Sloan Digital Sky Survey“ eine Struktur entdeckt, deren Ausdehnung die des Shapley-Superhaufens noch übertrifft. Dabei handelt es sich um eine Gruppierung von Galaxien mit nahezu einheitlichen Rotverschiebungen von $z = 0{,}1$. Sie erstreckt sich über mehr als eine Mrd. Lichtjahre. Diese „Sloan Great Wall“ stellt im Unterschied zu einem Galaxienhaufen jedoch kein zusammenhängendes, gravitativ gebundenes Gebilde dar. In ähnlicher Weise verhält es sich mit den Gruppen von Quasaren, engl. „Large Quasar Groups“ (LQGs), die seit den 1990er Jahren immer wieder in tiefen Durchmusterungen gefunden werden.

Aufgrund der Leuchtkraft markieren diese Quasare die Verläufe von Materieverteilungen, die einige Hunderttausend bis eine Milliarde Lichtjahre weit reichen. Die Darstellungen der Quasare zeigen lineare Strukturen mit schraubenartigen Verläufen von Quasarpositionen, die man in Gruppen von einigen Dutzend Mitgliedern zusammenfasst. Diese Gruppierung ist jedoch ebenfalls keine gravitativ geformte Anordnung, sondern illustriert den räumlichen Verlauf der Blasenstrukturen und somit das Gerüst aus Dunkler Materie, das die Massenverteilungen auf diesen großen Skalen bestimmt.

Abbildung 7.2: Dem wechselwirkenden Galaxienpaar NGC 2992/NGC 2993 steht die finale Verschmelzung zu einer neuen, größeren Galaxie noch bevor *(siehe Seite 361).*

LITERATUR UND LINKS

Bender, R. u.a.: *Extragalaktische Astronomie*, 2012, http://www.usm.uni-muenchen.de/people/saglia/dm/galaxien/alldt/node35.html

Camenzind, M.: *Astronomie und Kosmologie – Teil III: Galaxien und das Universum*, www.lsw.uni-heidelberg.de/users/mcamenzi/APCOSMO_3_tlg.pdf

Clowes, R. G. u.a.: *A structure in the early universe at z ~ 1.3 that exceeds the homogeneity scale of the R-W concordance cosmology*, 2012, http://arxiv.org/abs/1211.6256

Landy, S. D. und Szalay, A. S.: *A general analytical solution to the problem of Malmquist bias due to lognormal distance errors*, The Astrophysical Journal, 391, 1992

Meusinger, H.: *Thüringer Landessternwarte Tautenburg – Vorlesung Extragalaktik*, 2012, http://www.tls-tautenburg.de/research/meus/vorlesung/ppt/EG10/EG_9.pdf

Proust, D.: *ESO Messenger – Shapley Supercluster*, 2006, http://www.eso.org/sci/publications/messenger/archive/no.124-jun06/messenger-no124-30-31.pdf

Raychaudhury, S.: *The distribution of galaxies in the direction of the 'Great Attractor'*, Nature, 342, 1989

Sparke, L. S. und Gallagher, J. S.: *Galaxies in the Universe: An Introduction*, Cambridge University Press, 2007

Weiß, A.: *Einführung in die Astrophysik – Galaxienhaufen*, 2006, http://www.mpa-garching.mpg.de/lectures/EinfuehrungAW/Galaxienhaufen.pdf

ARP 113

Die Aufnahme zeigt die Galaxiengruppe um NGC 70 im Sternbild Andromeda. Diese SA(rs)c-Galaxie bildet den nördlichsten Punkt eines gleichseitigen Dreiecks mit einer Kantenlänge von einer Bogenminute. Die SA0-Galaxien NGC 71 und NGC 68 bilden die anderen beiden Eckpunkte, wobei eine Ecke (NGC 71) in Richtung der SB(rs)ab-Galaxie NGC 72 weist. Diese Gruppe wird als NGC 70-Gruppe oder auch Arp 113 bezeichnet, wobei NGC 70 vor den beiden anderen Galaxien positioniert zu sein scheint. Alle Galaxien besitzen Winkeldurchmesser im Bereich von ein bis zwei Bogenminuten, sodass der Eindruck der Zusammengehörigkeit für den Betrachter noch verstärkt wird. Untersuchungen der Distanzen der einzelnen Galaxien ergaben für NGC 70 einen Abstand von 326 Millionen Lichtjahren und 264 Millionen Lichtjahre bzw. 307 Millionen Lichtjahre für NGC 68 bzw. NGC 71. Die Entfernung zu NGC 72 wird mit 333 Millionen Lichtjahren angegeben. Um die wirklichen Abstände beurteilen zu können, müssen jedoch auch die Fehlergrenzen der Entfernungsangaben berücksichtig werden. Daraus ergibt sich, dass die Spiraltypen NGC 70 und NGC 72 mit großer Wahrscheinlichkeit in direkter Nachbarschaft stehen. Ihr Abstand von 2,3′ entspricht in Projektion 212.000 Lichtjahren. Die beiden lentikularen Galaxien NGC 68 und NGC 71 befinden sich hingegen vor den Spiralen, wobei NGC 68 näher zu ihnen steht. NGC 71 ist eine isolierte Feldgalaxie in Sichtlinie zur Galaxiengruppe.

Die aus den Entfernungen abgeleiteten Maße der Galaxien wirken jedoch etwas überdimensioniert. So wären sowohl NGC 70 mit 183.000 Lichtjahren und NGC 68 mit 153.000 Lichtjahren als auch NGC 71 mit 130.000 Lichtjahren und NGC 72 mit 121.000 Lichtjahren jeweils große Vertreter ihres Typs. Da ihre Morphologien allerdings keine Störungen zeigen, sind physikalische Durchmesser dieser Größenordnung eher unwahrscheinlich. Vielmehr ist es plausibel, dass für die gesamte Galaxiengruppe eine zu große Fluchtgeschwindigkeit gemessen wird. Diese ergäbe sich aus einer lokalen Geschwindigkeitskomponente, die aus einer Zugehörigkeit der Gruppe zu einem Filament im Umfeld des Perseus-Pisces-Galaxien-Superhaufens folgt, welcher sich von uns entfernt.

OBJEKT	Arp 113 / NGC 70
STERNBILD	Andromeda
REKT.	$00^h\ 18^m\ 23^s$
DEKL.	+30° 04′ 47″
HELLIGKEIT	14,5 mag
TYP	SA(rs)c
FOTOGRAFEN	Makis Palaiologou, Stefan Binnewies,
TELESKOP	1,3-m-Reflektor
KAMERA	SBIG STL-6303
BELICHTUNGSZEIT	330 min
ORT	Skinakas-Observatorium, Kreta, Griechenland

NGC 92-GRUPPE

Unter den Galaxiengruppen nehmen die kompakten Gruppen eine Sonderstellung ein. Diese Kompaktheit zeigt sich in einer sehr geringen Differenz ihrer Radialgeschwindigkeiten, d.h. die Galaxien bilden einen lokalen Verbund, der beständig ist und seine Form beibehält. In der Aufnahme ist die kompakte Gruppe SCG 0018-4854 zu sehen, die sich in etwa 140 Millionen Lichtjahren befindet. Sie setzt sich aus NGC 87, NGC 88, NGC 89 und NGC 92 zusammen und ist Teil des *Southern Compact Group Catalogue*. Ihre südliche Deklination von −48° erklärt außerdem, weshalb die Gruppe ein eher seltenes Motiv von Astrofotografien ist.

NGC 92 ist die größte Galaxie der Gruppe. Dieser SA-Typ besitzt einen auffallenden, 98.000 Lichtjahre langen Gezeitenschweif, der sich auffächert und viele helle HII-Regionen aufweist. NGC 92 misst 1,9′ × 0,9′ und ihre SA-typische Größe übertrifft mit 77.000 Lichtjahren die der drei anderen Mitglieder. NGC 89 ist mit 50.000 Lichtjahren Größe eine kompakte SB0/a-Galaxie. Sie steht zwei Bogenminuten entfernt, rechts unterhalb von NGC 92. Auffällig ist, dass sie kaum atomaren Wasserstoff enthält. Das lässt auf eine Wechselwirkung schließen, bei der ihr dieser Wasserstoff entrissen wurde; vermutlich findet sich dieser nun im Gezeitenschweif von NGC 92. Die dritte und kleinste Spiralgalaxie ist NGC 88, die als SB(rs)-Typ klassifiziert wird. Sie befindet sich mit einem Abstand von etwa 80.000 Lichtjahren am dichtesten bei NGC 92. Ihr Zentrum ist sehr hell und die Spiralarme sind nur schwach ausgeprägt. Radiobeobachtungen zeigen eine HI-Materiebrücke, die zwischen beiden Galaxien besteht. Weiterhin zeugt das Emissionslinienspektrum von Gasen mit nur niedrigen Ionisationsstufen, was man als Hinweis auf ein aktives Zentrum deuten kann. Aus diesem Grund wird NGC 88 auch als LINER (engl. „low-ionization nuclear emission-line region“) beschrieben. Die mit Abstand ungewöhnlichste Morphologie in der Gruppe zeigt sich jedoch in NGC 87. Dieser irreguläre Typ ist 0,81′ × 0,71′ groß und besitzt keinen hellen Zentralbereich. Dennoch lassen sich einige aktive Regionen mit jungen Sternen erkennen. Wie auch die Magellanschen Wolken für die Milchstraße könnte NGC 87 eine Satellitengalaxie von NGC 92 darstellen.

Die NGC 92-Gruppe ist seit 1977 bekannt und wird auch als „Roberts Quartett“ bezeichnet. Dies geht auf eine Zusammenstellung des *Catalogue of Southern Peculiar Galaxies and Associations* aus dem Jahr 1987 zurück, der von den Astronomen Halton Arp und Barry Madore veröffentlich wurde. Robert Freedman unterstützte sie in ihrer Arbeit, indem er viele Positionsbestimmungen zum Katalog hinzufügte. Aus diesem Grund stand sein Name bei der Bezeichnung dieser kompakten Gruppe Pate.

OBJEKT	NGC 92
STERNBILD	Phoenix
REKT.	$00^h\ 21^m$ 14s
DEKL.	−48° 37′ 42″
HELLIGKEIT	14,5 mag
TYP	SAa pec
FOTOGRAFEN	Josef Pöpsel
TELESKOP	600-mm-Reflektor
KAMERA	SBIG ST-10XME
BELICHTUNGSZEIT	120 min
ORT	Amani Lodge, Namibia

NGC 382-GRUPPE

Am Rand des großen Pisces-Perseus-Galaxienhaufens befindet sich eine Gruppe aus etwa 30 Galaxien, deren hellste Mitglieder eine auffällige Kette bilden. Die Aufnahme zeigt diese Sequenz aus elliptischen und lentikularen Galaxientypen; diese beinhaltet (von oben nach unten betrachtet) NGC 384 (E3), NGC 385 (SA0), die dicht beieinander stehenden NGC 382 (E) und NGC 383 (SA0) sowie NGC 380 (E2) und NGC 379 (E0). Alle zusammen sind auch als Arp 331 katalogisiert. Im Abell-Gruppenkatalog ist hingegen kein Vermerk zu der Sequenz zu finden, da sie als Filament des Pisces-Perseus-Haufens betrachtet wird. Die optischen Helligkeiten der Galaxien sind fast identisch und liegen im Bereich um 14 mag. Im Spektralbereich der Radiowellenlängen ist die Hierarchie eine andere. Hier dominiert NGC 383, die ebenfalls als 3C31 als oft untersuchte Radioquelle bekannt ist.

NGC 383 zeigt im Radiobereich eine symmetrische Struktur aus zwei starken Jets, die aus dem Zentrum hinausweisen. Im Bereich der nahen Begleitgalaxie NGC 382 zeigen sie einen Parallelversatz, der wahrscheinlich durch eine Gezeitenwechselwirkung verursacht wurde, bevor sie in zwei große Radioblasen münden. Die Orientierung der Jets führt entlang der beschriebenen Galaxiensequenz, wobei die äußeren Bereiche der Jets jeweils etwa 12–14′ weit – bis zu den Rändern der Aufnahme – reichen.

Neben vielen Radiobeobachtungen wurde die Gruppe um NGC 383 auch mit dem Röntgensatelliten ROSAT näher untersucht. Dabei wurde das Gas in der Gruppe als Röntgenstrahler identifiziert. In dieses sind die Galaxien eingebettet und tragen als Punktquellen zur Emission bei. Die hellsten Quellen sind NGC 383, NGC 380 und NGC 379. Die Röntgenemission durch das Intragroup-Medium konnte bis zu einem Radius von 33′, entsprechend 2,3 Millionen Lichtjahren, in den ROSAT-Daten nachgewiesen werden. Aus den Röntgenspektren wurde eine Gesamtmasse von $6{,}3 \times 10^{13}$ Sonnenmassen für die Gruppe bestimmt, wobei 21 % dieser Masse auf das Gas entfallen. Die Energie des Gases wird angegeben mit $k \times T = 1{,}5$ keV (Kiloelektronenvolt). Die Temperatur entspricht 17 Millionen Kelvin; der Haufen wird somit von einem fast vollständig ionisierten Gas (Plasma) ausgefüllt.

OBJEKT	NGC 382
STERNBILD	Pisces
REKT.	$01^h\ 07^m\ 24^s$
DEKL.	+32° 24′ 14″
HELLIGKEIT	14,2 mag
TYP	E
FOTOGRAFEN	Michael König
TELESKOP	355-mm-Reflektor
KAMERA	SBIG STL-11000
BELICHTUNGSZEIT	240 min
ORT	Rimbach, Deutschland

NGC 536-GRUPPE

Über einem 6 mag hellen Stern (SAO 54695) zeigt die Aufnahme vier Galaxien: ganz rechts NGC 529 und 9′ weiter links als Dreiergruppe übereinander die SBa-Galaxie NGC 531 (oben), die SB(r)b-Galaxie NGC 536 (3,5′ darunter) und 2,7′ weiter links, in südöstlicher Richtung, die Sc-Galaxie NGC 542. Die kleine Gruppe gehört zu den Rändern des großen Pisces-Perseus-Superhaufens. Ihre mittlere Entfernung beträgt 223 Millionen Lichtjahre; die Entfernung von NGC 536 ist mit 238 Millionen Lichtjahren größer als die der drei anderen Galaxien. Die Relativgeschwindigkeit von NGC 536 ist 475 km/s größer als das Mittel, das sich aus der Dreiergruppe ergibt. Diese Galaxien, NGC 529, NGC 531 und NGC 542, stehen in direkter Nachbarschaft zueinander. Ihre Radialgeschwindigkeiten differieren nur um ±80 km/s. Bestätigt wird diese „3+1"-Anordnung in der kontrastverstärkten Aufnahme. Darin finden sich keine Gezeitenschweife, die von NGC 536 zu den zwei über und unter ihr stehenden Galaxien weisen. Zusätzlich bringt die Kontrastüberhöhung eine Besonderheit in NGC 529 zu Tage (siehe kleines Bild). Sie zeigt neben einer lichtschwachen Scheibe bzw. einem Halo mit leicht verdicktem Rand links und rechts außerhalb dieser Kreisform zwei extrem schwache Lichtbögen, die einen Durchmesser von über 150.000 Lichtjahren besitzen. Diese sind in der Literatur bislang nicht beschrieben worden. Ebenso wenig findet man einen Hinweis zu der Aufhellung, die sich etwa 5′ südöstlich von NGC 529 befindet. Bei dieser könnte es sich um Relikte eines Gezeitenschweifes oder einer mit NGC 529 verschmolzenen kleinen, kompakten Galaxie handeln.

Um den Bereich des nahen infraroten Spektrums in Galaxien zu untersuchen, kommt in der Astrophysik die Methode der JHK-Fotometrie zum Einsatz. Die gebräuchlichen Standardfilter-Bezeichnungen entsprechen dabei den IR-Farben J (1220 nm), H (1630 nm) und K (2190 nm). In einem Infrarot-Farben-Diagramm wird auf der Ordinate der kurzwellige Farbindex (J – H) und auf der Abszisse der langwellige Farbindex (H – K) aufgetragen. Werden dann die Farbindizes der Galaxien im Diagramm eingetragen, ergibt sich ein Häufungspunkt, der einem „nicht-aktiven" Zustand entspricht. Von diesem Punkt aus können dann Richtungspfeile abgetragen werden, die die farblichen Veränderungen einer Galaxie anzeigen, wenn sich die physikalischen Rahmenbedingungen ändern. So können beispielsweise Rötungen durch Streuung, Emissionen heißen Staubes oder Gases oder Starburst-Regionen direkt im Farbraum abgelesen werden. Untersuchungen der Verteilung der Galaxie-Farbindizes zeigen, dass der größere Teil der Datenpunkte, die am Rand der Verteilung liegen, wechselwirkenden Galaxien zuzuordnen sind. Der Grund dafür liegt darin, dass durch die Wechselwirkungen ein Transfer von Gas und Staub zustande kommt. Durch die induzierte Sternentstehung liefert also auch die thermische Emission des durch die Sterne aufgeheizten Staubes einen Strahlungsbeitrag. So liegt die Ursache von hohen (H – K)-Werten im bis zu 600–1000 K heißen Staub der Galaxien. Diese farbliche Auffälligkeit ist ein bei wechselwirkenden Galaxien sichtbarer Effekt, noch bevor die Störungen stärker werden und es zu einer Verschmelzung kommt.

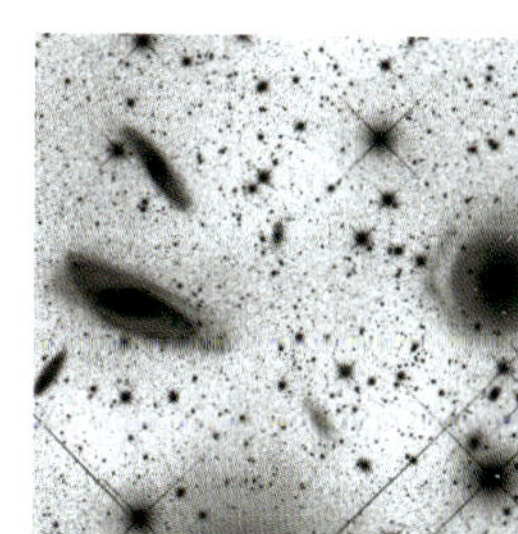

OBJEKT	NGC 536
STERNBILD	Andromeda
REKT.	$01^h\ 26^m\ 22^s$
DEKL.	+34° 42′ 11″
HELLIGKEIT	13,2 mag
TYP	SB(r)b
FOTOGRAFEN	Adam Block
TELESKOP	800-mm-Reflektor
KAMERA	SBIG STX-16803
BELICHTUNGSZEIT	520 min
ORT	Mount Lemmon SkyCenter/ University of Arizona, USA

N

NGC 678 / NGC 680 / NGC 691

Die Aufnahme zeigt (von unten nach oben) die drei Galaxien NGC 678, NGC 680 und NGC 691. Sie sind Teil einer größeren Galaxiengruppe, die außerdem NGC 697, NGC 693, IC 163 und IC 167 beinhaltet. Die hellste Galaxie dieser Gruppe ist NGC 697, weshalb sie auch als NGC 697-Gruppe bezeichnet wird. Diese Aufnahme zeigt jedoch nur einen Ausschnitt der Gruppe, eine weitere Galaxie ist auf der gesonderten Aufnahme von NGC 691 zu sehen.

Die SB-Galaxie NGC 678 steht in Kantenlage und zeigt ein Staubband, das sich über ihre gesamte Länge von 4,5′ erstreckt. Aus der Entfernung von 130 Millionen Lichtjahren folgt ein Durchmesser der Spiralebene von NGC 678 von 170.000 Lichtjahren. Durch die Lage wird außerdem ersichtlich, dass die äußeren Bereiche der Spiralebene aufgeweitet sind und deren Breite sogar die des Bulges übertrifft. In einem Abstand von 3,7′ steht südöstlich von NGC 678 die Elliptische Galaxie NGC 680. Aus ihrer Größe von 1,9′ errechnet man einen projizierten Durchmesser von 75.000 Lichtjahren. Die Rotverschiebungen beider Galaxien unterscheiden sich um nur 93 km/s, sodass sie vermutlich ein wechselwirkendes Paar mit einem minimalen Abstand von 140.000 Lichtjahren bilden. Die Bilddiagonale führt von diesem Paar nach rechts oben, wo in 20′ Entfernung die Galaxie NGC 691 zu sehen ist. Diese SA(rs)bc-Galaxie steht dicht neben einem Doppelstern und erscheint weicher strukturiert als ein typischer später Spiraltyp. Bei genauer Betrachtung zeigt sich außerdem eine mehrteilige Struktur der Spiralarme. Sie bilden am äußeren Rand der Ebene einen diffusen Ring.

Die Radiobeobachtung der Galaxiengruppe zeigt die Verteilung der Emission des atomaren Wasserstoffs im Umfeld der Galaxien und erlaubt somit Rückschlüsse auf stattfindende oder zurückliegende Wechselwirkungen. Das Paar NGC 678 und NGC 680 wird von einer gemeinsamen HI-Hülle umgeben, die weit über die zwei Galaxien hinausreicht und in Richtung NGC 691 weist. Da NGC 691 selbst jedoch eine ungestörte HI-Emission besitzt, ist diese Ausdehnung der Hülle bei NGC 678 und NGC 680 vermutlich zufällig in Richtung NGC 691 orientiert und ein Hinweis darauf, dass es eine dritte, kleinere Galaxie gegeben hat, die mit NGC 680 in einem „minor merger“ verschmolzen ist. Das Ergebnis ist die gestörte Elliptische Galaxie NGC 680, die neben einem Staubband im Inneren auch noch Schalenstrukturen in ihrem Halo aufweist.

OBJEKT	NGC 678
STERNBILD	Aries
REKT.	$01^h\ 49^m\ 25^s$
DEKL.	+21° 59′ 50″
HELLIGKEIT	13,3 mag
TYP	SB(s)b edge-on
FOTOGRAFEN	Makis Palaiologou, Stefan Binnewies
TELESKOP	600-mm-Reflektor
KAMERA	SBIG STX-16803
BELICHTUNGSZEIT	405 min
ORT	Skinakas-Observatorium, Kreta, Griechenland

NGC 691 / IC 167

Die zwei Galaxien NGC 691 und IC 167, die in der Aufnahme zu sehen sind, gehören zur NGC 697-Gruppe, deren weitere Mitglieder die Abbildung von NGC 678 zeigt. Die SA(rs)bc-Galaxie NGC 691 (oben links) ist in beiden Aufnahmen zu erkennen und aufgrund des ihr nahe stehenden Sternpaares leicht zu identifizieren. Weiter nordöstlich ist außerdem die SAB(s)c-Galaxie IC 167 zu sehen.
Diese Galaxie besitzt offene Spiralarme und eine auffallend dunkelblaue Färbung. Ihre Größe von 2,9′ × 1,9′ sowie ihre Entfernung von 124 Millionen Lichtjahren liefern einen Durchmesser von 105.000 Lichtjahren. Beide Spiralarme setzen an einem kurzen Balken an, wobei die schwach in beiden Armen zu erkennenden Woronzow-Weljaminow-Reihungen ein Hinweis auf Störungen der Spiralstruktur sind. Dies wird dadurch bestätigt, dass ein weiteres, lichtschwächeres Paar Spiralarme zu erkennen ist, das parallel verläuft und jedoch nicht so weit hinausreicht wie das hellere Paar. Ein Vergleich der optischen Aufnahme mit dem Bild der Radioemission des atomaren Wasserstoffs ergibt, dass IC 167 die stärkste Emissionslinie liefert und die Radiointensität von NGC 691 fast um das Dreifache übertrifft. Dabei ist IC 167 keine Punktquelle, sondern wird von einer strahlenden HI-Einhüllenden umgeben. Diese Hülle schließt außerdem die Galaxie NGC 694 ein, die 5′ nördlich von IC 167 steht (nicht in der Aufnahme enthalten). NGC 694 gehört ebenfalls zur NGC 697-Galaxiengruppe und bildet, wie NGC 678 und NGC 680, ein enges wechselwirkendes Paar in dieser Gruppe.

OBJEKT	NGC 691
STERNBILD	Aries
REKT.	01h 50m 42s
DEKL.	+21° 45′ 36″
HELLIGKEIT	11,6 mag
TYP	SA(rs)bc
FOTOGRAFEN	Adam Block
TELESKOP	600-mm-Reflektor
KAMERA	SBIG STL-11000
BELICHTUNGSZEIT	345 min
ORT	Mount Lemmon SkyCenter/ University of Arizona, USA

ABELL 262

Die Aufnahme blickt in das Zentrum des Galaxienhaufens Abell 262. Er wird von der cD-Galaxie NGC 708 dominiert, die von mehreren Haufenmitgliedern umgeben ist. Das Bild zeigt allerdings nur einen Teil der etwa 200 Haufenmitglieder. Diese machen Abell 262 zu einem eher kleinen Haufen im großen Filament des Pisces-Perseus-Superhaufens.
Dicht um NGC 708 scharen sich etwa ein Dutzend Galaxien, deren Rotverschiebungen im Bereich von 4800 km/s liegen und somit die Haufendistanz von 222 Millionen Lichtjahren festlegen. NGC 708 besitzt eine Größe von 3,0′ × 2,5′; ihr Halo ist in Nord-Süd-Richtung elongiert und reicht bis an einige Haufengalaxien heran. Auffällig ist die 1,5′ südwestlich stehende S0-Galaxie NGC 705, deren Entfernung mit 209 Millionen Lichtjahren angegeben wird. Sie liegt somit vor der cD-Galaxie. Möglich ist auch, dass sie sich mit einer Relativgeschwindigkeit von ca. 250 km/s auf uns zu bewegt. Davon ausgehend, dass sich NGC 705 und NGC 708 umlaufen, passt diese projizierte Geschwindigkeit zum Bahnradius von 100.000 Lichtjahren und belegt die Dynamik der Haufengalaxien im Zentrum. Im hellen Kern von NGC 708 zeigt sich ein feines, hellbraunes Staubband, das fast senkrecht zur Hauptachse der Galaxie steht. Dieses ist ein Überrest der Verschmelzung einer Spiralgalaxie mit NGC 708, die einen Zustrom von Materie ins Zentrum bewirkt hat. Dadurch wird außerdem der aktive Zustand des Galaxienkerns erklärt, der NGC 708 als Seyfert-2-Galaxie erscheinen lässt. Belegt wird dies zudem durch die ermittelten Abweichungen von einem glatten Helligkeitsverlauf im Kern, der innerhalb von zwei Bogensekunden und somit nur wenige 100 Lichtjahre vom Schwarzen Loch im Zentrum ermittelt wurde.
In der englischsprachigen Literatur wird die Gruppierung von Galaxien um NGC 708 mitunter als „The Fath“-Galaxienhaufen bezeichnet. Der Ursprung dieser Namensgebung ist unklar. Zwar gab es den Astronomen Edward Arthur Fath, der zusammen mit James E. Keeler am Lick-Observatorium (Mount Hamilton, Kalifornien, USA) die damaligen „Spiralnebel“ untersuchte, doch eine direkte Verbindung zu NGC 708 ist nicht festzustellen.

OBJEKT	Abell 262
STERNBILD	Andromeda
REKT.	$01^h\ 52^m\ 47^s$
DEKL.	+36° 09′ 05″
HELLIGKEIT	–
TYP	Haufen
FOTOGRAFEN	Makis Palaiologou, Josef Pöpsel
TELESKOP	1,3-m-Reflektor
KAMERA	Andor DZ 436
BELICHTUNGSZEIT	210 min
ORT	Skinakas-Observatorium, Kreta, Griechenland

MAFFEI 1 / MAFFEI 2

Die Aufnahme zeigt ein mehrere Quadratgrad großes Areal. In dessen Bildmitte stehen die beiden Galaxien Maffei 1 und Maffei 2, die etwas mehr als 1,3° voneinander entfernt sind. Maffei 1 steht rechts der Bildmitte und wurde als große Elliptische Galaxie identifiziert. Maffei 2 wurde hingegen den Galaxien vom Typ SB zugeordnet. Am oberen Bildrand ist außerdem der Rand von IC 1805 zu erkennen. Dieser HII-Emissionsnebel ist auch als „heart nebula" bekannt und liegt in der Milchstraße im Sternbild Cassiopeia. Die Mengen von interstellarem Staub und Gas erschweren in dieser Ebene jedoch den Blick aus der Milchstraße heraus. Die Absorption des sichtbaren Lichts beträgt an einigen Stellen über 99 %, weshalb es verständlich ist, dass in der Milchstraße kaum Galaxien beobachtet werden können. Daher wird dieser Bereich als „zone of avoidance" (wörtlich: Zone der Vermeidung) bezeichnet.

Die Galaxien Maffei 1 und Maffei 2 wurden 1967 durch den italienischen Astronomen Paolo Maffei entdeckt. Zuvor waren sie nicht als Galaxien, sondern als Emissionsnebel Sh2-191 und Sh2-197 von Stewart Sharpless 1959 katalogisiert worden. Paolo Maffei war einer der Pioniere der Infrarotastronomie. Er benutzte dazu Kodak I-N Fotoplatten, die er in einer Ammoniaklösung hypersensibilisierte und so für das I-Band (680–880 nm) nutzbar machte. Auf IR-Aufnahmen des Schmidt-Teleskops des Asagio-Observatoriums (650/900 mm) erschienen diese Objekte besonders hell. Im Roten waren sie weniger hell und im blauen Licht war von ihnen nichts zu sehen. Ihre maximale Größe gab Paolo Maffei mit 50 Bogensekunden an, die des hellen Kernbereichs mit 18 Bogensekunden.

Zusammen mit IC 342 bilden Maffei 1 und Maffei 2 eine Gruppe, zu der noch 20 weitere Galaxien gehören. Diese Gruppe besteht zum großen Teil aus irregulären, leuchtschwachen Systemen und enthält neben IC 342 und Maffei 2 nur noch NGC 1560 und Dwingeloo 1 als weitere Spiraltypen. Die IC 342/Maffei-Gruppe ist Nachbar der Milchstraße und vermutlich die zu M 31 nächstgelegene Gruppe. Genaue Entfernungsangaben sind jedoch aufgrund der Beeinflussung der Messungen durch Mengen von Staub, Gas und Vordergrundsternen nicht möglich. Daher schwanken die Angaben im Bereich von 10–13 Millionen Lichtjahren. Sehr wahrscheinlich handelt es sich jedoch bei Maffei 1 um die uns nächstliegende große Elliptische Galaxie. Trotz ihrer Unscheinbarkeit auf dieser Aufnahme ist sie aufgrund ihrer Masse die dominierende Galaxie in der IC 342/Maffei-Gruppe.

OBJEKT	Maffei 1 und 2
STERNBILD	Cassiopeia
REKT.	02^h 36^m 35^s / 02^h 41^m 55^s
DEKL.	+59° 39′ 18″ / +59° 36′ 15″
HELLIGKEIT	11,4 mag / 16,0 mag
TYP	S0$^-$ pec / SAB(rs)bc
FOTOGRAFEN	Mario Weigand
TELESKOP	105-mm-Refraktor
KAMERA	SBIG STL-11000
BELICHTUNGSZEIT	315 min
ORT	Riedelbach, Deutschland

NGC 1042 / NGC 1052

Diese Aufnahme wird durch zwei große Galaxien beherrscht. Auf der rechten Seite zeigt sich mit NGC 1042 eine Galaxie vom Typ SAB(rs)cd, deren zwei Spiralarme viele Details offenbaren. Das Gegenstück dazu bildet die Elliptische Galaxie NGC 1052 auf der linken Seite. Sie ist deutlich strukturärmer und ihr Halo erreicht fast die Größe der Spiralebene von NGC 1042. Beide Galaxien stehen in fast 65 Millionen Lichtjahren Entfernung, woraus sich für NGC 1052 eine Größe von 59.000 Lichtjahren, und für NGC 1042 ein Durchmesser der Spiralebene von 75.000 Lichtjahren ergibt. Der Abstand zwischen den Galaxien beträgt 261.000 Lichtjahre. Mit einer Distanz von 25′ zu NGC 1052 liegt die SA-Galaxie NGC 1035 nicht mehr im Bildfeld der Aufnahme. Nimmt man sie zu NGC 1042 und NGC 1052 hinzu, so ergibt sich ein aus gemischten Typen aufgebautes Triplett. Es ist als KTS 018 katalogisiert (*Karachentseva Triple Systems*). In der Suche nach dichten Gruppen wird oftmals ein Isolationskriterium genutzt, das einen Mindestabstand der Galaxien von 245.000 Lichtjahren angibt. In diesem Fall würde NGC 1042 nicht mehr als Nachbargalaxie bezeichnet. Weiterhin gälte NGC 1052 dann als isolierte Elliptische Galaxie. Weniger fraglich ist die Situation bei dem Galaxienpärchen aus NGC 1048 und NGC 1048A, das 7′ südlich von NGC 1042 zu sehen ist. Beide Galaxien zeigen Strukturen in ihren Halos, die durch Gezeitenwechselwirkung verursacht wurden. Weiterhin existiert eine Materiebrücke zwischen dem Paar, das eine Winkeldistanz von einer Bogenminute aufweist. Aus ihrer enormen Entfernung von 520 Millionen Lichtjahren ergibt sich eine Brückenlänge von 150.000 Lichtjahren. NGC 1048 und NGC 1048A besitzen Durchmesser von 195.000 Lichtjahren und 137.000 Lichtjahren.

In NGC 1042 setzen zwei Spiralarme am Rand eines diffusen Innenbereiches an, wobei ein Arm nach einem Viertel, der andere nach einem halben Umlauf in mehrere Armfragmente verzweigt. Einige der aktiven Regionen erreichen Größen von ein bis zwei Bogensekunden, was etwa 300–600 Lichtjahren entspricht. Wie auch für andere späte Typen (Scd und SBcd) zeigt sich für NGC 1042 eine typische Besonderheit: Die Oberflächenhelligkeit dieser Galaxien lässt sich gut durch ein Modell beschreiben, das aus einer Scheibe, einem kleinen Kern mit einer Größe von 3000–6000 Lichtjahren und einem sogenannten „nuclear light excess“-Objekt aufgebaut ist. Die letztgenannte, kleinste Komponente entsteht durch leuchtkräftige Sternhaufen im Kernbereich und ihre Gesamtmasse übertrifft die des zentralen Schwarzen Loches. Im Fall von NGC 1042 wurden für diese kompakten nuklearen Sternhaufen Durchmesser um 15 Lichtjahre gemessen.

OBJEKT	NGC 1042
STERNBILD	Cetus
REKT.	$02^h\ 40^m\ 24^s$
DEKL.	−08° 26′ 01″
HELLIGKEIT	11,5 mag
TYP	SAB(rs)cd
FOTOGRAFEN	Adam Block
TELESKOP	800-mm-Reflektor
KAMERA	SBIG STX-16803
BELICHTUNGSZEIT	720 min
ORT	Mount Lemmon SkyCenter/ University of Arizona, USA

ABELL 426

Abell 426, der auch als Perseus-Haufen bezeichnet wird, ist mit seinen fast 1000 Mitgliedern ein reicher Galaxienhaufen. Er gehört zum Pisces-Perseus-Superhaufen und nimmt dort, aufgrund seiner „richness“ die Klassifizierung von 2, eine hervorgehobene Stellung ein. Der „richness“-Parameter wurde von George O. Abell in seinem Galaxienkatalog 1958 eingeführt, um eine statistische Erfassung von Galaxien zu ermöglichen. Dazu bestimmte er zunächst die Zahl der Galaxien, die in einem Haufen im Helligkeitsbereich von zwei Magnituden liegen und definierte anschließend sechs Klassen. Abell 426 ist mit seiner Klasse 2 ein mittelgroßer Haufen. Im Vergleich dazu besitzt Abell 1835 im Sternbild Virgo die Klasse 4 und mehr als doppelt so viele Galaxien innerhalb des Abell-Kriteriums.

Die große Elliptische Galaxie NGC 1275 im Zentrum von Abell 426 liegt in einer Entfernung von 235 Millionen Lichtjahren. In der Aufnahme steht sie im unteren linken Bildfeld und besitzt eine Winkelausdehnung von 2,3′ × 1,7′. Ihre Größe ergibt sich daraus zu 157.000 × 116.000 Lichtjahren. Schon in den 1950er Jahren wurde NGC 1275 als Röntgen- und Radioquelle (Perseus A) identifiziert. Damit weist sie eine typische Eigenschaft einer cD-Galaxie, die inmitten eines Galaxienhaufens platziert ist, auf und erlaubt den Schluss, dass Materie auf das supermassive Schwarze Loch im Zentrum akkretiert wird. NGC 1275 ist eine aktive Verschmelzungsmaschine und das Produkt vieler bereits kannibalisierter Haufenmitglieder. So gibt ihr Halo einen direkten Einblick in einen solchen Verschmelzungsprozess.

Die Aufnahme zeigt im Halo von NGC 1275 blaue und rote Filamente, wobei die roten HII-Emissionsstrukturen netzartig um das Zentrum angeordnet sind. Die bandartigen blauen Strukturen sind Reste von Spiralarmen einer zerrissenen Galaxie und weisen Bereiche aktiver Sternentstehung sowie Staub- und Gaswolken auf. Nahe des Zentrums der Galaxie sind ebenfalls Spiralarmfragmente zu erkennen, die zu dieser verschmelzenden Galaxie gehört haben könnten. Im infraroten Licht kann gezeigt werden, dass in den HII-Filamenten auch die Emissionslinien von molekularem Gas (Kohlenmonoxid, CO) auftreten. Dieses Gas ist mit 20–500 K relativ warm und dicht und könnte aus heißerem Gas, das in großen Blasen aus dem Zentrum strömt, entstehen, wenn dieses im Halo abkühlt. Die Filamente aus molekularem Gas besitzen eine Masse von 10^9 Sonnenmassen, was etwa 10 % der Gesamtmasse an molekularem Gas in NGC 1275 entspricht.

OBJEKT	NGC 1275
STERNBILD	Perseus
REKT.	$03^h\ 19^m\ 47^s$
DEKL.	+41° 30′ 47″
HELLIGKEIT	11,8 mag
TYP	E pec
FOTOGRAFEN	Makis Palaiologou, Stefan Binnewies
TELESKOP	1,3-m-Reflektor
KAMERA	Andor DZ 436
BELICHTUNGSZEIT	122,5 min
ORT	Skinakas-Observatorium, Kreta, Griechenland

ABELL 779

Die hellste Galaxie des Haufens Abell 779 ist die cD-Galaxie NGC 2832. Sie befindet sich im Haufenzentrum, das sich wiederum nahe des Zentrums der Aufnahme befindet. Ihre Winkelausdehnung beträgt 1,7′ × 1,2′, woraus sich ein maximaler Durchmesser von 148.000 Lichtjahren ergibt. Abell 779 ist ein mittelgroßer Haufen mit fast 100 katalogisierten Mitgliedern und erstreckt sich über 1,5° – er reicht somit über das Bildfeld der Aufnahme hinaus. Die Haufenentfernung wird mit 300 Millionen Lichtjahren angegeben, der Durchmesser des Haufens mit zwei Millionen Lichtjahren. Es ergibt sich eine Skalierung von etwa 87.000 Lichtjahren pro Bogenminute, sodass die typische Größe einer Spiralgalaxie im Haufen unterhalb einer Bogenminute liegt. In einer Distanz von nur 25″ südwestlich zu NGC 2832 steht die kleinere Galaxie NGC 2831. Beide zusammen sind auch als Arp 315 bekannt. Eine Bogenminute weiter in dieser Richtung folgt die Spiralgalaxie NGC 2830, in der trotz Kantenlage zwei Spiralarme und der Ansatz eines Balkens beobachtbar ist.

Trotz der geringen Größe von NGC 2831 fällt auf, dass es einen Versatz zwischen ihrem hellen Kern und ihrem Halo gibt. Dies könnte ein Hinweis auf eine Wechselwirkung sein. Möglich ist auch eine bevorstehende Verschmelzung mit NGC 2832. Aus den Rotverschiebungen beider Galaxien folgt jedoch die Annahme, dass sie kein physikalisches Paar bilden. So passen die Entfernungsangaben von 307 Millionen Lichtjahren und 228 Millionen Lichtjahren nicht zusammen, weshalb es wahrscheinlicher ist, dass beide Galaxien zwar entlang einer gemeinsamen Sichtlinie liegen, jedoch weit hintereinander im Raum platziert sind.

Eine andere Erklärung wäre, dass ihre relative Geschwindigkeit von 1692 km/s ein Hochgeschwindigkeitsphänomen darstellt, das sich aus der wechselseitigen Dynamik ergibt, beide Galaxien jedoch tatsächlich räumliche Nachbarn sind. Durch Untersuchungen der sekundären Galaxien im Haufen, d.h. der Galaxien, die der cD-Galaxie sehr nahe kommen (wie NGC 2832 und NGC 2831), kann ein Kriterium für eine reale Nachbarschaft gefunden werden. Durch Subtraktion des mittleren Helligkeitsverlaufes, der sich durch ein Exponentialgesetz beschreiben lässt, vom Helligkeitsprofil der zentralen Galaxie kann der Halo der sekundären Galaxie genau untersucht werden. Dazu müssen zunächst die Linien gleicher Helligkeit von NGC 2831 berechnet werden. Mit zunehmendem Radius nimmt die Helligkeit ab, sodass sich die Hauptachsen dieser Ellipsen in ihrer Länge von innen nach außen ändern. Zudem wandert die Orientierung der Achse um bis zu 60° im Außenbereich und weist schließlich genau in Richtung NGC 2832. Die Gezeitenwirkung von NGC 2832 greift somit nachweisbar am Halo von NGC 2831 an, weshalb die Galaxien dicht beieinander stehen müssen.

OBJEKT	Abell 779
STERNBILD	Lynx
REKT.	$09^h\ 19^m\ 49^s$
DEKL.	+33° 45′ 37″
HELLIGKEIT	13,8 mag
TYP	Galaxienhaufen
FOTOGRAFEN	Bernhard Hubl
TELESKOP	305-mm-Reflektor
KAMERA	SBIG ST-2000XM
BELICHTUNGSZEIT	720 min
ORT	Nussbach, Österreich

HOLMBERG 124

Holmberg 124 ist eine kompakte Gruppe, die aus den Galaxien NGC 2805 (unten rechts) und den drei dicht zusammenstehenden Galaxien NGC 2820, NGC 2814 und Mrk 108 besteht. NGC 2805 ist ein später SAB-Typ in 82 Millionen Lichtjahren Entfernung und besitzt einen enormen Durchmesser von über 196.000 Lichtjahren. Eine Wechselwirkung mit den drei 10′ nordöstlich stehenden Galaxien ist anzunehmen, da die Spiralebene von NGC 2805 asymmetrische Störungen aufweist, die entweder in Richtung der Dreiergruppe oder aber in Gegenrichtung dazu liegen. Wird angenommen, dass alle Galaxien in gleicher Entfernung stehen, beträgt ihr minimaler Abstand zu NGC 2805 etwa 230.000 Lichtjahre. Die Relativgeschwindigkeiten der drei Galaxien unterscheiden sich um weniger als 60 km/s, und alle zusammen bewegen sich, in Bezug auf NGC 2805, mit ungefähr 150 km/s auf uns zu. Die größte Galaxie der Dreiergruppe ist NGC 2820, die wir in Kantenlage sehen. Es handelt sich um einen Balkenspiraltyp, da der Innenbereich keinen hellen Kern, sondern einen rechteckigen Helligkeitsverlauf besitzt. In nur 2,1′ Abstand zu NGC 2820 steht die nur 0,5′ große irreguläre Galaxie Mrk 108. Ebenfalls in Kantenlage findet sich, weitere zwei Bogenminuten entfernt, die etwas größere Sb-Galaxie NGC 2814.

Im Jahre 1983 wurde bei Beobachtungen mit dem Very Large Array (VLA, National Radio Astronomy Observatory, New Mexico, USA) für diese drei Galaxien erstmals ein gemeinsamer Halo nachgewiesen. Die Radioemission geht auf die Strahlung atomaren Wasserstoffs zurück, der Brücken zwischen den drei Galaxien ausbildet, die im Optischen nicht zu sehen sind. Aus der Intensität der Radiostrahlung wurde eine Wasserstoffdichte von etwa einem Atom pro zehn Kubikzentimeter errechnet. Diese geringe Dichte reicht für Sternentstehung nicht aus, was die Unsichtbarkeit der Brücke auf der Aufnahme erklärt.

Radiobeobachtungen, die 20 Jahre später erfolgten, bestätigten diese Entdeckung und lieferten weitere Details. So zeigen sie, dass die Brücke zwischen NGC 2820 und NGC 2814 drei Kondensationen besitzt, und Mrk 108 auf einer dieser drei Radioquellen platziert ist. Auch für NGC 2820 ergab sich ein differenzierteres Bild der Radioemission. Hier verläuft auf der Nordseite ein schmaler Emissionsbogen, der sich parallel zur Spiralebene über ihre gesamte Länge von 57.000 Lichtjahren erstreckt. Dieses atomare Gas, das auf der Spiralebene liegt, wurde durch Gezeitenwechselwirkung bei nahen Begegnungen mit Mrk 108 und NGC 2814 aus der Scheibenebene herausgezogen und stößt nun mit dem Intragroup-Medium zusammen, das den Raum zwischen den Galaxien ausfüllt. Der frei werdende Staudruck der Gase ist die Energiequelle der beobachteten Radioemission von NGC 2820.

OBJEKT	Holmberg 124
STERNBILD	Ursa Major
REKT.	$09^h\ 21^m\ 12^s$
DEKL.	+64° 12′ 47″
HELLIGKEIT	–
TYP	Gruppe
FOTOGRAFEN	Bernhard Hubl
TELESKOP	305-mm-Reflektor
KAMERA	SBIG ST-2000XM
BELICHTUNGSZEIT	540 min
ORT	Nussbach, Österreich

NGC 2964-GRUPPE

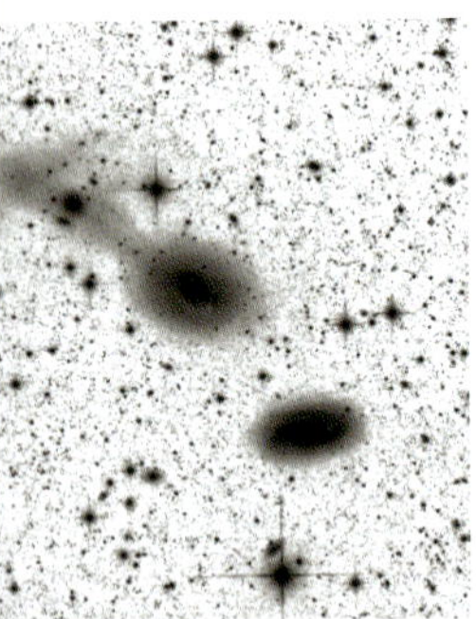

Die hier betrachtete Gruppe befindet sich etwa 6° nördlich des Löwenkopfes im Sternbild Leo. Die Aufnahme zeigt das Galaxientriplett NGC 2964, NGC 2968 und NGC 2970 (von rechts unten nach links oben). Alle drei Galaxien liegen in einem Entfernungsbereich von etwa 62 Millionen Lichtjahren und stehen miteinander in Wechselwirkung, da ihre transversalen Abstände nur 150.000 Lichtjahre (NGC 2964 bis NGC 2968) bzw. 100.000 Lichtjahre (NGC 2968 bis NGC 2970) betragen. NGC 2964 ist ein später SAB(r)-Typ. Die äußeren Enden seiner Spiralarme münden in einen diffusen Halo, dessen Helligkeitsverläufe rechteckig wirken und auf eine Gezeitenwechselwirkung mit der links über ihr stehenden Galaxie NGC 2968 hinweisen. Der Aufbau von NGC 2968 erinnert an einen E/S0-Typ, wobei jedoch nicht klar ist, ob das Staubband, das die Galaxie durchzieht, zu NGC 2968 selbst gehört. Es könnte sich hier auch um ein Verschmelzungsprodukt handeln, sodass in Wirklichkeit Reste einer zerstörten Vorläufergalaxie beobachtet werden. Da für dieses Staubband jedoch keine Rotationsgeschwindigkeiten zu messen sind, wie sie in einer Spiralgalaxie zu erwarten wären, kann davon ausgegangen werden, dass das Staubband von einer in NGC 2968 gestürzten Spiralgalaxie stammt.

Die Kontrastaufnahme offenbart eine Struktur aus zwei lichtschwachen Gezeitenschweifen. Dabei zielt ein Schweif geradewegs von NGC 2968 in Richtung NGC 2970 und schießt über die kleine Galaxie hinaus, um dann nach 114.000 Lichtjahren in einer Verdichtung zu enden. Die Breite dieses Gezeitenschweifs liegt auf der gesamten Strecke unter 16.000 Lichtjahren. Der zweite Gezeitenschweif ist kreisförmig und durchläuft die Verdichtung des ersten, geraden Schweifs. Der Kreisbogen umschließt etwa 50° und reicht somit ebenfalls über 100.000 Lichtjahre weit. Dabei hat es den Anschein, als läge das Kreiszentrum in NGC 2968. Eine Verbindung zwischen NGC 2968 und NGC 2964 ist nicht festzustellen.

In den Gezeitenschweifen entstehen und vergehen Sternpopulationen. Ein Hinweis darauf könnte die Supernova SN1970L sein, die in der Materiebrücke zwischen NGC 2968 und NGC 2970 entdeckt wurde. Da in dieser Brücke jedoch keine aktiven Sternentstehungsregionen beobachtet werden, ist es fraglich, wie es dort zu einer Supernova kommen konnte. Eine Alternative sind „hyper velocity stars“. Dies sind Höchstgeschwindigkeitssterne, die noch in der Galaxie entstehen, aber durch die Gezeitenkräfte so stark beschleunigt werden, dass sie aus der Galaxie herausschießen. Im Fall von SN1970L errechnete man für den Vorgängerstern eine Masse von 15 Sonnenmassen und eine Geschwindigkeit von über 1000 km/s. Während seines Sternenlebens, das nur 13 Millionen Jahre andauerte, hätte der Stern also die Hälfte der Materiebrücke durchlaufen und dabei eine Strecke von 50.000 Lichtjahren zurückgelegt, bevor er explodierte.

OBJEKT	NGC 2964
STERNBILD	Leo
REKT.	$09^h\ 42^m\ 54^s$
DEKL.	+31° 50′ 51″
HELLIGKEIT	12 mag
TYP	SAB(r)bc
FOTOGRAFEN	Bernhard Hubl
TELESKOP	305-mm-Reflektor
KAMERA	SBIG ST-2000XM
BELICHTUNGSZEIT	1344 min
ORT	Nussbach, Österreich

ARP 245

Auf den ersten Blick zeigt die Aufnahme die beiden wechselwirkenden Galaxien NGC 2992 (rechts) und NGC 2993 (links) sowie die hellen und teilweise sehr breiten Gezeitenschweife, die auf den stattgefundenen Gasverlust hinweisen. Das System der beiden Spiralgalaxien ist auch als Arp 245 bekannt und eingehende Analysen ergaben, dass NGC 2992 den aktiveren Kern besitzt und als Galaxie des Typs Seyfert 1,9 beschrieben werden kann. Nur 3′ in südwestlicher Richtung und somit etwas unterhalb des Paares steht eine dritte Galaxie, FGC 0938 (*Flat Galaxy Catalogue*). Untersuchungen der Entfernungen dieser drei Galaxien ergaben, dass das dominante Paar aus NGC 2992 und NGC 2993 in einer Entfernung von etwa 100 Millionen Lichtjahren liegt. Ihr Abstand beträgt 2,9′ und entspricht 82.000 Lichtjahren; ihre Relativgeschwindigkeit liegt bei 120 km/s. Im Vergleich zum mittleren Abstand des Paares bewegt sich FGC 0938 mit nur 82 km/s von uns weg. Es erscheint damit höchst wahrscheinlich, dass es sich bei NGC 2992, NGC 2993 und FGC 0938 um ein physisches Galaxientriplett handelt.
Eine detaillierte Typisierung der beiden großen Galaxien ist hingegen schwierig, da ihr Aufbau bereits schwerwiegende Veränderungen erfahren hat. Bei NGC 2992 könnte der Blick auf das Staubband, das sich über den hellen Kernbereich von NGC 2992 zieht, auf eine Kantenlage hindeuten. Im Fall von NGC 2993 schauen wir hingegen auf einen diffusen, kreisförmigen Innenbereich mit hellen aktiven Bereichen, in denen Sterne entstehen. Beide Galaxien zeigen nur noch Reste von Spiralarmen; stattdessen sind lange Gezeitenschweife zu sehen. So besitzt NGC 2993 einerseits einen auffallend blauen, gebogenen Gezeitenschweif, der vom Wechselwirkungspartner weg weist. Zum anderen ist ein Schweif zu sehen, der auf den Partner zuläuft und sich über die gesamte Länge von NGC 2992 auffächert. In NGC 2992 zeigt sich eine breite Schweifstruktur, die nördlich aus der Galaxie hinausläuft und am Ende eine Kondensation aufweist, in der Sternentstehungsregionen angesiedelt sind. Somit ist genügend Materie vorhanden, um hier eine Zwerggalaxie entstehen zu lassen. In solch einer Zwerggalaxie finden sich meist zwei Sternpopulationen: Einerseits diejenige, welche vor der Wechselwirkung entstanden ist und zur ursprünglichen Galaxie gehört, aus der sie entrissen wurde. Diese alte Population liegt meist an den Enden der Kondensationen im Gezeitenschweif. Eine zweite und jüngere Generation von Sternen ist außerdem im Schweif entstanden, als das Material dort dichter und kühler wurde und durch Eigengravitation kollabierte.
Radiobeobachtungen benutzen in der Regel die 21-cm-Radiostrahlung des atomaren Wasserstoffs. Bewegen sich die Quellen, so kommt es durch den Dopplereffekt zu einer Veränderung der Wellenlänge. Bei den drei Galaxien kann auf diese Weise die Relativbewegung untersucht und genau bestimmt werden. Außerdem ist es möglich, alle Komponenten des Tripletts in hintereinander liegende Schichtbilder aufzuteilen, wodurch ein dreidimensionales Bewegungsbild der Gruppe entsteht. So konnte festgestellt werden, dass die Zwerggalaxie im Schweif auf uns zuläuft, und sich NGC 2992 direkt am Ende des Gezeitenschweifes anschließt. NGC 2993 und ihre Verbindung zu NGC 2992 ruhen relativ dazu. Der daran anschließende gebogene Gezeitenschweif von NGC 2993 entfernt sich von uns, wie auch die Galaxie FGC 0938, die keine Radiobrücke zu den anderen beiden Galaxien besitzt. Vereinfacht kann man also sagen, dass sich die rechte Seite der Dreiergruppe auf uns zubewegt, die linke Seite bewegt sich hingegen von uns weg. Dieses Umlaufen begann mit einer ersten Begegnung vor etwa 100 Millionen Jahren und wird voraussichtlich mit einer Verschmelzung der beiden Galaxien in 700 Millionen Jahren enden.

OBJEKT	NGC 2992
STERNBILD	Hydra
REKT.	$09^h\ 45^m\ 42^s$
DEKL.	−14° 19′ 35″
HELLIGKEIT	13,1 mag
TYP	Sa pec
FOTOGRAFEN	Adam Block
TELESKOP	800-mm-Reflektor
KAMERA	SBIG STX-16803
BELICHTUNGSZEIT	290 min
ORT	Mount Lemmon SkyCenter/ University of Arizona, USA

NGC 3190-GRUPPE

Die Aufnahme zeigt alle vier großen Mitglieder der Hickson Compact Group Nr. 44 im Sternbild Löwe. Am oberen Bildrand steht die E2-Galaxie NGC 3193 und 5,5′ unterhalb liegt NGC 3190; 4′ westlich davon befindet sich NGC 3187. Weitere 10′ unterhalb ist außerdem NGC 3185 positioniert. Alle vier Galaxien liegen innerhalb eines Kreises von 16,4′ Durchmesser, was 280.000 Lichtjahren entspricht.
Diese Galaxiengruppe ist die uns nächstgelegene Hickson-Gruppe und steht in einer mittleren Entfernung von 59 Millionen Lichtjahren. Ihre Geschwindigkeitsdispersion, d.h. die Verteilung der gemessenen Fluchtgeschwindigkeiten, übertrifft mit 360 km/s das Hickson-Isolationskriterium, das von maximal 200 km/s ausgeht. Dabei stellt NGC 3187 den Ausreißer dar. Wird diese Galaxie allerdings nicht berücksichtigt, verringert sich die Dispersion auf 182 km/s und somit auf die Hälfte des ursprünglichen Wertes aller vier Galaxien. Die Galaxiengruppe HCG 44 wird folglich vor allem durch die drei Galaxien NGC 3193, NGC 3190 und NGC 3185 bestimmt.
Die Elliptische Galaxie NGC 3193 zeigt einen regelmäßigen Aufbau und ihr Halo lässt einige Kugelsternhaufen erkennen. Ihr Durchmesser ist mit 85.000 Lichtjahren von mittlerer Größe. Deutlich größer ist hingegen die Sa-Galaxie NGC 3190, die einen Durchmesser von 104.000 Lichtjahren besitzt und deren Staubband einen unregelmäßigen Verlauf zeigt. So gabelt sich das Band oberhalb des Zentrums der Galaxie und wird entlang eines Spiralarmes zuerst nach außen und dann nach oben geführt. Da es zu diesem Spiralarm kein gegenüberliegendes Pendant gibt, kann eine solche asymmetrische Störung des Aufbaus als Teil einer stark verbogenen Scheibe interpretiert werden. Diese ist von einem Torus aus diffusen Gezeitenschweifen umgeben. Zudem besitzt der Spiralarm lichtschwache Fortsätze, die nach oben und unten zeigen und so in die polaren Regionen von NGC 3190 reichen. Das verleiht den Gasverläufen der Galaxie ein Ω-förmiges Aussehen. Die abseits stehende Galaxie NGC 3187 wird oft als Balkenspiraltyp beschrieben. Da es im fein strukturierten Innenbereich zwar OB-Assoziationen mit jungen Sternen und HII-Regionen gibt, jedoch keine Balkenstruktur zu erkennen ist, die zum Kern führt, ist diese Klassifikation eher fraglich. Der Balkeneindruck entsteht dabei lediglich durch die entsprechend verformten Außenbereiche. Sie könnten auch als zwei Gezeitenschweife gedeutet werden, die gegenläufig aus der Spiralebene herausweisen. Bei der am südlichsten stehenden Galaxie NGC 3185 handelt es sich um einen (R)SB(r)-Typ und somit um eine aus einer Verschmelzung hervorgegangene Ringgalaxie.
Zur Beschreibung der Entwicklung einer Galaxiengruppe werden verschiedene Wechselwirkungsindikatoren genutzt. Die auffälligsten sind dabei die Gezeitenschweife, Einhüllende aus atomarem Wasserstoff, die bei Radiobeobachtungen zu sehen sind, oder aber die Röntgenemission des heißen Gases zwischen den Galaxien. In diesen Zwischenräumen finden sich außerdem viele Sterne, die Galaxien entrissen wurden, und die mit einem schwachen, diffusen Licht zur optischen Emission der Gruppe beitragen. Einen Hinweis auf die Existenz eines solchen diffusen Lichts liefern Planetarische Nebel (PN), die aufgrund ihres Emissionslinienspektrums gut in der Gruppe ausfindig zu machen sind. In HCG 44 wurden zwölf solcher PN gefunden, die nicht zu den Galaxien, sondern zur Gruppe selbst gehören. Der Beitrag zur Oberflächenhelligkeit durch das diffuse Licht liegt in HCG 44 bei etwa 30 mag/arcsec^2. Dieser vergleichsweise niedrige Wert verweist darauf, dass HCG 44 erst am Anfang ihrer Gruppenentwicklung steht.

OBJEKT	NGC 3190
STERNBILD	Leo
REKT.	10^h 18^m 06^s
DEKL.	+21° 49′ 56″
HELLIGKEIT	11,3 mag
TYP	SA(s)a pec edge-on
FOTOGRAFEN	Adam Block
TELESKOP	800-mm-Reflektor
KAMERA	SBIG STX-16803
BELICHTUNGSZEIT	320 min
ORT	Mount Lemmon SkyCenter/ University of Arizona, USA

ABELL 1060

Zusammen mit dem Virgo- und dem Centaurus-Haufen (Abell 3526) ist der Hydra-Galaxienhaufen Abell 1060 einer der drei großen Haufen im Umfeld der Milchstraße. Er besteht aus 157 Mitgliedern und überdeckt etwa 2° am Himmel. Der 5 mag helle Vordergrundstern ist ein Roter Riese in 490 Lichtjahren Entfernung. Für Abell 1060 ist eine Entfernung von 176 Millionen Lichtjahren angegeben. Der Hydra-Galaxienhaufen besitzt einen kugelförmigen Aufbau und ist nicht durch andere Haufen oder Superhaufenfilamente gestört, was ihn zu einem bevorzugtem Forschungsobjekt macht. Seine Isolation hilft zudem, die Mitgliedschaft von einzelnen Galaxien zum Haufen klar festzulegen.
In seinem Zentrum befinden sich drei große Galaxien. Dies sind die zwei elliptischen Typen NGC 3309 (E3) und NGC 3311 (cD) sowie die Sab-Spiralgalaxie NGC 3312. Die beiden E-Typen stehen mit 1,7′ Abstand dicht beieinander, die größere NGC 3311 liegt dabei links von NGC 3309. Ihr Halo ist mit 3,9′ größer als der ihres Nachbars. Beide Galaxien zeigen keine deutlichen Anzeichen einer Wechselwirkung und ihre nominelle Entfernungsdifferenz von elf Millionen Lichtjahren erscheint, auch unter Berücksichtigung der Relativgeschwindigkeit (250 km/s), realistisch. NGC 3312 ist die hellste Spiralgalaxie in der Hydra-Region, und ihre Größe von 3,3′ entspricht einem enormen physikalischen Durchmesser von fast 170.000 Lichtjahren.
Obwohl Abell 1060 in den Studien als ein „well isolated cluster“ beschrieben wird, weichen die relativen Geschwindigkeiten seiner Mitglieder deutlich von einer Gauss'schen Normalverteilung ab. Das Histogramm der Geschwindigkeiten besitzt kein ausgeprägtes Maximum, sondern vielmehr ein flaches Plateau bei einer mittleren Geschwindigkeit von 3400 km/s. Die Ränder der Verteilung reichen ±1500 km/s weit. Innerhalb des Hydra-Galaxienhaufens besteht somit eine Substruktur, die mittels der vorangegangenen Verschmelzung zweier Haufen erklärt wird. Genau betrachtet befindet sich der Haufen gerade in der Endphase dieses Verschmelzungsprozesses. Die Bewegungsrichtung der zwei Vorläuferhaufen lag entlang unserer Sichtlinie, wodurch sich die beobachtete Differenz der Geschwindigkeiten erklärt. Dabei gehört NGC 3312 zum vorderen Haufenteil, die rechts stehende NGC 3309 zum entfernteren Teil, und die cD-Galaxie NGC 3311 steht dazwischen.

OBJEKT	Abell 1060
STERNBILD	Hydra
REKT.	$10^h\ 36^m\ 42^s$
DEKL.	–27° 31′ 28″
HELLIGKEIT	–
TYP	Haufen
FOTOGRAFEN	Josef Pöpsel, Stefan Binnewies
TELESKOP	600-mm-Reflektor
KAMERA	SBIG STL-11000
BELICHTUNGSZEIT	120 min
ORT	Amani Lodge, Namibia

HOLMBERG 218

Das Galaxienpaar Holmberg 218 besteht aus NGC 3430 und NGC 3424. In der Aufnahme steht die größere SAB(rs)-Galaxie NGC 3430 links unterhalb des SB-Typs NGC 3424. Die mittlere Entfernung des Paares beträgt 68 Millionen Lichtjahre. Aus ihrem Winkelabstand von 6,1′ ergibt sich ein minimaler transversaler Abstand von 121.000 Lichtjahren. Bei stark erhöhtem Kontrast zeigen die Enden der Spiralebene lichtschwache Ansätze von Gezeitenschweifen. An deren östlichem Ende, das in Richtung NGC 3430 liegt, zeigt der Schweif zudem einen kurzen, schleifenartigen Bogen. NGC 3430 selbst präsentiert ein ungewöhnliches Muster in ihrer Hauptebene, das aus drei Spiralarmen aufgebaut ist. Dieses Muster ist durchzogen von hellen Sternentstehungsregionen, die sich bis in die Außenbereiche der Galaxie verfolgen lassen. Radiobeobachtungen beider Spiralgalaxien zeigen jeweils symmetrische Verläufe entlang ihrer Durchmesser, die jedoch an den Rändern der Galaxien ansteigende bzw. abfallende Werte aufweisen. Dies ist ein Beleg dafür, dass die Ebenen der Galaxien verbogen sind. Die Hauptachse dieser Verbiegungen weist jeweils in Richtung des Wechselwirkungspartners.

Südwestlich des Galaxienpaares steht 9,9′ von NGC 3424 bzw. 15′ von NGC 3430 entfernt die Galaxie NGC 3413. Mit nur 28 Millionen Lichtjahren ist sie der Milchstraße deutlich näher und ihre Größe von 1,71′ × 0,86′ liefert Dimensionen von 13.900 × 7000 Lichtjahren. Eine solch geringe Größe lässt zunächst Zweifel an der Entfernungsangabe aufkommen. Die NED-Daten geben jedoch einen sehr kleinen Fehler von nur 6 km/s für die Rotverschiebung von 645 km/s an. Bei NGC 3413 handelt es sich vielmehr um einen Mischtyp aus einem kleinen, diffusen E/S0-Kernbereich und einer wellenartig verbogenen Spiralebene. Diese beobachten wir von der Seite und im Vergleich zum neutralen Kern weist sie eine deutliche Blaufärbung auf. Die geringe Größe sowie die unkonventionelle Morphologie der Galaxie lassen den Schluss zu, dass NGC 3413 aus der Verschmelzung einer Elliptischen mit einer Spiralgalaxie entstanden sein könnte.

OBJEKT	Holmberg 218
STERNBILD	Leo Minor
REKT.	$10^h\ 51^m\ 46^s$
DEKL.	+32° 52′ 21″
HELLIGKEIT	–
TYP	Gruppe
FOTOGRAFEN	Adam Block
TELESKOP	600-mm-Reflektor
KAMERA	SBIG STL-11000
BELICHTUNGSZEIT	285 min
ORT	Mount Lemmon SkyCenter/ University of Arizona, USA

HOLMBERG 224

Das Galaxienpaar, bestehend aus NGC 3507 und NGC 3501, kennt die Forschung auch unter dem Namen Holmberg 224. Die SB(s)b-Galaxie NGC 3507 steht dabei oben links und ihr regelmäßiger „grand design"-Aufbau erlaubt es, beide Spiralarme von den Balkenenden an über 1,5 Umläufe zu verfolgen. Der Balken ist gut erkennbar und ihr gelblicher Kern erscheint farblich klar von den Armen abgesetzt. In den äußeren Bereichen zeigt sich im linken, östlichen Spiralarm ein erster Ansatz von Reihungen und einer 120°-Winkelbildung. Aus den Helligkeitsverläufen von NGC 3507 kann auf ihre Inklination von etwa 25° geschlossen werden. Südwestlich von NGC 3507 steht in 12′ Abstand die Scd-Galaxie NGC 3501, die nahezu in Kantenlage zu beobachten ist. Während die Entfernung von NGC 3507 mit 40 Millionen Lichtjahren angegeben wird, findet sich für NC 3501 ein Wert von 47 Millionen Lichtjahren. Die Differenz der Radialgeschwindigkeiten beider Galaxien von 140 km/s kann zwar als Relativbewegung ausgelegt werden, dadurch würde allerdings ihr Minimalabstand von 150.000 Lichtjahren eine Gezeitenwechselwirkung hervorrufen. Da eine damit verbundene Störung der Morphologie des Paares jedoch nicht sichtbar ist, liegen beide Galaxien wahrscheinlich hintereinander im Raum.

Bei der Untersuchung von Galaxienpaaren stellte Erik Holmberg Ende der 1930er Jahren fest, dass sich die Farben der Galaxien eines physikalischen Paares gleichen Typs (EE oder SS) sehr ähneln. Dabei benutzte er statistische Methoden, um Zusammenhänge zwischen den Paaren hinsichtlich ihres Typs und ihrer engen Nachbarschaft zu studieren. Dieser Effekt der gleichen Farbe gleicher Typen bei nahen Paaren wird heute durch die ähnliche Entstehungsgeschichte in nahezu gleicher Entwicklungsumgebung erklärt. Während Erik Holmberg damals nur 32 Galaxienpaare nutzte, um seine Theorie zu prüfen, bestätigen moderne Kampagnen wie die des „Sloan Digital Sky Survey" (SDSS) den Effekt eindrucksvoll. So nutzte die SDSS Data Release 4 1100 enge Paare. Das Paar Holmberg 224 bestätigt den Holmberg-Effekt somit auf indirekte Art: Die Farben von NGC 3507 und NGC 3501 unterscheiden sich, und NGC 3507 ist deutlich blauer. Somit weicht das Paar von Holmbergs Theorie ab, was die fehlende Nachbarschaft bestätigt.

OBJEKT	Holmberg 224
STERNBILD	Leo
REKT.	$11^h\ 03^m\ 06^s$
DEKL.	+18° 03′ 44″
HELLIGKEIT	–
TYP	Gruppe
FOTOGRAFEN	Wolfgang Ries, Stefan Heutz
TELESKOP	460-mm-Reflektor
KAMERA	SBIG ST-10XME
BELICHTUNGSZEIT	768 min
ORT	Altschwendt, Österreich

M 65 / M 66 / NGC 3628

Die drei Galaxien M 65 und M 66 (rechts oben und rechts unten) sowie NGC 3628 (links oben) bilden das Leo-Triplett. Die SAB(s)b-Galaxie M 66 (NGC 3627) steht uns dabei mit nur 29 Millionen Lichtjahren Abstand am nächsten, M 65 (NGC 3623) folgt in 32 Millionen Lichtjahren. M 65 ist ein SAB(rs)-Typ und ähnelt somit M 66. Der innere Bereich des Spiralarmansatzes bildet jedoch einen fast geschlossenen Kreis. Die Differenz der Fluchtgeschwindigkeiten von M 65 und M 66 beträgt nur 80 km/s, weshalb davon ausgegangen wird, dass ihr direkter Abstand deutlich geringer als drei Millionen Lichtjahre ist. Der minimale direkte Abstand ergibt sich aus der Projektion ihres Winkelabstandes von 20′ und liegt bei etwa 177.000 Lichtjahren.
Die Winkeldistanz von M 65 und M 66 zur nördlich stehenden NGC 3628 liegt bei ca. 35′, was mehr als 310.000 Lichtjahren und einer Relativgeschwindigkeit zu M 66 von 116 km/s entspricht. Die SA-Galaxie besitzt im Vergleich zum Messier-Paar einen deutlich ungewöhnlicheren Aufbau. So erinnert die Morphologie des Halos an einen Hundeknochen. Die Aufnahme zeigt außerdem den Ansatz eines Gezeitenschweifs, der am nordöstlichen Ende des Halos ansetzt und weit über den Bildrand hinaus reicht. Mit Hilfe tiefer Aufnahmen kann die Länge dieses leicht gebogenen Schweifs aus Gas, Staub und Sternen mit 330.000 Lichtjahren angegeben werden, was mehr als dem doppelten Durchmesser von NGC 3628 entspricht. Dieser Gezeitenschweif enthält 15 % der gesamten Masse des atomaren Wasserstoffs der Galaxie. Durch die Länge des Gezeitenschweifes erscheint außerdem die Wechselwirkung mit einer der beiden anderen Nachbargalaxien naheliegend. Da M 66 im Unterschied zu M 65 von diffusen Strukturen im Bereich der äußeren Spiralarme umgeben ist, wird eine Annäherung an M 66 als am wahrscheinlichsten angesehen. Die blauere Färbung beider Galaxien verweist außerdem auf mehr Sternentstehungsgebiete und somit jüngere Sterne als bei M 65. Die Radiobeobachtung des Tripletts zeigt weiterhin, dass die 21-cm-Emission des atomaren Wasserstoffs die Galaxie NGC 3628 umgibt, dem Gezeitenschweif folgt und drei Kondensationen aufweist. Deren Radiointensität beträgt ca. 1/30 der Radioleuchtkraft des Galaxienzentrums. Besonders auffällig ist, dass im Vergleich dazu M 66 zwar weniger Radiostrahlung emittiert, diese Radioquelle jedoch nicht im Zentrum konzentriert ist, sondern eine Ausformung in östlicher Richtung besitzt. Da M 65 keine solche Auffälligkeiten zeigt, bestätigt sich die Begegnung von M 66 und NGC 3628.

OBJEKT	M 65 / M 66 / NGC 3628
STERNBILD	Leo
REKT.	$11^h\ 18^m\ 56^s$ / $11^h\ 20^m\ 15^s$
DEKL.	+13° 05′ 33″ / +12° 59′ 30″
HELLIGKEIT	10,3 mag / 9,7 mag
TYP	Galaxiengruppe
FOTOGRAFEN	Josef Pöpsel, Frank Sackenheim
TELESKOP	60-cm-Reflektor
KAMERA	ZWO ASI 094MC Pro
BELICHTUNGSZEIT	525 min
ORT	Vulkan-Eifel, Deutschland

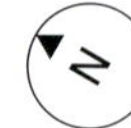

HOLMBERG 266

Zwischen den Sternen Mirak und Phekda im Sternbild Ursa Major steht der G5-Stern SAO 28064 (5,6 mag, siehe Aufnahme). Die Strahlen der Beugungsfigur verlaufen in Nord-Süd-bzw. Ost-West-Richtung. Die SAB(s)c-Galaxie NGC 3733 steht in 4′ Abstand zu diesem G5-Stern und weist eine Rotverschiebung von z = 0,0039 auf. Dies entspricht einer Radialgeschwindigkeit von 1185 km/s und liefert eine Distanz zur Milchstraße von 55,4 Millionen Lichtjahren. Ihre Ausdehnung von 4,8′ × 2,2′ entspricht in dieser Entfernung 77.400 × 35.500 Lichtjahren. Die Spiralarme mit vielen aktiven Regionen zeigen einen leicht asymmetrischen Aufbau mit einem dominierenden Arm. Der Kern ist bemerkenswert klein und die Helligkeit des Innenbereichs hebt sich nur wenig von der Hauptebene ab.
In waagerechter Richtung befindet sich in 7′ Abstand links von NGC 3733 die nur eine Bogenminute große Galaxie NGC 3737. Der gelbe Halo dieses SB0-Typs hebt sich von den Galaxien in seinem nahen Umfeld ab. Astronomische Datenbanken geben für NGC 3737 eine Entfernung von etwa 260 Millionen Lichtjahren, eine Rotverschiebung von z = 0,0914 und eine Radialgeschwindigkeit von 5828 km/s an. Links von NGC 3737 steht, 1,3′ entfernt, die S0-Galaxie NGC 3737A. Sie befindet sich in 238 Millionen Lichtjahren Entfernung, ihre Relativgeschwindigkeit zu NGC 3737 beträgt −580 km/s und beide zusammen sind als Holmberg 266 katalogisiert. Die meisten der umgebenden Galaxien sind kleiner als das Paar und gehören zum Galaxienhaufen Abell 1318, der sich noch weiter links, unten über das Bildfeld hinaus erstreckt. Trotz der scheinbaren Nähe der Abell-Haufenmitglieder zum Holmberg-Paar sind beide in Wirklichkeit weit voneinander entfernt. Somit ist diese Holmberg 266 mehr als viermal so weit von der Milchstraße entfernt wie die über viermal so groß erscheinende NGC 3733.

Der Galaxienhaufen Abell 1318 ist Teil des Ursa Major-Superhaufens – eine kompakte Assoziation von 30 Abell-Galaxienhaufen, die einen Raumbereich von 650 Millionen Lichtjahren Durchmesser umfassen. Für Abell 1318 beträgt die gemittelte Rotverschiebung z = 0,0578, die zugehörige Radialgeschwindigkeit beträgt 17.328 km/s sowie die Entfernung 776 Millionen Lichtjahre. Abell 1318 ist etwa 70′ groß und besitzt mehr als 200 Mitglieder. Da bei der Erstellung des Abell-Katalogs statt der Rotverschiebung die Lage und Helligkeit von Bedeutung waren, enthält der Katalog auch Galaxienhaufen, die ebenfalls Vordergrundgalaxien enthalten. Diese Beimischung findet sich gleichermaßen im Falle von Abell 1318 und dem Holmberg-Paar. Modellrechnungen zeigen, dass diese Kontamination bei etwa 30 % aller Abell-Galaxienhaufen zu erwarten ist. Daher identifizieren statistische Algorithmen der Strukturanalyse die beiden Holmberg-Galaxien als mögliche cD-Galaxien des Haufens, was Abell 1318 in den Rang eines kompakten Haufens hebt. Werden die beiden Galaxien jedoch nicht beachtet, wird Abell 1318 als eher lockerer Haufen klassifiziert.

OBJEKT	Holmberg 266
STERNBILD	Ursa Major
REKT.	$11^h\ 35^m\ 34^s$
DEKL.	+54° 56′ 23″
HELLIGKEIT	–
TYP	Gruppe
FOTOGRAFEN	Johannes Schedler
TELESKOP	400-mm-Reflektor
KAMERA	SBIG STL-11000
BELICHTUNGSZEIT	560 min
ORT	Wildon, Österreich

COPELANDS SEPTETT

Die Aufnahme zeigt „Copelands Septett", eine kompakte Galaxiengruppe im Löwen, die 8° nordwestlich von Denebola liegt. Die Bezeichnung wurde erstmals von Gerard-Henri de Vaucouleurs in seinem *Second Reference Catalogue of Bright Galaxies* verwendet (RC2, 1976) und geht auf Ralph Copeland zurück, der die Gruppe 1874 entdeckt hatte. Seine Beobachtungsdaten wurden außerdem vom Astronomen Johann Louis Emil Dreyer zum Aufbau des *New General Catalogue* genutzt.

Alle Galaxien des Septetts haben NGC-Nummern und ihre Helligkeiten liegen im Bereich von 13,6–15,2 mag. Mitglieder dieser Siebenergruppe sind dabei NGC 3751 (E4) ganz links, das Trio in der Mitte, bestehend aus NGC 3754 (SBc, oben), NGC 3753 (Sb, Mitte) und NGC 3750 (SAB0, unten) sowie das zweite Trio in 2,4′ Abstand. Dieses besteht aus NGC 3748 (SB0, oben), NGC 3754 (SB(s)0, Mitte) und NGC 3746 (SB(r)b, unten).

Vervollständigt wird die Assoziation durch eine weitere, achte Galaxie. Diese ist die 0,33′ × 0,28′ kleine SBb-Galaxie, die links neben NGC 3748 zu sehen ist. Ihre Rotverschiebung ordnet sie zweifelsfrei der Galaxiengruppe zu. Mit einer Helligkeit von nur 17,4 mag war sie für Ralph Copeland jedoch unsichtbar.

Das gesamte Galaxienfeld misst 5′ × 2′. Die beiden größten Galaxien sind die Spiraltypen NGC 3753 mit 1,7′ × 0,5′ und NGC 3746 mit 1,1′ × 0,5′. Aufgrund ihrer Kompaktheit wurde die Gruppe auch als HCG 57 katalogisiert. Die Rotverschiebungen aller acht Galaxien weichen vom Mittelwert 9087 km/s nur um ±370 km/s ab; die Entfernung der Gruppe liegt bei 400 Millionen Lichtjahren.

NGC 3753 zeigt deutliche Zeichen von nacheinander stattgefundenen Wechselwirkungen, die zu einer Deformation der Hauptebene geführt haben. Dadurch entstanden mehrere Gezeitenschweife, die die Galaxie nun umgeben. Zudem finden sich extrem schwache Lichtbrücken, die bei verstärktem Kontrast die Verbindungen zwischen den Nachbarn sichtbar machen. Besonders auffällig ist dies bei NGC 3753 und der über ihr liegenden NGC 3754, bei der ein Spiralarm an einen Gezeitenschweif anschließt. Die Radialgeschwindigkeit von NGC 3753 weicht am stärksten vom Wert der Gruppe ab und erklärt ihre herausragende Dynamik. Sie ist der Schnellläufer der Gruppe und entreißt Gas und Staub aus den Halos der anderen nahen Gruppenmitglieder. Dies führt zur Sternentstehung in den Kernbereichen der beteiligten Galaxien und in den dichten Zonen der Gezeitenschweife. Die UV-Strahlung junger Sterne führt dort zu einer Erhöhung der Staubtemperatur auf etwa 40 K und zur Emission infraroter Strahlung. Im Bereich von 60–100 µm weist die Galaxiengruppe nur eine etwa zwei Bogenminuten große Infrarotquelle auf, in deren Zentrum die Galaxien NGC 3754 und NGC 3753 liegen. Die anderen Galaxien fallen in diesem Bereich des Spektrums hingegen nicht auf.

OBJEKT	NGC 3750
STERNBILD	Leo
REKT.	$11^h\ 37^m\ 52^s$
DEKL.	+21° 58′ 27″
HELLIGKEIT	14,9 mag
TYP	SAB0-
FOTOGRAFEN	Adam Block
TELESKOP	800-mm-Reflektor
KAMERA	SBIG STX-16803
BELICHTUNGSZEIT	330 min
ORT	Mount Lemmon SkyCenter/ University of Arizona, USA

ABELL 1367

Die große Elliptische Galaxie NGC 3842 steht im dichten Teil des Galaxienhaufens Abell 1367, der auch als Leo-Galaxienhaufen bekannt ist. NGC 3842 ist die hellste Galaxie in diesem Haufen, der 300 Millionen Lichtjahre von der Milchstraße entfernt liegt und zusammen mit dem Coma-Galaxienhaufen einen der zwei größten Haufen des Coma-Superhaufens bildet. Innerhalb eines Umkreises von 1° liegen 166 Galaxien um NGC 3842, deren Fluchtgeschwindigkeiten nur um ±10 % von der von NGC 3842 abweichen. Somit kann diese Vielzahl von Galaxien sicher dem Galaxienhaufen zugeordnet werden. Die visuellen Helligkeiten der schwächsten Mitglieder, bei denen es sich um Zwerggalaxien handelt, liegen über 19 mag. Im Vergleich dazu leuchtet NGC 3842 mehr als 300-mal heller als diese leuchtschwächsten Haufenmitglieder. Die Größe der hellen inneren Schale von NGC 3842 wird mit 1,4′ × 1,0′ angegeben und entspricht 122.000 Lichtjahren. Der diffuse Halo reicht jedoch in der Aufnahme mehr als doppelt so weit. Unterhalb von NGC 3842 fällt die Spiralgalaxie UGC 6697 auf, deren blaue Farbe sich deutlich von der der anderen Galaxien abhebt. Trotz des flachen Blickwinkels auf ihre Scheibenebene zeigt sich, dass die Gezeitenkräfte die Spiralstruktur zerstört haben und sich bereits ein heller Gezeitenschweif in Richtung von NGC 3842 ausgebildet hat. Das bevorstehende Zerreißen von UGC 6697 kündigt sich außerdem durch eine hohe Sternentstehungsaktivität an sowie durch eine enorme Längsausdehnung der Scheibe, die fast 200.000 Lichtjahre erreicht.

Die vergleichsweise große Zahl von zentrumsnahen Spiraltypen sowie der beobachtete zweigeteilte Aufbau des Haufens sind Hinweise darauf, dass Abell 1367 durch die Verschmelzung mehrerer kleinerer Haufen entstanden ist. Es ist zu erwarten, dass sich NGC 3842 mit der weiteren Entwicklung des Haufens zu einer großen cD-Galaxie ausbilden wird. Obwohl NGC 3842 somit erst noch am Anfang eines Massenzuwachses steht, liefert das supermassive Schwarze Loch im Zentrum der Galaxie bereits jetzt einen Rekordwert. Astronomen haben die Spektren von Sternen in direkter Umgebung des Schwarzen Loches untersucht und mit Hilfe der Dopplerverschiebung ihrer Spektrallinien eine Masse von 9,7 Milliarden Sonnenmassen bestimmt. Damit ist das Schwarze Loch in NGC 3842 etwa 2500-mal massereicher als das Schwarze Loch im Zentrum der Milchstraße. Diese bislang größte gemessene Zentralmasse einer Galaxie unterstützt zudem die Theorie, dass die supermassiven Schwarzen Löcher nicht durch stetige Massenakkretion, sondern durch die Verschmelzung von Galaxien entstehen.

OBJEKT	Abell 1367
STERNBILD	Leo
REKT.	$11^h\ 44^m\ 37^s$
DEKL.	+19° 45′ 32″
HELLIGKEIT	–
TYP	Haufen
FOTOGRAFEN	Adam Block
TELESKOP	800-mm-Reflektor
KAMERA	SBIG STX-16803
BELICHTUNGSZEIT	1140 min
ORT	Mount Lemmon SkyCenter/ University of Arizona, USA

WILDS TRIPLETT

Im Jahre 1953 berichtete Paul Wild, ein Assistent von Fritz Zwicky am California Institute for Technology, über die Entdeckung einer „interessanten Gruppe von Galaxien". Zuvor hatte Fritz Zwicky im Jahre 1936 eine 18-Inch-Schmidtkamera bauen lassen, die als erstes Instrument auf der neuen Sternwarte des Palomar Mountains installiert wurde und mit der im Rahmen einer langfristigen, systematischen Suche nach Supernovae geforscht werden sollte. Aus dieser Arbeit, die von 1949–1961 andauerte, ging ein Katalog der sichtbaren Galaxien in der nördlichen Hemisphäre hervor, der mehr als 30.000 Einträge beinhaltet. Neben den Koordinaten und Helligkeiten wurde darin auch die Haufenstruktur dokumentiert. So trug Fritz Zwicky die Umrisse von annähernd 10.000 Galaxienhaufen bei.

Die Aufnahme zeigt das Galaxientriplett, das Paul Wild entdeckt hatte. Es steht einige Bogenminuten südlich des 7 mag-Sterns SAO 138399. Bei den drei Galaxien, die nicht im NGC-Katalog erfasst sind, handelt es sich, von oben nach unten betrachtet, um PGC 36742, PGC 36733 und PGC 36723. Dieses Triplett findet sich auch im Arp-Katalog unter Arp 248 sowie als KTG 38 im *Karachentseva Isolated Triplets of Galaxies Catalogue*. Die zwei helleren Galaxien (KTG 38a/PGC 36723 und KTG 38b/PGC 36733), die etwa zwei Bogenminuten voneinander entfernt stehen, bilden dabei ein physisches Paar. Sie liegen in einer Entfernung von 225 Millionen Lichtjahren und die 137.000 Lichtjahre lange Materiebrücke zwischen ihnen sowie andere Gezeitenschweife sind deutlich zu erkennen. Die dritte, etwas lichtschwächere Galaxie PGC 36742 (KTG 38c) weist zwar eine größere Rotverschiebung auf, woraus eine Entfernung von 235 Millionen Lichtjahren folgt, allerdings kann angenommen werden, dass die innere Dynamik die gemessenen Radialgeschwindigkeiten stark beeinflusst. Somit sind die Relativgeschwindigkeiten von maximal 200 km/s für diese Differenz verantwortlich.

Die untere, am südlichen Ende stehende Galaxie KTG 38a ist ein SBc(rs)-Typ. Neben dem Balken fällt auf, dass ihr südlicher Arm nach einem Umlauf immer breiter wird und einen „tidal counter tail" ausbildet. In den Armen zeigen sich Hinweise auf Sternentstehungsgebiete, wobei sie im Innenbereich fast einen kompletten Ring formen. Die hellste und größte Galaxie im Triplett ist KTG 38b, die im Vergleich zu KTG 38a einen helleren Kernbereich besitzt. In ihr zeigt sich der Ansatz eines Balkens, zudem weist diese SABc(r)-Galaxie viele aktive Regionen in den Armen und in der Materiebrücke auf. Eine solche Verbindung ist zwischen KTG 38b und KTG 38c nicht zu sehen. Allerdings zeigt KTG 38c mehrere Arme, die sich in den Außenbereichen aufspalten, in Gezeitenschweife übergehen und ähnliche Dimensionen wie die beschriebene Materiebrücke erreichen.

OBJEKT	Wilds Triplett
STERNBILD	Virgo
REKT.	$11^h 40^m 43^s$
DEKL.	–03° 50′ 28″
HELLIGKEIT	14,5 mag
TYP	Galaxiengruppe
FOTOGRAFEN	Adam Block
TELESKOP	600-mm-Reflektor
KAMERA	SBIG STL-11000
BELICHTUNGSZEIT	250 min
ORT	Mount Lemmon SkyCenter/ University of Arizona, USA

NGC 4015 / ARP 138

Die Aufnahme zeigt den Blick auf ein Gebiet zwischen den Sternbildern Löwe und Haar der Berenike, in dem sich um einen 8,2 mag hellen Stern oberhalb der Bildmitte einige Galaxien scharen. Nahe bei dem Stern stehen zwei Spiralgalaxien, NGC 4000 und NGC 4005. NGC 4000 ist ein Sb-Typ, den wir mit einem Winkeldurchmesser von einer Bogenminute in Kantenlage sehen. Ähnlich groß erscheint uns auch NGC 4005, wobei ihr Kern elongiert ist und einen Balken vermuten lässt. Beide Galaxien liegen in etwa gleicher Entfernung von 200 Millionen Lichtjahren und ihr Winkelabstand entspricht 490.000 Lichtjahren. Aus diesem Abstand in Relation zu ihrem mittleren Durchmesser folgt, dass ihre Außenbereiche nur sieben Durchmesser voneinander entfernt sind. Würde es sich um Feldgalaxien handeln, wären infolge einer gegenseitigen Gezeitenwechselwirkung Störungen und Gezeitenschweife zu erwarten.

Am oberen rechten, südöstlichen Bildrand findet man ein weiteres, vermeintlich wechselwirkendes Galaxienpaar. Es handelt sich um Arp 138 (NGC 4015A/B), das aus einer E- und einer S-Galaxie gebildet wird. Ihr Winkelabstand von 0,4′ lässt auf einen Abstand von 23.000 Lichtjahren schließen. Allerdings besitzen beide Galaxien eine Differenz von fast 10 % in ihren Rotverschiebungen, die ebenfalls durch Messungen im Radiobereich bestätigt wurde. Daraus lässt sich ein Abstand von 1,63 Millionen Lichtjahren ableiten, der eher auf eine „friedliche Koexistenz“ beider Galaxien schließen lässt.

Wenige Bogenminuten westlich des Bildzentrums liegen aneinandergereiht die vier Spiralgalaxien NGC 3987, die lichtschwache NGC 3989, NGC 3993 und NGC 3997 (von links nach rechts). Diese bilden die Gruppe Holmberg 308.

NGC 3987 zeigt ein auffälliges Staubband und ist mit 2,2′ die größte Galaxie in dieser Gruppe. NGC 3997 weist hingegen als einzige Galaxie eine Asymmetrie in ihrem SB-Aufbau auf: 10″ östlich ihres Zentrums zeigt einer der zwei bläulichen Spiralarme eine deutliche Aufhellung in seinem Verlauf. Dicht über dem Zentrum ist zudem eine Kondensation zu erkennen, bei der es sich um eine Zwerggalaxie handeln könnte, die im Begriff ist, mit NGC 3997 zu verschmelzen. Die Betrachtung großräumiger Strukturen im Universum zeigt, dass die leuchtende Materie in großen Galaxienhaufen konzentriert ist, die oft über räumliche Brücken miteinander verbunden sind. Die Galaxien, die Holmberg 308 bilden, liegen im Entfernungsbereich von 180–230 Millionen Lichtjahren entlang einer solchen Brücke zwischen dem Virgo- und dem Coma-Cluster. Wir betrachten hier somit den typischen Rand eines Galaxienhaufens mit vielen gasreichen Galaxientypen. Doch selbst in diesen Außenbereichen definiert die Dunkle Energie die maßgeblichen Strukturen, in die die sichtbaren Galaxien eingebettet sind und deren Gravitationswirkung die Anordnung der Galaxien bestimmt.

OBJEKT	NGC 4015
STERNBILD	Coma Berenices
REKT.	$11^h\ 58^m\ 43^s$
DEKL.	+25° 02′ 25″
HELLIGKEIT	14,2 mag
TYP	Galaxiengruppe
FOTOGRAFEN	Michael König
TELESKOP	355-mm-Reflektor
KAMERA	SBIG STL-11000
BELICHTUNGSZEIT	390 min
ORT	Rimbach, Deutschland

HICKSON COMPACT GROUP 61

Der Coma-Galaxienhaufen und der Galaxienhaufen Abell 1367 gehören zur großen Struktur des Coma-Superhaufens. Beide Haufen liegen in einer Entfernung von etwa 300 Millionen Lichtjahren zur Milchstraße und ihr Winkelabstand von etwa 18° entspricht einer projizierten Strecke von 95 Millionen Lichtjahren. Zwischen beiden Haufen liegt eine Reihe von Galaxiengruppen und kleinerer Haufen. Dort findet sich auch die Gruppe aus vier Galaxien, die in der rechten Bildhälfte der Aufnahme zu sehen ist. Ganz oben steht die Spiralgalaxie NGC 4173, die sich aufgrund ihrer Größe von 5′ × 0,7′ und ihrer blauen Farbe deutlich von den anderen drei Galaxien unterscheidet. Zwei Bogenminuten unter ihr steht rechts die S0-Galaxie NGC 4169, ihr waagerecht gegenüber die Sbc-Galaxie NGC 4175, bei der sich aufgrund der Kantenlage ein Staubband ausmachen lässt. Ganz unten in der Gruppe steht mit NGC 4174 die kleinste Galaxie; ein S0-Typ mit einer Winkelausdehnung von nur 0,82′ × 0,50′. Alle vier Galaxien sind als HCG 61 katalogisiert. In englischsprachigen Katalogen findet sich für die Gruppe auch die Bezeichnung „the box", die deren rechteckförmige Anordnung beschreibt. Analysen der Rotverschiebungen der Gruppenmitglieder ergaben, dass nur drei von ihnen enge Nachbarn sind. Die Galaxie NGC 4173 fällt aus der Gruppe heraus und steht in 50 Millionen Lichtjahren Entfernung. Die drei anderen Galaxien liegen in einer mittleren Entfernung von 170 Millionen Lichtjahren mit Relativgeschwindigkeiten von ±130 km/s.

Die nahe Galaxie NGC 4173 erscheint zwar größer, ihr Durchmesser beträgt jedoch nur 73.000 Lichtjahre. Sie ist damit kleiner als NGC 4169 und NGC 4175. Deren absolute Durchmesser betragen 88.000 Lichtjahre und 94.000 Lichtjahre. Die Morphologie von NGC 4173 erinnert am ehesten an eine Spiralgalaxie, obwohl sie nur eine diffuse, lichtschwache Hauptebene ohne hellen Kern oder Spiralarme aufweist. An ihrem unteren, südöstlichen Ende fallen aktive Regionen auf, die in einen sich von der Hauptebene lösenden Gezeitenschweif hineinreichen. Die unterste und kleinste Galaxie NGC 4174 zeigt eine weitere Besonderheit: Sie ist von einer schwachen polaren Struktur umgeben, die sie zu einem Kandidaten für eine polare Ringgalaxie macht. Typisch für diese Ringe ist eine Radiosignatur, die auf große Mengen atomaren Wasserstoffgases zurückgeht. Radiobeobachten von NGC 4174 zeigen zwar eine solche Emission, diese ist allerdings nicht auf die Galaxie beschränkt, sondern stellt vielmehr einen Hinweis auf atomaren Wasserstoff dar, der den Raum zwischen den Mitgliedern von „the box" ausfüllt.

In der oberen linken Bildhälfte steht der 8,9 mag helle Stern SAO 82192. In seiner Umgebung tummeln sich in einem Radius von 5′ mehr als 100 Galaxien, von denen die meisten Helligkeiten im Bereich von 18–20 mag aufweisen. Sie gehören zum Galaxienhaufen Abell 1495. Dieser liegt in 1,95 Milliarden Lichtjahren Entfernung und ist somit fast zwölfmal weiter von der Milchstraße entfernt als das HCG 61-Quartett.

OBJEKT	NGC 4173
STERNBILD	Coma Berenices
REKT.	$12^h\ 12^m\ 21^s$
DEKL.	+29° 12′ 25″
HELLIGKEIT	13,6 mag
TYP	SBd
FOTOGRAFEN	Richard Müller
TELESKOP	320-mm-Reflektor
KAMERA	Artemis 4021
BELICHTUNGSZEIT	760 min
ORT	Lohmar, Deutschland

VIRGO-HAUFEN

Die Aufnahme zeigt einen Blick in den nördlichen Teil des Virgo-Galaxienhaufens. Von den 16 Messier-Galaxien, die ihm angehören, finden sich im Bildfeld M 84 (NGC 4374), M 86 (NGC 4406) und M 87 (NGC 4486). Dabei ist M 84 der rechte Anfangspunkt einer Kette, die in fast gleichen Schritten über M 86 zu Arp 120 (NGC 4438) und NGC 4435, dann zu IC 4461 mit IC 4458 und schließlich zu IC 4473 führt. Diese Kette, die am Himmel noch etwas weiter reicht, wird als „Markarian's Chain" bezeichnet. Der Abstand zwischen M 84 und M 86 beträgt 17′ und die beiden E/S0-Typen bilden zusammen mit der weniger hellen SAb-Galaxie NGC 4388 ein gleichseitiges Dreieck, in dessen Zentrum die kleine Elliptische Galaxie NGC 4387 liegt. Etwa 8′ über M 86 steht NGC 4402, in der trotz des kleinen Maßstabes der Aufnahme ein prägnantes Staubband zu erkennen ist. Am unteren linken Rand der Aufnahme ist die bekannte cD-Galaxie des Virgo-Haufens, M 87, zu sehen. Diese große Elliptische Galaxie steht etwa 1° südöstlich der beschriebenen Galaxiensequenz und liegt im Zentrum des Virgo-Galaxienhaufens.

Der Virgo-Haufen ist der der Lokalen Gruppe nächstgelegene große Haufen und mit unserer Galaxiengruppe dynamisch verbunden. Sein Abstand beträgt etwa 54 Millionen Lichtjahre und der Haufenradius liegt bei über 6,5 Millionen Lichtjahren. Der Virgo-Haufen besteht aus über 2000 Galaxien und dominiert unsere intergalaktische Nachbarschaft. Er stellt das physikalische Zentrum des Lokalen Superhaufens (dem „Virgo-Supercluster" oder „Coma-Virgo-Supercluster") dar, zu dem auch die Milchstraße gehört. Die enorme Massenkonzentration des Virgo-Haufens beeinflusst die Fluchtgeschwindigkeiten der uns umgebenden Galaxien so stark, dass ein „Galaxienfluss" in Richtung des Virgo-Haufens festgestellt wurde. Im Fall der Lokalen Gruppe bewirkt dieser „virgo-centric flow" eine Geschwindigkeitskomponente von 100–400 km/s in Richtung Virgo. Unter Berücksichtigung des erwarteten Bahnverlaufs der Lokalen Gruppe in Richtung des Virgo-Haufens, kann berechnet werden, dass sie sich zunächst am Virgo-Haufen vorbei bewegen, dann jedoch von ihm abgebremst wird, um schließlich in den Haufen zu stürzen.

OBJEKT	Virgo-Haufen
STERNBILD	Virgo
REKT.	$12^h\ 30^m\ 47^s$
DEKL.	+12° 20′ 13″
HELLIGKEIT	–
TYP	Haufen
FOTOGRAFEN	Makis Palaiologou, Stefan Binnewies
TELESKOP	305-mm-Reflektor
KAMERA	SBIG STL-11000
BELICHTUNGSZEIT	465 min
ORT	Skinakas-Observatorium, Kreta, Griechenland

ABELL 1656

Der Coma-Galaxienhaufen (Abell 1656) ist aus über 3000 Galaxien aufgebaut und zählt zu den reichen Galaxienhaufen. Er liegt in einer Entfernung von 310 Millionen Lichtjahren und besitzt einen fast kugelförmigen Aufbau mit einem Durchmesser von 20 Millionen Lichtjahren. Das Zentrum wird durch die zwei großen cD-Galaxien NGC 4874 und NGC 4889 beherrscht, die in 7′ Abstand stehen. Auf der Aufnahme steht NGC 4874 rechts, westlich von NGC 4889. Die Größe von NGC 4874 wird mit 1,9′ × 1,9′ angegeben und der Halo zeigt eine Ellipsenform mit gleichmäßigem Helligkeitsverlauf. Die Nachbargalaxie NGC 4889 ist etwas heller und mit 2,9′ × 1,9′ deutlich größer. Ihr Halo zeigt eine abgeplattete, fast kastenförmige Struktur und spannt einen Durchmesser von etwa 250.000 Lichtjahren auf.

Das Feld des Coma-Galaxienhaufens weist 26 aktive Galaxien auf. Diese große Anzahl ist allerdings keine spezielle Eigenschaft des Haufens selbst, sondern geht darauf zurück, dass er in den letzten Jahren eingehenderen Röntgen- und Radiobeobachtungen unterzogen wurde.

Die Bekanntheit des Coma-Galaxienhaufens ist mit seiner Untersuchungsgeschichte verbunden. Im Jahr 1933 veröffentlichte der Astronom Fritz Zwicky einen Artikel, der von der Masse dieses Haufens handelte. Seine Arbeit begann mit der Betrachtung der Radial- und Relativgeschwindigkeiten der Haufenmitglieder. Dabei bestimmte er zunächst die Verteilung der Relativgeschwindigkeiten – die Geschwindigkeitsdispersion. Da er zudem davon ausging, dass das System gravitativ gebunden ist, konnte er die Gültigkeit des Virialtheorems voraussetzen. Dieses beschreibt einen einfachen Zusammenhang zwischen der mittleren Bewegungsenergie und der mittleren potentiellen Energie und ermöglicht es, die gravitativ wirkende Masse aus der Geschwindigkeitsdispersion abzuleiten. Diese Masse ist deutlich größer als die Gesamtmasse der leuchtenden Materie im Haufen, die sich allein als Summe der sichtbaren Galaxien ergibt. Fritz Zwicky sprach damals von der „missing mass“, der fehlenden Masse im Haufen. Sie wird benötigt, um die hohen Geschwindigkeiten der Haufengalaxien zu erklären. Aus dem Begriff der „missing mass“ wurde später die Dunkle Materie, die den Coma-Galaxienhaufen ausfüllt und stabilisiert.

OBJEKT	Abell 1656
STERNBILD	Coma Berenices
REKT.	$12^h\ 59^m\ 49^s$
DEKL.	+27° 58′ 51″
HELLIGKEIT	13,5 mag
TYP	Galaxienhaufen
FOTOGRAFEN	Josef Pöpsel, Frank Sackenheim
TELESKOP	60-cm-Reflektor
KAMERA	ZWO ASI 094MC Pro
BELICHTUNGSZEIT	290 min
ORT	Skinakas-Observatorium, Kreta, Griechenland

N

NGC 4650-GRUPPE

Der Centaurus-Superhaufen ist der uns nächstgelegene Superhaufen. Sein Verlauf umfasst ein langgestrecktes Himmelsareal, das mit 30° Länge den Deklinationsbereich zwischen –30° und –45° am Südhimmel einnimmt und somit nahe der Milchstraßenebene liegt. Neben einigen Galaxiengruppen enthält der Superhaufen auch die Galaxienhaufen Abell 3526, Abell 3565, Abell 3574 und Abell 3581. Der Centaurus-Superhaufen zeigt zudem einen nahezu linearen Aufbau. So liegen die vier Abell-Haufen in genannter Reihenfolge übereinander und die zugehörigen Entfernungen reichen von 145 Millionen Lichtjahren (Abell 3526) bis zu 300 Millionen Lichtjahren (Abell 3581). Dabei ist es allerdings fraglich, ob sich das Superhaufen-Filament wirklich so weit in den Raum erstreckt. Möglich wäre auch, dass Abell 3581 nur zufällig in Fortsetzung der drei anderen Abell-Haufen liegt.

In Abell 3526 finden sich mit etwa 100 Haufenmitgliedern ähnlich viele Galaxien wie im Virgo-Galaxienhaufen. Da der Virgo-Haufen jedoch keine Abell-Notation besitzt, ist der Centaurus-Galaxienhaufen der uns nächstgelegene Abell-Haufen. Weiterhin ist anzumerken, dass hinter dem Centaurus-Galaxienhaufen ein zweiter Haufen in 200 Millionen Lichtjahren Entfernung folgt, der die Galaxie NGC 4709 beinhaltet. Diese ist, bezogen auf die Region, die zweithellste Galaxie nach der cD-Galaxie NGC 4696 in Abell 3526. Die Aufnahmen des Centaurus-Haufens zeigen somit immer das Mischbild zweier Galaxienhaufen.

Mit Betrachtung des Centaurus-Superhaufens wird dieses Bild jedoch noch komplizierter, da nahe der Haufen Abell 3565 und Abell 3574 eine weitere, etwa 650 Millionen Lichtjahre entfernte, massive Konzentration aus ca. 20 Galaxienhaufen gefunden wurde. Dieser nach Harlow Shapley benannte Superhaufen ist ein beliebter Forschungsgegenstand. Die Abbildung zeigt allerdings keine Galaxien dieses Haufens, da lediglich der nördliche Bereich von Abell 3526 abgebildet ist, der etwa 1° vom Zentrum des Superhaufens entfernt liegt.

Die Aufnahme zeigt zwei größere Spiralgalaxien. Dies ist zum einen die SB(rs)a-Galaxie NGC 4650 in der unteren Bildhälfte. In der oberen, rechten Bildecke steht NGC 4603, ein SA(rs)bc-Typ, dessen Winkeldurchmesser mit 3,4′ etwas größer ist als der von NGC 4650. Der Winkelabstand der beiden Galaxien beträgt 34′ und bei ihrer mittleren Entfernung von 116 Millionen Lichtjahren entspricht dies einem minimalen transversalen Abstand von 1,1 Millionen Lichtjahren. Die Balkenspiralgalaxie NGC 4650 besitzt zwei Gezeitenschweife, die in einen diffusen Halo übergehen. Dicht bei ihr liegen Galaxien mit weiteren klaren Anzeichen stattgefundener Wechselwirkung. So steht unter NGC 4650, in 4′ Abstand, die polare Ringgalaxie NGC 4650A. Ihr blauer Ring wird aufgrund der Kantenlage als blauer Strich wahrgenommen, der die zentrale lentikulare Galaxie kreuzt. Oberhalb NGC 4650 steht mit NGC 4622A ein kompaktes Galaxienpaar, dessen Verschmelzung bereits begonnen hat. Für die menschliche Mustererkennung ist NGC 4622, die nahe des Bildzentrums zu finden ist, besonders auffällig. Dies ist den zwei schmalen, ungewöhnlich gut definierten Spiralarmen geschuldet, die an einem inneren, umlaufenden Ring ansetzen. NGC 4622 ist eine Ringgalaxie, die aus der Verschmelzung einer Spiralgalaxie mit einem kompakten Begleiter hervorgegangen ist. So erklärt sich auch die Besonderheit der Spiralarm-Orientierung der Galaxie: Die äußeren Spiralarme laufen nicht, wie bei den meisten Galaxien, mit größer werdendem Radius immer langsamer um. Das gemessene Geschwindigkeitsfeld der Spiralarme belegt hingegen, dass die äußeren Bereiche von NGC 4622 schneller rotieren als die inneren Spiralarme.

OBJEKT	NGC 4650
STERNBILD	Centaurus
REKT.	$12^h\ 44^m\ 20^s$
DEKL.	−40° 43′ 55″
HELLIGKEIT	12,6 mag
TYP	SB0/a(s) pec
FOTOGRAFEN	Stefan Binnewies, Josef Pöpsel
TELESKOP	600-mm-Reflektor
KAMERA	SBIG STL-11000
BELICHTUNGSZEIT	110 min
ORT	Amani Lodge, Namibia

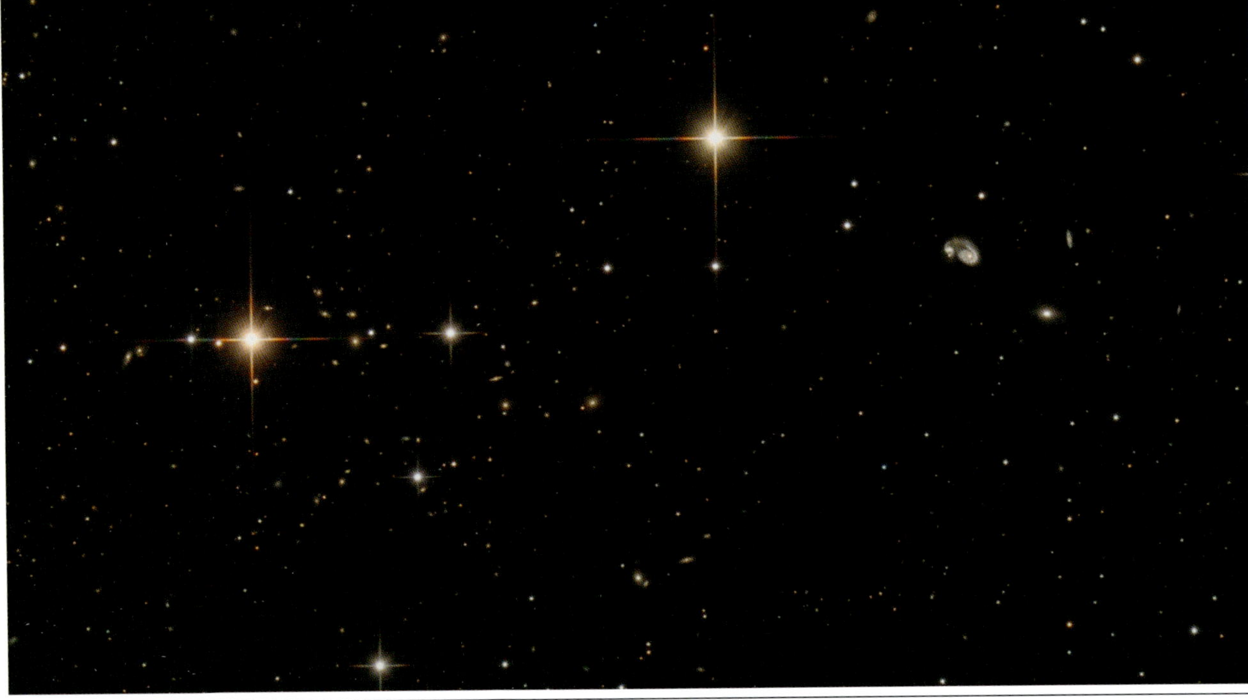

ABELL 1783

Dicht in der Nachbarschaft eines 7 mag-Sterns auf der linken Seite der Aufnahme zeigt sich der Galaxienhaufen Abell 1783. Die meisten seiner etwa 300 Mitglieder liegen etwas rechts und somit westlich des Sterns. Bei genauer Betrachtung fällt auf, dass sich Abell 1783 aus Ketten aufeinanderfolgender Galaxien zusammensetzt. Eine solche Kette läuft etwas unterhalb des hellen Sterns diagonal nach oben. Von diesem Stern ausgehend, waagrecht nach rechts, findet sich ein 10 mag-Stern, der südlich von sich eine weitere Kette aufzeigt. Abell 1783 ist 930 Millionen Lichtjahre entfernt, und sein Winkeldurchmesser wird mit 30′ angegeben. Diese Größe schließt jedoch die äußersten Mitglieder ebenfalls mit ein; der Kernbereich selbst ist auf eine kleinere Fläche konzentriert. Dies wird deutlich, wenn zum Vergleich der Abstand der beschriebenen Sterne herangezogen wird, der sich auf 5,5′ beläuft.

Die Suche nach der cD-Galaxie in Abell 1783 bringt mehrere Ergebnisse. So ist zwischen dem 7 mag- und dem 10 mag-Stern die Elliptische Galaxie IC 929 als hellste und mit 0,52′ × 0,47′ auch als größte Galaxie zu sehen. Die nächsten beiden Galaxien in der Rangfolge stehen rechts unterhalb des 7 mag-Sterns: IC 923 und IC 922. Von diesen beiden E-Typen ist IC 923 mit 0,45′ × 0,40′ kleiner und leuchtschwächer als IC 922 mit 0,66′ × 0,52′ Durchmesser. Damit überdeckt der Halo von IC 922 40 % mehr Fläche als der von IC 929, und umfasst 67 % mehr Volumen. Somit lässt sich IC 922 als cD-Galaxie in Abell 1783 identifizieren.

Neben dem Galaxienhaufen Abell 1783 befindet sich das wechselwirkende Paar aus NGC 5279 und NGC 5278, das auch als Arp 239 oder „telephone receiver“ (Telefonhörer) bekannt ist. NGC 5278 (rechts) ist als SA(s)b-Typ klassifiziert. Es fällt auf, dass sie nur einen Spiralarm besitzt. NGC 5279 ist hingegen als SB(s)a-Typ beschrieben, wobei auch in ihr Störungen im Aufbau beider Spiralarme zu sehen sind.

Aus den übereinanderliegenden Gezeitenschweifen bildete sich im Laufe der Annäherung eine Materiebrücke. Aus der Entfernung von 345 Millionen Lichtjahren und einem Abstand des Paares von 0,6′ berechnet sich die Länge der Materiebrücke zu 60.000 Lichtjahren. Mit der Wechselwirkung verbunden ist außerdem ein Austausch von Gas, Staub und Sternen zwischen den Galaxien, wobei aktive Regionen mit jungen Sternpopulationen durch Verdichtungen entstehen. Dies zeigt sich in hellen und breiten Emissionslinien im Spektrum der beiden Galaxien. Hierbei sind die Spektrallinien interessanterweise relativ zueinander verschoben. Dies belegt, dass es zwar gleichartige Effekte in beiden Galaxien gibt, ihr Rotationssinn jedoch gegensätzlich ist. Allerdings belegen die Beobachtungen auch, dass die dynamischen und fotometrischen Zentren der Galaxien nicht mehr übereinander liegen. Daher kann angenommen werden, dass das Paar direkt vor einer Verschmelzung steht und sich bereits die Dynamik einer neuen Galaxie auszubilden beginnt.

OBJEKT	Abell 1783
STERNBILD	Ursa Major
REKT.	$13^h\ 43^m\ 45^s$
DEKL.	+55° 38′ 21″
HELLIGKEIT	16,3 mag
TYP	Galaxienhaufen
FOTOGRAFEN	Bernhard Hubl
TELESKOP	305-mm-Reflektor
KAMERA	SBIG ST-2000XM
BELICHTUNGSZEIT	420 min
ORT	Nussbach, Österreich

HICKSON COMPACT GROUP 68

Paul Hickson veröffentlichte 1982 eine 100 Mitglieder umfassende Liste kompakter Galaxiengruppen, die er mittels der Durchsuchung der „red prints" des Palomar Observatory Sky Surveys gewonnen hatte. Dabei mussten mindestens vier Galaxien mit Helligkeiten innerhalb drei Magnituden ein Isolationskriterium für die Gruppenauswahl erfüllen, um in die Liste aufgenommen zu werden. So definierte Hickson einen Durchmesser, der die geometrischen Galaxienzentren enthielt. Im Bereich von ein bis drei dieser Kreisdurchmesser durfte keine weitere helle Galaxie zu finden sein.

Die Gruppe HCG 68 besteht aus fünf Galaxien, die in einem Umkreis von 9,2′ liegen. In der Aufnahme finden sich diese Galaxien nahe eines 6,5 mag hellen K5-Sternes im unteren rechten Bildfeld. Die SBb-Galaxie NGC 5350 steht nur zwei Bogenminuten entfernt und die E/S0-Systeme NGC 5354 und NGC 5353 folgen etwas unterhalb. Die nach links verlängerte Waagerechte, die diese Galaxien trennt, führt außerdem zur lichtschwächeren S0-Galaxie NGC 5355; weiter unten folgt weiterhin NGC 5358. Wird NGC 5354 aus der Fünfergruppe ausgeschlossen, liegen die Rotverschiebungen im Bereich von 2320–2400 km/s und somit nahe beisammen. In dieser Entfernung entspricht eine Bogenminute etwa 32.000 Lichtjahren. Daher kann von stattfindenden Gezeitenwechselwirkungen ausgegangen werden. Das auffälligste Paar, bestehend aus NGC 5353 und NGC 5354, ist von diesen Prozessen vermutlich nicht betroffen, da NGC 5354 mit 120 Millionen Lichtjahren über 10 Millionen Lichtjahre weiter entfernt steht.

In der linken Bildhälfte dominiert NGC 5371, ein SAB-Typ, der viele HII-Regionen und aktive Sternentstehungsregionen aufweist. Diese Galaxie liegt mit 118 Millionen Lichtjahren in gleicher Entfernung wie NGC 5354 und verweist darauf, dass HCG 68 eine kleine Teilmenge einer linearen Galaxienassoziation beschreibt, die vom Coma-Cluster wegführt. Spannend ist nun die HI-Untersuchung der Gesamtheit von HCG 68. Es zeigt sich eine scharf begrenzte HI-Spektrallinie zwischen 2150 km/s und 2450 km/s. Sie besitzt jedoch innerhalb der steilen Flanken eine zentrale Einsenkung. Sie verweist auf ein HI-Defizit in der kompakten Gruppe, sodass sie weniger neutralen Wasserstoff als Vergleichsgalaxien im Feld besitzt. Die Gründe für dieses Defizit liegen einerseits im Gasverlust durch Gezeitenwechselwirkungen. Zudem induziert die Wechselwirkung auch immer Sternentstehung, sodass sich die Sternentstehungsrate und somit auch der Gasverbrauch erhöhen. Die vielleicht wichtigste Ursache des HI-Defizites liegt allerdings in der stattfindenden Entwicklung der HI-Verteilung der Gruppe. Durch die in einem engen Raumbereich wirkende Strahlungsleistung aller Galaxien wird der neutrale Wasserstoff vollständig ionisiert und somit in heißes Intragroup-Medium (IGM) überführt, wodurch er als HI-Strahler verloren geht.

OBJEKT	Hickson Compact Group 68
STERNBILD	Canes Venatici
REKT.	13h 53m 41s
DEKL.	+40° 19′ 07″
HELLIGKEIT	–
TYP	Gruppe
FOTOGRAFEN	Michael König
TELESKOP	355-mm Reflektor
KAMERA	SBIG STL-6303
BELICHTUNGSZEIT	290 min
ORT	Rimbach, Deutschland

ARP 286

Die Galaxien NGC 5566, NGC 5569 und NGC 5560 bilden ein Triplett, das als Holmberg 630 oder Arp 286 bekannt ist. Die SAB(rs)cd-Galaxie NGC 5569 (links) steht in 4,2′ Distanz zu NGC 5566, während die SB(s)b-Galaxie NGC 5560 (oben) 5′ Abstand zu NGC 5566 aufweist. Aufgrund seiner Größe ist das Triplett in einem Ausläufer des Virgo-Galaxienhaufens ein beliebtes Ziel für visuelle Beobachter. Mit Hilfe der Daten astronomischer Kataloge sowie den sichtbaren Lichtverläufen tiefer Aufnahmen kann die Anordnung dieser drei Gruppenmitglieder im Raum untersucht werden. So unterscheiden sich die Rotverschiebungen der zwei kleineren Galaxien um nur 50 km/s – sie liegen folglich mit hoher Wahrscheinlichkeit in der gleicher Entfernung von etwa 78 Millionen Lichtjahren. Im Vergleich dazu bewegt sich die größere Galaxie NGC 5566 mit 240 km/s auf uns zu. Somit ist es durchaus möglich, dass die drei Galaxien mit den entsprechenden Relativbewegungen ein Triplett bilden. Aus dem kosmischen Relativabstand, der aus der Differenz der Geschwindigkeiten abgeleitet werden kann, würde jedoch folgen, dass NGC 5566 10,7 Millionen Lichtjahre näher an der Milchstraße läge.

Ein Beleg für eine direkte Wechselwirkung zwischen NGC 5566 und NGC 5560 ist hingegen eine schwache Materiebrücke, die vom Scheibenrand von NGC 5560 in Richtung NGC 5566 führt. Dies könnte jedoch auch ein Gezeitenschweif sein, der hinter der größeren Galaxie NGC 5566 liegt und in Projektion beobachtet wird. Letzteres erscheint plausibel, da die SB(r)ab-Morphologie von NGC 5566 zwar gestört ist, am vermeintlichen Ansatz der Materiebrücke allerdings keine Störung ihres inneren Ringes mit den Staubbandstrukturen zu erkennen ist. Die langgezogene Galaxie NGC 5560 zeichnet sich außerdem dadurch aus, dass ihr Halo eine fast waagerechte Ausdehnung besitzt, die polar und somit senkrecht zur Spiralebene orientiert ist. Dabei kann es sich um Gezeitenschweife handeln, die bei Umläufen von Satellitengalaxien entstanden sind. Das führte möglicherweise dazu, dass diese Galaxien Materie verloren haben und mit NGC 5560 verschmolzen sind. Ein weiterer Beleg dafür, dass NGC 5566 vor den beiden anderen Galaxien platziert ist, liefert die dicht bei ihr stehende NGC 5569. Da hier keine Wechselwirkungsspuren auszumachen sind und insbesondere auch der NGC 5566 zugewandte Spiralarm regelmäßig aufgebaut ist, beträgt der direkte Abstand zwischen beiden Galaxien wahrscheinlich mehr als 300.000 Lichtjahre. Dieser Abstand wird in der Literatur als typische Grenze genannt, unterhalb derer gegenseitige Gezeitenwechselwirkungen Störungen des Aufbaus zur Folge haben. Bei NGC 5566 besteht der Eindruck, dass der innere Ring durch zwei überlappende, helle Spiralarme entsteht, die an den Enden des Balkens ihren Ursprung haben. Die äußere Spiralebene scheint relativ zum inneren Ring verbogen zu sein. Untersuchungen der Helligkeitsverläufe des Kernbereichs von NGC 5566 ergaben eine Auffälligkeit, die als möglicher zweiter, kleinerer Balken interpretiert werden könnte. Da NGC 5566 eine aktive Galaxie (LINER) ist, wäre eine solche Struktur nicht ungewöhnlich. So ist bekannt, dass die Existenz eines Balkens mit dem Transport von Materie ins Zentrum verbunden ist. Dieser Transportmechanismus reicht jedoch nur bis wenige Tausend Lichtjahre an das zentrale Schwarze Loch heran und sammelt dort Materie an, die man schließlich als aktive Zone in einem sogenannten „nuclear starburst ring" beobachten kann. Erst das Szenario eines zweiten Balkens ermöglicht den weiteren Materiefluss bis ins nahe Umfeld, d.h. in Abstände unter 30 Lichtjahren, des Schwarzen Loches, um dieses mit Materie zu versorgen. Noch bis ins Jahr 1997 galt ein solcher zweiter Balken in NGC 5566 als bestätigt. Eine Aufnahme des Hubble Space Telescope ließ allerdings vermuten, dass die Struktur im Inneren des großen Balkens kein zweiter Balken, sondern vermutlich ein Spiralarmpaar ist. Bestätigt sich diese These, wäre NGC 5566 das Produkt einer Galaxienverschmelzung.

OBJEKT	Arp 286
STERNBILD	Virgo
REKT.	$14^h\ 20^m\ 19^s$
DEKL.	+03° 58′ 11″
HELLIGKEIT	–
TYP	Gruppe
FOTOGRAFEN	Adam Block
TELESKOP	600-mm-Reflektor
KAMERA	SBIG STL-11000
BELICHTUNGSZEIT	255 min
ORT	Mount Lemmon SkyCenter/ University of Arizona, USA

ARP 178

Die Galaxie NGC 5614 (Arp 178) liegt zusammen mit einem Dutzend anderer Galaxien in einer lockeren Galaxiengruppe im Sternbild Bootes, deren größte Mitglieder NGC 5529 und NGC 5533 sind. NGC 5614 liegt mit 1,92′ × 1,41′ an dritter Stelle und ist 2,2° von NGC 5529 entfernt. Nördlich (rechts unterhalb) von NGC 5614 steht in 2,5′ Winkelabstand die Ringgalaxie NGC 5613, die ein Lehrbuchbeispiel eines (R)SAB(r)0-Typs ist. So ist deutlich der äußere, blaue Ring mit aktiven Regionen voller junger Sterne zu erkennen, der eine zentrale S0-Galaxie umgibt. Zudem zeigt sie einen inneren Ring mit Balken-Ansae. Der Durchmesser des äußeren Ringes beträgt etwa 115.000 Lichtjahre. Die Entfernung von NGC 5613 zur Milchstraße beläuft sich auf 380 Millionen Lichtjahre, die Distanz zu NGC 5614 dagegen nur auf 177 Millionen Lichtjahre. Die physikalische Größe von NGC 5614 entspricht 99.000 × 73.000 Lichtjahren.

Die Details, die die Aufnahme zeigt, übertreffen das übliche Niveau einer Störung bei weitem. So bietet der Aufbau von NGC 5614 eine Ansammlung von Besonderheiten: Die erste Auffälligkeit ist ein heller Bereich, der an einem Staubring ansetzt, und als NGC 5615 einen eigenen Katalogeintrag besitzt. Dessen Aufbau erinnert an den Kernbereich einer Galaxie und lässt aufgrund der länglichen Form auf einen SB-Typ schließen. Die Größe von 11.700 Lichtjahren bestätigt die Annahme, dass es sich hier um den Kern einer kleinen, kompakten Spiralgalaxie handelt, der im Begriff ist, mit NGC 5614 zu verschmelzen. Diese Begleitgalaxie liegt hinter der Spiralebene von NGC 5614, da deren Staubstrukturen NGC 5615 überdecken. Relativ zum großen Wechselwirkungspartner entfernt sie sich außerdem mit 50 km/s. Von NGC 5615 geht ein bläulicher Gezeitenschweif aus, der einen bogenförmigen Verlauf nimmt und teilweise von einem Staubband durchzogen ist, das bis zu NGC 5615 reicht.

Die Spiralebene von NGC 5614 zeigt kreisförmige Strukturen aus Staub und Spiralarmen. Sie führen zu einem inneren Ring, der zur Hälfte durch einen hellblauen Spiralarm gebildet wird. Das Zentrum von NGC 5614 offenbart einen deutlichen Versatz zu den äußeren Ringsymmetrien. So ist die helle Hauptebene von einem schalenartig strukturierten Halo umgeben, an den schwache Gezeitenschweife ansetzen, die als lichtschwache Bögen mehrfach die Galaxie umlaufen. Hinzu kommen Gezeitenschweife, die über 400.000 Lichtjahre weit reichen und entlang der Umlaufbahnen früherer Begleitgalaxien entstanden sind. Simulationen des Systems bestätigen, dass es nach einem nicht-zentralen Zusammenstoß einer kleinen, kompakten Galaxie mit einer fünfmal massereicheren Spiralgalaxie zu mehreren Umläufen kam. Schließlich verblieb der massive Kern der kleinen Galaxie, dessen Bahnebene etwa 20° gegenüber der Hauptebene der Spiralgalaxie geneigt ist. Aus den Simulationen ging zudem hervor, dass es sich bei dem blauen Gezeitenschweif um den durch dynamische Reibung verlorenen Halo des kleinen Begleiters handeln könnte.

OBJEKT	Arp 178
STERNBILD	Bootes
REKT.	$14^h\ 24^m\ 07^s$
DEKL.	+34° 52′ 32″
HELLIGKEIT	–
TYP	Gruppe
FOTOGRAFEN	Adam Block
TELESKOP	800-mm-Reflektor
KAMERA	SBIG STX-16803
BELICHTUNGSZEIT	430 min Belichtung
ORT	Mount Lemmon SkyCenter/ University of Arizona, USA

ARP 254

Die Aufnahme zeigt das Galaxienpaar NGC 5917 (Arp 254) und PGC 54817. Es besitzt einen Winkelabstand von 4,2′. Als dritte Galaxie steht links davon PGC 1018861 (2MASX J15214381-0726440) und bildet mit den beiden anderen ein gleichschenkliges Dreieck. An der oberen, nördlichen Ecke des Dreiecks ist bei NGC 5917 ein heller, länglicher Zentralbereich zu erkennen, der als Balken interpretiert werden könnte. Die 1,5′ × 0,9′ große Galaxie zeigt keinen farblich abgesetzten Kern, die aktiven Regionen mit großen OB-Assoziationen und HII-Emissionsbereichen sind unregelmäßig angeordnet, sodass lediglich Ansätze von Spiralarmen auszumachen sind. Es liegt somit nahe, dass in NGC 5917 der Spiraltyp in einen irregulären Aufbau übergeht. Verursacht wird dies durch die Wechselwirkung mit PGC 54817, von der aus Gezeitenschweife bis an den Halo von NGC 5917 heranreichen. Bezogen auf die Entfernung von 85 Millionen Lichtjahren, in der beide Galaxien stehen, ergibt sich eine Länge von über 100.000 Lichtjahren für diesen Gezeitenschweif. Am gegenüberliegenden Ende von PGC 54817 ist ebenfalls ein kürzerer Gezeitenschweif zu sehen. Dieser „counter tail", der dem Wechselwirkungspartner gegenüberliegt, ist ein typischer Effekt, der sich durch wechselseitigen Materialverlust bei engen Umläufen der beiden Galaxien ergibt.

Die dritte und kleinere Galaxie PGC 1018861 ist ein ungestörter SB(r)c-Typ und setzt sich nicht nur in Farbe und Form von den beiden anderen Galaxien ab. Ihre Rotverschiebung ist darüber hinaus zehnmal größer und sie liegt in einer Entfernung von 810 Millionen Lichtjahren. Somit bilden die drei Galaxien kein Triplett, eine direkte Nachbarschaft besteht nur bei NGC 5917 und PGC 54817. Die beiden Galaxien 2MASX J15214119-0731520 (E) und 2MASX J15215155-0732210 (SAB), die 6′ weiter südlich, nahe des unteren Bildfeldrandes zu sehen sind, liegen in gleicher Distanz wie PGC 1018861. Ihre Abstände zueinander sind jedoch zu groß für eine sichtbare Auswirkung von Gezeitenkräften. So beträgt der transversale Abstand zwischen 2MASX J15214119-0731520 und 2MASX J15215155-0732210 über 600.000 Lichtjahren.

OBJEKT	Arp 254 / NGC 5917
STERNBILD	Libra
REKT.	$15^h\ 21^m\ 33^s$
DEKL.	−07° 22′ 38″
HELLIGKEIT	14,5 mag
TYP	Sb pec
FOTOGRAFEN	Adam Block
TELESKOP	800-mm-Reflektor
KAMERA	SBIG STX-16803
BELICHTUNGSZEIT	850 min
ORT	Mount Lemmon SkyCenter/ University of Arizona, USA

ABELL 2065

Der Galaxienhaufen Abell 2065, der auf dieser Aufnahme zu sehen ist, liegt dicht bei zwei Vordergrundsternen, deren Helligkeiten 10 mag und 11 mag betragen und die 5′ voneinander entfernt stehen. Die meisten der etwa 400 Galaxien in Abell 2065 sind dunkler als 16 mag und ihre Winkeldurchmesser erreichen kaum 30 Bogensekunden. Die hellste Galaxie ist PGC 54883 mit einer Größe von 0,72′ × 0,52′. Aus der großen Entfernung des Galaxienhaufens von 980 Millionen Lichtjahren lässt sich ihre Größe ableiten, sodass sie mit einem Durchmesser von 200.000 Lichtjahren eine typische Größe für eine cD-Galaxie eines mittelgroßen Galaxienhaufens aufweist. Der Haufendurchmesser selbst liegt bei acht bis zehn Millionen Lichtjahren.

Die hier gezeigte Aufnahme bietet außerdem die Möglichkeit, die Leistungsmöglichkeiten heutiger Amateurastronomen einzuschätzen. Dazu ist jedoch eine Vergleichsaufnahme, wie die des POSS (Palomar Observatory Sky Survey, 120-cm-Schmidt-Teleskop mit fotografischen Platten), notwendig. Auf dieser ist von der differenzierten Anordnung der Galaxien in Abell 2065 kaum etwas zu erkennen und die vier Lichtflecke sind nur schwer als Galaxien zu identifizieren. Wie viele andere Galaxienhaufen auch, besitzt Abell 2065 Strukturen in der Anordnung seiner Galaxien.

Bei näherer Betrachtung des räumlichen Aufbaus eines Galaxienhaufens muss beachtet werden, dass für uns lediglich die zweidimensionale Projektion des Haufens sichtbar ist. Die Messung der Rotverschiebung der Galaxien erlaubt jedoch auch einen Zugang zur Tiefenstruktur des Haufens, sodass seine radialen Geschwindigkeiten genutzt werden können, um die Relativbewegungen der Galaxien abzuschätzen. Einen Zugang zu den transversalen Geschwindigkeiten, d.h. zu den Bewegungen senkrecht zur Blickrichtung, haben wir jedoch nicht. Statistische Untersuchung der zweidimensionalen Strukturierung von Abell-Galaxienhaufen ergaben, dass es keinen Zusammenhang zwischen den gefundenen Strukturen und dem morphologischen Aufbau des Abell-Haufens, wie etwa zwei Haufenzentren oder Reihen von Galaxien, gibt. Für etwa 34 % der untersuchten Abell-Haufen lieferten die Analysen eine starke Substruktur und im Fall von Abell 2065 wurde eine dominante zentrale Struktur mit einer auffälligen Gruppierung einiger Galaxien, etwa 4′ oberhalb des Zentrums, identifiziert.

OBJEKT	Abell 2065
STERNBILD	Corona Borealis
REKT.	$15^h\ 22^m\ 43^s$
DEKL.	+27° 43′ 22″
HELLIGKEIT	15,6 mag
TYP	Galaxienhaufen
FOTOGRAFEN	Stefan Binnewies, Volker Wendel
TELESKOP	600-mm-Reflektor
KAMERA	SBIG STL-11000
BELICHTUNGSZEIT	450 min
ORT	Skinakas-Observatorium, Kreta, Griechenland

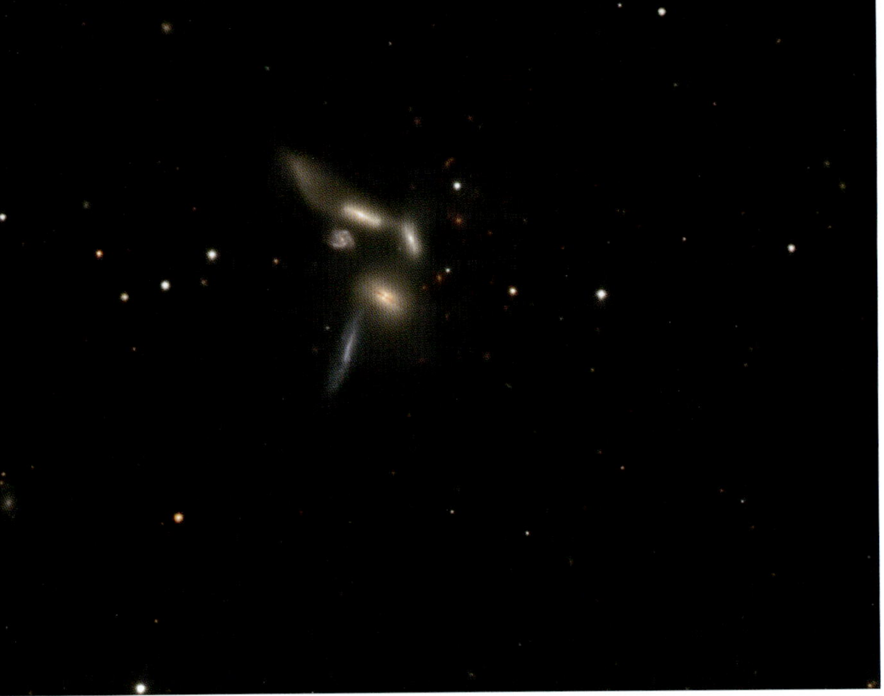

SEYFERTS SEXTETT

Diese Galaxiengruppe wurde 1951 vom Astronomen Carl Keenan Seyfert entdeckt (Barnard Observatory der Vanderbilt University, Nashville, Tennessee, USA). Anlass war eine Studie von lichtschwachen Galaxien, bei der auch Plattenaufnahmen aus dem Harvard College Observatory (Cambridge, Massachusetts, USA) benutzt wurden. Auf einer dieser Platten fand Carl Seyfert die kompakte Galaxiengruppe mit der hellsten Galaxie NGC 6027 und fünf weiteren Objekten, die mit NGC 6027a/b/c/d/e bezeichnet wurden. In der Aufnahme steht die S0-Galaxie NGC 6027 (PGC 56575) oben links in der Gruppenanordnung. Ein breiter Gezeitenschweif umhüllt sie und weist nach links oben. Dabei verbreitert er sich zunächst, um dann wieder zusammenzulaufen und in einer hellen Kondensation zu enden. Diese wurde bei der Entdeckung als NGC 6027e und somit fälschlicherweise als eigenständige Galaxie identifiziert. Schon in seiner Publikation beschrieb Carl Seyfert, dass mit weiteren Aufnahmen von Walter Baade am 100-Inch- und 200-Inch-Reflektor am Mount Wilson Observatorium (Kalifornien, USA) geklärt werden konnte, dass dieses Objekt nur ein Filament des Gezeitenschweifes von NGC 6027 ist, das in seiner Ausdehnung die Muttergalaxie übertrifft.

Die Bezeichnung NGC 6027, die Carl Seyfert für die helle S0-Galaxie benutzt hat, wurde später durch NGC 6027E ersetzt (NGC, RC3, *Third Reference Catalogue of Bright Galaxies*). In der heute gebräuchlichen Notation liegt 14″ unterhalb von NGC 6027E die SB(s)bc-Galaxie NGC 6027D. Die nur 0,2′ große Galaxie befindet sich in der enormen Entfernung von 890 Millionen Lichtjahren und ist damit fast fünfmal so weit entfernt wie NGC 6027E, deren Distanz zur Milchstraße 188 Millionen Lichtjahre beträgt. In 20″ Abstand von NGC 6027D befindet sich weiter rechts NGC 6027B, die, fast senkrecht stehend, in Kantenlage zu beobachten ist. Sie ist ein Nachbar von NGC 6027E, bewegt sich relativ zu dieser Galaxie mit –350 km/s und läuft somit auf die Milchstraße zu. Weitere 24″ südlich steht unterhalb von NGC 6027E die Sa-Galaxie NGC 6027A mit einer Relativgeschwindigkeit von –210 km/s und einem hellbraunen Staubband, das sich mittig durch den kugelförmigen Halo zieht. An der Südspitze der Gruppe steht schließlich NGC 6027C. Die Relativgeschwindigkeit dieses SB-Typs ist +170 km/s, sodass sich diese Galaxie von der Milchstraße entfernt. Es ist interessant, die Fluchtgeschwindigkeiten der verschiedenen Galaxien zu vergleichen und mit den Relativgeschwindigkeiten ihre mögliche radiale Anordnung abzuschätzen. Man erhält so die Abfolge NGC 6027C, B, A und E, welche die nächste dieser vier Galaxien ist. Trägt man die Relativgeschwindigkeiten in ein Diagramm ein, so liegen die Werte auf einer Linie und lassen sich durch gemeinsame Rotationsbewegungen erklären. Das Zentrum befindet sich zwischen NGC 6027C und A. Oberhalb laufen NGC 6027A und B auf uns zu. Da NGC 6027B weiter vom Zentrum entfernt ist, besitzt sie die größere Bahngeschwindigkeit. Alle vier Nachbargalaxien sind als HCG 79 erfasst. Da alle innerhalb von nur zwei Bogenminuten liegen, bilden sie eine der kompaktesten bekannten Galaxiengruppen.

In der Entfernung von NGC 6027E entspricht eine Bogenminute einem Abstand von 55.000 Lichtjahren, die Gezeitenwechselwirkungen stören daher massiv die Morphologie der Mitglieder und lassen durch die Umläufe Gezeitenschweife entstehen. Untersuchungen haben gezeigt, dass die Gezeitenschweife in der Gruppe aus älteren Sternpopulationen aufgebaut sind, deren Metallizität etwa 40 % der solaren Metallizität beträgt und somit gut zu den typischen Daten von Gezeitenschweifen und zu den aus ihnen entstandenen Zwerggalaxien (engl. „tidal dwarf galaxies“) passt. Da diese Gezeitenschweife alle vom Zentrum der Gruppe weg weisen, wird vermutet, dass die Gruppe bereits ein Stadium erreicht hat, in dem die wechselseitigen Umläufe immer dichter erfolgen und die Verschmelzung zu einer großen Elliptischen Galaxie bevorsteht.

OBJEKT	NGC 6027
STERNBILD	Serpens
REKT.	$15^h\ 59^m\ 13^s$
DEKL.	+20° 45′ 48″
HELLIGKEIT	14,7 mag
TYP	S0 pec
FOTOGRAFEN	Stefan Binnewies, Rainer Sparenberg
TELESKOP	600-mm-Reflektor
KAMERA	SBIG STL-11000
BELICHTUNGSZEIT	160 min
ORT	Skinakas-Observatorium, Kreta, Griechenland

ABELL 2162

Der Hercules-Superhaufen lässt sich als langgezogenes Filament beschreiben, das sich über 25° erstreckt und am Nordende die Galaxienhaufen Abell 2197 und Abell 2199 enthält. An seinem Südende stehen zudem die Haufen Abell 2147, Abell 2151 und Abell 2152. Die beiden nördlichen Galaxienhaufen liegen in einer Entfernung von etwa 400 Millionen Lichtjahren, die drei südlichen sind etwas weiter entfernt und liegen in Distanzen von 470–540 Millionen Lichtjahren. Das alle Haufen verbindende Filament hat eine Gesamtlänge von 200 Millionen Lichtjahren und weist einige Galaxienhaufen- und gruppen auf, wie zum Beispiel den Haufen Abell 2162, der in der Mitte zwischen den bevölkerten Enden des Filaments steht. Die Entfernung von Abell 2162 beträgt 437 Millionen Lichtjahre.

Im Zentrum des Galaxienhaufens stehen die beiden hellen Galaxien NGC 6085 und NGC 6086. Die Aufnahme zeigt links die Sa-Galaxie NGC 6085 mit einer Winkelausdehnung von 1,49′ × 1,04′, was der beeindruckenden Größe von 190.000 × 132.000 Lichtjahren entspricht. Ihre Ausmaße werden von der cD-Galaxie NGC 6086 noch übertroffen, deren Halo über 400.000 Lichtjahre weit reicht. Der Abstand von 7,5′ zwischen beiden Galaxien entspricht einer Strecke von etwa einer Million Lichtjahren und keine der Galaxien zeigt hervorstechende Besonderheiten.

In Galaxienhaufen finden sich die leuchtkräftigsten Galaxien, sogenannte „brightest cluster galaxies" (BCGs). Ihre Leuchtkräfte liegen im Bereich von $10^{10,5}$–$10^{11,5}$ Sonnenleuchtkräften und damit über dem Niveau von 10^{9}–10^{11} Sonnenleuchtkräften, das normale Galaxien gleichen Typs außerhalb von Galaxienhaufen aufweisen. Im Vergleich zu BCGs weisen ktive Galaxien eine erhöhte Kernleuchtkraft in den verschiedenen Bereichen des elektromagnetischen Spektrums auf. BGCs sind überwiegend elliptische Typen, wobei nicht jede BCG zugleich die cD-Galaxie des Galaxienhaufens ist. Im Unterschied zu BCGs besitzen die cD-Galaxien einen weit ausgedehnten Halo, dessen Durchmesser die Grenze von 3,2 Millionen Lichtjahren übertrifft. BCGs lassen sich vielmehr als temporäres Stadium in der Entwicklung zwischen normalen Galaxien und den cD-Galaxien beschreiben. Besonders auffällig an den BCGs sind ihre Größe und ihre höheren Geschwindigkeiten im Vergleich zu anderen Haufenmitgliedern. Untersuchungen zur Dynamik des BCG-Typen in Abell 2162 – NGC 6086 – analysierten die Bewegungen der Sterne in ihrem innersten Bereich, wodurch die Masse des zentralen Schwarzen Lochs zu $3,6 \times 10^{9}$ Sonnenmassen bestimmt werden konnte. In dieser Größenordnung liegen viele der Schwarzen Löcher von BCGs, wodurch ihre absoluten Helligkeiten einen engen Bereich abdecken. Somit kann dieser spezielle Galaxientyp als Standardkerze in der Entfernungsbestimmung eingesetzt werden.

OBJEKT	Abell 2162
STERNBILD	Corona Borealis
REKT.	$16^{h}\ 12^{m}\ 30^{s}$
DEKL.	+29° 32′ 23″
HELLIGKEIT	–
TYP	Haufen
FOTOGRAFEN	Josef Pöpsel, Beate Behle
TELESKOP	600-mm-Reflektor
KAMERA	SBIG STL-11000
BELICHTUNGSZEIT	230 min
ORT	Skinakas-Observatorium, Kreta, Griechenland

N

ABELL 2151

Am Südende des Hercules-Superhaufens liegt mit Abell 2151 der reichste seiner Abell-Haufen. Dieser wird auch als Hercules-Galaxienhaufen bezeichnet, steht in 490 Millionen Lichtjahren Entfernung und enthält 150 Mitglieder. Eine Bogenminute des Bildfeldes entspricht dabei 143.000 Lichtjahren. Das Besondere an Abell 2151 ist das Fehlen einer cD-Galaxie in seinem dicht bevölkerten Zentrum. Dort sind hingegen mehrere stattfindende Verschmelzungen von Haufengalaxien zu beobachten, die erst in einigen 100 Millionen Jahren zu einer großen Elliptischen Galaxie führen werden. Diesem Umstand verdankt Abell 2151 auch die Beschreibung als „merging cluster", was auch der Grund für den ungewöhnlich großen Anteil an irregulären Typen und Spiralgalaxien in seinem Zentrum ist.

Auf der oberen Bildhälfte stehen die große Elliptische Galaxie NGC 6041 und die etwas kleinere E-Galaxie NGC 6039 nur zwei Bogenminuten voneinander entfernt. Links darüber, in nordwestlicher Richtung, fällt das Paar der Spiralgalaxien NGC 6040A und NGC 6040B auf, das kurz vor seiner Verschmelzung steht. Links der Bildmitte stehen außerdem die Galaxien NGC 6043A, NGC 6043B, der SBc-Typ NGC 6045A und rechts NGC 6047. Sie ist ein E/S0-Typ und zeigt eine ungewöhnliche Morphologie mit einem großen, ovalen Halo und einem hellen, kreisförmigen Kern. Dies ist ein Hinweis auf eine stattgefundene Verschmelzung, bei der die Scheibenebenen der Vorläufergalaxien zerstört wurden. In Folge dieser Verschmelzung kann heute außerdem kein einheitliches Geschwindigkeitsprofil mehr gemessen werden.

Nahe der linken unteren Bildecke fällt IC 1182 auf, die zwar als S0-Typ beschrieben wird, aber noch von Gezeitenschweifen umgeben ist. Diese deuten darauf hin, dass eine Verschmelzung von zwei Spiralgalaxien stattgefunden hat. Im Kern der Galaxie lassen sich im Abstand von 3″ zwei helle Verdichtungen nachweisen, bei denen es sich um die verschmelzenden Zentren handeln könnte. Die auffallend lineare Struktur, die aus ihrem Zentrum zu kommen scheint, reicht 1,45′ weit und zeigt in ihrem Verlauf mehrere Kondensationen auf, in denen es zur Sternentstehung kommt und die sich zu Zwerggalaxien entwickeln können. Gerade solche „tidal dwarfs" sprechen dafür, dass es sich bei der Struktur um einen Gezeitenschweif handelt, und somit um das Relikt einer Verschmelzung. Ein optischer Jet, der Materie aus dem Zentrum nach außen strömen lässt, ist dagegen unwahrscheinlich.

Am rechten Bildrand befindet sich das in nur 0,5′ Abstand stehende Paar IC 1178 und IC 1181. Beide Galaxien haben bereits, teilweise vom Bildrand abgeschnitten, in mehreren Umläufen einen gemeinsamen Halo produziert. IC 1178 ist mit 1,13′ × 0,60′ größer als die SAB(rs)-Galaxie IC 1181. Ihre Größe, die 161.000 Lichtjahren entspricht, geht auf die Ausdehnung des diffus wirkenden Gezeitenschweifes zurück – die Vorläufergalaxien waren sicherlich kleiner.

OBJEKT	Abell 2151
STERNBILD	Hercules
REKT.	$16^h\ 05^m\ 15^s$
DEKL.	+17° 44′ 55″
HELLIGKEIT	13,8 mag
TYP	Galaxienhaufen
FOTOGRAFEN	Stefan Binnewies, Rainer Sparenberg
TELESKOP	600-mm-Reflektor
KAMERA	SBIG STL-11000
BELICHTUNGSZEIT	380 min
ORT	Skinakas-Observatorium, Kreta, Griechenland

ABELL 2199

Der Galaxienhaufen Abell 2199 bildet zusammen mit Abell 2197 das nördliche Ende einer Reihe von Abell-Haufen (Abell 2162, Abell 2148, Abell 2151, Abell 2152 und Abell 2147), die sich über 25° erstrecken und durch das Sternbild Hercules ziehen. Diese Abell-Cluster sind die Bausteine des Hercules-Superhaufens, dessen Nordende 408 Millionen Lichtjahre entfernt steht. Sein südlicher Teil, mit Abell 2151, Abell 2152 und Abell 2147, liegt in 489 Millionen Lichtjahren Entfernung von uns. Der reichste Haufen unter den Mitgliedern des Hercules-Superclusters ist Abell 2151, der uns am nächsten stehende ist Abell 2199. Die cD-Galaxie NGC 6166 steht im Zentrum von Abell 2199 und ist 410 Millionen Lichtjahre von uns entfernt. Selbst für eine cD-Galaxie besitzt sie die enorme Größe von 227.000 Lichtjahren, auf der Aufnahme misst sie 1,9′ × 1,4′. Im Inneren von NGC 6166, etwa 12″ östlich des Zentrums, sind zwei helle und eine dritte, schwächere Punktquelle zu erkennen. Aus der Analyse der Helligkeitsverläufe dieser Quellen folgt, dass die dritte, schwächste Quelle eine stellare Morphologie besitzt und keine ausgedehnte Emission zeigt. Es handelt sich hier somit um einen Vordergrundstern. Im Gegensatz dazu stellen die zwei anderen und helleren Quellen zwei kleine Elliptische Galaxien dar. Ihre Isophoten, d.h. die Helligkeitsverläufe um ihre Zentren, zeigen keine Ausrichtung oder Verschiebung in Richtung des Zentrums von NGC 6166. Daher wird davon ausgegangen, dass die beiden Galaxien vor dem Zentrum der cD-Galaxie stehen. Somit zeigen sich derzeit noch keine Spuren einer starken Wechselwirkung, wobei sich jedoch bereits beide Galaxien auf einer Passage durch den äußeren Halo von NGC 6166 befinden.

OBJEKT	Abell 2199
STERNBILD	Hercules
REKT.	$16^h\ 28^m\ 38^s$
DEKL.	+39° 32′ 55″
HELLIGKEIT	13,9 mag
TYP	Galaxienhaufen
FOTOGRAFEN	Volker Wendel, Stefan Binnewies
TELESKOP	600-mm-Reflektor
KAMERA	SBIG STL-11000
BELICHTUNGSZEIT	315 min
ORT	Skinakas-Observatorium, Kreta, Griechenland

ABELL 2256

Der Galaxienhaufen Abell 2256 besteht aus etwa 700 Galaxien; die meisten von ihnen besitzen Helligkeiten im Bereich von 15–16 mag. Im Zentrum des Haufen sind mit NGC 6331 und UGC 10726 die zwei hellsten Galaxien zu erkennen. Dabei steht UGC 10726 weiter links und besitzt zwei Nachbarn. In NGC 6331 ist ein doppelter Kern zu sehen, der sich jedoch durch eine perspektivische Überlagerung zweier Galaxien im Haufen erklärt. Die Mitglieder des Galaxienhaufens Abell 2256 zeigen in ihren Spektren Rotverschiebungen im Bereich von 17.400 km/s, woraus sich eine kosmologische Entfernung von 783 Millionen Lichtjahren ergibt. In dieser Distanz entspricht ein Winkelabstand von einer Bogenminute bereits 228.000 Lichtjahren. Die für Abell 2256 gemessene Winkelausdehnung von bis zu einem Grad ergibt somit einen maximalen Haufendurchmesser von 13,7 Millionen Lichtjahren. Die beiden E-Typen NGC 6331 und UGC 10726 dominieren die Anordnung der Mitglieder im Haufen, wobei nur UGC 10726 als cD-Galaxie klassifiziert wird. Ihr Durchmesser liegt bei 1,1′ × 1,0′, entsprechend 251.000 Lichtjahren.

Die Röntgendaten von Abell 2256 zeigen eine Doppelstruktur des heißen Gases, das den Haufen ausfüllt. Es fällt auf, dass sich die Röntgenemission nicht gleichmäßig über den Haufen verteilt, sondern eine Strukturierung aufweist. Das wiederum lässt auf eine turbulente Region schließen.

Der Grund für diese Dynamik ist die in Abell 2256 stattfindende Verschmelzung zweier Galaxienhaufen zu einem größeren. Auch die Radiodaten liefern Hinweise auf diesen riesigen Verschmelzungsprozess. Abell 2256 besitzt eine mehrere Tausend Lichtjahre große, diffuse Radioquelle in seinem Halo. Sie bezieht ihre Energie aus Stoßwellen, die durch das Intracluster-Medium laufen und durch die Bewegungen und Wechselwirkungen der Haufengalaxien hervorgerufen werden.

OBJEKT	Abell 2256
STERNBILD	Ursa Minor
REKT.	$17^h\ 03^m\ 44^s$
DEKL.	+78° 43′ 03″
HELLIGKEIT	15,3 mag
TYP	Galaxienhaufen
FOTOGRAFEN	Bernhard Hubl
TELESKOP	305-mm-Reflektor
KAMERA	SBIG ST-2000XM
BELICHTUNGSZEIT	588 min
ORT	Nussbach, Österreich

N

NGC 6307-GRUPPE

Die Aufnahme zeigt die drei Galaxien NGC 6310, NGC 6306 und NGC 6307 im Sternbild Draco. Für die Galaxie NGC 6310, die im unteren linken Quadranten zu sehen ist, findet sich in der *NASA Extragalactic Database* (NED) eine Sb-Typisierung, die sich auf den RC3-Katalog bezieht (*Third Reference Catalogue of Bright Galaxies*, de Vaucouleurs, 1991). So sind die Typenangaben für Spiraltypen, die in Kantenlage beobachtet werden, oft fraglich. Auch bei NGC 6310 kann davon ausgegangen werden, dass der Innenbereich auf den zur Typisierung verwendeten Plattenaufnahmen überlichtet und zu wenig strukturiert war. Die Details, die dagegen auf dieser Aufnahme zu sehen sind, offenbaren in der 2,0′ × 0,6′ großen Galaxie einen inneren, leicht bläulichen Ring sowie einen farblich abgesetzten, hellen Kern. Spiralarmverläufe sind nicht zu beobachten, es besteht jedoch der Eindruck eines schwachen, horizontal verlaufenden Balkens. Somit wäre SB(r)a eine bessere Typisierung für NGC 6310.
In südlicher Richtung befindet sich das Paar NGC 6306 und NGC 6307, das als Holmberg 769 katalogisiert wird, und dessen mittlere Entfernung 143 Millionen Lichtjahre beträgt. Damit steht es der Milchstraße näher als NGC 6310, die in 161 Millionen Lichtjahren Entfernung liegt. Die Relativgeschwindigkeit des Holmberg-Paares liegt bei 84 km/s, sodass eine direkte Wechselwirkung möglich erscheint. Ihr minimaler transversaler Abstand liegt bei 59.000 Lichtjahren; da jedoch die unterhalb stehende SB(s)ab-Galaxie NGC 6307 nur im Außenbereich ihrer Spiralebene eine Asymmetrie aufweist, ist anzunehmen, dass ihr radialer Abstand größer ist und NGC 6306 (oben) vor NGC 6307 liegt. Die Morphologie von NGC 6306 weist starke Störungen auf. So zeigen sich schwache Gezeitenschweife, die die in Kantenlage beobachtete Hauptebene der Galaxie sowohl links als auch rechts verlassen. Zudem weisen sie angedeutete bogenartige Verläufe auf, die in polare Bereiche führen. Durch die rechteckige Form des inneren Bereiches wird NGC 6306 als SB-Typ klassifiziert. Die sichtbare Verdrehung des Staubbandes ist jedoch ein Hinweis auf eine deutliche Abweichung von einem normalen Galaxienaufbau. Diese Besonderheit wird durch Untersuchungen des Kernbereiches von NGC 6306 bestätigt. So werden im Zentrum deutliche Unterschiede der Radialgeschwindigkeiten gemessen, was auf dynamisch getrennte Komponenten hinweist. Die Ursache könnte in einer stattgefundenen Verschmelzung einer kleinen Satellitengalaxie mit NGC 6306 liegen. Für diese These spricht auch der beobachtete UV-Exzess in NGC 6306, der auf einen hohen Anteil energiereicher Strahlung vieler junger Sterne hindeutet. Diese aktiven Regionen wären dann während der Verschmelzung durch zuströmendes und sich verdichtendes Gas entstanden.

OBJEKT	NGC 6307
STERNBILD	Draco
REKT.	$17^h\ 07^m\ 40^s$
DEKL.	+60° 45′ 03″
HELLIGKEIT	14 mag
TYP	(R′)SB0/a(s) pec
FOTOGRAFEN	Josef Pöpsel, Stefan Binnewies
TELESKOP	600-mm-Reflektor
KAMERA	SBIG STX-16803
BELICHTUNGSZEIT	315 min
ORT	Skinakas-Observatorium, Kreta, Griechenland

N

NGC 6340-GRUPPE

NGC 6340 ist die größte Galaxie eines Tripletts aus ungleichen Galaxien im Sternbild Draco; im Bild rechts unten, dicht neben einem auffälligen orange-weißen Sternpaar. Oberhalb von ihr liegt in 6′ Abstand in nördlicher Richtung die Scd-Galaxie IC 1251, deren Radialgeschwindigkeit nur um 12 km/s kleiner ist als die von NGC 6340. Beide Galaxien stehen in der gleichen Entfernung von 62 Millionen Lichtjahren, ihr Abstand im Raum beträgt 110.000 Lichtjahre. Der Durchmesser von NGC 6340 ist mit 71.000 Lichtjahren typisch für eine Spiralgalaxie, bei ihrem Begleiter IC 1251 handelt es sich um ein sehr kleines Exemplar, dessen Durchmesser nur 36.000 Lichtjahre erreicht.
NGC 6340 besitzt einen hellen, kompakten Kern. Er ist von einer Scheibe umgeben, von der zwei diffuse Spiralarme in einen äußeren Ring führen. Der Rand der Scheibe ist dunkel, und die Vermutung, dass es sich um ein ringförmiges Staubband handeln könnte, wurde durch eine Aufnahme des Hubble Space Telescope relativiert. Diese zeigte die Randzone als transparenten Ring, durch den Hintergrundgalaxien zu sehen sind. Der Innenbereich von NGC 6340 ist der einer S0-Galaxie; der Außenbereich ähnelt einem SAab-Typ. Ein solcher Typen-Mix ist im Fall von NGC 6340 in den Katalogen mit der Angabe SA(s)0/a gekennzeichnet.
In nordöstlicher Richtung steht links oberhalb von NGC 6340 die Galaxie IC 1254. Bei ihr handelt es sich um einen gestörten Sb-Typ, der auch zur Galaxiengruppe um NGC 6340 gehört. Die Relativgeschwindigkeit zu NGC 6340 beträgt +73 km/s, der Abstand zwischen beiden Galaxien beläuft sich auf 150.000 Lichtjahre und liegt somit im Bereich der Gezeitenwechselwirkung. Wie auch schon IC 1251 fällt die Begleitgalaxie IC 1254 durch ihre geringe Größe auf. Die berechneten 40.000 Lichtjahre geben den Halo-Durchmesser an, der Kernbereich ist allerdings nur halb so groß. Am nordöstlichen Ende des Halos zeigen sich Gezeitenschweife, die zu einem möglichen, noch kleineren Wechselwirkungspartner reichen, der jedoch nicht katalogisiert ist. Dicht bei IC 1254 steht, noch weiter nordöstlich, die Spiralgalaxie PGC 2749453. Sie gehört nicht mehr zur Gruppe. Es gibt Hinweise darauf, dass hier die Supernova 1999bt explodierte. Mit Hilfe des ermittelten Supernova-Typs und der zugehörigen absoluten Helligkeit konnte die Entfernung zu 760 Millionen Lichtjahre abgeschätzt werden, die kleine Spiralgalaxie wäre demnach zwölfmal so weit entfernt wie IC 1254.
Bewegungsanalysen der Sterne in NGC 6340 ergaben außerdem, dass der innere und äußere Bereich zwei unterschiedliche kinematische Komponenten darstellen, die gegeneinander verschoben sind. Simulationen zeigen, dass die Ursache dafür ein „major merger", d.h. die Verschmelzung zweier Galaxien gewesen sein könnte. Als Vorläufer kommen eine nicht-rotierende große Elliptische Galaxie und eine Spiralgalaxie in Frage. Sie haben drei Milliarden Jahre nach der Verschmelzung eine große lentikulare Galaxie gebildet, die von einer weitreichenden, rotierenden Scheibe umgeben ist. Die sonstigen Auffälligkeiten in NGC 6340 können laut der Modellrechnungen anhand einer weiteren Verschmelzung mit einer kleineren, gasreichen Begleitgalaxie erklärt werden. Dieser Vorgang liegt vermutlich einige Hundert Millionen Jahre zurück.

OBJEKT	NGC 6340
STERNBILD	Draco
REKT.	$17^h\ 10^m\ 25^s$
DEKL.	+72° 18′ 16″
HELLIGKEIT	11,9 mag
TYP	SA0/a(s)
FOTOGRAFEN	Josef Pöpsel, Stefan Binnewies
TELESKOP	600-mm-Reflektor
KAMERA	SBIG STL-11000
BELICHTUNGSZEIT	450 min
ORT	Skinakas-Observatorium, Kreta, Griechenland

N

NGC 6338-GRUPPE

Diese Aufnahme zeigt eine Galaxiengruppe im Sternbild Draco, die aus etwa einem Dutzend Mitgliedern besteht und sich über ein Feld von 8′ × 8′ erstreckt. Die hellste Galaxie dieser Gruppe ist NGC 6338, die nahe dem Bildzentrum steht und als cD-Galaxie typisiert wird. Die anderen Galaxien der kleinen Gruppe sind weniger hell – nur acht besitzen Helligkeiten größer als 15,8 mag. Dazu zählt auch der direkte Nachbar von NGC 6338: PGC 59943, die 1,2′ weiter oben zu sehen ist, und deren doppelter Kern sofort ins Auge fällt. Beide Galaxien umgibt ein gemeinsamer Halo, der nahe des Doppelkerns eine Kondensation zeigt, die in Richtung auf NGC 6338 weist.

Für PGC 59943 findet sich keine eigene Entfernungsangabe. Allerdings kann angenommen werden, dass diese Galaxie in der gleichen Entfernung wie NGC 6338 liegt und somit 376 Millionen Lichtjahre von der Milchstraße entfernt ist. Der Abstand der beiden Galaxien entspricht 130.000 Lichtjahren. Er ist damit geringer als der Durchmesser von NGC 6338, der 170.000 Lichtjahre beträgt.

Die Nord-Süd-Richtung verläuft in der Aufnahme senkrecht von oben nach unten. Die nahe Nachbargalaxie PGC 59943 steht somit nördlich von NGC 6338. In südlicher Lage befindet sich in 3,6′ Abstand zunächst NGC 6345 (S0) und in 5,3′ NGC 6346 (E). In südöstlicher Richtung steht zudem, 4,5′ von NGC 6338 entfernt, die Sab-Galaxie IC 1252. Diese drei Galaxien liegen im Raum hinter NGC 6338, in einem Bereich von 400–470 Millionen Lichtjahren.

Die Galaxie NGC 6338 wurde im Rahmen einer Studie zur Auffindung von Signaturen von Staub und Gas in Galaxienzentren mit dem „wide field channel“ der „advanced camera for surveys“ des Weltraumteleskops Hubble beobachtet. Das erhaltene Bild zeigt einen sehr hellen und regelmäßig ovalen Kernbereich, der auf den ersten Blick keine Strukturen offenbart. Um eine Karte des Staubes im Zentrum anzufertigen, wurde zunächst ein Modell aus elliptischen Isophoten an das Bild angepasst. Durch Division des ursprünglichen Bildes durch das Modellbild ergab sich eine sogenannte „dust map“ (Staub-Landkarte). Auf dieser sind Emissionszonen (z.B. Kugelsternhaufen) als helle Bereiche, Absorptionszonen (z.B. Staub) hingegen als dunkle Regionen dargestellt. Diese Staubkarte von NGC 6338 zeigt vergleichsweise wenige Strukturen. Nur im innersten Bereich fallen vier bis fünf Staubwolken auf, die nahezu linear entlang der Nord-Süd-Richtung angeordnet sind. Die Gesamtlänge dieser Wolkenstrecke beträgt 6″, der Durchmesser einer Staubwolke liegt bei 1″, was 1800 Lichtjahren entspricht. Diese Wolken könnten die Reste einer mit NGC 6338 verschmolzenen Spiralgalaxie sein und somit die Zukunft von PGC 59943 vorhersagen, da in ihr noch die Galaxienkerne der zwei fast verschmolzenen Vorläufergalaxien zu sehen sind. PGC 59943 wird in NGC 6338 stürzen, sodass schließlich in einem „final merger“ eine noch massereichere cD-Galaxie entsteht.

OBJEKT	NGC 6338
STERNBILD	Draco
REKT.	$17^h\ 15^m\ 23^s$
DEKL.	+57° 24′ 40″
HELLIGKEIT	13,6 mag
TYP	S0
FOTOGRAFEN	Stefan Binnewies, Josef Pöpsel
TELESKOP	600-mm-Reflektor
KAMERA	SBIG STX-16803
BELICHTUNGSZEIT	335 min
ORT	Skinakas-Observatorium, Kreta, Griechenland

N

NGC 6580-GRUPPE

Nahe dem Aufnahmezentrum befindet sich die Galaxie NGC 6580, die mit ihrer Begleitgalaxie NGC 6579 (Abstand 0,55′) einen gemeinsamen Halo besitzt. Er ist als schwaches, diffuses Leuchten zu erkennen. Bei der größeren Galaxie NGC 6580 zeigt sich zudem ein kaum definierter Spiralarm rechts des Kerns sowie einen halb umlaufenden Gezeitenschweif am linken unteren Ende. In 0,63′ Abstand von NGC 6580 steht in Kantenlage die Spiralgalaxie UGC 11153. Für diese Galaxie ist keine Radialgeschwindigkeit katalogisiert, sodass kein direkter Nachweis möglich ist, ob sie mit den beiden anderen Galaxien ein Triplett bildet. Die beiden Galaxien NGC 6580 und NGC 6579 stehen in einer mittleren Entfernung von 249 Millionen Lichtjahren und ihre Relativgeschwindigkeiten unterscheiden sich um den großen Betrag von 860 km/s. Der sichtbare gemeinsame Halo belegt jedoch eine direkte Wechselwirkung, sodass die große Geschwindigkeitsdifferenz den Schluss zulässt, dass NGC 6579 im Begriff ist, in NGC 6580 hinein zu stürzen.
Bei Betrachtung der physikalischen Größen beider Galaxien fällt auf, dass NGC 6580 mit 82.000 Lichtjahren der Standardgröße einer Spiralgalaxie entspricht. NGC 6579 hingegen ist mit einem Durchmesser von 28.300 Lichtjahren deutlich kleiner. Ihre Morphologie ähnelt der einer kleinen Elliptischen Galaxie und kann durch frühere nahe Umläufe mit starkem Gasverlust erklärt werden. Das Ergebnis ist ein übrig gebliebener Kernbereich ohne Spiralebene.
In einem Umkreis von 15′ um NGC 6580 finden sich mit NGC 6577 (7,8′ Abstand), NGC 6576 (11′ Abstand) und CGCG 142-016 (15′ Abstand) noch drei weitere Galaxien, die zu dieser kleinen Galaxiengruppe gehören. Am auffälligsten ist hierbei NGC 6577, die im rechten Bilddrittel liegt. Sie übertrifft NGC 6580 sowohl in Größe als auch in Helligkeit und besitzt einen Durchmesser von 130.000 Lichtjahren. NGC 6577 ist als Radioquelle bekannt und das Radiobild dieser Galaxie lässt sich als etwa 4′ × 2′ große, fächerartige Struktur beschreiben, an deren Ende eine helle Punktquelle liegt. Die Lage dieses Emissionszentrums stimmt mit dem Kern von NGC 6577 überein, die schwächeren Strukturen weisen grob in Richtung des Paares aus NGC 6580 und NGC 6579. Eine Wechselwirkung erscheint jedoch aufgrund des Projektionsabstandes von 500.000 Lichtjahren unwahrscheinlich.

OBJEKT	NGC 6580
STERNBILD	Hercules
REKT.	$18^h\ 12^m\ 34^s$
DEKL.	+21° 25′ 34″
HELLIGKEIT	14,5 mag
TYP	E
FOTOGRAFEN	Josef Pöpsel, Stefan Binnewies
TELESKOP	600-mm-Reflektor
KAMERA	SBIG STX-16803
BELICHTUNGSZEIT	360 min
ORT	Skinakas-Observatorium, Kreta, Griechenland

NGC 6845-GRUPPE

NGC 6845A ist die dominante Spiralgalaxie der kompakten Gruppe Klemola 30. Ihre vier Mitgliedsgalaxien liegen entlang einer Reihe in nordwestlich-südöstlicher Richtung, die einen Winkel von ca. 3′ aufspannt. Links steht mit NGC 6845B (PGC 63986) in 1,35′ Abstand von NGC 6845A eine kleine, stark gestörte Spiralgalaxie. Sie ist über einen Gezeitenschweif direkt mit dem großen Begleiter verbunden. Dieser Gezeitenschweif schließt am unteren Spiralarm von NGC 6845A an und erstreckt sich über mindestens 120.000 Lichtjahre. Unterhalb von NGC 6845A stehen die Spiralgalaxien NGC 6845C (S0/a, PGC 63979) in 0,88′ Abstand und NGC 6845D (S0, PGC 63978) in 1,71′ Abstand zu NGC 6845A. Die Verteilung der Radialgeschwindigkeiten dieser vier Galaxien besitzt eine Breite von ± 355 km/s, und übertrifft somit den mittleren Wert von 100–200 km/s für kleine Galaxiengruppen.

Die mittlere Entfernung der Gruppe liegt bei 294 Millionen Lichtjahren, wobei eine Winkelausdehnung von einer Bogenminute einer Projektionslänge von 86.000 Lichtjahren entspricht. Für NGC 6845A berechnen sich so die enormen Dimensionen von 322.000 × 132.000 Lichtjahren. Damit entspricht der Durchmesser dieser Galaxie etwa drei aneinandergereihten Milchstraßen. Die Radiostrahlung des atomaren Wasserstoffs zeigt zudem eine klare Zweiteilung innerhalb der Gruppe. Die wechselwirkenden Galaxien NGC 6845A und NGC 6845B sind die Emissionszentren, die beiden anderen Galaxien der Gruppe liegen unterhalb der Wahrnehmungsgrenze des eingesetzten Radioteleskops.

NGC 6845A ist als SB(s)b klassifiziert, zeigt jedoch keinen weitläufigen Balken. Stattdessen ist eine waagerecht verlaufende, lineare Struktur in einer inneren Scheibe zu beobachten, an der die Spiralarme ansetzen. Untersuchungen zeigen, dass die Färbung des Balkens nicht uniform ist. Der südwestliche Balken ist rötlicher, was für Astronomen ein Hinweis auf Staub entlang der Sichtlinie ist, der blaues Licht herausstreut und den roten Farbeindruck bewirkt. Die Einseitigkeit dieses Effektes wird anhand asymmetrischer Stoßwellen erklärt, die diesen Teil des Balkens durchlaufen und Material (Gas und Staub) an einem Ende ansammeln. Im Verlauf der Spiralarme und des Gezeitenschweifs zeigen sich helle Knoten, deren blaue Farbe auf Sternentstehungsregionen schließen lässt. Zudem finden sich dort HII-Emissionszonen, von denen viele kinematisch dem Schweif zugeordnet werden können. Analysen der Sterne in diesen aktiven Bereichen des Gezeitenschweifes ergaben ein Alter von 100 Millionen Jahren. Dabei war der Ausgangspunkt dieser Zeitrechnung die große Störung der Morphologie durch den letzten nahen Umlauf der beiden Wechselwirkungspartner.

OBJEKT	NGC 6845
STERNBILD	Telescopium
REKT.	$20^h\ 00^m\ 58^s$
DEKL.	−47° 04′ 12″
HELLIGKEIT	14 mag
TYP	Galaxiengruppe
FOTOGRAFEN	Josef Pöpsel, Beate Behle
TELESKOP	600-mm-Reflektor
KAMERA	SBIG ST-10XME
BELICHTUNGSZEIT	140 min
ORT	Amani Lodge, Namibia

NGC 6872-GRUPPE

Die Aufnahme blickt ins Innere der Pavo-Galaxiengruppe mit den drei wechselwirkenden Galaxienpaaren NGC 6872 und IC 4970, NGC 6876 und NGC 6877 sowie NGC 6880 und IC 4981 (von oben rechts nach links unten). Die Perspektive, unter der die SAB(rs)c-Galaxie NGC 6872 beobachtet wird, ist nicht klar zu beschreiben, da ihre waagerechte Ausdehnung auf eine Kantenlage schließen lässt. Den inneren Ring, an dem die zwei großen Spiralarme ansetzen, betrachten wir allerdings nahezu frontal. Diese Galaxie misst 6,0′ × 1,7′ und aus der Entfernung von 200 Millionen Lichtjahren ergibt sich eine Größe von 349.000 × 99.000 Lichtjahren. Diese enormen Ausmaße der SAB-Galaxie gehen auf Störungen in der Gruppe zurück, die vor allem durch den Begleiter IC 4970 verursacht wurden. Er steht in 65.000 Lichtjahren Abstand und umläuft NGC 6872 mit einer Bahngeschwindigkeit von 160 km/s. Der Kern von NGC 6872 ist hell, ihr Balken schwach ausgeprägt, und der obere, nordliche Spiralarm zeigt noch Spuren eines 120°-Winkels von Woronzow-Weljaminow-Reihen.

Im Zentrum des Bildes steht ein elliptisches Paar mit der größeren E3-Galaxie NGC 6876 und dem 1,4′ entfernten E5-Typ NGC 6877. Ihr Abstand beträgt mindestens 71.000 Lichtjahre und aus der Größe von 142.000 Lichtjahren für NGC 6876 folgt, dass sich NGC 6877 bereits im Halo von NGC 6876 bewegt. 5′ weiter in östlicher Richtung befindet sich ein Paar aus zwei Spiralgalaxien, das aus der größeren SB-Galaxie NGC 6880 und der kleineren irregulären IC 4981 besteht. Letztere könnte ebenfalls als Spiraltyp klassifiziert werden, dessen Staubband den zentralen Bereich abdunkelt. Die Relativgeschwindigkeiten der Mitglieder der Pavo-Gruppe weisen eine große Streuung von einigen Hundert Kilometern pro Sekunde auf. Die dynamische Entwicklung der Gruppe steht somit noch am Anfang und die hohen Geschwindigkeiten zeigen, dass nicht nur Wechselwirkungen innerhalb der engen Paare, sondern auch dazwischen stattfinden. In Röntgenbeobachtungen zeigt sich zudem eine 330.000 Lichtjahre lange Struktur zwischen NGC 6872 und NGC 6876. Diese Spur aus Gas ist mit zwölf Millionen Kelvin heißer als das intergalaktische Medium, dessen Temperatur bei etwa fünf Millionen Kelvin liegt.

Dass es sich bei NGC 6872 um eine der größten bekannten Spiralgalaxien handelt, wird durch aufeinanderfolgende Störungen erklärt. Simulationen dieser Wechselwirkungen mit einem Begleiter, der 20 % der Masse der großen Galaxie besitzt und dessen parabelförmige Bahn nur wenig gegenüber der Spiralebene der großen Galaxie geneigt ist, erzielen gute Ergebnisse. Der Verlust von Gas und Sternen erfolgt in Richtung der Spiralarme und zieht diese entlang der entstehenden Gezeitenschweife weit nach außen. Nach 130 Millionen Jahren liefern die Simulationsrechnungen neben der beobachteten Spiralarmstruktur auch die gemessenen Relativgeschwindigkeiten und erklären somit die Entstehung der besonderen Morphologie von NGC 6872.

OBJEKT	NGC 6872
STERNBILD	Pavo
REKT.	20ʰ 16ᵐ 57ˢ
DEKL.	–70° 46′ 05″
HELLIGKEIT	12,7 mag
TYP	SB(s)b pec
FOTOGRAFEN	Josef Pöpsel, Beate Behle
TELESKOP	600-mm-Reflektor
KAMERA	SBIG ST-10XME
BELICHTUNGSZEIT	170 min
ORT	Amani Lodge, Namibia

NGC 7265-GRUPPE

Die Aufnahme zeigt einen Teil des Pisces-Perseus-Superhaufens, der über 1400 Galaxien beherbergt und sich am Himmel in einem fast 50° langen Band durch mehrere Sternbilder zieht. Dieser Superhaufen setzt sich aus mehreren Galaxienhaufen zusammen und bildet eine Struktur von etwa 330 Millionen Lichtjahren Länge. So enthält er die Galaxienhaufen Abell 426 in 245 Millionen Lichtjahren, Abell 347 in 251 Millionen Lichtjahren sowie Abell 262 in 258 Millionen Lichtjahren Entfernung.

In der Aufnahme ist ein Ausschnitt des Superhaufens im Sternbild Lacerta zu sehen, in dem einige Dutzend Galaxien auszumachen sind. Nahe der Bildmitte steht die helle S0-Galaxie NGC 7265 mit Durchmessern von 2,5′ × 2,0′. Nur drei Bogenminuten weiter östlich zeigt sich, teilweise verdeckt durch einen hellen Vordergrundstern, UGC 12007. Hierbei könnte es sich auch um einen S0-Typ handeln, wobei diese nur eine Bogenminute kleine Galaxie einen jetartigen Gezeitenschweif im Halo aufweist, der nach rechts unten führt. Dies könnte ein Hinweis auf eine Wechselwirkung mit NGC 7265 sein, die allerdings in einer Entfernung von 235 Millionen Lichtjahren mehr als zehn Millionen Lichtjahre hinter UGC 12007 zu liegen scheint. Diese Distanzangaben besitzen allerdings Fehler in gleicher Größenordnung, sodass beide Galaxien auch in direkter Nachbarschaft in 261 Millionen Lichtjahren Entfernung liegen könnten. In diesem Fall wären die gemessenen Rotverschiebungen stark durch die Relativbewegungen der Galaxien im Haufen beeinflusst.

OBJEKT	NGC 7265
STERNBILD	Lacerta
REKT.	$22^h\ 22^m\ 27^s$
DEKL.	+36° 12′ 35″
HELLIGKEIT	13,2 mag
TYP	S0
FOTOGRAFEN	Michael König
TELESKOP	355-mm-Reflektor
KAMERA	SBIG STL-11000
BELICHTUNGSZEIT	260 min
ORT	Rimbach, Deutschland

STEPHANS QUINTETT

Im Jahre 1876 entdeckte Edouard Stephan, Direktor am Observatorium in Marseille, mit dem dortigen von Leon Foucault entworfenen modernen 80-cm-Reflektor eine kleine Galaxiengruppe im Pegasus. Zu dieser Gruppe werden die fünf beieinander stehenden Galaxien NGC 7319, NGC 7320, NGC 7317, das enge Paar NGC 7318A/B und die etwas weiter entfernte Galaxie NGC 7320C gezählt. Edouard Stephan hatte die Gruppe als Quartett entdeckt, da er NGC 7318A/B als eine Galaxie sah. Erst im Laufe der Zeit entstand der Begriff von „Stephans Quintett" für die Gruppe (bzw. Arp 113, Hickson Compact Group 92).

Die Entfernungen von NGC 7317 und NGC 7319 sind mit 303 Millionen Lichtjahren und 310 Millionen Lichtjahren fast gleich, für das Paar NGC 7318A/B werden 287 Millionen Lichtjahre angegeben. Schnell wurde jedoch festgestellt, dass die SA-Galaxie NGC 7320 eine geringere Rotverschiebung besitzt und in einer Entfernung von 45 Millionen Lichtjahren steht. In der Aufnahme liegt NGC 7320 unten links und im Vergleich zu den anderen vier Galaxien fällt auf, dass ihr Kern weniger ausgeprägt und weniger gelb wirkt. Ihre Entfernung passt damit zur großen Nachbargalaxie NGC 7331, die in 35′ in nordöstlicher Richtung zu finden ist und 46 Millionen Lichtjahre von uns entfernt steht. Doch trotz tiefer Aufnahmen bis zu 26,7 mag/arcsec² wurde keine Spur einer Wechselwirkung zwischen NGC 7320 und NGC 7331 gefunden.

Die immer detaillierter werdenden Untersuchungen der Gruppengalaxien lieferten weitere Informationen, die dazu beitrugen, die Modellvorstellung, die wir von Stephans Quintett haben, zu verbessern. So konnten in den Gezeitenschweifen der Gruppengalaxien Kondensationen beobachtet werden. Simulationen bestätigten außerdem, dass Zwerggalaxien durch Wechselwirkung zwischen den Spiralgalaxien in den Schweifen entstehen können. Zudem wurde ein diffuses, schwaches Lichtband entdeckt, das den Bereich der vier nahen Mitglieder mit der Galaxie NGC 7320C verbindet. Dieses Band wird als Hinweis auf eine etwa 260 Millionen Jahre zurückliegende Begegnung mit NGC 7319 gedeutet, die neben dem sichtbaren Gezeitenschweif einen zweiten, schwächeren Schweif ausgebildet hat. Da NGC 7320C zudem einen auffälligen Ring besitzt, liegt die Vermutung nahe, dass es bei dieser nahen Begegnung zu einem „minor merger" kam, wobei NGC 7320C mit einer kompakten Zwerggalaxie zusammengestoßen sein könnte und einen Ring ausbildete.

OBJEKT	NGC 7320
STERNBILD	Pegasus
REKT.	22ʰ 36ᵐ 03ˢ
DEKL.	+33° 56′ 53″
HELLIGKEIT	13,2 mag
TYP	SA(s)d
FOTOGRAFEN	Josef Pöpsel, Stefan Binnewies
TELESKOP	600-mm-Reflektor
KAMERA	SBIG STL-11000
BELICHTUNGSZEIT	250 min
ORT	Skinakas-Observatorium, Kreta, Griechenland

HOLMBERG 800

Die kompakte Gruppe von Galaxien, die sich um die E0-Galaxie NGC 7436 schart, wurde bereits 1784 von Wilhelm Herschel entdeckt. In der englischsprachigen Literatur wird die Ansammlung auch als „multiple galaxy" beschrieben. Katalogisiert ist die Gruppe zudem als Holmberg 800. Auf großen Skalen beobachtet, gehört diese Gruppe zu den Ausläufern des Galaxienhaufens Abell 2513, der etwa 20′ weiter westlich entfernt steht. Die Distanz von NGC 7436 zur Milchstraße beträgt 340 Millionen Lichtjahre. Das Feld, das die vier hellen Galaxien umfasst, misst 2′ × 2′ und besitzt einen projizierten Durchmesser von etwa 200.000 Lichtjahren.
Direkt rechts neben NGC 7436 steht in 0,33′ Abstand die Spiralgalaxie PGC 70123 (NGC 7436A). Sie bewegt sich relativ zu ihrem großen elliptischen Begleiter mit 220 km/s. Da weder Gezeitenschweife noch Verformungen im Halo auszumachen sind, liegt die Schlussfolgerung nahe, dass sich PGC 70123 nicht auf NGC 7436 zu bewegt, sondern sich von ihr entfernt und somit räumlich hinter ihr liegt.
Im Gegensatz dazu zeigt die Galaxie NGC 7435, die eine Bogenminute rechts unterhalb von NGC 7436 zu sehen ist, deutliche Spuren von Wechselwirkungen. Dieser SB(s)a-Typ weist an den Rändern der Scheibe ansetzende und von NGC 7436 wegweisende Gezeitenschweife auf. Der rechte, westliche Schweif knickt dabei deutlich nach unten ab und seine Länge erreicht die Dimension des 156.000 Lichtjahre großen Durchmessers der Galaxie. Die Relativgeschwindigkeit zu NGC 7436 beträgt 800 km/s und liegt damit deutlich über der mittleren Geschwindigkeitsdispersion für kleine Gruppen. NGC 7435 liegt somit vermutlich ebenfalls hinter NGC 7436 und interagiert mit PGC 70123. In 1,5′ Winkelabstand zu NGC 7436 steht rechts oben außerdem NGC 7433, ein langgezogener S-Typ, dessen Spiralebene durch lichtschwache Ausläufer fast zwei Bogenminuten Ausdehnung erreicht. Die Radialgeschwindigkeit der Galaxie liegt nahe der von PGC 70123, weshalb es plausibel erscheint, dass NGC 7433 und PGC 70123 ein Paar bilden, das mit NGC 7435 in moderater Wechselwirkung steht. Die Einschränkung als „moderat" muss deshalb vorgenommen werden, da jede dieser Galaxien eher rot-dominiert ist, und sie folglich weder eine große Zahl von Sternentstehungsregionen noch aktive Kerne besitzen. Die Betrachtung der Dynamik der Mitglieder zeigt außerdem, dass die große Galaxie NGC 7436 eher eine Randfigur des Geschehens in dieser Gruppe ist.

OBJEKT	Holmberg 800
STERNBILD	Pegasus
REKT.	$22^h\ 57^m\ 54^s$
DEKL.	+26° 08′ 29″
HELLIGKEIT	–
TYP	Gruppe
FOTOGRAFEN	Makis Palaiologou, Stefan Heutz
TELESKOP	1,3-m-Reflektor
KAMERA	Andor DZ 436
BELICHTUNGSZEIT	285 min
ORT	Skinakas-Observatorium, Kreta, Griechenland

ABELL 2572

Mit Hilfe des Röntgensatelliten ROSAT wurden verschiedene Mitglieder des Katalogs *Hickson Compact Groups of Galaxies* untersucht. Besonderes Interesse erweckte dabei der Cluster Abell 2572 mit HCG 94, der auch als Arp 170 katalogisiert ist. So wurde herausgefunden, dass HCG 94 keine isolierte Gruppe von Galaxien ist, sondern den Kern eines Galaxienhaufens bildet, der die Röntgenhelligkeit des Abell-Haufenzentrums übertrifft. Passend dazu weist HCG 94 außerdem die höchste Galaxiendichte unter allen HCGs auf. Beide Systeme, der Abell-Haufen wie auch HCG 94, besitzen die gleiche Rotverschiebung von $z \approx 0{,}04$ und liegen in 555 Millionen Lichtjahren Entfernung. Ihr Winkelabstand am Himmel beträgt 17′.

Die Aufnahme zeigt Abell 2572 in der linken und HCG 94 in der rechten Bildhälfte. In HCG 94 können fast ein Dutzend Systeme in einem Radius von wenigen Bogenminuten gezählt werden. Das Zentrum der Röntgenemission von HCG 94 liegt nahe der Galaxien NGC 7578A und NGC 7578B, die etwas unterhalb stehen. Aufgrund der räumlichen Energieverteilung sowie der Absorptionssignaturen kann die Struktur der Emission eher als die eines eigenständigen Haufens statt einer Galaxiengruppe beschrieben werden. HCG 94 wäre demnach ein Haufen mittlerer Leuchtkraft, der noch relaxiert erscheint, und keine Anzeichen des bevorstehenden Mergers mit Abell 2572 zeigt.

Die mittlere Geschwindigkeit von Abell 2572 und HCG 94 differiert um etwa 935 km/s, was grob auch der Geschwindigkeitsdispersion der Cluster selbst entspricht. Der projizierte Abstand liegt bei drei bis sieben Millionen Lichtjahren. In der Literatur finden sich mehrere Szenarien zur möglichen Anordnung und Wechselwirkung – unter anderem eine Variante, bei der beide Systeme abgekoppelt von der kosmologischen Expansion ineinander stürzen. In diesem Fall wäre uns HCG 94 trotz größerer Rotverschiebung näher gelegen.

OBJEKT	Abell 2572
STERNBILD	Pegasus
REKT.	$23^h\ 18^m\ 24^s$
DEKL.	+18° 44′ 25″
HELLIGKEIT	–
TYP	Haufen
FOTOGRAFEN	Michael König
TELESKOP	355-mm-Reflektor
KAMERA	STL-11000
BELICHTUNGSZEIT	610 min
ORT	Rimbach, Deutschland

NGC 7582-GRUPPE

Die drei abgebildeten Galaxien im Sternbild Kranich, ein für mitteleuropäische Amateurastronomen eher unbekanntes Sternbild, besitzen eine südliche Deklination von 42°. Sie bilden das sogenannte „Grus-Triplett". Das hellste Mitglied dieses Tripletts ist mit NGC 7582 eine frühe Balkenspiralgalaxie des Typs SBas(rs). Ihre Abmessungen sind 5,0′ × 2,1′ und aus ihrer Entfernung von 69 Millionen Lichtjahren wird ein maximaler Durchmesser von 100.000 Lichtjahren gefolgert. Somit zählt sie zu den großen Exemplaren unter den Spiralgalaxien. Die beiden anderen Mitglieder des Tripletts stehen nordöstlich, wobei sich NGC 7590 in 9,4′ und NGC 7599 in 12,2′ Entfernung zu NGC 7582 befinden. Die Relativgeschwindigkeit von NGC 7582 und NGC 7590 ist fast Null und NGC 7599 weicht nur geringfügig davon ab. So stellt diese mit +190 km/s ein physikalisches Mitglied des Tripletts dar, das sich jedoch von den beiden anderen Galaxien entfernt. Der Abstand zwischen den zwei größeren Mitgliedern beträgt 238.000 Lichtjahre, wodurch die Außenbereiche der Galaxie deutlich das Gravitationspotenzial des Nachbarn spüren und die Materieströme in den Spiralebenen beeinflusst werden. Durch die hohe Inklination, unter der wir NGC 7582 beobachten, ist eine Analyse des Spiralarmmusters schwierig. Allerdings ist zu erkennen, dass die zwei Arme im Außenbereich einen unterschiedlichen Verlauf nehmen. So zeigt der Spiralverlauf des Armes, der in Richtung der beiden Nachbarn liegt, einen steileren Winkel als der auf der abgewandten Seite.

Die Galaxie NGC 7582 ist als Seyfert-2-Galaxie bekannt und weist somit als Mitglied der aktiven Galaxien schmale Emissionslinien im optischen Spektrum auf. Grund für die intensiven Studien an dieser Galaxie ist ihr komplexes Spektrum, das sich aus mehreren Komponenten zusammensetzt. Durch gemeinsame Beobachtungen mit dem Röntgensatelliten CHANDRA und dem Hubble Space Telescope konnte geklärt werden, wo die Röntgenstrahlung in NGC 7582 entsteht und welche Rückschlüsse auf den inneren Aufbau des Zentrums möglich sind. Durch die hohe Ortsauflösung der beiden Satelliten konnte durch Übereinanderlegen der Bilddaten ein gemeinsames Koordinatensystem für die Sternentstehungsregionen nahe dem Zentrum und die Punktquellen mit Röntgenemission bestimmt werden. Dieses spannt die innersten 10″ auf und entspricht 3300 Lichtjahren Ausdehnung. Das Gas, das die Röntgenstrahlung abstrahlt, ist nicht homogen, sondern weist zwei „hotspots" auf, d.h. zwei Quellen hoher Intensität weicher Röntgenstrahlung, die auf eine starke Absorption durch Staub und Gas entlang der Sichtlinie hinweisen. Diese Absorption entsteht durch einen zentralen Zufluss von Gas und Staub und bestätigt NGC 7582 als eine Galaxie mit aktivem Zentrum.

OBJEKT	NGC 7582
STERNBILD	Grus
REKT.	$23^h\ 18^m\ 24^s$
DEKL.	−42° 22′ 14″
HELLIGKEIT	11,4 mag
TYP	(R′)SB(s)ab
FOTOGRAFEN	Dietmar Böcker
TELESKOP	600-mm-Reflektor
KAMERA	SBIG ST-10XME
BELICHTUNGSZEIT	72 min
ORT	Amani Lodge, Namibia

ABELL 2634

Die Aufnahme zeigt den Galaxienhaufen Abell 2634, in dessen Zentrum die Galaxie NGC 7720 steht. Diese cD-Galaxie ist die hellste Galaxie des Haufens. Im Umkreis von 3′ sind zudem einige Begleitgalaxien zu sehen, die alle in der Einhüllenden von NGC 7720 liegen. In Radiobeobachtungen zeigt sich, dass die zugehörige HI-Emissionsregion einen Winkeldurchmesser von 10′ aufweist. Die Entfernung des Galaxienhaufens beträgt 420 Millionen Lichtjahre, sodass der Durchmesser dieser Wasserstoffwolke 1,2 Millionen Lichtjahren entspricht.

NGC 7720 ist außerdem als Radioquelle 3C 465 bekannt und wird als Prototyp einer „wide-angle tail"-Radiogalaxie (WAT) beschrieben. Aus ihrem Zentrum strömen zwei Jets, die große Radioblasen mit Energie versorgen und als 300.000 Lichtjahre große Radiostrukturen zu sehen sind. Durch eine relative Bewegung des Intracluster Mediums kommt es zu einer Verformung der Jets, wodurch die Bezeichnung dieser Galaxie als WAT-Radiogalaxie entstand. Interessant ist dabei auch, dass jeder Jet von 3C 465 über einen Hotspot verfügt, aus dem die Radiostrukturen ausströmen. Astronomen nehmen an, dass diese Hotspots genau am Phasenübergang der Jetströmung von der Galaxie NGC 7720 in das Cluster-Medium liegen.

In der Aufnahme fallen zwei blaue Objekte auf, die zum einen rechts von NGC 7720 in 11,4′ Abstand und andererseits links unterhalb in 11,1′ Entfernung zu sehen sind. Bei beiden Objekten handelt es sich um Galaxien, die zum Randbereich von Abell 2634 gehören. Die rechts stehende, kleinere der zwei Quellen ist als LEDA 85609 bekannt; ihre Entfernung beträgt 370 Millionen Lichtjahre. Für die links unterhalb von NGC 7720 stehende Galaxie nennt die Literatur nur den Eintrag einer Radioquelle des *Arecibo-Kataloges*: AGC 330636. Die Entfernung von AGC 330636 wird mit 360 Millionen Lichtjahren angegeben. Die deutlich sichtbare Substruktur dieser Galaxie (siehe Vergrößerung rechts) ist nicht erfasst und erlaubt die Vermutung, dass diese aus mehreren Quellen aufgebaute Struktur einen irregulären Galaxientyp beschreibt. Die leicht unterschiedliche Farbigkeit der Quellen lässt zudem vermuten, dass die diagonal liegenden Quellen zusammengehören. So kann die Substruktur als das Produkt einer Verschmelzung zweier Galaxien interpretiert werden. Der sichtbare irreguläre Galaxientyp passt außerdem gut zur Randlage eines Galaxienhaufens, da in diesen Bereichen irreguläre und Spiralgalaxien überdurchschnittlich häufig anzutreffen sind.

OBJEKT	Abell 2634
STERNBILD	Pegasus
REKT.	$23^h\ 38^m\ 26^s$
DEKL.	+27° 00′ 45″
HELLIGKEIT	–
TYP	Haufen
FOTOGRAFEN	Michael König
TELESKOP	355-mm-Reflektor
KAMERA	SBIG STL-11000
BELICHTUNGSZEIT	300 min
ORT	Rimbach, Deutschland

NGC 7771-GRUPPE

Diese Aufnahme zeigt die beiden benachbarten und wechselwirkenden Galaxien NGC 7771 und NGC 7769. Dicht bei NGC 7771 (nahe der Bildmitte) findet sich in nur einer Bogenminute Entfernung außerdem die kleine Sa-Galaxie NGC 7770. Sie besitzt einen gemeinsamen Halo mit der größeren Balkenspirale NGC 7771, der von Gezeitenschweifen durchzogen ist. Die drei Galaxien bilden ein enges räumliches Triplett in knapp 196 Millionen Lichtjahren Entfernung, wobei die größte Relativgeschwindigkeit von 60 km/s zwischen NGC 7770 und NGC 7771 gemessen wird. Dies ist ein Hinweis darauf, dass es in den zurückliegenden 200–400 Millionen Jahren mehrere dichte Umläufe beider Galaxien gegeben hat. Bei jedem dieser Umläufe verteilten sich Staub, Gas und Sterne entlang der Orbits und in den Spiralarmen der Satellitengalaxie NGC 7770 entstanden neue Sterne. So konnten in ihr tatsächlich viele junge Sterne, die eine „post-starburst population" bilden, nachgewiesen werden. Das Verhältnis der stellaren Massen von NGC 7770 und NGC 7771 liegt bei 10:1. Aus diesem Grund wird das System als „minor merger" beschrieben. Neben den Gezeitenschweifen werden zudem weitere Effekte beobachtet, die durch die nahen Begegnungen der umlaufenden Galaxien induziert wurden. So finden sich Filamente von leuchtendem Wasserstoffgas, die zwischen den Galaxien nahe den Gezeitenschweifen liegen und 10.000–20.000 Lichtjahre weit reichen. Angeregt wird diese Emission durch Stoßwellen im Gas, die die dichten Bereiche der Gezeitenschweife durchlaufen.

Auch die Galaxie NGC 7769, die einige Bogenminuten weiter unten steht (etwa 300.000 Lichtjahre in Projektion), zeigt aktive Regionen. Bei ihr handelt es sich um einen SA(rs)-Typ, dessen Spiralarme im Innenbereich fast einen vollständigen, flokkulenten Ring ausbilden. In den Außenbereichen schließt an die Spiralarme ein Paar von Gezeitenschweifen an, die aufgrund ihrer symmetrischen Anordnung wie Spiralarme wirken. Mit einer Länge von etwa 230.000 Lichtjahren enthalten sie jedoch keine jungen Sternpopulationen, was sie klar als Gezeitenschweife auszeichnet.

Neben den beschriebenen Galaxien lässt diese sehr tiefe Aufnahme außerdem den sogenannten „galaktischen Zirrus" erkennen. Dabei handelt es sich um Licht, das interstellare Staubpartikel unserer Milchstraße abstrahlen und das sich – wie Zirruswolken am Himmel – auf lang belichteten Aufnahmen in wolkenartigen Strukturen über das Bildfeld zieht. Der Nachweis von galaktischem Zirrus gelang erstmals auf den Fotoplatten des Palomar Observatory Survey; seine Katalogisierung begann in den 1960er Jahren. Die Oberflächenhelligkeit dieser Strukturen ist sehr gering und liegt im Bereich von 23–25 mag/arcsec^2.

Physikalisch betrachtet handelt es sich bei diesem Staub meist um einfache Kohlenstoffverbindungen, die von Sternwinden oder Supernovae in die Galaxis getragen wurden und sich überwiegend in der galaktischen Ebene konzentrieren. Diese Staubschicht ist etwa 330 Lichtjahre dick, wobei die Temperatur der Staubpartikel bei 20–30 K liegt. Trifft Sternenlicht auf diese Staubpartikel, strahlen sie im entfernten Infraroten, das Strahlungsmaximum liegt also bei Wellenlängen von 100–300 µm. In der Aufnahme von NGC 7771 und NGC 7769 zieht ein galaktischer Zirrusbogen über die beiden Galaxien hinweg. Diese wellenförmig verlaufende Staubwolke zeigt im Vergleich zu den blauen Spiralarmen der Galaxien ein fahles Ockergelb, da blaues Licht stärker als rotes Licht gestreut wird. Somit erscheint das Licht, das durch diesen galaktischen Staubvorhang läuft, gerötet. Die Farbveränderung wird zudem dadurch verstärkt, dass der helle galaktische Bulge als Beleuchter größtenteils aus Sternen der Population II besteht.

OBJEKT	NGC 7771
STERNBILD	Pegasus
REKT.	23^h 51^m 25^s
DEKL.	+20° 06′ 42″
HELLIGKEIT	12,2 mag
TYP	SB(s)a
FOTOGRAFEN	Makis Palaiologou, Stefan Binnewies
TELESKOP	600-mm-Reflektor
KAMERA	SBIG STX-16803
BELICHTUNGSZEIT	585 min
ORT	Skinakas-Observatorium, Kreta, Griechenland

AKTIVE GALAXIEN, QUASARE UND GRAVITATIONSLINSEN

Dieses Kapitel widmet sich Objekten, die nur selten auf den Beobachtungslisten von Amateur-Astrofotografen zu finden sind. Das ist unter anderem der Tatsache geschuldet, dass ihre Beobachtung schwierig ist und eine nahezu professionelle Ausrüstung verlangt.

DIE MORPHOLOGIE DER AKTIVEN GALAXIEN, QUASARE UND GRAVITATIONSLINSEN

Die Objekte dieses Kapitels haben eine typische Größe von wenigen Bogensekunden. Abgesehen von wenigen Ausnahmen werden sehr lange Belichtungszeiten sowie Optiken mit langen Brennweiten benötigt, um Details in den Objekten zu erkennen. Dabei sind einige Quasare für heutige Amateurfotografen durchaus gut erreichbare Ziele, wohingegen Gravitationslinsen auch für engagierte Amateure eine Herausforderung darstellen.

Bei den Quasaren, deren Name auf die Abkürzung von „quasi-stellar" zurückgeht, handelt es sich um eine prominente Typenklasse aus der Familie der aktiven Galaxien. Sie sind leuchtstarke Objekte im Radiobereich des elektromagnetischen Spektrums, von denen heute bekannt ist, dass es sich um die sehr hellen, aktiven Kerne weit entfernter Galaxien handelt. Die große zentrale Leuchtkraft ist charakteristisch für aktive Galaxien und wird später im Kapitel aus astrophysikalischer Sicht ausführlich beschrieben. Genau genommen ist somit nur der quasi-stellare, helle Kernbereich der Galaxie sichtbar, da die lichtschwachen Außenbereiche aufgrund der großen Entfernung nur sehr schwach oder überhaupt nicht auszumachen sind. Die Morphologie der Quasare ist im Vergleich zur Vielfalt der Formen Elliptischer Galaxien oder Spiralgalaxien deutlich einfacher zu beschreiben.

Nur die nächstgelegenen Quasare erlauben es, Strukturen der Galaxien, die sie beherbergen, zu erkennen. Dazu muss allerdings zunächst der helle Kernbereich durch eine spezielle Bildbearbeitung entfernt werden. Ist dies geschehen, zeigen sich etwa bei der Hälfte der untersuchten Heimatgalaxien (engl. „host galaxies") der Quasare fragmentartige Ansätze von Spiralarmen oder Hinweise auf stattgefundene Wechselwirkungen. Eine solche Heimatgalaxie ist zwei bis drei Magnituden leuchtschwächer als der Quasar und befindet sich in den Flügeln seiner Punktabbildung, die selbst nur 1–2″ Durchmesser besitzt. Bei besten Seeing-Bedingungen und einer aufwändigen Nachbearbeitung ist es möglich, das Spektrum des Quasars von dem der Heimatgalaxie zu trennen. Dieses so isolierte Spektrum gleicht dem einer aktiven Galaxie – auf einem Kontinuum sitzen auffällige Emissionslinien, die auf eine starke Ionisationsquelle hinweisen. Auch in nicht-aktiven Heimatgalaxien wurden bereits einige Quasare entdeckt. Dabei fällt jedoch auf, dass die hellsten Quasare immer in einer aktiven Galaxie anzutreffen sind. Somit muss ein direkter Zusammenhang zwischen den lokalen Prozessen in der Galaxie, die Gas und Staub ins Zentrum transportieren, und der hohen Leuchtkraft des Quasars existieren.

Die Galaxie M 82 besitzt einen aktiven Kern, dessen Leuchtkraft im Infraroten ein Maximum besitzt (siehe Seite 419). Aufnahme: Makis Palaiologou, Stefan Binnewies (1,3-m-Reflektor).

Der hellste Quasar ist 3C 273. Er besitzt eine Helligkeit von etwa 13 mag und befindet sich im Sternbild Virgo. Entdeckt im Jahre 1962 von Maarten Schmidt bei einer Untersuchung von Radioquellen aus dem *Ryles Third Cambridge Catalogue* (3C), wird für den Quasar eine Rotverschiebung von $z = 0{,}156$ angegeben, was einer Entfernung von 2,12 Milliarden Lichtjahren entspricht. Auf den Fotoplatten zeigte sich damals am Ort dieser Radioquelle lediglich ein unscheinbarer Stern; eine galaxientypische Morphologie war nicht zu erkennen. Schon zwei Jahre vor der Entdeckung von 3C 273 wurde von Allan Sandage und Thomas Matthews mittels Radio-Interferometrie ein optisches Gegenstück mit $z = 0{,}367$ nahe der Radioquelle 3C 48 identifiziert. Erst mit 3C 273 wurde jedoch die neue Bezeichnung „Quasar" für diese Objektklasse eingeführt. Bei genauer Betrachtung der Fotoplatten des Palomar Sky Survey ist neben 3C 273 ein kleiner, länglicher Lichtfleck zu erkennen, der dem Quasar später als ein sichtbarer Jet zugeordnet werden konnte. Dieser Jet setzt nicht direkt am Quasar an und ist nur in einer Zentrumsdistanz von 11–20″ sichtbar, was einer projizierten Länge von 100.000 Lichtjahren entspricht. Die Besonderheit des Jets von 3C 273 ist seine Sichtbarkeit im Radiobereich sowie im Bereich optischer Wellenlängen. Er weist eine Reihenstruktur von hellen Emissionsknoten auf, deren Helligkeit variabel ist. Durch spektroskopische Methoden ist außerdem der Nachweis von Magnetfeldern im Jet gelungen, die diese Struktur umgeben und das sich bewegende Plasma im Jet bündeln. Ein optischer Jet ist mit einfachen Mitteln auch in M 87 zu beobachten, wobei das Zentrum dieser Galaxie die Kernleuchtkraft eines Quasars nicht erreicht. Dies ist ein Hinweis darauf, dass der innere Aufbau von Galaxien einem immer gleichen Plan folgt, der die gleichen Phänomene hervorbringt, wobei sich lediglich die Aktivitäten der Kerne unterscheiden.

Im Laufe der Jahre konnten in den verschiedenen Wellenlängenbereichen Helligkeitsveränderungen beobachtet werden, die auf eine besondere Aktivität dieser Objekte hinweisen, die zu den leuchtkräftigsten im Universum zählen. So zeigt die Lichtkurve Helligkeitsschwankungen von bis zu 30 % innerhalb von ein bis zwei Jahren. Das Auf und Ab der Helligkeitswerte erfolgt dabei allerdings nicht periodisch wie bei einem veränderlichen Stern, sondern scheint dem Zufallsprinzip unterworfen zu sein. Analysen der zeitlichen Struktur der Veränderungen zeigen langfristige Trends, die von kurzfristigen, schnellen Variationen unterbrochen sind. Mitunter lassen sich auch sehr schnell ablaufende Ausbrüche, sogenannte Flares, erkennen, deren Zeitskalen im Röntgenbereich nur wenige Stunden umfassen. Aus diesen Variationen auf verschiedenen Zeitskalen setzt sich die gesamte beobachtete Veränderlichkeit von 3C 273 zusammen.

Die schwankende Helligkeit von Quasaren erschwert eine Auflistung ihrer hellsten Vertreter, die von Amateurastronomen gut beobachtet werden können. Wird die mittlere visuelle Helligkeit genutzt, finden sich neben 3C 273 noch zwei weitere Objekte in der Literatur, die heller als 13 mag sind. Genau genommen sind dies jedoch keine Quasare, sondern BL Lac-Objekte. Dabei handelt es sich um Mitglieder der Familie der aktiven Galaxien, die wie die Quasare „radiolaut“ sind und somit eine überdurchschnittlich große Radioleuchtkraft besitzen. Ihre Bezeichnung geht auf den Prototyp BL Lacertae – ein veränderlicher, aktiver Galaxienkern – zurück. BL Lac-Objekte fallen durch ihre besondere Beobachtungsperspektive auf, durch die der Betrachter in Richtung des auf uns weisenden Radiojets der Galaxie blickt. Durch diese besondere Geometrie verstärken sich die relativistischen Effekte im Jet und es ergibt sich eine hohe Radioleuchtkraft. BL Lac-Objekte zeigen im Vergleich zu Quasaren noch schnellere Helligkeitsschwankungen und ihre emittierte Strahlung ist bis zu 20 % polarisiert.

Anhand der Verteilung der mittleren Helligkeiten aller bekannter Quasare lassen sich fünf Quasare und ein BL Lac-Objekt im Helligkeitsbereich von 13–14 mag identifizieren. Hin zu lichtschwächeren Quasaren steigt die Anzahl deutlich an. So finden sich bereits im Bereich von 14–15 mag 27 Einträge in der Literatur. Darin sind zwei aktive Galaxienkerne (AGNs) sowie vier BL Lac-Objekte enthalten. Mit noch größeren Magnituden steigt die Zahl der Quasare weiter an, bis sich ihr Maximum bei 19–21 mag zeigt. Die zugehörigen Rotverschiebungen liegen dabei im Bereich von z = 0,5–2,2. Nach diesem Maximum nimmt die Zahl lichtschwächerer Quasare stark ab. Nur wenige Prozent der heute bekannten Quasare liegen in ihrer Helligkeit jenseits von 24 mag (was etwa z = 3,5 entspricht). Durch großangelegte Studien verfügen Astronomen über eine beachtliche Menge an Daten für statistische Analysen. So hat der „Sloan Digital Sky Survey“ (SDSS) bisher 40.000 Quasare identifiziert. Astronomen erwarten bis zur Vollendung der Durchmusterung einen Anstieg auf bis zu 100.000 Quasare.

Dabei nehmen Quasare als leuchtkräftigste Vertreter eine Sonderstellung unter den aktiven Galaxien ein. Sie sind die hellsten und somit die weitreichendsten „Messinstrumente“ der astronomischen Forschung und helfen, die Massenverteilung im Universum entlang der Sichtlinie genau zu untersuchen. So ist es kein Zufall, dass die erste entdeckte, mehrfach abgebildete Quelle ein Quasar war. Dabei handelt es sich um den 1979 durch Radiobeobachtungen gefundenen Quasar QSO 0957+561A/B im Sternbild Großer Bär, der auch als „twin quasar“ (Zwillingsquasar) bekannt ist. Die Suche nach einem optischen Gegenstück erbrachte sogar zwei Resultate: In 6″ Abstand wurden zwei Quellen mit sehr ähnlichen quasartypischen Spektren und gleicher Rotverschiebung (z = 1,41) gefunden. Diese Doppelabbildung führten Astronomen auf das Wirken des Gravitationslinseneffektes zurück. In den Jahrzehnten seit der Entdeckung sind die Komponenten A und B mit ihren Helligkeiten von 16,7 mag und 16,5 mag eingehend untersucht worden. Dabei zeigte sich, dass die Variationen der Helligkeit in den zwei Lichtkurven nicht gleichzeitig die Erde erreichten. Stattdessen vergingen 417 Tage, bis eine bei der Komponente A festgestellte Helligkeitsveränderung auch in der Lichtkurve der Komponente B auftrat. Unter den bisher bekannten Mehrfach-Quasaren gibt es außerdem exotischere Formen mit Drei- oder Vierfachbildern; sogar ein geschlossener Ring wurde beobachtet. Albert Einstein zu Ehren, der den Gravitationslinseneffekt vorhergesagt hatte, wird dieser Ring auch als Einstein-Ring bezeichnet.

Während die Aufnahme von Mehrfachbildern von Quasaren für Amateurastronomen keine allzu schwierige Herausforderung ist, stellt eine andere Ausprägung des Gravitationslinseneffektes ein größeres Problem für Fotografen dar. Dabei handelt es sich um kleine Kreisbögen (engl. „arcs“ oder „arclets“), die 1986 erstmals in tiefen Aufnahmen von Galaxienhaufen gefunden wurden. Diese Bögen orientieren sich tangential zum Haufenzentrum und ihre Ausdehnung liegt im Bereich einiger Zehntel bis hin zu mehreren zehn Bogensekunden. Die Rotverschiebung der arcs ist deutlich größer als die der Haufengalaxien. Somit liegen diese Objekte in größerer Entfernung zur Milchstraße. Bei genauer Betrachtung der Bögen erschließt sich, dass es sich bei ihnen um in die Länge gezogene, stark verzerrte Abbilder entfernter Galaxien handelt.

DIE ASTROPHYSIK DER AKTIVEN GALAXIEN UND QUASARE

Aktive Galaxien werden im englischen Sprachgebrauch als „active galactic nuclei“ (AGN) bezeichnet. Dabei wird dieser Begriff auf Galaxien angewendet, die durch eine intensive, vom Kern ausgehende Strahlung auffallen. Die Spektren der aktiven Galaxien sowie ihre zeitlich veränderliche Leuchtkraft vom Radio- bis in den Röntgenbereich sind der Hauptunterschied zu normalen, nicht-aktiven Galaxien. So kann die Leuchtkraft einer aktiven Galaxie bis zu 10.000-fach größer als die einer nicht-aktiven Galaxie mit ähnlicher Morphologie sein. Häufigkeitsanalysen zeigen außerdem, dass nur wenige Prozent der Galaxien zu den aktiven Galaxien zählen. Auch fällt auf, dass aktive Galaxien hinsichtlich ihres Erscheinungsbildes im optischen Bereich eher normal wirken und anhand von Aufnahmen nur schwer von nicht-aktiven Galaxien zu unterscheiden sind.

Neben den Quasaren gibt es außerdem leuchtschwächere Mitglieder in der Familie der aktiven Galaxien, die weniger durch ihre Strahlungsintensität als durch ein besonderes Emissionslinienspektrum auffallen. Dies sind die Spiralsysteme mit kompaktem Kern, die als Seyfert-Galaxien bezeichnet werden. Sie strahlen einen großen Teil ihrer Energie im ultravioletten und infraroten Spektralbereich ab. Die Emissionslinien dieser Seyfert-Galaxien lassen sich anhand ihrer Linienbreiten in zwei Gruppen unterteilen: die schmalen und breiten Linientypen. Diese Einteilung erlaubt einen Rückschluss auf die Geschwindigkeiten der ionisierten Gaswolken, die sich im Zentrum der Galaxie bewegen und die für das Entstehen der Spektrallinien verantwortlich sind. Benannt wurden diese Galaxien nach dem Astronom Carl Keenan Seyfert, der ihre Spektren in den 1940er Jahren näher untersuchte und die auffälligen Spektrallinien entdeckte. Die hellsten Linien gehören zu den Elementen Sauerstoff, Wasserstoff und Helium. In Seyfert-Galaxien des Typs 1 finden sich sowohl schmale verbotene Linien, wie [OIII] mit einer spektralen Breite von etwa 400 km/s, aber auch Linien mit Breiten von bis zu 10.000 km/s, die aus anderen Regionen (engl. „broad line region“) mit höheren Gasdichten emittiert werden. In Seyfert-2-Galaxien finden sich hingegen nur schmale verbotene Emissionslinien, die auf Regionen mit einer geringen Gasdichte (engl. „narrow line region“) verweisen. Im Laufe der Jahre haben Astronomen festgestellt, dass die Trennung in Typ 1 und Typ 2 keine scharfe Differenzierung darstellt, sondern dass die zwei Typen lediglich die beiden Enden einer Skala abbilden. Eine Seyfert-Galaxie ist vielmehr immer eine Mischung beider Typen, die durch die relativen Stärken der schmalen und breiten Emissionslinien klassifiziert wird. Diese Mischung spielt eine wichtige Rolle bei der Beschreibung des allgemeingültigen Standardmodells

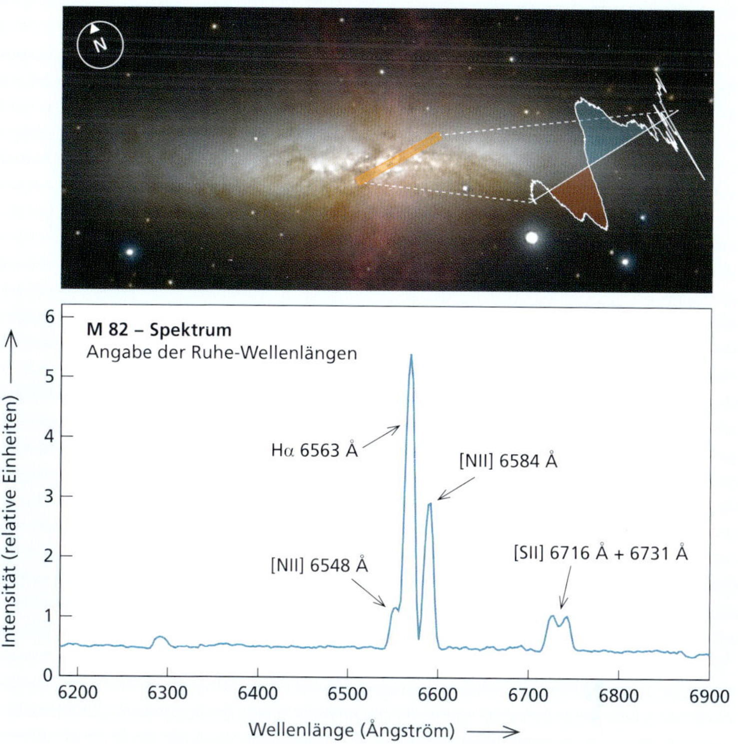

Abbildung 8.1: Ausschnitt des optischen Spektrums der Starburst-Galaxie M 82. Bild oben: Der Spalt des Spektrographen überstreicht das helle Zentrum der Galaxie. Die rot- und blauverschobenen Anteile verweisen auf eine rotierende Gasscheibe mit einem Durchmesser von ca. 3000 Lichtjahren. Bild unten: Emissionslinien der Elemente Wasserstoff, Stickstoff und Schwefel (M. König, Gitter-Spektrograph Dados, 300 Linien/mm, 14-Zoll-Reflektor, 180 min Belichtungszeit).

aktiver Galaxien. In der Typenbezeichnung wird die Art der Mischform durch Nutzung von Dezimalstellen, wie etwa der Typ Seyfert 1,5, genauer klassifiziert.

Das Auftreten von Emissionslinien weist grundsätzlich auf Aktivität hin. Allerdings kann die Ausprägung dieser Aktivität stark differieren. So werden neben den Seyfert-Typen auch oftmals Starburst-Galaxien beobachtet. Sie gelten als erste Form einer aktiven Galaxie und treten häufiger als Seyfert-Galaxien auf. Ihre Emissionslinien entstammen den Sternentstehungsregionen, die im Zentrum der Galaxie liegen und aus Haufen junger, heißer Sterne aufgebaut sind. In ihren Spektren sind vor allem die Emissionslinien der Elemente Wassersoff, Stickstoff und Sauerstoff prominent, die dem Kontinuum überlagert sind. Dieses spektrale Kontinuum des Galaxienkerns ist bei normalen Spiralgalaxien durch das Licht älterer Sterne des Spektraltyps K, wie beispielsweise Aldebaran, bestimmt. Hier finden sich die charakteristischen Absorptionslinien der Elemente Magnesium und Natrium. In Starburst-Galaxien überstrahlt das Licht der aktiven Haufen diese Absorptionssignatur. Durch spektroskopische Methoden, die auch von Amateurastronomen eingesetzt werden, kann aus der ortsabhängigen Lage der Emissionslinien auf die Dynamik im Kern geschlossen werden. So ergibt sich das Bild von zirkumnuklear angeordneten Sternhaufen, die zu einer um das Zentrum rotierenden Scheiben- bzw. Ringstruktur gehören (siehe Abb. 8.1).

Eine weitere Untergruppe der aktiven Galaxien sind die Markarian-Galaxien, die in den 1960er Jahren erstmals durch den armenischen Astronomen Benjamin Eghishe Markarian beschrieben wurden. Sie zeichnen sich durch einen großen Anteil ultravioletter Strahlung aus, der sich in einem UV-Exzess äußert und deutlich über dem der Seyfert-Galaxien liegt. In beiden Galaxientypen geht dieser Strahlungsanteil auf einen nicht-thermischen Beitrag zurück, der auf eine starke Ionisationsquelle im Zentrum zurückzuführen ist.

Über ein mögliches Standardmodell der aktiven Galaxien wurde bereits in den 1970er Jahren diskutiert, wobei versucht wurde, die beobachteten anisotropen Emissionen der verschiedenen AGNs in einem Bild zu vereinigen. 1973 schlugen Nikolai Shakura und Rashid Sunyaev schließlich ein Modell vor, das später von Igor Novikov und Kip Stephen Thorne relativistisch verallgemeinert wurde. Dieses Modell besteht aus einer zentralen Strahlungsmaschine – ein supermassives Schwarzes Loch –, das von einer rotierenden Scheibe aus Gas umgeben ist. In dieser Scheibe wird von außen anströmendes Material aufgesammelt, das durch Reibungsprozesse an Drehimpuls verliert und so in Spiralen langsam zum inneren Scheibenrand transportiert wird. Das Magnetfeld des Schwarzen Lochs greift an diesem Scheibenrand an, sodass das durch die Röntgenstrahlung ionisierte

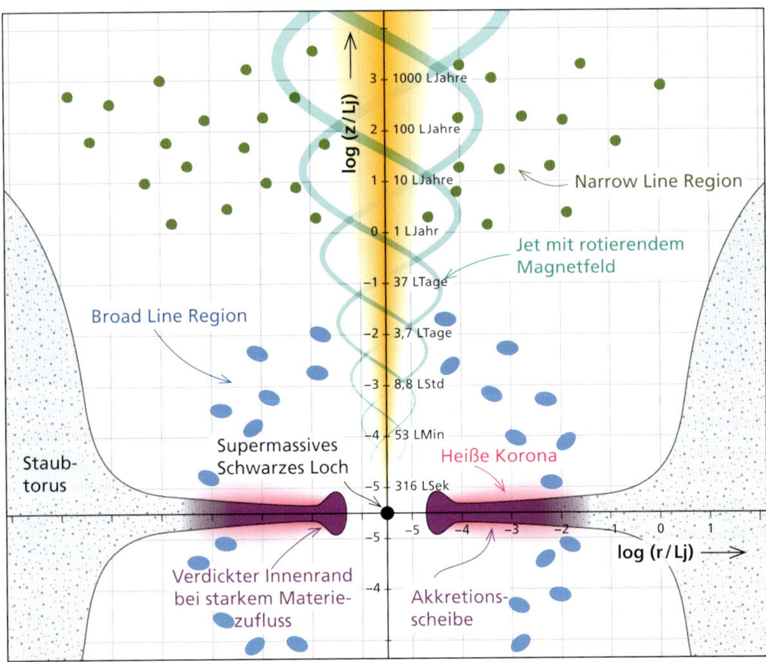

Abbildung 8.2: Schematisierter Aufbau des Kernbereichs aktiver Galaxien. Der dargestellte Jet tritt bei radiolauten aktiven Galaxien auf (oben), bei radioleisen Exemplaren fehlt er (unten). Die logarithmisch dargestellten Größen gelten für einen typischen Quasar. Die Masse des supermassiven Schwarzen Lochs im Zentrum liegt im Bereich von 10^6 Sonnenmassen.

Material als Plasma in das Schwarze Loch überströmt. Die Scheibe, die Akkretionsscheibe genannt wird, füttert somit die zentrale Strahlungsquelle und wird durch die freiwerdende Gravitationsenergie des einstürzenden Plasmas so stark erhitzt, dass ihr Innenrand zu einer starken Röntgenquelle wird. Weiter außen nimmt die Temperatur der Scheibe ab, bis sie schließlich von einem Torus aus dichtem Staub und Gas umgeben wird. Dieser Torus schränkt den Einblick auf das Zentrum stark ein und macht ihn von der Blickrichtung abhängig. Nahe dem Zentrum der aktiven Galaxie liegen dichte Wolken aus ionisiertem Gas, die für die Entstehung der breiten Spektrallinien verantwortlich sind (engl. „broad line region"). Diese sind nur dann sichtbar, wenn der Blick direkt von oben bzw. unten in Richtung der Scheibennormalen fällt. Ist die Blickrichtung zur Senkrechten geneigt, verdeckt der Torus die innere Region. Der Blick ins Zentrum ist somit nicht mehr möglich, wodurch sich nur weiter außen liegende Gaswolken geringerer Dichte erkennen lassen. Aus ihnen gehen die schmalen Emissionslinien im optischen Spektrum hervor (engl. „narrow line region"). Der Staubtorus fungiert als Materiereservoir für die Akkretionsscheibe und stellt das Bindeglied zur umgebenden Galaxie dar. Der Durchmesser des Torus beträgt 10–20 Lichtjahre und seine Masse reicht von 10^5 Sonnenmassen bis hin zu 10^7 Sonnenmassen (siehe Abb. 8.2).

Aus der Akkretion ergibt sich zwangsläufig auch die Frage, wo die ins Zentrum transportierte Materie verbleibt. Ein großer Teil stürzt in das Schwarze Loch. Der geringere Teil kann jedoch entkommen und das System verlassen, wenn das Schwarze Loch rotiert. In diesem Fall zwingt es die Raumzeit im Zentrum ebenfalls zur Rotation, was dazu führt, dass das Magnetfeld der inneren Scheibe mehr und mehr verdrillt wird. Aus den sich aufwickelnden Feldlinien bildet sich eine röhrenförmige Struktur, entlang derer relativistische Teilchen aus dem Zentrum entfliehen können. Derartige Jets entstehen entlang der Scheibensenkrechten zu beiden Seiten der Scheibenebene. Verdichten sich die Magnetfeldlinien durch die Aufwicklung immer weiter, kann es zu einer Entkopplung von der Röhrenstruktur kommen. Dadurch wird die magnetische Energie auf das Plasma übertragen. Das Plasma erfährt in den Jets zum einen eine Bündelung der Ausflussrichtung und zum anderen eine starke Beschleunigung – man spricht vom Blandford-Znajek-Mechanismus. Dieser erklärt, wie das Material weit nach außen transportiert werden kann und warum Radiogalaxien Hunderttausende Lichtjahre große Radiokeulen aufweisen (siehe Abb. 8.3).

Aktive Galaxien strahlen vom Radiobereich über infrarote und optische Wellenlängen bis in den Bereich der Röntgen- und Gammastrahlung. Sie überdecken somit das gesamte elektromagnetische Spektrum. Ihre spektrale Energieverteilung besteht aus mehreren Komponenten, die charakteristische Beiträge zum Spektrum der Galaxie liefern. Wäre das Zentrum einer aktiven Galaxie direkt zu sehen, könnte der

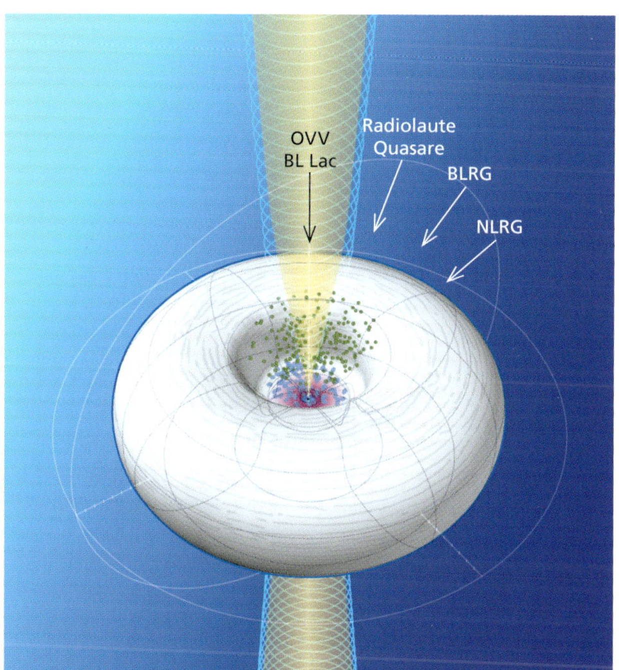

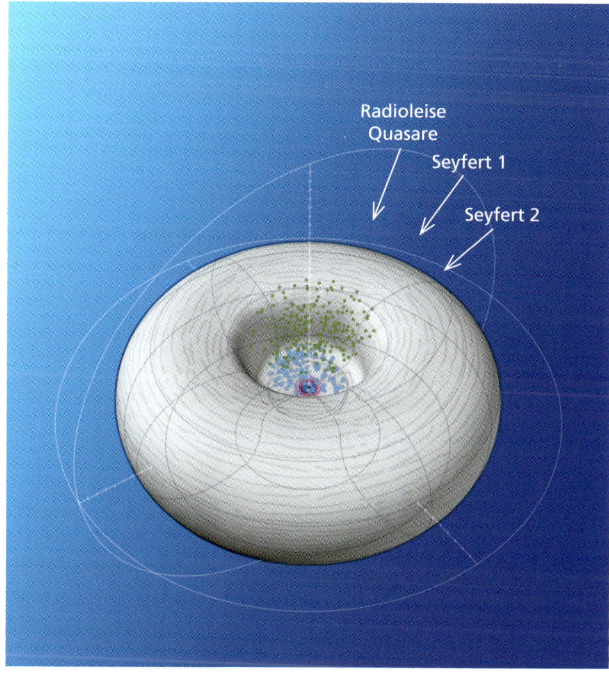

Abbildung 8.3: 3D-Darstellung des Kernbereichs aktiver Galaxien. Die verschiedenen Blickwinkel beschreiben den unterschiedlichen Typ der aktiven Galaxie. Bei radiolauten Exemplaren reichen die Radiojets einige 10.000–100.000 Lichtjahre weit und übertreffen die Dimension des Staubtorus um das 100- bis 1000-fache.

warme Staubtorus durch sein Leuchten im Infraroten beobachtet werden. Die Akkretionsscheibe ist hingegen heißer als der Torus und ihre Wärmestrahlung liegt im sichtbaren Bereich des elektromagnetischen Spektrums. Das Strahlungsmaximum der Scheibe findet sich allerdings bei ultravioletten Wellenlängen, sodass sie einem visuellen Beobachter leuchtend blau erscheinen würde. Die Temperaturen im Zentrum der aktiven Galaxien reichen aus, um das zentrale Gas in Plasma zu verwandeln und damit eine große Menge hochenergetischer Elektronen zu produzieren. Trifft hingegen niederenergetische Strahlung, wie etwa Wärmestrahlung aus dem Staubtorus oder der Akkretionsscheibe oder gar kosmische Hintergrundstrahlung, auf diese hochenergetischen Elektronen, wird die Strahlung durch Wechselwirkungsprozesse in energiereiche Röntgen- oder Gammastrahlung umgewandelt. Die so entstandene, hochenergetische Strahlung kann das Material der Akkretionsscheibe zum Fluoreszenzleuchten anregen. Im Spektrum zeigt sich die charakteristische Röntgenstrahlung mit einer prominenten Eisenlinie, die in der Röntgenastronomie eine ähnlich wichtige Rolle spielt wie die 21-cm-Linie des Wasserstoffs bei Radiobeobachtungen.

Auf Grundlage des Standardmodells und zusätzlicher Variation von Skalen und geometrischen Parametern können die beschriebenen Merkmale der Typen aktiver Galaxien plausibel rekonstruiert werden. Die entscheidenden drei Stellglieder sind dabei (a) die Masse des Schwarzen Lochs, die von einigen Millionen bis zu einigen Milliarden Sonnenmassen variiert. Mit (b), der Akkretionsrate, geht weiterhin die Menge von Materie ein, die in Strahlung umgesetzt wird. Diese kann bei den leuchtkräftigsten AGN einige Sonnenmassen pro Jahr betragen. Schließlich bestimmt mit (c) der Blickwinkel, unter dem die Akkretionsscheibe beobachtet wird, darüber, welchen AGN-Typ wir sehen. Die Feinabstimmung des Standardmodells erfolgt dann mittels der Rotationsparameter des Schwarzen Lochs, der Ausrichtung der Akkretionsschreibe zum Staubtorus sowie dessen Masse und der umgebenden Magnetfelder.

DIE ASTROPHYSIK DER GRAVITATIONSLINSEN

Die im vorherigen Abschnitt erwähnte Häufigkeit der Quasare bei Rotverschiebungen im Bereich von z = 2,2–2,5, was Entfernungen von zehn bis elf Milliarden Lichtjahren entspricht, macht aus diesem Zeitraum eine „Quasar-Epoche". Die Dichte der Quasare war damals 1000-mal größer als heute, da durch häufigere Wechselwirkungen der frühen Galaxien im jungen, kompakteren Universum mehr aktive Galaxien und somit auch mehr Quasare entstehen konnten. Eine Besonderheit von Quasaren ist ihre enorme Leuchtkraft, die den Gravitationslinseneffekt erst möglich macht, da nur mit hellen Quellen große Entfernungen überbrückt werden können. Dabei werden zwei physikalische Effekte unterschieden, die jeweils auf eine durch Massen veränderte Raumkrümmung zurückzuführen sind.

Dies ist einerseits der starke Gravitationslinseneffekt. Er tritt dann auf, wenn das Licht eines Quasars auf seinem Weg zu uns auf eine kompakte Masse trifft, wie zum Beispiel eine Galaxie oder einen reichen Galaxienhaufen. Der schwache Gravitationslinseneffekt zeigt sich hingegen als weniger stark

ROTVERSCHIEBUNG, Z-WERTE UND DER BEZUG ZUR KOSMISCHEN ENTFERNUNGSSKALA

Im Jahr 1929 entdeckte Edwin Hubble bei der Aufnahme von Galaxienspektren, dass die Spektrallinien weit entfernter Galaxien mehr in den langwelligen roten Bereich des Spektrums verschoben waren. Diese Verschiebung ist auf die Expansion des Universums zurückzuführen, wobei mit der Ausdehnung der Raumzeit ebenfalls die Wellenlänge der elektromagnetischen Strahlung gedehnt wird. Diese kosmologische Rotverschiebung wird anhand der verzeichneten Wellenlängenverschiebung gemessen und als dimensionslose Zahl z angegeben. Dabei enthält die Wellenlängenverschiebung $(\lambda - \lambda_0)$ die gemessene Wellenlänge λ, von der die Wellenlänge der emittierten Strahlung λ_0 abgezogen wird. Somit ergibt sich z zu: $z = (\lambda - \lambda_0)/\lambda_0$

Die daraus abgeleitete Fluchtgeschwindigkeit einer Galaxie nimmt in guter Näherung linear mit der Entfernung zu und die Konstante dieser Beziehung wird als Hubble-Konstante H_0 bezeichnet. Ihr aktueller Wert liegt bei etwa 70 km/s/Mpc. Unserem heutigen Universum entspricht der Wert z = 0. Objekte, deren Licht uns nach 7,5 Milliarden Jahren erreicht hat, besitzen hingegen eine Rotverschiebung von z = 1. Als dieses Licht ausgesandt wurde, hatte das Universum nur die Hälfte seiner heutigen Größe; bei z = 2 maß es nur ein Drittel, bei z = 3 nur ein Viertel usw.

Die Tabelle stellt die **Rotverschiebung z** einer Galaxie der **Lichtlaufzeit** gegenüber. Diese Zeit hat das Licht benötigt, um von der Galaxie bis zur Milchstraße zu gelangen. Mit den Werten, die der Berechnung der Entfernungswerte zugrunde liegen, folgt auch ein heutiges Alter des Universums von 13,7 Milliarden Jahren nach dem Urknall (mit H_0 = 69,9 km/s/Mpc, Ω_{vac} = 0,714, Quelle: http://www.astro.ucla.edu/~wright/CosmoCalc.html). Bei etwa z = 1000, also etwa 400.000 Jahre nach dem Urknall, fand die Rekombination statt, wobei sich Strahlung von Materie entkoppelte, Elektronen und Kerne Atome bildeten und das Universum für Licht durchsichtig wurde.

Rotversch.	Lichtlaufzeit
z = 0,001	0,014 Mrd. Lj
z = 0,005	0,070 Mrd. Lj
z = 0,01	0,139 Mrd. Lj
z = 0,05	0,678 Mrd. Lj
z = 0,10	1,310 Mrd. Lj
z = 0,50	5,093 Mrd. Lj
z = 0,75	6,651 Mrd. Lj
z = 1,00	7,817 Mrd. Lj
z = 2,00	10,404 Mrd. Lj
z = 3,00	11,549 Mrd. Lj
z = 5,00	12,534 Mrd. Lj
z = 9,00	13,169 Mrd. Lj
z = 10,0	13,243 Mrd. Lj
z = 1000	13,720 Mrd. Lj

Der Rotverschiebungsrekord einer Galaxie im Hubble Ultra Deep Field liegt bei z = 8,55 und entspricht einer Entfernung von 13,1 Milliarden Lichtjahren (Stand Oktober 2010). Das Licht dieser Galaxie, deren Helligkeit bei etwa 30 mag liegt, wurde 600 Millionen Jahre nach dem Urknall ausgesandt, kurz nachdem das Universum für Strahlung durchlässig wurde. Für diese Galaxie mit der Bezeichnung UDFy-38135539 gelang der schwierige spektroskopische Nachweis einer rotverschobenen Wasserstofflinie mit Hilfe von 16 Stunden Belichtungszeit am Very Large Telescope. Nicht zu verwechseln ist dieser kosmologische Ausdehnungseffekt mit der Verschiebung von Wellenlängen, die sich aus der relativen Bewegung von Sender und Empfänger ergeben. Diese Verschiebung geht auf den Dopplereffekt zurück, der je nach Orientierung der Bewegung eine Blau- oder eine Rotverschiebung der Wellenlängen zur Folge hat.

ausgeprägter Abbildungseffekt, wenn die Linsenwirkung durch eine weniger kompakte Massenverteilung verursacht wird. Grundsätzlich kann ein Gravitationslinseneffekt nur dann auftreten, wenn der Quasar, die als Linse wirkende Masse sowie der Beobachter entlang einer Sichtlinie angeordnet sind. Das Licht durchläuft dann die durch die Linsenmasse gekrümmte Raumzeit, wodurch es abgelenkt wird. Allerdings stehen für das Licht mehrere Wege hin zum Beobachter zur Wahl. Dies führt dazu, dass nicht nur der Quasar, sondern eine Mehrfachabbildung des Quasars auf der Aufnahme zu sehen ist. Der starke Gravitationslinseneffekt bewirkt neben den Mehrfachbildern außerdem eine Verstärkung des Quasarlichts. Sie ist der starken Fokussierung durch die Linse geschuldet und kann die Intensität bis auf das 20-fache erhöhen. Da die Quasare aufgrund ihrer großen Entfernung eine geringere Flächendichte im Vergleich zu anderen Galaxientypen besitzen und zudem nahezu punktförmig erscheinen, können die Mehrfachbilder bei großen Studien effektiv gesucht werden.

Wichtig ist, die Mehrfachabbildungen eindeutig von den wenigen Fällen zu unterscheiden, in denen tatsächlich die Quelle selbst aus einem physikalischen Quasarpaar besteht. Ein solches Paar liegt in gleicher Entfernung, zeigt jedoch Unterschiede im Spektrum und den Helligkeitsvariationen, die nicht mit einer einzelnen, doppelt abgebildeten Quelle vereinbar sind. Ende der 1980er Jahre wurden die ersten dieser Doppelquasare nachgewiesen; einige Astronomen zweifelten allerdings weiterhin an deren Existenz. Erst mit Röntgenbeobachtungen durch den Satelliten CHANDRA konnte nachgewiesen werden, dass in Blickrichtung zum vermeintlichen Quasarpaar kein als Linse wirkender Galaxienhaufen liegen konnte, da sich dieser durch die Röntgenemission seines heißen Clustergases verraten würde. Da außerdem die Röntgenspektren der beiden aktiven Galaxienkerne Unterschiede aufwiesen, musste es sich um zwei physikalisch getrennte Quellen handeln – ein Beweis für die Existenz der physikalischen Doppelquasare.

Mit Hilfe des Gravitationslinseneffektes ist es auch möglich, weit entfernte Quasare wie durch ein Mikroskop zu betrachten. So werden Details des Quasars oft erst durch die besondere geometrische Anordnung sichtbar. Astronomen haben festgestellt, dass im Optischen sowie im infraroten Licht gefundene Einstein-Ringe kein Pendant bei Radiowellenlängen besitzen. Dies liegt daran, dass das Zentrum der Radioemission nicht mit dem Quasar zusammenfällt. Es handelt sich bei den Radioquellen des Quasars um Radioblasen, die weit außerhalb des Zentrums und nicht mehr auf der Sichtlinie liegen. Somit erfüllen sie nicht die geometrischen Voraussetzungen für den Gravitationslinseneffekt. Aus diesem Grund kann ein Einstein-Ring im Optischen nicht zusammen mit einem Ring im Radiobereich beobachtet werden.

Wie bei der Abbildung durch Glaslinsen in der Optik, kann auch für Gravitationslinsen eine Linsengleichung aufgestellt

werden. Ebenfalls ähnlich zur Optik ergeben sich Kaustiken. Dabei handelt es sich um komplexe Beugungsfiguren, die bei leichter Abweichung der linearen Anordnung entstehen können. In der Astronomie zeigen sich diese Abweichungen in Form kleiner Kreisbögen, die sich tangential zum Massenzentrum orientieren. Die Ausdehnung der Kreisbögen kann Maximalwerte von einigen zehn Bogensekunden erreichen, wenn ein großer Galaxienhaufen als Linse für das Entstehen des schwachen Gravitationslinseneffektes verantwortlich ist. Dabei ist die Massenkonzentration weniger stark ausgeprägt, weshalb kein Mehrfachbild, wie infolge des starken Gravitationslinseneffektes, zu beobachten ist, sondern eine Verteilung von Kreisbögen. Die kreisbogenförmigen Abbildungen zeigen oft eine mittige Aufhellung, die durch den zentralen Bulge der abgebildeten Galaxie entsteht. Neben den Kreisbögen finden sich hinsichtlich Farbe und Form differenzierte Zerrbilder von Spiralgalaxien, die gestauchte und ineinander geschobene Spiralarme aufweisen. Diese „arclets" sind nicht so stark deformiert wie die „arcs", treten dafür aber häufiger auf. In Übereinstimmung mit der Abbildungstheorie sind arcs nur entlang sogenannter kritischer Linien sichtbar. Der Verformungsgrad steht dabei in einem einfachen Zusammenhang mit der Massenverteilung des Haufens. Aus der Verzerrung ergibt sich außerdem die Verteilung der Masse im Haufen. So kann die Gesamtmasse des Haufens bestimmt und der Anteil der Dunklen Materie ermittelt werden.
Der dritte und am schwächsten ausgeprägte Gravitationslinseneffekt wird auch als Mikrolinseneffekt bezeichnet. Er tritt dann auf, wenn ein massereiches Objekt vor einem Stern vorbeizieht und die Linsenwirkung den Stern heller erscheinen lässt. Die Masse des vorbeiziehenden Objekts, die als Gravitationslinse wirkt, ist im Vergleich zum starken und schwachen Gravitationslinseneffekt viel kleiner und liegt im Bereich planetarer Massen bis hin zu wenigen Sonnenmassen. Der Mikrolinseneffekt wurde bereits für Sterne aus dem Kernbereich unserer Milchstraße beobachtet, wobei die Helligkeit um etwa eine Magnitude zunahm. Der Prozess dieser Helligkeitszu- und -abnahme dauerte dabei mehrere Monate. Da ein solches Ereignis zudem äußerst selten ist, müssen Astronomen Millionen von Sternhelligkeiten überwachen und die störenden Beiträge durch unbekannte veränderliche Sterne aussortieren.

LITERATUR UND LINKS

Courbin, F.: *ESO Messenger – Bright Quasars' Host Galaxies*, 2006, http://www.eso.org/sci/publications/messenger/archive/no.124-jun06/messenger-no124-32-36.pdf

Danzer, J.: *Gravitationslinsen*, 2002, http://physik.uni-graz.at/~cbl/C+P/contents/Stud-WS02/danzer/linse.htm

ESO-Pressemitteilung, *Die entfernteste Galaxie lichtet den kosmischen Nebel*, 2010, http://www.eso.org/public/germany/news/eso1041/

Fendt, C.: *Aktive Galaxienkerne und Quasare*, 2003, http://www.mpia-hd.mpg.de/homes/fendt/Lehre/Vorlesung_AGN/index.html

Gregg, M. D. u.a.: *The first bright QSO survey*, The Astronomical Journal, 112, 1996

Gährken, B.: *Polarisation bei astronomischen Objekten*, 2007, http://www.astrode.de/polarise.htm

Heasarc Goddard Space Flight Center: *MILLIQUAS – Million Quasars Catalog*, 2014, http://heasarc.gsfc.nasa.gov/W3Browse/all/milliquas.html

Huchra, J. P.: *The nature of Markarian Galaxies and studies of star formation in blue galaxies*, PhD thesis, California Institue of Technology, 1997

ISDC Data Centre for Astrophysics, *3C 273 Database*, 2008, http://isdc.unige.ch/3C 273/

Jackson, N.: *A Bull's Eye for MERLIN and the Hubble*, 1998, http://www.merlin.ac.uk//press/PR9801/press.html

Jester, S.: *SLOAN DSS Bright Quasar Survey*, 2005, http://iopscience.iop.org/1538-3881/130/3/873/pdf/204612.web.pdf

Keel, B.: *The brightest quasar: 3C 273 and its jet*, 2002, http://www.astr.ua.edu/keel/agn/3C 273.html

Kudriavtcev, I.: *Specific features of the average magnitude of quasars as a function of redshift*, 2011, http://arxiv.org/ftp/arxiv/papers/1109/1109.3630.pdf

König, M.: *Zeitvariabilität in Aktiven Galaxien,* Dissertation, 1997, http://astro.uni-tuebingen.de/publications/koenig-diss.shtml

Mellier, Y. und Fort, B.: *Arc(let)s in clusters of galaxies*, Astronomy and Astrophysics Review, 5, 1994

Müller, A.: *Astro-Wissen*, 2007, http://www.wissenschaft-online.de/astrowissen/lexdt_a02.html

NASA Space Telescope Science Institute: *Quasar Host Galaxies*, 2000, http://hubblesite.org/hubble_discoveries/10th/photos/slide34.shtml

Open University: *Models of active galaxies*, 2012, http://openlearn.open.ac.uk/mod/oucontent/view.php?id=398724§ion=7.4

Richards, G. T. u.a.: *Identifikation von QSOs im SDSS*, The Astronomical Journal, 123, 2002

Rincon, P.: *Astronomers see first quasar trio*, 2007, http://news.bbc.co.uk/2/hi/science/nature/6243361.stm

Scherl, B.: *Gravitationslinsen*, 2011, http://pulsar.sternwarte.uni-erlangen.de/wilms/teach/astrosem_ss11/scherl.pdf

Schmidt, M.: *3C 273 A Star-like Object with Large Red-Shift*, Nature 197, 1963

Schneider, P. u.a.: *Gravitational Lenses*, Springer Verlag, 1992

Schuh, P.: *Unifikationstheorien von Aktiven Galaxien*, 2011, http://app.uni-dortmund.de/~backes/AGNseminar11-Dateien/04_Schuh-Unifikation.pdf

Steinicke, W.: *Echte und unechte Doppelquasare*, 2012, http://www.klima-luft.de/steinicke/AGN/magellan/dq.htm

Wright, E. L.: *Rotverschiebungsrechner CosmoCalc*, 2008, http://www.astro.ucla.edu/~wright/CosmoCalc.html

N

ABELL 370

Der Galaxienhaufen Abell 370 besteht aus mehreren hundert Galaxien und ist im Abell-Katalog der am weitesten entfernte Haufen. Seine Rotverschiebung wird mit z = 0,375 angegeben; man errechnet eine Lichtlaufzeit von 4,1 Milliarden Jahren bis zur Milchstraße (H_0 = 70 km/s/Mpc). Der Winkeldurchmesser von Abell 370 beträgt 11′, und mit einer Skalierung von 1,3 Millionen Lichtjahren für eine Bogenminute folgt ein enormer projizierter Durchmesser von 14,8 Millionen Lichtjahren. Auf der Aufnahme liegt das dicht bevölkerte Zentrum von Abell 370 zwischen zwei Vordergrundsternen, die zur Milchstraße gehören. Man erkennt im Zentrum zwei dominierende Elliptische Galaxien, deren Abstand nur 37″ beträgt, was etwa 800.000 Lichtjahren entspricht. Ihre Helligkeiten liegen bei 18,2 mag und 18,9 mag. Die Sb-Galaxie LEDA 175370 am linken Bildrand ist im Vergleich dazu 16,2 mag hell und 600 Millionen Lichtjahre entfernt.

In der Abbildung lassen sich einige Ergebnisse des starken Gravitationslinseneffektes studieren. Sie werden auf einer mit dem Weltraumteleskop Hubble gemachten Aufnahme besonders deutlich (siehe kleine Abbildung). Dort fallen einige der Lichtbögen als blaue und rote Striche auf. Spektakulär ist der Lichtbogen rechts der südlichen großen Elliptischen Galaxie, der von NASA-Wissenschaftlern die Bezeichnung „Dragon" (Drache) erhalten hat. Eine solche extreme Verzerrung setzt voraus, dass sich der Bogen nahe am Einstein-Radius des Haufens befinden muss. Am unteren Ende dieses Bogens, also am Drachenkopf, ist das Linsenbild einer Spiralgalaxie zu sehen; das Schwanzende entsteht durch die in die Länge gezogene Abbildung von mindestens einer anderen Spiralgalaxie. Diese Spiralgalaxien liegen mit z = 0,725 und einer Lichtlaufzeit von 6,5 Milliarden Jahren (H_0 = 70 km/s/Mpc) weit hinter Abell 370.

Die Verformung der abgebildeten Galaxie lässt sich mathematisch mit Hilfe der zweiten Ableitungen des Gravitationspotenzials des Haufens beschreiben. Die Wirkung des starken Gravitationslinseneffektes besteht aus einer Konzentration des Lichts und wird mit dem Verstärkungsfaktor μ beschrieben. Für die typischen Werte von μ = 2–5 folgt $2{,}5 \times \log(\mu)$ = 0,8–1,7 mag, wodurch sich die Helligkeit noch nachweisbarer Objekte auf über 30 mag erhöht. Man erreicht mit dem Hubble Space Telescope damit schon jetzt einen Grenzbereich, der mit dem des geplanten James Webb Space Telescope vergleichbar ist.

In Abell 370 entdeckten Astronomen mit dem 10-m-Keck-II-Teleskop auf Hawaii auch die Galaxie HCM-6A. Ihre Rotverschiebung von z = 6,56 entspricht einer Lichtlaufzeit von 12,9 Milliarden Jahren (H_0 = 70 km/s/Mpc). Zum Zeitpunkt ihrer Entdeckung war HCM-6A damit die am weitesten entfernte Galaxie.

Neben dem starken Linseneffekt wird seit 20 Jahren auch mit dem schwachen Linseneffekt geforscht. Dieser geht darauf zurück, dass die Lichtstrahlen der weit entfernten Galaxien auch durch die Masseninhomogenitäten des Haufens, den sie durchlaufen, leicht verzerrt und verdreht werden. Man spricht hierbei vom Gezeitenanteil des Schwerefelds, der den schwachen Gravitationslinseneffekt hervorruft. Diesen kann man nicht durch Mehrfachbilder wie beim starken Linseneffekt nachweisen. Die Bestätigung des Effektes gelingt auf eine andere Art und Weise: Die Anzahldichte der Galaxien auf tiefen Aufnahmen liegt bei etwa 35 pro Quadratbogenminute (bis zu einer Helligkeit von 25 mag), ihre Orientierung ist zufällig. Durch die Wirkung des Gezeitenfeldes verändert sich die mittlere Orientierung der Galaxien und man kann aus der beobachteten Vorzugsrichtung Rückschlüsse auf das Materiefeld ziehen. Man erhält damit ein Massenbild des Galaxienhaufens. Diese Massenlandkarte gibt auch die Verteilung der sichtbaren Galaxien an; die Bögen erscheinen tangential um das Haufenzentrum angeordnet. Ihr Achsenverhältnis wird, wenn man sich vom Zentrum entfernt, immer kleiner, ihre Anzahl dagegen nimmt zu. Am Rand des Haufens kann man sie aber kaum mehr als verzerrte Abbildungen identifizieren. Beide Gravitationslinseneffekte liefern für Abell 370 eine scheibenartige Massenmorphologie und eine Haufenmasse von etwa $3{,}8 \times 10^{14}$ Sonnenmassen für den inneren Bereich mit 800.000 Lichtjahren Durchmesser.

OBJEKT	Abell 370
STERNBILD	Cetus
REKT.	$02^h\ 39^m\ 51^s$
DEKL.	−01° 35′ 08″
TYP	Galaxienhaufen
FOTOGRAFEN	Philipp Keller, Konstantin Buchhold, Bernd Flach-Wilken, Johannes Schedler, Volker Wendel (Chart 32-Team)
TELESKOPE	800-mm-Reflektor
KAMERA	FLI Proline 16803
BELICHTUNGSZEIT	860 min
ORT	CTIO, Chile

M 77

Im Aufnahmezentrum strahlt Messier 77, eine SA-Spiralgalaxie, die auch als NGC 1068 oder Arp 37 in der Literatur zu finden ist. Ihre helle, innere Zone hat einen Durchmesser von 2′, die äußeren Bereiche schaffen 8′. Etwa viermal weiter entfernt, nicht mehr im Bildfeld der Aufnahme, befindet sich die SBb-Galaxie NGC 1055. Beide Galaxien liegen in ähnlicher Distanz von etwa 48 Millionen Lichtjahren zur Milchstraße. Ihr Winkelabstand von 30′ entspricht einem Abstand von 420.000 Lichtjahren und macht aus den Galaxien Wechselwirkungspartner. Die dadurch herrschenden Gezeitenkräfte können die Materie in den Hauptebenen beeinflussen und so wechselseitig auch eine aktive Phase durch induzierte Massenakkretion zum Zentrum hin auslösen.
Bei M 77 zeigt sich diese Aktivität in ihrer Typisierung als Seyfert-2-Galaxie. Sie ist die uns nächstgelegene und hellste Seyfert-Galaxie. Zudem ist sie als Radioquelle 3C 71 sowie als helle, im Infraroten strahlende Quelle (ULIRG, engl. „ultraluminous infrared galaxy“) bekannt.
Mit den heutigen Möglichkeiten der Infrarot-Interferometrie kann die Bewegung von Molekülwolken in hochaufgelöster Form beobachtet werden. Auf diese Weise gelingt für M 77 der Nachweis für den Transport von Gas im Kernabstand von nur 0,18″, was etwa 45 Lichtjahren entspricht und somit an die Größenordnung des Staubtorus der AGN heranreicht. Aufgrund der geringen Dispersion der gemessenen Gasgeschwindigkeiten wird die Existenz einer Scheibe aus molekularem Gas vermutet. Diese Scheibe besitzt im Inneren eine Dicke von 33 Lichtjahren und im Außenbereich, an dem auch die Spiralarme ansetzen, eine Scheibendicke von 330 Lichtjahren. Durch den Vorteil der „face-on“-Perspektive können die genauen Geschwindigkeitsmessungen in M 77 zur Überprüfung komplexer kinematischer Modelle herangezogen werden. So konnte herausgefunden werden, dass die Gasscheibe eine zentrale Masse von etwa 17 Millionen Sonnenmassen besitzt und vermutlich nicht eben, sondern stark verformt sein muss.

OBJEKT	M 77
STERNBILD	Cetus
REKT.	$02^h\ 42^m\ 41^s$
DEKL.	−00° 00′ 48″
HELLIGKEIT	9,6 mag
TYP	(R)SA(rs)b
FOTOGRAFEN	Josef Pöpsel
TELESKOPE	60-cm-Reflektor
KAMERA	SBIG ST-10XME
BELICHTUNGSZEIT	42 min
ORT	Amani Lodge, Namibia

M 82

Die irreguläre Galaxie M 82 (NGC 3034) ist mit 11′ Durchmesser und einer visuellen Helligkeit von 9 mag eine der größten und hellsten Galaxien im *Atlas der Pekuliären Galaxien* (Arp) und ist dort als Nr. 337 geführt. Selbst Halton Arp konnte die Galaxie nicht eindeutig zuordnen, weshalb sich Arp 337 in der letzten der 39 Klassen unter „Verschiedenes" wiederfindet. M 82 ist die uns nächstgelegene Starburst-Galaxie und die Aktivität geht auf eine vergangene Gezeitenwechselwirkung mit der Nachbargalaxie M 81 zurück, bei der sie große Teile ihrer Spiralstruktur eingebüßt haben muss. Die Längenskala entspricht bei der Entfernung von 15 Millionen Lichtjahren etwa 4400 Lichtjahren pro Bogenminute, woraus sich ein Durchmesser von 48.000 Lichtjahren für M 82 ergibt.

Im optischen Bereich offenbart NGC 3034 auffällige, filamentartige Strukturen, die sich in Nord-Süd-Richtung erstrecken. Der Zentralbereich dieser aktiven Galaxie zeigt ein strukturiertes Staubband, in dem mehrere, aktive Sternentstehungsgebiete beobachtet werden. Diese riesigen Sternhaufen (engl. „super star clusters") enthalten viele heiße OB-Sterne. In der zentralen Region, die etwa 1000 Lichtjahre umfasst, entstehen senkrecht zur Hauptebene gerichtete starke Sternwinde, engl. „superwinds", die die äußeren Filamente mit Energie versorgen. Diese zentrale Starburst-Region liegt an den zusammenstoßenden Spitzen zweier kegelförmiger Strukturen. In diesen einige Tausend Lichtjahre hinausreichenden Gebilden wird Staub und Gas nach außen transportiert, wobei der Öffnungswinkel der Kegel 50° groß ist. Somit ist der Strom deutlich weniger fokussiert als bei den Jets radiolauter aktiver Galaxien, die M 82 folglich an Masse und Größe übertreffen.

OBJEKT	M 82
STERNBILD	Ursa Major
REKT.	09h 55m 53s
DEKL.	+69° 40′ 46″
HELLIGKEIT	9,3 mag
TYP	I0 edge-on
FOTOGRAFEN	Adam Block
TELESKOP	800-mm-Reflektor
KAMERA	SBIG STX-16803
BELICHTUNGSZEIT	2480 min
ORT	Mount Lemmon SkyCenter/ University of Arizona, USA

NGC 3079

Diese Aufnahme blickt in Richtung Ursa Major und zeigt als auffälligstes Objekt NGC 3079, eine 8′ × 1,5′ große SB-Galaxie, die als aktive Galaxie geführt ist. Ihre Aktivität zeigt sie zum einen als Starburst-Galaxie mit vielen Sternentstehungsregionen in den Spiralarmen. Andererseits besitzt NGC 3079 das typische Emissionslinienspektrum einer Seyfert-2-Galaxie. Es zeigt sich demnach eine aktive Galaxie, deren Akkretionsschreibe nicht direkt zu beobachten ist, da der umgebende Staubtorus den Blick versperrt. Mit dem Hubble Space Telescope konnte in NGC 3079 eine große Blasenstruktur nachgewiesen werden, die im zentralen Bulge liegt und sich über etwa 3000 Lichtjahre erstreckt. Diese Blase enthält heißes Gas, das aus Supernovaexplosionen und dem stellaren Wind heißer Sterne der zentralen Sternentstehungsregionen gespeist wird. Zudem offenbarte das Hubble Space Telescope Hα-Filamente, die sich in die Blase hinein erstrecken. Mit Hilfe des Canada-France-Hawaii Telescope konnte zudem die enorme Geschwindigkeit von sechs Millionen Kilometern pro Stunde in diesen aufsteigenden Gasfilamenten gemessen werden.

Durch Verlängerung der Hauptebene der Galaxie um das 1,5-fache in Richtung Norden (rechts) wird das Auge des Betrachters zu einem scheinbaren Doppelstern (siehe Pfeil) geführt. Dabei handelt es sich um die in der Kapiteleinführung beschriebene Gravitationslinse GL Q0957+561. In der kleineren Zusatzabbildung befindet sich die Aufnahme des Hubble Space Telescope mit den Komponenten des Quasars QSO 0957+561 in der Bildmitte. Dicht bei der linken, südlicheren B-Komponente ist eine um 5–6 mag lichtschwächere Elliptische Galaxie zu sehen. Diese als Q0957+561 G1 bezeichnete Galaxie liegt mit einer Rotverschiebung von z = 0,36 vor dem Quasar und wirkt als Gravitationslinse. Durch sie ist ein Doppelbild des Quasars mit einer Auftrennung von 6,2″ zu sehen. Die Entfernung der Galaxie der Galaxie zur Milchstraße beträgt 3,7 Milliarden Lichtjahre und ihr Winkeldurchmesser von 0,42′ ergibt einen projizierten Durchmesser von 380.000 Lichtjahren. Dies lässt den Schluss zu, dass es sich bei Q0957+561 G1 um eine große cD-Galaxie inmitten eines Galaxienhaufens handeln könnte. Der Kern der Galaxie ist nur eine Bogensekunde von der linken B-Komponente des Quasarbildes entfernt. Die Rotverschiebung des Quasars selbst beträgt z = 1,41 und seine Entfernung somit 8,7 Milliarden Lichtjahre. Der Fokussierungseffekt der Gravitationslinse bewirkt, dass die B-Komponente etwas größer und heller im Vergleich zur rechts liegenden A-Komponente erscheint, die das ungestörte Bild des Quasars zeigt. Radioaufnahmen konnten zudem einen einseitigen Jet zeigen, der einige Bogensekunden weit aus dem Zentrum herausreicht. Mittels Radioaufnahmen wurden bei beiden Komponenten symmetrische Jets nachgewiesen. Dies bestätigt die Vermutung, dass es sich beim „Doppelquasar“ QSO 0957+561 um einen Abbildungseffekt handelt.

OBJEKT	NGC 3079
STERNBILD	Ursa Major
REKT.	$10^h\ 01^m\ 58^s$
DEKL.	+55° 40′ 47″
HELLIGKEIT	10 mag
TYP	SB(s)c edge-on
FOTOGRAFEN	Johannes Schedler
TELESKOP	400-mm-Reflektor
KAMERA	SBIG STL-11000
BELICHTUNGSZEIT	150 min
ORT	Panther Observatory, Wildon, Österreich

HS 1216+5032

Im Zentrum der Aufnahme befinden sich zwei dicht benachbarte, sternähnliche Objekte (siehe Pfeilmarkierung). Dabei handelt es sich um die Komponenten A und B des Doppelquasars HS 1216+5032. Die oben liegende A-Komponente ist mit 17,2 mag heller als die 9,1″ weiter nördlich stehende B-Komponente mit 19,0 mag. Die wenig gebräuchliche Katalogbezeichnung HS 1216+5032 verweist auf den *Hamburg ESO/QSO Survey*, der an der Hamburger Sternwarte zur Verifikation von Quasarkandidaten Mitte der 1990er Jahre entstand. Bei der Untersuchung der optischen Spektren von HS 1216+5032A/B fanden Astronomen nahezu identische Spektren sowie eine Rotverschiebung von z = 1,455. Daraus ergibt sich für beide Quellen eine kosmologische Entfernung von 10,7 Milliarden Lichtjahren und ein projizierter Abstand von etwa 260.000 Lichtjahren.

Die dazu genutzten Aufnahmen wurden allerdings nicht an der Hamburger Sternwarte aufgenommen, sondern mittels der Objektivprismenplatte des 0,8-m-Schmidt-Teleskops auf dem Calar Alto in Spanien. Wurde dabei ein vielversprechendes Spektrum eines Kandidaten gefunden, wurde dieser mit dem deutsch-spanischen 2,2-m-Teleskop (ebenfalls auf dem Calar Alto) eingehend spektral untersucht und im positiven Fall als Quasar verifiziert.

Die Möglichkeit, dass es sich bei HS 1216+5032 um das Bild eines starken Gravitationslinseneffektes handeln könnte, kann durch den genauen Vergleich der Komponentenspektren ausgeschlossen werden. So wurden in beiden Spektren auffällige Emissionslinien von ionisiertem Kohlenstoff und Magnesium nachgewiesen (CIV, CIII, MgII). Trotz dieser Ähnlichkeit weisen die Spektren Unterschiede in ihren Kontinua auf: So ist das Spektrum der B-Komponente rötlicher und zeigt eine breite CIV-Absorptionslinie, die im blauen Flügel der CIV-Emissionslinie liegt. Diese Absorption wird durch eine Molekülwolke verursacht, die sich dicht vor einem der Quasare befindet; der andere Quasar wird nicht von der Wolke verdeckt. Zudem finden sich weitere Hinweise darauf, dass sich die Komponenten maßgeblich unterscheiden. Während die B-Komponente radiolaut ist, emittiert die A-Komponente kaum Radiostrahlung. Weiterhin zeigen die Helligkeitsverläufe der Komponenten keine zeitliche Korrelation. So finden sich keine Signaturen, die zunächst im Licht der einen und dann zeitversetzt im Licht der anderen Komponente auftreten. HS 1216+5032 ist mit großer Sicherheit ein Doppelquasar, der wahrscheinlich aus zwei besonders aktiven, miteinander wechselwirkenden Mitgliedern eines weit entfernten Galaxienhaufens besteht.

OBJEKT	HS 1216+5032
STERNBILD	Canes Venatici
REKT.	$12^h\ 18^m\ 41^s$
DEKL.	+50° 15′ 36″
HELLIGKEIT	17,1 mag
TYP	E/QSO
FOTOGRAFEN	Michael König
TELESKOP	355-mm-Reflektor
KAMERA	SBIG STL-11000
BELICHTUNGSZEIT	120 min
ORT	Rimbach, Deutschland

M 87

M 87 (NGC 4486) ist eine Elliptische Riesengalaxie, die im Zentrum des etwa 2000 Mitglieder umfassenden Virgo-Haufens steht. Da sie allerdings nicht genau zentral, sondern leicht versetzt zum Zentrum zu beobachten ist, kann auf andauernde Wechselwirkungsprozesse im Haufen geschlossen werden. Diese cD-Galaxie ist das Ergebnis vieler Verschmelzungsprozesse. Wird die große Anzahl von 14.000 Kugelsternhaufen in M 87 genutzt, lässt sich abschätzen, dass M 87 etwa 50 Spiralgalaxien beherbergen muss. Diese Schätzung wird dadurch belegt, dass die Gesamtmasse von M 87 mit 7×10^{12} Sonnenmassen um etwa das 50-fache über der Masse einer gewöhnlichen Spiralgalaxie ($1–2 \times 10^{11}$ Sonnenmassen) liegt. Mit der großen Zahl von Verschmelzungen ist auch ein anhaltender Zufluss von Materie ins Zentrum verbunden, der die Akkretionsscheibe und somit das supermassive Schwarze Loch mit 0,1 Sonnenmassen pro Jahr versorgt. Die Masse des Schwarzen Lochs in M 87 beträgt über 6×10^{9} Sonnenmassen, was einen Rekordwert für aktive Galaxien darstellt, und gibt zudem die Erklärung, warum M 87 sowohl im Radio-, Röntgen- als auch im Gamma-Bereich eine prominente Quelle ist. Besonderen Anreiz für Astrofotografen stellt der Jet im Optischen dar, der auf der Aufnahme (siehe auch die vergrößerte Darstellung) gut zu erkennen ist. Seine scheinbare Länge beträgt etwa 20″, was in Projektion einer Strecke von 5000 Lichtjahren entspricht. Der Jet besitzt eine geringe Inklination von wenigen Grad; er weist also fast direkt in Beobachtungsrichtung, was erlaubt, zwei besondere Phänomene auszumachen: Zum einen ist das „relativistic beaming" zu erkennen, bei dem es sich um eine Helligkeitsverstärkung des auf uns gerichteten Jets handelt. Diese ist mit einer Abschwächung des Gegenjets verbunden, woraus ein hohes Kontrastverhältnis zwischen beiden Jets folgt. Dieses Phänomen erklärt, warum nur ein Jet zu erkennen ist. Der andere Effekt wird als „superluminal motion" beschrieben, wobei es sich um eine scheinbare Bewegung einzelner Strukturen mit Überlichtgeschwindigkeit handelt. Dieses Phänomen stellt allerdings keinen Widerspruch zur Speziellen Relativitätstheorie dar, sondern ist lediglich ein Beobachtungseffekt. Dieser ergibt sich aus der speziellen Kombination eines geringen Inklinationswinkels des Jets und der Geschwindigkeit der Jetmaterie, die sich mit annähernd Lichtgeschwindigkeit bewegt. Die Rechnungen zu diesem Projektionseffekt zeigen, dass sich die hellen Emissionsstrukturen im Jet mit Überlichtgeschwindigkeit zu bewegen scheinen. Bei einer relativistischen Geschwindigkeit der Jetmaterie von 0,9 c würde sich etwa eine scheinbare Geschwindigkeit von 2 c zeigen. Die Überlichtgeschwindigkeit im Jet ist aber nur eine kosmische Illusion und die Spezielle Relativitätstheorie gilt weiterhin.

OBJEKT	M 87
STERNBILD	Virgo
REKT.	12^{h} 30^{m} 49^{s}
DEKL.	+12° 23′ 28″
HELLIGKEIT	9,6 mag
TYP	cD0-1 pec
FOTOGRAFEN	Philipp Keller, Konstantin Buchhold, Bernd Flach-Wilken, Johannes Schedler, Volker Wendel (Chart 32-Team)
TELESKOP	800-mm-Reflektor
KAMERA	FLI Proline 16803
BELICHTUNGSZEIT	220 min
ORT	CTIO, Chile

N

ABELL 2218

Im Jahre 1989 wurde eine vervollständigte Version des *Catalog of Rich Clusters of Galaxies* von George O. Abell veröffentlicht, die im Vergleich zu seiner ersten Publikation (1958) auch Deklinationen südlicher als –27° berücksichtigte und insgesamt 4073 Haufen auflistete. Das Aufnahmekriterium für einen Galaxienhaufen war dabei eine Mindestanzahl von 30 Galaxien, die, bezogen auf das dritthellste Mitglied des Haufens, in einem Helligkeitsintervall von zwei Magnituden liegen müssen. Der Galaxienhaufen Abell 2218 steht im Zentrum des Bildes. In einem Abstand von 4′ in nordöstlicher Richtung fällt die nur eine Bogenminute große Balkenspiralgalaxie PGC 58586 auf. Ihre Helligkeit liegt bei 15 mag, ihre Entfernung beträgt 320 Millionen Lichtjahre. Abell 2218 selbst liegt in einer Distanz von 2,3 Milliarden Lichtjahren (z = 0,175), eine Bogenminute entspricht dabei 670.000 Lichtjahren. Dieser Abstand trennt auch die beiden hellsten großen Elliptischen Galaxien in Abell 2218, die die zwei Massezentren im Haufen definieren. Die hellere der beiden cD-Galaxien schart dabei mehr Haufenmitglieder um sich, die zudem deutlich sphärischer angeordnet sind als bei der zweiten, kleineren cD-Galaxie. Diese zweite Galaxie steht in südöstlicher Richtung in 70″ Abstand, am Ende einer Kette von Galaxien. Sie ist somit Teil einer linearen Substruktur in Abell 2218.
Die differenzierte Massenverteilung im Haufen bestimmt die Lage, Form und Orientierung der feinen, lichtschwachen Kreisbögen, die auf der Aufnahme zu sehen sind, und die auf den schwachen Gravitationslinseneffekt zurückgehen. Durch die beiden Massezentren wirkt Abell 2218 als ein zweifaches Gravitationslinsenteleskop. In der Ausschnittsvergrößerung lassen sich etwa ein Dutzend der Kreisbögen identifizieren, wenn zur Hilfestellung die Aufnahme des Hubble Space Telescope herangezogen wird. Diese liefert im Bereich von 22–25 mag mehr als 80 Bögen mit einem guten Signal-Rausch-Verhältnis. Besonders auffällig ist ein orangefarbener Bogen links unterhalb der helleren cD-Galaxie. Bei diesem handelt es sich um das verformte Bild einer Elliptischen Galaxie bei z = 0,702. Diametral zu diesem Bogen stehen zwei sich fast berührende Kreisbögen. Der hellere Bogen verweist auf eine entferntere Galaxie bei z = 2,515; für den kürzeren, lichtschwächeren Bogen wird z = 0,532 gemessen. Am zweiten Massezentrum zeigt die Aufnahme rechts der cD-Galaxie, die im Inset links unten zu sehen ist, sogar einen Bogen mit schwacher Feinstruktur. Dort ist ein orangegelber Mittelteil zu erahnen, der auf eine abgebildete Spiralgalaxie schließen lässt (z = 1,034). Ohne die Wirkung der Gravitationslinse Abell 2218, deren Massenmodell eine Lichtverstärkung um das 15- bis 25-fache bewirkt, wäre eine Aufnahme dieser weit entfernten Quellen für Amateurastronomen nicht möglich.

Mit der neuesten „Advanced Camera for Surveys“ (ACS) des Hubble Space Telescope konnte, unterstützt durch erdgebundene Beobachtungen am Keck-Teleskop auf Hawaii, ein Mehrfachbild in Abell 2218 aufgenommen werden, das auf eine Galaxie mit einer Rotverschiebung im Bereich von 6,6–7,1 zurückgeht. Die Entfernungsschätzung erfolgte dabei nicht mit Hilfe von Spektrallinien, sondern unter Nutzung der Lage des spektralen Kontinuums im infraroten Spektralbereich. Diese äußerst lichtschwache Galaxie hat eine Helligkeit von 28 mag. Aus den Abbildungseffekten der Gravitationslinse kann auf eine sehr kompakte, nur etwa 3000 Lichtjahre große Quelle geschlossen werden. Vermutlich handelt es sich um den Kern einer „star forming galaxy“, die wir zur Zeit des Endes der kosmischen Reionisation beobachten. In dieser Frühphase des Universums, rund 150–800 Millionen Jahre nach dem Urknall, entstanden die ersten Sterne in den Urgalaxien aus leuchtender Materie. Deren Licht beendete das sogenannte „dunkle Zeitalter“, indem es das Wasserstoffgas durch ihre intensive UV-Strahlung wieder in Protonen und Elektronen aufspaltete und somit durchsichtig machte.
Bei dieser Amateuraufnahme lässt sich ein Vergleich zum Bildfeld der „Wide Field and Planetary Camera“ (WFPC2, genutzt 1993–2009) anstellen: Die WFPC2 besteht aus einem CCD-Array von insgesamt vier Chips. Drei von ihnen sind L-förmig angeordnet, der vierte ist im L-Knick eingeschlossen. Dieser vierte Chip („planetary camera chip“) besitzt nur ein Viertel der Fläche der größeren CCDs, allerdings eine 2,2-fach bessere Auflösung. Das lückenhafte Bildfeld umfasst 2,7′ × 2,7′ und deckt die Größe von Abell 2218 fast vollständig ab.

OBJEKT	Abell 2218
STERNBILD	Draco
REKT.	$16^h\ 35^m\ 52^s$
DEKL.	+66° 12′ 52″
HELLIGKEIT	17 mag
TYP	Galaxienhaufen
FOTOGRAFEN	Josef Pöpsel, Stefan Binnewies
TELESKOP	600-mm-Reflektor
KAMERA	SBIG STL-11000
BELICHTUNGSZEIT	330 min
ORT	Skinakas-Observatorium, Kreta, Griechenland

SLACS J1718+6424

Diese Aufnahme zeigt eine Galaxiengruppe im Sternbild Draco, die nahe bei einem 12 mag hellen Vordergrundstern steht (Tycho 4206 994) und als Gruppe nur im „Sloan Digital Sky Survey" (SDSS R3) katalogisiert wurde. Die hellsten acht Mitglieder decken eine Fläche von 3′ × 1,5′ ab und ihre Helligkeiten liegen im Bereich von 17–18 mag. Die Nord-Süd-Richtung verläuft entlang der Bilddiagonalen; Norden liegt unten rechts. Für einige Galaxien bestätigen die SDSS-Daten einen ähnlichen Entfernungswert von 1,2 Milliarden Lichtjahren, d.h. eine Bogenminute entspricht einer projizierten Strecke von 350.000 Lichtjahren. Es erscheint daher plausibel, von einer zusammenhängenden und somit auch wechselwirkenden Gruppe auszugehen. Die Durchmesser der Spiralgalaxien liegen meist zwischen 15″ und 20″, was der typischen Größenordnung von 100.000 Lichtjahren entspricht.
Zur Erfassung der spektroskopischen Daten wurden automatisierte Verfahren eingesetzt, um die Vielzahl der identifizierten Galaxien zu untersuchen. Zudem sollte festgestellt werden, ob sich in einem Galaxienspektrum von geringer Rotverschiebung Emissionslinien mit höherer Rotverschiebung nachweisen lassen. Dies wäre ein Hinweis auf einen starken Gravitationslinseneffekt, der durch die uns näher liegende Galaxie hervorgerufen würde. Die gefundenen Kandidaten wurden mit der ACS-Kamera (Advanced Camera for Surveys, seit 2002) des Hubble Space Telescope mittels einer Schnappschuss-Kampagne untersucht. Dabei wurde in Aufnahmen mit nur sieben Minuten Belichtungszeit geprüft, ob die Galaxie eine Gravitationslinse ist und Fragmente oder vollständige Einstein-Ringe zu sehen sind. Für diese Analysen musste der Galaxienkern sowie die Spiralarme – die gesamte stellare Dynamik – herausgerechnet werden, um auf das Bild der weit entfernten Quelle zu schließen. Die so gefundenen Gravitationslinsen werden als Eintrag im SLACS-Katalog geführt (*Sloan Lens ACS Survey Cataloge*).
Die Aufnahme zeigt die Linse SLACS J1718+6424, die auf die Quelle SDSS J171837.39+642451.9 zurückgeht. In der Aufnahme ist sie, beginnend beim 12 mag-Stern, 2,8′ nach links oben gehend zu finden. Dort stehen zwei ähnliche Galaxien; die obere besitzt einen etwas helleren Kern, die untere zeigt sogar zwei Aufhellungen im Kern – hierbei handelt es sich um SLACS J1718+6424. Ihre Rotverschiebung ist mit z = 0,00898 angegeben, was sie zu einer der nächstgelegenen SLACS-Galaxien macht. Die durch sie abgebildete Quellengalaxie liegt bei z = 0,737 und der Radius des gefundenen Einstein-Ringes beträgt 4,7″. Auf der Aufnahme ist dies nur schwer zu erkennen, es zeigt sich allerdings der Ansatz des Ringes direkt unterhalb des linken gelben Doppelkerns (siehe Ausschnittvergrößerung oben links). Dieser ungewöhnliche Kern ist ein Hinweis auf eine frühere Verschmelzung zweier Galaxien. Bestätigt wird dies durch den E-Typ der Galaxie. Anders als bei den Nachbargalaxien weist SLACS J1718+6424 keine Spiralarme auf.
Von SLACS J1718+6424 etwa 2′ weiter nach links gehend, ist das Ende der Gruppe zu sehen. Dabei fällt die Galaxie SDSS J171844.79+642701.8 mit ihrem gebogenen Gezeitenschweif auf (siehe Ausschnittvergrößerung oben rechts). Mittels der Längenskala der Gruppe ergibt sich für den 15″ messenden Schweif eine Projektionslänge von 87.000 Lichtjahren. Dies ist ein typischer Wert und erklärt auch, dass diese Galaxie durch Wechselwirkung eine erhöhte Leuchtkraft besitzt. So ist sie als Infrarotquelle 2MASX J17184475+6427011 aufgeführt.
Die Suche in anderen Katalogen nach assoziierten Quellen führt zur Radioquelle NVSS J171846+642702 in 9,7″ Abstand zum Galaxienkern. Diese geht vermutlich auf einen Jet zurück und passt zum Bild von SDSS J171844.79+642701.8 als aktive Galaxie.

OBJEKT	SLACS J1718+6424
STERNBILD	Draco
REKT.	17ʰ 18ᵐ 37ˢ
DEKL.	+64° 24′ 52″
HELLIGKEIT	17,2 mag
TYP	E
FOTOGRAFEN	Josef Pöpsel, Makis Palaiologou
TELESKOP	600-mm-Reflektor
KAMERA	SBIG STX-16803
BELICHTUNGSZEIT	465 min
ORT	Skinakas Observatorium, Kreta, Griechenland

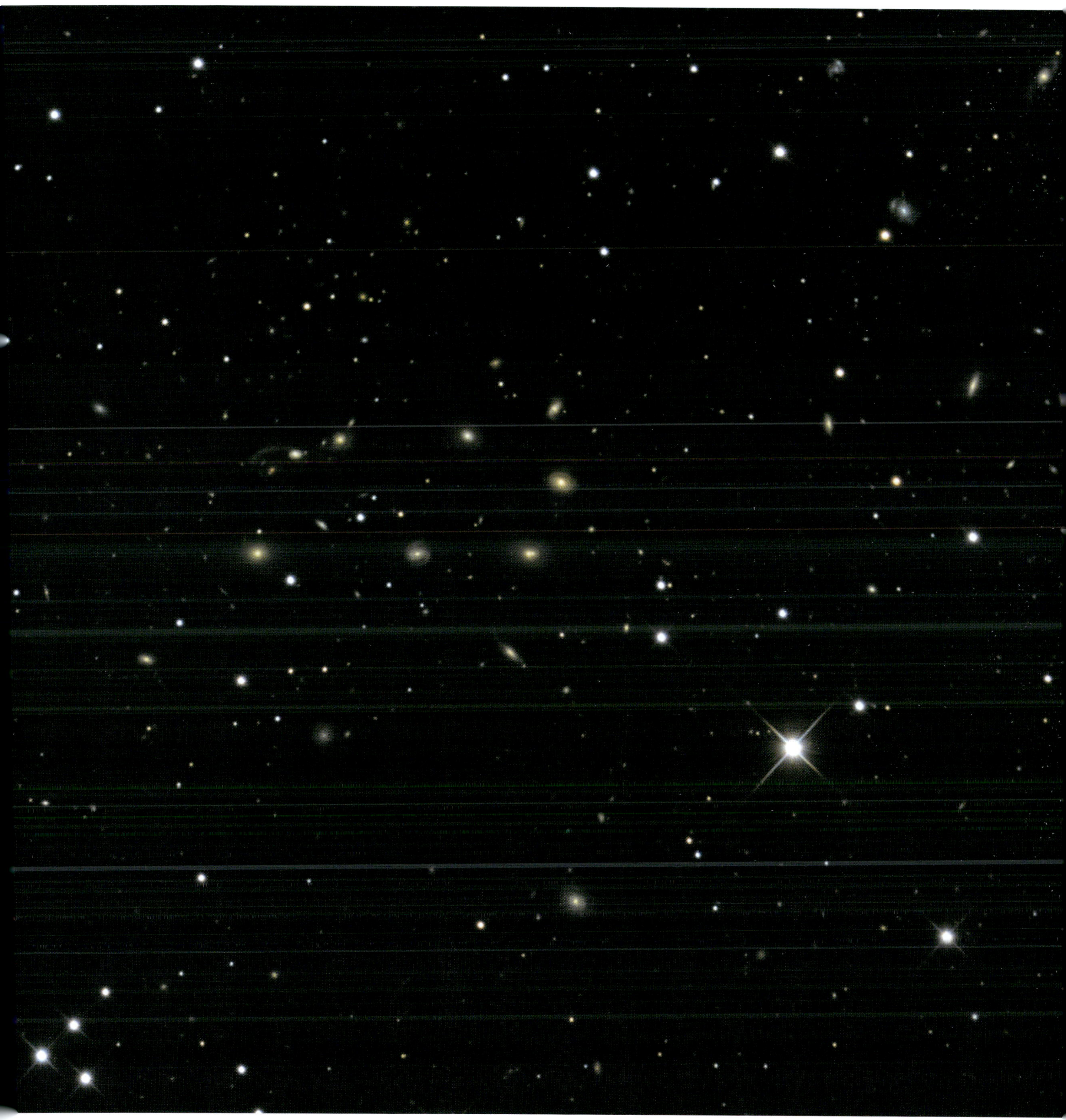

NGC 5068

Bei NGC 5068 handelt es sich um eine SB(s)d-Galaxie, die 20 Millionen Lichtjahre von der Milchstraße entfernt ist. Im äußeren Bereich dieser Balkenspiralgalaxie hat sich die Spiralstruktur nahezu aufgelöst, der zentrale Balken ist hingegen noch gut erkennbar. Das Zentrum erscheint sehr hell und kompakt und in der Balkenregion ist der Kontrast durch eine Überlagerung von Balken und nicht-balkenförmigem stellaren Bulge reduziert. Die Galaxie misst 7,2′ × 6,3′ und mit einer Skalierung von 5800 Lichtjahren pro Bogenminute ergibt sich eine Balkenlänge von 10.000 Lichtjahren.
NGC 5068 zeigt zudem die SBd-typische Besonderheit der asymmetrischen Balkenenden. Das auf der Aufnahme unten liegende, nördliche Ende erscheint aufgeweitet und besitzt mehr helle HII-Regionen als das andere Balkenende. Diese HII-Regionen finden sich wie auf einer Perlenkette aufgereiht entlang des gesamten Balkens.
Neben den HII-Regionen fallen in NGC 5068 viele hellblau gefärbte OB-Assoziationen in den Spiralarmen auf. Die Massen der meisten dieser jungen, heißen Sterne liegen über acht Sonnenmassen. Ihre Sternwinde, wie auch die Supernovae am Ende ihres Lebenszyklus, prägen das Bild der gesamten Galaxie, die man daher auch als „star forming galaxy" bezeichnet. Somit kann NGC 5068 als „milde" Erscheinungsform einer aktiven Galaxie beschrieben werden. Eine wichtige Rolle fällt in diesen Galaxien den Wolf-Rayet-Sternen zu. Dabei handelt es sich um Sterne, die sich in Ihrer Entwicklung bereits von der Hauptreihe entfernt haben und deren Kernfusion von zentralem Brennen zu Schalenbrennen gewechselt hat. Steht ein solcher Wolf-Rayet-Stern in einem Doppelsternsystem, so führt die Expansion seiner äußeren Schichten dazu, dass Materie zum Partner überfließt und der Stern selbst seine äußere Hülle verliert. Die Folge des dadurch freigewordenen Strahlungsdrucks aus dem Inneren sind starke Sternwinde und ein hoher Masseverlust von etwa 10^{-4}–10^{-5} Sonnenmassen pro Jahr. Mit Hilfe von detaillierten spektroskopischen Untersuchungen wurden 160 Wolf-Rayet-Sterne in NGC 5068 identifiziert. Zudem besteht ein Zusammenhang zwischen der Häufigkeit von Wolf-Rayet-Sternen und der von O-Sternen in den Assoziationen. So wurden etwa 9000 O-Sterne in NGC 5068 gefunden, woraus sich eine Soll-Zahl von 270 Wolf-Rayet-Sternen ergibt. Da die tatsächliche Anzahl allerdings geringer ist, gehen Astronomen davon aus, dass ihre Suche lichtschwächere Wolf-Rayet-Sterne nicht erfassen konnte, weil diese in den hellen OB-Bereichen überstrahlt werden

OBJEKT	NGC 5068
STERNBILD	Virgo
REKT.	$13^h\ 18^m\ 55^s$
DEKL.	−21° 02′ 21″
HELLIGKEIT	10,5 mag
TYP	SAB(rs)cd
FOTOGRAFEN	Josef Pöpsel, Beate Behle
TELESKOP	600-mm-Reflektor
KAMERA	SBIG ST-10XME
BELICHTUNGSZEIT	140 min
ORT	Amani Lodge, Namibia

PGC 69457 EINSTEIN-KREUZ

Die Spiralgalaxie PGC 69457 (UZC J224030.2+032131, *Updated Zwicky Catalog*) befindet sich in einer Entfernung von 520 Millionen Lichtjahren zur Milchstraße. Die Winkelgröße von 0,87′ × 0,34′ liefert einen projizierten Scheibendurchmesser von 132.000 Lichtjahren. In den Katalogen wird PGC 69457 zwar als Sab-Typ geführt, die Aufhellungen am Ansatz der Spiralarme lassen allerdings vermuten, dass die Galaxie einen Balken besitzt. Im Galaxienkern fallen außerdem vier kreuzförmig angeordnete Lichtpunkte auf, die ein etwas lichtschwächeres, weniger fokussiert wirkendes Zentrum umgeben, das in der Literatur als „Einstein-Kreuz", engl. „Einstein Cross", bekannt wurde (siehe Vergrößerung). Dieses besitzt eine Größe von 1,7″ × 1,4″ und ist im Gravitationslinsenkatalog von H. K. C. Yee unter Y88 verzeichnet. Zu Ehren von John Huchra, der das Kreuz 1985 in Untersuchungsdaten entdeckte, ist es auch unter dem Namen „Huchra's Lens" bekannt. Dieser mehrfach abgebildete Quasar ist 20-mal weiter als die Linsengalaxie PGC 69457 entfernt und ist als QSO 2237+0305A katalogisiert.

Das vierfache Bild eines weit entfernten Quasars lässt sich darauf zurückführen, dass das Gravitationslinsen-System keine Axialsymmetrie besitzt und die Linsenwirkung nicht sphärisch ist. In der Regel produzieren axialsymmetrische Systeme Einstein-Ringe und sphärische, aber asymmetrische Systeme erzeugen Doppelbilder. So besitzen Spiralgalaxien mehrere Massenkomponenten, die in Modellbetrachtungen so angeordnet werden können, dass das vierfache Quasarbild reproduziert wird. Das beste Massenmodell in PGC 69457 beinhaltet eine elliptische Balkenkomponente, die etwa 20° gegen die Hauptachse des Einstein-Kreuzes geneigt ist. Die Rechnung liefert für die innerhalb der im Linsenradius enthaltenen größten Massenkomponenten $14{,}3 \times 10^9$ Sonnenmassen für den Bulge und $1{,}2 \times 10^9$ Sonnenmassen für den Balken. Da die Rotationskurve im Zentrum von PGC 69457 nur wenige Messpunkte besitzt, ist eine detaillierte kinematische Modellierung des Balkens allerdings schwierig. Daher kann angenommen werden, dass die Linsengeometrie durch eine zentrale vierarmige Spiralstruktur verursacht wird. Solche Miniaturspiralen nahe dem Zentrum können in einigen SB-Typen beobachtet werden. Diese sind durch den Balken vom äußeren Scheibenbereich entkoppelt, der durch zwei Spiralarme bestimmt wird.

OBJEKT	PGC 69457
STERNBILD	Pegasus
REKT.	$22^h\ 40^m\ 30^s$
DEKL.	+03° 21′ 31″
HELLIGKEIT	16,8 mag
TYP	Sab/GL
FOTOGRAFEN	Makis Palaiologou
TELESKOP	1,3-m-Reflektor
KAMERA	SBIG STL-6303
BELICHTUNGSZEIT	170 min
ORT	Skinakas-Observatorium, Kreta, Griechenland

ANDROMEDA'S PARACHUTE

Im Juni 2017 wurde mit dem Pan-STARRS1-Teleskop auf Maui (der zweitgrößten Insel von Hawaii) im Sternbild Andromeda ein vierfach gelinster Quasar (PS J0147+4630) entdeckt. Besondere Aufmerksamkeit erreichte der damals in der Veröffentlichung benutzte Name „Andromeda's Parachute" (dt. Fallschirm). Das Bildfeld der Aufnahme misst nur 3,2′ × 2,4′. Fast genau im Zentrum steht der 12 mag helle Stern TYC 3279-1686-1, rechts oberhalb befindet sich das Vierfachbild des Quasars (vgl. Inset). Dieses Gebilde aus drei helleren Punkten und einem etwas Schwächeren darunter überdeckt nur etwa 3,3″ × 2,7″.
Wir beobachten hier einen Quasar, dessen Licht durch eine Gravitationslinse, also eine massereiche Galaxie, die sich fast genau in Beobachtungsrichtung befindet, in vier Teilbilder gespalten wird. Wie beim Einstein-Kreuz (siehe Seite 429) erzeugen vier Lichtbahnen die vier Bilder, jedoch besitzt die linsende Galaxie ein kleines Offset und bewirkt, dass eine der vier Bahnen einen Umweg zu uns nehmen muss. Vergrößert man die Aladin-HST-Aufnahme, kann man dieses Offset messen und findet so heraus, dass die Galaxie etwa 60 mas neben der im Bild fast vertikal liegenden Symmetrieachse positioniert ist. Für die Rotverschiebungen der vier Bilder misst man den gleichen Wert von $z = 2{,}357 \pm 0{,}002$ (Stand Mai 2023). Dies war 2017 der Beleg, dass die Bilder einen gemeinsamen Ursprung haben müssen. Die zugehörige Lichtlaufzeit beträgt 10,8 Mrd. Jahre ($H_0 = 69{,}6$ km/s/Mpc, $\Omega_M = 0{,}3$).
Die die Gravitationslinse verursachende Galaxie ist auf der Pan-STARRS1-Aufnahme nicht zu sehen, sie ist zu schwach. Aus der fotometrischen Modellierung errechnete man einen Wert von $z = 0{,}57$ (heute 0,678, entsprechend 6,2 Mrd. Jahren Lichtlaufzeit). Die modellierte Linsenform verwies auf einen frühen, massereichen E-Typ. Eine gestochen scharfe HST-WFC3-Aufnahme zeigte die Galaxie dann als schwachen Lichtpunkt zwischen den drei Fallschirmbildern und dem Piloten. Die Helligkeiten der vier gelinsten Quasarbilder liegen zwischen 15,4 mag und 17,7 mag und gehen zum einen auf die unterschiedliche Linsenwirkung und damit eine leicht andere Lichtverstärkung zurück. Außerdem durchlaufen die vier Bahnen andere Absorptionswege. In einem Artikel aus 2022 ergaben Messungen, dass das Licht des Piloten-Bildes etwa 170 Tage länger zu uns unterwegs ist. Hochaufgelöste ESI-Spektren mit dem Keck-Teleskop aus 2018 zeigen Si- und C-Absorptionslinien und lassen vermuten, dass es sich um einen BAL-Quasar (Broad Absorption Line) handelt. Astronomen konnten auch eine Hα-Abströmung des Quasars nachweisen. In den Spektren fanden sich aufgereiht weitere Absorptionslinien bei geringer werdenden Rotverschiebungen – dies ist der lehrbuchgerechte Hinweis auf intergalaktische Wolken, die die vier Lichtstrahlen auf ihren langen Wegen zu uns durchlaufen haben.
In den Helligkeits-Zeitreihen der vier Bilder des Quasars kann man kleine Variationen (sogenanntes Microlensing) nachweisen und über die Akkretionsscheibengröße auf die enorme Masse von 2,2 Mrd. Sonnenmassen für das supermassive Schwarze Loch im Zentrum schließen. Sieht man einmal von Gamma Ray Bursts ab, so ist der Quasar die hellste Quelle am Himmel mit Rotverschiebungen von $z > 1{,}4$ – und nur durch eine zufällig auf (fast) halbem Wege liegende Galaxie für uns sichtbar gemacht.

OBJEKT	PS J0147+4630
STERNBILD	Andromeda
REKT.	$01^h\ 47^m\ 09^s$
DEKL.	+46° 30′ 37″
HELLIGKEIT	15,4 mag / 17,7 mag
TYP	Quasar/Gravitationslinse
FOTOGRAFEN	Makis Palaiologou, Stefan Binnewies
TELESKOP	1,3-m-Reflektor
KAMERA	Andor DZ 436
BELICHTUNGSZEIT	20 min
ORT	Skinakas-Observatorium, Kreta, Griechenland

☞ *Literaturhinweise*

ABELL 262

de Juan, L. u.a.: *Surface photometry of low-luminosity radio galaxies,* Astrophysical Journal Supplement Series, 91, 1994

Fath, E. A.: *Focal Pointe Observatory*, http://bf-astro.com/fath.htm

Fath, E. A.: *The Story of the Spirals*, The Century Magazine, 1912, http://www.unz.org/Pub/Century-1912sep-00757

ABELL 370

Schneider, P: *Gravitationslinseneffekte*, 2006, https://astro.uni-bonn.de/~peter/Poster3d.html

Hu, E.M. u.a.: *A Redshift z = 6.56 Galaxy behind the Cluster Abell 370*, The Astrophysical Journal, 568, 2002

ABELL 426

Abell, G. O.: *The distribution of rich clusters of galaxies. A catalogue of 2712 rich clusters found on the National Geographic Society Palomar Observatory Sky Survey*, Astrophysical Journal Supplement Series, 3, 1958

Leslie, P. R. R. und Elsmore, B.: *Radio emission from the Perseus cluster*, The Observatory, 81, 1961

Salomé, P. u.a.: *A very extended molecular web around NGC 1275*, Astronomy and Astrophysics, 531, 2011

ABELL 779

Lauer, T. R.: *The Morphology of Multiple Nucleus Brightest Cluster Galaxies*, Astrophysical Journal, 325, 1988

ABELL 1367

McConnell, N. J.: *Two ten-billion-solar-mass black holes at the centres of giant elliptical galaxies*, Nature, 480, 2011

Sanderson, A. J. R. u.a.: *A statistically-selected Chandra sample of 20 galaxy clusters – I. Temperature and cooling time profiles*, Monthly Notices of the Royal Astronomical Society, 372, 2006

ABELL 1656

Fisher, D. u.a.: *Kinematics of 13 brightest cluster galaxies*, Astrophysical Journal, 438, 1995

Nevalainen, J. u.a.: *Non-thermal Hard X-Ray Emission in Galaxy Clusters Observed with the BeppoSAX PDS*, Astrophysical Journal, 608, 2004

Zwicky, F.: *On the Masses of Nebulae and of Clusters of Nebulae*, Astrophysical Journal, 86, 1937

ABELL 1783

Klimanov, S. A. u.a.: *A Kinematic Study of M51-Type Galaxies*, Astronomy Letters, 28, 2002

ABELL 2065

Association of Universities for Research in Astronomy: *The STScI Digitized Sky Survey*, 1994, http://archive.stsci.edu/cgi-bin/dss_form

Flin, P. und Krywult, J.: *Substructures in Abell clusters of galaxies*, Astronomy and Astrophysics, 450, 2006

ABELL 2151

Bucknell, M. J. u.a.: *Studies of rich clusters of galaxies – V. Photometry and luminosity functions for eight clusters*, Monthly Notices of the Royal Astronomical Society, 188, 1979

Cedrés, B. u.a.: *Star-Forming Galaxies in the Hercules Cluster: Hα Imaging of A2151*, Astronomical Journal, 138, 2009

Hibbard, J. E. und van Gorkom, J. H.: *HI, HII, and R-Band Observations of a Galactic Merger Sequence*, Astronomical Journal, 111, 1996

Liuzzo, E. u.a.: *Parsec-scale properties of brightest cluster galaxies*, Astronomy and Astrophysics, 516, 2010

ABELL 2162

Chincarini, G. u.a.: *Supercluster bridge between groups of galaxy clusters*, Astrophysical Journal, 249, 1981

McConnell, N. J. u.a.: *The Black Hole Mass in the Brightest Cluster Galaxy NGC 6086*, Astrophysical Journal, 728, 2011

ABELL 2199

Lauer, T. R.: *Photometric decomposition of the multiple-nucleus galaxy NGC 6166*, Astrophysical Journal, 311, 1986

ABELL 2218

Abell, G. O. u.a.: *A Catalog of Rich Clusters of Galaxies,* Astrophysical Journal Supplement Series, 70, 1989

Ellis, R.: *Testing Lens Inversion with Abell 2218*, 2015, http://www.astro.caltech.edu/~rse/firstlight/a2218_arcs.gif

Kneib, J. P. u.a.: *A Probable z~7 Galaxy Strongly Lensed by the Rich Cluster Abell 2218: Exploring the Dark Ages*, Astrophysical Journal, 607, 2004

Kneib, J. P. u.a.: *Hubble Space Telescope Observations of the Lensing Cluster Abell 2218*, Astrophysical Journal, 471, 1996

Space Telescope Science Institute: *Hubble Space Telescope WFPC2*, 2010, http://www.stsci.edu/hst/wfpc2

ABELL 2256

Berrington, R. C. u.a.: *The Dynamics of the Merging Galaxy Cluster System A 2256: Evidence for a New Subcluster*, Astronomical Journal, 123, 2002

Clarke, T. E. u.a.: *The Curious Case of Abell 2256, Conference Proceedings „Non-Thermal Phenomena in Colliding Galaxy Clusters“*, 2010

van Weeren, R. J. u.a.: *First LOFAR observations at very low frequencies of cluster-scale non-thermal emission: the case of Abell 2256*, Astronomy and Astrophysics, 543, 2012

ABELL 2572

Ebeling, H. u.a.: *A 2572 and HCG 94 – galaxy clusters but not as we know them. An X-ray case study of optical misclassifications*, Monthly Notices of the Royal Astronomical Society, 277, 1995

Ebeling, H. u.a.: *Properties of the X-ray brightest Abell-type clusters of galaxies (XBACs) from ROSAT All-Sky Survey data – I. The sample*, Monthly Notices of the Royal Astronomical Society, 281, 1996

ABELL 2634

Giovanelli, R. u.a.: HI 2334+26: *An Extended HI Cloud near Abell 2634*, Astronomical Journal, 109, 1995

Scodeggio, M. u.a.: *The Spatial Distribution, Kinematics, and Dynamics of the Galaxies in the Region of Abell 2634 and 2666*, Astrophysical Journal, 444, 1995

ANDROMEDA'S PARACHUTE

Rubin, K. H. R. u.a.: *Andromeda's Parachute: A Bright Quadruply Lensed Quasar at z = 2.377*, The Astrophysical Journal, Volume 859, 2018

Shalyapin, V. N. u.a.: *Revisiting Andromeda's Parachute*, Astronomy & Astrophysics, submitted 2022

ARP 65

AIS All Sky Survey: *GALEX GR6 Data Release*, 2013, http://galex.stsci.edu/GR6/

ARP 113

Mould, J. R. u.a.: *The Hubble Space Telescope Key Project on the Extragalactic Distance Scale*, Astrophysical Journal, 529, 2000

ARP 178

Capaccioli, M. und Malvasi, G.: *N-Body Simulations of the Peculiar Ring-Tail Galaxy NGC 5614/15*, Società Astronomica Italiana, 27th Annual Meeting, Brescia, Italy, 55, 1984

Garcia, A. M.: *General study of group membership. II. Determination of nearby groups*, Astronomy and Astrophysics Supplement Series, 100, 1993

ARP 245

Duc, P. A. u.a.: *Formation of a tidal dwarf galaxy in the interacting system Arp 245 (NGC 2992/93)*, Astronomical Journal, 120, 2000

ARP 254

Smith, B. J. u.a.: *Spirals, Bridges, and Tails: A GALEX UV Atlas of Interacting Galaxies*, Astronomical Journal, 139, 2010

ARP 286

Casasola, V. u.a.: *The gas content of peculiar galaxies: strongly interacting systems*, Astronomy and Astrophysics, 422, 2004

Erwin, P.: Double-Barred Galaxies: *I. A Catalog of Barred Galaxies with Stellar Secondary Bars and Inner Disks*, Astronomy and Astrophysics, 415, 2004

Jungwiert, B. u.a.: *Near-IR photometry of disk galaxies: search for nuclear isophotal twist and double bars*, Astronomy and Astrophysics Supplement series, 125, 1997

ARP 295

Stockton, A.: *On the Tidal Origin of the Bridge of ARP 295*, Astrophysical Journal, 190, 1974

COPELANDS SEPTETT

Allam, S. u.a.: *Far infrared properties of Hickson compact groups of galaxies. I. High resolution IRAS maps and fluxes*, Astronomy and Astrophysics Supplement, 117, 1996

Barton, E. J. u.a.: *Environments of Redshift Survey Compact Groups of Galaxies,* Astronomical Journal, 116, 1998

Martinez, M. A. u.a.: *AGN Population in Hickson Compact Groups. I. Data and Nuclear Activity Classification*, Astronomical Journal, 139, 2010

Steinicke, W.: *Daten zur Entstehung des NGC/IC und seiner Revisionen*, 2012, http://www.klima-luft.de/steinicke/Deep-Sky/deep-sky.htm

DRACO DWARF

Biebel, O.: *Seminar zur Dunklen Materie*, 2012, http://homepages.physik.uni-muenchen.de/~Otmar.Biebel/dm.../MHerz.pdf

Odenkirchen, M. u.a.: *New Insights on the Draco Dwarf Spheroidal Galaxy from the Sloan Digital Sky Survey: A Larger Radius and No Tidal Tails*, Astronomical Journal, 122, 2001

EINSTEIN-KREUZ

Trott, C. M. u.a.: *Stars and dark matter in the spiral gravitational lens 2237+0305*, Monthly Notices of the Royal Astronomical Society, 401, 2010

van de Ven, G. u.a.: *The Einstein Cross: Constraint on Dark Matter from Stellar Dynamics and Gravitational Lensing*, Astrophysical Journal, 719, 2010

ESO 138-IG29

Madore, B. F. u.a.: *Atlas and Catalog of Collisional Ring Galaxies*, Astrophysical Journal Supplement, 181, 2009

Wallin, J. F. u.a.: *Observations and models of the 'Sacred Mushroom': AM 1724-622*, Astrophysical Journal, 433, 1994

ESO 350-40

Higdon, J. L.: *Wheels of Fire. II. Neutral Hydrogen in the Cartwheel Ring Galaxy*, Astrophysical Journal, 467, 1996

Horellou, C.und Combes, F.: A *Model for the Cartwheel Ring Galaxy*, Astrophysics and Space Science, 276, 2001

ESO 351-G030

Carignan, C. u.a.: *Detection of HI associated with the Sculptor Dwarf Spheroidal Galaxy,* Astronomical Journal, 116, 1998

Giuffrida, G. u.a.: *BVR photometry of the Sculptor dwarf spheroidal galaxy*, Memorie della Società Astronomica Italiana, 77, 2006

GROSSE MAGELLANSCHE WOLKE

Abd ar-Rahman as-Sufi: *Liber locis stellarum fixarum*, 964, http://www.atlascoelestis.com/alsufi%20pagina.htm

Brüns, C.: *Die dynamische Entwicklung der Großen Magellanschen Wolke*, 2010, http://www.astro.uni-bonn.de/~rcbruens/simulationen/lmc/

Crowther, P. A. u.a.: *The R136 star cluster hosts several stars whose individual masses greatly exceed the accepted 150 M_{solar} stellar mass limit*, Monthly Notices of the Royal Astronomical Society, 408, 2010Harvard-Smithsonian Center for Astrophysics: *The Magellanic Clouds Are First-Time Visitors*, 2007, http://www.cfa.harvard.edu/news/2007/pr200722.html

Liu, L. u.a.: *How common are the Magellanic Clouds?*, Astrophysical Journal, 733, 2011

Matsuura, M. u.a.: *Spitzer observations of acetylene bands in carbon-rich AGB stars in the Large Magellanic Cloud*, Monthly Notices of the Royal Astronomical Society, 371, 2006

Seleznev, A. F.: *The structure of the halo of the star cluster NGC 2070*, Astronomy Letters, 21, 1995

HICKSON COMPACT GROUP 61

Jaffe, W. und Gavazzi, G.: *Radio Continuum Survey of the Coma/A1367 Supercluster. II. 1.5 GHz Observations of 396 CGCG Galaxies*, Astronomical Journal, 91, 1986

Theureau, G. u.a.: *Kinematics of the Local Universe XIII. 21-cm line measurements of 452 galaxies with the Nançay radiotelescope, JHK Tully-Fisher relation, and preliminary maps of the peculiar velocity field*, Astronomy and Astrophysics, 465, 2007

van Driel, W. u.a.: *A neutral hydrogen survey of polar ring galaxies III. Nançay observations and comparison with published data*, Astronomy and Astrophysics Supplement, 141, 2000

HICKSON COMPACT GROUP 68

Brent Tully, R. und Trentham, N.: *Midlife Crises in Dwarf Galaxies in the NGC 5353/4 Group*, Astrophysical Journal, 135, 2008

Elfhag, T. u.a.: *A CO survey of galaxies with the SEST and the 20-m Onsala telescope*, Astronomy and Astrophysics Supplement, 115, 1996

Sanchayeeta, B. u.a.: *Detection of Diffuse Neutral Intragroup Medium in Hickson Compact Groups*, Astrophysical Journal, 710, 2010

HOLMBERG II

Hubble Space Telescope News: *Galaxy caught blowing bubbles*, 2011, http://www.spacetelescope.org/news/heic1114/

Hunter, D. A. u.a.: *Mid-Infrared Images of Stars and Dust in Irregular Galaxies*, Astronomical Journal, 132, 2006

Croxall, K. C. u.a.: *Chemical Abundances of Seven Irregular and Three Tidal Dwarf Galaxies in the M81 Group*, Astrophysical Journal, 705, 2009

Grise, F. u.a.: *X-ray Spectral State is not correlated with Luminosity in Holmberg II X-1*, Astrophysical Journal Letters, 724, 2010

Weisz, D. R. u.a.: *The Recent Star Formation Histories of M81 Group Dwarf Irregular Galaxies*, Astrophysical Journal, 689, 2008

Zezas, A. L. u.a.: *ROSAT observations of the dwarf star-forming galaxy Holmberg II (UGC 4305)*, Monthly Notices of the Royal Astronomical Society, 308, 1999

HOLMBERG 124

Kantharia, N. G. u.a.: *GMRT Observations of the Group Holmberg 124: Evolution by Tidal Forces and Ram Pressure?*, Astronomy and Astrophysics, 435, 2005

van der Hulst, J. M. und Hummel, E.: *The first detection of a radio continuum bridge between interacting galaxies*, Astronomy and Astrophysics, 150, 1985

HOLMBERG 218

van Driel, W. u.a.: *HI observations of loose galaxy groups. I. Data and global properties*, Astronomy and Astrophysics, 378, 2001

HOLMBERG 224

Schulman, E. u.a.: *An HI Survey of High-Velocity Clouds in Nearby Disk Galaxies*, Astrophysical Journal, 423, 1994

Uppsala University: *Erik Holmberg*, 2012, http://www.astro.uu.se/history/holmberg.html

Vicari, A. u.a.: *Large-scale star formation in galaxies. II. The spirals NGC 3377A, NGC 3507 and NGC 4394. Young star groupings in spirals*, Astronomy and Astrophysics, 384, 2002

HOLMBERG 266

Kopylova, F. G. und Kopylov, A. I.: *The Ursa Major Supercluster of Galaxies: II. The Structure and Peculiar Velocities*, Astronomy Letters, 27, 2001

Rhee, G. F. R. N. u.a.: *A study of the elongation of Abell clusters. II. A sample of 107 rich clusters*, Astronomy and Astrophysics Supplement Series, 91, 1991

Zabludoff, A. I. u.a.: *The kinematics of dense clusters of galaxies. I. The data*, Astronomical Journal, 106, 1993

HOLMBERG 800

Casasola, V. u.a.: *The gas content of peculiar galaxies: strongly interacting systems*, Astronomy and Astrophysics, 422, 2004

Dahari, O.: *The Nuclear Activity of Interacting Galaxies*, Astrophysical Journal Supplement Series, 57, 1985

HS 1216+5032

Green, P. J. u.a.: *HS1216+5032: a physical quasar pair with one radio-loud broad absorption line quasar*, Monthly Notices of the Royal Astronomical Society, 349, 2004

Hagen, H. J. u.a.: *HS1216+5032: a new double QSO separated by 9"*, Astronomy and Astrophysics, 308, 1996

IC 10

Leroy, A. u.a.: *Molecular Gas in the Low Metallicity, Star Forming Dwarf IC 10*, Astrophysical Journal, 643, 2006

IC 239

Trentham, N. und Tully, R. B.: *Dwarf Galaxies in the NGC 1023 Group*, Monthly Notices of the Royal Astronomical Society, 398, 2009

IC 342

Riepe, P.: *Die benachbarte Galaxie IC 342 – ihre wirkliche Ausdehnung*, VdS-Journal für Astronomie, 36, 2011

Sheth, K. u.a.: *Molecular Gas and Star Formation in Bars of Nearby Spiral Galaxies*, Astronomical Journal, 124, 2002

IC 1291

James, P. A. u.a.: *The Hα galaxy survey. I. The galaxy sample, Hα narrow-band observations and star formation parameters for 334 galaxies*, Astronomy and Astrophysics, 414, 2004

IC 1296

Italian Supernovae Search Project, 2013, http://italiansupernovae.org/en/project/description.html

IC 1613

Borissova, J. u.a.: *A catalogue of OB associations in IC 1613*, Astronomy and Astrophysics, 413, 2004

Garcia, M. u.a.: *The young stellar population of IC 1613. II. Physical properties of OB associations*, Astronomy and Astrophysics, 523, 2010

IC 2574

Cannon, J. M. u.a.: *Spitzer Observations of the Supergiant Shell Region in IC 2574*, Astrophysical Journal, 630, 2005

Hunter, D. A.: *Star Formation in Irregular Galaxies: A Review of Several Key Questions*, 1997, http://ned.ipac.caltech.edu/level5/Hunter/Hunter1.html

Karachentsev, I. D. und Kashibadze, O. G.: *Masses of the local group and of the M81 group estimated from distortions in the local velocity field*, Astrophysics, 49, 2006

Kewley, L. J. u.a.: *Aperture Effects on Star Formation Rate, Metallicity, and Reddening*, The Publications of the Astronomical Society of the Pacific, 117, 2005

Lick Observatory: *Crocker photographic telescope*, 2012, http://collections.ucolick.org/exhibits_on_line/E2E.1/Willard.html

Pauly, W.: *Weitere Nachrichten über den Cometen Coddington-Pauly*, Astronomische Nachrichten, 146, 1898

IC 4351

Sanchez-Saavedra, M. L. u.a.: *A catalog of warps in spiral and lenticular galaxies in the Southern hemisphere*, Astronomy and Astrophysics, 399, 2003

IC 5332

Loveday, J.: *The APM Bright Galaxy Catalogue*, Monthly Notices of the Royal Astronomical Society, 278, 1996

KLEINE MAGELLANSCHE WOLKE

Goddard Space Flight Center: *Magellanic Clouds High-Mass X-Ray Binaries Catalog*, 2005, http://heasarc.gsfc.nasa.gov/W3Browse/all/maghmxbcat.html

Haschke, R. u.a.: *Three-dimensional Maps of the Magellanic Clouds using RR Lyrae Stars and Cepheids. II. The Small Magellanic Cloud*, Astronomical Journal, 144, 2012

Hodge, P. W. und Schommer, R. A.: *The ages of the Large Magellanic Cloud blue globular clusters NGC 2133 and NGC 2134*, Astronomical Society of the Pacific, 96, 1984

James, P. A. und Clare, F.: *On the scarcity of Magellanic Cloud like satellites*, Monthly Notices of the Royal Astronomical Society, 411, 2011

Kozlowski, S. u.a.: *The Magellanic Quasars Survey. I. Doubling the Number of Known Active Galactic Nuclei Behind the Small Magellanic Cloud*, Astrophysical Journal Supplement, 194, 2011

Shara, M. M. u.a.: *Cataclysmic and Close Binaries in Star Clusters. IV. The Unexpectedly Low Number of Erupting Dwarf Novae Detected by the Hubble Space Telescope in the Core of 47 Tucanae*, Astrophysical Journal, 471, 1996

LEO I

Blitz, L. und Robishaw, T.: *Gas-Rich Dwarf Spheroidals*, Astronomy and Astrophysics, 512, 2010

LEO II

Ackermann, M. u.a.: *Constraining Dark Matter Models from a Combined Analysis of Milky Way Satellites with the Fermi Large Area Telescope*, Physical Review Letters, 107, 2011

Deason, A. J. u.a.: *Rotation of halo populations in the Milky Way and M31*, Monthly Notices of the Royal Astronomical Society, 411, 2011

Koch, A. u.a.: *Stellar kinematics in the remote Leo II dwarf spheroidal galaxy – Another brick in the wall*, Astronomical Journal, 578, 2007

Nasa.gov: *Fermi Gamma-Ray Space Telescope*, 2012, http://www.nasa.gov/content/fermi-gamma-ray-space-telescope

M 31

Athanassoula, E. und Beaton, R. L.: *Unravelling the mystery of the M31 bar*, Monthly Notices of the Royal Astronomical Society, 370, 2006

Williams, B. F. und Benjamin, F.: *Comparing young stellar populations across active regions in the M31 disc*, Monthly Notices of the Royal Astronomical Society, 340, 2003

M 32

McConnachie, A. W. und Irwin, M. J.: *The satellite distribution of M31*, Monthly Notices of the Royal Astronomical Society, 365, 2006

van der Marel, R. P. u.a.: *Improved Evidence for a Black Hole in M32 from HST/FOS Spectra. II. Axisymmetric Dynamical Models*, Astrophysical Journal, 493, 1998

M 33

Chandra Publications: *Heaviest Stellar Black Hole Discovered in Nearby Galaxy*, 2007, http://chandra.harvard.edu/press/07_releases/press_101707.html

Corbelli, E.: *Dark matter and visible baryons in M33, Monthly Notices of the Royal Astronomical Society*, 342, 2003

Verley, S. u.a.: *Star formation in M33: Spitzer photometry of discrete sources*, Astronomy and Astrophysics, 476, 2007

M 49
Battaia, F. A. u.a.: *Stripped gas as fuel for newly formed HII regions in the encounter between VCC1249 and M49: a unified picture from NGVS and GUViCS*, Astronomy and Astrophysics, 543, 2012

M 51
Dobbs, C. L. u.a.: *Simulations of the grand design galaxy M51: a case study for analysing tidally induced spiral structure*, Monthly Notices of the Royal Astronomical Society, 403, 2010

M 58
Comeron, S. u.a.: *Discovery of Four New Ultra-compact Nuclear Rings in Three Spiral Galaxies, Conference Proceedings "Pathways Through an Eclectic Universe"*, ASP Conference Series, 390, 2008

M 59
Snyder, G. F. u.a.: *Relation Between Globular Clusters and Supermassive Black Holes in Ellipticals as a Manifestation of the Black Hole Fundamental Plane*, Astrophysical Journal Letters, 728, 2011

M 60
de Grijs, R. und Robertson, A. R. I.: *Arp 116: Interacting System or Chance Alignment?*, Astronomy and Astrophysics, 460, 2008

M 61
Koda, J. und Sofue, Y.: *The Virgo High-Resolution CO Survey: VI. Gas Dynamics and Star Formation along the Bar in NGC 4303*, Publications of the Astronomical Society of Japan, 58, 2006

M 63
Battaglia, G. u.a.: *HI-study of the warped spiral galaxy NGC 5055: a disk/dark matter halo offset?*, Astronomy and Astrophysics, 447, 2006

M 64
Braun, R. u.a.: *Counterrotating gaseous disks in NGC 4826*, Astrophysical Journal, 420, 1994

M 65 / M 66 / NGC 3628
Chromey, F. R. u.a.: *Star Formation in the Tidal Tail of the Leo Triplet Galaxy NGC 3628*, Astronomical Journal 115, 1998

Hogg, D. E. u.a.: *Hot and Cold Gas in Early-Type Spirals: NGC 3623, NGC 2775, and NGC 1291*, Astronomical Journal, 121, 2001

M 66
Chemin, L. u.a.: *A Hα study of the kinematics of NGC 3627*, Astronomy and Astrophysics, 405, 2003

M 74
Sanchez, S. F. u.a.: *PPAK Wide-field Integral Field Spectroscopy of NGC 628: I. The largest spectroscopic mosaic on a single galaxy*, Monthly Notices of the Royal Astronomical Society, 410, 2011

M 77
Kamenetzky, J. u.a.: *The Dense Molecular Gas in the Circumnuclear Disk of NGC 1068*, Astrophysical Journal, 731, 2011

Schinnerer, E. u.a.: *Bars and Warps traced by the Molecular Gas in the Seyfert 2 Galaxy NGC 1068*, Astrophysical Journal, 533, 2000

M 81
de Blok, W. J. G. u.a.: *High-Resolution Rotation Curves and Galaxy Mass Models from THINGS*, Astronomical Journal, 136, 2008

M 82
Yoshida, M. u.a.: *Spectropolarimetry of the Superwind Filaments of the Starburst Galaxy M82: Kinematics of Dust Outflow,* Publications of the Astronomical Society of Japan, 63, 2011

M 83
Bresolin, F. u.a.: *The flat oxygen abundance gradient in the extended disk of M83,* Astrophysical Journal, 695, 2009

M 85
Gültekin, K. u.a.: *Is There a Black Hole in NGC 4382?*, Astrophysical Journal, 741, 2011

M 87
Biretta, J. A. u.a.: *Hubble Space Telescope Observations of Superluminal Motion in the M87 Jet*, Astrophysical Journal, 520, 1999

M 88
Chemin, L. u.a.: *A Virgo high-resolution Hα kinematical survey: II. The Atlas*, Monthly Notices of the Royal Astronomical Society, 366, 2006

M 89
Clark, G. u.a.: *Structure and Dynamics of Elliptical Galaxies*, Proceedings IAU Symposium, 127, Springer Verlag, 1987

M 90
Vollmer, B. u.a.: *NGC 4569: Recent evidence for a past ram pressure stripping event*, Astronomy and Astrophysics, 419, 2004

M 91
Vollmer, B. u.a.: *Kinematics of the anemic cluster galaxy NGC 4548. Is stripping still active?*, Astronomy and Astrophysics, 349, 1999

M 94
Jalocha, J. u.a.: *Is Dark Matter Present in NGC 4736? An Iterative Spectral Method for Finding Mass Distribution in Spiral Galaxies*, Astrophysical Journal, 679, 2008

M 95
Hägele, G. F. u.a.: *Subarcsecond radio continuum mapping in and around the spiral galaxy NGC 3351 using MERLIN*, Monthly Notices of the Royal Astronomical Society, 406, 2010

M 96
Moiseev, A. V. u.a.: *Structure and kinematics of candidate double-barred galaxies*, Astronomy and Astrophysics, 421, 2004

M 98
Giovanelli, R.: ALFALFA: *HI Cosmology in the Local Universe, Dark Galaxies and Lost Baryons*, Proceedings IAU Symposium, 244, 2007

M 99
Ganda, K. u.a.: *Absorption-line strengths of 18 late-type spiral galaxies observed with SAURON*, Monthly Notices of the Royal Astronomical Society, 380, 2007

M 100
Riepe, P. und Blauensteiner, M.: *Messier 100 im Virgo-Galaxienhaufen*, VdS-Journal für Astronomie, 56, 2016

Sempere, M. J. u.a.: *Determination of the pattern speed in the grand design spiral galaxy NGC 4321*, Astronomy and Astrophysics, 296, 1995

M 101
Garcia-Benito, R. u.a.: *The 100 Myr Star Formation History of NGC 5471 from Cluster and Resolved Stellar Photometry*, Astronomical Journal, 141, 2011

M 102
Capellari, M. u.a.: *The SAURON project – X. The orbital anisotropy of elliptical and lenticular galaxies: revisiting the (V/σ,ε) diagram with integral-field stellar kinematics*, Monthly Notices of the Royal Astronomical Society, 379, 2007

M 104
Bridges, T. J. u.a.: *Spectroscopy of Globular Clusters out to Large Radius in the Sombrero Galaxy*, Astrophysical Journal, 658, 2007

M 105

Ciardullo, R. u.a.: *The radial velocities of planetary nebulae in NGC 3379*, Astrophysical Journal, 414, 1993

Sarzi, M. u.a.: *The SAURON project – V. Integral-field emission-line kinematics of 48 elliptical and lenticular galaxies*, Monthly Notices of the Royal Astronomical Society, 366, 2006

M 106

Bregman, M. und Alexander, T.: *Accretion Disk Warping by Resonant Relaxation: The Case of Maser Disk NGC 4258*, Astrophysical Journal Letters, 700, 2009

Wilson, A. S. und Yang, Y.: *Chandra Observations and the Nature of the Anomalous Arms of NGC 4258 (M106)*, Astrophysical Journal, 560, 2001

M 108

Collins, J. A. u.a.: *Diffuse Ionized Gas in a Sample of Edge-on Galaxies and Comparisons with HI and Radio Continuum Emission*, Astrophysical Journal, 536, 2000

M 109

Gerssen, J. u.a.: *Model-independent measurements of bar pattern speeds*, Monthly Notices of the Royal Astronomical Society, 345, 2003

Hernandez, O. u.a.: *BHαBAR: big Hα kinematical sample of barred spiral galaxies – I. Fabry-Perot observations of 21 galaxies*, Monthly Notices of the Royal Astronomical Society, 360, 2005

M 110

Cepa, J. und Beckman, J. E.: *Parameter estimates for the orbits of M 32 and NGC 205 about the centre of mass of the M 31 system*, Astronomy and Astrophysics, 200, 1988

McConnachie, W. A. u.a.: *The remnants of galaxy formation from a panoramic survey of the region around M31*, Nature, 461, 2009

Monaco, L. u.a.: *The young stellar population at the center of NGC 205*, Astronomy and Astrophysics, 502, 2009

Richardson, J. C. u.a.: *PAndAS' Progeny: Extending the M31 Dwarf Galaxy Cabal*, Astrophysical Journal, 732, 2011

Steinicke, W.: *Astronomie Artikel zu M 32 und M 110*, 2012, http://www.klima-luft.de/steinicke/Artikel/m32_m110.pdf

MAFFEI 1

Fingerhut, R. L. u.a.: *The Extinction and Distance of Maffei 1*, Astrophysical Journal, 587, 2003

MAFFEI 1 / MAFFEI 2

Buta, R. J. and McCall, M. L.: *The IC 342/Maffei Group Revealed*, Astrophysical Journal Supplement Series, 124, 1999

Maffei, P.: *Infrared Object in the Region of IC 1805*, Publications of the Astronomical Society of the Pacific 80, 1968

NGC 45

Chemin, L. u.a.: *HI studies of the Sculptor group galaxies. VIII. The background galaxies: NGC 24 and NGC 45*, Astronomical Journal, 132, 2006

NGC 55

van de Steene, G. u.a.: *Distance determination to NGC 55 from the planetary nebula luminosity function*, Astronomy and Astrophysics, 455, 2006

NGC 92-GRUPPE

Cain, F.: *ESO Image of Robert's Quartet*, 2005, http://www.universetoday.com/11080/eso-image-of-roberts-quartet/

Corwin, H. G. u.a.: *Southern Galaxy Catalogue*, Monographs in Astronomy No. 4, University of Texas at Austin, 1985

Presotto, V. u.a.: SCG0018-4854: *a young and dynamic compact group. I. Kinematical analyses*, Astronomy and Astrophysics, Volume 510, 2010

NGC 134

ESO Publication: *Twisted Spiral Galaxy NGC 134*, 2007, http://www.eso.org/public/images/eso0749a

NGC 151

Klimanov, S. A. u.a.: *A Kinematic Study of M51-Type Galaxies*, Astronomy Letters, 28, 2002

NGC 157

Ryder, S. D. u.a.: *The peculiar rotation curve of NGC 157*, Monthly Notices of the Royal Astronomical Society, 293, 1998

NGC 185

Deason, A. J. u.a.: *Rotation of halo populations in the Milky Way and M31*, Monthly Notices of the Royal Astronomical Society, 411, 2011

De Rijcke, S. u.a.: *The internal dynamics of the Local Group dwarf elliptical galaxies NGC 147, 185 and 205*, Monthly Notices of the Royal Astronomical Society, 369, 2006

GuhaThakurta, R.: *New tidal streams found in Andromeda reveal history of galactic mergers*, 2012, http://www.ucolick.org/~raja/aas_prs_rls_010610/

McConnachie, A. W. und Irwin, M. J.: *The satellite distribution of M31*, Monthly Notices of the Royal Astronomical Society, 365, 2006

Slater, C. T. u.a.: Andromeda XXVIII: *a dwarf galaxy more than 350 kpc from Andromeda*, Astrophysical Journal Letters, 742, 2011

NGC 206

Bender, R. und Saglia, P. R.: *Blaue Sterne um das supermassereiche Schwarze Loch von M31*, 2005, http://www.mpg.de/324786/forschungsSchwerpunkt

Brinks, E.: *NGC 206, a Hole in M31*, Astronomy and Astrophysics, 95, 1981

NGC 210

Sancisi, R. u.a.: *Cold Accretion in Galaxies*, Astronomy and Astrophysics Review, 15, 2008

NGC 247

Davidge, T. J.: *The Disk and Extraplanar Environment of NGC 247*, Astrophysical Journal, 641, 2006

NGC 253

Hlavacek-Larrondo, J. u.a.: *Deep Hα Observations of NGC 253: a Very Extended and Possibly Declining Rotation Curve?*, Monthly Notices of the Royal Astronomical Society, 411, 2011

NGC 266

Heckman, T. M. u.a.: *High-resolution mapping of the giant HI envelope of the Seyfert galaxy Mkn 348*, Monthly Notices of the Royal Astronomical Society, 199, 1982

NGC 289

Walsh, W. u.a.: *The Giant, Gas Rich, Low Surface-Brightness Galaxy NGC 289*, Astronomical Journal, 113, 1997

NGC 300

Sakai, S. u.a.: *The Effect of Metallicity on Cepheid-Based Distances*, Astrophysical Journal, 608, 2004

NGC 382-GRUPPE

Bridle, A. und Laing, R.: *Radio/Optical overlay radio galaxy 3C31*, 2006, http://images.nrao.edu/257

Komossa, S. und Böhringer, H.: *X-ray study of the NGC 383 group of galaxies and the source 1E 0104+3153*, Astronomy and Astrophysics, 344, 1999

NGC 474 / NGC 470

Rampazzo, R. u.a.: *The hot, warm and cold gas in Arp 227 – an evolving poor group*, Monthly Notices of the Royal Astronomical Society, 368, 2006

NGC 488

Fuchs, B.: *NGC 488: has its massive bulge been built up by minor mergers?*, Astronomy and Astrophysics, 328, 1997

NGC 520

Neff, S. G. u.a.: *UV Emission from Stellar Populations within Tidal Tails: Catching the Youngest Galaxies in Formation?*, Astrophysical Journal, 619, 2005

NGC 536-GRUPPE

Geller, M. J. u.a.: *Infrared Properties of Close Pairs of Galaxies*, Astronomical Journal, 132, 2006

Moriondo, G. u.a.: *Near-infrared observations of galaxies in Pisces-Perseus. IV. Color maps of 41 cluster spirals*, Astronomy and Astrophysics, 370, 2001

NGC 604

Bruhweiler, F. C. u.a.: *STIS Spectral Imagery of the OB Stars in NGC 604: The Most Luminous Stars*, Astronomical Journal, 125, 2003

de Grijs, R. und Lepine, J. R. D.: *Star clusters: basic galactic building blocks*, Proceedings IAU Symposium, 266, 2009

Maiz-Apellaniz, J. u.a.: *NGC 604, the Scaled OB Association (SOBA) Prototype. I: Spatial Distribution of the Different Gas Phases and Attenuation by Dust*, Astronomical Journal, 128, 2004

NGC 613

Falcon-Barroso, J. u.a.: *The circumnuclear environment of NGC 613: a nuclear starburst caught in the act?*, Accepted by MNRAS, 2013, http://arxiv.org/pdf/1311.2041v1.pdf

NGC 660

Alton, P. B. u.a.: *Polarimetric imaging of the polar ring galaxy NGC 660 – evidence for dust outside the stellar disk*, Astronomy and Astrophysics, 357, 2000

Baan, W. A.: *OH and HI absorption at the nucleus of NGC 660*, Astrophysical Journal, 401, 1992

Karataeva, G. M. u.a.: *The stellar content of the ring in NGC 660*, Astronomy and Astrophysics, 421, 2004

NGC 672

Zitrin, A. und Brosch, N.: *The NGC 672 and 784 galaxy groups: evidence for galaxy formation and growth along a nearby dark matter filament*, Monthly Notices of the Royal Astronomical Society, 390, 2008

NGC 678 / NGC 680 / NGC 691

van Moorsel, G. A.: *A neutral hydrogen study of interacting galaxies in the NGC 697 group*, Astronomy and Astrophysics, 202, 1988

NGC 691 / IC 167

Casasola, V. u.a.: *The gas content of peculiar galaxies: strongly interacting systems*, Astronomy and Astrophysics, 422, 2004

van Moorsel, G.A.: *A neutral hydrogen study of interacting galaxies in the NGC 697 group*, Astronomy and Astrophysics, 202, 1988

NGC 772

Kotulla, R. u.a.: *Rescuing the initial mass function for Arp 78*, Astrophysical Journal, 688, 2008

NGC 891

Oosterloo, T. u.a.: *The cold gaseous halo of NGC 891*, Astronomical Journal, 134, 2007

NGC 908

Eskridge, P. B. u.a.: *Near-IR and Optical Morphology of Spiral Galaxies*, Astrophysical Journal Supplement Series, 143, 2002

NGC 925

Piano, D. J. u.a.: *Structure and Star Formation in NGC 925*, Astronomical Journal, 120, 2000

NGC 1023

Young, M. D. u.a.: *Globular Cluster Systems of Spiral and S0 Galaxies: Results from WIYN Imaging of NGC 1023, NGC 1055, NGC 7332, and NGC 7339*, Astronomical Journal, 144, 2012

NGC 1032

Condo, J. J. u.a.: *Radio Sources and Star Formation in the Local Universe*, Astronomical Journal, 124, 2002

NGC 1042 / NGC 1052

Böker ,T. u.a.: *A Hubble Space Telescope Census of Nuclear Star Clusters in Late-Type Spiral Galaxies. I. Observations and Image Analysis*, Astronomical Journal, 123, 2002

Ganda, K. u.a.: *The nature of late-type spiral galaxies: structural parameters, optical and near-infrared colour profiles and dust extinction*, Monthly Notices of the Royal Astronomical Society, 395, 2009

NGC 1058

Petric, A. O. und Rupen, M. P.: *HI Velocity Dispersion in NGC 1058*, Astronomical Journal, 134, 2007

NGC 1073

Kaaret, P.: *Optical Sources near the Bright X-Ray Source in NGC 1073*, Astrophysical Journal, 629, 2005

NGC 1097

Higdon, J. L. und Wallin, J. F.: *A Minor-Merger Interpretation for NGC 1097's "Jets"*, Astrophysical Journal, 585, 2003

NASA Jet Propulsion Laboratory: *The Coiled Galaxy NGC 1097*, 2009, http://www.spitzer.caltech.edu/images/2685-ssc2009-14a1-The-Coiled-Galaxy-NGC-1097

NGC 1187

Seigar, M. S. u.a.: *Constraining Dark Matter Halo Profiles and Galaxy Formation Models Using Spiral Arm Morphology. I. Method Outline*, Astrophysical Journal, 645, 2006

NGC 1232

Garmire, G. P.: *X-ray discovery of a dwarf-galaxy galaxy collision*, Astrophysical Journal, 770, 2013

NGC 1291

Bosma, A. u.a.: *Kinematics of the Barred Spiral Galaxy NGC 1291, Galaxies in Isolation: Exploring Nature Versus Nurture*, Conference Proceedings "Analysis of the interstellar Medium of Isolated Galaxies (AMIGA)", ASP Conference Series, 421, 2010

Luo, B. u.a.: *Probing the X-Ray Binary Populations of the Ring Galaxy NGC 1291*, Astrophysical Journal, 130, 2012

NGC 1300

Mazzuca, L. M. u.a.: *A Connection between Star Formation in Nuclear Rings and their Host Galaxies*, Astrophysical Journal Supplement Series, 174, 2008

NGC 1313

Barnes, D. G. u.a.: *The neutral hydrogen environments of the nearby galaxies WLM, NGC 1313 and Sextans A*, Monthly Notices of the Royal Astronomical Society, 351, 2004

NGC 1316

Bedregal, A. G. u.a.: *S0 galaxies in Fornax: data and kinematics*, Monthly Notices of the Royal Astronomical Society, 371, 2006

NGC 1357

Seigar, M. S.: *The connection between shear and star formation in spiral galaxies*, Monthly Notices of the Royal Astronomical Society, 361, 2005

NGC 1365

Jorsater, S. und van Moorsel, G. A.: *High Resolution Neutral Hydrogen Observations of the Barred Spiral Galaxy NGC 1365*, Astronomical Journal, 110, 1995

Risaliti, G. u.a.: *A rapidly spinning supermassive black hole at the centre of NGC 1365*, Nature, 494, 2013

NGC 1398

Moore, E. M. und Gottesman, S. T.: *The Barred Spiral Galaxy NGC 1398 and its Pattern Speed*, Astrophysical Journal, 447, 1995

NGC 1399

Forbes, D. A. u.a.: *HST Imaging of the Globular Clusters in the Fornax Cluster: NGC 1399 and NGC 1404*, Monthly Notices of the Royal Astronomical Society, 293, 1998

NGC 1530

Zurita, A. und Perez, I.: *Where are the stars of the bar of NGC 1530 forming?*, Astronomy and Astrophysics, 485, 2008

NGC 1532

Chernin, A. D. u.a.: Vorontsov-Velyaminov Rows: *Straight Segments in the Spiral Arms of Galaxies*, Astronomy Letters, 26, 2000

NGC 1566

Hackwell, J. A. und Schweizer, F.: *Infrared Mapping and UBVRi Photometry of the Spiral Galaxy NGC 1566*, Astrophysical Journal, 265, 1983

Kilborn, V. A.: *A wide-field HI study of the NGC 1566 group*, Monthly Notices of the Royal Astronomical Society, 356, 2005

NGC 1569

Grocholski, A. J. u.a.: *A New Hubble Space Telescope Distance to NGC 1569: Starburst Properties and IC 342 Group Membership*, 2008, http://arxiv.org/pdf/0808.0153v1.pdf

NGC 1961

Shostak, G. S. u.a.: *NGC 1961: Stripping of a Supermassive Spiral Galaxy*, Astronomy and Astrophysics, 115, 1982

NGC 2146

Tarchi, A. u.a.: *Neutral hydrogen absorption at the centre of NGC 2146*, Monthly Notices of the Royal Astronomical Society, 351, 2004

NGC 2207

Struck, C. u.a.: *The grazing encounter between IC 2163 and NGC 2207: pushing the limits of observational modeling*, Monthly Notices of the Royal Astronomical Society, 364, 2005

NGC 2274

Bettoni, D. u.a.: *A new catalogue of ISM content of normal galaxies*, Astronomy and Astrophysics, 405, 2003

NGC 2276

Rasmussen, J. u.a.: *Gas stripping in galaxy groups – the case of the starburst spiral NGC 2276*, Monthly Notices of the Royal Astronomical Society, 370, 2006

NGC 2336

Wilke, K. u.a.: *Mass distribution and kinematics of the barred galaxy NGC 2336*, Astronomy and Astrophysics, 344, 1999

NGC 2366

Hunter, D. A. u.a.: *Neutral Hydrogen and Star Formation in the Irregular Galaxy NGC 2366*, Astrophysical Journal, 556, 2001

NGC 2403

Fraternali, F. u.a.: *Deep HI Survey of the Spiral Galaxy NGC 2403*, Astronomical Journal, 123, 2002

NGC 2442

Harnett, J. u.a.: *Magnetic fields in barred galaxies III: The southern peculiar galaxy NGC 2442*, Astronomy and Astrophysics, 421, 2004

NGC 2444 / NGC 2445

Appleton, P. N. u.a.: *A giant intergalactic HI bubble near Arp 143*, Nature, 330, 1987Beirao, P. u.a.: *Powerful H_2 Emission and Star Formation on the Interacting Galaxy System Arp 143: Observations with Spitzer and Galex*, Astrophysical Journal, 693, 2009

NASA Jet Propulsion Laboratory: *Spitzer Space Telescope*, 2015, http://www.spitzer.caltech.edu

NGC 2460

Peng, C. Y. u.a.: *Detailed Structural Decomposition of Galaxy Images*, Astronomical Journal, 124, 2002

NGC 2535

Hancock, M. u.a.: *Large-Scale Star Formation Triggering in the Low-Mass Arp 82 System: A Nearby Example of Galaxy Downsizing Based on UV/Optical/Mid-IR Imaging*, Astronomical Journal, 133, 2007

NGC 2537

Wilcots, E. M. u.a.: *HI Observations of Barred Magellanic Spirals. II. The Frequency and Impact of Companions*, Astronomical Journal, 127, 2004

NGC 2595

Astronomerica: *Sloan Digital Sky Survey Images*, 2009, http://astronomerica.awardspace.com/SDSS-58/UGC4414-SDSS.jpg

NGC 2683

Kuzio de Naray, R. u.a.: *Kinematic and Photometric Evidence for a Bar in NGC 2683*, Astronomical Journal, 138, 2009

NGC 2685

Józsa, G. I. G. u.a.: *Kinematic modeling of disk galaxies III. The warped "Spindle" NGC 2685*, Astronomy and Astrophysics, 494, 2009

NGC 2775

Hernandez-Toledo, H. M. und Ortega-Esbri, S.: *Broad-band BVRI photometry of isolated spiral galaxies*, Astronomy and Astrophysics, 487, 2008

NGC 2798

Smith, B. J. u.a.: *The Spitzer Spirals, Bridges, and Tails Interacting Galaxy Survey: Interaction-Induced Star Formation in the Mid-Infrared*, Astronomical Journal, 133, 2007

NGC 2841

Holwerda, B. W. u.a.: *Quantified HI Morphology I: Multi-Wavelength Analysis of the THINGS Galaxies*, Monthly Notices of the Royal Astronomical Society, 416, 2011

NGC 2857

Chernin, A. D. u.a.: *Galaxies with Rows*, Astronomy Reports, 45, 2001

NGC 2859

Cameron, S. u.a.: *AINUR: Atlas of Images of NUclear Rings*, Monthly Notes of the Royal Astronomical Society, 402, 2010

Erwin, P. und Sparke, L. S.: *Double Bars, Inner Disks, and Nuclear Rings in Early-Type Disk Galaxies*, Astrophysical Journal, 124, 2002

NGC 2903

Irwin, J. A. u.a.: *ΛCDM Satellites and HI Companions – the Arecibo ALFA Survey of NGC 2903*, Astrophysical Journal, 692, 2009

NGC 2964-GRUPPE

Zinn, P. u.a.: *Supernovae without host galaxies? Hypervelocity stars in foreign galaxies*, Astronomy and Astrophysics, 536, 2011

NGC 2976

Williams, B. F. u.a.: *The ACS Nearby Galaxy Survey Treasury IV. The Star Formation History of NGC 2976*, 2009, http://de.arxiv.org/abs/0911.4121

NGC 2997

Hess, K. M. u.a.: *Anomalous HI in NGC 2997*, Astrophysical Journal, 699, 2009

NGC 3079

Chartas, G. u.a.: *Constraining H_0 from Chandra Observations of Q0957+561*, Astrophysical Journal, 565, 2002

Jodrell Bank Centre for Astrophysics: *New e-MERLIN radio image of the Double Quasar*, 2010, http://www.jb.man.ac.uk/news/2010/emerlin1/

Keel, B.: *The double QSO0957+561*, 2002, http://www.astr.ua.edu/keel/agn/q0957.html

Space Telescope Science Institute: *Burst of Star Formation Drives Bubble in Galaxy's Core*, 2001, http://hubblesite.org/newscenter/archive/releases/2001/28/

Stockton, A.: *The lens galaxy of the twin QSO 0957+561*, Astrophysical Journal, 242, 1980

NGC 3184

Herbert-Fort, S. u.a.: *Spatially Correlated Cluster Populations in the Outer Disk of NGC 3184*, Astrophysical Journal, 700, 2009

NGC 3169

Möllenhoff, C. und Heidt, J.: *Surface photometry of spiral galaxies in NIR: Structural parameters of disks and bulges*, Astronomy and Astrophysics, 368, 2001

NGC 3190-GRUPPE

Aguerri, J. A. L. u.a.: *Diffuse Light in Hickson Compact Groups: The Dynamically Young System HCG 44*, Astronomy and Astrophysics, 457, 2006

Rasmussen, J. u.a.: *Galaxy evolution in Hickson compact groups: The role of ram-pressure stripping and strangulation*, Monthly Notices of the Royal Astronomical Society, 388, 2008

Rubin, V. C. u.a.: *Optical Properties and Dynamics of Galaxies in the Hickson Compact Groups*, Astrophysical Journal Supplement Series, 76, 1991

NGC 3227

Mundell, C. G. u.a.: *The Unusual Tidal Dwarf Candidate in the Merger System NGC 3227/3226: Star Formation in a Tidal Shock?*, Astrophysical Journal, 614, 2004

NGC 3239

Krienke, K. und Hodge, P.: *The Structure of the Irregular Galaxy, NGC 3239*, Astronomical Society of the Pacific, 102, 1990

NGC 3256

Förster Schreiber, N. M. u.a.: *Warm dust and aromatic bands as quantitative probes of star-formation activity*, Astronomy and Astrophysics, 419, 2004

NGC 3310

Wehner, E. H. u.a.: *NGC 3310 and Its Tidal Debris: Remnants of Galaxy Evolution*, Monthly Notices of the Royal Astronomical Society, 371, 2006

NGC 3312

Fitchett, M. und Merritt, D.: *Dynamics of the Hydra I Galaxy Cluster*, Astrophysical Journal, 335, 1988

NGC 3338

Garcia, A. M.: *General study of group membership. II. Determination of nearby groups*, Astronomy and Astrophysics Supplement Series, 100, 1993

NGC 3395 / NGC 3396

Garrido, O. u.a.: *GHASP: An Hα kinematic survey of spiral and irregular galaxies – I. Velocity fields and rotation curves of 23 galaxies*, Astronomy and Astrophysics, 387, 2002

NGC 3344

Verdes-Montenegro, L. u.a.: *A detailed study of the ringed galaxy NGC 3344*, Astronomy and Astrophysics, 356, 2000

NGC 3432

Engl*ish, J. und Irwin, J. A.: The Ionized Gas and Radio* Halo of NGC 3432 (ARP 206), Astronomical Journal, 113, 1997

NGC 3521

de Blok, W. J. G. u.a.: *High-Resolution Rotation Curves and Galaxy Mass Models from THINGS*, Astronomical Journal, 136, 2008

NGC 3621

Gliozzi, M. u.a.: *A Chandra view of NGC 3621: a bulgeless galaxy hosting an AGN in its early phase?*, Astrophysical Journal, 700, 2009

NGC 3642

Verdes-Montenegro, L. u.a.: *Star formation in the warped outer pseudoring of the spiral galaxy NGC 3642*, Astronomy and Astrophysics, 389, 2002

NGC 3656

Barcell, M. u.a.: *HI in the shell elliptical galaxy NGC 3656*, Astronomical Journal, 122, 2001

NGC 3717

Pizzella, A. u.a.: *Ionized gas and stellar kinematics of seventeen nearby spiral galaxies*, Astronomy and Astrophysics, 424, 2004

NGC 3718

Sparke, L. S. u.a.: *The remarkable warped and twisted gas disk in NGC 3718*, Astronomical Journal, 137, 2009

Pott, J.-U. u.a.: *Warped molecular gas disk in NGC 3718*, Astronomy and Astrophysics, 415, 2004

NGC 3938

Jimenez-Vicente, J. u.a.: *Fabry-Perot observations of the ionized gas in NGC 3938*, Astronomy and Astrophysics, 342, 1999

NGC 3953

Hernandez, O. u.a.: *BHαBAR: big Hα kinematical sample of barred spiral galaxies – I. Fabry-Perot observations of 21 galaxies*, Monthly Notices of the Royal Astronomical Society, 360, 2005

NGC 4015 / ARP 138

Boselli, A. und Gavazzi, G.: *The HI properties of galaxies in the Coma I cloud revisited*, Astronomy and Astrophysics, 508, 2009

van Driel, W. u.a.: *HI observations of loose galaxy groups I. Data and global properties*, Astronomy and Astrophysics, 378, 2001

NGC 4017

Hancock, M. u.a.: *Candidate Tidal Dwarf Galaxies in Arp 305: Lessons on Dwarf Detachment and Globular Cluster Formation*, 2009, http://arxiv.org/pdf/0904.0670v1.pdf

NGC 4038

Renaud, F. u.a.: *Fully Compressive Tides in Galaxy Mergers*, Astrophysical Journal, 706, 2009

NGC 4088

Schmitt, H. R. u.a.: *Multiwavelength star rormation indicators: Observations*, Astrophysical Journal Supplement Series, 164, 2006

NGC 4157

Frigerio Martins, C. und Salucci, P.: *Analysis of rotation curves in the framework of R^n gravity*, Monthly Notices of the Royal Astronomical Society, 381, 2007

NGC 4216

Martinez-Delgado, D. u.a.: S*tellar Tidal Streams in Spiral Galaxies of the Local Volume: A Pilot Survey with Modest Aperture Telescopes*, Astronomical Journal, 140, 2010

NGC 4236

Braun, R.: *Resolved Atomic Super-Clouds in Spiral Galaxies*, Astronomy and Astrophysics Supplement, 114, 1995

NGC 4278

Brassington, N. J. u.a.: *Deep Chandra Monitoring Observations of NGC 4278: Catalog of Source Properties*, Astrophysical Journal Supplement Series, 181, 2009

NGC 4340 / NGC 4350

Barway, S. u.a.: *Multicolor Surface Photometry of Lenticular Galaxies. I. The Data*, Astronomical Journal, 129, 2005

Erwin, P. u.a.: *NGC 4340: Double Bar + Fossil Nuclear Ring*, Astrophysics and Space Science, 277, 2001

NGC 4395

Vaughan, S. u.a.: *The exceptional X-ray variability of the dwarf Seyfert nucleus NGC 4395*, Monthly Notices of the Royal Astronomical Society, 356, 2005

NGC 4438

Vollmer, B. u.a.: *The influence of the cluster environment on the large-scale radio continuum emission of 8 Virgo cluster spirals*, Astronomy and Astrophysics, 512, 2010

NGC 4449

Rich, R. M. u.a.: *A tidally distorted dwarf galaxy near NGC 4449*, Nature, 482, 2012

NGC 4450

Ho, L. C. u.a.: *Double-peaked Broad Emission Lines in NGC 4450 and Other LINERs*, Astrophysical Journal, 541, 2000

NGC 4490

Elmegreen, D. M. u.a.: *Observations of a Tidal Tail in the Interacting Galaxies NGC 4485/4490*, Astronomical Journal, 115, 1998

NGC 4535

Sofue, Y. u.a.: *The Virgo High-Resolution CO Survey I. CO Atlas*, Publications of the Astronomical Society of Japan, 55, 2003

NGC 4536

Satyapal, S. u.a.: *Spitzer Uncovers Active Galactic Nuclei Missed by Optical Surveys in 7 Late-Type Galaxies*, Astrophysical Journal, 677, 2008

NGC 4565

Dahlem, M. u.a.: *Neutral hydrogen gas in 7 high-inclination spiral galaxies*, Astronomy and Astrophysics, 432, 2005

NGC 4567

Xu, C. u.a.: *Mapping Infrared Enhancements in Closely Interacting Spiral-Spiral Pairs. I. ISO CAM and ISO SWS Observations*, Astrophysical Journal, 541, 2000

NGC 4618

Bush, J. S. und Wilcots, E. M.: *Neutral Hydrogen in the Interacting Magellanic Spirals NGC 4618/4625*, Astronomical Journal, 128, 2004

NGC 4631

Rand, R. J.: *Atomic hydrogen in the NGC 4631 group of galaxies*, Astronomy and Astrophysics, 285, 1994

NGC 4650

Buta, R. J. u.a.: *The Ringed Spiral Galaxy NGC 4622. I. Photometry, Kinematics, and the Case for Two Strong Leading Outer Spiral Arms*, Astronomical Journal, 125, 2003

Dickens, R. J. u.a.: *The Centaurus cluster of galaxies – I. The data*, Monthly Notices of the Royal Astronomical Society, 220, 1986

Powell, R.: *Atlas of the Universe*, 2006, http://www.atlasoftheuniverse.com/superc/shapley.html

Schechter, P. L. u.a.: *NGC 4650A: The Rotation of the Diffuse Stellar Component*, Astrophysical Journal, 277, 1984

Sérsic, J. L. und Agüero, E. L.: *Chain of Galaxies in Centaurus*, Astrophysics and Space Science, 19, 1972

NGC 4676

Barnes, J. E.: *Shock-induced star formation in a model of the Mice*, Monthly Notices of the Royal Astronomical Society, 350, 2004

NGC 4698

Falcon-Barroso, J. u.a.: *The SAURON project – VII. Integral-field absorption and emission-line kinematics of 24 spiral galaxy bulges*, Monthly Notices of the Royal Astronomical Society, 369, 2006

NGC 4725

de Lorenzo-Caceres, A. u.a.: *Stellar Kinematics in Double-Barred Galaxies: The σ-Hollows*, Astrophysical Journal, 684, 2008

NGC 4731

Martin, P. und Friedli, D.: *Star formation in bar environments I. Morphology, star formation rates and general properties*, Astronomy and Astrophysics, 326, 1997

NGC 4762

Wosniak, H.: *Is the edge-on galaxy NGC 4762 actually barred?*, Astronomy and Astrophysics, 286, 1994

NGC 4910

Wegg, C. und Gerhard, O.: *Mapping the three-dimensional density of the Galactic bulge with VVV red clump stars*, Monthly Notices of the Royal Astronomical Society, 435, 2013

NGC 4945

Kotak, R. u.a.: *Spitzer Measurements of Atomic and Molecular Abundances in the Type IIP SN 2005af*, Astrophysical Journal, 651, 2006

NGC 5005

Sakamoto, K. u.a.: *Gas Dynamics in the LINER Galaxy NGC 5005: Episodic Fueling of a Nuclear Disk*, Astrophysical Journal, 530, 2000

NGC 5033

Mediavilla, E. u.a.: *Asymmetrical structure of ionization and kinematics in the Seyfert galaxy NGC 5033*, Astronomy and Astrophysics, 433, 2005

NGC 5068

Bibby, J. L. und Crowther, P. A.: *The Wolf-Rayet population of the nearby barred spiral galaxy NGC 5068 uncovered by the Very Large Telescope and Gemini*, Monthly Notices of the Royal Astronomical Society, 420, 2012

Sellwood, J. A. und Wilkinson, A.: *Dynamics of Barred Galaxies*, Reports on Progress in Physics, 56, 1993

NGC 5078

Condon, J. J. u.a.: *A 1.425 GHz Atlas of the IRAS Bright Galaxy Sample, Part II*, Astrophysical Journal Supplement, 103, 1996

NGC 5128

Gopal-Krishna und Wiita, P. J.: *Galaxy shells and the structure of radio galaxies: Clues from Centaurus A (NGC 5128)*, New Astronomy, 15, 2009

Malin, D.: *Ultra Deep Image of NGC 5128*, 2005, http://ftp.aao.gov.au/images/deep_html/n5128_d.html

NGC 5153

Donzelli, C. J. und Pastoriza, M. G.: *Spectroscopic Observations of Merging Galaxies*, Astronomical Journal, 120, 2000

NGC 5170

Kregel, M. u.a.: *Structure and Kinematics of Edge-on Galaxy Discs: I. Observations of the Stellar Kinematics*, Monthly Notices of the Royal Astronomical Society, 351, 2004

NGC 5218

Gallagher, J. S. und Parker, A.: *Optical Structure and Evolution of the Arp 104 Interacting Galaxy System*, Astrophysical Journal, 722, 2010

NGC 5248

Yuan, C. und Yang, C.: *On the Spiral Structure of NGC 5248: An Analytic Approach*, Astrophysical Journal, 644, 2006

NGC 5297

Rampazzo, R. u.a.: *Gaseous and stellar components in mixed pairs of galaxies. I. The data*, Astronomy and Astrophysics Supplement, 110, 1995

NGC 5311

Finkelman, I. u.a.: *Ionized gas in E/S0 galaxies with dust lanes*, Monthly Notices of the Royal Astronomical Society, 407, 2010

NGC 5364

Haynes, M. P. und Giovanelli, R.: *Neutral hydrogen emission-absorption in the IRR II galaxy NGC 5363*, Astrophysical Journal, 246, 1981

NGC 5395 / NGC 5394

Kaufman, M. u.a.: *CO Observations of the Interacting Galaxy Pair NGC 5394/95*, Astronomical Journal, 123, 2002

NGC 5426

Fuentes-Carrera, I. u.a.: *The isolated interacting galaxy pair NGC 5426/27 (Arp 271)*, Astronomy and Astrophysics, 415, 2004

NGC 5474

Dicaire, I. u.a.: *Hα kinematics of the Spitzer Infrared Nearby Galaxies Survey (SINGS) – II*, Monthly Notices of the Royal Astronomical Society, 385, 2008

NGC 5595

Gamal El Din, A. I. u.a.: *Detailed Isophotometry of Some Galaxies, I Detailed Surface Photometry of Some Galaxies Integrated Properties, II*, Astrophysics and Space Science, 190, 1992

NGC 5643

Simpson, C. u.a.: *A One-Sided Ionization Cone in the Seyfert 2 Galaxy NGC 5643*, Astrophysical Journal, 474, 1997

NGC 5701

Gadotti, D. A. und de Souza, R. E.: *NGC 4608 and NGC 5701: Barred Galaxies Without Disks?*, Astrophysical Journal, 583, 2003

Gil de Paz, A. u.a.: *The GALEX Ultraviolet Atlas of Nearby Galaxies*, Astrophysical Journal Supplement Series, 173, 2007

NGC 5746

Barentine, J. C. und Kormendy, J.: *Two Pseudobulges in the "Boxy Bulge" Galaxy NGC 5746*, Astrophysical Journal, 754, 2012

NGC 5754

Keel, W. C. und Borne, K. D.: *Massive star clusters in ongoing galaxy interactions – clues to cluster formation*, Astronomical Journal, 126, 2003

NGC 5775

Soida, M. u.a.: *The large scale magnetic field structure of the spiral galaxy NGC 5775*, Astronomy and Astrophysics, 531, 2011

NGC 5846

Mahdavi, A. u.a.: *The NGC 5846 Group: Dynamics and the Luminosity Function to $M_R = -12$*, Astrophysical Journal, 130, 2005

NGC 5929

Rosario, D. J. u.a.: *The Radio Jet Interaction in NGC 5929: Direct Detection of Shocked Gas*, Astrophysical Journal Letters, 711, 2010

NGC 5982

Del Burgo, C. u.a.: *Spatial distribution of dust in the shell elliptical NGC 5982*, Astronomy and Astrophysics, 477, 2008

NGC 5905

Komossa, S. und Bade, N.: *The giant X-ray outbursts in NGC 5905 and IC 3599: Follow-up observations and outburst scenarios*, Astronomy and Astrophysics, 343, 1999

NGC 5907

Miskolczi, A. u.a.: *Tidal streams around galaxies in the SDSS DR7 archive: I. First results*, Astronomy and Astrophysics, 536, 2011

NGC 5921

Hernandez, O. u.a.: *BHαBAR: big Hα kinematical sample of barred spiral galaxies – I. Fabry-Perot observations of 21 galaxies*, Monthly Notices of the Royal Astronomical Society, 360, 2005

NGC 5945

NASA JPL-Caltech: *A roadmap to the Milky Way*, 2008, http://www.spitzer.caltech.edu/images/1923

NGC 5963

Hu, J. und Lou, Y.: *Collisional interaction limits between dark matter particles and baryons in 'cooling flow' clusters*, Monthly Notices of the Royal Astronomical Society, 384, 2008

Sanchez-Salcedo, F. J.: *The Dark Halo of NGC 5963 as a Constraint on Dark Matter Self-Interaction at the Low-Velocity Regime*, Astrophysical Journal, 631, 2005

NGC 5996

Kinney, A. L. u.a.: *An Atlas of Ultraviolet Spectra of Star-Forming Galaxies*, Astrophysical Journal Supplement Series, 86, 1993

NGC 6015

Hernandez-Toledo, H. M. u.a.: *BVRI Surface Photometry of Isolated Spiral Galaxies*, Astronomical Journal, 134, 2007

NGC 6028

Wakamatsu, K. I.: *On the Nature of Hoag-Type Galaxy NGC 6028 and Related Objects*, Astrophysical Journal, 348, 1990

NGC 6140

Coté, S. u.a.: *Probing Halos of Galaxies at Very Large Radii Using Background QSOs*, Astrophysical Journal, 618, 2005

NGC 6221

Koribalski, B. und Dickey, J. M.: *Neutral hydrogen gas in interacting galaxies: the NGC 6221/6215 galaxy group*, Monthly Notices of the Royal Astronomical Society, 348, 2004

NGC 6240

Engel, H. u.a.: *NGC 6240: merger-induced star formation and gas dynamics*, Astronomy and Astrophysics, 524, 2010

NGC 6300

Awaki, H. u.a.: *A variability study of the Seyfert 2 galaxy NGC 6300 with XMM-Newton*, Astrophysical Journal, 632, 2005

NGC 6307-GRUPPE

Focardi, P. und Kelm, B.: *Compact groups in the UZC galaxy sample*, Astronomy and Astrophysics, 391, 2002

Kazaryan, M. A. und Khachikyan, E. E.: *Spectral and Morphological Investigation of the Galaxy NGC 6306*, Astrophysics, 13, 1977

NGC 6338-GRUPPE

Martel, A. R. u.a.: *Dust and Ionized Gas in Nine Nearby Early-Type Galaxies Imaged with the Hubble Space Telescope Advanced Camera for Surveys*, Astronomical Journal, 128, 2004

Pandge, M. B. u.a.: *Systematic study of X-ray Cavities in the brightest galaxy of the Draco Constellation NGC 6338*, Monthly Notices of the Royal Astronomical Society, 421, 2012

NGC 6339

Pisano, D. J. und Wilcots, E. M.: *Gas-Rich Companions of Isolated Galaxies*, Astronomical Journal, 117, 1999

NGC 6340-GRUPPE

Chilingarian, I. V. u.a.: *NGC 6340: an old S0 galaxy with a young polar disc. Clues from morphology, internal kinematics, and stellar populations*, Astronomy and Astrophysics, 504, 2009

Hurst, G. M. u.a.: *Supernova 1999bt in Anonymous Galaxy*, IAU Circular, 7142, 1999

van der Burg, G.: *HI observations of some galaxies and their faint companions*, Astronomy and Astrophysics Supplement Series, 62, 1985

NGC 6384

Buta, R. J. u.a.: *Do Bars Drive Spiral Density Waves?*, Astronomical Journal, 137, 2009

NGC 6503

Greisen, E. W. u.a.: *Aperture Synthesis Observations of the Nearby Spiral NGC 6503: Modeling the Thin and Thick HI Disks*, Astronomical Journal, 137, 2009

NGC 6580-GRUPPE

Condon, J. J. u.a.: *UGC Galaxies Stronger than 25 mJy at 4.85 GHz*, Astronomical Journal, 101, 1991

Focardi, P. und Kelm, B.: *Compact groups in the UZC galaxy sample*, Astronomy and Astrophysics, 391, 2002

NGC 6621

Schwenk, D. R. u.a.: *Modeling and Analysis of the Nearby Colliding Galaxy Pair NGC 6621/22*, American Astronomical Society Meeting 207, Bulletin of the American Astronomical Society, 37, 2005

NGC 6632

Canzian, B.: *Extensive Spiral Structure and Corotation Resonance*, Astrophysical Journal, 502, 1998

NGC 6744

Rydera, S. D. u.a.: *HI Study of the NGC 6744 System*, Publications of the Astronomical Society of Australia, 16, 1999

NGC 6771

Kormendy, J.: *Box Shaped Bulges*, 2013, http://ned.ipac.caltech.edu/level5/March05/Kormendy4/Kormendy4_5.html

NGC 6814

König, M. u.a.: *The Seyfert Galaxy NGC 6814 – a highly variable X-ray source*, Astronomy and Astrophysics, 322, 1997

NGC 6822

Barnard, E.: *Astronomische Nachrichten*, 110, 1884

Cioni, M.-R. L. und Habing, H. J.: *Near-IR observations of NGC 6822: AGB stars, distance, metallicity and structure*, Astronomy and Astrophysics, 429, 2005

Hubble, E. P.: *N.G.C. 6822, a Remote Stellar System*, Astrophysical Journal, 62, 1925

NGC 6845-GRUPPE

Gordon, S. u.a.: *Australia Telescope Compact Array HI observations of the NGC 6845 galaxy group*, Monthly Notice of the Royal Astronomical Society, 342, 2003

Klemola, A. R.: *Groups and Clusters of Southern Galaxies*, Astronomical Journal, 74, 1969

Rodrigues, I. u.a.: *Study of the Interacting System NGC 6845*, Astronomical Journal, 117, 1999

NGC 6872-GRUPPE

Horellou, C. und Koribalski, B.: *Stars and gas in the very large interacting galaxy NGC 6872*, Astronomy and Astrophysics, 464, 2007

NGC 6907

Bishop, D.: *Supernova 2004bv*, 2004, http://www.rochesterastronomy.org/sn2004/sn2004bv.html

Scarano, S. u.a.: *HI aperture synthesis and optical observations of the pair of galaxies NGC 6907 and 6908*, Monthly Notices of the Royal Astronomical Society, 386, 2008

NGC 6946

Larsen, S. S. u.a.: *Hubble Space Telescope imaging of a peculiar stellar complex in NGC 6946*, Astrophysical Journal, 567, 2002

NGC 6951

van der Laan, T.: *Circumnuclear star forming rings in the barred galaxies NGC 5248 and NGC 6951*, Dissertation, Heidelberg, 2012 http://www.ub.uni-heidelberg.de/archiv/13872

NGC 7137

Grosbol, P. J. und Patsis, P. A.: *The Three-Armed Galaxy NGC 7137, Conference Proceedings "Galaxy Dynamics"*, ASP Conference Series, 182,1999

NGC 7184

Marinova, I. und Jogee, S.: *Characterizing Bars at z~0 in the Optical and NIR: Implications for the Evolution of Barred Disks with Redshift*, Astrophysical Journal, 659, 2007

NGC 7217

Combes, F. u.a.: *Molecular gas in NUclei of GAlaxies (NUGA) II. The ringed LINER NGC 7217*, Astronomy and Astrophysics, 414, 2004

Sil'chenko, O. K. und Moiseev, A. V.: *Nature of nuclear rings in unbarred galaxies: NGC 7742 and NGC 7217*, Astronomical Journal, 131, 2006

NGC 7252

Chien, L. H. und Barnes, J. E.: *Dynamically-Driven Star Formation In Models Of NGC 7252*, Monthly Notices of the Royal Astronomical Society, 407, 2010

NGC 7253

Reshetnikov, V. und Combes, F.: *Tidally-triggered disk thickening II. Results and Interpretations*, Astronomy and Astrophysics Supplement, 324, 1997

NGC 7265-GRUPPE

Cabanela, J. E. und Aldering, G.: *Galaxy Alignments in the Pisces-Perseus Supercluster Revisited*, Astronomical Journal, 116, 1998

NGC 7331

Ludwig, J. u.a.: *Giant Galaxies, Dwarfs and Debris Survey. I. Dwarf Galaxies and Tidal Features around NGC 7331*, Astronomical Journal, 144, 2012

NGC 7424

Soria, R. u.a.: *Multiband study of NGC 7424 and its two newly discovered ULXs*, Monthly Notices of the Royal Astronomical Society, 370, 2006

NGC 7469

Beswick, R. J. u.a.: *Sub-arcsecond atomic hydrogen absorption in the Seyfert galaxies NGC 7674 and NGC 7469*, Monthly Notice of the Royal Astronomical Society, 335, 2002

NGC 7479

Laine, S. und Beck, R.: *Radio Continuum Jet in NGC 7479*, Astrophysical Journal, 673, 2008

NGC 7497

Welty, D. E. u.a.: *On the nearest molecular clouds. III. MBM 40, 53, 54, and 55*, Astrophysical Journal, 346, 1989

NGC 7550

Wegner, G. und Grogin, N. A.: *Ages and Metallicities of Early-Type Void Galaxies from Line Strength Measurements*, Astronomical Journal, 136, 2008NGC

7552

Brandl, B. R. u.a.: *High Resolution IR Observations of the Starburst Ring in NGC 7552 – One Ring to Rule Them All?*, Astronomy and Astrophysics, 543, 2012

NGC 7582-GRUPPE

Bianchi, S. u.a.: *A multiwavelength map of the nuclear region of NGC 7582*, Monthly Notices of the Royal Astronomical Society, 374, 2007

NGC 7606

Kormendy, J. und Bender, R.: *Supermassive black holes do not correlate with dark matter halos of galaxies*, Nature, 469, 2011

NGC 7640

Seielstad, G. A. und Wright, M. C. H.: *Neutral-Hydrogen Aperture-Synthesis Maps of IC 2574 and NGC 7640*, Astrophysical Journal, 184, 1973

NGC 7741

Duval, M. F. und Monnet, G.: *Luminosity and mass models for the barred spiral galaxies NGC 7741, NGC 3359 and NGC 7479*, Astronomy and Astrophysics Supplement Series, 61, 1985

NGC 7753

Sengupta, C. u.a.: *HI content and star formation in the interacting galaxy Arp86*, Monthly Notices of the Royal Astronomical Society, 397, 2009

NGC 7771-GRUPPE

Alonso-Herrero, A. u.a.: *The NGC7771+NGC7770 Minor Merger: Harassing the Little One?*, Monthly Notices of the Royal Astronomical Society, 425, 2012

Mandel, S.: *The Unexplored Nebulae Project*, 2005, http://www.galaxyimages.com/UNP1.html

Smith, D. A. und Neff, S. G.: *The Luminous Starburst Ring in NGC 7771: Sequential Star Formation?*, Astrophysical Journal, 510, 1999

NGC 7793

Dicaire, I. u.a.: *Deep Fabry-Perot Hα Observations of NGC 7793: A very extended Hα disk and a truly declining rotation curve*, Astronomical Journal, 135, 2008

NGC 7814

Fraternali, F. u.a.: *A tale of two galaxies: light and mass in NGC 891 and NGC 7814*, Astronomy and Astrophysics, 531, 2011

PGC 54559

Hoag, A.A.: *A Peculiar Object in Serpens*, Astronomical Journal, 55, 1950

Schweizer, F. u.a.: *The structure and evolution of Hoag's object*, Astrophysical Journal, 320, 1987

Wakamatsu, K. I.: *On the Nature of Hoag-Type Galaxy NGC 6028 and Related Objects*, Astrophysical Journal, 348, 1990

SEYFERTS SEXTETT

Da Rocha, C. und Mendes de Oliveira, C.: *Intra-group diffuse light in compact groups of galaxies. HCG 79, HCG 88 and HCG 95*, Monthly Notices of the Royal Astronomical Society, 364, 2005

Nishiura, S. u.a.: *A Multi-Band Photometric Study of Tidal Debris in a Compact Group of Galaxies: Seyfert's Sextet*, Publications of the Astronomical Society of Japan, 54, 2002

Seyfert, C. K.: *A Dense Group of Galaxies in Serpens*, Publications of the Astronomical Society of the Pacific, 63, 1951

Smithsonian Astrophysical Observatory: *The Harvard College Observatory Astronomical Plate Stacks*, 2012, http://tdc-www.harvard.edu/plates/

STEPHANS QUINTETT

Fedotov, K. u.a.: *Star Clusters as Tracers of Interactions in Stephan's Quintet (Hickson Compact Group 92)*, Astronomical Journal, 142, 2011

Gutierrez, C. M. u.a.: *New Light and Shadows on Stephan's Quintet*, Astrophysical Journal, 579, 2002

Renaud, F. u.a.: *N-Body Simulation of the Stephan's Quintet*, Astrophysical Journal, 724, 2010

Stephan, E.: *Nebulae (new) discovered and observed at the observatory of Marseilles*, 1876 and 1877, Monthly Notices of the Royal Astronomical Society, 37, 1877

SLACS J1718+6424

Bolton, A. S. u.a.: *The Sloan Lens ACS Survey. I. A Large Spectroscopically Selected Sample of Massive Early-Type Lens Galaxies*, Astrophysical Journal, 638, 2006

Zandivarez, M. M. A. u.a.: *Galaxy Groups in the Third Data Release of the SDSS*, Astrophysical Journal, 630, 2005

UGC 1810 / UGC 1813

Zeltwanger, T. u.a.: *Sloshing in High Speed Galaxy Interactions*, Astrophysical Journal, 543, 2000

UGC 6614

Mapelli, M. u.a.: *Are ring galaxies the ancestors of giant low surface brightness galaxies?*, Monthly Notices of the Royal Astronomical Society, 383, 2008

Naik, S. u.a.: *An X-ray Bright Nucleus in the Low Surface Brightness Galaxy UGC 6614*, Monthly Notices of the Royal Astronomical Society, 404, 2010

UGC 7085A

Beers, T. C. u.a.: *Kinematics and Dynamics of the MKW/AWM Poor Clusters*, Astronomical Journal, 109, 1995

UGC 10214

Tran, H. D. u.a.: *Advanced Camera for Survey Observations of Young Star Clusters in the Interacting Galaxy UGC 10214*, Astrophysical Journal, 585, 2003

UGC 11871

Karachentsev, I. D. u.a.: *Disturbed isolated galaxies: indicators of a dark galaxy population?*, Astronomy and Astrophysics, 451, 2006

UGC 12342

Giovanelli, R. und Haynes, M. P.: *A Survey of the Pisces-Perseus Supercluster VI. The Declination Zone +15.5° to +21.5°*, Astronomical Journal, 105, 1993

UGC 12667 / UGC 12665

Petrosian, A. R. und Turatto, M.: *The spatial distribution of supernovae in paired and interacting galaxies*, Astronomy and Astrophysics, 297, 1995

URSA MINOR DWARF

American Astronomical Society: *Albert G. Wilson*, 2012, https://aas.org/obituaries/albert-g-wilson-1918-2012

Karachentsev, I. D. u.a.: *A Catalog of Neighboring Galaxies*, Astronomical Journal, 127, 2004

Strigari, L. E. u.a.: *A common mass scale for satellite galaxies of the Milky Way*, Nature, 454, 2008

VIRGO-HAUFEN

Powell, R.: *The Virgo Cluster*, 2006, http://www.atlasoftheuniverse.com/galgrps/vir.html

SEDS: *The Virgo Cluster of Galaxies*, http://messier.seds.org/more/virgo.html

WILDS TRIPLETT

Fritz Zwicky Stiftung: *Fritz Zwicky Biography*, 2012 , http://www.zwicky-stiftung.ch

Hernández-Toledo, H. M. u.a.: *BVRI Surface Photometry of Isolated Galaxy Triplets*, Astronomical Journal, 141, 2011

Karachentsev, V. E. u.a.: *Isolated triplets of galaxies: a complete summary of radial velocities and reduced data,* Bulletin of the Special Astrophysical Observatory, North Caucasus, 26, 1988

Wild, P.: *An Interesting Group of Galaxies*, Publications of the Astronomical Society of the Pacific, 65, 1953

Register

[HB89]0240+011 124
[HB89]0156+187 51
2MASX J00340814-0941481 116
2MASX J00493722+3213548 118
2MASX J02434668+0125077 124
2MASX J15214119-0731520 382
2MASX J15215155-0732210 382
2MASX J18245534+2730302 101
2MASX J22023952-2051425 177
2MASX J23342871-3602117 107
2MFGC 08391 140
3C 465 405

A

Abell 262 342, 354, 400
Abell 347 400
Abell 370 416
Abell 426 357, 400
Abell 779 358
Abell 1060 364
Abell 1318 368
Abell 1367 370, 373
Abell 1656 375
Abell 1783 378
Abell 2065 383
Abell 2147 385, 388
Abell 2148 388
Abell 2151 385, 386, 388
Abell 2152 385, 388
Abell 2162 385, 388
Abell 2197 385, 388
Abell 2199 385, 388
Abell 2218 424
Abell 2256 389
Abell 2513 402
Abell 2572 403
Abell 2634 405
Abell 3526 364, 376
Abell 3565 376
Abell 3574 376
Abell 3581 376
AGC 330636 405
Andromeda's Parachute 430
APMUKS(BJ) B233206.36-361835.6 107
Arp 37 418
Arp 46 282
Arp 65 215
Arp 72 269
Arp 81 272
Arp 82 229
Arp 84 264
Arp 97 246
Arp 104 257
Arp 113 348
Arp 114 226
Arp 120 248, 374
Arp 138 372
Arp 143 323
Arp 148 328
Arp 153 335
Arp 157 217
Arp 170 403
Arp 178 381
Arp 184 222
Arp 188 270
Arp 206 239
Arp 239 378
Arp 242 253
Arp 244 244
Arp 245 361
Arp 248 371
Arp 254 382
Arp 268 304
Arp 270 238
Arp 273 218
Arp 278 276
Arp 286 380
Arp 295 280
Arp 315 358
Arp 331 350
Arp 337 419

C

CGCG 142-016 396
Copelands Septett 369
CXO J024338.1+012411 124
CXO J024346.62+012508.9 124

D

Draco Dwarf 311
Dwingeloo 1 355

E

Einstein-Kreuz 429
ESO 138-IG29 338
ESO 350-40 320
ESO 351-30 297

F

FGC 0938 361

G

GL Q0957+561 420
Große Magellansche Wolke 298

H

HCG 44 362
HCG 61 373
HCG 68 160, 379
HCG 94 403
Holmberg II 304
Holmberg 124 359
Holmberg 218 365
Holmberg 224 366
Holmberg 266 368
Holmberg 630 380
Holmberg 769 390
Holmberg 800 402
HS 1216+5032 421

I

IC 10 290
IC 163 352
IC 167 352, 353
IC 239 56
IC 342 132, 192, 355
IC 467 135
IC 879 88
IC 922 378
IC 923 378
IC 929 378
IC 1070 94
IC 1178 386
IC 1181 386
IC 1182 386
IC 1251 392
IC 1254 392
IC 1291 273
IC 1296 172
IC 1613 302
IC 1727 121
IC 2163 223
IC 2209 228
IC 2233 230
IC 2574 306
IC 2913 71
IC 3571 78
IC 4351 90
IC 4458 374
IC 4461 374
IC 4473 374
IC 4970 399
IC 4981 399
IC 5283 278
IC 5332 107

K

Kleine Magellansche Wolke 298
Klemola 30 398
KTS 018 356

L

LEDA 144898 57
LEDA 175370 416
LEDA 214984 185
LEDA 3097829 84
Leo I 308, 310
Leo II 309, 310
LMC 298
LSBG F411-024 119

M

M 31 42, 44, 48, 290, 291, 292
M 32 291, 292, 296
M 33 38, 48, 50, 61, 294,
M 49 198
M 51 260
M 58 155
M 59 200
M 60 201
M 61 148
M 63 87
M 64 81
M 65 141, 367
M 66 141, 367
M 74 53
M 77 418
M 81 61, 66, 303, 304, 306, 419
M 82 66, 419
M 83 158
M 84 374
M 85 197
M 86 374
M 87 144, 194, 199, 200, 374, 422
M 88 77
M 89 199
M 90 154
M 91 153

M 94 332
M 95 139, 140
M 96 140
M 98 144
M 99 74
M 100 150
M 101 92, 158, 266
M 102 95
M 104 79
M 105 140, 195
M 106 146
M 108 69
M 109 69, 143
M 110 291, 296
Maffei 1 192, 355
Maffei 2 355
MCG +05-29-010 246
MCG +05-29-011 246
Milchstraße 17
Mrk 108 359
Mrk 876 165

N

N2903-HI-1 137
NGC 45 38
NGC 55 214
NGC 68 348
NGC 70 348
NGC 71 348
NGC 72 348
NGC 87 349
NGC 88 349
NGC 89 349
NGC 90 215
NGC 92 349
NGC 93 215
NGC 134 39
NGC 147 292
NGC 151 116
NGC 157 40
NGC 185 292
NGC 206 44
NGC 210 117
NGC 247 41
NGC 253 45
NGC 262 118
NGC 266 118
NGC 289 119
NGC 300 46, 214
NGC 379 350
NGC 380 350
NGC 382 350
NGC 383 350
NGC 470 216
NGC 474 216
NGC 488 47
NGC 520 217
NGC 529 351
NGC 531 351
NGC 536 351
NGC 542 351
NGC 604 50
NGC 613 120
NGC 660 321
NGC 672 121
NGC 678 352
NGC 680 352
NGC 691 352, 353
NGC 693 352
NGC 694 353
NGC 697 352
NGC 705 354
NGC 708 354
NGC 772 51
NGC 891 54
NGC 908 55
NGC 925 122
NGC 1023 56, 123
NGC 1023A 123
NGC 1032 57
NGC 1035 356
NGC 1042 356
NGC 1052 356
NGC 1055 418
NGC 1058 58
NGC 1073 124
NGC 1097 126
NGC 1097A 126
NGC 1187 59
NGC 1232 125
NGC 1232A 125
NGC 1275 357
NGC 1291 322
NGC 1300 128
NGC 1313 219
NGC 1316 193
NGC 1317 193
NGC 1357 60
NGC 1365 130
NGC 1398 129
NGC 1399 194
NGC 1530 134
NGC 1530A 134
NGC 1531 220
NGC 1532 220
NGC 1560 355
NGC 1566 133
NGC 1569 221
NGC 1961 222
NGC 2146 224
NGC 2146A 224
NGC 2207 223
NGC 2274 225
NGC 2275 225
NGC 2276 226
NGC 2300 226
NGC 2336 135
NGC 2363 227
NGC 2366 227
NGC 2403 61, 306
NGC 2442 136
NGC 2444 323
NGC 2445 323
NGC 2460 228
NGC 2535 229
NGC 2536 229
NGC 2537 230
NGC 2595 324
NGC 2683 62
NGC 2685 325, 335
NGC 2775 63
NGC 2798 231
NGC 2799 231
NGC 2805 359
NGC 2814 359
NGC 2820 359
NGC 2830 358
NGC 2831 358
NGC 2832 358
NGC 2841 64
NGC 2854 232
NGC 2856 232
NGC 2857 232
NGC 2859 326
NGC 2903 137
NGC 2964 360
NGC 2968 360
NGC 2970 360
NGC 2976 303
NGC 2992 361
NGC 2993 361
NGC 2997 65
NGC 3077 66
NGC 3079 420
NGC 3166 233
NGC 3169 233
NGC 3180 67
NGC 3181 67
NGC 3184 67
NGC 3185 362
NGC 3187 362
NGC 3190 362
NGC 3193 362
NGC 3226 234
NGC 3227 234
NGC 3239 235
NGC 3256 236
NGC 3309 364
NGC 3310 237
NGC 3311 364
NGC 3312 364
NGC 3338 68
NGC 3344 138
NGC 3371 195
NGC 3373 195
NGC 3395 238
NGC 3396 238
NGC 3413 365
NGC 3424 238, 365
NGC 3430 238, 365
NGC 3432 239
NGC 3501 366
NGC 3507 366
NGC 3521 240
NGC 3610 327
NGC 3621 70
NGC 3628 141, 367
NGC 3642 327
NGC 3656 241
NGC 3717 71
NGC 3718 330
NGC 3733 368
NGC 3737 368
NGC 3737A 368
NGC 3745 369
NGC 3746 369
NGC 3748 369
NGC 3750 369
NGC 3751 369
NGC 3753 369
NGC 3754 369
NGC 3842 370
NGC 3938 72
NGC 3953 142
NGC 3987 372
NGC 3989 372
NGC 3993 372
NGC 3997 372
NGC 4000 372
NGC 4005 372
NGC 4015 372
NGC 4016 242

NGC 4017 242
NGC 4038 244
NGC 4039 244
NGC 4085 243
NGC 4088 243
NGC 4157 73
NGC 4173 373
NGC 4174 373
NGC 4175 373
NGC 4206 247
NGC 4216 247
NGC 4222 247
NGC 4236 145, 306
NGC 4248 146
NGC 4254 144
NGC 4278 196
NGC 4286 196
NGC 4322 150
NGC 4328 150
NGC 4340 334
NGC 4350 334
NGC 4394 197
NGC 4395 75
NGC 4399 75
NGC 4400 75
NGC 4401 75
NGC 4435 248
NGC 4435 374
NGC 4438 248
NGC 4438 374
NGC 4449 249
NGC 4449B 249
NGC 4450 76
NGC 4485 250
NGC 4486 77
NGC 4490 250
NGC 4535 149
NGC 4536 152
NGC 4565 78
NGC 4567 251
NGC 4568 251
NGC 4603 376
NGC 4618 252
NGC 4622 376
NGC 4625 252
NGC 4631 254
NGC 4647 201
NGC 4650-Gruppe 376
NGC 4656 254
NGC 4657 254
NGC 4676 253
NGC 4696 376
NGC 4697 256
NGC 4698 80
NGC 4709 376
NGC 4725 156
NGC 4731 256
NGC 4747 156
NGC 4754 157
NGC 4762 157
NGC 4874 375
NGC 4889 375
NGC 4910 82
NGC 4945 84
NGC 4945A 84
NGC 4976 84
NGC 5002 83
NGC 5005 83
NGC 5033 86
NGC 5068 428
NGC 5078 88
NGC 5128 335
NGC 5150 258
NGC 5152 258
NGC 5153 258
NGC 5170 89
NGC 5194 260
NGC 5195 260
NGC 5216 257
NGC 5218 257
NGC 5248 159
NGC 5278 378
NGC 5279 378
NGC 5296 262
NGC 5297 262
NGC 5311 202
NGC 5313 202
NGC 5350 379
NGC 5353 379
NGC 5354 379
NGC 5355 379
NGC 5358 379
NGC 5363 263
NGC 5364 263
NGC 5371 160, 202, 379
NGC 5394 264
NGC 5395 264
NGC 5426 265
NGC 5427 265
NGC 5447 92
NGC 5450 92
NGC 5455 92
NGC 5461 92
NGC 5462 92
NGC 5471 92
NGC 5474 266
NGC 5529 381
NGC 5533 381
NGC 5560 380
NGC 5566 380
NGC 5569 380
NGC 5595 161
NGC 5597 161
NGC 5613 381
NGC 5614 381
NGC 5615 381
NGC 5643 162
NGC 5701 324, 336
NGC 5740 91
NGC 5746 91
NGC 5752 267
NGC 5754 267
NGC 5774 94
NGC 5775 94
NGC 5813 203
NGC 5846 203
NGC 5846A 203
NGC 5850 203
NGC 5905 163
NGC 5907 96
NGC 5917 382
NGC 5921 164
NGC 5929 268
NGC 5930 268
NGC 5943 166
NGC 5945 166
NGC 5963 98
NGC 5965 98
NGC 5981 204
NGC 5982 204
NGC 5985 204
NGC 5994 269
NGC 5996 269
NGC 6015 97
NGC 6027 384
NGC 6027A-E 384
NGC 6028 340
NGC 6039 386
NGC 6040A 386
NGC 6040B 386
NGC 6041 386
NGC 6043A 386
NGC 6043B 386
NGC 6045A 386
NGC 6047 386
NGC 6085 385
NGC 6086 385
NGC 6140 165
NGC 6166 388
NGC 6215 168
NGC 6221 168
NGC 6240 271
NGC 6300 169
NGC 6306 390
NGC 6307-Gruppe 390
NGC 6310 390
NGC 6331 389
NGC 6338-Gruppe 394
NGC 6339 170
NGC 6340-Gruppe 392
NGC 6343 170
NGC 6345 394
NGC 6345A 398
NGC 6345B 398
NGC 6346 394
NGC 6384 171
NGC 6503 100
NGC 6548D 398
NGC 6576 396
NGC 6577 396
NGC 6579 396
NGC 6580-Gruppe 396
NGC 6621 272
NGC 6622 272
NGC 6632 101
NGC 6744 174
NGC 6744A 174
NGC 6769 274
NGC 6770 274
NGC 6771 274
NGC 6814 102
NGC 6822 312
NGC 6845A 398
NGC 6845C 398
NGC 6845-Gruppe 398
NGC 6872-Gruppe 399
NGC 6876 399
NGC 6877 399
NGC 6880 399
NGC 6907 175
NGC 6908 175
NGC 6946 103
NGC 6951 176
NGC 7137 104
NGC 7184 177
NGC 7217 341
NGC 7252 277
NGC 7253 276
NGC 7265 400
NGC 7265-Gruppe 400
NGC 7317 401
NGC 7318A-B 401

NGC 7319 401
NGC 7320 401
NGC 7320C 401
NGC 7331 105, 401
NGC 7337 105
NGC 7424 178
NGC 7433 402
NGC 7435 402
NGC 7436 402
NGC 7469 278
NGC 7479 180
NGC 7497 182
NGC 7547 206
NGC 7549 206
NGC 7550 206
NGC 7552 181
NGC 7558 206
NGC 7578 403
NGC 7582 181
NGC 7582-Gruppe 404
NGC 7590 181, 404
NGC 7599 181, 404
NGC 7606 106
NGC 7640 184
NGC 7720 405
NGC 7741 185
NGC 7752 283
NGC 7753 283
NGC 7769 406
NGC 7770 406
NGC 7771-Gruppe 406
NGC 7793 45
NGC 7793 108
NGC 7814 109

P

PGC 5208 217
PGC 11469 59
PGC 33423 328
PGC 36723 371
PGC 36733 371
PGC 36742 371
PGC 45373 84
PGC 54559 337, 340
PGC 54817 382
PGC 54883 383
PGC 57087 270
PGC 57108 270
PGC 57109 270
PGC 59943 394
PGC 60007 170
PGC 67786 275
PGC 69457 429
PGC 70123 402
PGC 72139 280
PGC 72155 280
PGC 213387 135
PGC 933903 60
PGC 1018861 382
PGC 2749453 392

Q

Q0957+561 G1 420
QSO 2237+0305 A 429

R

RXJ 1940.1-1025 102

S

SDSS J104140.96+134929.5 68
SDSS J104252.43+134427.8 68
SDSS J110400.47+404904.3 328
SDSS J115216.24+441308.8 72
SDSS J122835.05+170513.0 76
SDSS J155136.52+621728.6 c 97
SDSS J155215.09+621915.1 97
SDSS J171837.39+642451.9 426
SDSSJ171844.79+642701.8 426
Seyferts Sextett 384
SLACS J1718+6424 426
SMC 298
Stephans Quintett 401

U

UGC 1171 53
UGC 1176 53
UGC 1195 321
UGC 1807 54
UGC 1810 218
UGC 1813 218
UGC 3537 225
UGC 4257 229
UGC 4414 324
UGC 4904 231
UGC 5086 137
UGC 5936 239
UGC 5983 239
UGC 6446 241
UGC 6614 331
UGC 6697 370
UGC 7064 246
UGC 7085A 246
UGC 9857 268
UGC 6923 143
UGC 6940 143
UGC 6969 143
UGC 10214 270
UGC 10726 389
UGC 10822 311
UGC 11283 273
UGC 11871 275
UGC 12007 400
UGC 12342 279
UGC 12665 282
UGC 12667 282
UGCA 27 55
UGCA 92 221
Ursa Minor Dwarf 310

V

VCC 1249 198
Virgo-Haufen 374

W

Wilds Triplett 371

IMPRESSUM

Umschlaggestaltung von Büro Jorge Schmidt unter Verwendung eines Farbfotos von Frank Sackenheim, Stefan Binnewies und Josef Pöpsel auf der Vorderseite (Galaxie M 81) und eines Farbfotos von Adam Block auf der Rückseite (Galaxienpaar NGC 4038/4039).

Mit 324 Farbfotos, 44 Schwarzweißfotos (die Bildautoren sind bei der jeweiligen Abbildung genannt), zehn Illustrationen von Agathe Schmid-König, einer Illustration von Gunther Schulz mit Material der NASA (S. 17) und zwei Sternkarten von Sven Melchert/Kosmos.

Gedruckt auf chlorfrei gebleichtem Papier

3., aktualisierte Ausgabe

Pfizerstraße 5–7, 70184 Stuttgart
In Zusammenarbeit mit der Oculum-Verlag GmbH, Erlangen

ISBN 978-3-440-17798-3
Redaktion: Sven Melchert, Susanne Richter, Peter Riepe
Gestaltung und Satz: Agathe Schmid-König, Rimbach; typopoint GbR, Ostfildern
Produktion: Ralf Paucke
Druck und Bindung: Print Consult GmbH
Printed in Slovakia/Imprimé en Slovaquie

DANKSAGUNG

Dieses Buch wäre ohne das große Engagement aller Beteiligten nicht entstanden. Unser Dank gebührt ganz besonders den zahlreichen Astrofotografen, national und international, die ihre Bilder dafür zur Verfügung gestellt haben. Ihre „Amateur-Aufnahmen“ sind das Ergebnis von jahrelanger Erfahrung in der Astrofotografie und mühevoller Kleinarbeit bei der Bildbearbeitung. Sie machen das Besondere an diesem Bildatlas aus. Die Aufnahmen des *Bildatlas der Galaxien* wurden uns von folgenden Fotografen zur Verfügung gestellt: Beate Behle, Lucas Binnewies, Adam Block, Dietmar Böcker, Konstantin Buchhold, Bernd Flach-Wilken, Robert Gendler, Dr. Stefan Heutz, Bernhard Hubl, Philipp Keller, Richard Müller, Dr. Makis Palaiologou, Josef Pöpsel, Wolfgang Ries, Frank Sackenheim, Johannes Schedler, Rainer Sparenberg, Ernst von Voigt, Dr. Mario Weigand, Volker Wendel und die Autoren. Allen sind wir zu großem Dank verpflichtet!

Ganz herzlich bedanken möchten wir uns auch bei den Lektoren: Dr. Wolfgang Steinicke hat das Einleitungskapitel kritisch geprüft und Peter Riepe als Lektor den gesamten Buchtext fachlich bearbeitet und wertvolle Beiträge geliefert. Großer Dank gilt auch Agathe Schmid-König, die das Layout beigetragen hat und auf die auch alle Illustrationen zurückgehen, die für das Buch neu gestaltet oder entworfen wurden.

ZUR 3. AUFLAGE

Die erste Auflage dieses Buches erschien 2016, bereits 2019 folgte die zweite, um das Kapitel zur Milchstraße erweiterte Auflage. Da die Nachfrage der Leser anhielt und die zweite Auflage bald vergriffen war, wurde die vorliegende dritte Auflage verwirklicht.

Unsere Motivation war nun, die dritte Auflage mit neuen Bildern auszustatten. Bei 34 der rund 300 Objekt-Vorstellungen zeigen wir aktuelle, das heißt tiefere und besser aufgelöste Aufnahmen. Wie schon bei den ersten Auflagen sind wir dem Prinzip treu geblieben, dass wir ausschließlich Amateur-Aufnahmen nutzen. Auch wenn man darüber streiten kann, welche Ausrüstung ein typischer Amateur auf dem Balkon oder in seiner Sternwarte aufstellt und betreibt, so zeigen diese neu aufgenommenen Bilder den technischen Fortschritt in der Astrofotografie innerhalb der letzten sieben Jahre.

Eines unserer Anliegen ist die Motivation für Astrofotografen, die im *Bildatlas der Galaxien* Ideen für eigene Aufnahmen finden. Wie wir in den einschlägigen Astronomie-Foren nachlesen können, geschieht genau dies, und wir freuen uns, dass der *Bildatlas der Galaxien* mittlerweile auch in der Wikipedia bei vielen Objekten als Referenz angegeben wird. Neben den Bildern wurde die Textbeschreibung zu M 101 mit der Supernova SN 2023ixf aktualisiert und ganz am Ende die Gravitationslinse Andromeda's Parachute ergänzt.

Auch für Leser, die selbst keine Astrofotos machen, bieten die Texte einen Einblick in die Astrophysik der gezeigten Galaxien. Die Einleitungstexte der Kapitel liefern Grundlagenwissen zur Extragalaktik, mit dem wir versuchen, etwas Ordnung in die Vielfalt der Erscheinungsformen von Galaxien zu bringen. Dies ist auch der Grund, warum der *Bildatlas der Galaxie*n nicht mit durchlaufenden Messier- oder NGC-Nummern aufgebaut wurde.

Beim Einsortieren der Galaxien in die Kapitel mussten wir Konzessionsentscheidungen treffen – was sich vor allem bei den Aktiven Galaxien zeigt, da diese auf dem Bild eher harmlos wirken, sich aber bei genauer physikalischer Betrachtung deutlich von anderen Galaxien gleichen Typs unterscheiden.

Sucht man eine bestimmte Galaxie am Himmel, dann hilft ein Blick auf die Übersichtskarten im vorderen und hinteren Buchdeckel. Zu jeder Galaxie werden das Sternbild und die Seitenangabe genannt. Die Belichtungsdaten der Aufnahme findet man dann auf der Objektseite. Im Anhang des Buches sind die Fachartikel referenziert, die zu den Objektbeschreibungen benutzt wurden. Die meisten von ihnen findet man kostenfrei im Online-Archiv *arxiv.org*.

Wer an den Vorgängen „in“ einer Galaxie, also etwa an der Sternentwicklung interessiert ist, dem empfehlen wir das 2023 erschienene Schwesterbuch *Bildatlas der Sternhaufen und Nebel*. In diesem Atlas bieten wir anhand von Amateur-Aufnahmen einen Einblick in das aktuelle Wissen der Objekte in unserer Milchstraße. Beide Bücher können gefahrlos nebeneinander im Bücherregal stehen.

Ein großes Dankeschön geht an den Kosmos-Verlag, vor allem an Sven Melchert und sein Team. Ohne ihr Wirken wäre die dritte Auflage des *Bildatlas der Galaxien* nicht möglich gewesen.

Rimbach und Much, im November 2023

Michael König und Stefan Binnewies

11
10
9
8
7
6
5
4
3
+80°
+70°
+60°
+50°
+40°
+30°
+20°
+10°
0°
−10°
−20°
−30°
−40°
−50°
−60°
−70°
−80°
2276
2336
2146
1530
Dra
Holmberg II
M 82
M 81
IC 2574
2976
2366
1961
Holmberg
124
2403
Cam
1569
IC 342
UMa
Maffei 1/2
3642
2685
2460
Holmberg
266
M 108
3079
Lyn
3656
3718
3310
2841
Per
2857
Aur
Parachu
2537
3938
2798
891
3184
Abell 426
1023
Arp 148
2444
UGC 1810
3432
LMi
Lyn
IC 239
1058
Gem
Holmberg
218
3395
2859
2683
2274
925
2964
Abell 779
Tri
3344
Leo
2535
Tau
Copelands
Septett
Leo 2
2903
2595
Ari
3227
3190
772
Holmberg
224
Cnc
UGC
6614
3239
M 74
3338
Leo 1
660
M 66
M 105
M 65
M 95
M 96
Ori
2775
CMi
Hya
3169
1073
1032
3521
M 77
Abell 370
Wilds Triplett
Sex
Mon
Eri
1042
Crt
Hya
Arp 245
Lep
1357
CMa
1300
1232
2207
908
1187
Abell 1060
1398
For
3717
1097
2997
Pyx
1532
3621
Ant
Cae
1399
1365
1316
Col
Pup
1291
3256
Eri
Vel
Hor
Car
Pic
Dor
1566
Cen
Ret
1313
Car
LMC
2442
Vol
Hyi
Cha
Men
2